통합군수원론

통합군수원론

초판 인쇄 2019년 8월 20일
초판 발행 2019년 8월 25일

지은이 장준근
펴낸이 이찬규
펴낸곳 북코리아
등록번호 제03-01240호
주소 13209 경기도 성남시 중원구 사기막골로 45번길 14
우림2차 A동 1007호
전화 02-704-7840
팩스 02-704-7848
이메일 sunhaksa@korea.com
홈페이지 www.북코리아.kr
ISBN 978-89-6324-640-6 (93390)

값 35,000원

통합군수원론

왜 군수인가, 어떻게 군수를 해야 하는가,
그리고 무엇을 해야 하는가에 대한 탐구

장 준 근 지음

북코리아

여기 졸저에 다음과 같은 뜻을 고스란히 담아내고자 노력하였다.

개인적인 군 생활의 소감문을 넘어서고 싶었다

개인적인 경험을 주제로 삼는다면 그것은 아마도 수필집이나 소감문 정도가 될 것이다. 그러한 저작도 의미 있는 일이다. 개인사가 모여서 도도한 역사가 되기 때문이고, 우리 사회와 군의 풍토에서 그러한 역작들이 드물기 때문에 의미가 자못 크다고 하겠다. 그런데 본인의 개인적 경험은 누군가와 나누기에는 평범하기 그지없다. 그래서 개인적 경험을 넘어서, 군수분야에서 지금까지 공부하고 사유하며 축적해온 지식을 체계적으로 제시하고자 한다. 교육받고 훈련하면서 학습하고 경험한 군수분야의 암묵지(暗默知, tacit knowledge)를 경영학과 체계공학 등 학문분야의 이론과 적용사례를 준거의 틀로 삼고 형식지(形式知, explicit knowledge)로 정리하여 군수분야의 후학들과 나누고 싶다. 그래서 열정을 가진 후학들이 집단지성을 발휘하는 데 작은 불씨가 된다면 더할 나위가 없겠다.

회향(廻向)하는 이유가 있다

군수업무를 처음에는 '그냥 해야 하는 일'로 받아들였다. 선택의 여지란 없었다. 소위 명령이니까. 그래서 그냥 열심히 일했다. 주어지는 일이 재미있었고 때론 보람도 있었다. 하지만 서서히 의문이 꿈틀거리기 시작했다. '왜 이런 일을 하지, 무슨 일을 해야 하는 거지 그리고 어떻게 해야 잘하는 거지'라는 질문과 질문이 꼬리를 물게 되었다. 그래서 업무를 수행하며 선배와 후배, 동료들 그리고 연구자들에게 물어보고 참고할 자료를 찾았다. 그리고 아주 가끔은 깨달음의 순간이 찾아왔다. 그렇게 일하다 보니 어느새 군문을 떠나야 하는 시기가 되었다. 이제 나에게는 그간의 여정이 아련한 추억이 되고 있지만, 후학들이 나와 같은 시행착오를 겪지 않기를 바라는 마음이 간절해진다. 그러한 마음을 담아서 감히 회향하고자 한다. 정답이면 정답으로서, 오답이면 오답으로서 가치가 있다는 염치없는 생각도 가지면서 말이다.

통합군수를 지향한다

군수를 기능으로 이해하는 경우가 많다. 기능은 중요하다. 그리고 지속되어야 하고 정밀해야 한다. 그런데 기능을 제대로 알고 이를 효율적으로 수행하기 위해서는 기능에 이르는 프로세스를 이해해야 한다. 바로 이러한 기능과 프로세스를 모두 아우르는 접근법이 통합군수의 개념이다. 기능군수가 협의의 군수라면, 통합군수는 광의의 군수이면서 협업과 통섭의 군수이다. 우리가 통합군수를 지향해야 하는 이유가 여기에 있다. 기능은 효율성을 제고하면 된다. 기능은 주어진 여건에서 마른 수건 쥐어짜듯이 일한다. 하지만 프로세스는 협업을 해야 하고 이를 위해서는 책임과 권한을 나누는 기준이 명확해야 한다. 프로세스는 효율성과 더불어 효과성을 보장하기 위해 노력한다. 여기에서 왜 통합군수를 지향하는지 그 일단을 제공하고자 한다.

다양한 선행연구와 균형 잡힌 분석을 제시한다

군수분야에 대한 많은 논문 그리고 저작들의 다양한 관점과 의견을 가능한 많이 담아내고자 하였다. 그러면서도 자칫 백화점식 나열에 그치지 않고 가능한 최신의 연구성과, 객관적인 논지 위주로 선별하여 균형 잡힌 분석과 객관적 시각을 유지하고자 노력하였다. 군수분야의 많은 연구자들과 실무자들에게 참고자료가 되고, 다른 한편으로는 생각을 자극하는(Thought-Provoking) 주제와 아이디어의 창고가 되기를 기대한다.

역사에서 답을 찾고 미래를 모색한다

우리 군수가 걸어온 길, 그 발자취를 되돌아보는 것도 의미 있는 일이다. 일찍이 온고이지신(溫故而知新)의 지혜를 말하지 않았던가. 우리는 분명 미래를 준비해야 하지만, 막연하게 미래를 이야기할 수는 없는 노릇이다. 과거에서 배울 수 있다면 그래도 지혜의 눈을 가진 자 아닌가.

군수 집단지성을 추구한다

우리 군수에는 넓고 많은 분야가 있다. 그리고 그만큼이나 많은 능력 있는 전문가들이 있다. 그런데 다소 제한된 영역에서 전문성을 갖추다 보니 포괄적인 토탈 솔루션을 제시하기에는 한계가 있었다. 이제 우리는 융·복합으로 표현되는 제4차 산업혁명 시대에 살고 있고, 본래 군수활동의 협업성을 고려할 때, 우리 군수 관계관이 머리를 맞대고 다양하고 역동적인 공론의 장속에서 집단지성을 발휘할 때가 왔다고 생각한다. 그 집단지성을 위한 작은 씨앗을 여기에 뿌린다.

그리고, 「유재(留齋)」*를 생각한다

(*추사 김정희가 제자 남병길에게 준 글)

留不盡之巧以還造化(유부진지교이환조화)
기교를 다하지 않고 남김을 두어 자연으로 돌아가게 하고
留不盡之祿以還朝廷(유부진지녹이환조정)
녹봉을 다하지 않고 남김을 두어 국가에게 돌아가게 하고
留不盡之財以還百姓(유부진지재이환백성)
재물을 다하지 않고 남김을 두어 이웃에게 돌아가게 하고
留不盡之福以還子孫(유부진지복이환자손)
내 복을 다하지 않고 남김을 두어 자손에게 돌아가게 한다.

군수에 대한 지식이 천박하여 감히 졸저를 내민다는 것이 부끄럽기 짝이 없지만, 그럼에도 불구하고 면피하는 기교를 부리지 않고 다만 진솔하게 남기고자 한다.

2019년 여름에
장 준 근

차/례/

| 제3부 | 획득관리

| 제4부 | 운영유지

제1부

군수에 대한 이해

제1장
군수란 무엇인가

1. 질문으로 시작하는 군수

'우리 군수지원은 잘 되고 있습니까?', '군수품은 신뢰할 수 있나요?'라고 힐난하는 질문에 답하면서 군수업무를 진단해야 한다고 본다. 조금 더 들어가서 '군수업무가 군의 다양한 수요를 잘 충족시켜주고 있습니까?', '그러므로 군수는 최종 사용자인 장병들로부터 만족할 만한 수준의 평가를 받고 있습니까?', '우리 군수는 산업계의 공급자나 제작업체와 파트너십을 구축하고 있습니까?', '지금 군수품은 최신의 기술을 구현하고 있습니까?', '가격은 적정합니까?', '군수품 품질은 좋습니까?'라는 구체적이고 상식적인 질문에 답해야 한다. 답할 수 없다면 군수업무를 제대로 못하고 있다고 할 것이다. 이러한 질문에 답하려면 군수의 개념, 프로세스, 체계와 기능 그리고 구체적 적용사항까지 이해해야 한다.

가. 군수에 대한 정의

군수(軍需, Logistics)에 대한 이해는 다층적·다각적 관점에서 출발할 수 있으며 연역적 또는 귀납적 접근방법이 사용될 수 있다. 이른바 정의(Definition)로부터 출발하여 범위를 한정하고 역할을 기술하는 방법으로 전개하는 연역적 접근이 가능하며, 다른 한편으로는 현존하는 역할과 기능을 바탕으로 이를 서술하고 그에 따른 업무의 범위를 설정하고 이러한 역할과 업무범위를 설명할 수 있는 의미를 정의하는 귀납적 방법이 있다. 어느 방법이든 나름의 장·단점을 갖기 마련인데 현재 우리 군에서 군수를 정의하는 방법은 대체로 귀납적으로 보인다. 수행하고 있는 역할과 기능에 따라 업무의 범위를 산정하고 이를 충실히 기술하는 방법으로 군수에 대해서 정의하고 있음을 알 수 있다.

우리 군에서는 지금까지 '군수지원이란 군사목표를 달성하기 위해 부대의 임무수행에 필요한 모든 가용자원을 효과적·경제적·능률적으로 획득하고 관리 및 운영하여 군사작전을 지원하는 제반활동'[1)]이라고 정의하고 있다. 군사목표는 군수활동을 통해서 정하는 것이 아니므로 군수활동이 추구하는 방향이 종속적 범주로 한정되는 측면이 있고, 임무수행에 필요한 모든 자원이라고 표현하여 취급하는 자원의 범위가 명확하지 않다는 점 등을 우선 알 수 있다. 또한, 효과라든가 경제 그리고 능률을 언급하여 군수활동의 달성 정도 또는 측정기준을 명시한 것은 확인되지만, 획득·관리 및 운영만이 언급되어 획득 이전의 소요나 기획활동이 제외된 것으로 보인다.

군수활동은 전통적으로 군수의 8대 기능을 포함한다. 8대 기능은 연구개발, 소요, 조달, 보급, 정비, 시설, 수송, 근무[2])로 볼 수 있으며 활동영역에 따라 정책군수와 야전군수로 구분하거나 대분배 군수와 소분배 군수로 구분할 수 있다. 정책군수는 대분배 군수라고도 하며 주로 연구개발, 소요, 조달 등에 중점을 두고 야전군수는 소분배 군수라고도 하며 대분배 군수에서 획득한 군수품을 어떻게 직접적으로 전투부대까지 전달하고 지속적으로 지원하는가에 주안을 둔다고 할 수 있으며 보급, 정비, 시설, 수송 및 근무로 구분한다.

한편 최근에 발간된 군수 관련 야전교범으로 『작전지속지원』이 있는데 여기에는 군수에 대한 정의가 없고, 작전지속지원이란 제반자원을 관리 및 지원하고 근무를 제공하여 전투력을 조성하고 유지함으로써 작전지속성을 보장하는 기능[3])이라고 하여 군수와 연계하여 설명하기보다는 전투수행기능으로서 역할[4])을 제시하고 있어 군수의 개념을 확장하거나 정제하는 단계에 이르지 못했다는 아쉬움이 있다. 특히, 야전교범을 군단급 이하 전술제대에서 참고하고 활용하는 내용으로 개편하면서 전시에 어떻게 군수지원을 할 것인가에 주안을 두게 되었고 결과적으로는 계획, 준비 및 실시의 과정에서 계획과 준비가 다소 소홀하게 취급되어 체계성과 균형성을 잃게 되는 측면이 있다고 볼 수 있다.

근래에 전 육군군수사령관인 이상돈과 군수사 소요조달과장이었던 김철환은 『군수론』이라는 책자를 통해 군수에 관련된 담론에 단초를 제공한 바 있다. 저자들은 군수에 대한 정의가 다양하게 존재하는 것은 그만큼 다양한 상황과 과정이 존재하며 그 범위를 한정하는 것이 쉽지 않기 때문이라고 설명한다. 일반적으로 군수는 세계대전을 겪으면서 그 범위가 확대되었는데 범위의 확대가 군수에 대한 다양한 관점을 유도했다고 분석한다. 또한 군수란 군사목표를 달성하기 위해 군사력이 발휘되는 필요한 제반활동, 또는 부대의 임무수행에 필요한 제반활동, 또는 군사작전을 지속할 수 있도록 지원하는 제반활동 등을 포함한다고 제시한다. 결론적으로 "군수

1) 『군수업무』(육군야전교범 운용-6-11, 2016), pp. 1-10.
2) 상게서, pp. 1-10~1-12.
3) 『작전지속지원』(육군야전교범 기준-6-1, 2015), pp. 1-4.
4) 상게서, pp. 1-11.
"전투수행기능으로서 작전지속지원은 작전수행에 필요한 소요자원을 판단하고 확보하여 적시에 제공함으로써 작전지속성을 유지하게 하는 기능이다. 작전지속지원 기능은 지휘통제 기능을 중심으로 타 기능과 유기적으로 결합될 때 전투력 발휘의 극대화를 통하여 작전목적 달성에 기여할 수 있다."

란 군사목표를 부여받은 군대가 군사력을 발휘하고 지속·유지하도록 군수품을 지원하는 제반 활동"[5]이라고 정의하고 있다.

이재천은 일찍이 전략과 전술에 생명을 불어넣는 동력(에너지, 자원)일 뿐 아니라 전략과 전술을 제한하거나 확장시키는 군수의 역할에 주목하였다. "군수의 주 기능은 군사력을 건설하고 유지하는 것이지만 전략적 가능성을 규정하고 가능성이 지속될 수 있도록 하며 가능성을 확장하는 노력을 해야 한다"[6]고 주장한다.

다른 연구자인 국방대학교의 이상진 교수는 군수란 "군(국방) 전략 수행에 필요한 재화와 용역 및 이와 관련된 정보와 자금이 소요, 설계, 획득, 분배, 지원, 폐기의 전체 프로세스가 진행되는 동안 생산업자(공급업자)에서부터 사용자에게 효과적, 효율적, 능률적으로 흐르도록 획득 초기 단계부터 계획, 집행, 통제하는 과정"[7]이라고 정의한다. 이러한 제안은 자원 중에서도 물적 자산인 재화 그리고 여기에 수반되는 용역, 정보 및 자금을 구체적으로 열거하고자 한 시도이다. 또한 기능보다는 공급사슬 관점으로 소요로부터 획득, 폐기에 이르는 전 과정을 포괄하여 제시하고 군수품의 생산 및 공급하는 획득 초기 단계부터 군수의 업무가 시작된다고 설명하고 있다. 그런데 획득 이전에 군의 소요가 어떻게 종합되고 개량화되어 예산이 편성되는지에 대한 업무가 포함되지 않았다. 측정지표 또는 지향수준으로 제시한 효과, 효율 및 능률 중 효율과 능률은 구체적으로 어떻게 차이가 나는지 추가적인 설명이 필요하다. 그럼에도 불구하고 이러한 이상진의 주장은 군수에 대한 총론적 담론으로서 의미 있는 접근이며 진일보한 제언이라고 본다.

나. 군수활동을 재정의할 필요성

군수에 대한 정확한 정의(Definition)는 군수의 개념 및 주요활동과 연관되어 중요한 의미를 갖는다. 정의가 올바르다면 정의를 통해서 군수의 주요업무를 식별할 수 있음은 물론이요, 미래의 지향방향까지도 가늠할 수 있다. 하지만 앞에서 살펴본 바와 같이 지금 우리 군이 논의하고 있는 군수에 대한 정의는 충분히 포괄적이지 않고 주요업무를 가늠하기에도 명확성이 부족하며, 나아가 미래 지향방향을 제시하기에 부족한 측면이 없지 않다. 따라서 군수에 대한 정의를 새롭게 할 필요가 있다.

군수에 대한 새로운 정의는 다음과 같은 요건을 충족해야 할 것이다.

5) 이상돈·김철환(2012), 『군수론』, 청미디어, pp. 48-49.
6) 이재천(1996), 『군사술과 군수』, 도서출판 21세기, p. 170.
7) 이상진(2002), "군수의 개념과 영역", 『국방연구』 45(2), p. 239.

첫째, 군수부대 및 군수 관계관의 현재 활동이 적시되어야 하고, 군수 관련기관에서 수행하는 업무도 연관업무로서 포함되어야 한다. 둘째, 현재 수행하고 있지는 않으나 해야 할 당위적 활동이라면 그것도 군수영역에서 다루어져야 한다. 셋째, 무릇 정의란 역사성을 갖추어야 한다. 어디에서 시작하여 어떻게 발전되어 왔는지 추적하고 그러한 과정에서 시사점이 반영되는 역사적 가치가 있어야 한다. 넷째, 군수의 바람직한 모습이 투영되어야 한다. 발전적인 상태로 상정되고 지향하는 방향이 구체적으로 제시되는 정의는 공감대를 넓혀갈 수 있을 것이다. 다섯째, 군수를 둘러싼 주변 여건과 환경 변화가 반영되어야 한다. 군수환경이 그 어느 때 보다도 급속히 변화하고 있다. 따라서 이러한 환경 변화를 능동적이며 적극적으로 수용하고 기술적 분야에서는 융합 또는 통섭적인 접근을 포함해야 한다. 여섯째, 군수는 군사행위를 확장하거나 제한하기도 하며 전투수행기능 발휘의 기반요소 중 하나[8]이다. 따라서 전·평시 지속적 군수지원 행위도 마땅히 포함되어야 한다.

2. 시대적 소명의 탐색

가. 군수활동의 변화

군수가 갖는 시대적 소명을 알아보기 위해서는 지금까지 군수가 걸어온 길을 다시 살펴보는 것부터 시작해야 할 것이다. 1946년 창군시기 이후와 미군에 의한 군사원조 시기에 비로소 전구군수지원(戰區軍需支援, Theater Logistics Support)의 개념이 도입되었고 이를 위한 보급, 정비, 수송, 건설, 근무 및 의무까지를 포함한 군수분야의 다양한 업무활동이 소개되었다. 미군으로부터 지원된 군수품에 대한 현장관리, 정비 및 수·배송과 그러한 활동에 연관된 건설, 근무 및 의무 장비와 물품의 취급까지도 군수 관계관의 업무범위에 속하였다.

창군시기와 군원시기의 군수활동이 주로 받아서 분배하는 것에서 탈피하여 획기적인 발전과 확장을 이루게 된 계기가 있었다. 바로 6.25전쟁이었다. 전쟁을 계기로 군원장비와 물자를 제외하고도 우리 군에서 필요한 물자의 수요가 폭발적으로 늘어났다. 당시 국내 산업의 기반이 열악한 상태였으므로 군에서 직접 생산하는 방식이 적용되었다. 타이어 재생창, 병참 재생창, 병기기지 보급창, 통신 기지창 등이 창설되어 부분적인 자력군수를 시작하였다.

8) 『작전지속지원』(육군야전교범 기준-6-1, 2015), pp. 1-11.
"작전지속지원 기능은 지휘통제 기능을 중심으로 타 기능과 유기적으로 결합될 때 전투력 발휘의 극대화를 통하여 작전목적 달성에 기여할 수 있다."

1960년대와 1970년대 월남전 시기에 군은 다시금 군수분야에 관심을 갖게 되었다. 육군본부(이하 육본)의 병과감실에서 지원하던 7개 기술병과(공병, 병기, 병참, 통신, 화학, 의무, 수송)가 파병부대를 지원하기 위한 군수사령부와 예하의 군수지원단 및 대대로 편성되면서 병과별 운영의 비효율성을 극복하려는 노력을 기울이게 되었다. 국방부 병기공창이 조병창을 거쳐 국방과학연구소가 되면서 연구개발 기능이 일원화되고 육군 조병창 등은 민영화의 길을 걷게 되었다. 1970년대 초기에는 '번개사업'을 통해서 소총, 박격포 등 소화기류에 대한 국산화를 추진하였다. 이후 3차까지 이어진 '율곡사업'을 통해서 군수의 영역이 연구개발과 사업관리를 포함한 획득분야에까지 이르렀다. 이 시기에 주요 지상무기체계가 국산화되고 정밀유도무기를 개발하는 한편 함정 및 항공기의 기술도입 생산을 시작하였다.

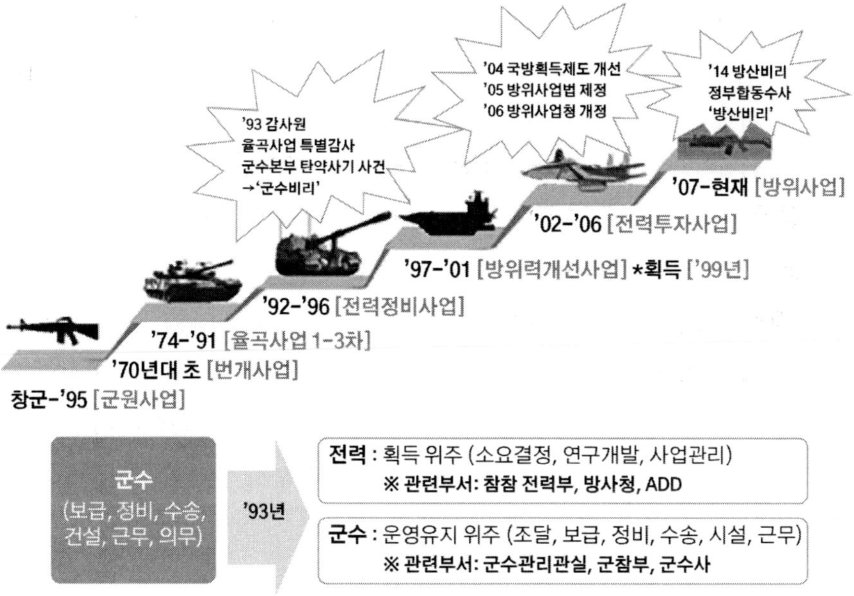

〈그림 1-1〉 군수활동의 주요 변천사 및 시사점

하지만 1993년 감사원의 율곡사업 특별감사에 이어 1993년 말에 군수본부의 탄약사기 도입 사건을 계기로 소위 군수비리를 해소하려는 노력을 기울이게 되었다. 이러한 흐름에서 전력발전을 위한 예산을 별도로 확보하여 지속적으로 국산화된 정밀무기체계를 확보하고, 사업관리상의 투명성 제고를 위하여 군수의 영역에서 방산분야 업무가 분리되기 시작했다. 전력정비사업, 방위력 개선사업 등으로 명칭까지 변경하는 등 당시 시대적 여건이 반영되어 군수업무와 조직에서 획득업무와 조직이 별도의 영역으로 발전되었다고 볼 수 있다.9)

한편 2004년부터 국방획득제도 개선을 범정부 차원으로 추진하면서 2005년에 방위사업법을 제정하고 2006년에는 방위사업청을 개청하였다. 국방부 획득실의 연구개발, 사업조정 및 통제 기능, 육·해·공군 전력부서의 사업관리 기능, 조달본부의 계약관리 기능 등을 통합한 방위사업청이 출현하였다. 이는 주요 무기체계 사업관리 절차의 복잡성과 사업추진의 장기간 소요 등 폐단을 해소하고 업무의 투명성을 제고하기 위한 목적으로 국방부의 외청(外廳)으로 출범하게 된 것이다.

하지만 2014년부터 2017년간 정부합동 방산비리 합동수사를 통하여 일련의 방산비리와 업무미숙이 확인되었다. 따라서 국방부와 각 군은 방사청의 외청화에 따른 독립성의 강화가 오히려 방사청과 각 군 전력부서 사이에 의사소통을 제한하고, 소요와 획득의 업무 구분으로 획득 이후 운영유지비용의 효율성을 보장할 수 없다고 보았다. 획득에 관련된 많은 권한이 방사청으로 집중화된 것이 일정한 부분에서는 근본적인 방산비리의 원인을 제공하였다는 주장이 제기되고, 중기계획 수립 등 일부 업무를 국방부로 전환하는 등 획득과 관련된 업무체계를 재정립하려는 움직임을 보이고 있다.

지금까지 알아본 것처럼 군수 분야에서 업무와 조직의 통합과 분리, 집중화와 분권화 등 지속적으로 일어나는 변화는 당시 산업화와 기술의 수준, 연구개발 및 사업관리 역량, 관련 법규와 절차의 성숙도, 투명성의 요구 정도와 국민적 정서, 국가적 사업의 주안, 군의 역할과 전문성의 정도 등 시대의 산물이라고 본다. 1993년 '군수비리'에 따른 후속조치로서 획득업무의 분리가 촉발되었다면, 2014년부터 2017년을 관통한 '방산비리'에 따른 후속조치는 방산업무의 투명성 강화, 군수 관련 업무의 재조정, 통합 또는 협력의 강화 등 다양한 모습으로 나타날 것이다. 특히, 정부조직 개편과 업무의 조정이 맞물려서 방산과 군수업무의 투명성과 효율성 제고 등의 요인도 주목받고 있지만 어떤 면에서는 정치적 선택이 보다 큰 영향을 줄 것이다.

나. 이해관계자가 바라보는 군수의 다양한 모습

앞에서 시대적 변천사와 시사점을 통해 살펴본 바와 같이 군수분야에는 다양한 이해관계자가 존재하며, 이러한 이해관계자들은 자신들의 관점에서 군수를 바라보고 군수분야에서 일정한 역할을 수행하면서 동시에 자신들에게 유리한 방향으로 영향력을 행사하거나 영향력을 확대하려 하고 있다. 군수분야에서 나타나는 역동적 현상을 제대로 이해하기 위해서는 반드시 이러한

9) 이상돈·김철환(2012), 전게서, pp. 292-299에서 발췌하여 인용.

이해관계자들에 대한 정확한 인식과 진단이 전제되어야 함은 물론이다. 이러한 이해관계자에 대한 논의는 다른 장에서 민·군 협력, 사업(프로젝트)관리의 이해관계자 요구사항 확인 등에서도 아울러 다룰 것이다.

군의 활동을 전통적인 방법에 따라 양병(養兵)과 용병(用兵)으로 구분하면, 군수활동은 양병과 용병분야에서 공히 확인된다. 그 어떤 병과나 특기와도 다르게 군수는 양병분야에서 물적 요소를 기획하고 획득하며, 용병분야에 있어서도 획득한 군수품을 관리하고 지원하는 군수활동을 통해서 작전지속지원의 핵심을 담당한다. 또한 인적 요소는 인사의 업무영역에서 다루는 반면에, 물적 요소는 군수의 업무범위에 속하는 것으로 나눌 수 있는데, 이러한 물적 요소는 자원(資源, Resource)이라고도 한다. 군의 자원은 대부분 군 외부로부터 획득되어 군 내부로 보충되는 경로를 보여준다. 또한 보충된 자원은 군 내부에서 관리되고 활용되어 최종적으로 폐기되는 과정을 거치게 된다. 따라서 물적 요소는 군 내부와 외부 간의 거래를 통해서 교환되고 이동되며, 예산이 수반되고, 물적 이동과 더불어 정보의 흐름이 발생한다. 군 내부와 외부 간의 거래행위, 예산편성과 운용 등이 작용하면서 다양한 이해관계자들이 출현한다. 아래 그림에서 군수활동과 관계된 군 내부 및 외부 이해관계자들의 다양한 입장과 영향력의 특징적인 모습들을 정리하였다.

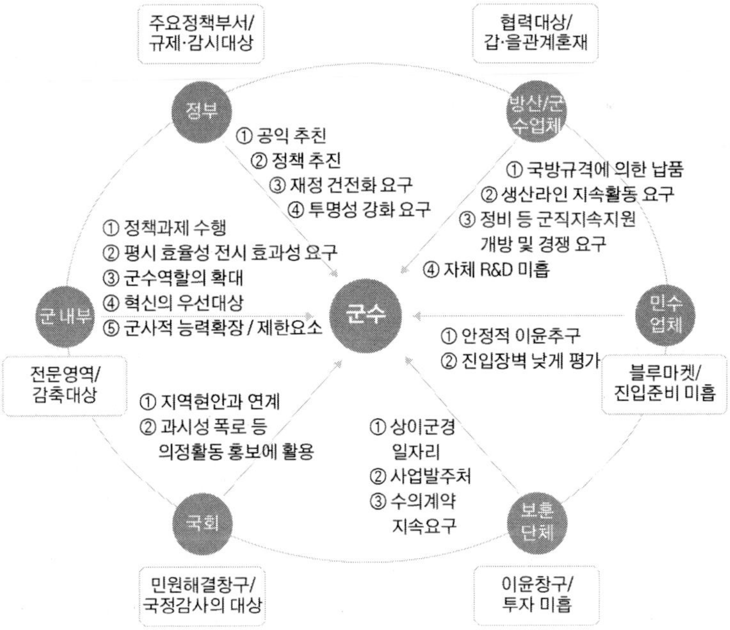

〈그림 1-2〉 다양한 이해관계자와 요구사항

군 내부에서는 군수분야를 국방자원에 대한 관리와 운영유지 등을 포함하는 가장 넓으면서 전문적인 영역으로 인식한다. 그런데 인력을 감축할 시기가 도래하면 어김없이 우선적으로 검토할 대상이 되고 국방예산의 압박이 가중될 때는 효율성 제고를 요구하는 분야로 제일 먼저 거론된다. 이렇듯 군 내부에서 군수를 바라보는 시각은 다소 복잡하고 상충하는 측면들이 뒤섞여 나타나곤 한다. 대규모 예산이 수반되고 이러한 예산의 관리가 중요한 최근 정책과제의 추세에 가장 적합한 분야로 선정되는 것 또한 군수와 관련된 과제들이다. 이러한 가운데서도 평시에는 야전에서 요구하는 현실적인 군수지원의 수요를 효율적으로 충족해야 하며, 유사시에는 군수지원 활동의 결과로서 군수지원의 효과성이 동시에 보장되어야 한다.

최근 냉전 이후 군의 다양한 역할 중 일정한 부분이 군수분야에 주어지기도 했다. 예컨대 국가적 또는 초국가적 재난 시 지원임무의 주무부서로 군수의 역할과 임무가 있다. 해외 파병 시 군수지원은 또 다른 모습으로 군수활동이 확대되고 있는 분야이다. 이러한 군수의 다재다능한 모습에도 불구하고, 국민의 온전한 신뢰를 받기 위해서는 지속적으로 혁신해야 하는 대상으로 꼽힌다. 한편 군수는 군사적 능력과 활동범위를 확장하거나 제한하는 주요 수단이다. 전투수행 기능의 일부이면서 동시에 기반요소로서 역할을 한다. 하지만 군수를 단순히 후속하여 지원하는 후행의 분야로 인식하는 경향이 있는 것도 사실이다. 정보판단과 작전계획 수립 시에 군수분야에 대한 제한사항과 극복방안을 고려하여 계획의 완성도를 높여야 하지만 대부분의 경우에 상황 판단과 작전계획수립 이후에 이를 지원할 후행분야로서 군수의 지원을 요구하고 있다. 군수는 본질적으로 기반요소이고, 주요 군사활동의 선행요소와 후행요소의 성격을 두루 갖고 있다는 사실을 알아야 한다.

한편 중앙정부에서는 대통령 공약사항 이행과 범정부 정책을 추진하는 데 있어 군수업무는 중요한 분야로 선정될 수밖에 없고 국가경제와 국민편익에 직·간접적으로 연계된 분야가 많다고 본다. 그러면서도 정부의 예산을 담당하는 기획재정부와 정부활동의 부패 및 비리를 감시하는 감사원 등은 여전히 군수분야를 규제하고 감시해야 할 대상으로 여긴다. 군수의 많은 부분을 포함하는 예산 프로그램은 전력운영 유지이다. 전력운영 유지는 경직성 경비로 인식된다는 측면과 매년 이·불용이 지속되고 있다는 점에서 논란의 여지가 있어 제도적 보완이 필요하다고 본다. 예산은 제한되고 사용부대의 요구는 증가하기 때문에 정부차원에서도 저비용 속에서 동시에 고효율의 재정건전화를 요구한다. 또한 군수분야는 군납 및 계약이행 과정에서 발생하는 비리가 간헐적으로 나타나면서 군수활동 전 분야에서 투명성이 강화되어야 한다는 주장 지속되고 있다.

방산 및 군수업체는 군수품의 공급자로서 군의 수요를 기초로 하여 구체적 요구를 충족하는 군수품을 제작하거나 공급하는 협력의 대상이다. 그런데 군수품은 주로 군에서만 사용되기 때문에 수요독점(Monopsony)적인 행태가 나타나는데, 국방규격 제정이나 조달계약 이후에는 공급독점(Monopoly)이나 과점(Oligopoly) 등의 양상이 나타나기도 한다. 따라서 방산 및 군수업체를 단선적으로만 이해하려고 해서는 안 된다. 방산 및 군수업체는 국방규격을 충족하는 군수품을 제작하거나 공급하는 위치에 있다. 비교적 장기간 사용되는 군수품의 경우에는, 전력화 이후에도 생산라인을 정비라인으로 부분 변경하고 기술인력을 유지할 수 있다면 기업 입장에서는 큰 투자 없이 고정적 이윤을 보장받을 수 있기 때문에 그러한 여건이 조성되어야 한다고 요구하고 있다. 또한 업체들은 A/S보다는 외주정비에 더 많은 참여를 원하고 있는 실정이며 나아가 군직정비 분야에도 경쟁적인 참여를 기대하고 있다. 그런데 방산 및 군수업체는 대체적으로 자체 투자에 의한 기술개발이나 군수품 성능개량 등에는 민수품의 기술개발과 성능개량 노력과 비교해서 다소 소홀하거나 미흡한 것으로 알려졌다. 2013년 기준 국내 방산업체들의 R&D 투자 비중은 전체 매출액의 2.4%이며 방산의 수출비중은 12.8%에 그치고 있다.[10]

한편, 민수업체는 군수품 시장을 장기간에 걸쳐 안정적으로 이윤이 보장되는 블루마켓으로 보고 있으나, 군수 관련 법규나 군납 업무 절차에 대해선 잘 알지 못하는 경우가 많다. 기업이 보유한 기술과 제품의 우수성으로 경쟁하여 군수품 시장에 진입하려는 노력보다는 군 내 관계자들과 인적인 유대를 형성하여 군수품 시장에 진입하려는 시도도 일부이긴 하지만 존재한다. 군수품 시장에 진입하기 위해서는 군수품 수요의 특성, 군사 요구도(Military Requirement) 등을 충족시킬 수 있는 기술의 개발 및 확보, 관련 법규에서 요구하는 사업관리 절차 적용 등 단계적이며 체계적으로 준비해야 한다. 그런데, 일부 민수업체는 단순하게 현재 군에서 사용하는 군수품과 자사가 생산할 수 있거나 생산하고 있는 제품과 특정한 제원만을 비교하는 등 군납시장의 진입장벽을 낮게 평가하고 무모하게 진입을 시도하는 경향이 있다.

국가유공자가 주축이 된 보훈단체들은 시대의 흐름에 따라 국가유공자의 수가 감소하고 고령화 추세가 뚜렷해지고 있다.[11] 보훈단체의 수익사업은 주로 군수품 중 물자성 품목에 대한 생산과 납품에서 이루어지고 있으며 법률적으로 보장된 수의계약 등으로 나름대로 공고한 이익구조를 갖고 있으며 이를 지속적으로 유지하고자 하면서 일부에서는 특혜 시비를 낳고 있다. 이러한 분야는 진입장벽이 낮다는 점과 보훈단체의 구성원 중 일부만 국가유공자, 상이군경 또는 유가족 등이고 오히려 다수가 일반 직원으로 구성되어 법인체의 적격성에 대한 시비가 있다. 더불어 사업체 규모의 영세성, 품질관리 기능의 미약, 그리고 성능개선 등에 투자 미흡 등으로 군

10) 양낙규(2016), "[군대이야기 A~Z] 군수산업, 수출 늘었지만 연구개발은 찔끔", 아시아경제, 2016. 1. 24. 보도.
11) 박창현(2015), "보훈단체의 수익사업 전면 허용과 사업 투명성 강화", 『국회보』 581, p. 34.

수품의 전반적인 품질 신뢰도를 저하시키는 주범이라는 오명을 안고 있기도 하다. 보훈단체의 군수품 납품 보장은 일부 순기능에도 불구하고 역기능에 대한 목소리가 점차 높아지고 있다. 국가보훈정책에 따른 보훈단체에 대한 특혜로서 수의계약의 보장 때문에 군수품의 최종 소비자인 장병들이 불편함 또는 불만족을 감내해야 하고, 군수품 시장의 기능이 가격과 품질 이외의 요소로 왜곡되어야 하느냐는 의견이 지속적으로 제기되고 있다.

국회는 국민의 대의기관으로서 지역주민을 대표하는 지역구 의원과 직능 및 계층의 의사 및 전문성을 대표하는 비례대표로 구분할 수 있다. 국회는 입법활동, 국정감사 권한과 예산심의 과정을 통해서 산업계의 의견을 반영하거나 지역에 기반을 둔 민원을 해결하는 등 다양한 이유로 군수분야의 법률 제·개정에 일정한 역할을 수행한다. 의정활동의 국민적 관심사가 높아질 때는 과시성 폭로가 이어지기도 하며, 군수품 납품과정에 일정 부분 영향력을 행사하고 있다. 이러한 권한과 영향력으로 인하여 국회는 군수활동에 있어 동반자적 역할, 설득해야 할 대상, 민원 제기의 창구, 심지어 감사청구 또는 수사요구의 진원지 역할 등 다양한 모습을 보여준다.

이와 같이 군수활동은 단순히 군 내부에서 지속지원 기능으로서의 역할뿐만 아니라, 다양한 이해관계자들의 복잡하고 역동적인 관계와 활동 속에서 발생된 문제를 해결해야 하는 다차원 함수를 갖고 있다고 볼 수 있다. 한 분야 또는 좁은 분야의 이해관계자들만을 충족시키는 군수활동은 다른 이해관계자의 이익과 첨예하게 충돌할 개연성이 많아진다. 따라서 군수는 내부적으로는 군의 수요를 충족할 수 있도록 개발, 획득, 보급 및 운영유지를 지속하는 노력에 집중해야 하고, 외부적으로는 이해관계자들의 의견을 수렴하고 협의하며 때로는 절충하고 조정하여 최적화하고 투명한 협업을 활성화함으로써 그들만의 군수가 아닌 모두의 군수가 될 수 있다고 본다.

다. 산업의 발전과 민·군 협력의 확대

우리의 군수산업 육성정책은 1970년대 중반 이후 본격적으로 시작되었으며, 1970년대 당시에는 소총, 탄약 등 기본화기부터 생산하기 시작하여 1980년대에 접어들면서 해외에서 핵심부품을 들여다가 완성품으로 조립하여 생산하는 방식으로 발전하였다. 2000년대 이후부터는 핵심부품을 국산화하여 무기체계의 국산화율을 향상시켜 독자 무기체계를 개발하는 정책으로 전환하였으며, 그 정책 기조는 핵심 군사기술을 국산화하여 자주국방의 기틀을 달성하고자 하는데 있었다.[12]

선진국의 기계공업은 1776년 산업혁명 이후 약 250여 년에 걸쳐 오늘에 이르렀으며, 우리의 방산분야 기계공업 수준은 1990년대 이후 약 20~30년 사이에 선진국의 약 80% 수준에 도달하였다. 국방기술품질원(2016)에서 발간한 『국가별 국방과학기술수준 조사서』에 따르면, 우리의 국방과학기술 수준은 세계 주요 16개국 중 이탈리아와 공동 9위로 나타났다. 국방과학기술 수준은 상승추세에 있으며, 최고 선진국인 미국 대비 평균 81%로 나타나 선진권으로 분류되었다.[13]

한편, 무기체계와 전력지원체계를 포함하는 큰 틀의 군수품은 아래 그림에서 확인되듯이 군을 위해, 군의 기술로, 군에 의해서 제작되고 공급되는 형태를 한동안 유지해왔다. 군 내에 조병창이나 병기창 등을 만들어 군의 수요를 충족하기 위한 군수품을 자체적으로 생산하여 보급하는 체제를 갖춰왔던 것이다. 하지만 세계적 산업화의 진행, 글로벌화의 파급, 냉전체제의 종식, 그리고 국내 자체적인 산업의 발전 등이 영향을 주면서 군수품 생산, 공급과 운영의 양상이 달라지기 시작했다. 군 자체적으로 생산기술과 설비를 갖추고 보급체제를 갖추는 것에서 더 크고 역동적인 민수시장이 출현하면서 민·군 겸용과 협력의 형태가 확산되기 시작했다. 단일한 목적과 용도를 겨냥한 군수품의 형태가 군과 민이 함께 사용하거나 공통의 플랫폼을 기반으로 한 다양한 제품의 형태로 바뀌고 있다.

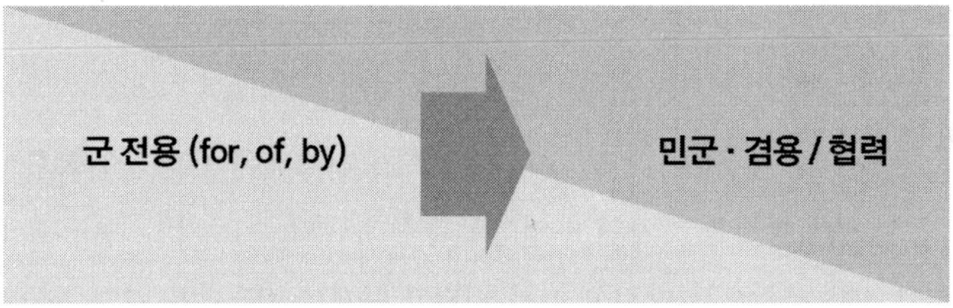

〈그림 1-3〉 민·군 협력 확대 트렌드

1998년 제정된 '민·군겸용기술사업촉진법'은 2013년 '민·군기술협력사업촉진법'으로 전면 개정되었다. 가장 큰 차이점 중 하나는 민·군기술융합 활성화라고 할 수 있다. 정부부처 및 기관 간의 협력 확대를 통해 기술·제품·산업 간의 융합을 이루는 신산업 창출이 필요하다는 것이다. 민·군기술융합은 지금까지의 성공적인 선진국 추격 전략을 넘어 창의적 혁신과 산업경쟁력 강화를 동시에 추진하기 위한 하나의 대안으로 보인다. 다음 그림과 같이 민·군겸용기술 개발

12) 윤창옥(2015), "한국 방위산업의 위기와 극복과제", 『국방과 기술』 431, p. 18.
13) 국방기술품질원(2016), "2015 국가별 국방과학기술수준 조사서", 『국방과 기술』 443, p. 17.

이 민간과 군에서 공통적으로 적용 가능한 기술개발에 초점을 둔 것이라면, 민·군기술융합은 민·군겸용이 가능한 분야(Spin-up)를 사전에 파악해서 계획적으로 자원을 배분하고, 전략적으로 개발하는 방식을 취함으로써 중복투자를 최소화하는 전략이다. 민·군겸용기술이 사후적 기술 활용의 성격이라면 민·군기술융합은 사전적·전략적 개념이 우선된다[14]고 본다.

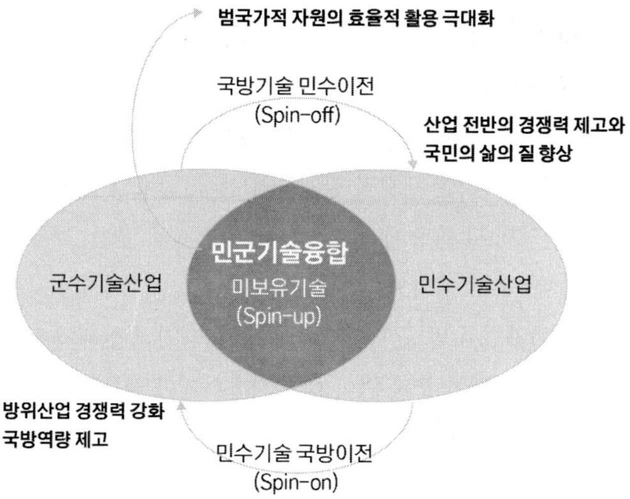

〈그림 1-4〉 민·군기술융합의 개념과 효과

이러한 큰 흐름에서 눈여겨보아야 할 점이 산업화가 진행됨에 따른 군산복합체[15]의 출현과 발전이다. 제1·2차 세계대전을 거치면서 연합국과 주축국의 주요 기업, 연구소, 대학들은 군수품 제조를 통해서 거대 조직으로 발전을 이루게 되고 현재까지도 많은 기업, 연구소와 대학들이 살아남아 있다. 미국의 GE, 듀퐁, 독일의 다임러, 일본의 미쓰비시 등의 기업이 있고, MIT, 스탠퍼드, 하버드 등의 유명대학이 지금까지 미국 국방성의 연구개발 자금을 지원받고 있다.

최근에는 민간군사기업(PMC)[16]이 등장하면서 군 관련 시장에서 일종의 분화(Segmentation)와 발전이 진행되고 있다고 본다. 활동분야는 기존의 군산복합체가 연구개발 및 생산에 주안을

14) 안영수·김창모·정경진·김정호·지일용(2013), 『창조경제 시대의 민군기술융합 촉진을 위한 제도개선 방안』, 산업연구원, pp. 15-17 요약.

15) 시드니 렌즈 외, 서동만 역(1983), 『군산복합체론』, 기린문화사, p. 27.
군산복합체(Military Industrial Complex)는 미국의 아이젠하워 대통령이 1961년 의회 연설에서 처음으로 언급.

16) 민간군사기업(PMC: Private Military Company)은 군사훈련, 군수지원, 장비 임대, 전투활동 등 다양한 군사 서비스를 국제적 기업이나 외국정부에 제공하는 민간기업을 말함.

둔 데 반하여, 민간군사기업은 군사 컨설팅, 군수지원, 군사훈련 제공 등 현행 작전 및 지원 중심으로 활동분야가 점차 확대되는 추세를 보여준다. 특히, 기술 및 정비지원, 경호 및 경비의 제공에서 포로 심문 등 특수작전 지원까지 1990년대 걸프전에서 태동하여 이라크전과 아프가니스탄전을 통하여 주목할 만한 활동을 보여준다. 미국의 KBR, MRPI사 등은 43개국에서 6만여 명을 고용하고 미국 육군 헬기 훈련의 약 70%를 담당하는 등 다국적 대기업의 모습을 보여준다. 민간군사기업은 점차 위험에 노출되고 있는데 무장공격, 자살테러, 인질 등 직접적인 생명의 위험을 포함해 군대의 현역에 못지않은 위험을 감수해야 하는 상황이다.

우리나라의 경우에는 중화학공업을 중심으로 이루어진 산업발전 속에서 일정규모 이상의 방위산업체의 출현을 확인할 수 있다. 서구의 군산복합체가 국가 및 국제경제에 미치는 영향력과 비교해서는 작은 편이지만, 군사적 요구에 따라 정부예산이 배정되고 특정한 산업이 특정한 기업과 대학 또는 연구소를 중심으로 발전하는 양태는 비슷하다고 할 수 있다. 또한 최근 들어 군수품의 개발 및 제조 중심에서 더 나아가 군수업무의 아웃소싱, 근무분야 민간위탁 등과 같이 새로운 분야인 군사지원, 군사자문, 군사공급자로서 차별화된 전략적 포지셔닝이 중요해지는 단계에 접어들었다.

민간군사기업은 시장 형성 및 발전 단계이므로 우선은 기존의 분류방법인 군사지원(Support), 군사자문(Consulting), 군사공급(Provide) 등의 개념을 구체적으로 어떤 활동에 접목시킬지 검토하고 발전시켜야 할 것이다. 기존의 아웃소싱이나 민간위탁이 미미한 수준인 이유에는 군내에 일종의 마찰요인도 있으나, 참여하는 업체의 핵심역량이 미(未)식별되거나 비교우위에 있지 못하다는 점도 간과해서는 안 된다. 앞으로 제도적 정비와 운영적인 유연성이 아울러 필요할 것이다.

3. 군수의 새로운 지평

가. 전략적 관점에서 군수에 대한 접근

지금까지 '군수를 어떻게 볼 것인가'라는 관점에서 군수에 대해서 질문하고 군수를 둘러싼 다양한 역학관계를 살펴보았다. 그리고 시대의 흐름과 민·군 협력의 큰 줄기를 아울러 확인할 수 있었다. 이제는 군수의 본질을 생각하면서 그 중요성과 역할에 대해서 발전적 논의와 모색이 있어야 한다. 미시적이고 운영적인 측면에서 최대의 효율화를 이루는 것도 의미 있는 일임에는 틀림없지만, 거시적이고 전략적인 방향을 설정하고 제도와 운영을 아우르는 포괄적 접근이 중요하다고 본다.

경영전략의 틀을 준용하여 전략적 관점에서 군수활동의 범위와 역할을 재정립할 수 있을 것으로 본다. 이창대(2011)는 경영전략은 전략이라는 군사학에서 도출되었는데 기업이나 조직이 급변하는 환경에 반응하여 생존에 필요한 경쟁우위를 선점하기 위하여 채택하는 일련의 행위로 보았다.[17] 경영학의 여러 연구 중에서도 Miles와 Snow(1978)의 연구와 Porter(1980)의 연구[18]가 전략의 유형을 구분하는 주요 연구로 여겨진다. Miles와 Snow(1978)는 경영전략을 방어형 전략(Defender), 공격형 전략(Prospector), 분석형 전략(Analyzer), 그리고 반응형 전략(Reactor)으로 구분하였다. 그리고 분석형 전략을 채택한 기업들의 경영성과가 가장 높고 반응형 전략을 채택한 기업들의 경영성과가 가장 낮은 것으로 나타났다[19]고 주장한다.

〈표 1-1〉 전략유형과 지향가치

전략유형	방어형	공격형	분석형	반응형
환경 요인	안정적 시장점유율 유지	역동적 성장 새로운 기회를 활용 공격적으로 기회를 포착	완만한 변화 기본적으로 현상 유지하에 선택적으로 추격형 혁신 추진	전략 부재 환경 변화에 반응
지향 가치	효율성과 융통성 운영비용 감소	혁신, 확장	효율성, 비용 통제, 혁신	현 상태 유지

전략적 관점에서의 군수에 대한 접근은 전략적 환경요인들의 유·불리와 조직이 갖고 있는 내재적 능력을 기반으로 하여 조직이 도달하고자 하는 목표를 달성하는 방법으로 확장, 축소 또는 협업 등의 전략을 구상할 수 있다. 군수를 전략적으로 바라보는 최근의 학문적 축적 중 일부로서 공급사슬(Supply Chain) 측면에서 군수업무를 전·후방으로 확장하여 살펴보는 것은 의미가 있다. 아울러 군수조직의 내재적 능력으로 유·무형 자산을 균형 있게 검토하고 조직의 목표, 비전 등과 정렬을 강조하는 균형성과지표(BSC)의 방법론을 적용하여 포괄적 군수활동의 프레임을 정리하면 군수를 전략적이며 균형적으로 볼 수 있을 것으로 기대한다.

17) 이창대(2011), "경영전략, 조직문화, 경영혁신유형 간의 관련성과 인과관계연구", 대한경영학회지, 24(6), p. 3447.
18) Miles, R., & C. C. Snow(1978), *Organizational Strategy, Structure, and Process*, New York: McGraw Hill. Porter, M. E.(1980), *Competitive Strategy*, New York: The Free Press.
19) 상게 논문, p. 3443에서 발췌하여 인용.

나. SCM과 BSC 적용

1) SCM 관점의 군수

장기덕(2012)은 "지금까지 군수가 군수 내부의 기능관리에 머물렀다면, 앞으로의 군수는 군수기능 및 조직의 통합관리는 물론이요, 민간자원의 효율적 활용을 위한 공급자와의 파트너십 형성, 고객의 요구 충족 중심의 군수로 발전하여 최소의 비용으로 위협 대비 요구되는 군사력을 창출하는 시스템으로 발전"[20] 되어야 한다고 주장한다.

다음 그림을 살펴보면, 분배는 군수관리에 포함되는 하나의 기능이고 군수관리는 공급사슬관리의 한 부분임을 설명한다. 분배관리는 야전의 군수지원부대와 사용부대 간 이루어지는 업무로 창고관리, 재고 통제, 청구서 처리, 물자 취급, 저장위치 선정, 포장, 자료 처리, 수송 등이다. 군수관리는 분배관리를 포함하여 군수 외부로부터 군수 내부로 이루어지는 수송관리, 군수품 저장 및 취급, 수요와 공급 계획, 아웃소싱 관리 등을 포함한다. 공급사슬관리는 군수관리를 포함하여 조달원 개발 및 조달, 제조 및 생산, 협조 및 조정, 수요와 공급의 통합관리 등을 포함한다.[21] 추구하는 가치 측면에서 군수관리의 영역에서는 효율화를 주요 성과로 인식한다면 공급사슬관리에서는 가치 제고를 추구한다.

우리 군이 많은 노력을 기울여 달성한 효율화가 군 내 및 국민적 신뢰도라는 포괄적 가치로 평가되지 못하는 것은 군수를 바라보는 좁은 인식과 무관하지 않다고 본다. 획득 이후 단계에서 군수를 논한다면 군수는 작은 영역에서의 효율화에 머물 수밖에 없고 이는 부분 최적화의 도그마에 빠질 우려가 있는 것이다. 획득 이전 단계에서 협업관계를 복원하고 소요기획 단계부터 군수의 영역 속에서 업무가 수행된다면 전체적인 최적화에 접근할 수 있는 것이다. 획득 이전 단계에서의 정책의 수립, 기획과 계획단계에서의 충분한 논의와 노력의 집중, 예산분야에서의 주도적 참여와 검토, 신규 소요의 기획, 소요량의 정량적 정확성 유지, 연구개발 및 획득사업 관리까지를 군수의 포괄적이고 협업적인 업무영역으로 봐야 한다. 그러한 의미에서 공급사슬관리를 군수업무의 확장된 영역으로 보는 장기덕(2012)의 관점은 주목받고 있다.

20) 장기덕(2012), 『군수관리의 이론과 실제』, Kida Press, p. 120.
21) 상게서, p. 121에서 Eric Peltz(2007), p.10을 재인용.
Eric Peltz, "Logistics: Supply Based or Distribution Based?," *Army Logistician*, 2007.

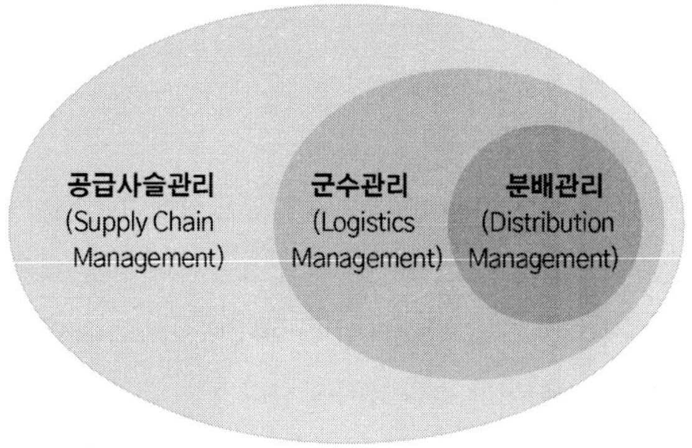

〈그림 1-5〉 분배관리, 군수관리 및 공급사슬관리의 관계22)

공급사슬관리를 업무 흐름의 프로세스로 표현하면 다음과 같다. 공급사슬관리란 원자재를 공급자로부터 최종 고객에 이르기까지 제품과 서비스를 효율적으로 제공하기 위해 공급자, 생산자, 운송업자, 그리고 도·소매 관계자 간 제품과 정보의 흐름으로 연결되어 있는 시스템을 관리하는 것이다. 각각 단절되어 있는 공급사슬상의 구성기업들을 하나의 통일된 시스템과 같이 관리함으로써 전체적인 운영상의 효율성을 제고할 수 있는 것이다.

이러한 맥락에서 군수활동의 세부분야 및 기능을 공급사슬관리 측면에서 재정리하면 다음의 표와 같다. 전투부대 및 전투지원부대의 소요는 개략적일 수밖에 없고 따라서 군수의 전문적 업무는 소요기획 단계에서부터 출발한다고 본 것이다. 전문가적인 군수활동은 소요를 개량화하고 체계화하는 것이다. 그 이유는 소요의 개량화·체계화 과정을 통해 야전에서 요구되는 군수품의 특성이 물성으로 변환되어 군사 요구도 또는 작전운용성능으로 정제되어야 하고 필요한 수량, 요구되는 보급시기, 사용할 부대, 종합군수지원 요소 등도 아울러 고려되어야 하기 때문이다.

이러한 소요기획 과정을 거치며 소요결정 단계에서 연구개발, 구매 또는 임차의 획득방안이 결정되고 이에 따라 사업관리 즉, 획득관리 단계의 업무가 시작된다고 볼 수 있다. 사업관리 단계에서는 절차적 객관성과 사업의 투명성이 요구되므로 군수 관련 기관들의 협업이 중요한 의미를 가지게 된다. 군수품 제작업체와 공급업체로부터 야전으로 배치되는 전력화 과정이 완료되면 이때부터 운영유지의 책무가 야전의 군수부대에 주어진다고 할 수 있다. 운영유지의 효율성을 극대화하기 위한 방안으로 우리 군은 보급, 정비 및 수송의 제(諸) 기능을 유기적으로 운영하는 노력을 기울이고 있다.

22) 장기덕(2012), 전게서, p. 121.

<표 1-2> 군수 공급사슬관리 전개도

구분	소요기획	연구개발	획득/조달	품질보증	보급	수·배송	정비	탄약지원	폐기회수
주관기관	국방부 합참 육본	방사청 국과연 육본, 업체	방사청 군수사 재정단	기품원 군수사 (군지사)	군수사 군지사 업체	군수사 군지사	군수사 군지사 업체	탄약사 군지사	군수사 군지사
관련기관	국방부, 합참, 육본, 방사청, 기품원, 국과연, 군수사, 군지사, 사단급 시설부대								
중점활동	·소요제기 ·소요결정 ·획득방안 검토/결정 ·작전운용 성능/군사 요구도 결정 ·기술적·부수적 성능 구체화 ·신뢰도, 가용도, 정비도 요구 ·전력화 지원요소 검토 ·예산 편성	·성능, 비용, 기간 관리 ·기술/제조 성숙도 관리 ·신뢰도, 가용도, 정비도 구현 ·전력화 지원요소 준비 ·개발/운용시험 ·전투용/군사용 적합 판정	·예산집행 ·조달요구 ·조달계획 ·협상/계약 ·계약이행 확인	·품질보증 ·품질검사 ·생산감독 ·식품검사	·납품검수 ·저장관리 ·색출/재포장 ·수/배송 ·추진보급/보급소 분배 ·보충보급 ·A/S ·후속 군수 지원	·추진보급 ·병력이동 지원 ·열차이동 지원	·군직정비/외주정비(사용자/부대정비 야전정비, 창 정비) ·CSRP ·수리부속 보급 ·A/S ·후속 군수지원	·탄약 저장 ·탄약 정비 ·ASRP ·폭발물 처리	·질정상태(質正狀態, condition) 평가 ·폐기, 비축, 양도 ·비군사화
					·급식, 유류, 탄약 등 작전지속지원				
공통	·저비용, 고품질, 고효율, 최단시간, 근접지원								

2) BSC 관점의 군수

균형성과지표(BSC: Balanced Scorecard)는 조직의 목표, 비전 및 전략과 일치되는 조직을 만들고, 개선하고, 성과를 측정하는 방법으로 시사점을 주고 있다. 폴 니벤(2006)은 유형자산은 재무지표에서 엄격하게 수치화되는 반면에 무형자산은 그 가치를 수치로 나타내기가 매우 어렵다고 주장한다. 유형자산은 쉽게 복제될 수 있는 데 비해 무형자산은 결코 복제되거나 남이 구입할 수 없으므로 차별화되는 가장 중요한 자산 중의 하나가 될 수 있는 것이다. 또한 유형자산은 사용하면 할수록 그 가치가 하락하는데 무형자산은 활용에 따라 그 가치가 줄어들지 않고 그대로 남아 있으며 목적에 맞게 활용할수록 오히려 그 가치가 증가한다고 한다.23)

아래 그림은 BSC에서 곧잘 인용되는 4개의 관점을 보여준다. 재무적 관점(Financial Perspectives), 고객 관점(Customer Perspectives), 내부 업무프로세스 관점(Internal Business Precesses Perspectives) 그리고 학습과 성장 관점(Learning and Growth Perspectives)이 조직의 비전 및 전략과 정렬되어 균형과 체계의 의미가 강조된다. 균형의 의미는 관점 간의 재무적 관점과 비재무적 관점의 균형, 투입과 결과의 균형 또는 인과관계를 나타낸다. 체계의 의미는 수직적으로 조직의 미션으로부터 구체적인 관점별 업무의 하향식(Top-down) 및 상향식(Bottom-up)의 체계이다. 각각의 관점에서 제시하는 분야가 성과를 달성하게 되면 조직의 미션이 구현되는 인과관계를 보여준다.

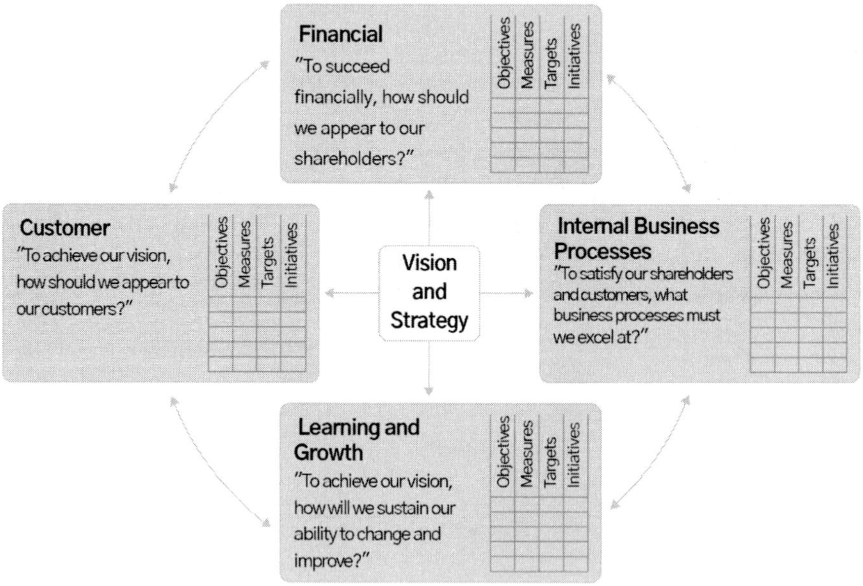

〈그림 1-6〉 BSC 4개의 관점24)

장준근과 채명신(2008)은 군수활동을 BSC 측면에서 검토하고 다음 〈그림 1-7〉의 프레임을 제시하고 이를 실증한 바 있다. 학습과 성장은 재정 및 자원관리와 내부 프로세스에 강력한 인과관계를 보여주고 재정 및 자원관리는 고객 및 이해관계자에게는 영향이 다소 미약하지만 내

23) 폴 니벤 저, 신홍철·서한준·김태균 역(2006), 『BSC 진단과 개선』, 네모북스, p. 30.
24) www.balancedscorecard.org에서 인용.

부 프로세스는 고객 및 이해관계자에게 상대적으로 더 큰 영향을 주는 것을 확인하였다. 한편, 학습과 성장은 고객 및 이해관계자에게 거의 영향을 주지 못하지만 내부 프로세스를 경유하여 간접적인 영향을 주는 것으로 분석하였다.[25] 군수활동에 있어 학습과 성장은 타 분야의 발전을 담보하는 기반요소 성격을 보여주고 우선적으로 관심을 기울여 혁신해야 할 분야이면서 동시에 내부적인 업무 프로세스의 협업이 중요하다는 점이 다시 확인된다.

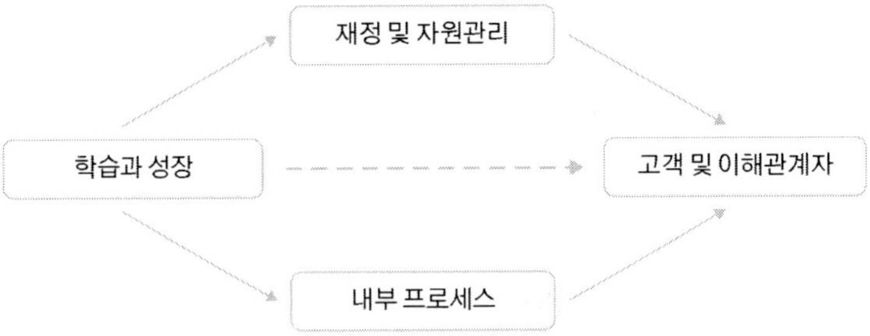

〈그림 1-7〉 BSC 관점의 군수활동 프레임[26]

다. 군수의 계층적 구조와 공간적 위치

앞에서 주로 군수활동을 평면적 상태에서 전략적으로 살펴보았다면 여기에서 군수의 계층적 구조와 공간적 구조를 정리해보고자 한다. 계층적 구조는 상·하 제대 간 업무의 계층적 연계와 기획, 계획 및 시행의 의미를 내포한다고 본다. 전략과 전술을 구분하듯이 군수기획과 군수관리, 군수지원을 구분해보면 다음과 같다.[27]

* 군수기획: 국방부, 각군본부, 방사청의 위치에서 소요기획, 미래발전 등 관련 법규, 제도 및 정책화, 예산의 확보 및 할당 등 군 외부로부터 유형적 자원을 획득하기 위한 업무
* 군수관리: 국방부, 각군본부, 군수사, 군지사 등에서 외부에서 획득된 유형적 자원을 군 내에서 어떻게 관리하는가에 주안을 두며 가용자산을 할당 및 관리
* 군수지원: 군지사, 사단급 시설부대 등에서 군 내에서 관리하는 자원을 전투 및 전투지원부대에 투사하고 운영하며 지속 지원하는 데 주안을 두는 현장에서 구현되는 군수활동

25) 장준근·채명신(2008), "SCM과 BSC 통합적용 군수 성과측정 프레임워크 실증 연구", 서울벤처정보대학원대학교 박사학위논문, p. 108.
26) 상게 논문, p. 104.
27) 장기덕(2012), 전게서, pp. 22-25; 이상돈·김철환(2012), 전게서, pp. 76-88에서 정리하여 인용.

이러한 구분은 편의상 구분이고 개념상 이해하기 위한 틀(Frame)임을 다시 한 번 유의하고자 한다. 기획, 관리 및 지원이 두부 자르듯 엄정하게 구분되기는 어렵다.

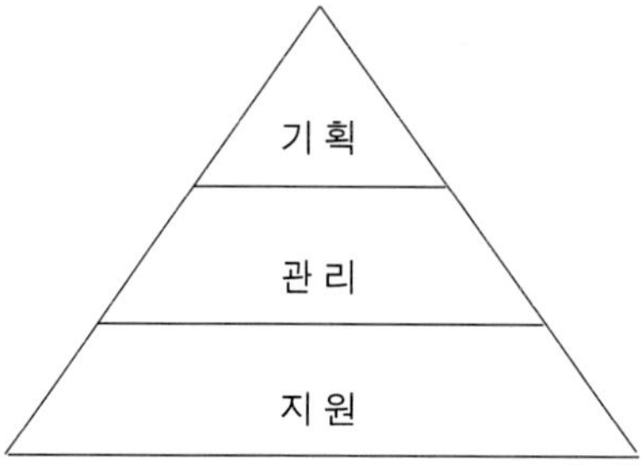

〈그림 1-8〉 군수의 계층적 구조

앞에서 군수지원 활동을 계층의 개념으로 살펴보았다면 이제 군수지원 활동을 절차와 수평적 관점에서 살펴볼 것이다. 이는 군수의 범위와 역할과 관련하여 아주 중요한 의미를 갖는다고 할 수 있다. 공간적 구조는 공급사슬 측면에서 생산하여 공급하고 이를 사용하는 야전 혹은 현장이라는 공간과 전장공간을 아울러 의미한다. 아래 그림에서 군수는 정책부서와 야전부서에 공히 존재하는데 군수기획과 군수관리는 주로 정책부서에서, 야전부서에서는 전투부대와 전투지원부대의 소요를 충족하는 군수지원 임무를 수행하는 것이다. 정책부서의 군수기획이나 군수관리는 야전을 지원하기 위한 준비로서의 과정과 외부로부터의 공급 과정을 의미하고, 야전에서 지원은 저장, 분배 및 운영유지를 포함한다.

〈그림 1-9〉 군수의 공간적 위치

라. 문제해결을 위한 전략적 네트워크

1) 문제해결의 방법론 적용

하버드 비즈니스 스쿨의 크리스 아지리스(Chris Argyris) 교수는 조직학습을 단일순환학습과 이중순환학습의 두 수준으로 구분하였다. 이은정과 장승권(2013)에 따르면, 단일 순환학습은 기존의 규범에 의해 규정된 범위내에서 조직성과를 어떻게 하면 가장 잘 유지할 수 있을 것인가, 어떻게 하면 기존의 목적과 목표를 가장 잘 성취할 수 있을 것인가에 중점을 둔다. 반면에 이중순환학습은 조직이 내재된 규범, 정책, 목표 등에 대한 수정을 포함하는 탐색과 수정과정을 의미한다. 탐구를 통해 조직의 규범과 가치를 재구조화하고 규범에 맞게 전략과 가정도 재수립한다.[28)]

이러한 아지리스의 주장에 근거하여 군수활동에 적용하여 설명한 것이 아래 그림이다. 단일 순환학습은 주로 '어떻게' 요소에 중점을 두고 전술적 고려 즉, 지침이라든가 시행계획에 따라 업무의 추진이 제대로 되고 있는지를 점검하고 개선하는 것이다. 일을 열심히 한다는 것은 주어진 틀 속에서 '효율성' 증진에 초점을 두는 것이다. 반면에 이중순환학습은 '왜' 요소에 중점을 두고 전략적인 고려사항인 환경과 여건에 기반하여 가정과 목표의 합목적성, 법규와 제도 등의 합리성 등을 기초로 올바른 일을 올바르게 하도록 하는 데 관심을 갖는다고 할 것이다. 여기선 효과성 증진에 더 큰 가치를 두게 된다.

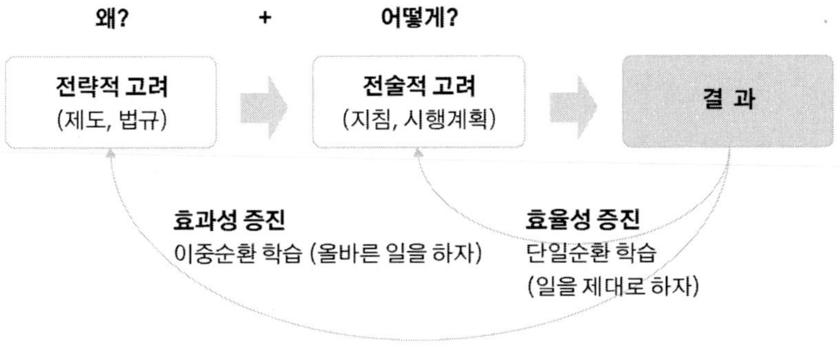

〈그림 1-10〉 이중순환학습에 의한 효과성 증진

2) 관련 기관 네트워크 구축 및 협업체제 가동

지금까지 우리가 알고 있는 군수 관련 기관, 부서 및 부대는 군수라고 하는 확실한 라벨이 붙어 있는 조직, 군에서 직접적으로 운영하는 기관, 군의 군수 관계관이 근무하는 기관 등으로 한정되어왔다. 하지만 앞에서 살펴본 바와 같이 군수를 획득 이후 관리 및 지원의 영역에 한정하지 않고, 획득 이전의 소요기획, 연구개발, 획득관리 및 사업관리까지 협업해야 할 대상으로 넓

28) 이은정·장승권(2013), "협동조합의 조직학습: 아이쿱(iCOOP)생협 사례를 중심으로", 『인적자원개발연구』 16(2), p. 110.

힌다면, 관련 기관이 보다 넓게 규정되어야 한다. 그런데 군수활동을 막연히 넓힐 수만은 없는 노릇이다. 군수의 주요 업무분야와 업무 추진 절차를 적용하여 소요기획(기획 및 정책), 획득관리, 운영유지 등 3개의 큰 틀을 나누고 이를 토대로 관련 기관을 식별하는 방법을 적용하고자 한다.

소요기획을 다루는 기관들은 군수분야 최상위 기관들로서 주로 국가적 차원에서 군사적 목표를 달성하기 위한 정책을 수립하는 데 필요한 법률 및 규정, 그 밖의 제도와 지침 등을 수립하고, 예산을 편성 및 할당하고, 군수 관련 조직을 구축하고 정원의 규제를 다루는 등 주로 군수활동을 수행할 여건을 마련하는 업무를 수행한다. 기획은 정책의 다른 표현으로 쓰이기도 하며 현재 및 미래의 문제를 해결하는 개념화 과정이라고 볼 수 있다. 소요기획은 현행 소요와 신규 소요로 나눌 수 있으며, 현행 소요에서는 소요의 정확도 향상에 주안을 두고 이른바 수요의 채찍효과(Bullwhip Effect)[29]를 최소화하려고 노력한다. 한편 신규 소요는 주로 군사적 목표 달성을 위해 미래 지향성을 갖고 합리적 결정을 위해 소요를 제안, 제기 및 결정하는 전반적인 업무를 수행한다. 이러한 기관들은 정책부서라고도 하며 각 군 본부 기획관리참모부, 군수참모부, 국방부 전력자원관리실, 합동참모본부(이하 합참), 전략기획본부 등 업무 관련 기관들로 구성된다.

획득관리의 업무 범위는 기획 및 정책단계에서 소요가 결정된 이후에 군수품에 대한 연구개발, 사업관리, 전력화까지 포함하게 된다. 연구개발과 사업관리는 주로 방위사업청, 국방과학연구소, 국방기술품질원, 민간 및 정부 관련 연구소 그리고 시험평가단 등에서 수행한다. 전력화 단계가 되면 소요군과 운영유지를 지원하는 소요군의 군수사가 업무를 실질적으로 시작하는 현행 구조를 주목해야 한다.

운영유지는 주로 조달, 보급, 정비 및 수송 기능을 갖고서 수행하는 간단없는 지속지원 업무로서 전·평시 군사활동을 보장하는 데 그 목적이 있다. 또한 조달 부분은 기존의 조달본부의 업무를 인수한 방위사업청에서 중앙조달[30]을 전담하고 있으나, 일반 물자 등은 점차 조달청으로

29) 심규탁·방양병(2007), "다단계 공급사슬에서 정량화 모델을 이용한 채찍효과의 분석", 한국경영과학회 학술대회논문집, pp. 464-465에서 발췌하여 인용.
"공급사슬의 최하위 단계인 수요자의 수요정보가 공유되지 않거나, 일괄적으로 주문하거나, 부족분에 대한 과다 또는 과소 예측 주문 등이 있거나, 대량구매에 의한 할인에 대한 기대나 리드타임에 대한 과도한 예측 등의 원인으로 수요정보가 수요자에서 상위단계로 올라갈수록 수요의 변동성이 커지는 현상을 채찍효과라 한다."

30) 조달은 취급기관에 따라 중앙조달과 부대조달로 나누어지고 지급수단에 따라 국내조달과 국외조달로 나누어진다. 중앙조달은 국방예산의 효율적 집행을 위하여 방위사업청에서 일괄 조달하는 것을 말한다. 시제품이나 정비와 이에 필요한 소모성 물자, 연간 조달계획이 3천만 원 미만인 품목, 국방규격이 없는 품목 등은 부대조달을 할 수 있다. 부대조달은 예산을 배정받은 부대가 자체에서 계약 구매하는 조달형태이다. 현지조달이라고도 하며 이는 현지부대에 집행예산을 배정하여 그 부대의 특성에 알맞은 품목, 수량을 소규모로 조달하는 방법이다. 한편 민·군 공통품목인 일반 상용품으로 경제적 조달이 가능하다고 판단되는 품목으로서 연간 조달계획액이 3천만 원 이상인 품목, 조달청 구매실적이 있는 품목, 단가계약 품목 및 소모성 행정용품 등은 조달청 조달품목으로 한다.

이관하고 있는 실정이다. 각 군 군수사 및 그 예하부대들이 야전에서 근접지원하는 것부터 전군 차원의 보급 및 창정비에 이르기까지 광범위한 영역에서 업무가 수행되고 있다.

이렇게 소요기획, 획득관리 및 운영유지의 구분은 편의상의 구분일 뿐, 실제 업무는 주로 협업을 기반으로 이루어진다. 야전의 전투부대, 전투지원 및 전투근무지원부대의 수요가 집적되고 개량화되어 군사적 요구로 수렴되고, 이를 토대로 소요가 결정된다. 소요결정 이후에 획득관리 또는 사업관리 과정을 통해서 군수품이 개발되거나 개량된다. 이어서 실제로 군사적으로 사용 가능한지 그리고 대량으로 보급하여 사용하는 데 문제점은 없는지 점검하는 전력화 과정을 거치게 된다. 군이 군사적 목표를 달성하기 위해 필요한 장비와 물자를 지속적으로 지원하고 유지하여 전투력 발휘를 보장하는 운영유지 단계에서는 조달, 보급, 정비 및 수송의 각 기능들이 가능한 최전선, 최말단 부대까지 간단없이 지원되어야 한다. 이러한 군수의 큰 업무흐름에서 보면 분야별, 기관별, 기능별 업무의 구분은 협업을 보다 명확히 하고 효율적으로 하는 방법이라는 점이 더욱 명확해진다.

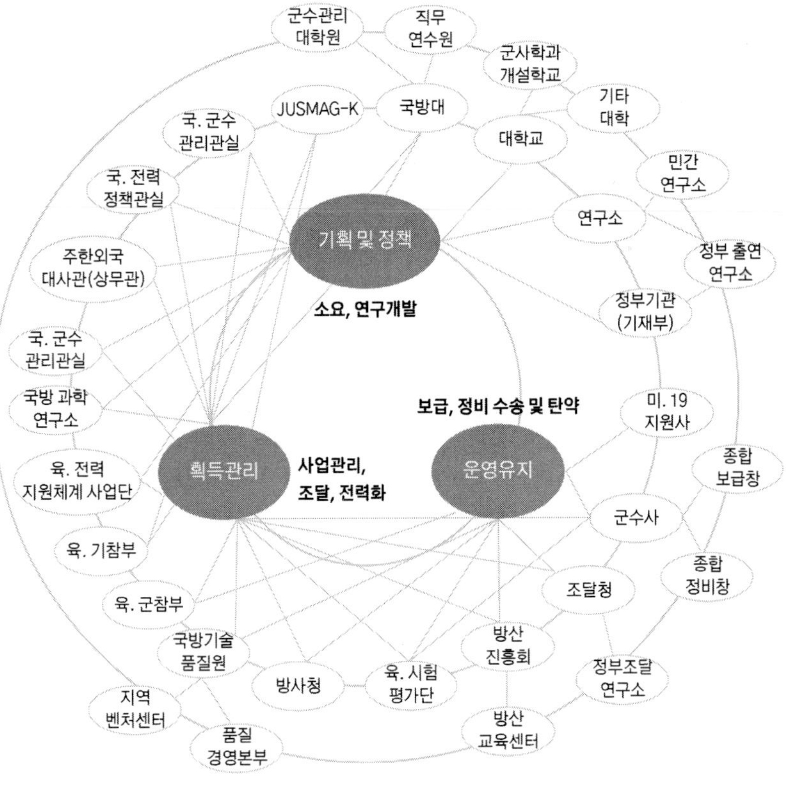

〈그림 1-11〉 군수 관련 기관 네트워크 예시[31]

앞에서 현재 군 내에서 교리(Doctrine)에 반영되어 일상적으로 인용되거나 통용되는 군수에 대한 정의를 알아봤고 다양한 연구자들이 최근까지 군수에 대해 재(再)정의하려고 노력하고 있다는 것과 그 내용도 살펴보았지만 군수의 역사성, 이해관계자의 포괄성, 다양성 및 역동성, 그리고 최근의 학문적 성과 등을 담아내기에는 다소 부족한 정의에 머물고 있다는 점을 알 수 있었다. 따라서 지금 이 시점에서 군수를 재정의하려는 노력은 시의적절하다는 점에 공감하면서 획득 이전의 소요로부터 시작되어 회수 및 폐기까지 다루는 총수명주기관리체계(TLCSM: Total Life Cycle System Management) 차원에서 소요기획, 획득관리 및 운영유지를 포괄하는 통합군수를 제안하고자 한다. 그래서 궁극적으로 야전의 최종 사용자인 장병들과 군수에 관련된 모든 이해관계자들이 신뢰하고 만족할 수 있는 군수가 되어야 한다고 믿는다. 지금까지 논의를 종합해서 결론적으로 군수에 대해서 다음과 같이 재정의하고자 한다.

"군수란 군수 관계관이 전·평시에 군사적인 목표를 달성하는 데 필요한 군의 물적 수요[32]를 충족시키기 위해서 소요기획, 획득관리 및 운영유지의 전 수명주기 간 적용하는 과정(프로세스 활동)이며, 보급·정비 및 수송 등 지속지원의 기능활동이다. 또한 군수는 전·평시 군사력 발휘를 확장(선행요소)하거나 제한(후행요소)하는 중요 요소이다."

31) 이와 같은 군수 관련 기관을 예시로써 제시하는 이유는 통합군수의 큰 틀에서 군수를 바라봐야 한다는 점을 보다 사실적으로 설명하기 위한 방편이다. 군수부대만이 행하는 그들만의 군수가 아닌 여러 관련 기관과 부서가 함께 머리를 맞대고 네트워크를 이루어 협업을 제대로 해야 한다.

32) 수요를 인적 수요와 물적 수요로 나눌 때, 물적 수요는 인적 수요를 제외한 모든 장비, 물자, 시설 및 소프트웨어를 포함한다.

군수란 군수 관계관이 전·평시 군사적 목표를 달성하기 위해 군에서 필요로 하는 물적 요소(物的要素)인 군수품(Materiel)을 군내·외에서 협업을 통해서 체계적이며 지속적으로 지원하는 포괄적 활동이다. 군에서 필요로 하는 것은 크게 인적 요소와 물적 요소로 나눌 수 있고, 이 중에서 군수는 물적 요소인 군수품을 주로 다룬다. 미국 육군군수사령부를 'Army Materiel Command'('육군물자사령부'라고 직역하기도 함)라고 지칭하는 이유도 여기에 있다. 그런데 군수에서 다루는 물적 요소는 군에서 생산되어 공급되는 것이 아니라는 점을 주목해야 한다. 대부분의 군수품은 군 외부에서 제작되어 공급되는 구조를 갖고 있으며, 군수활동은 이러한 과정의 거래행위에서 살펴볼 수 있다. 군의 수요를 군 외부의 공급자도 쉽게 알 수 있도록 객관적으로 개량화하기 위해 군사적 요구를 작전운용성능(ROC)으로 결정하는 소요기획 과정에서 군수업무가 시작된다고 보는 것이다.

이렇듯 군수업무는 소요기획 단계를 거쳐 연구개발, 생산 및 조달, 보급·정비 및 수송, 폐기단계를 망라하는 포괄적 업무를 수행하게 된다. 포괄적 군수업무는 많은 기관의 임무와 기능이 포함되기 때문에 필연적으로 협업을 전제로 할 수밖에 없다. 관련 기관이 자기 몫의 업무를 하고 명확한 책무 범위와 절차를 토대로 협조하고 더불어 시너지를 만들어내야 하는 것이다. 우리가 지금까지 군수분야에서 추진했던 국방경영효율화, 린-6시그마 등은 아쉽지만 부분 최적화(Local Optimization)라는 한계를 보여주고 있다. 주어진 여건에서 그야말로 최선의 노력을 다했다고 볼 수도 있다. 그러나 일부이긴 하지만 군수가 운영유지 중심의 한정된 분야에서 효율화를 추구하면서 결과적으로 효과를 담보할 수도 없고 전체적으로 효율적이지도 못한 성적표를 받아들여야 하는 현실이 모순적이라는 분석이 있다. 창군 이래 가다듬어온 군수활동 전반을 이제는 되돌아보고 당면한 문제를 해결함은 물론이고 미래를 향한 담대한 도전을 시작할 때가 된 것이다. 관련 기관의 조화로운 협업과 프로세스의 전체 최적화(Global Optimization)를 군수발전을 위한 방향으로 하고 이를 달성하기 위한 단계적 방법론을 제안하고자 한다.

첫째, 군수품 획득 이후 운영유지 위주의 기능적인 군수활동에서 탈피하여, 수요를 형성하고 이에 따른 공급이 이루어지는 거래활동을 기반으로 군수업무를 재정의(Redefinition)해야 할 것이다. 이를 바탕으로 둘째, 군수품의 소요기획, 획득관리 그리고 운영유지를 포괄하는 즉, 총수명주기관리체계(Total Life Cycle System Management)를 하는 기관별 업무의 절차와 범위를 구체화하고 명확한 연결고리를 만들어서 협업이 용이하도록 해야 한다. 셋째, 이러한 군수활동에 영향을 주는 법규와 조직, 예산을 근본적으로 재설계해야 한다. 재설계의 주안은 수요와 공급의 독점(Bilateral Monopoly) 또는 수요독점(Monopsony) 형태에서 탈피하여, 궁극적으로 수요와 공급의 시장원리가 작동하는 개방되고 역동적인 군수업무체계 구축에 두어야 한다고 본다.

* 장준근(2017), "군수, 방향을 가늠해본다", 국방일보, 2017. 3. 1. 기고에서 일부 용어를 수정 인용.

제 2 장
수요와 공급으로 보는 군수

1. 군수활동에 대한 이해

군수, 군수품 그리고 군수활동에 대한 일반적인 인식은 신뢰적이지 않다. 군수품은 보통 시장에서 거래되는 것이 아니라는 것, 그리고 그러한 군수활동은 독점적이거나 과점적인 형태를 보여주고 심지어 일부 내용과 활동은 비공개 상태를 유지한다. 결과론적이지만, 이러한 이유 등으로 우리는 군수활동에 있어서 수요와 공급 그리고 시장의 원리에 주목하지 않았다. 군수활동을 하면서도 수요가 어떻게 형성되는지, 형성된 수요가 어떤 과정으로 공급자에게 전달되는지, 공급자는 무엇을 어떻게 준비하는지, 공급되는 과정의 효율성은 어떻게 높이고 있는지, 공급된 군수품은 양적으로나 질적으로나 수요를 충족하는지 등에 대한 고민을 많이 하지 않는다. 그보다는 현재의 법률, 규정과 지침에 명시된 절차를 준수하는 데 업무의 주안을 두어왔다.

가. 믿음과 불신

우리는 수행하는 업무 속에서 일종의 자기강화를 통해서 군수업무를 제대로 하고 있다는 믿음을 가지게 되었다고 본다. 군에서는 투명성을 제고하기 위해서 기관별로 업무를 구분하고 여기에 준수해야 할 절차를 제시하며, 이러한 다단계의 절차 속에서 합목적적 가치도 추구하지만 결과적으로는 절차의 준수가 중요해지며, 시스템과 전문가가 부재하거나 미흡하더라도 열심히 일하는 풍토가 강조되어 왔다. 그래서 사고 없이 업무가 마무리되면 이상 없다는 막연한 믿음이 자리 잡게 되는 것이다. 그런데 그러한 믿음은 정부나 군의 일방적인 믿음이 아닌가 하는 의심이 있다.

왜냐하면 정부나 군을 제외한 이해관계자들은 정부나 군에서 수행하는 군수품 조달 등의 업무는 독점 또는 과점적 형태로 나타나고 비공개가 상당하여 전반적으로는 투명하지 못하다고 인식하고 있다. 이러한 정반대의 인식은 사실의 왜곡 때문에 형성된 것도 있겠지만, 정부나 군의 절차 위주의 업무 관행으로부터 기인한 측면도 있다. 법규에 근거하고 절차 위주로 업무를 수행하고 기관별로 책무를 나누다 보니 업무를 완결하기 까지 시간이 오래 걸린다. 또한 절차가 복잡하며 보안유지가 필요한 특수한 경우까지 있어서 담당자 이외에는 전(全) 과정을 이해하기 어렵다는 것도 있다. 아울러 법규나 절차의 일반성과 형평성을 강조하다 보니, 개별적인 상황을 감안하고 해석하여 적용하는 유연성은 미흡하다. 이렇게 다소 복잡한 제도와 운영상의 경직성이 또 다른 이유로 군과 군수품에 대한 막연한 불신을 만들어가고 있는 것이다.

또한 한국적인 감사 또는 소송 패턴도 여기에 한몫하고 있다고 본다. 군수품의 조달에 관련해 누군가가 명확한 증거가 없더라도 '카더라' 형태로 '비리가 있다'라고 투서하면 감사나 수사가 시작되기 마련이다. 그러한 감사나 수사 내용은 언론에 보도되는데, 사실의 확인보다는 가십성의 선정적이고 심지어 일방적으로 편향된 '카더라'형태로 보도되는 경우가 있다. 이에 국회 등에서는 그러한 언론 보도 자체를 문제 삼아서 국정감사를 통해서 추궁하는 등 부정적인 영향이 확대 재생산되는 전형적인 패턴이 최근 몇 년간 꾸준히 반복되고 있다. 이렇게 방산 및 군수활동에 대한 감사나 수사의 단초가 되는 투서 등은 업체 간 경쟁에서 빚어진다고 알려져 있으며, 일부이긴 하지만 정치적 필요와 인위적 요구에 의해 감사와 수사의 대상[1)]이 되기도 하였다. 그로 인해 정부나 군에서는 감사 이후에는 한층 더 법규에 명시된 절차 위주로 업무를 해야 다치지 않는다는 신호를 감지하고 그같은 행동양식을 강화하게 된다.

나. 증상과 처방

이렇게 방산 및 군수업무에 대해 불신하는 상황, 그리고 실제로 나타나고 있는 방산과 군수와 관련된 비리 등은 긴급한 처방과 함께 근본적인 개선이 요구되는 문제점이 분명하다. 이러한 현상은 어떤 원인의 결과로서 나타나는 것이라 볼 수 있는데, 결과적으로 나타나는 증상에 대한

1) 한국경제(2018), "'방산비리' 무죄율 44%... 일반 형사사건의 20배", 2018. 4. 11. 보도;
SBS(2018), "[취재파일]'와일드캣' 혐의자 모두 무죄... "와일드캣, 비리 아니었다!"", 2018. 2. 3. 보도.
조선일보(2017), "악성 민원·고소에 움츠러드는 제복들", 2017. 8. 22. 보도.
시사플러스(2017), "또 '양치기 소년'된 감사원... 정권 입맛 따라 '정치감사'", 2017. 7. 22. 보도.
* 방산비리 또는 군수비리는 이적행위라고 역대 대통령들이 직접 언명할 정도였으며 그 여파로 많은 관계자들이 고초를 겪었다. 사실에 근거해서 엄중하게 감사하거나 수사해서 옥석을 가려야 함에도 불구하고, 그러한 기대를 충족시키기에는 감사원이나 검찰의 조사와 수사 역량이 부족하다는 점과, 대부분의 경우에 발단이 된 민원, 투서 등이 사실은 경쟁업체 간의 이전투구에서 비롯되었다는 점 등은 감사와 수사가 갖는 한계를 보여준다. 더군다나 감사나 수사를 받는 관계기관인 국방부, 방사청, 각 군 본부 등은 가능한 한 이목을 끌지 않도록 로키(Low-key)를 유지하는 관행으로 인하여 언론보도나 감사결과 발표에 벙어리 냉가슴 앓듯이 대응하고 있어 비리의 의혹과 더불어 무능력함까지 함께 덧칠되어 총체적으로 국민의 신뢰를 잃게 되었다. 감사나 수사를 통해서 발전적 대안의 제시나 구조적 비리를 발본색원하는 성과는 기대하기 어렵고, 정치권과 언론에서 음모론적 시각으로 방산비리 또는 군수비리로 몰아가는 행태야말로 이적행위임이 드러나고 있다는 비판도 있다.

즉각적인 처방이 대증요법(對症療法, Symptomatic Treatment)이라면, 우리가 바라보아야 하는 것은 근본적인 원인을 개선하거나 치유하는 원인요법(原因療法, Causal Treatment)의 병행이랄 수 있다. 대증요법은 당장 기침을 멎게 하거나 통증을 완화시켜주듯이 즉각적인 효과가 있을지 모르지만 근본적인 원인을 치유하는 것은 아니다. 대증적인 처방과 함께 근본적인 치유의 과정이 필요한 이유가 여기에 있다.

어찌되었든 방산과 군수활동에 있어 나름의 불신과 부조리한 현상이 지속적으로 나타나는 것은 구조적이며 제도적인 문제가 있다는 방증이기도 한다. 여러 가지 구조적이며 제도적인 문제점들 중에서도 시장의 역동적인 메커니즘이 작동하지 않는다는 사실에 우선 주목할 필요가 있다. 이것은 지금까지의 제시하였던 대부분의 해결방안이 대증요법의 일부이거나 그러한 효과만을 가져왔다는 반성에서 출발해야 한다. 원인요법의 일환으로 이제부터라도 군수품의 수요, 그리고 공급 등을 단계적으로 짚어보고, 시장의 원리가 원활하게 작동하는 법률과 제도, 업무수행 절차 등을 구비해 나가는 노력이 필요하다고 본다.

다. 군수용어 정립

논의에 앞서 군수품의 수요와 공급 그리고 시장을 이해하기 위한 관련 용어의 뜻을 용례를 중심으로 개념과 함께 정리하였다. 용어의 잘못된 이해는 개념의 정립에 걸림돌이 될 수 있기 때문에 중요한 문제이다.

일반적으로 수요(demand)는 '수요가 있다'라고 이야기할 때 필요하다 정도의 의미로 쓰이지만, 『국방 군수·전력 용어사전』(2013)에 따르면, 군수기능부대에서 사용하는 수요는 일정 기간 동안 피지원부대로부터 접수된 청구서를 검토하여 지원할 것으로 결정된 자원의 양[2]을 말한다. 수요에 양의 개념이 들어간다면 수요량(Quantity Demanded)으로 표현해야 정확할 것이다. 테일러(2002)는 수요는 가격과 수요량에 의해 표현되는 전체 곡선이나 표를 가리키고, 반면에 수요량이란 용어는 수요곡선 상의 한 점[3]을 가리킨다고 한다.

한편, 소요(Requirement)는 일반적으로 요구조건 또는 필요한 것을 말한다. 『국방 군수·전력 용어사전』에 의하면, 군에서 사용하는 개념은 넓은 의미에서의 군사소요를 말하며, 군사적 목표와 임무를 완수할 수 있는 능력을 갖출 수 있게 하려고 적절한 자원배분을 합법화하는 확실

2) 국방부(2013), 『국방 군수·전력 용어사전』, 국군인쇄창, p. 235.
3) 존 테일러(John B. Taylor) 저, 박원규·이상규·강정모·김한원 역(2002), 『테일러 경제학』, 시그마프레스, p. 55.

한 필요성을 말한다. 좁은 의미의 소요는 물자소요를 말하며, 어떤 부대가 일정 기간이나 시기에 어떤 임무를 수행하기 위하여 필요한 지정품목의 총수량을 말한다. 여기서 좁은 의미의 소요라고 하였으나 소요를 특정한 부대에서 임무수행에 필요한 군수품에 대한 청구로 해석하고 있음을 알 수 있으며, 소요량(Quantity Required)이라고 정의하는 것이 더 정확할 것이다. 결론적으로 수요와 소요는 의미가 명확하게 구분되지 않은 채 쓰이고 있으며 관습적으로 쓰임이 다르게 적용되고 있어 혼란의 여지가 많음을 알 수 있다.

이에 대해서 손병식(2013)은 소요의 동의어로 수요가 있지만 소요는 강력하고 공식적으로 요청한다는 의미를 가지고 있고 공식문서에서는 소요를 더 많이 사용한다고 주장한다. 소요는 필요성 즉, 필요한바 또는 요구사항을 뜻하는데 수요와 소요라는 용어를 통해 현재의 군수품에 문제가 있어서 필요한 것인지, 아니면 미래를 대비하기 위해 필요한 것인지 구분[4]할 수 있다고 한다. 수요에는 과거라는 시간적 개념이 포함되어 있고 실적자료가 남아 있다고 보며, 수요실적은 분석을 위한 기초자료가 되고 수요분석의 결과는 소요판단 및 산정의 토대가 된다고 설명한다. 그렇지만 필요량, 문제로 인식되는 소요에는 해결해야 할 현안을 내포하고 있는 동시에 미래라는 시간적 개념을 포함하고 있다[5]고 주장한다.

이제 획득과 조달, 구매를 구분할 필요가 있다. 『국방 군수·전력 용어사전』에서 조달(Procurement)은 경제 주체가 활동에 필요한 장비, 물자, 시설 또는 용역을 필요한 시기와 장소에 필요한 만큼 획득하여 공급함으로써 경제 주체가 활동을 원활하게 하도록 하는 것을 말한다. 여기서 조달의 대상을 잘 봐야 하는데, 군수품과 시설 및 용역을 포함한다. 물론 군에서 조달이라고 할 때, 대부분의 경우 군수품을 조달의 대상으로 여긴다. 군에서 조달이 갖는 의미를 정리해보면 다음과 같다. 군 외부의 제작자나 공급자로부터 필요한 특정한 군수품의 소요량을 결정하고 협상 및 입찰 등 계약행위를 통하여 구매하여 필요한 군수계통(부대)이나 사용부대에 납품하는 행위가 조달이다.

반면에 획득(Acquisition)은 방위사업법에 따르면, 군수품을 구매(임차)하여 조달하거나 연구개발·생산하여 조달하는 것을 말한다.[6] 이를 정리해보면, 획득은 군에서 필요한 군수품에 대한 개념연구, 소요결정 과정 등 ① 군 내부의 소요를 종합하고 구체화하여 소요를 결정하는

4) 손병식(2013), 『군수학 원론』, 서울경제경영, p. 66.

원 개념	동위 개념	유사 용어
소 요	문 제	격차, 고려요소, 불만, 불일치, 불편함, 불평, 차이 등
	미 래	능력, 요구사항, 욕심, 예측, 준비사항, 필요 등

5) 상게서, p. 141.
6) 국방부(2018), 「방위사업법」, 법률 제15051호, 제3조.

의사결정 과정과 ② 군 외부의 제작자나 공급자, 연구기관 등과 함께 연구하여 개발하고 지적재산권 등을 취득하거나 이를 적용하여 군수품을 개발하고 사업을 관리하는 과정, 그리고 ③ 개발이 완료된 군수품 또는 기성 군수품을 주문제작 방식으로 일부 개조하거나 성능을 개량하여 구매하고 보급하는 등 조달행위를 포함하는 것으로 봐야 한다.

반면에 구매(Purchasing)는 『국방 군수·전력 용어사전』에서 소비자가 상품을 구입하기 위해 계약체결을 위한 상담을 하고, 그 계약에 따라 상품을 인도받고 대금을 지불하는 과정으로 설명하며, 물물교환을 포함하여 대가를 지불하고 어떠한 형태의 재산에 대한 소유권을 취득하는 조달방법의 하나로 본다. 이는 제작자나 공급자를 식별하여 예산의 범위내에서 또는 최저가격으로 이미 결정된 소요량에 따라 계약방법을 적용하여 가장 최적의 조건으로 계약하고 대금을 지불하고 소유권을 취득하여 군수품을 인수하는 과정을 포함한다.

일률적으로 말하기는 어려우나 구매는 주로 계약행위, 군수품 인수 및 대금 지불행위에 한정된 의미인 경우가 많고 민간에서 주로 쓰이는 반면에, 조달은 주로 공공부문에서 적용하며 구매행위를 포함하여 특정한 군수품의 소요량의 결정 과정을 포함하고 그 대상으로는 군수품 이외에 시설 및 용역까지 넓어진다는 것이 정설이다. 획득은 이러한 조달행위를 포함하여 신규 군수품의 소요결정, 연구개발 및 사업관리 등을 포함하는 개념으로 이해한다. 이러한 이유로 획득업무는 주로 무(無)에서 유(有)를 만들어낸다고들 한다. 반면에 군수품의 검수 및 검사, 저장 및 관리 등은 획득업무에서 제외되는 경우가 있어 때로 획득업무와 조달업무 관계관의 이해가 상충하는 경우가 발생하기도 한다.

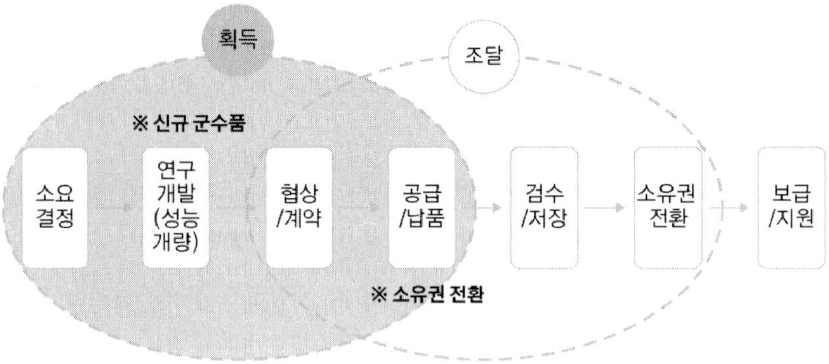

〈그림 2-1〉 획득과 조달의 구분

이어서 군수업무에 있어 소유권에 대해서 알아보자. 보통의 경우에, 획득이나 조달 또는 구매를 통하여 군수품에 대한 소유권을 인수하게 된다. 이러한 소유권에는 당연히 사용권한이 포함되어 있다. 따라서 소유권을 가진 군이 사용권한을 행사하는 것이다. 그런데 소유권은 사용권한뿐만 아니라 소유함으로써 수반되는 책임까지도 포함된다고 본다. 소유권은 군수품을 자신의 소유로 직접적·배타적·전면적으로 지배하여 사용·수익·처분할 수 있는 권리[7]이다. 반면에 사용권은 다양하게 적용되는데 지상권, 지역권, 전세권, 임대차, 전용 또는 통상 실시권, 사용권한 등으로 목적물과 조건에 따라서 다르게 적용되고 표현된다.

최근 공유경제(Sharing Economy)[8] 등을 통해서 소유의 개념이 아닌 서로 대여해주고 차용해 쓰는 협력소비의 개념으로 경제활동이 폭넓게 이루어지고 있다. 여기서 지금까지 주거용 아파트와 같은 시설이나 승용차량 등에 국한되었던 임차대상을 다른 고가 장비나 무기체계와 군의 일반 업무용 시설 등으로 확대하는 방안을 검토할 시기가 되었다고 본다. 소유권을 인수하면서 지불하는 대금에 비하여 단기간의 경우에는 사용권한에 대한 대금지불의 부담이 훨씬 적기 때문에 계절적 수요, 훈련기간 등 단기간의 수요, 시험 적용 등 제한된 목적에 사용할 경우에는 공유경제에 기반을 두어 협력적 소비를 하고, 또는 직접적이며 배타적인 소유권한을 행사하기보다는 유연하고 효율적으로 사용권한을 취할 수 있는 방안에 대한 다양한 검토와 적용이 바람직하다고 본다.

2. 일반적인 수요와 공급[9]

가. 수요에 대한 이해

시장이 어떤 원리로 작동하는지 알아보기 위해서 단순한 모형을 만들어서 이해할 필요가 있다. 시장에서 수요자와 공급자는 가격을 매개로 하여 자발적인 교환을 추구한다고 본다. 첫 번째로 수요(Demand)를 살펴보자. 소비자의 의도와 행위를 구분한다면, 수요의 의미를 구매 의도 자체로 보기도 하고, 수요를 행위로 보는 관점에서는 여러 가격에 구매하고자 하는 일련의

7) "소유권", https://ko.wikipedia.org.
8) https://ko.wikipedia.org. 2008년 하버드대학교 로런스 레시그 교수가 구체적으로 제안하였음.
9) 일반적인 수요와 공급에 대한 이해는 아래 학자들의 주장에서 발췌하여 인용하였음.
존 테일러(2002), 전게서, pp. 48-354; 남상섭·안병근(2008), 『시장경제의 원리와 실제』, 현우사, pp. 38-152; 박하섭(2008), 『시장경제의 이해』, 형설출판사, pp. 83-173; 존 맥밀런(John McMillan) 저, 이진수 역(2007), 『시장의 탄생』, 민음사, pp. 11-31, 341-364.

수량의 총합으로도 볼 수 있다. 수요량은 하나의 특정한 가격에 구매하려는 수량이라고 본다. 수요곡선은 종축에 가격, 횡축에 수량을 나타내는 그래프로 보면 우하향한다고 본다. 이를 수요의 법칙이라고 하며 수요에서 가격과 수량은 음(-)의 상관관계를 갖는다고 말한다.

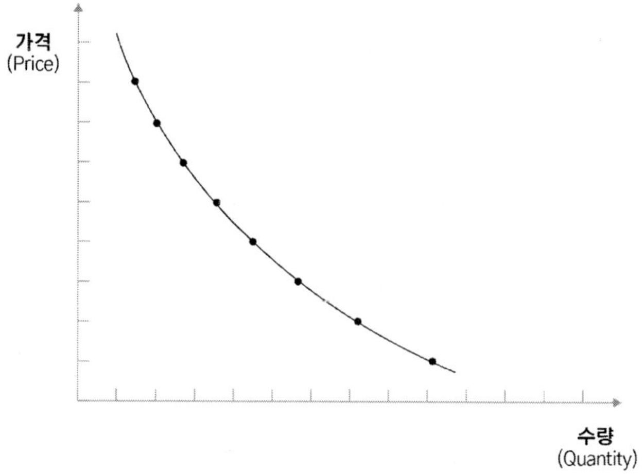

〈그림 2-2〉 수요곡선

수요의 법칙은 가격과 수요량 사이의 음의 관계에 기초한다. 이와 같은 음의 관계를 설명하는 두 가지 효과가 있는데 바로 대체효과와 소득효과이다. 가격이 하락하면 다른 상품의 대체로서 수요량이 증가한다는 대체효과가 그 첫 번째이다. 한편, 한 상품의 가격이 하락한다는 것은 실질소득이 증가하는 효과가 있기 때문에 수요량이 증가한다는 소득효과가 그 두 번째이다.

수요에 영향을 주는 다양한 요인들이 있다. 지금까지 단순한 수요곡선에서 가격과 수요량의 음의 관계를 설명했듯이, 우선 가격요인이 가장 첫 번째 요인이다. 다음의 영향요인은 소비자의 소득수준이다. 시장에 존재하는 다른 상품이 대체재인지 보완재인지에 따라서도 각각 양의 관계와 음의 관계를 보여준다. 또한 소비자의 소비트렌드의 변화 등도 수요에 영향을 준다. 그 외에도 소비자의 가까운 장래에 시장의 변화 또는 상품 가격의 변화에 대한 예측 등이 수요에 영향을 준다.

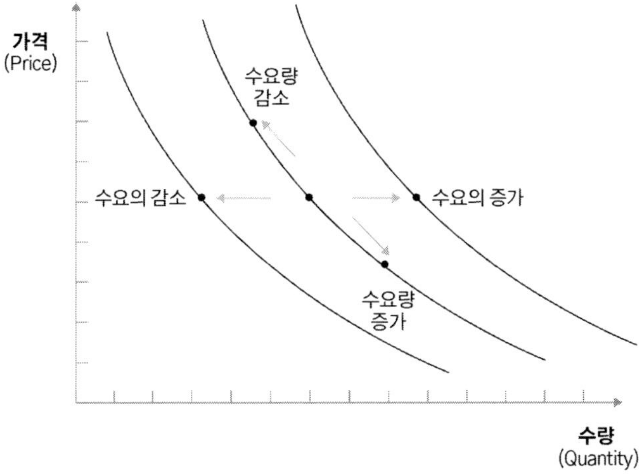

〈그림 2-3〉 수요의 변화와 수요량의 변화

수요의 변화는 가격 이외의 다른 요인의 변화에 따라 수요의 크기가 변하는 것을 의미한다. 예를 들어 소득수준이 높아지면 원래의 가격은 변하지 않아도 상품의 수요량이 증가하는 것을 수요의 증가라고 한다. 소득수준이 낮아지면 이와 반대의 현상이 일어나며 이를 수요의 감소라고 한다. 한편 다른 요인은 변하지 않고 가격만 변화하여 수요량이 변화하는 것을 수요량의 변화라고 한다. 이러한 변화는 수요곡선 상에서 점의 이동으로 표현된다.

나. 공급에 대한 이해

공급이란 여러 가격에 대응하여 판매하고자 하는 일련의 수량이다. 여기에는 판매 의도와 일정 기간이라는 의미가 포함된다. 공급량이란 하나의 가격에 대응하여 판매하고자 하는 상품의 수량으로 정의된다.

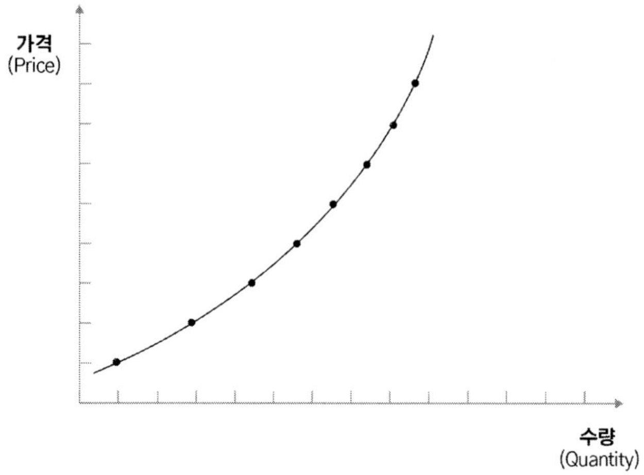

〈그림 2-4〉 공급곡선

가격을 종축으로 하고 수량을 횡축으로 하여 가격과 공급량의 대응관계를 표시한 일련의 연결선을 공급곡선이라고 한다. 일정 기간 동안 한 상품의 여러 가지 가격수준과 공급량의 조합점들을 연결한 곡선으로 우상향하는 형태를 보여준다. 이는 다른 조건이 변하지 않을 때 가격이 상승하면 공급량이 증가하고 가격이 하락하면 공급량도 감소하는 즉, 상품의 가격과 공급량이 같은 방향으로 증가 또는 감소하는 양(+)의 상관관계를 보여준다.

공급은 우선 생산요소의 가격 변화에 가장 큰 영향을 받는데 그 이유는 생산자의 이윤의 크기를 변화시키기 때문이다. 다음으로 기술수준에 의해 영향을 받는다. 생산기술 수준이 높아지면 대부분의 경우 생산비용이 절감되고 기업의 이윤이 증가하게 되고 결과적으로 공급을 증가시킨다. 공급은 또한 장래에 대한 기대에 영향을 받는다. 가격이 오를 것으로 기대되면 현재의 공급을 줄일 것이다. 반대로 가격이 내릴 것으로 예상되면 내리기 전에 판매하기 위해 공급을 늘릴 것이다. 생산자 입장에서 대체재나 보완재의 존재는 가격의 변화에 따라 영향을 받기 마련이다. 공급의 규모는 시장에 존재하는 동일한 상품에 대한 공급자의 수가 많아지면 공급이 늘고 공급자의 수가 줄면 공급이 감소하게 된다.

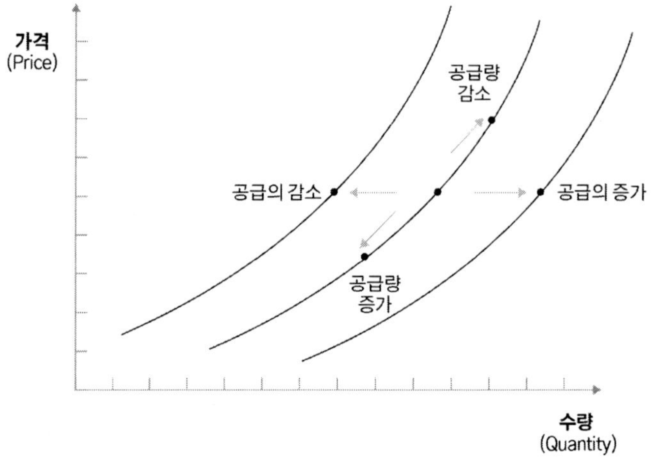

〈그림 2-5〉 공급과 공급량의 변화

가격의 변화에 따라 공급량이 변화하는 것을 공급량의 변화라고 한다. 그림의 가운데 공급곡선에서 가격이 오르면 공급량이 증가하고 가격이 내리면 공급량이 감소하는 점의 이동을 확인할 수 있다. 반면에 가격 이외의 요소의 변화에 따라 각각의 가격수준에 대응하여 공급량의 변화가 있는 것을 공급의 변화라고 한다. 〈그림 2-5〉에서 보는 것처럼, 생산기술 수준의 발전은 생산요소 가격의 하락을 유도하고 공급을 늘리게 한다. 따라서 공급곡선 자체가 우측으로 이동하게 된다.

다. 수요와 공급의 균형에 의한 시장의 기능

가격은 수요와 공급의 상호작용에 따라 결정된다. 어떤 상품의 실제가격(Actual Price)은 시장에서 수요와 공급의 상호작용을 통해 균형가격으로 수렴되는 경향이 있다. 시장에서 거래되는 실제가격이 균형가격보다 낮은 경우에는 초과수요가 발생하고 실제가격이 균형가격보다 높은 경우에는 초과공급이 발생하게 된다.

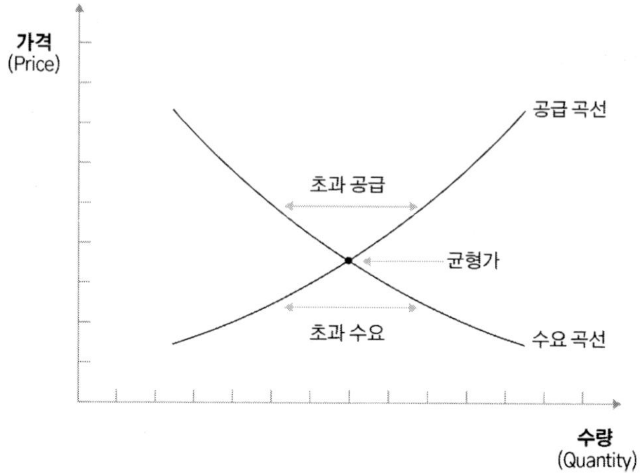

〈그림 2-6〉 시장에서 수요와 공급의 상호작용과 균형가격의 결정

시장에서 공급이 초과하여 재고가 쌓이면 생산자들은 값을 내려서 재고를 처분하려고 한다. 그러한 연유로 가격은 내려가게 된다. 이렇게 가격이 하락하면 생산자들은 공급량을 줄이게 되지만 소비자들은 더 많은 수량을 사고자 한다. 가격이 하락하면 수요량은 증가하지만 공급량은 감소하기 때문에 〈그림 2-6〉과 같은 초과공급량이 감소하게 된다. 이러한 현상은 균형가격에 도달할 때까지 지속되는 경향이 있다.

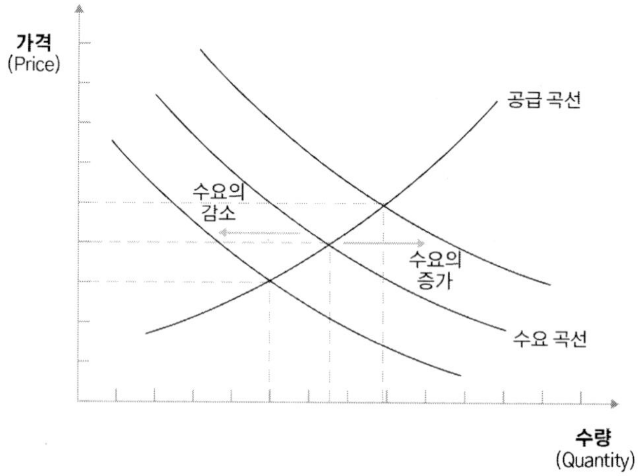

〈그림 2-7〉 수요의 변화와 시장균형에의 영향

앞에서 수요의 크기를 결정하는 요인들을 알아보았다. 상품의 가격, 소비자의 소득수준, 대체재 또는 보완재 존재 여부, 소비 트렌드의 변화, 시장 변화에 대한 소비자의 예측 등이 수요의 크기에 변화를 줄 수 있다. 공급이 일정한 상태에서 수요가 증가하면 균형가격과 수량이 동시에 증가하고 수요가 감소하면 균형가격과 수량이 동시에 감소한다. 그러면 공급이 변화하면 가격과 수량에 어떤 영향을 줄 것인가?

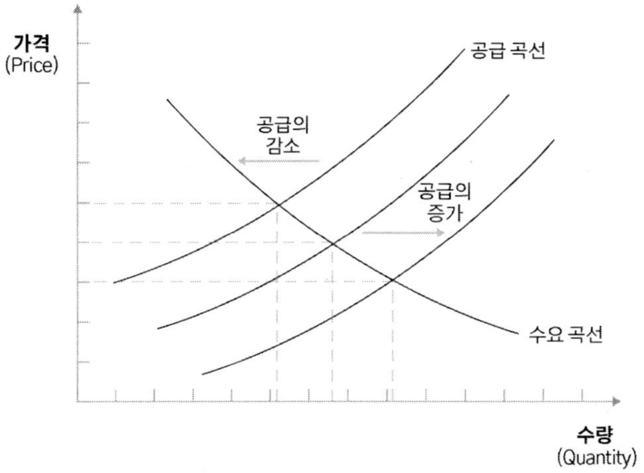

〈그림 2-8〉 공급의 변화와 시장균형에의 영향

공급의 크기에 영향을 주는 여러 요인이 있다. 공급자의 수가 많아지면 당연히 공급이 늘어난다. 또한 공급은 생산활동을 기반으로 하기 때문에 생산 및 공급요소의 가격 변화와 생산과 공급에 관련된 기술수준의 변화도 영향을 준다. 공급자 입장에서 미래 시장에서의 가격의 상승 또는 하락에 대한 예측에 따라 생산량 또는 공급량의 증감이 생기기도 한다. 위의 그림은 수요가 일정할 때, 공급이 변하면 시장균형에 어떠한 영향을 주는지 보여준다. 공급이 증가하면 공급곡선이 오른쪽으로 이동하고 초과 공급량이 발생하고 가격은 하락하고 수량은 증가한다. 반대로 공급이 감소하면 공급곡선이 왼쪽으로 이동하게 되고 초과 수요량이 발생하여 가격은 상승하고 수량은 감소한다.

라. 수요와 공급의 탄력성

1) 가격 탄력성

한 상품의 가격 변화에 따라 수요량이 얼마나 민감하게 반응하는지 나타내는 척도를 수요의 가격 탄력성이라고 한다. 척도가 1을 넘을 경우 탄력적(Elastic)이라고 하고 그보다 작을 경우 비탄력적(Inelastic)이라고 한다. 수요의 가격 탄력성을 결정하는 요인들은 대체재의 존재 여부와 재화의 가격이 가계소득에서 차지하는 비중, 재화가 필수품인가 또는 사치품인가의 여부 등이라고 본다.

어떤 재화의 가격이 변할 때 그 재화의 공급량이 얼마나 민감하게 변화하는지 나타내는 것이 공급의 가격 탄력성이다. 가격이 하락하면 공급량이 줄어들고 가격이 상승하면 공급량이 늘어나게 되어 공급탄력성은 항상 양(+)의 값을 갖는다.

2) 수요의 소득탄력성과 교차탄력성

소득의 변화에 따른 수요의 반응의 민감성을 수요의 소득탄력성이라고 한다. 어떤 상품에 대해 소득이 증가할 때 수요도 증가하는 양(+)의 값을 보이면 이를 정상재(Normal Goods)라고 한다. 반면에 소득 증가에도 불구하고 수요가 감소하는 상품은 음(-)의 값을 갖는다고 표현하고 이를 열등재(Inferior Goods)로 구분한다. 수요의 소득탄력성이 1보다 작으면 필수재, 1보다 크면 사치재로 구분하기도 한다.

어느 상품의 수요가 그 외 관련 상품의 가격 변화에 영향을 받아 증감이 있는 경우에 수요의 교차탄력성(Cross Elasticity of Demand)이 있다고 본다. 교차탄력성은 대체재에는 양(+)의 값을 나타내고 보완재에는 음(-)의 값을 보여준다.

마. 합리적 소비와 기업 이윤

시장에서 수요와 공급이 왜곡되지 않고 균형을 이루어가는 과정을 설명하는 데 주요한 가정이 있다. 수요자 또는 소비자는 합리적인 선택과정을 통해서 소비활동을 할 것이고 공급자인 기업은 기업의 이윤을 극대화하기 위해 지속적으로 노력할 것이라는 설정이 그것이다.

경제적인 활동을 하면서 수요자인 소비자는 대부분의 경우에 제한된 소득의 범위 내에서 만족의 극대화를 달성하려는 선택을 하게 된다. 그러한 선택의 기준은 재화나 용역의 소비를 통해서 주관적인 만족감인 효용(Utility)을 느끼는 것이다. 보통의 경우에 소비량이 변하면 효용의 크기도 변화지만, 재화의 소비량이 늘어나거나 보유량이 점점 많아지면 그 재화의 추가적인 1단위로부터 얻게 되는 한계효용은 점차 작아지는 것이고 이러한 현상을 한계효용체감의 법칙(Law of Diminishing Marginal Utility)[10]이라고 한다. 결국 합리적 소비는 예산의 제약조건에서 각 재화의 단위 화폐당 한계효용이 균등하도록 예산을 배분하는 것으로 볼 수 있다.

한편, 기업 이윤이란 위험을 감수하고 혁신을 통해서 얻는 보상이라고 본다. 위험의 감수란 자본, 기술 및 노동력을 투입하여 재화를 생산하거나 용역을 제공하여 얻게 되는 보상이다. 새로운 시장의 개척, 공정의 혁신, 비용의 절감 등 혁신활동에 따라서 획득할 수 있는 이윤이라고 볼 수 있다.

3. 군수품의 수요와 공급

가. 군수품의 수요와 공급

앞에서 살펴본 것처럼, 시장에서는 가격을 매개로 하여 공급자와 수요자 간에 자발적이며 교환적인 거래가 있다고 본다. 수요자의 구매 의도나 구매행위가 결과적으로 가상의 잠재수요로 추정되거나 구체적인 상품과 수량으로 표현되기도 한다. 시장에서 거래 여부를 기준으로 보면 현재 시장에서 거래되고 있는 어떤 상품에 대한 구체적 수요와 현재 시장에는 없는 새로운 상품에 대한 잠재적 수요로 구분될 수 있다. 시장에 공급되고 있어 그중에서 선택을 하는 수요가 대부분이지만, 때로 현재 시장에서는 상품으로 존재하지 않지만 수요의 잠재적 요구가 있을 수 있다.

전자의 경우에 대부분 생산자나 공급자가 주도적인 역할을 하여 특정한 상품에 대한 수요량까지 예측하여 생산하고 공급한다. 후자의 경우에는 수요자가 소수인 경우가 많고 대부분이 새롭게 형성되는 시장이며, 기술적으로는 최신 기술을 바탕으로 하고, 생산 및 공급자가 있다 하더라도 독점적 또는 과점적 상태인 경우가 상당하다. 전자가 일반적인 재화라면 후자는 소위 희소재(Scarcity Goods)[11]라고 할 수 있다. 전자가 대부분 현재 거래되고 있는 상품이라면 후자

10) 남상섭·안병근(2008), 전게서, pp. 82-85에서 인용.
11) 희소재(Scarcity Goods, 稀少財)는 시장에서 적은 수량을 차지하는 상품을 의미하고 희소가치(Scarcity Value)를 갖는 재화로 일반적으로 인용됨.
  * "Scarcity," https://www.wikipedia.org 영문판에서 발췌하여 요약.

는 앞으로 거래될 것으로 예상되는 상품을 포함한다. 시장에서 거래되는 대부분은 전자의 거래이고 부분적으로 후자의 수요가 있을 것으로 예상하는 것이다.

시장구조 측면에서는 완전경쟁(Perfect Competition), 독점(Monopoly), 과점(Oligopoly), 독점적 경쟁(Monopolistic Competition)의 형태로 나눌 수 있는데, 이런 구분의 기준은 시장 참여자 수, 제품의 동질성, 진입장벽의 존재, 시장 지배력의 크기 등으로 본다.

군수품에 대한 수요의 변화는 일반적인 재화나 용역의 수요가 시장을 통해서 나타나는 과정과 본질적으로 대부분 유사하다. 수요의 법칙에서 가격과 수요량의 음의 관계, 대체효과와 소득효과를 살펴보았다. 군수품에 있어서도 가격요인은 수요와 수요량을 결정하는 데 일정 부분 영향을 준다. 소비자의 소득수준으로 표현할 수 있는 정부의 군수품 관련 예산이 증가한다면 군수품 수요량이 증가하고 반대로 예산이 삭감되면 군수품 수요량이 감소할 수밖에 없다. 공급 측면에서도 가격의 영향을 받고 기술수준이 높아지고 안정화되면 공급을 증가시키는 효과가 있다.

이와 같은 유사점에도 불구하고 수요의 형성 측면에서 일부 다른 부분들이 있다. 이렇게 다른 이유는 구조적인 측면과 운영적인 측면에서 살펴볼 수 있는데, 구조적으로 보면 군수품을 규제하는 법률과 규정이 특별법적인 위치를 갖고서 군수 관련 활동의 범위와 절차를 제한해왔다고 볼 수 있다. 운영적인 측면에서는 군수품이 거래되는 공간적인 위치가 한정되면서 그러한 업무의 가상공간에서 수요와 공급 그리고 매개행위가 다소 독자적으로 발전되어 적용되어왔다. 획득과 운영유지의 분리 발전, 예산과 정책 기능의 분리, 무기체계와 전력지원체계의 구분 등은 우리 군만이 갖고 있는 소위 갈라파고스화[12]된 양태라고 본다.

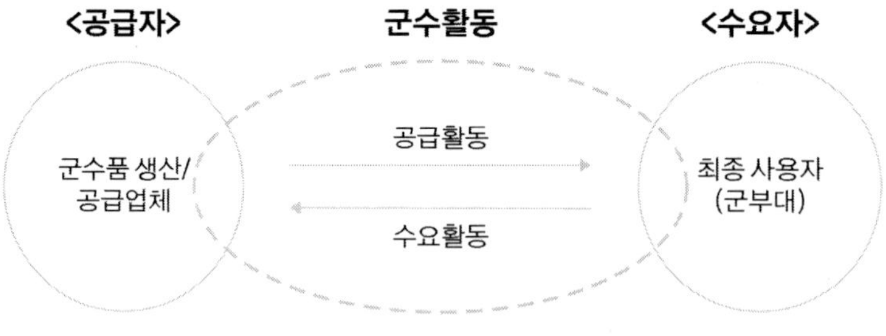

〈그림 2-9〉 군수활동의 공간적 위치

12) 갈라파고스화란 어느 특정 시장과 관련 기업이나 기술들이 특화점에 집중하여 특수 진화하는 현상을 뜻하고 결국 그 현상이 매우 심각해져서 호환성을 잃고 발전할 수 없는 상태로 정체되어버리든지 혹은 외부에서 신기술이 들어왔을 때 도태되어버리는 등의 부정적인 상황을 일컫는다.
* "갈라파고스화", https://namu.wiki 에서 인용.

앞의 그림에서 보듯이 공급자인 군수품 생산업체와 공급업체 그리고 수요자인 최종 사용자, 군부대가 있고 이들 사이에서 수요활동과 공급활동이 이루어지는데 여기에 군수 관계관이 위치하면서 수요자와 공급자의 대리행위 또는 매개행위를 한다고 볼 수 있다. 대리자나 매개자의 역할은 제대로 정의해야 하는 모호성이 항상 존재한다. 이러한 모호성은 기본적으로 책임과 권한의 문제로 업무의 불확정성과 활동범위의 모호성 등으로 표현된다. 대리 및 매개행위는 대부분의 경우 전문적인 영역으로 존재하고 업무 추진 의지 등의 영향요인에 따라서 업무의 범위가 확대되거나 축소되기도 한다.

이러한 인식의 연장선에서 군수품과 관련한 수요활동과 공급활동을 알아보면 다음과 같다. 수요활동과 공급활동은 상대적인 활동을 하게 되는데 이를 통해 업무가 순환된다. 수요이든 공급이든 먼저 결정이 되는 부분은 상대방에게 영향을 주고 차후에는 상호 영향을 주고받으면서 거래행위가 이루어진다.

먼저, 수요활동 측면에서 살펴보자. 다음 그림에서와 같이, 원래 수요는 현장 또는 전장의 군부대와 장병에게서 나온다. 이러한 소요는 개략적으로 제시되고 추상적인 경우가 많다. 그러한 소요는 너무 개략적이어서 공급자에게 바로 전달될 수 없다. 따라서 개략적이고 추상적인 소요는 종합되고 분석되면서 개량화된 소요로 발전되어야 한다.

소요를 개략적으로 신규 소요와 재보충 소요로 구분[13]할 수 있는데, 신규 소요는 소요제안을 통해서 왜 필요한지가 중점적으로 설명되고 소요제기를 통해서 더 구체화된 계획으로 발전되고 소요결정 과정을 거치면서 중·장기소요로 확정된다. 선행연구를 통해서 신규 군수품에 대한 소요결정 이후에 획득기본전략을 수립하게 된다. 군사 요구도 또는 작전운용성능은 가장 핵심적인 요구사항으로 다양한 기관의 자문을 토대로 작성되어야 한다. 아울러 연구개발, 구매 및 임차 등 최적의 획득방안을 결정한다. 현행 군수품 중 주요 장비류의 수리부속, 소모성 물자 등의 재보충 소요의 정확도를 높이는 노력을 기울여야 한다. 획득사업 관리 마무리 단계에서는 향후 조달 등을 위해서 국방규격을 제정한다. 아울러 관련된 군수품 예산 소요를 종합하여 편성하고 우선순위 및 비중에 따라 예산을 할당한다. 신규 소요에 대한 획득계획을 수립하여 사업관리를 하고 재보충 소요 등에 대해서 조달계획을 작성한다. 조달 시에는 국방규격 또는 구매요구서를 활용하여 입찰, 협상 및 계약한다. 군수품을 획득하거나 조달한 이후에는 사용이력, 고장이력 및 정비이력 등 야전운영제원을 관리하여 사용자 불만 등을 종합하고 고객만족도 등을 조사하여 향후 수요로 함께 환류시킨다.

13) 손병식(2013) 등은 소요를 거시소요와 미시소요로 구분하고 이를 다시 완성장비 소요, 수리부속 소요 등으로 구분하기도 하였다. 소요에 대해서는 소요기획과 조달 부분에서 상세히 다룬다.

공급활동

- 생산 및 공급능력(자본, 기술 등)을 기반으로 신규 또는 성능개량 군수품 연구개발
- 현행 군수품의 재보충 소요 예측 및 생산, 저장 및 관리
- 신규 및 성능개량 군수품 사업관리
- 군수품 품질관리 및 보증
- 군수품 관련 지적재산권 관리
- 입찰, 협상 및 계약
- 요구 시기 및 장소에 군수품 납품
- 사용 전까지(청구 이전) 군수품 저장 및 관리
- 청구에 의해 군수품 색출, 포장 및 수·배송
- 납품 이후 사후관리 및 정비
- 군수품 단종 이후 관리
- 고장 및 정비이력 등 관리
- 군수품 성능개량 및 신규 군수품 개발 소요 종합
- 사용자 불만 등 종합, 만족도 조사 등 향후 수요로 환류

수요활동

- 개략적이고 추상적인 야전 소요를 종합하고 개량화된 소요로 발전(이해관계자/사용자 요구 종합)
- 신규 군수품에 대한 소요제안, 제기 및 결정
- 신규 또는 성능개량 군수품의 군사 요구도 또는 작전운용성능 구체화 발전
- 선행연구 등을 통하여 획득기본전략을 수립
- 연구개발, 구매 및 임차 등 획득방안 결정
- 현행 군수품의 재보충 소요 산정
- 시험 및 평가
- 국방규격 제정, 구매요구서 작성 및 관리
- 분석평가
- 예산종합, 편성 및 할당
- 획득 및 조달계획 작성 및 요구
- 입찰, 협상 및 계약
- 군수품 사용, 고장 및 정비이력 등 관리
- 군수품 회수 및 폐기

〈그림 2-10〉 군수품의 수요활동과 공급활동

공급활동은 자본, 기술 및 노동력을 바탕으로 생산 및 공급능력을 갖춘 기업이 신규 또는 성능개량 군수품을 연구 개발하고 현행 군수품의 재보충 소요를 예측하여 생산, 저장 및 관리하는 활동에서 출발한다. 구체적으로는 계약에 의한 수요에 대응하는 다소 수동적 공급활동도 있으나, 때로는 수요를 유인하는 적극적 생산 및 세일즈 활동도 공급활동에서 활발히 이루어진다.

신규 및 성능개량 군수품의 획득사업 관리와 품질관리 활동은 생산 및 공급기업과 연구기관의 주 책무분야이다. 신규 군수품의 획득단계의 마무리는 국방규격의 제정 등 군수품 표준화 및 지적재산권에 대한 보호 대책을 마련하고 아울러 차후에 조달단계에서 표준화된 국방규격에 의한 제조 및 검수가 가능하도록 하는 것이다. 입찰, 협상 및 계약 단계에서 수요자의 입장이 공급자에게 잘 전달되도록 하고, 납품단계에선 군에서 원하는 시기와 장소에 원하는 물량이 공급될 수 있도록 관리한다. 실제로 청구행위가 발생하기 이전에 군수품의 일부는 공급자의 창고에

서, 일부는 군수부대 또는 최종 사용부대 창고에서 저장 및 관리된다. 청구가 있으면 군수품을 색출하여 재포장하고 최종 납지까지 수·배송한다. 군수품의 분배 또는 공급 이후에는 사후관리 또는 지속적인 정비지원을 통해서 성능 발휘를 보장한다.

이러한 정비지원은 생산 또는 공급자의 책임범위에 속하는데 군의 정비부대에서 그리고 업체의 정비공장에서 정비활동을 지원한다. 만일 군수품이 단종된다면, 단종 이후에도 지속적으로 관리하고 지원하기 위해서 형상자료와 기술자료를 관리한다. 야전운용제원인 군수품의 사용, 고장 및 정비이력을 관리하고 성능개량 또는 차세대 신규 장비를 개발할 때 목표가용도 등을 제시하는 기초자료로 활용한다. 군수품 도태 이후에 이를 회수하고 폐기하는 단계까지 업무를 수행한다. 이러한 공급활동에 관련된 업무는 공급자를 대리하거나 공급자와 수요자를 매개하는 업무이다.

이와 같이 군수활동은 군의 일원이면서 동시에 가장 전문적인 지식을 갖추고 공급자로서 민(民)과 수요자로서 군(軍)을 대리하는 행위를 하거나 연계와 협업을 매개하는 역할을 수행한다. 모든 생산자가 소비자인 군의 특성을 이해하고 그것에 맞추어서 납품하기는 어렵고 또한 개별적으로 군의 요구를 접하는 것은 사실상 제한되고 관련 정보가 왜곡될 가능성마저 있다. 최종 사용자인 전투부대의 장병 입장에서도 자신이 직접 생산자와 접촉할 수 없기 때문에 군의 요구와 절차를 이해하는 중간의 매개자는 반드시 필요한 실정이다. 이러한 대리행위 또는 매개행위는 소요, 획득, 계약 및 품질관리, 공급망 관리 등 넓은 영역에서 시장기능을 활성화하고 촉진하는 전문적이며 협업적인 업무형태로 나타난다. 이러한 맥락에서 군수업무는 넓고 어렵다고 할 수 있다.

나. 군수품 시장의 특성

앞에서 주로 수요가 형성되는 과정과 공급에 관련된 일련의 활동을 대리행위 및 매개행위라는 차원에서 살펴보았는데, 여기서는 시장의 기능 속에서 이러한 행위들이 어떻게 균형을 이루어가고, 시장에 참여하는 당사자들이 어떻게 효용과 이윤을 제고하는가 하는 측면에서 살펴보고자 한다. 이러한 시장기능은 기본적으로 균형으로의 수렴과 참여자들이 효용과 이윤을 증대시켜가는 행태 등 일반성을 보여주면서도 군수품 시장에서의 특징적인 모습을 동시에 보여주고 있다.

재화와 용역은 특성에 따라 사적재와 공공재로 나눌 수 있고 여기에는 경합성과 배제성이 있다. 경합성(Rivalry)은 어떤 사람이 소비할 때 다른 사람의 소비량이 영향을 받는 특성이며, 배제성(Excludability)은 사용에 대한 대가를 지불하지 않는 경우 소비하지 못하게 배제시킬 수 있는 특성[14]이다. 국방은 대표적인 순수공공재로서 특징을 갖고 있으며 방산 및 군수시장은 다음과 같은 특징적인 현상을 보여준다. 이러한 특징은 제도적이며 운영적인 측면에서 분석이 가능하다.

첫째, 군수품 시장은 「국가를 당사자로 하는 계약에 관한 법률」(이하 「국가계약법」, 「방위사업법」, 「군수품 관리법」 등 군수 관련 법률에 기초하고 시행령, 시행규칙을 적용하여 업무를 수행한다. 둘째, 군수품 시장에서 활동하는 수요자는 정부와 군으로 한정되는데, 거래의 상대방이라고 할 수 있는 공급자는 대부분 민간기업이다. 이렇게 거래의 당사자들 사이에 정부와 민간이라는 신분상의 차이가 존재하는 것이 군수품 시장이다. 따라서 군수품 시장은 시장의 일반적인 특징을 보여주면서도 수요독점(Monopsony), 공급독점(Monopoly), 쌍방독점(Bilateral Monopoly) 또는 과점(Oligopoly)의 형태가 빈번하게 발견되고 이러한 시장의 여건에서 결과적으로 나타나는 형태 중 하나가 수의계약의 허용이라고 볼 수 있다.

셋째, 시장에서 경쟁이 활성화되어 가격에 의한 균형을 이루기가 어렵고, 정부가 시장에 개입하여 원가를 통제하거나 규제하려는 행위가 있다. 넷째, 국방규격은 군수품 생산 및 검수의 기준을 제공한다. 특정한 분야에서는 군수품 기술을 선도하는 측면도 있으나 역기능 또한 부각되고 있는 실정이다. 다섯째, 군수품 시장에는 형식적인 진입장벽이 없으나 실제로 납품하기까지는 시간이 많이 소요되어 실질적인 진입장벽이 있는 것처럼 인식될 수 있고, 다수의 기업들에게는 군수품 시장참여를 망설이게 하는 요소로 작용한다.

1) 법규상의 특징

군수품 시장에 있어 법규는 군수분야만큼이나 넓고 복잡하게 발전되어왔다. 군 내 관련 기관에서는 군수업무를 규율하기 위해서 주로 사업관리 분야에서 법률, 대통령령, 훈령 등 세부적인 지침과 절차를 발전시켜왔으며, 이에 반해 중앙정부기관에서는 계약과 조달에 중점을 두고 범정부 기관이 공통적으로 적용할 법규를 발전시켰고, 군은 이러한 정부의 법규를 기초로 훈령, 지침 내지는 규정으로 세분화하여 발전시켜왔다.

군수품 거래가 이루어지는 시장에서도 역동적인 현상이 일어나고 주목받는 계약행위를 규율하는 것은 「국가계약법」이라고 할 수 있다. 이러한 「국가계약법」을 적용한 계약행위를 공법상

14) 남상섭·안병근(2008), 전게서, p. 147에서 발췌하여 인용.

의 계약으로 볼 것인가, 사법상의 계약으로 볼 것인가에 대한 문제에 있어 아직도 논란의 여지가 있다. 군수품 거래를 위한 정부와 군의 조달계약은 국가 및 지방자치단체 등 행정의 주체가 공공의 필요에 따른 수요를 충족시키기 위하여 사인(私人)과 체결하는 물품·용역 및 공사 등의 계약을 말한다. 판례에서는 실정법상의 계약의 원칙을 근거로 사법상 계약이라는 입장을 취하고 있으나, 다수의 학설에서는 조달계약의 주체, 내용, 방식 등 특수성을 논거로 공법상 계약으로 이해하고 있기도 하다. 대법원은 공공계약은 사경제의 주체로서 상대방과 대등한 위치에서 체결하는 사법상의 계약으로서 그 본질적인 내용은 사인 간의 계약과 다를 바가 없으므로, 그에 관한 법령에 특별한 정함이 있는 경우를 제외하고는 사적 자치와 계약자유의 원칙 등 시장의 원리가 그대로 적용된다고 판시하고 있다.

또한 공공계약의 세부심사기준은 국가가 사인과의 사이의 계약관계를 공정하고 합리적이고 효율적으로 처리할 수 있도록 공무원이 지켜야 할 계약사무처리에 관한 필요한 사항을 정한 것으로 국가의 내부규정에 불과하다는 입장을 견지하고 있다. 그런데 판례와는 달리 다수의 학설은 조달계약을 공법상 계약으로 이해하고 있다. 재원의 성격, 담당 공무원의 통제 문제, 사법상 계약과 다른 특수성 등이 그 근거이다.[15] 이러한 두 가지 관점은 각각 다른 법적 구제수단을 갖게 된다. 계약 이후에 소송 등의 절차를 밟을 경우 형사소송에서 다루느냐, 민사소송의 대상이 되느냐의 문제이다.

한편, 미국의 경우에는 정부조달계약에 대하여도 사적 계약에 있어서와 동일한 법적 규율이 행해지는 것이 원칙이다. 정부가 사인과 계약을 체결하는 경우에 정부는 사인과 동일한 지위를 누리고 동일한 의무를 부담한다. 이것은 정부가 주권자로서 공적인 권한을 행사하거나 공공의 이익을 보호하고자 하는 경우와는 구별된다. 토지수용권이나 조세권 등을 행사할 경우 정부는 사적 계약에 적용되는 일반적 법원칙에 구속되지 않는다. 그러나 "정부가 시장에 들어와서, 주권보다는 명시된 합의로부터 도출되는 계약상 권리를 행사하고자 하여 스스로 사인과 동일한 지위에 서게 되면 사적 계약 당사자 사이의 법적 관계를 지배하는 동일한 법원칙에 따라야 한다"[16]는 주장이 그것이다.

2) 군수품 시장형태와 수의계약

군수품 시장에서 활동하는 주요 당사자들을 보면, 수요자는 정부, 군 및 군 관계기관 등으로

15) 홍성진(2018), "행정조달계약의 법적 성격 재조명에 따른 입법적 통제 방안", 『공법학연구』 19(1), pp. 311-312.
16) 전현철(2012), "미국 연방정부 조달계약에 관한 법적 고찰", 『미국헌법연구』 23(1), p. 273에서 인용.

한정되며 공급자는 대부분의 경우 국내·외 민간기업이고 일부 외국 정부가 있다. 이렇게 제한되는 수요자 및 공급자의 수는 수요독점, 공급독점 및 쌍방독점 등의 형태로 나타난다. 원래 독점시장에는 진입장벽(Barriers to Entry)이 있는데 이러한 진입장벽은 자연적 진입장벽과 제도적 진입장벽으로 나눌 수 있다. 자연적 진입장벽은 원재료의 독점, 규모의 경제와 같은 기술적 조건 등이 있다. 한편, 제도적 진입장벽은 특허권, 독점판매점 등을 들 수 있다. 이러한 독점시장이 우리에게 주는 폐해는 자원배분의 비효율성이라고 본다.

군수품 시장에서는 완전한 독점보다는 과점의 형태를 많이 볼 수 있다. 과점은 같은 종류의 재화를 생산하는 공급자가 소수인 시장이다. 과점시장에 참여하는 기업들이 동질적인 제품을 생산하는 경우를 순수과점(Pure Oligopoly) 또는 동질적 과점(Homogeneous Oligopoly)라고 하고 서로 이질적이거나 차별화된 제품을 생산하는 경우를 차별적 과점(Differentiated Oligopoly) 또는 이질적 과점(Heterogeneous Oligopoly)이라고 한다. 과점시장은 기업 간 상호의존성이 매우 강하여 한 기업이 가격이나 생산량을 변경하면 다른 기업에 영향을 주고 경쟁기업은 즉각 반응을 보이게 된다. 이는 대부분의 경우 제로섬(Zero-Sum)의 양상을 갖기 때문이다. 과점 기업들은 가격 경쟁보다는 비가격 경쟁에 치열하게 몰두하게 되고 따라서 가격은 오히려 쉽게 변경되지 않는 경직성을 갖게 된다. 과점 기업 간에는 상대 기업의 불확실성을 제거하기 위해 담합(Collusion) 등 비경쟁행위를 하려는 강한 경향을 갖게 된다.[17] 이러한 과점시장에서 참여자들은 비교적 견고한 인위적인 진입장벽을 만들어서 생존하기 위해 노력하기 마련이다.

이러한 논의의 연장선에서 군수품 시장의 특징 중의 하나는 수의계약의 허용이라고 볼 수 있다. 제한적이나마 허용되는 수의계약은 논란의 여지가 있지만 법률과 규정에 의한 허용이다. 「국가를 당사자로 하는 계약에 관한 법률 시행령」 제26조(수의계약에 의할 수 있는 경우)에 수의계약을 할 수 있는 경우를 열거하여 제한하고 있다. ① 경쟁에 부칠 여유가 없거나 경쟁에 부쳐서는 계약의 목적을 달성하기 곤란하다고 판단되는 경우로서 천재·지변, 국가안보상 비밀행위가 필요할 때, 군용규격물자 중 지정한 품목에 한정하고 있으며, ② 특정인의 기술이 필요하거나 해당 물품의 생산자가 1인뿐인 경우 등 경쟁이 성립될 수 없는 경우, ③ 「중소기업진흥에 관한 법률」에 따라 중소기업자가 직접 생산한 제품을 해당 중소기업자로부터 제조·구매하는 경우, ④ 국가유공자 또는 장애인 등에게 일자리나 보훈·복지서비스 등을 제공하기 위한 목적으로 설립된 단체 등과 물품의 제조·구매 또는 용역 계약(해당 단체가 직접 생산하는 물품 및

17) 남상섭·안병근(2008), 전게서, pp. 129-130에서 발췌하여 인용.

직접 수행하는 용역에 한정)을 체결하거나, 그 단체 등에 직접 물건을 매각·임대하는 경우, ⑤ 경쟁에 따라 계약을 체결하는 것이 비효율적이라고 판단되는 경우 등이다.

이를 다시 정리해보면, 군수품의 수의계약은 계약 당사자를 한정하여 권한을 부여하는 경우와 대상 품목을 지정하는 방법 등이 적용되고 있다고 하겠다. 국가계약법에서 제한하는 수의계약 자격요건에 해당하는 대상자는 다음과 같다. ① 방위사업청장이 군용규격물자를 연구개발한 업체로 승인하거나, ②「비상대비자원 관리법」에 따르고 방위사업청장이 지정한 품목을 생산하는 중점관리 대상업체이다. 또한 해당 물품을 제조·공급한 자가 직접 그 물품을 설치·조립 또는 정비하는 경우와 이미 조달된 물품의 부품교환 또는 설비확충 등을 위하여 조달하는 경우로서 해당 물품을 제조·공급한 자 외의 자로부터 제조·공급을 받게 되면 호환성이 없게 될 경우에 적용한다. ③ 국가보훈처장이 지정하는 국가유공자 자활집단촌의 복지공장, ④「국가유공자 등 단체설립에 관한 법률」에 따라 설립된 단체 중 상이를 입은 자들로 구성된 단체, ⑤「중증장애인생산품 우선구매 특별법」제9조 1항에 따라 지정받은 중증장애인생산품 생산시설, ⑥「사회복지사업법」 제16조에 따라 설립된 사회복지법인 등이다. 이러한 단체 수의계약은 군수품의 품질과 안정성 확보가 보장되는 범위 내에서 국가유공자에 대한 보훈, 사회적 약자 보호 등의 국가정책을 실현하는 데 근본취지가 있다고 하겠다. 단체의 중앙회가 존재할 경우에는 중앙회와 수의계약을 체결하는 것을 원칙으로 하고 있다. 이를 정리하면 다음 표와 같다.

〈표 2-1〉 수의계약 대상단체 및 법적 근거[18]

단체명	설립 근거	수의계약 근거	단체지정 / 품목승인
국가유공자 자활집단촌	「국가유공자 자활 용사촌 지원규정」	영 제26조 1항 4호 가목	국가보훈처
상이단체	「국가유공자 등 단체 설립에 관한 법률」	영 제26조 1항 4호 나목	국가보훈처
중증장애인 생산품 생산시설	「중증장애인생산품 우선구매 특별법」	영 제26조 1항 4호 다목	보건복지부
사회복지법인	「사회복지사업법」	영 제26조 1항 4호 라목	지방자치단체 (보건복지부)

다음으로 수의계약 대상 품목을 지정하는 경우이다. ① 특허를 받았거나 실용신안등록 또는 디자인등록이 된 물품을 제조하게 하거나 구매하는 경우로서 적절한 대용품이나 대체품이 없는 경우, ②「중소기업제품 구매촉진 및 판로지원에 관한 법률」 제15조에 따라 성능인증을 받은 제품,

18) 방위사업청(2017),「보훈복지단체 수의계약업무 처리지침」, 방위사업청 예규 제365호 2조.

「소프트웨어산업 진흥법」 제13조에 따라 품질인증을 받은 제품, 「중소기업 기술혁신 촉진법」 제9조 1항 3호에 따른 지원을 받아 개발이 완료된 제품으로서 당초의 수요와 연계된 자가 구매를 협약한 제품, 「산업기술혁신 촉진법」 제16조에 따라 신제품으로 인증받은 제품, 「산업기술혁신 촉진법」 제15조의 2, 「환경기술 및 환경산업 지원법」 제7조 또는 「건설기술 진흥법」 제14조에 따라 인증 또는 지정·고시된 신기술을 이용하여 제조한 제품으로서 주무부장관이 상용화 단계에서 성능을 확인한 제품, 「조달사업에 관한 법률 시행령」 제18조에 따라 우수조달물품으로 지정·고시된 제품 등이다. ③ 한도액계약(BOA: Basic Ordering Agreement)[19] 대상 품목으로 항공기 및 함정 등 주요 장비의 수리부속 등이다. ④ 다음으로 유찰 수의계약 품목이다. 군수품 시장에서는 공개경쟁을 통해 조달하는 과정에서도 연간 수천억 원의 '유찰 수의계약'[20]을 하고 있다. 유찰 수의계약이란 입찰공고를 2회 이상 하였으나 입찰자나 낙찰자가 없어 특정 업체와 체결하는 계약이다. 이러한 유찰 수의계약 시 예정가격 기준으로 약 98% 수준[21]에서 계약을 체결하여 업체에게 유리한 조건임을 알 수 있다.

이 외에도 기업이나 품목이 동시에 지정되는 경우가 있다. 방산물자로 지정된 품목[22]은 방산물자 지정업체로부터 조달해야 한다. 또한 부품 국산화 연구개발에 성공하면 최대 5년간 수의계약을 할 수 있다. 「방위사업관리규정」 제682조에 따르면, 국산화에는 체계부품 국산화, 일반부품 국산화, 핵심부품 국산화, 구매조건부 신제품개발사업의 부품 국산화, 민·군겸용기술 부품 국산화 등이 있다. 이 중에서 체계부품 국산화는 무기체계 연구개발 절차를 따르고, 일반부품 국산화와 구매조건부 신제품개발사업의 부품 국산화는 구매조건부 신제품개발사업의 부품 국산화 개발지침에 따른다. 핵심부품 국산화란 방위사업청장이 주관기관의 핵심부품 비용과 협력기관의 기술지원 및 시험평가 비용 중 일부를 정부출연금으로 지원하는 사업이다. 구매조건부 신제품개발사업의 부품 국산화는 중소기업청이 개발자금을 지원하고 방위사업청 또는 업체 등 수요기관이 개발제품의 구매를 보장하는 조건으로 추진하는 부품 국산화이다. 「방위사업관리규정」 제694조에 의하면 수의계약은 계약의 목적, 성질, 규모 등을 고려하여 연구개발 완료 후 계약연수 기준 5년 이내의 범위에서 할 수 있다.

계약담당 공무원은 수의계약을 추진할 때에는 수의계약 대상자의 자격요건과 수의계약의 대

19) "외자계약의 한 형태로, 작전 중인 항공기, 함정 및 전차의 수리부속품 부족으로 작전 불가능 상태에 있는 것을 신속히 해소하기 위하여 계약금액만을 확정한 후, 방위사업청과 제작사 간에 계약을 체결하고 소요 품목이 생겼을 때 수요군은 방위사업청으로 견적을 의뢰하고 견적 결과에 따라 방위사업청을 경유하여 제작사로 청구하면 제작사는 견적기간 내 물품 발송 후 대금은 신용장으로 결제토록 약정하는 계약이다." 국방부(2013), 전게서, p. 459에서 인용.

20) 김준희(2015), 『쉽게 풀어쓴 군납 이야기』, 좋은땅, p. 148.

21) 상게서, p. 149.

22) 「방위사업법」 제46조, 「방위사업법 시행령」 제61조에 따라 지정된 군용물자이다. 군용으로 연구개발 중인 물자와 연구개발이 완료된 후 무기체계, 전력지원체계로 채택될 것이 예상되는 물자를 말한다.

상물품의 직접생산 여부를 확인하여야 한다. 「보훈·복지단체와의 계약업무처리기준」(2018)[23]에 따르면, 수의계약의 유형은 물량배정에 의한 수의계약과 수의계약 사유서에 의한 계약으로 구분될 수 있다. 물량배정에 의한 수의계약은 단체가 직접 생산한 물품 중 물량배정 물품으로 등록된 물품을 단체에게 배정하는 방식으로 체결하는 수의계약이다. 수의계약 사유서에 의한 계약이란 수요군에서 수의계약 사유서를 첨부하여 특정 단체에 수의계약을 요청할 경우 조달기관에서 체결하는 수의계약이다.

3) 원가산정 및 적용

원가산정은 군수품 시장에 있어 특별한 위치를 갖는다. 원래 시장에서는 가격이 수요와 공급에 의해서 균형을 찾아가게 마련이지만, 군수품은 완전경쟁보다는 수요독점인 경우가 많고 쌍방독점, 공급독점 또는 공급과점의 형태를 보이기 때문에 가격이 왜곡될 우려가 있다. 시장에서 정부의 예외적 개입에서 살펴본 것처럼, 생산 및 공급자의 이익을 보호하는 측면과 정부의 과도한 예산낭비를 방지하는 의도에서 군수품의 원가를 산정하여 적용하고 있다고 본다. 원가산정은 국가나 지방자치단체가 계약의 당사자가 되는 경우에 계약을 체결하기 위해 입찰 또는 계약체결에 앞서 낙찰자 및 계약금액의 결정 기준이 되는 예정가격을 결정하기 위해서 거래 실적가격을 조사하고 원가계산방법 등을 적용하여 기초적인 금액을 산정[24]하는 것이다.

〈표 2-2〉 원가산정의 유형[25]

유 형	방 법	대 상
가격조사	거래실례가격	- 조달청장이 조사하여 통보한 가격 - 기획재정부에 등록한 전문 물가조사기관 공표가격 - 계약담당 공무원이 2개 이상의 사업자로부터 당해물품의 거래실례를 직접 조사·확인한 가격
	통제가격	- 법령에 의하여 통제된 가격
	감정가격	- 지가공시 및 토지 등의 평가에 관한 법률에 의한 감정평가를 행하는 법인 또는 감정평가사의 감정평가가격
원가계산	원가계산가격	- 일반물자 원가계산에서 신규개발품, 특수규격품 등 특수한 물품, 공사, 용역 등 계약의 특수성으로 인하여 적당한 거래실례가격이 없는 경우
		- 방산물자 원가계산에서 방위사업법에 의하여 방산물자의 조달에 관한 계약과 연구 또는 시제생산을 위한 계약의 경우
예가생략	원가분석가격	- 추정가격 3천만 원 이하인 물품을 수의계약 체결하고자 하는 경우

23) 조달청(2018), 「보훈·복지단체와의 계약업무처리기준」, 조달청지침 제1714호 3조.
24) 김준희(2015), 전게서, pp. 73-74.
25) 김준희(2015), 전게서, pp. 74에서 인용

수요자 입장에서 원가관리가 중요한 이유는 제품 생산에 투입된 자원의 내용을 분석함으로써 원가를 통제하고 원가를 감소시키는 활동을 할 수 있는 근거가 되기 때문이다. 원가를 통제(Cost Control)한다는 것은 기존의 환경에서 단순히 낭비를 방지하는 것을 의미하며 원가를 감소시키는 것은 기존의 작업방법, 경영구조 및 기업환경을 적극적으로 개선함을 목적[26]으로 하는 것이다.

예정가격을 산정하는 방법의 하나는 일반물자에 대한 예정가격을 산정하는 것이고 다른 하나는 방산물자에 대한 예정가격을 산정하는 것이다. 일반물자는 원가계산에 의한 예정가격 작성 준칙인 기획재정부 회계예규를 적용하지만, 방산물자 원가계산은 방산물자의 원가계산에 관한 규칙인 국방부령을 적용한다. 기획재정부 회계예규의 목적은 예정가격 결정에 대한 기초자료를 제공하고 정부예산 편성 및 집행의 효율성을 도모하는 데 있다. 그런데 방산물자의 원가계산 목적은 방산물자별로 적정한 원가를 산정함으로써 양질의 방산물자를 적기에 획득하여 효율적인 계약집행을 도모하는 데 있다.

원가를 계산할 때 다음의 그림과 같이 일반물자 원가계산은 제조원가를 직접제조원가와 간접제조원가로 구분하지 않지만, 방산물자 원가계산의 경우에는 직접재료비, 직접노무비 및 직접경비로 구성되는 직접제조원가와 간접재료비, 간접노무비 및 간접경비로 구성되는 간접제조원가를 구분하여 제조원가를 산출한다.

<table>
<tr><td></td><td></td><td>이윤(3)</td><td rowspan="5">계산가격</td></tr>
<tr><td></td><td>일반관리비(2)</td><td rowspan="4">총원가</td></tr>
<tr><td>직·간접 재료비</td><td rowspan="3">제조원가</td></tr>
<tr><td>직·간접 노무비(1)</td></tr>
<tr><td>직·간접 경비</td></tr>
</table>

(1) 간접노무비 = 직접노무비 × 간접노무비율(100% 상한)
(2) 일반관리비 = 제조원가 × 일반관리비율
(3) 이윤 = (총원가 - 재료비 - 외주가공비 - 기술료) × 25%

<그림 2-11> 일반물자 원가 구성체계

방산물자 원가 구성체계는 일반물자 원가 구성체계와 다르게 직접제조원가와 간접제조원가를 합한 제조원가에 판매비와 일반관리비를 포함하여 총원가를 산출한다. 총원가와 이윤을 포함하여 계산가격을 산출할 수 있는데, 계산가격이란 총원가, 이윤 및 투하자본보상비의 합계를

26) 손병식(2011), 『국방구매공급관리』, 범한, p. 81.

말한다. 일반적으로 계산가격이 시장에서 판매하는 가격[27]이 된다.

(1) 간접노무비 = 직접노무비 × 간접노무비율
(2) 간접경비 = (직접노무비 + 간접노무비) × 간접경비율
(3) 일반관리비 = 제조원가(관급재료비 포함) × 일반관리 비율
(4) 이윤 = 총원가의 9~16% 범위 내에서 이윤을 적용지침에 의거 산정

〈그림 2-12〉 방산물자 원가 구성체계

4) 국방규격 설정 및 적용

군수품 시장에서 또 다른 특징은 국방규격으로 대표되는 표준화로 볼 수 있다. 군수품의 조달, 관리 및 유지를 경제적·효율적으로 수행하기 위하여 표준을 설정하고 이를 활용하는 조직적인 행위와 기술적 요구사항을 결정하는 품목지정, 규격제정, 형상관리 등의 활동을 포함한다. 한편, 형상이란 군수품의 물리적·기능적 특성을 말하는 것으로 기술문서로 표시된다. 물리적 특성이란 재질, 치수, 표면처리 및 작동방식 등을 말하고 기능적 특성이란 물리적 특성에 의해서 기대할 수 있는 인장강도 및 내구 온도 범위 등을 지칭한다. 형상에 관리의 의미를 더한 형상관리(Configuration Management)란 제품의 기능적 또는 물리적 특성을 식별하여 문서화하고 그 특성에 대한 변경통제 및 형상식별서와 제품의 일치 여부를 점검하여 승인된 형상변경의 이행현황 등 필요한 정보를 기록·유지하는 활동을 말한다. 군수품을 이렇게 관리하는 목적은 저비용으로 성능을 보장하고 최적의 상태로 운영하기 위한 것이고 신규 군수품을 개발하거나 성능개량을 추진할 때 활용하기 위해서이다.

군수품의 국방규격은 기능성, 표준성, 경쟁성, 최신성, 시장성 등을 감안하여 제정한다. 국산화 추진가능 품목, 소요량 다수품목 및 고가품목 위주로 제정하며, 가능한 한 디자인 또는 외형

27) 상게서, p. 88에서 인용.

묘사적인 특징보다는 성능 위주로 작성하도록 규정되어 있다. 국방규격은 제품의 특성, 군수지원의 효율성, 경제적 조달, 국내의 기술수준 및 능력 등을 고려하여 성능형 규격, 상세형 규격, 또는 두 가지가 혼합되어 있는 혼합형 규격 중에서 효과적인 방법을 선택하여 작성한다. 한국산업규격 및 정부규격 또는 외국 국가나 협회규격의 적용이 가능할 때에는 별도로 국방규격을 제정하지 아니하고 직접 적용하거나 구매요구서를 작성하여 적용한다. 구매요구서는 군수품의 원활한 조달 및 품질 개선을 위한 최소한의 필요 요구사항을 반영하여 소요부서가 작성 및 확정한다. 국방규격을 검토할 때에는 작전운용성능과 규격의 필요조건의 일치 여부, 시험방법의 타당성과 시험평가 결과의 반영 여부, 군수지원요소의 효율성과 관련기술의 최신성, 국내 유사 규격의 제정 여부, 민·군 규격표준화 관련사항 등을 검토한다.28) 국방규격은 국방표준 종합정보시스템에 등록하여 관리하며 국방규격은 국방규격서를 제정 또는 개정한 날로부터 매 3년 단위로 적합성을 검토한다.

국방규격은 규격서, 도면 등 다양한 형태의 국방 표준문서로 관리되고 있으며, 기술자료 중에서는 도면이 91%를 점유하고 있고, 규격서의 경우 제정시기가 10년 이상이 경과한 규격서가 전체의 88%를 점유하며, 도면의 경우 54%를 점유하고 있다. 특히, 20년 이상 경과한 규격서는 전체의 65%이며 도면은 26%를 점유하고 있어 상당히 많은 규격서와 도면들이 제정 이후 오랜 시간이 경과29) 된 것으로 보인다. 이러한 현상은 국방규격 제정 이후 체계적인 관리의 미흡이 가장 큰 원인이겠지만 국방규격이 갖는 경직성과 보수적 업무관행도 영향을 주는 것으로 보인다.

군수품의 수요 측면에서 사용자의 군수품에 대한 전반적인 기대수준은 지속적으로 높아지고 있다. 여러 가지 요인이 있겠지만, 국내·외적인 정보의 빠른 전파로 군수품에 대해 비교하여 평가할 수 있는 기회가 많아지고, 군수품이 아니더라도 대체재로서의 상용품과 군수품과 유사한 아웃도어 제품 등이 늘어나고 있는 추세이며 그러한 상용품의 기술 발전이 이끌어가는 사용자의 기대수준 등이 지속적으로 상승작용을 만들고 있다. 다른 측면에서 군수품을 공급하는 제작자와 공급자의 기술발전도 눈부실 정도이다. 정보의 홍수와 같은 전파와 기술의 융·복합화는 기존의 기술 질서를 무너뜨리고 기술의 발전 속도를 높이는 동시에 새로운 기술로의 전이가 빠르게 일어나고 있다. 기술 진부화의 진행이 빠르게 이루어지기 때문에 성문화된 표준이 다수를 이루는 국방규격의 구(舊)기술과 시장에서의 신(新)기술 사이에 간극이 벌어지면서 지체현상의 정도가 심화될 수밖에 없는 것이다.

28) 방위사업청(2018), 「표준화 업무지침」, 방위사업청예규 제406호, 제3장 "군수품 규격화"에서 인용.
29) 국방기술품질원(2014), "국방규격 전면검토를 통한 상용 전환 활성화 방안 선행연구", p. 56에서 인용.

5) 보이지 않는 진입장벽

최근 국내기업들 사이에서 군수품 시장을 일종의 블루마켓(Blue Market)으로 여기는 것 같다. 최근에 이르러 형식적인 진입 규제 등이 없어지면서 누구나 등록만 하면 군수품을 취급할 수 있게 되었다. 그런데 군수품 시장에 신규로 진입하여 성공한 기업을 찾기가 어렵다. 군수품 시장에 다양한 유인요인이 있지만 군수품 시장에 연착륙하여 성공하는 것을 어렵게 하는 다른 요인들이 숨어 있기 때문이다.

일단은 군수품 시장에 대한 무지가 일반화되어 있다. 시장에 진입하기 이전에 시장에 관련된 정보를 수집하고 시장을 조사하고 시장에서 나타나는 현상과 그 근본 요인들에 대해서 분석도 하면서 제작하든지 공급하든지 해야 하는 것이다. 그런데 대부분의 경우 유사한 민수품을 제작하거나 공급한 경험을 갖고서 막연하게 군수품 시장으로 확대를 모색하는 수준이다. 대부분이 상품의 기능에 대해서 현재 군수품으로 공급되는 유사한 제품보다 더 우수하다는 점은 잘 설명하지만, 군납의 요건, 절차 그리고 제출 서류 등 가장 기본적인 입찰준비에 대해서도 제대로 알지 못하는 경우가 많다. 공급하고자 하는 제작자나 공급자들이 잘 모르는 것은 그나마 이해되지만, 심지어 군 관계자도 자신이 경험했던 분야에서의 이해도는 깊지만 그 외의 전반적인 군수품 시장에 관련된 업무나 사업진행 절차에 대한 이해가 미흡한 경우가 많다.

최근 일련의 방산 및 군수분야 감사와 수사 등의 여파로 군수 관계관의 업무수행이 많이 위축되었다고 한다.[30] 권리구제를 청원하는 입장에서는 불합리하거나 부조리한 정부의 조치로 인하여 손해를 봤다고 여기는 것이 당연하겠지만, 아니면 말고 또는 남 잘되는 것 못 보겠다는 식의 악성 민원도 있다. 여기에 감사 및 수사기관의 비(非)전문성과 한건주의 식의 업무행태가 상승작용을 일으켜서 한동안 무차별적인 감사와 수사가 방산 및 군수분야에 집중되었다. 그 결과는 업무의 소극적 수행과 사업의 지연 등으로 나타나고 군수품 시장에 참여하는 군과 기업 모두가 고스란히 손해를 보게 되었다.

다. 군수품 시장기능 강화를 위한 노력

시장에서 가격에 의한 균형이 이루어지지 못하는 경우에 시장에 의한 자원배분이 최상의 상태에 이르지 못하게 되고 우리는 이를 시장 실패(Market Failure)라고 한다. 시장 실패의 원인

30) "악성 민원·고소에 움추러 드는 제복들", 조선일보, 2017. 8. 22. 보도.
"국민을 위해 봉사하는 경찰과 군인, 소방관 등이 악성 민원과 고소 때문에 업무를 제대로 할 수 없다고 한다."

은 완전경쟁이 아닌 경우, 시장 외부의 영향요인, 거래 당사자 간 정보의 비대칭 등[31]이 있다고 한다.

이렇게 시장이 실패하는 경우에 정부 차원에서 일정 부분 중요한 역할을 수행하는데, 하나는 시장경제가 작동할 수 있도록 하부구조를 제공하는 역할이고, 다른 하나는 시장에 직접 개입하여 시장 실패를 보완하는 것이다. 그런데, 시장에 정부가 개입하는 것은 예외적인 개입[32]으로 봐야 한다는 점을 간과하지 말아야 한다. 시장기능을 회복하기 위한 조치를 단계적 강도에 따라 구분해보면 최소·중간 및 적극적 정책으로 나누어볼 수 있다. 최소의 정책은 법률과 제도의 보완을 통해서 시장의 질서와 안정을 유도하는 조치 등을 우선 꼽을 수 있다. 다음으로 반독점규제라든가 공익사업의 관리, 소비자 보호 등을 통해서 정보의 비대칭을 해소하려는 노력 등은 중간 정도의 정책으로 본다. 가장 적극적인 정책은 시장기능의 활성화인데, 이를 통해서 공기업의 민영화, 규제의 완화 그리고 인원 측면에서 채용의 다양성을 증진하고 업무의 개방성을 보장하여 자연스럽게 협업을 유도하는 것 등이다.

위에서 우리는 기능이 약화되어 시장이 실패하는 경우에 다양한 대책과 접근법이 있음을 알아봤다. 군수분야에도 이러한 시장의 실패라는 현상이 있고 또한 정부의 개입 등 다양한 대책이 시행되고 있다. 다만 그러한 대책이나 처방은 방향성을 갖추고 체계적으로 준비되고 시행되지 못한 측면이 있다는 것이 다수의 선행연구를 통해서 밝혀지고 있다. 그렇다 보니 군수의 목표, 중점과 지향방향, 여기에서 파생되는 세부 업무분야 등의 체계성이 부족한 것이 현실이다. 이제 군수업무를 왜 이렇게 해야 하는지 등 근본적인 질문에 대한 답을 찾아가는 노력을 기울여야 한다.

현재 우리의 군수가 보여주는 많은 문제점과 현상이 있는데 그중에 신뢰도의 저하, 업무 투명성의 미흡, 협업의 제한 등이 두드러지고 이러한 현상의 근저에 시장기능의 약화가 있다는 점을 인식할 필요가 있다. 그동안의 우리가 나름대로 노력한 군수분야 개선의 대부분은 단기간의 대증요법에 머물렀고 이와 같은 대증적 처방과 작위적인 개입이 산발적이지만 법규나 관행으로 남아 축적되면서 부정적 효과를 의도치 않게 보여주고 있는 상태이다. 실타래처럼 엉키고 켜켜이 쌓인 법규와 제도 그리고 여기에서 파생된 관행, 각각 기관 및 부서로 독립되면서 자생적인 능력을 갖추게 된 군수 관련 조직과 개인 등이 이해관계자로 충돌하는 현상 등이 이제는 오히려

---

31) 남상섭·안병근(2008), 전게서, pp. 141-142에서 발췌하여 인용.

32) 상게서, p. 71에서 인용.
"시장에 정부가 개입하는 것은 예외적으로 물가안정을 위해 공공요금의 인상을 억제하거나 미숙련 노동자의 최저 생계를 보장하기 위해 시간당 최저 임금수준을 보장하는 것 그리고 한국은행의 이자율, 아파트 분양가 등을 규제하여 시장가격이 지나치게 높거나 낮을 때 정부가 가격형성에 개입하는 경우 등에 국한한다."

시장기능이 갖는 역동성과 투명한 균형을 저해하고 있다고 분석된다.

이제라도 군수분야에서 시장기능 활성화를 위해서 법규와 제도 등 구조를 튼튼히 구축하고 운영하면서 원래 시장이 갖고 있었던 기능을 회복하는 혁신적 노력을 기울여야 할 것이다. 현재 국방부, 방위사업청, 각 군 본부에서 추진하고 있는 국방개혁과제 등에 포함되어 추진되는 일련의 혁신적 조치들이 정치적 어젠다로 포장되기보다는 반드시 해야 하는 소명적인 과제로 체계를 갖추어 재정비되면서 추진되었으면 한다.

첫째, 법률과 규정, 제도를 재정비해야 한다. 법규의 미비에 따른 재정비방향은 체계의 정비와 내용의 정비로 나누어볼 수 있다. 체계정비 측면에서는 군수품을 전 수명주기 간 다루는 소위 기본법의 신규 제정이 필요하고, 획득과 운영유지로 구분되어 무기체계의 획득 위주로 내용을 담은 방위사업법을 전향적으로 개편할 필요가 있다. 그중에서 국방기술품질원, 방산진흥회 등의 조직에 관련된 조항을 적정한 법규나 대통령령으로 이동시키거나 재편성해야 하고, 획득과 조달 이후 군수품 관리 위주로 내용을 담은 군수품 관리법은 군수품 출납, 보관, 관리전환, 양도 및 교환, 재물조사, 손·망실 처리, 불용결정, 폐기 등의 업무는 존치시키되 그 이전의 소요, 획득 및 조달에 관련된 내용을 더 보완해야 한다.

각 법규 내에서 일부 사문화된 조항은 과감히 삭제할 필요가 있다. 또한 법규에서 담아내는 내용의 기조는 기존의 포지티브(Positive) 규제 방식보다는 네거티브(Negative) 규제[33] 방식으로의 전환을 적극적으로 검토해야 한다. 포지티브 규제 방식은 어떤 행위를 원칙적으로 금지하되 허용하는 행위만 예외적으로 규정하는 방식이다. 반면에 네거티브 규제는 원칙적으로 모든 것을 허용하고 예외적으로 규제하는 방식이다. 현재는 대부분 법규의 조항이 포지티브 규제 방식으로 기술되어 있어서 열거되지 않은 것은 업무 추진을 꺼려하는 등 수동적인 자세가 조장되는 부정적 효과가 없지 않아 있다. 아울러, 일부 민수용 또는 민·군 겸용품 등에 대해서는 상법의 포괄적 적용도 검토해야 할 것이다.

둘째, 군수 관계관의 전문성 향상을 위해서 교육, 훈련 및 직무경력 관리를 체계적으로 연동시키고 발전[34]시켜야 한다. 교육 측면에서 학부, 석사 및 박사과정으로 체계화해서 폭넓은 교육기회를 부여해야 한다. 현재처럼 학부 과정 이후 소수인원만을 대상으로 하는 위탁교육으로는 교육의 수요를 충족하기에는 부족한 측면이 많다. 직무훈련은 군수학교를 포함해서 다양한

33) 김근혜(2017), "제4차 산업혁명기술 도입을 위한 규제 방식 전환에 대한 탐색적 연구", 한국지역정보화학회지, 20(3), p. 60.

34) DAWIA(Defense Acquisition Workforce Improvement Act, 10 USC Ch 87, 2013, 12. 19)에 따르면 국방획득인력의 전문성을 강화하기 위해서 교육, 훈련 및 직무경력 관리 등 3요소를 연계해서 발전시킬 것을 제안하면서 교육수준을 1단계 기초, 2단계 중급, 3단계 고급 등으로 수준과 내용을 제도화함.

교육기관을 통하여, 다양한 방법으로 제공되어야 한다. 직무경력 관리 차원에서 군수 관계관의 경력관리 모델을 정립하여 적용해야 한다. 이러한 교육, 훈련 및 직무경력 관리 분야에서 문호를 개방하고 민간기구의 참여를 보장하여 민·군 네트워크를 활성화해야 할 것이다.

셋째, 투명한 제3의 기구를 활용해서 관리 및 감독기능을 독립시켜야 한다. 셀프 감사나 셀프 견제는 형식적이거나 심지어 자해적 행위를 하는 경우도 있다. 사업을 하는 기관, 평가기관, 감독기관 등에는 별도의 독립적인 권한과 책임을 부여해야 한다. 예컨대, 국방기술품질원은 품질검사와 보증활동 분야에서의 객관적인 평가, 시험 등을 통한 과학적·기술적 견제의 역할이 있음에도 방위사업청의 출연기관으로서 법적 지위를 갖고 있어서 기관의 본원적 기능과 어울리지 않는다. 또한 방위사업청은 예산편성 및 집행기능, 파견인력의 인사권까지 행사하는 조직인데 이러한 비대한 조직을 슬림하게 다듬고 주요 정책업무, 예산편성 및 운영과 소요결정 권한은 국방부와 합참으로, 사업관리 업무는 각 군으로 나누어서 견제와 균형을 추구[35]할 필요가 있다. 제3의 기구의 필요성은 가격 이외에 시장 기능에 영향을 미치는 요소인 기술수준, 품질보증 및 관리능력, 계약 이행능력 등 사업의 시행과 계약에 이르는 데 결정적인 요소를 식별하고 관리해야 한다는 논점에서도 명확하다.

넷째, 군수품에 대해서 국내생산의 조건을 적용[36]한다든가 보훈단체 등에 대해서 예외적 수의계약을 허용하는 것 등은 군수품 시장에서 일종의 진입장벽으로서 역할을 하고 있다. 이제는 진입장벽을 낮추거나 없애는 방향으로 개선할 필요가 있다. 국제입찰 방식 등을 차별 없이 적용해서 군수품의 공급채널을 넓히고 다양화해야 한다. 다만, 통신장비라든가 암호장비와 같이 기밀성을 요하고 유사시 국가안보에 치명적인 해를 입힐 수 있는 주요 무기체계와 핵심부품들에 대해서는 선별적으로 국내생산능력을 갖추고 공급망을 안정적으로 운영할 법적·제도적 보완이 오히려 요구된다.

사실상 법규를 개정하지 않더라도 일부는 현행 법규에 의거하여 경쟁계약을 추진할 수 있다. 국방부(2017)는 계약업무처리훈령을 통해서 계약담당 공무원은 수요부서(기관)에서 수의계약을 요청하더라도 해당 계약의 목적, 성질, 규모 등을 고려하여 경쟁계약을 우선적으로 검토·시행하도록 명시하고 있다.[37] 훈령에 따르면, ① 성능, 효율 및 사업목적 달성이 가능한 유사한

35) 국회입법조사처(2015), "국방획득체계 현황 및 개선방향", NARS 현안보고서 제288호, p. 14, pp. 37-38에 따르면, 현재 국방획득관리체계 개선에 있어 주요 쟁점사항은 사실상 조직의 권한과 인력운영에 치중된 경향이 있음. 방위사업청을 외청으로 독립성 보장, 국방획득 분야 문민화 추진 등 필요.

36) 방위사업청(2007), 「군수품 조달관리 규정」, 방위사업청훈령 제60호, 4조(군수품의 조달원칙)
"국내 소재 제조·공급업체 등 신뢰할 수 있는 조달원으로부터 양질의 군수품을 조달함을 원칙으로 하고 적정량을 적기에 합리적인 가격으로 조달하여야 한다."

37) 국방부(2017), 「계약업무처리훈령」, 국방부훈령 제2016호, 11조.

물품이 존재하거나, ② 특허품·실용신안등록품·디자인등록품이라고 하더라도 품질, 성능, 가격 등이 대등한 유사물품으로 사업목적 달성이 가능하다고 판단되는 경우, ③ 수요부서(기관)에서 긴급목적으로 수의계약을 요구하였으나 긴급공고(5일) 등으로 계약목적이 달성 가능한 경우에 투명성과 공정성을 확보하고 예산 절감을 위해서 경쟁계약을 할 수 있다고 한다.

다섯째, 군과 민간기업 간 정보의 비대칭을 해소하기 위해 방산 및 군수분야 사업계획, 국방규격 등이 전면적으로 공개[38]되어야 한다. 다만, 비밀사업, 개인정보 보호에 관련된 내용, 지적재산권에 관한 사항 등은 제외해야 한다.

여섯째, 방산원가제도를 현실에 맞도록 개선해야 한다. 정부가 시장에 개입하여 통제하는 형태 중에 최고가격제 또는 최저가격제가 있다. 최고가격제는 시장에서 결정된 가격이 너무 높을 경우에 정부가 물가를 안정시키고 소비자를 보호할 목적으로 최고가격을 설정하고 그 이상의 가격으로 거래하지 못하도록 하는 것이다. 이에 반해서 최저가격제란 정부가 생산자들 간의 과도한 경쟁을 방지하고 생산자의 이익을 보장하기 위해서 최저가격을 설정하여 가격이 그 이하로 내려가지 못하게 통제하는 제도[39]이다. 방산원가제도는 최저가격과 최고가격의 중간에서 생산자의 이윤도 보장하지만 정부의 예산낭비도 방지하는 접근법이다. 방산원가 업무체계에서 업체가 원가산정을 하고 민간전문기관에서 공증하면, 방위사업청 원가를 검증하여 예정가격을 결정하고 계약을 체결하는 방식[40]으로 개선하는 것이 바람직하다고 본다.

일곱째, 독과점적인 시장의 특징이 잘 나타나는 군수품 시장에서 수요자와 공급자의 역할과 규범이 강조되어야 한다. 수요자는 합리적으로 소비해야 한다. 제한된 예산범위 내에서 만족의 극대화를 위해서 합리적인 선택 그리고 그러한 선택에서 효용(Utility)을 인식해야 한다. 한편 공급자는 위험감수와 혁신을 통해서 이윤을 얻을 수 있도록 구조가 만들어지고 문화가 정착되어야 한다.

여덟째, 군수품 시장의 수요독점적 형태, 대규모 예산이 투입되는 프로젝트적 성격, 그리고 시장 진입 이후에 독점 또는 과점적 지위의 유지가 가능하다는 점 등에서 다양하게 제기되는 민원, 투서, 감사 및 수사, 소송 등은 앞에서 살펴본 바와 같이 개인, 군 그리고 국가적 낭비를 초래하고 있다. 근본적으로 제도적 보완이 시급히 필요한 부분이다. 미국의 경우 정부조달계약과 관련하여 발주기관과 계약상대방 간에 발생한 분쟁에 대해 소송을 통한 사법적 해결방안의 시간

38) 연합뉴스(2018), "방사청, 군수품 국방규격 147건 공개… "중소업체 참여 기대"", 2018. 5. 6.
"우수 중소업체의 방산시장 진입 활성화를 위해 과거 일부 승인 업체에서만 열람이 가능하던 군수품의 규격을 공개".
39) 남상섭·안병근(2008), 전게서, pp. 71, 73에서 발췌하여 인용.
40) 최기일(2015), "방산원가 패러다임 전환을 통한 방위사업 원가관리체계 재정립 방안 연구", 『국방과 기술』 437, p. 89에서 인용.

적 비용적 한계를 극복하기 위해서 사전분쟁해결제도(DBR: Dispute Review Board)를 운영하고 있다. 이러한 DBR은 소송에 비해서 산업분야의 전문성과 특수성을 반영할 수 있는 전문가 집단의 지원과 심사가 수반된다는 점에서 분쟁 당사자의 만족도를 높이고 분쟁해결의 효율성을 높이는 것으로 평가받고 있다. 우리도 미국의 DBR과는 차이는 있으나 국가계약분쟁조정위원회를 설치하여 운영[41]하기 시작했다. 아직 제도의 도입단계라는 점에서 활성화되기까지 제도 자체의 보완은 물론이고 조직과 인력의 확충이 요구된다고 본다.

41) 김태완(2015), "국가계약분쟁조정위원회", 『국방과 기술』 433, pp. 120-121에서 인용.

군수란 군사적 목표를 달성하기 위해 필요한 군수품을 획득하고 운영 유지하는 체계적이며 지속적인 지원활동이다. 이와 같은 군수영역 속에서 군의 수요가 형성되고 이러한 수요를 충족시키기 위한 공급활동이 이루어진다. 그런데 우리 군에서는 군수활동을 이러한 수요와 공급 측면에서 큰 틀로 그리기보다는 주로 공급자와 공급활동으로 좁게 해석해왔다고 본다. 공급자 중심의 군수에서는 수요 충족이나 고객만족의 개념이 다소 느슨할 수 있는 것이다. 다행스럽게도 최근에 국방부로부터 야전의 군수부대에 이르기까지 '사용자 대기시간(CWT)'이라든가 '장비가동률' 등 수요자 입장의 군수활동에 대한 성과측정이 전향적으로 적용됨으로서 군수 혁신에 대한 단초를 제공했다고 평가되고 있다.

먼저 군에서 수요가 형성되는 과정을 살펴보자. 군의 수요는 야전의 장병에게서 나온다고 본다. 군수품의 최종 사용자인 장병은 군사적 활동에 필요한 군수품에 대해서 개략적으로 성능과 필요성 등을 요구한다. 이러한 개략적인 군의 요구를 필요성과 타당성 측면에서 객관적으로 계량(計量)하고 검증하는 프로세스가 소요기획 과정이다. 소요기획 과정에서 군수활동이 시작되며 '군사요구도' 또는 '작전운용성능(ROC)'으로 구체화되고 획득방안이 결정된다. 결국 군수활동은 사용자인 장병을 대리하여 수요를 형성하는 업무를 기반으로 하는 것이라 볼 수 있다. 이러한 수용형성활동이 활성화되어야 궁극적으로 수요 충족은 물론이요, 고객만족에 실효적으로 다가갈 수 있다.

한편, 공급활동에서 보면 군수품 제조를 포함하는 공급자는 군사적으로 필요한 군수품을 제안할 수 있다. 그러한 군수품 공급제안이 소요기획 과정을 거치면서 '군사 요구도' 또는 '작전운용성능'과 차이가 있는 경우에는 주문제작이나 연구개발 과정을 거치게 된다. 조달 및 납품 단계에서는 군사적 요구의 충족 여부를 확인하고, 품질조건과 국방규격 등을 토대로 검사 또는 검수활동을 한다. 최종 사용자인 야전의 장병에게 도달하기까지 저장 및 관리, 수·배송 활동은 주로 공급자 또는 제3자 물류기업의 활동이지만 군수활동의 일부로 수행되기도 한다.

일반적으로 수요와 공급은 시장이라는 개방된 공간에서 거래행위를 통해서 상호작용을 하면서 균형을 찾아간다. 그런데 군수품의 수요와 공급에는 일반적인 수요와 공급과는 다르게 군수활동이라는 거래의 매개행위가 작용하고 있다. 이러한 매개행위는 활동영역이 한정되지 않기 때문에 그에 따른 파급효과도 달라질 수 있다. 왜냐하면, 속성상 매개행위는 수요와 공급 양측에 관계하면서 양측의 활동이 중첩되거나 이해가 상충할 수 있는 영역 속에서 그 책임을 부여받기 때문이다. 결론적으로 군수활동은 최종 수요자인 군(軍)과 공급자인 산업계를 포함하는 민(民)을 연계하는 매개행위와 협업을 본질로 한다고 본다. 따라서 군수 관계관은 수요와 공급이 이루어지는 시간적 흐름과 민·군의 협업업무 공간을 공정하게 관리하는 프레임으로서 법규와 절차를 마련하고 투명하게 시행되도록 해야 한다. 또한 군수 관계관은 매개행위자로서 중립적 관리자, 촉진자 및 핵심 임무수행자로서 다양한 전문적 능력을 구비하고 고도의 윤리의식을 견지해야 할 것이다.

* 장준근(2017), "군수활동의 수요와 공급", 국방일보, 2017. 6. 12. 기고에서 인용.

제 3 장
군수의 포괄성과 총수명주기관리체계

1. 군수의 포괄성

앞에서 우리는 군수에 대해서 그 본질과 업무영역을 중심으로 재정의하면서 총수명주기관리를 기반으로 하고 수요와 공급활동으로 확장한 통합군수를 지향하고자 제언하였다. 본래 정의라든가, 개념이라든가 하는 것은 임의대로 하는 것이 아니라 이미 존재하여 활동하는 것을 설명하거나 일정한 지향방향이나 범위를 설정하여 그 당위적 기능과 역할을 설명하는 것이라는 점을 알고 있다. 군수에 대한 정의 또한 그러한 연역적 또는 귀납적 접근에 의한 산물이었음을 여기서 다시 밝히고자 한다. 군수란 군수 관계관이 전·평시에 군사적인 목표를 달성하기 위해서 필요한 군의 물적 수요를 충족시키기 위한 소요기획, 획득관리 및 운영유지의 전 수명주기 간 적용되는 과정(프로세스 활동)이며, 보급·정비 및 수송 등 지속지원의 기능활동이다. 또한 군수는 전·평시 군사력 발휘를 확장(선행요소)하거나 제한(후행요소)하는 중요 요소이다.

이러한 군수에 대한 정의를 통해서 군수활동이 군사적으로 현장에서 필요한 현실적인 수요와 잠재적인 수요를 모두 포함하고, 이러한 수요를 충족시켜주기 위한 체계적 활동임을 알게 되었다. 이를 시장이라는 현실적이면서 동시에 가상적인 공간에서 '수요활동과 공급활동이 어떻게 형성되고 상호 영향을 주면서 균형을 이루어 가는가'라는 차원에서 살펴보면서, 군수업무가 갖는 특유의 대리자로서의 활동과 매개자로서의 활동이 고도의 전문성을 요구하고 있음을 다시금 분석할 수 있었다. 군수활동이 원래 있었던 것이 아니라 수요가 있고 그러한 수요를 정성적이며 정량적으로 종합하고, 분석하고, 결정하며 요구하는 과정인 수요형성 과정에서 군수가 태동하고 역할을 한다고 보는 것이다.

또 다른 대칭지점에서 자본, 기술과 노동력으로 장비와 물자를 생산하는 공급 측면의 군수를 바라볼 수 있다. 현실적으로 존재하는 국방규격 등의 요구를 충족하는 생산 및 공급활동과 새로운 물적인 수요를 충족시키기 위해서 자본과 기술을 투자하여 위험을 감수하고 경쟁을 통해서 이윤을 달성하는 과정을 포함하는 것이 공급측면의 군수활동이다. 현실적이거나 잠재적인 모든 물적 수요를 충족시키기 위한 물적 공급방안을 연구하고 개발하며 품질을 보장하고 지속적으로 보급 및 정비하는 활동 속에서, 군수활동은 일부 영역에서는 공급자와 협력하고 일정 부분은 대리 역할을 하고 일부 영역에서는 직접적으로 공급업무를 수행하기도 한다. 이렇듯, 수요와 공급 그리고 시장이라는 측면에서 보면, 예산의 제약조건에서 한계효용을 균등히 하는 합리적 소비와 자본, 기술과 노동력을 투자하여 위험을 감수하면서 시장의 개척, 공정의 혁신, 비용의 절감 등을 통해서 얻게 되는 기업의 이윤 등이 상호작용을 한다고 보는 것이다.

제1장과 제2장에서 함께 살펴본 군수활동은 복잡성으로 인하여 우리가 군수를 이해하기 어렵게 하고 범군수기관 및 관계관의 협업을 제한하는 요소로 작용하고 있다고 보았다. 제대로 군수업무를 하려면 제대로 군수의 체계를 알아야 한다. 체계와 기능의 이해를 통해서 군수의 큰 그림을 그릴 수 있다고 본다. 그리고 그러한 큰 그림을 상정하고 당면한 업무를 한다면 보다 효과적으로, 효율적으로 업무를 수행할 수 있을 것이다.

여기서 국내·외에서 포괄적 군수에 관한 연구와 지향하는 최신 동향을 살펴보고자 한다. 국내 연구자 중 손병식(2013)은 학문분야로서 군수활동의 체계성에 대해 연구하면서 군수의 연구영역 분야에서 군수의 포괄성을 언급하였다. 다음의 표와 같이, 군수의 연구영역을 거시 군수학과 미시 군수학으로 구분하며 거시 군수학에서는 소요관리와 획득군수로 구분하고, 미시 군수학에서는 운영군수와 지원군수로 영역을 나누어 제시하고 있다. 획득군수는 보급관리 측면에서 살펴보면 대분배 계통[1]이고 운영군수는 소분배 계통이다. 이를 SCM 차원에서 보면 획득군수는 소요관리와 연구개발을 제외하면 상류(Upstream)에 해당하며 운영군수학에서 정비관리를 제외하면 하류(Downstream)에 해당한다.[2]

손병식(2013)은 지금까지 군수관리자나 연구자들은 운영 중심의 군수에 관심을 기울여왔으나, 향후에는 획득군수 분야로 군수에 대한 관리와 연구의 중심축이 이동되어야 한다고 주장한다. 이러한 주장은 최근에 폭넓은 공감대를 이루고 있다고 본다. 그 이유는 획득 초기부터 군수품의 획득비용과 운영비용 등 모든 비용을 고려해 한다는 총 소유비용에 대한 인식이 확산되고 있고, 소요기획 및 획득관리 단계에서 총 소유비용을 고려하면 결과적으로 운영유지비용을 절감할 수 있을 것으로 기대하기 때문이다. 현재 군수가 직면하고 있는 대부분의 문제는 운영상의 문제라기보다도 근본적으로 소요기획 및 획득단계에서 태동한 문제에 뿌리를 두고 있기 때문에 현재 및 미래 문제를 동시에 해결하기 위해서는 운영유지 이전의 소요 및 획득 단계에 대한

1) 대분배 계통(Whole Sale Level)은 생산업자 혹은 공급자와의 계약, 생산, 납품이 이루어지는 분배계통으로 방위사업청, 생산업체, 보급창 간의 거래관계를 주로 말한다. 소분배 계통(Retail Sale Level)은 대분배 계통에 이어지는 군 조직 내부의 보급계통, 즉 군수사(창)으로부터 보급품 사용자에 이르기까지의 보급계통을 말한다. 국방부(2013), 『국방 군수·전력 용어사전』; 해군군수사(2018), 『군수용어사전』; 국방기술품질원(2011), 『국방과학기술용어사전』 등에서 인용.
2) 손병식(2013), 『군수학 원론』, 서울경제경영, pp. 50-51에서 인용.

관심과 연구가 따라야 한다.

〈표 3-1〉 군수학의 연구영역으로 구분한 군수분야[3]

영역		기능	연구분야
거시 군수학	소요 관리	소요	- 연구개발관리 소요, 유지보수 소요 - 구매 소요, 수송 소요, 재고 소요 - 정보화 소요, 폐처리 소요, 고객서비스 소요 - 시설 소요, 수요예측 등
	획득 군수	연구개발	- 기술개발, 신규 군수품 개발 - 수명주기 비용분석, 시험평가 - 신뢰성, 가용성, 유지보수관리 등
		조달	- 계약방법, 구매원가 계산, 구매협상, 품질관리 - 표준화 및 규격목록, 위험물 구매관리 등
미시 군수학	운영 군수	정비	- 신뢰성, 안전성, 체계분석, 정비주기 - 정비수준, 군수지원분석 - 시스템 운용 및 지원, 수명주기 비용분석
		수송	- 국내수송, 해외수송 - 수송시기, 수송경로 분석, 제3자 수송 - 복합수송, 수송비용 분석, 택배, 입지 분석 - 배차 주기, 위험물 수송, 수송능력 분석 등
		보급	- 자재처리, 재고관리, 위험물 관리 - 재고유지비, 물자정보 시스템 등
	지원 군수	환경	- 폐처리, 위험물 관리, 재활용 등
		정보	- 장비정비정보 시스템 - 물자정보 시스템, 조달정보 시스템, 수송정보 시스템 등

최근 군수분야의 정보화 추진에 따라 군수활동의 정보가 종래의 수(手)작업으로 종합하는 수준을 뛰어넘어 자동으로 상황변화를 인식하고 광범위한 군수활동 데이터를 축적하고 분석하여 운영할 수 있게 되면서 관리의 범위가 넓어지고 신속성과 정확성이 크게 향상되었다. 앞으로 군수 관계관은 더 많은 관심을 소요기획 및 획득군수 영역으로 넓혀야 한다. 다만, 본서에서는 이러한 군수의 영역과 기능이 어떻게 연계되는가에 대해서는 다음의 군사력 건설체계를 통해서 설명하고자 한다.

미국에서는 일찍이 1986년 대통령 직속의 패커드 위원회(일명 블루리본 위원회)를 통해서 획득업무가 현재와 같이 발전되는 전기를 맞이하게 되었다. 그 계기는 로널드 레이건 1기 행정부에서 불거졌던 600달러 망치와 700달러 변기로 회자되는 군수품 도입 스캔들에서 촉발되었다.

3) 상게서, p. 51에서 발췌하여 인용.

그 뒤를 이어 국방부와 각 군성에서는 획득차관보실을 신설하고, 획득전문인력 양성을 명시한 DAWIA(Defense Acquisition Workforce Improvement Act)를 법제화하고, 전문교육 및 훈련기관으로서 국방획득대학(DAU : Defense Acquisition University)을 창설하고, 현역과 민간인으로 이루어진 획득전문인력집단(Acquisition corps)이라고 정식으로 명명하기에 이른다.[4] 우리가 여기서 미국의 군수 및 획득의 역사를 살펴보는 것은 우리의 많은 제도, 조직 및 운영의 근간이 미군의 제도를 벤치마킹하여 형성됐기 때문이다. 다음에서 미국의 군사력 건설체계와 유사하게 발전되어 적용된 우리의 군사력 건설체계를 통해서 군수의 소요기획과 획득관리 분야를 살펴보고자 한다.

가. 군사력 건설 체계

국방을 위한 물적 자원을 획득하고 관리하기 위해서 국방자원관리를 위한 군수의 체계들을 알아보는 것이 중요하다. 국방자원관리를 위한 군수체계란 현상분석, 미래 소요와 예측, 재원의 준비 및 집행, 운영유지를 아우르는 포괄적 체계를 지칭한다. 이중에서도 소요와 획득을 다루는 체계를 종래에는 주로 군사력 건설 체계(Armed Forces Development System)라고 일컬었는데, 군사력 건설 시스템이라고도 하며, 군사력 건설을 위한 의사결정 지원체계(Decision-support Systems)[5]라고도 불린다.

군사력 건설 체계는 법규나 지침 등에는 모형 또는 체계로서 명시되지는 않았지만 현실적이며 분석적인 의사결정 지원체계로 인식된다. 우리 군은 1970년대부터 미국의 국방계획예산제도(PPBS: Planning, Programing, Budgeting System) 등 선진국의 제도를 도입하여 군사력 건설 체계를 구축하였으며, 이후 수차례의 개선을 통해서 현재의 모습에 이르게 되었다. 여기에는 선진국의 제도 변화, 우리 내부적인 비리 및 부패사건에 따른 후속조치, 정부의 조직개편과 예산제도 변경 등이 영향요인으로 작용하였다. 그러한 잦은 변경 속에서도 지속적으로 추구되었던 몇 가지 중요한 가치가 있다. 그 첫째는 비리를 원천적으로 차단하고 예방하기 위한 투명성의 제고이고, 둘째는 절차의 복잡성을 최소화하고 관련 기관의 협업을 토대로 효율성을 제고하려는 노력이었다. 이러한 가치의 추구는 결과적으로 나타난 성과와는 다소의 괴리가 있어서 지금도 논란거리가 되고 있다.

---

4) https://www.army.mil/artile/135395/army_acquisition_a_brief_history에서 발췌하여 인용.
5) 군사력 건설체계를 Big 'A'라고도 하며, 국방획득관리체계(DAS)를 Little 'a'라고 한다(출처: US Defense Acquisition Guidebook).

우리의 군사력 건설 체계는 ①「합동전투발전업무훈령」에 근거하여 현재 및 미래의 작전개념으로부터 창출되는 소요체계 또는 합동전투발전체계, ②「국방기획관리 기본훈령」에 의하여 국방재원을 합리적으로 기획, 계획, 집행, 평가하는 국방기획관리체계, ③「방위사업법령」과 「국방전력발전업무훈령」에 의하여 군수품의 연구개발과 획득을 다루는 국방획득관리체계로 구성된다고 본다. 다음의 그림과 같이 이러한 하부체계는 상호 유기적으로 연계된다. 합동전투발전체계의 산물이라 할 수 있는 소요는 국방기획관리체계의 기획 및 계획으로 수렴된다. 국방기획관리체계에서 예산이 편성되면서 국방획득관리체계에서는 연구개발 등 획득방안을 결정하고 사업을 관리한다.

이렇게 국방기획관리체계, 합동전투발전체계 및 국방획득관리체계는 협업 등을 통해서 상호작용하게 되어 있으나, 현실적으로는 소요를 기획하고, 예산을 편성하고 통제하는 국방기획관리체계가 합동전투발전체계와 국방획득관리체계를 포괄[6]하는 운영의 모습을 보인다. 국방기획관리체계가 일종의 기준선(Guide Line) 역할을 하면서 업무의 흐름을 관장한다는 것이 큰 요인이겠지만, 한정된 재원을 우선순위에 입각하여 할당하는 권한인 예산편성 권한이 무엇보다도 결정적 요인이라는 점과 국방부라는 최상위 기관에서 운영하는 체계라는 점에서 가장 영향력이 있다고 보는 것이다.

그런데 이러한 국방기획관리체계를 기획과 계획 그리고 기관별 업무의 분장으로 나누어서 살펴보면 하나의 체계임에도 불구하고 효율성의 저하라는 현상을 볼 수 있다. 이는 무기체계를 기획하는 합참의 기획업무와 전력지원체계를 기획하는 국방부 및 각 군의 기획업무, 무기체계 및 전력지원체계를 획득하기 위해 중기재원을 배분하는 국방부의 계획업무, 무기체계의 획득을 위해 중기사업계획서를 수립하는 방사청의 계획업무 등 기관별로 기획 및 계획업무의 범위와 책임이 복잡하게 혼재되어 협업을 구조적으로 어렵게 하는 것에 기인한다고 본다. 협업이 잘 이루어지지 않아 결과적으로 전반적인 업무의 효율성이 저하되는 결과가 나타나고 있다.[7]

6) 서상국·장세훈·김용삼(2017), "제4차 산업혁명기 한국군의 군사력 건설 시스템 혁신방향", 『국방정책연구』 115, p. 174.
7) 서상국·김용삼(2017), "한국과 유럽 주요국의 군사력 건설 시스템 비교·분석", 『전략연구』 24(3), pp. 142-143.

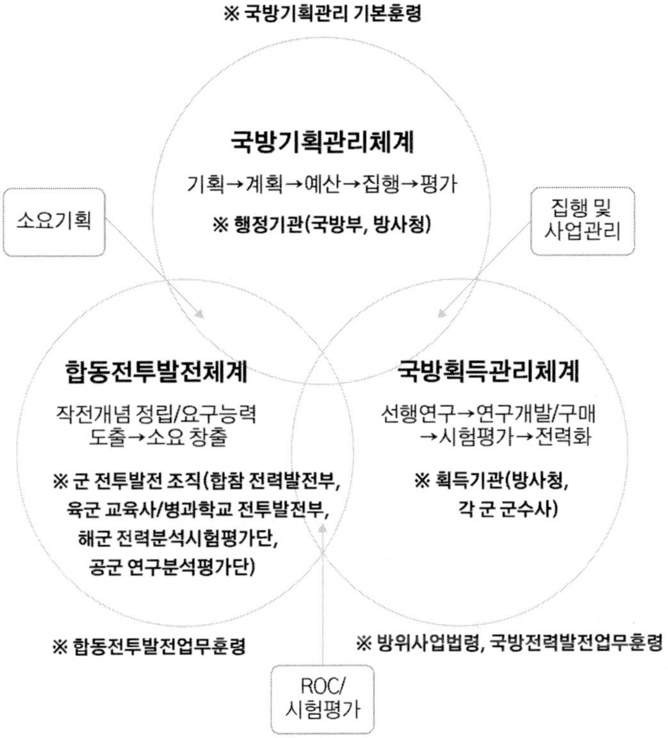

〈그림 3-1〉 군사력 건설 체계

나. 군사력 건설 하위체계 간 연계

군사력 건설 체계의 하위체계들은 독립적으로 운영되면서 상호 연계되는 형태를 취하고 있다. 3개의 하위체계들이 독립성을 갖는 이유는 근거의 법규와 조직이 다르기 때문이다. 하위체계들은 「합동전투발전업무훈령」, 「국방기획관리 기본훈령」, 「방위사업법령」, 「국방전력발전업무훈령」 등에 근거의 기반을 두고 있다. 또한 합참 및 소요군 등 군의 전투발전부서, 국방부 및 방위사업청 등 행정부서, 방위사업청 및 조달청 등 전문적인 획득 및 조달부서 등으로 나뉜다. 그런데 이러한 독립성은 오히려 협력적인 연계를 필요로 한다.

효과적인 상호작용이 군사력 건설의 핵심임에도 우리가 그간 협업의 장을 구조적으로 마련하고 이를 운영할 절차와 규칙을 만드는 데 다소 소홀한 측면이 있고 하위체계 간의 연계성이 미흡한 사례가 많았다. 다음에서 제시하는 사례와 문제점들은 현재는 문제점에 불과하지만 반드시 체계 간 협력의 핵심 사안으로 간주되어야 할 과제이기도 하다는 이중적 가치를 지니고 있어 시사하는 바가 크다고 할 수 있다.

1) 합동전투발전체계와 국방기획관리체계

「합동전투발전업무훈령」에 근거하여 운용되고 있는 합동전투발전체계는 「국방기획관리 기본훈령」에 의거 운용되고 있는 국방기획관리체계상의 기획과 유기적으로 연계된다. 합동전투발전체계의 산물인 전력발전 소요는 국방기획관리체계상 기획을 위한 입력요소가 된다.[8)] 이렇게 협업을 수행해야 하는 경우에는 관련 기관 및 부서가 공동업무를 추진하거나 책임과 권한을 명확히 구분해서 연계업무로 추진할 수 있다고 본다. 대부분의 경우에 이러한 상호작용하는 업무의 중첩영역에서는 공동업무나 연계업무에 소홀하거나 기관별 책임과 권한이 모호하여 업무수행이 제대로 이루어지지 않는 것이 현실적인 문제이다.

다음의 그림에서 보듯이, 능력요구 단계에서 각 군 전투발전 조직은 전력발전 소요를 제안하고 있으나, 합참의 전투발전 조직은 전력발전 소요를 제안하지 않고 있다. 합참 중심으로 이루어지고 있는 소요결정 절차는 개념발전을 거쳐 소요제기, 소요결정의 단계를 거치면서 군사전략-작전개념-전력소요가 연계될 수 있도록 하는 하향식 소요기획을 따르도록 하고 있다.[9)] 그런데 각 군 전투발전 조직에서 무기체계 소요를 창출하여 국방기획관리체계상 기획을 담당하는 합참 전력기획부에 제기되고 전력지원체계 소요는 국방기획관리체계상 기획을 담당하는 국방부 관련 부서로 별도로 구분되어 제기되고 있다. 이에 따라 소요에 대해 합동성 관점에서의 충분한 검증을 거치지 않고 결정되는 경우가 많아 각 군에서 제기한 전력은 거의 대부분 소요로 결정되고 있다.

또한 우리는 합동전투발전체계의 산물로써 소요를 결정하여 그러한 소요를 담은 합동군사전략목표기획서(JSOP : Joint Strategy Objective Plan)를 작성하고 있는데, 이는 합참의 주도로 작성되고 있다. 이는 국방부가 수립하는 국방중기계획과 행정적으로 중첩되는 부분이 있다. 미국은 합동전투발전체계를 통해서 별도의 기획문서인 합동군사전략목표기획서를 수립하지 않고 있다.[10)] 결과적으로 우리는 합참의 합동군사전략목표기획서, 국방부의 국방중기계획, 방위사업청의 중기사업계획서 등 군사력 건설 관련 문서들이 거의 유사한 내용이지만 기관별로 상이하게 작성되어 혼란을 초래하는 경우를 본다. 더구나 법적으로 구속력이 있는 중기사업계획

8) 서상국·장세훈·김용삼(2017), 전게 논문, p. 174.
9) 이근표(2018), "효율적인 군사력 건설을 위한 국방의사결정체계 발전방향", 『국방정책연구』 34(1), p. 17.
10) 미국은 1986년 국방 재조직을 위한 '골드워터-니콜스법(Gold Water-Nichols Act of 1986)'을 제정하면서 국방중기계획과 행정적으로 중복되는 합동군사전략목표기획서를 폐기하였다.

서는 방위사업청이 수립하고, 법적으로 구속력이 없는 국방중기계획은 국방부가 수립함으로써 2개의 계획문서가 중첩되면서 충돌할 가능성[11]도 있다.

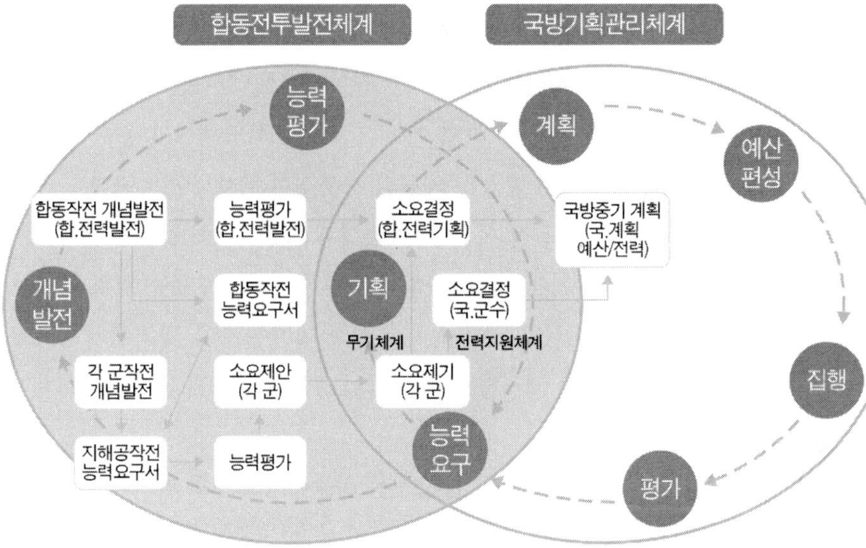

〈그림 3-2〉 합동전투발전체계와 국방기획관리체계의 연계

다른 측면에서, 중기계획은 가용예산을 고려하여 합참이 결정한 소요의 연도별 물량과 재원 등을 적정 수준으로 조정해줌으로써 개개의 사업들이 실현 가능성을 갖추도록 하여 예산편성 단계로 연결해주는 것이어야 한다. 하지만 계획단계에서 소요에 대한 검토가 미흡하여 합참의 결정을 거의 대부분 중기계획에 진입시키고 있다. 기획에서 계획으로의 진입장벽이 낮아서 실제로는 기재부나 국회의 예산심의 과정에서 전력화 추진 여부를 결정하는 현상이 벌어지고 있다. 소요검증이 법제화되면서 중기계획의 여과기능에 대한 제도적 기반은 마련되었으나 활용은 저조한 실태이며 이를 근거로 소요 자체에 대한 삭제결정은 하지 못하고 있다.[12] 위의 그림에서 보듯이 계획의 일부는 합동전투발전체계와 협업이 필요한 영역에 있다고 보는 견해도 있다.

11) 서상국·김용삼(2017), 전게 논문, p. 143.
12) 이근표(2018), 전게 논문, p. 21.

2) 합동전투발전체계와 국방획득관리체계

합동전투발전체계 산물의 일종으로 전력발전 소요제안서가 있다. 무기체계의 운용개념과 이를 구현하기 위한 작전운용성능(ROC: Required Operational Capability),[13] 무기체계를 운용하기 위한 군 구조 및 편성(Organization), 운용 및 기술교범(Doctrine), 운용하고 유지하기 위한 교육훈련(Training), 필요한 시설(Facility) 등 전투발전요소[14]를 모두 포함한다. 소요 자체가 합동성 차원에서 타당성이 있어야 하며 이를 기초로 획득단계에서 총수명주기관리를 고려하여 운영유지와 연계되어야 하고 아울러 재원의 충분성이 담보되어야 한다.

그런데 소요군과 합참에서는 소요결정 시 획득 가능성과 합동전투력 발휘를 전제로 하기보다는 모든 위협에 대해 개별적인 무기체계의 충분한 전력을 확보하고자 하는 경향이 있다. 예를 들어, 북한의 전차 위협에 대하여 육군은 주로 전차나 지상 대전차 무기, 공격헬기 등으로 대응해야 한다는 논리와 전력화 소요량을 제시하는 데 비하여 공군은 공대지 전력을 강화해야 한다는 논리를 주장한다.

이러한 소요와 획득의 연계가 미흡하면, 군이 요구한 성능이나 전력화 시기를 충족하지 못하는 경우가 많다. 성능 면에서 개발 간 작전운용성능(ROC)을 미충족하여 사업이 취소되거나 지연되는 사례가 있고, 미래 위협수준 및 과학발전 추세를 고려할 때는 구현된 장비의 성능이 미흡하다거나 그 기술이 진부하다는 의견도 나오고 있다. 전력화 시기 면에서도 많은 무기체계가

---

13) **작전운용성능**은 종종 군사 요구도(Military Requirement)와 혼용되어 사용된다. 작전운용성능은 무기체계의 운용개념을 충족할 수 있는 성능수준과 무기체계능력을 제시한 것으로서 주요 작전운용성능과 기술적·부수적 작전운용성능으로 구분되며 이는 연구개발 또는 국외 도입 무기체계를 획득하기 위한 시험평가의 기준이 된다[국방부(2013), 전게서]. 이와는 다르게, 군사 요구도는 군수품의 필요성, 운영개념, 작전운용성능 등 제시된 제반요건이며, 통상 무기체계 이외의 장비에 대해서 사용한다[국방기술품질원(2011), 전게서].

14) **전투발전요소**는 수요군의 전투발전을 위하여 무기체계 획득과 연계하여 개발하고 획득하여 지원하는 요소를 망라한다. 약칭으로 DOTMLPF라고 하며, 교리(Dotrine), 구조 및 편성(Organization), 교육훈련(Training), 장비와 물자(Materiel), 리더십(Leadership), 인력(Personnel), 시설(Facility) 등을 말한다. 비물자적 요소로서 최근에는 정책요소, P(Policy)가 추가되어 DOTMLPF-P라고 하기도 하는데, 국방부 또는 범정부 차원이나 국제적 정책의 영향요소로서 앞의 일곱 가지 비물자적 발전요소에 영향을 주기 때문이다. 여기서 M은 Big 'M'과 Little 'm'으로 구분하여 사용하기도 한다. 'M'은 신규로 연구개발하는 군수품을 의미하여 물적 방안을 고려할 때 쓰이는데, 'm'은 별도로 주문하지 않고 바로 구매할 수 있거나 현존 군수품을 의미하여 비물자적 방안을 고려할 때 사용한다.

유사한 용어로 **전력화 지원요소**가 있는데, 전력화 지원요소는 무기체계와 전력지원체계가 전장에서 합동성, 완전성, 통합성을 달성할 수 있도록 지원하는 교리, 편성, 교육훈련, 종합군수지원 등의 요소로서 전투발전 지원요소와 종합군수지원 요소로 구분한다.

종합군수지원 요소는 무기체계 및 전력지원체계의 효율적이고 경제적인 운용을 보장하기 위한 개발·획득·배치 및 운용에 수반되는 모든 지원요소이며 연구 및 설계반영, 표준화 및 호환성, 정비계획, 지원장비, 보급지원, 군수인력 운용, 군수지원 교육, 기술교범, 포장·취급·저장 및 수송, 정비 및 보급시설, 기술자료 관리 등이다. 보통의 경우 종합군수지원 11대 요소라고 칭한다. 한편 최근에는 종합군수지원계획을 대체하는 수명주기 지속계획서를 작성하는데 종합군수지원 11대 요소를 대체하는 수명주기 지속 9대 요소를 말하기도 한다. 다만, 이러한 수명주기 지속 요소는 현재 국방부 주관 시범사업 종료시점에 변경될 가능성이 있으나, 기본적으로 종합군수지원 요소와 큰 차이는 없다고 본다.

* 국방부(2013), 전게서; https://www.dau.mil/acquipedia/Pages/ArticleDetail에서 발췌하여 인용.

전력화 시기를 충족하지 못하고 있어 군에서는 불만을 제기하고 있는 반면, 방위사업청이나 업체는 요망 전력화 시기가 애초부터 사업 준비를 위한 행정소요나 개발을 위한 기술수준 등을 고려하지 않은 무리한 요구이며 성능과 마찬가지로 이에 대한 변경에도 소극적인 의견을 제기[15] 하고 있다.

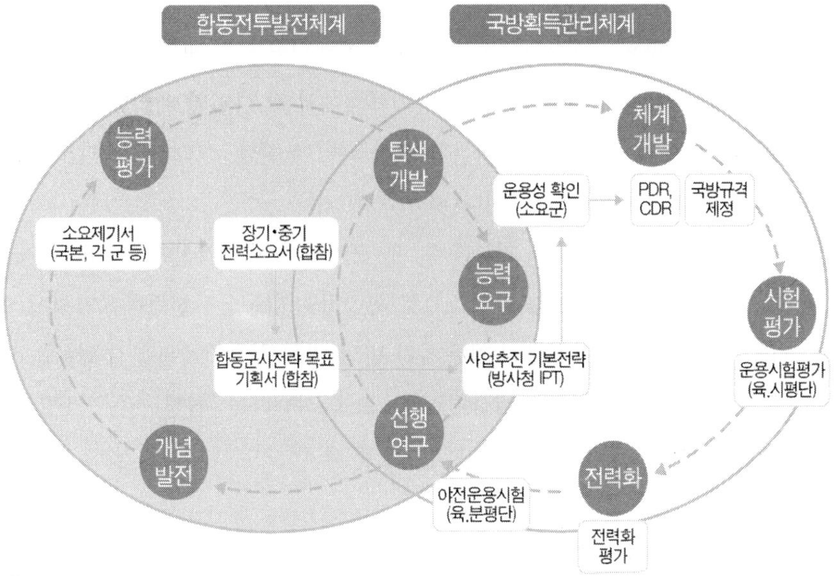

〈그림 3-3〉 합동전투발전체계와 국방획득관리체계의 연계

그 원인으로 합동전투발전체계에서 비용 및 가용재원, 기술수준과 개발 가능성, 사업관리의 행정기간 등을 충분히 감안하지 못하고 소요를 결정한다는 점이 우선 지적될 수 있다. 또한 합동전투발전체계에서 소요결정으로 명시되어 이관되는 형태의 성능과 전력화 시기에 대해서 획득관리체계에서는 적극적인 사업관리를 하기보다는 소극적으로 명시된 요구를 충족하는 정도의 수준에서 업무를 추진하여 사업관리 환경 변화에 대한 대응이 미흡해지면서 문제가 나타나곤 한다. 다른 이유로 꼽을 수 있는 것은 사업관리 단계에서는 주로 경제성이나 행정적인 절차를 중시하는 경향이 있어 수요군의 요구에 대한 조정이 빈번하며 그로 인한 성능과 전력화 시기의 미충족[16]이 나타나기도 한다. 또한 최근에 국한된 현상일 수도 있으나 감사, 수사 등의 부담감으로 합동전투발전체계나 획득관리체계에서 재량권 행사를 꺼리게 되고 업무를 소

15) 이근표(2018), 전게 논문, p. 15.
16) 상게 논문, p. 17.

극적으로 처리[17] 하는 풍토가 조성되고 있는 것을 들 수 있다. 이러한 소극적이며 행정적으로 업무를 처리하는 관행이 광범위하게 적용되면 상당기간 동안 군사력 건설 분야에 부정적 영향을 줄 것이다.

3) 국방기획관리체계와 국방획득관리체계

국방기획관리체계와 국방획득관리체계는 긴밀하게 연계되어 있는데, '기획'된 소요가 국방기획관리체계에서 '계획'화 되기 위해서는 획득관리체계에서 각 사업별 계획이 수립되어야 하며, 국방기획관리체계에서 '계획'화되고 '예산편성'이 되어야 한다. 그래야 획득관리체계에서 사업진행을 위한 '집행'이 가능하기 때문이다.[18]

국방기획관리체계는 「국방기획관리 기본훈령」에 근거하여 국방기획지침(DPG: Defense Planning Guide)을 토대로 전력소요를 중기소요로 확정하여 합동군사전략목표기획서(JSOP)를 발간하는 '기획', 중기소요를 검증하여 가용재원 범위 내에서 중기계획을 수립하는 '계획', 중기소요를 예산으로 현실화하기 위한 '예산편성', 소요를 획득하는 '집행', 각 단계별 사전 및 사후 분석 결과를 피드백함으로써 예산운영의 합리성을 제고하기 위한 '분석평가' 단계로 구분된다.[19]

다음으로 재원의 가용성을 여기에서 논의해야 한다. 국방비를 비롯한 정부예산은 각 부처별로 상한액, 또는 총액을 한도로 정한 일종의 실링(Ceiling) 개념으로 예산을 종합하고 검토하여 할당하는 기준을 갖고 있어 대규모 순수 증액이 어려운 실정이다. 이러한 특성을 고려하면, 역으로 순수한 예산 증액은 어려움이 많으나 우선순위를 끌어올릴 수 있다면 예산을 확보하는 것은 오히려 쉬울 수도 있다. 이러한 측면을 염두에 두고 국방기획관리체계와 국방획득관리체계 간의 협업 부분을 보자. 소요는 기본적으로 장기소요로 제기되어 결정된다. 이후에 선행연구 또는 탐색개발을 거치면서 작전운용성능이 구체화되고 획득방안을 검토하면서 전투력 발휘나 성능 발휘를 위한 적정 소요량 등이 결정되면 비로소 중기소요로 전환된다.[20] 현재의 소요기획은 체계개발 이전 단계에서 물자적 대안 및 기술개발의 기준을 제공한다. 핵심기술의 개발이라든가 기술적 요인이 핵심적인 고려사항이 되는 사업의 경우에는 탐색개발을 거쳐서 기술을 고려한 비용이 산출되어 소위 성능, 기술 및 비용이 트레이드 오프(Trade off)를 거치면서 구체화된다.

17) 상게 논문, p. 18.
18) 상게 논문, p. 11.
19) 서상국·장세훈·김용삼(2017), 전게 논문, p. 182.
20) 이근표(2018), 전게 논문, p. 17.

국방기획관리체계 상의 '집행'업무가 국방부, 합참, 방사청, 각 군 등으로 분산되어 있어 기관 간 협업을 위한 업무의 스펙트럼이 광범위하고 업무수행 절차 또한 다소 복합한 구조로 얽혀 있다. 무기체계의 경우에는 군이 싸우고자 하는 방법에 부합되어야 하므로 사업추진 간 지속적으로 군의 요구사항이 정확히 반영되는지 소요군이 확인해야 한다. 또한 전력발휘를 위해서는 무기체계가 획득되고 이를 운영하는 부대가 있어야 하며 운영유지를 위한 제반요소가 함께 확보되어야 하므로 방위력 개선, 부대계획, 운영유지를 위한 정비계획까지 연계가 요구된다.[21]

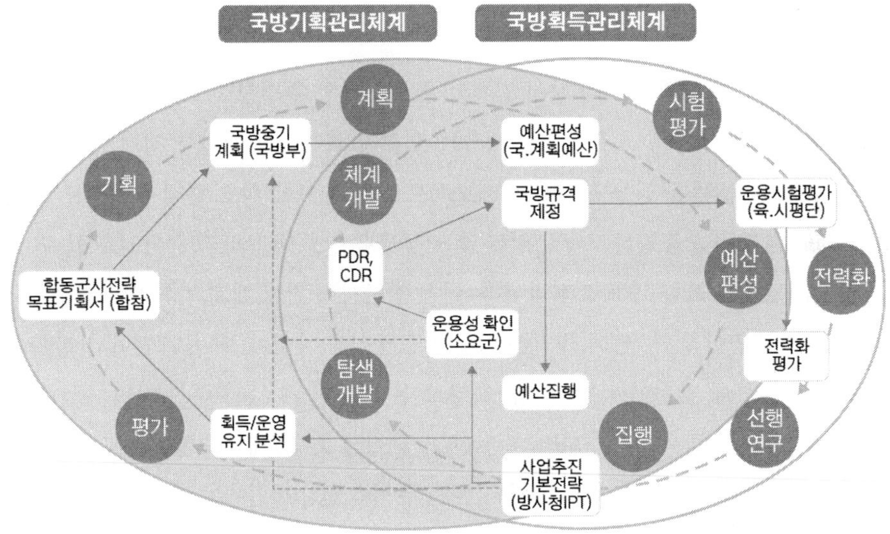

〈그림 3-4〉 국방기획관리체계와 국방획득관리체계의 연계

그런데, 국가의 재정 여건을 고려할 때, 국방비 증가율은 점차 감소 추세에 있으며 최근 최대 4% 수준일 것으로 보이나 국방부는 연 5% 이상 증액을 가정하여 계획을 수립하고 있다. 합동전투발전체계에서 '06~'20 계획에는 소요 전력이 200여 개였으나, '14~'30 계획에는 320여 개로 증가하였으며, 안보상황 변화에 따라 신규 소요가 지속적으로 발생하고 있다. 반면에 방위사업청은 중기계획을 고려하기보다는 개별 사업별로 협상 및 계약을 추진하고 그 결과대로 계획반영을 요구하여 전체적으로 가용재원을 초과하는 상황이 벌어지고 있다. 여기에다 기재부는 정부예산을 종합하고 국회는 예산을 심의하면서 국방부가 제시하는 우선순위보다는 각 군별로 할당하는 방식으로 예산을 반영[22]하여 어려움이 가중되는 측면도 있다.

21) 상게서, p. 12.

또한, 국방획득관리체계에서도 무기체계는 방사청 및 출연기관인 국방과학연구소, 국방기술품질원에서 획득하되, 전력지원체계는 각 군의 군수사령부, 전력지원체계 사업단, 정보체계관리단, 방사청, 조달청, 국군재정관리단, 야전부대가 담당하는 등 군수품 유형별로 획득조직이 분산되어 있어 지금과 같은 산업 간 융합과 시스템의 복잡성이 증가하는 시대적 흐름에는 적합하지 않은 조직의 분산[23]이 특징으로 확인된다.

다. 총수명주기관리체계의 태동

우리의 군사력 건설 체계는 조직 간의 견제와 균형을 통한 투명성 제고 측면에서는 유리한 점이 많이 확인되지만, 업무의 효율성 측면에서는 오히려 취약하고 개선할 점이 많이 있음을 알 수 있다.[24] 따라서 법과 규정을 정비하여 제도적으로 기관 간에 상호 견제 속에서도 협업이 가능하도록 분산된 조직을 통합하거나 분절된 각 기능들을 상호 융합하거나 협업을 할 수 있는 여건을 마련하는 것이 중요한 과제로 식별된다. 이처럼 군사력 건설 체계 자체가 완전성을 갖기에는 다소 부족한 측면이 있다. 원래 유연한 제도는 포괄성을 가져야 하며, 그래야만 상황의 변화 그리고 시대의 흐름에 맞추어서 발전 가능하다고 본다.

그런데, 군사력 건설 체계가 갖는 다소의 경직성과 폐쇄성 못지않게 중요한 문제로 식별되는 것이 바로 하위체계 간 협업의 실종 내지는 미흡이다. 이는 군사력 건설의 편향성을 증대시켜서 경직화되고 부분적인 논의 중심으로 개선책을 마련해왔다는 것을 역으로 설명한다. 그래서 부분적 최적화는 이루었지만 큰 틀의 혁신이나 근본적인 개선을 이루어내지 못하고 있는 것이다. 대표적인 사례가 운영유지와의 연계 문제이다. 획득 이후 손절매하듯이 손을 털고 '그 분야는 내 책임이 아니야'라고 하는 순간에 획득 자체의 논리와 당위성이 군색해지고 마는 것이다. 무기체계를 포함한 모든 전력은 전력화 이후 활용이 목적이므로 전력이 실질적인 군사적 능력을 발휘하기 위해서는 도입하기만 하면 끝나는 것이 아니라 운영유지까지 고려해야 하며 대부분 10년 이상 장기간 운용되므로 과학기술 발전을 고려하여 성능개량도 염두에 두어야 한다. 특히, 최신 무기체계가 전력화되면서 운영유지에 대한 부담이 가중되고 있어 소요 및 획득 등 군사력 건설 체계에서 운영유지에 필요한 사항을 반영해야 함에도 불구하고 현실적으로는 주로 무기체계, 그중에서도 주 장비 획득에 집중하고 있는 것으로 평가된다.[25]

22) 상게 논문, p. 16.
23) 서상국·김용삼(2017), 전게 논문, p. 144.
24) 상게 논문, p. 128.
25) 이근표(2018), 전게 논문, p. 15.

일반적으로 선진국에서는 획득 및 군수활동을 정의하면서 군수품의 개념형성 단계부터 소요, 조달, 폐기까지의 제반활동을 의미하는 광의의 개념을 사용하고 있다. 우리나라 또한 효율적인 운영유지를 위해 군사적으로 요구되는 군수품을 확보하기 위해 정책을 수립·발전시키고, 개념을 정리하여 소요를 기획하며, 군수품을 개발, 생산 또는 구매하여 운용 및 관련 군수지원을 수행하며, 폐기하는 일련의 총 수명주기 동안에 필요한 일련의 활동을 망라해야 한다.

미국, 영국, 프랑스 등 선진국들은 냉전 종식 후 국방비가 축소됨에 따라 구조조정 및 비용절감을 위한 노력을 지속하고 있고, 무기체계가 첨단화되고 복합화되어, 진화속도도 점점 빨라짐에 따라 비용이 급증되는 문제를 해결하기 위해 전문적인 관리기법을 강구하고 있다. 또한 안보환경, 정치·경제 및 국방문화 특성을 반영하여 적극적으로 대응할 수 있도록 개선책을 마련하고 있다. 첫째, 획득업무를 국방부 주관하에 각 군이 동참하여 수행하되, 동일한 기관에서 획득·군수업무를 통합하여 수행한다. 둘째, 소요-획득-운영유지를 효율적으로 연계하고 연구개발을 활성화하기 위해 획득과 군수지원 업무를 하나의 조직으로 통합하여 운영하고, 기술개발과 획득기능을 분리하여 기술개발은 연구개발 전담조직이 주관하고 통제하며, 획득은 집행전담조직에서 관리하는 체계로 운영한다. 셋째, 소요제기 및 결정은 합참과 각 군에서 하고, 중기계획 및 예산은 국방부가 수립 및 편성하며, 그에 따른 집행은 국방부 또는 각 군이 수행하면서 전력발휘를 극대화하고 국방예산을 절감하기 위해 총수명주기관리체계제도(TLCSM: Total Life Cycle System Management)[26]를 도입하여 운영하고 있다.[27]

2. 국방기획관리체계

앞에서 살펴본 바와 같이, 국방기획관리체계는 현재 우리의 군사력 건설의 기반을 이루는 중요한 체계이다. 이를 근간으로 하여 합동전투발전체계와 연계되고 국방획득관리체계로 확장된다. 군사력 건설 자체가 갖는 중요성은 아무리 강조해도 지나치지 않으나 군사력 건설 체계 자체의 취약성이 확인되는 상황에서 군사력 건설의 기본이 되는 국방기획관리체계를 알아보고 정리하는 것은 기초를 튼튼히 하는 의의를 갖는다.

미국의 국방기획관리제도는 1960년대 존슨(Johnson) 행정부의 국방성 관리차관보인 앤서니

26) 군수품을 소유함으로써 발생하는 모든 비용인 총 소유비용을 최소화하기 위해서 소요결정, 획득, 운영 및 폐기에 이르는 전체 수명주기 과정에서 성능, 비용, 기술, 정보 등을 통합적인 관점에서 관리하는 체계를 말한다[국방부(2013), 전게서, p. 419].
27) 이근표(2018), 전게 논문, p. 13.

(Anthony)에 의해 기초가 마련되었다. 이는 계획과 예산에 관리회계(Management Accounting)를 연결하여 체계화한 것이었다. 이러한 국방기획관리체계는 제한된 국방자원으로 국방목표를 가장 효과적으로 달성하기 위하여 기획(Planning)-계획(Programming)-예산(Budgeting)-집행(Execution) 및 평가(Evaluation)의 기능을 상호 유기적으로 연결하고, 이에 따라 문서의 선·후 관계를 체계적으로 규제하여 관리순환고리(Management Cycle)를 형성시킨 국방의 중추적인 체계[28]라고 할 수 있다. 최초에는 중기계획(Programming)을 매개로 하여 기획과 예산을 연결시켜, 예산문서를 보면 기획에서 요구된 내용이 얼마나 반영되었으며 예산이 국방의 어떤 목적을 위하여 배분되었는지를 용이하게 파악할 수 있도록 체계화한 기획 중심의 예산제도(Planning Oriented Budgeting System)이었다. 현재는 PPBEE에 집행과정(Executing)과 평가과정(Evaluation)을 추가적으로 접속시켜 완전한 순환고리를 형성했다.

가. 변천과정과 시사점

국방기획관리체계는 1961년 미군에 PPB(Planning-Programing-Budgeting System)체계가 도입되어 방대한 국방자원을 효율적으로 조정·통제함으로써 제도로서 유용성을 인정받았다. 우리는 PPB체계가 미군에 도입되고 불과 8년 뒤인 1969년 9월에 국방부 특검단에 의하여 부조리 척결대책으로 우리 군에 소개되었고 이후에 약 10년간 자체 연구와 시험 적용을 거쳐 1979년부터 국방기획체계로 운영하기 시작하였다. 이후 1983년에 집행과 분석평가 단계를 추가하여 국방기획관리체계로 발전되었다.[29]

1) 미군의 국방기획관리체계 변천과정

1961년 포드자동차의 최고 경영자 출신인 맥나마라(McNamara) 국방장관이 PPB 체계를 도입하면서 국방경영에 혁신이 일어났다. PPB 체계는 기존의 기획과 연도 예산 체계 사이에 중기계획 체계를 도입하여 기획과 예산을 연결하고 기획·계획·예산을 하나의 체계로 통합하였다는 데 의의가 있다. 맥나마라 장관은 전력투자 사업이 3군 간의 경쟁과 협상이 아닌 국방부의 통제하에 결정되도록 조정하였고 국방 전체의 입장에서 사업별 목표를 설정하고 예산편성이 되도록 통합체계를 구축하였다.

28) 권태영(1984), "국방 기획관리 순환 효율화", 『항공산업연구』 9, p. 109.
29) 김동현·이승현(2018), "미군 PPBE 수행과정 고찰을 통한 시사점 도출과 우리 군의 발전방향", 『국방과 기술』 467, p. 97.

맥나마라 장관은 도입초기에 JSOP이 기획체계를 대표하여 부대구조와 전력예산의 검증을 위한 수단이 되기를 희망하였다. 그러나 합참은 각 군의 통합된 전력소요를 제출하지 못하였다. 1960년대 중반까지 JSOP은 우선순위가 없는 상태에서, 각 군의 전력소요를 추정하여 종합하는 수준이었다.

1969년 맥나마라의 후임으로 군 출신 레이어드 국방장관이 취임하자, 합참은 JSOP이 전략 및 전력기획의 최상위 지침으로 재수용될 수 있도록 JSOP의 형식을 개정하였다. 그러나 1969년 핵과 재래식 전략에 관한 닉슨 대통령의 돌연한 재검토 지시로 모든 기획서는 무의미하게 되었다. 레이어드 장관은 예산의 제약을 고려한 전력소요를 요구하였고, 이에 1970년 5월 합참은 최초의 합동전력각서(JFM: Joint Force Memorandum)를 제출하였다. 이후에 JSOP은 전력소요에 관하여 군사적 조언만을 제공하고, JFM은 예산을 고려한 전력소요를 기술하는 역할을 담당하게 되었다. 합참은 PPB 체계에서 신설된 JFM의 핵심적 역할을 기대하였지만 실상은 각 군의 중기계획을 종합하는 데 머무르게 되었다.

카터 정부에 들어서 합참의 개혁은 JSOP을 목표로 삼았다. 1979년에 합참은 JSOP을 대체할 합동군사전략기획서(JSPD: Joint Strategic Planning Document)를 도입하였고 JSPD의 기능은 국가의 이익과 목표에 대한 위협을 평가하고 이에 대응하기 위한 전력소요의 수준을 권고하는 것이었다. 하지만 전력소요의 우선순위 결정을 시도하지 않았다는 점에서 JSOP과 다를 바 없었다. 전력소요의 우선순위가 결여된 JSPD는 JSOP과 마찬가지로 불필요한 기획서로 인식되었다.

1986년 합동성 강화를 목적으로 골드워터-니콜스 국방개혁법(GNA)이 발의되었으나, 합동전략기획체계는 합동성과는 다소 거리가 있는 복잡한 행정적 체계를 유지하면서 10종 이상의 기획서를 2년 주기로 생산하고 있었다. 결국 합참은 1990년에 JSPD 등 다수의 기획서를 폐기하거나 간략한 산물로 통합하였다. JSOP은 중기 전략적 지침과 회계연도 예산요구 준비지침 등에 적용하고자 1952년에 제도화되어 PPB체계 내에서 전력소요기획의 핵심이 되었으나, 각 군 소요의 미통합, 우선순위 미결정, 예산 미고려, 전략변화에 따른 탄력적 대응 미흡 등의 이유로 결국 1990년 폐기되었다.

JSOP은 폐기되었지만 합동전략기획체계와 PPBE체계 간 연결고리가 단절되지는 않았다. 합참은 의장사업권고(CPR: Chairman's Program Recommendation)와 의장사업평가(CPA: Chairmen's Program Assessment) 등을 통하여 PPBE 체계에 영향을 미치고 있지만 권고하는 수준에서 이루어지고 있다. CPR은 예산과 전력 계획을 검토하여 준비태세, 교리 및 훈련, 전투 소요 등에 관하여 권고한다. CPA는 각 군이 요구한 중기계획 전력소요의 능력과 균형을 평가하여 국방장관의 의사결정에 따라 지원한다. CPR과 CPA는 합참의장이 국방부 장관에게 보

고하는 건의서로 고려되며 보고서 역시 제한적으로 배포되고 있다.[30)]

2) 미군의 국방기획관리체계

여기에서의 논의는 미국의 최신 국방기획관리체계(PPBE)에 관한 국방성지침(The Planning, Programming, Budgeting, and Execution(PPBE) Process)[31)]을 중심으로 정리하였다. 국방기획관리체계의 논리적 절차는 예산의 제한 속에서 부대, 장비, 인력 그리고 지원활동을 가장 효과적으로 연계하고 조직할 수 있는 수단을 제공하는 데 목적이 있다. 중요한 전략에 기초를 둔 우선적으로 요구되는 능력 분야에 재원의 할당을 촉진하고 요구되는 전쟁수행능력과 위험, 지원 가능성과 효과성 등에 대한 균형을 갖추게 한다. 국가안보전략과 국방전략을 재정적으로 건전하게 결정하고 이행하는 메커니즘을 제공한다. 또한, 과거의 결정과 이행사항들의 실질적인 시행성과를 목적과 전략적 목표에 기초를 두고 평가하여 환류시킨다.

(1) 합동전투발전 기획단계

기획단계에서는 국방자원을 효율적으로 관리하면서 국가적 안보목표를 지속적으로 유지할 수 있게 하는 미국의 국방 및 군사적 역할이 우선 검토된다. 미국의 국가안보와 외교정책을 지원하는 국방전략을 수립한다. 또한 전략을 수행하는 데 요구되는 통합되고 균형을 이룬 군사력을 기획한다. 우선순위, 지원 가능성, 균형화된 위험 분담, 적합성, 실행 가능성, 효과성 등을 포함하여 국방정책의 프레임워크를 정의한다. 기획지침에는 국방의 목표와 정책, 군사임무 수행의 우선순위 등이 포함되어야 한다. 또한 주요 의사결정 방안의 운영적인 효용성과 비용 효과성을 평가한다.[32)]

현재 전력기획은 능력기반기획(Capability-Based Planning) 방식을 적용한다. 능력기반기획의 핵심은 적 부대 및 아 부대의 능력을 식별하고 발생 가능한 결과를 평가하는 것이다. 미군이 기존의 위협기반기획(Threat-Based Planning)으로부터 능력기반기획으로 전환한 것은 2000년대 초반 부시 행정부가 출범한 이후이다. 냉전이 종료되었음에도 불구하고 당시의 전력기획은 적의 위협에 대한 대응을 중심으로 한 위협기반기획을 고수하고 있었다. 그러나 미 본토가 테러 공격을 받은 사상 초유의 9.11사태 이후에 미래 상황의 불확실성에 능동적으로 대응하기 위하여 위협기반기획을 폐기하고 능력기반기획으로 전환하였다.

30) 상게 논문, pp. 99-100에서 인용.
31) DoD(2017), "The Planning, Programming, Budgeting, and Execution(PPBE) Process," Directive 7045, p. 14에서 인용.
32) Ibid,, p. 10에서 발췌하여 인용.

소요(Requirement) 도출을 위해 2003년에 도입된 합동능력통합발전체계(JCIDS: Joint Capabilities Integration and Development System)는 기본의 소요창출체계(RGS: Requirement Generation System)를 대체하게 되었다. 합동전투발전체계는 개념발전, 능력평가, 능력요구로 볼 수 있다.

① 개념발전

합동전투발전의 시작은 개념발전이다. 개념은 특정 작전 또는 작전환경에서 추론된 생각 및 일반적 관념으로 미래 군사작전 방법을 도식화하고 예상되는 작전환경에서 일련의 군사작전을 수행하는 데 필요한 능력을 서술하며, 요망하는 효과와 목적을 달성하는 데 필요한 능력의 활용 방법을 설명한다. 개념의 발전은 현재 이용 가능한 DOTmLPF의 능력으로 적절하게 대응할 수 없는 새로운 군사적 문제가 발생하거나 새로운 과학기술 등을 도입함으로써 기본의 군사적 문제를 효과적으로 해결할 수 있는 경우에 요구된다. 개념발전 업무가 새로운 과학기술과 밀접하게 관계되는 이유가 여기에 있다.

개념발전 업무는 총 9단계로 구성된다. 1단계는 해결이 요구되는 군사적 문제의 식별, 2단계는 식별된 문제의 해결을 위한 개념발전의 필요성 검토, 3단계는 개념발전 지침의 작성 및 승인, 4단계는 개념 작성팀의 조직, 5단계는 개념발전 계획의 수립, 6단계는 개념 연구, 7단계는 전투실험 또는 워게임으로 개념의 검증, 8단계는 개념서 초안 작성 및 의견수렴, 9단계는 개념서 승인 및 발간이다. 또한 모든 개념서를 평문으로 작성하여 산학연은 물론 동맹군에게까지 공개하여 피드백을 적극적으로 반영하고 있다.

미 육군은 기준개념서, 운용개념서 및 기능개념서 등 세 가지 종류의 개념서를 발간하고 있다. 보통 이런 개념서는 약 20년 후까지 추구해야 할 개념을 기술하고 있는데 2년 주기로 검토하여 개정하도록 규정하고 있다. 기준개념서는 육군의 최상위의 개념으로서 미래 작전환경, 육군의 역할 및 미래 육군이 요구하는 능력을 포괄적으로 기술하여 상위 전략적 지침을 이행하기 위한 가용자산의 운용지침을 제시한다. 운용개념서는 육군이 미래 군사적 목적을 달성하고 합동작전에 기여하기 위한 운용방법을 기술하고, 합동군의 일원으로서 육군에게 요구되는 근본적인 능력과 능력의 우선순위를 식별함으로써 전력발전의 지향점을 제시한다. 기능개념서는 6~18년 후 미래 육군의 기능별 전투수행방법을 기술하여 기준개념, 운용개념 및 합동개념을 지원하며 능력기반평가를 수행하는 데 필요한 세부내용을 포함한다.

② 능력평가

소요결정의 시발점이자 핵심이라고 할 수 있는 능력평가는 요구되는 능력을 식별하고 해결책을 강구하는 공식화된 업무절차로 기능영역 분석(FAA: Functional Area Analysis), 기능요구 분석(FNA: Functional Need Analysis), 기능해결책 분석(FSA: Functional Solution Analysis)으로 구성된다.

신규 기능개념서가 승인되거나 새로운 작전개념과 백서 등이 등장하면 해당 개념이 요구하는 능력을 강구하기 위하여 능력평가를 추진한다. 능력평가는 일반적으로 소화기와 중·대형 전술차량 등 전투기능상의 무기체계를 포함하지만 소총분대 등 특정 제대,기동 등 특정 전투기능 그리고 전자전 및 비정규전 등 포괄적인 영역까지 망라할 수 있다.

기능영역 분석에서는 개념을 구현하기 위하여 본질적으로 요구되는 요구능력, 요구능력의 구현지표인 과업(Task), 과업의 수행조건, 과업 수행의 목표수준인 표준(Standard) 등을 분석한다. 기능요구 분석에서는 현재 군이 보유한 능력으로 기능영역 분석에서 결정한 각 과업별 목표인 표준에 대한 달성 가능 여부를 평가하고 달성 불가한 표준 즉, 능력의 격차(Gap)를 식별한다. 기능해결책 분석에서는 능력격차의 해결책을 분석한다. 단기간에 조치 가능한 비물자적(DOT_LPF) 통합 해결책을 분석하되, 불충분할 경우에는 현재 운용 중인 물적(m) 해결까지 포함하여 분석한다. 기존의 물적 해결책을 추가 투입하여도 능력격차를 극복하지 못하는 경우에 최종적으로 신규 물적 해결책을 분석한다.

③ 능력요구

합동능력통합발전체계의 문서는 능력평가를 토대로 신규 소요능력을 문서화한 최초능력서(ICD: Initial Capabilities Document), 비물자적 해결책을 기술한 전투발전요소 변경건의서(DCR: DOTmLPF-P Change Recommendation), 최초능력서를 토대로 물자적 해결책의 발전을 문서화한 능력개발서(CDD: Capability Development Document), 능력생산서(CPD: Capability Production Document) 등으로 구성된다. 과거 다양한 명칭으로 사용되던 작전운용성능(ROC: Required Operational Capability)은 소요창출체계에서 운용요구서(ORD: Operational Requirement Document)로 일원화되었다가 2003년 합동전투발전체계로 전환되면서 CDD와 CPD로 대체되었다.

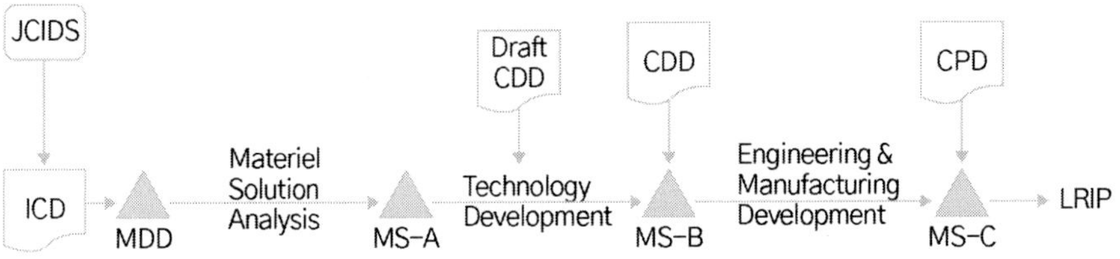

〈그림 3-5〉 미군의 JCIDS 업무수행 절차[33)]

능력기반평가(CBA: Capability-based Assessment)는 합동능력통합발전체계의 중추이다. 능력기반평가를 통해서 현존 전력이 요구되는 능력을 충족하지 못하는 능력부족 상황이 확인되면 능력부족을 완화하거나 제거할 수 있는 비물자적 방안(Non-materiel Approaches)을 우선 강구한다. 필요한 경우에 물적 해결방안(Materiel Solution)을 추진하게 되는데, 기본적으로 능력기반평가는 탑다운의 하향식 접근방식으로 대통령, 장관, 합참의장 등의 전략적 지침에서 시작된다. 대통령의 국가안보전략, 국방장관의 국방전략은 차례로 합참의장의 국가군사전략에 기초를 제공한다. 국가군사전략은 대통령의 국가안보전략을 구현하기 위한 군사력의 발휘에 관한 합참의장의 건의사항을 구체적으로 포함한다. 이와 같은 최고 수준의 전략지침에 기초하여 합참에서는 더 구체화된 개념과 체계를 담는 문서를 준비한다. 일련의 합동작전개념 등은 향후 15년에서 20년 동안의 합동전력에 대한 운영의도를 담아낸다.

〈표 3-2〉 합동능력통합발전체계 주요 소요문서[34)]

구분	시기	작성	주요내용
최초능력서 (ICD)	능력평가 이후	통합능력발전팀 또는 능력발전통합처	- 능력평가 요약 - 신규 능력 소요 - 능력격차 등
능력개발서 (CDD)	국방획득관리체계 탐색개발(TD) 이후	통합능력발전팀 또는 능력발전통합처(육본 G-3/5/7, G-8, 능력통합센터 등과 협력)	- 개략적 작전운용성능 - 사업/시험평가 일정 - 기술 성숙도 등
능력생산서 (CPD)	국방획득관리체계 체계개발 (E&MD) 이후		- 작전운용성능 구체화 - 잔여 일정 구체화 - 제조능력 성숙도 등

33) Bradford Brown(2010), *Introduction to Defense Acquisition Management*, DAU, p. 36.
34) 김동현·이승현(2018), 전게 논문, p. 105.

최초능력서(ICD) 승인 이후에 신규 군수품 개발결정이 이루어지면 국방획득관리체계로 진입하게 된다. 최초능력서의 신규 군수품 소요능력은 국방획득관리체계의 대안분석을 통해서 소요능력으로 발전하며 작전운용성능은 국방획득관리체계 탐색개발 이후에 CDD와 CPD를 통해서 구체화된다. 이러한 소요문서는 합동소요감독위원회(JROC: Joint Requirements Oversight Council), 합동능력위원회(JCB: Joint Capability Board) 등 합참에서 검증하거나 소요군에서 자체 검증하도록 책임기관이 지정된다. 한편, 능력의 통합은 능력의 소요와 해결책을 유기적으로 융합, 분리 및 결합할 수 있도록 개념·소요·자원을 분석, 계획 및 평가하는 포괄적인 과정이다.

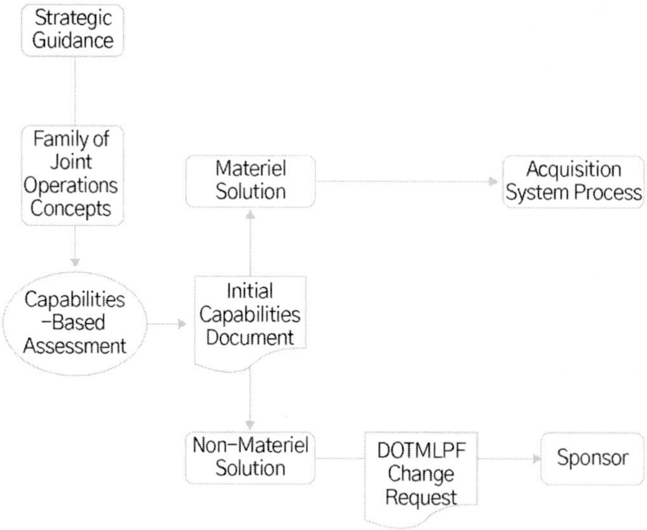

〈그림 3-6〉 능력기반평가 절차35)

비물자적 해결방안이 선택된다면 가능한 비물자적 변경요구(DCR: DOTmLPF Change Request) 등이 관계기관(Sponsor)에게 의뢰된다. 여기서 관계기관은 국방성 산하기관으로서 공통 문서, 주기적 보고, 재원할당 및 운영 등 소요되는 능력개발과 획득활동에 책임을 부여받은 기관들이다.

(2) 중기계획 수립

국방부는 각 군의 중기계획(POM: Program Objective Memorandum)을 검토하여 국방중

35) Bradford Brown(2010), op. cit., p. 36.

기계획(FYDP: Future Years Defense Program)을 수립한다. 육군은 중기부대계획(POM Force)을 수립하고 중기계획의 근거를 마련하기 위하여 총체적 육군 분석(TAA: Total Army Analysis)을 수행한다. 총체적 육군 분석은 기획을 계획으로 전환시키는 데 핵심적 체계라고 할 수 있다.

총체적 육군 분석은 육군 전 부대를 대상으로 정량적·정성적으로 분석하는 공인된 절차이다. 총체적 육군 분석의 목적은 첫째, 기획문서에서 제시된 전투부대 소요의 적절성을 검토하고 전투지원, 전투근무지원 부대 및 비전투 사령부의 적정소요를 판단하여 최적의 중기부대계획을 수립한다. 둘째, 의회와 국방부 등에 육군의 임무수행에 필요한 부대계획의 분석적 근거를 제공하며, 셋째, 최적화된 부대계획을 바탕으로 중기계획의 균형성, 통합성 및 효율성을 PPBE 체계 내에서 보장하는 것이다.

분석은 정량적인 부대 소요를 산출하는 단계와 정성적인 자원배분 단계로 나뉜다. 각 군의 규모를 제시하는 4개년 국방보고서(QDR: Quadrennial Defense Review), 육군의 작전부대 형태·부대수·자원 배분지침 등을 제공하는 육군기본기획서(TAP: The Army Plan) 등에서 필요한 지침을 식별하고 검토한다. 정량적 분석은 M&S를 기반으로 수행하므로 입력자료의 사전 준비가 필수적이다. 모의의 순서는 부대 전개, 전구별 전투, 지원부대 소요산출 순으로 진행한다. 이렇게 정량적으로 산출된 소요는 현재 육군의 부대구조와는 상이할 수밖에 없으므로 가용한 자원을 고려한 조정이 필수적이다.[36]

나. 한국의 국방기획관리체계

국방기획관리체계(PPBEES: Planning, Programming, Budgeting, Execution and Evaluation System)는 국방목표를 설계하고 설계된 국방목표를 달성할 수 있도록 최선의 방법을 선택하여 보다 합리적으로 자원을 배분하고 운영함으로써 국방의 기능을 극대화시키는 관리활동이다.[37] 우리의 모든 국방사업은 국방기획관리체계에 의거하여 장기기획(Plan)으로부터 중기계획(Program)과 예산편성(Budget), 집행(Execute) 및 분석평가(Evaluate)에 이르는 일련의 단계 및 절차를 거치며 추진되도록 설계되어 있다. 이는 국방 부문의 특수성을 반영하여 10~20년 앞을 내다보며 목표 지향적으로 군사력을 건설하고 유지하며 운영하려는 데 기

36) 김동현·이승현(2018), 전게 논문, pp. 106-108.
37) 국방부(2017), 「국방기획관리기본훈령」, 국방부훈령 제2048호, pp. 97-4.
　* 「국방기획관리기본훈령」은 비공개 훈령으로 지정되었음.

본 취지가 있다.[38]

국방기획관리체계의 대상영역은 변화되는 안보상황과 국방자원의 제약요인을 고려하여 국방목표를 설정하는 것에서부터 전반적인 국방운영 분야를 거의 포괄한다. 용병을 제외한 양병과 관련된 대부분의 업무체계와 절차를 합리적으로 규정함으로써 국방활동을 체계화시키고 가용자원의 효율을 극대화하는 것을 대상으로 한다고 본다. 반면에 협의의 개념으로는 국방목표와 군사전략을 구현하는 데 필요한 국방재원을 분배하는 체계로서 합동전투발전체계, 국방획득관리체계 등과 구분된다.[39]

1) 국방기획관리제도의 도입과 발전

우리 군은 창군 이래 자주국방 시기인 1970년대 이전까지는 주로 미군의 군원에 의존하여 저장관리 및 분배 위주의 지원업무에 치중하여왔다. 그런데 1969년 미국의 닉슨 독트린으로 촉발된 주한미군의 철수, 군사원조의 중단이 이어졌다. 한편, 북한은 1968년을 '전쟁준비 완성의 해'로 설정하고 1.21 청와대 기습사건, 판문점 도끼만행사건 등 일련의 도발을 자행하였다. 이러한 상황 속에서 우리는 '자주국방'을 추진하게 되면서 국방재원을 체계적으로 배분하고 효율적으로 관리하여 최소의 비용으로 최대의 국방력을 만들기 위해서 1979년에 국방기획관리제도(PPBS)를 도입하여 정립하였다.

1983년에는 '예산개혁위원회'를 설치하여 집행(E) 및 평가(E) 단계를 추가하여 한국형 기획관리체계를 정착시켰다. 국방부의 계획평가실로부터 평가관리관실을 독립시켜 사전분석을 강화하는 한편 예산집행 결과를 분석하고 이를 다시 기획 및 계획 단계로 환류시키는 체계를 정립하였다.[40]

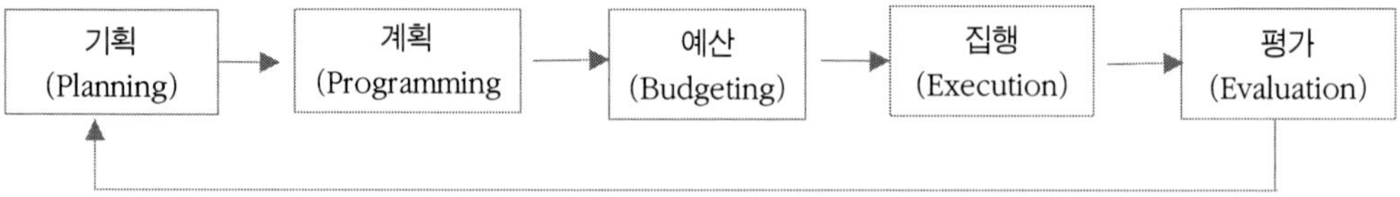

〈그림 3-7〉 국방기획관리의 5단계 환류모형

38) 전제국(2013), "국방기획관리제도의 이상과 현실", 『국방연구』 56(4), p. 110.
39) 정영태(2000), "국방기획관리제도의 현실과 과제", 한국전략문제연구소 연구보고서, p. 1.
40) 전제국(2013), 전게 논문, pp. 113-114.

2) 국방기획관리 단계와 문서체계

국방기획관리체계의 기본적 취지는 군사력 건설과정의 '유기적 연계성'과 유사시 지·해·공 전력의 '합동성'에 있다. 모든 국방사업은 '장기기획-중기계획-예산편성-사업집행-성과평가'로 이어지는 일련의 과정을 거치며 상호 유기적으로 연계되어 일관되게 추진되고 조정되는 지속적인 과정으로 이해된다.[41] 이를 도식화하면 다음과 같다.

〈그림 3-8〉 국방기획관리 업무체계[42]

위 그림에서 보듯이 국가안보전략에 기초하고 안보위협 양상이 분석되면 이에 기초하여 국방기본정책-군사전략개념-군사력 건설방향이 정립되고 군사력 건설과 유지에 대한 소요를 판단한다. 군사력 소요는 가용재원의 범위 내에서 실천 가능한 중기 사업계획으로 구체화되고, 중기계획에 반영된 사업들은 연도별 가용재원과 안보상황의 변동에 맞추어 일부 조정되어 당해연도 예산으로 편성된다. 그리고 편성된 예산은 사업별 취지에 맞게 효율적으로 집행되어 적시에 적정량의 전력을 획득하고 배치하여 유사시 군사작전을 뒷받침하도록 설계되었다. 이처럼 국방전략은 길고 복잡한 과정을 거쳐 국방예산으로 변환되고 전력으로 실현되지만 일련의 절차를 거치도록 설계되었다.[43]

41) 상게 논문, p. 114.
42) 육군종합군수학교(2018), 「기획관리」 강의교재, p. 60에서 발췌하여 인용.
43) 전제국(2013), 전게 논문, pp. 114-115.

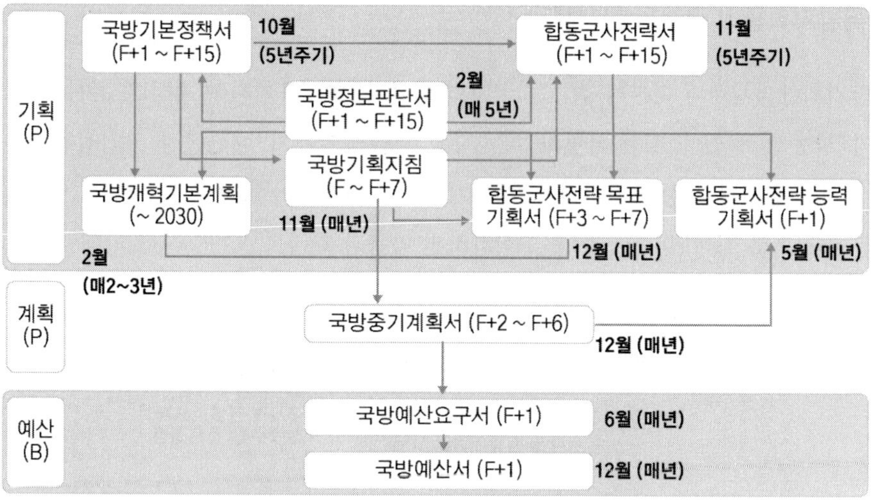

※ 집행문서(E) : 국방예산배정계획서, 세입/세출 및 기금 결산보고서 등 4종
※ 평가문서(E) : 연간전력운영사업분석평가서, 연간방위력개선사업분석평가서 2종

〈그림 3-9〉 국방기획관리 문서체계

위 그림에서 보듯이, 국방기획관리체계는 합리적 분석과 논리적 심의, 의결 등의 과정을 거쳐서 질서정연하게 업무가 추진되도록 구상되었다. 각 단계와 기관별 업무는 공식적인 문서들에 담겨서 협업의 근거가 되고 다음 단계로의 이행을 보장한다고 하겠다. 국방기획관리에 관련된 문서들은 기획문서 7종, 계획문서 2종, 예산문서 4종, 집행문서 4종, 평가문서 2종으로 구성되었다.

3) 단계별 업무 추진[44]

(1) 기획단계

기획단계는 국방기획관리의 출발점이다. 모든 국방업무의 방향과 지침을 제공하는 기획단계(체계)는 안보위협을 정확히 예측하고 분명한 목표와 방향을 정립해서 후속업무에 구체적인 지침과 기준을 제공해야 한다.[45]

국방정보판단(DIE: Defense Intelligence Estimates)은 국방기획의 첫 단추로서 후속업무에 절대적인 영향을 미치므로 미래예측에 기초한 정보판단을 제공해야 한다. 장기기획은 가용한 재원과 기술수준 등 현실적인 제약조건을 고려하여 미래를 설계하고 개념화하는 데 집중한다. 분명한 정책지

44) 국방기획관리체계 속의 각 단계별 업무로 정리하는데, '국방기획관리기본훈령'에서는 '단계'가 아닌 '체계'로 표현하고 있다. 훈령 제4조(정의) 참조.
45) 전제국(2013), 전게 논문, p. 116.

침인 전략(Strategy)이 계획화되고 예산으로 집행되어 전력(Force)으로 전환되어야 한다.

전략목표는 합동군사전략(JMS: Joint Military Strategy)을 통해서 정제되고 이러한 전략목표를 구현하기 위해 필요한 소요기획은 장기적인 소요로 종합되어 합동전략목표기획서(JSOP: Joint Strategy Objective Plan)에 담겨서 중기계획으로 연결된다. 합동전략목표기획서는 합동군사전략과 중기계획의 중간 연결통로라고 할 수 있다. 합동군사전략은 위협 양상별 대응전략을 추상적으로 구상하고 합동전략목표기획서는 이를 토대로 지·해·공 등 전장기능별로 구체화된 전력소요를 제시한다. 또한 각 군에서 제기한 소요를 종합하고 합동성 차원에서 분석하고 조정하여 정제하는 것이다. 다만, 합동전략목표기획서는 무기체계에 국한하여 방위력 개선 분야에서 소요를 종합하여 전력지원체계 등 운영유지 분야와 관련된 기획은 포함하지 못하고 있다.

기획문서는 최근 10종에서 7종으로 대폭 간소화되었으나, 개별 기획문서를 작성할 때 참고해야 할 문서는 아직도 평균 4~5종 가까이 된다. 그리고 문서작성 순위가 뒤에 있으면 선행문서와 참고문서가 누적되어, 상위지침을 제대로 반영하기 위해서는 더 많은 노력이 요구되는 현상이 발생한다. 특히 정권이 교체되는 시기에는 국방정보판단서, 국방기본정책서, 합동군사전략서, 합동군사전략목표기획서 등 일련의 기획문서들이 모두 작성되어야 하므로 선행문서의 수정 및 최신화 내용이 간단없이 후속문서에 담길 수 있도록 협업적인 노력이 강조되어야 한다. 아래 표는 국방기획문서 7종을 요약하였다.

〈표 3-3〉 국방기획문서

문서명	주관부서	시기	주기	대상기간
국방정보판단서 (DIE: Defense Intelligence Estimates)	국방정보본부	2월	5년	F+1 ~ F+15
국방기본정책서 (NDP: National Defense Policy)	국방부 정책기획관실	10월	5년	F+1 ~ F+15
국방개혁기본계획 (DR: Defense Reform)	국방부 국방개혁실	2월	2~3년	
합동군사전략서 (JMS: Joint Military Strategy)	합참 전략기획본부	11월	5년	F+1 ~ F+15
국방기획지침 (DPG: Defense Planning Guide)	국방부 정책기획관실	2월	매년	F+1 ~ F+7
합동군사전략목표기획서 (JSOP: Joint Strategy Objective Plan)	합참 전략기획본부	12월	매년	F+3 ~ F+7
합동군사전략능력기획서 (JSCP: Joint Strategy Capability Plan)	합참 전략기획본부	5월	매년	F+1

기획문서별 성격과 내용을 간략히 정리하면 다음과 같다.[46)]

국방정보판단서는 국제 및 주변 정세, 북한의 대내·외 정세 및 군사정책을 판단하는 문서로서 국방정책 및 군사전략을 수립하고 군사력 건설 소요를 제기하는 데 필요한 기초자료를 제공한다. 국방기본정책서는 대통령의 안보전략과 국방지침을 반영하고 국방정책의 목표와 기본방향을 제시한다. 한편 국방개혁기본계획은 국방개혁을 효율적으로 추진하기 위하여 대통령의 승인을 얻어 수립한 문서로서 국방운영체제의 혁신, 병영문화의 개선 및 군 구조 개편 등에 관한 사항을 정하고, 국방개혁의 목표, 분야별 과제별 추진계획, 국방개혁의 추진과 관련된 국방운영체제 및 재원에 관한 사항을 제시하며 5년 단위 국방개혁추진계획 수립을 위한 기초자료를 제공한다.

합동군사전략서는 국가 및 국방목표 달성을 위한 군사전략목표, 군사전략개념 및 군사력 건설방향이 제시된 문서로서 합동군사전략목표기획서, 합동군사전략능력기획서 작성에 지침을 제공한다. 국방기획지침은 국방정책, 군사전략, 군사력 건설 소요, 자원배분 우선순위 등에 대한 장관의 의지를 담은 정책지침서로서 군사력 건설 소요기획, 국방중기계획 수립, 예산편성에 필요한 지침을 제공한다. 국방기획지침에 포함된 지침이 타 기획문서 지침과 상이한 경우 국방기획지침을 우선 적용한다. 합동군사전략목표기획서는 국방목표 달성과 수행을 위한 중기 군사력 건설방향, 중기 전력소요 및 전력화 우선순위를 제시한 군사력 건설 소요에 관한 기획문서로서 국방 중기계획서 작성에 필요한 근거 및 자료를 제공한다. 한편, 합동군사전략능력기획서는 목표 연도의 초기에 구비된 군사능력에 기초하여 부여된 전략적 과업을 완수하기 위하여 관련 전시문서인 국방 전시지원소요 및 능력판단서, 국방자원동원운영계획서, 국방전시예산서, 합동작전계획 작성에 필요한 군사력 운용지침과 자료를 제공한다.[47)]

(2) 계획단계

계획단계는 기획단계에서 설정된 국방목표를 달성하기 위하여 수립된 중·장기 정책을 실현하기 위해 소요재원과 획득 가능한 재원을 비교하여 예측하고 판단하여 연도별, 사업별로 추진계획을 구체적으로 수립해가는 과정이다.[48)] 장기계획과 단년도 예산을 연결하는 중기계획은 국방정책과 군사전략 의도에 맞추어 실천 가능한 사업계획으로 구체화되어 예산편성부서에 넘겨져야 한다.[49)] 정책기조에 맞추어 계획을 수립해야 하고 계획은 예산이 반영되어 시행 가능한 상태로 발전되어야 한다.

46) 국방부(2017), 전게서, pp. 97-7-8에서 발췌하여 인용.
47) 상게서, PP. 97-7-8에서 발췌하여 인용.
48) 상게서, pp. 97-4.
49) 전제국(2013), 전게 논문, p. 117.

정책지침은 가능한 한 명확해야 기획과 계획의 연계를 촉진할 수 있다. 정책목표와 전략개념이 추상적이고 모호할수록 사업계획으로 전환되는 과정에서 당초의 정책의도가 왜곡되거나 변형될 가능성이 있기 때문이다. 또한 기획단계에서는 '바람직한 최종상태'를 설계하는 데 집중하므로 가용재원의 제약성을 심도 있게 고려하지 않지만, 중기계획을 수립할 때는 '실천 가능성'에 초점을 두기 때문에 국방정책의 우선순위 등 고도의 관리행위가 요구된다.[50] 앞서 국방기획관리 문서체계에서 보았듯이 계획단계에서는 기획문서 7종의 내용이 축적되어 반영되어야 하므로 계획단계를 수행하는 관계관은 업무를 종합하고 분석하여 계획을 수립하기 위한 군사전략에 대한 이해, 최신 기술발전에 대한 포괄적 인식, 국방자원관리 분야에 대한 직무적 지식과 판단능력 등이 요구된다.

다른 관점에서는 제로섬(Zero-Sum)게임이나 정치화를 우려하는 목소리도 있다. 예산을 초과하는 전력소요는 계획단계나 예산편성단계에서 우선순위에 따라 재조정될 수밖에 없다. 이때 한정된 재원으로 인해 각 군 및 기관의 제로섬게임이 발생하고 소요결정의 정치화가 일어나게 된다. 그리고 결과적으로 이러한 현상은 전략목표 달성을 위한 수단으로서의 전력소요가 왜곡 또는 변형되어 결정되는 문제를 유발하곤 한다.[51]

특기할 점은 현 제도상에서 방위력 개선계획은 국방부 전력정책관실과 방위사업청, 전력운영사업계획은 국방부 계획예산관실, 그리고 부대계획은 기획조정관실에서 별도로 수립하고 있다는 점이다. 획득과 운영유지에 대한 이와 같은 이원체제는 국방자원관리의 통합성을 훼손할 수밖에 없고 향후 제도개선이 시급한 분야로 우선 지적되곤 한다.

〈표 3-4〉 국방계획문서

문서명	주관부서	시기	주기	대상기간
국방중기계획서 (Five-years Defense Program)[52]	국방부 계획예산관실	12월	매년	F+2 ~ F+6
5년 단위 국방개혁추진계획	국방부 국방개혁실	2월	매년	F ~ F+4

국방계획문서는 2종으로 구성되어 있다. 국방중기계획서는 국방정책과 군사전략 구현을 위하여 요구된 5개년간의 군사력 건설 및 유지소요를 가용 국방재원 범위 내에서 구체적으로 배

50) 상게 논문, p. 117에서 인용.
51) 송방원·송병규·강석중(2016), "국방획득사업의 집행우선순위 결정요인 연구", 한국정보통신학회 논문집, 20(8), p. 1608.
52) 중기계획에 대한 영문 명칭은 Five-years Defense Program, Defense Mid-term Program(DMP) 등을 혼용하여 사용한다.

분하여 제시하며 연도 예산편성의 근거를 제공한다. 또한 요구된 군 지휘구조, 부대의 창설·해체, 개편소요를 검토·조정하여 중기 대상기간의 부대계획을 수립함으로써 연도 부대계획, 정원계획 및 인력계획, 복지계획 수립에 기초자료를 제공한다. 5년단위 국방개혁추진계획은 국방개혁기본계획을 기초로 해당 연도부터 5년간 추진해야 할 국방개혁 과제를 세부적으로 과업화하며, 전년도 국방개혁 추진결과를 분석하고 국방중기계획에 따라 대상기간 국방개혁 추진을 위한 연도별 재원을 판단한다.[53]

국방중기계획서 작성절차는 다음 그림과 같다.

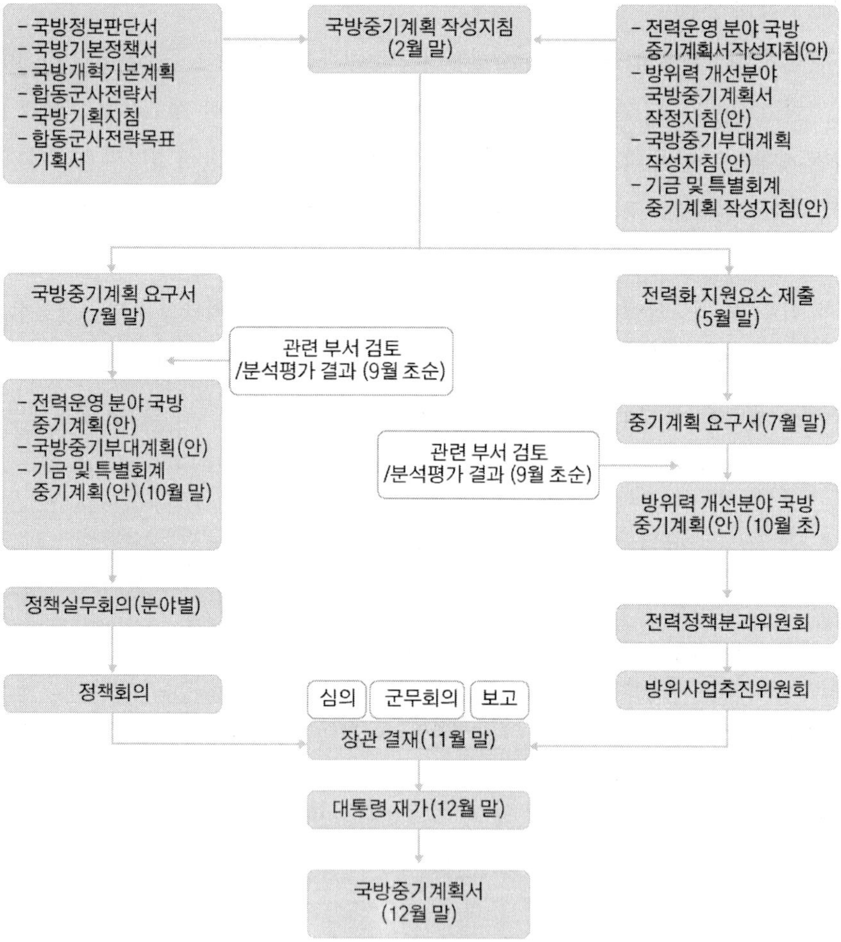

〈그림 3-10〉 국방중기계획서 작성절차[54]

53) 국방부(2017), 전게서, pp. 97-23-24.
54) 국방부(2017), 전게서, pp. 97-27에서 인용.

국방부 계획예산관실은 국방기본정책서, 국방개혁기본계획, 합동군사전략서, 합동군사전략목표기획서, 전력정책관실에서 작성한 방위력 개선사업 분야 국방중기계획 작성지침(안), 기획조정관실에서 작성한 국방중기부대계획 작성지침(안)과 자체 작성한 전력운영분야 및 특별회계·기금에 대한 국방중기계획서 작성지침(안) 등을 기초로 F+2 ~ F+6년 기간의 국방중기계획 작성지침을 수립하여 2월 말까지 합참, 방위사업청, 각 군 및 국직기관과 관련 부서에 하달(통보)한다.

합참과 각 군 및 기관은 국방중기계획 작성지침과 같이 관련 문서 등을 참고하여 중기계획 요구서를 작성한 후 이를 7월 말까지 국방부 계획예산관실, 기획조정관실 및 지정된 사업주관 부서에 각각 제출하고, 방위력 개선사업 분야의 전력화 지원요소 중 소관사항에 대한 자료를 5월 말까지 방위사업청으로 제출한다.

중기계획 요구서는 국방부, 합참의 관련 부서와 전문기관에 의한 사업별 정밀분석평가 및 현지조사 등의 과정을 통해 검토·조정되며, 국방부 기획조정관실과 보건복지관실 검토 결과를 종합하여 작성한 분야별 국방중기계획(안)을 정책실무회의를 통해 조정한 후 10월 말까지 계획예산관실로 제출한다. 동시에 계획예산관실은 전력운영비사업 국방중기계획(안)을 정책실무회의를 통하여 조정 후 작성한다. 방위사업청은 각 군 및 기관으로부터 제출받은 전력화 지원요소를 반영한 방위력 개선사업 분야 국방중기계획(안)을 작성하여 전력정책관실로 제출한다. 또한 군수관리관실 등은 방위력 개선사업분야 국방중기계획(안)에 대한 검토 결과를 10월 중순까지 전력정책관실로 제출한다. 전력정책관실은 이를 관련 부서로 검토 의뢰, 조정한 결과를 방위사업청에 통보하고, 방위사업청은 이를 받아 중기계획(안)을 작성하여 장관에게 선행보고 후 전력정책관실로 제출한다.

계획예산관실은 전력운영비사업과 부대계획, 국방기금계획에 관한 분야별 국방중기계획(안)을 종합하고, 국방중기계획(안)을 작성하여 정책회의와 군무회의를 거쳐 11월 말까지 장관의 재가를 받는다. 또한 방위력 개선분야 중기계획(안)을 제출받은 전력정책관실은 이를 10월 말까지 이에 대한 방위사업추진위원회의 심의·조정을 거친 후 계획예산관실로 통보한다.

계획예산관실은 국방중기계획(안)에 대해 합참, 각 군, 방위사업청 및 관련 기관의 의견을 수렴하여 방위력 개선사업분야와 전력운영분야 및 부대계획 분야가 통합·조정되고 일관성이 유지되도록 검토한 후 11월 말까지 방위력 개선사업분야 중기계획을 군무회의에 보고한다. 계획예산관실은 군무회의에 보고된 국방중기계획(안)을 12월 말까지 대통령의 승인을 받아 중기계획서로 확정하여 발간·배포한다.

(3) 예산단계

예산단계 또는 예산체계는 회계연도에 소요되는 재원의 사용을 국회로부터 승인받기 위한 업무와 절차이다. 체계적이며 객관적인 검토와 조정 과정을 통해서 국방중기계획서의 기준연도 사업과 예산소요를 구체화하는 과정이다. 따라서 국방중기계획상의 기준연도 사업과 소요재원을 검토하여 사업별, 비목별로 필요한 예산을 구체화함으로써 예산획득의 근거를 제공한다. 아울러 예산획득의 목표를 달성하여 계획의 실현성을 높이고 예산의 효율적 집행을 위한 기준을 제공한다.

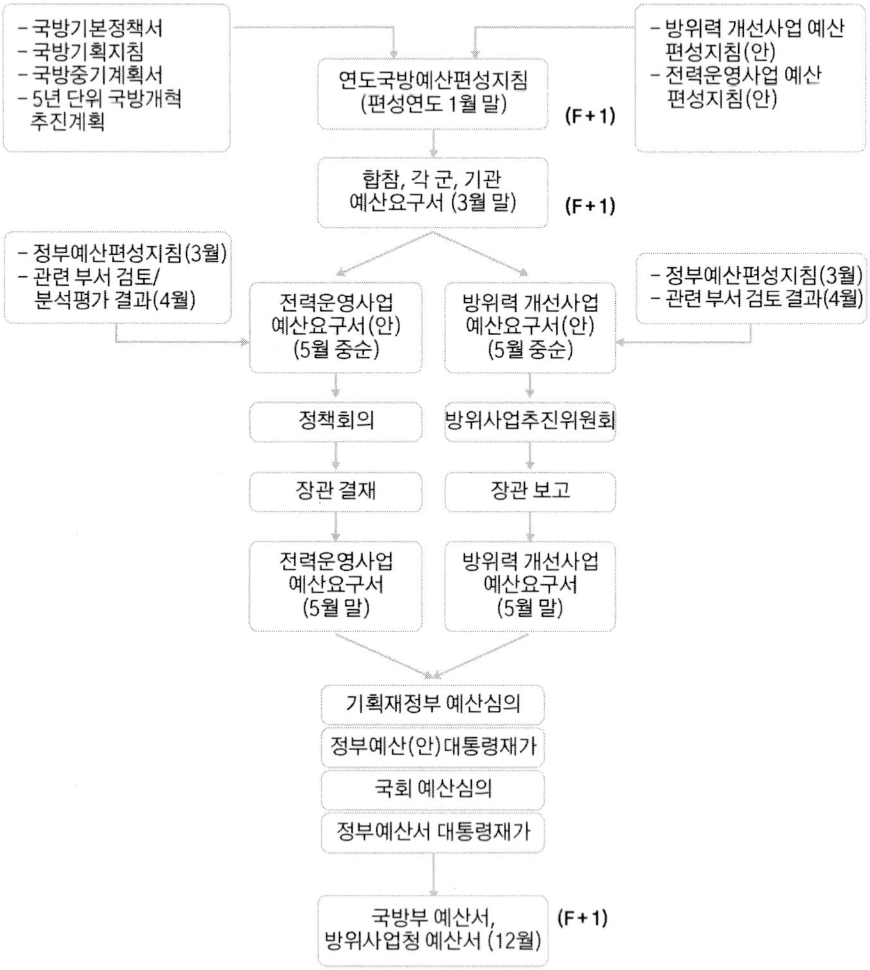

〈그림 3-11〉 예산편성 절차[55]

55) 국방부(2017), 전게서, pp. 97-33에서 인용.

국방부 전력정책관실은 방위력 개선사업 예산편성지침(안)을 작성하여 예산편성 연도 1월 15일까지 국방부 계획예산관실로 제출한다. 계획예산관실은 국방기본정책서, 국방중기계획서, 5년 단위 국방개혁추진계획 및 방위력 개선사업 예산편성지침(안) 등을 근거로 연도 국방예산안 편성 및 기금운용계획 작성지침을 수립하여 예산편성 연도 1월 말까지 합참, 각 군 및 기관, 방위사업청에 통보(하달)한다. 합참과 각 군 및 기관은 연도 국방예산안 편성 및 기금운용계획 작성지침을 근거로 국방중기계획서의 기준 연도 사업에 대한 예산요구서를 작성하여 전력운영사업은 국방부 계획예산관실과 프로그램별 사업 주관부서 및 합참 전략기획본부로, 방위력 개선사업 전력화 지원요소는 방위사업청으로 예산편성 연도 3월 말까지 각각 제출한다. 국방중기계획서에 반영되지 않은 전력운영분야의 신규 사업을 예산에 반영하고자 할 때에는 사전에 국방부 정책회의 등을 통하여 사업추진을 결정하고 계획예산관실과 협의하여야 한다.

방위사업청은 연도 국방예산 편성지침을 근거로 국방중기계획서의 기준연도 사업과 긴급소요(F+1년)사업에 대한 방위력 개선사업 예산요구서(안)를 작성하여 실무회의, 분과위원회 및 위원회의 심의·조정을 거쳐 방위력 개선사업 예산요구서(안)를 확정하여 장관에게 보고한다. 국방부 계획예산관실 및 사업 주관부서는 합참과 각 군 및 기관의 예산요구서를 검토하고, 필요한 경우 주요사업에 대하여 전문기관에 분석평가를 의뢰한다. 각 관련 부서 및 기관은 전력운영사업에 대한 검토 결과 및 분석평가 결과를 예산편성 연도 4월 말까지 계획예산관실로 제출하고, 방위력 개선사업에 대한 검토 결과는 4월 말까지 전력정책관실로 제출하며, 전력정책관실은 이를 종합 검토하여 그 결과를 방위사업청에 통보한다.

방위사업청은 전력정책관실의 검토 결과를 접수하여 방위력 개선사업 예산요구서(안)를 작성하고, 방위사업추진위원회의 심의·조정을 거쳐 장관에게 보고한 후 예산편성 연도 5월 말까지 기획재정부로 제출한다. 국방부 계획예산관실은 전력운영사업 및 기금에 대한 관련 부서 검토 결과를 종합하여 정책실무회의에서 조정하며 전력운영사업 예산요구서(안)를 작성하고 정책회의 심의 후 장관의 결재를 받아 예산편성 연도 5월 말까지 기획재정부로 제출한다. 국방부 계획예산관실과 방위사업청은 각각 예산편성 연도 12월까지 국회 예산심의를 거쳐 확정된 국방부 예산서와 방위사업청 예산서를 각 관련 부서와 각 군 및 기관에 통보(하달)한다.

연도별 예산은 중기계획의 첫해(F+2) 사업을 중심으로 당해 연도 가용재원의 범위 내에서 조정·편성된다. 특히 계획과 예산의 연계성을 보장할 목적으로 중기계획 반영사업을 기준으로 예산을 편성하는 것을 원칙으로 하지만, 각 군 및 기관으로부터 예산요구를 다시 받아 사업별, 비목별로 재검토하고 조정하기 때문에 중기계획과는 사실상 별개의 독립된 과정으로 이루어진다고 본다. 예산편성단계는 무형의 전략이 유형의 자원으로 전환되는 단계이므로 모든 이해관계자의 관심과 노력이 집중된다. 그래서 예산편성 과정은 단순한 행정과정이 아니라 제한된 가용재원을 둘러싼 부처, 기관, 각 군 간의 힘의 논리가 작동하는 전투과정이며 정치과정[56]이라고 해도 과언이 아니다.

예산편성단계의 주요 문서는 아래 표와 같다.

〈표 3-5〉 국방예산 문서

문서명	주관부서	시기	주기	대상기간
전력운영사업 예산요구서	국방부 계획예산관실	5월 말	매년	F+1년
방위력 개선사업 예산요구서	방위사업청	5월 말	매년	F+1년
국방부 예산서	국방부 계획예산관실	12월	매년	F+1년
방위사업청 예산서	방위사업청	12월	매년	F+1년

(4) 집행단계

집행단계는 예산편성 후 계획된 사업목표를 최소의 자원으로 달성하기 위해 제반조치를 시행하는 과정이다. 편성예산의 효율적인 사용으로 계획된 사업목표의 달성에 기여하고 편성예산의 이·전용을 억제, 이월과 불용액 발생을 최소화해야 한다.

국방부 계획예산관실은 국방예산운용지침서와 국방예산배정계획서를 각 군 및 기관에 하달하고 예산운영 및 결산업무를 수행한다. 집행 실적이 부진한 사업 중 그 사유를 명확하게 소명하지 못한 사업은 국방중기계획 수립과 국방예산안을 편성할 때 관련 예산을 삭감하는 등 불이익을 부과한다. 합참, 각 군 및 기관은 전력운영 분야에 대한 예산배정요구서를 계획예산관실로 제출한다. 방위사업청은 각 군 및 기관에서 제출한 조달계획서를 종합하여 매년 11월 말까지 조달계획을 심의하여 확정하고 이를 군수관리관실과 각 군 및 기관에 통보하여야 한다.

집행단계 또는 집행체계는 전략이 전력으로 현실화되는 사업추진의 마지막 단계이다. 특정 사업이 집행단계까지 오려면, 소요기획부터 중기계획을 거쳐 예산편성 등 길고 복잡한 과정과 검증, 재검증 절차를 거치기 때문에 최소한 5~6년이 걸린다.[57]

예산집행 업무 절차는 배정, 집행보고, 예산 이월 및 결산으로 이루어진다. 국방부 계획예산관실은 예산배정계획 작성지침을 집행 전년도 10월 말까지 합참, 각 군 및 기관에 통보한다. 합참과 각 군 등 기관들은 예산배정계획 작성지침서에 따라 예산배정요구서를 분야별·비목별로

56) 전제국(2013), 전게 논문, p. 118에서 인용.
57) 상게 논문, p. 119.

작성하여 집행 전년도 11월 20일까지 국방부 계획예산관실로 제출한다. 국방부 계획예산관실은 국방예산배정계획을 수립하여 장관 결재를 받아 기획재정부로 제출하고 국무회의의 심의를 거쳐 대통령의 재가를 받아 확정된 예산배정계획을 집행 전년도 12월 말까지 합참과 각 군 등의 기관에 통보한다. 합참 및 각 군 등의 기관들은 예산배정계획을 부득이한 사유로 변경할 때는 당겨배정요구서를 계획예산관실로 제출하고 계획예산관실은 장관의 결재를 받아 기획재정부에 승인을 신청한다.

합참과 각 군 및 기관은 월별 재정보고서(수입징수보고서, 지출원인행위액보고서 및 지출액보고서)를 매월 5일까지 국방부 계획예산관실과 기획재정부 및 감사원으로 국방재정 정보시스템을 이용하여 전송하는 방법으로 각각 제출한다. 예산을 이월하고자 하는 경우에는 이월명세서를 작성하여 다음 연도 1월까지 국방부 계획예산관실에 제출하고 국방부 계획예산관실은 이를 검토한 후 장관의 결재를 받아 1월 31일까지 기획재정부 및 감사원에 송부한다. 매 회계 연도 세입·세출 및 기금 결산보고서와 국가의 채무에 관한 계산서를 다음 연도 1월 31일까지 국방부 계획예산관실로 제출하며 계획예산관실은 장관 결재 후 2월 말까지 기획재정부로 제출한다.[58)]

다음은 주요 예산집행문서 현황이다.

〈표 3-6〉 국방예산 집행문서

문서명	주관부서	시기	주기	대상기간
국방예산배정계획서	국방부 계획예산관실	집행 전년도 12월 말	매년	F+1년
세입·세출 및 기금 결산보고서	국방부 계획예산관실	집행 다음 연도 2월	매년	F년
방위력 개선사업 예산배정계획서	방위사업청	집행 전년도 12월 말	매년	F+1년
방위력 개선사업 세입·세출 예산 결산보고서	방위사업청	집행 다음 연도 2월	매년	F년

(5) 평가단계

분석평가업무는 국방기획관리체계의 전 과정과 단계에서 각종 의사결정을 지원하기 위해 실시하는 분석지원 과정이다. 그 역할은 국방목표 달성을 위한 합리적인 정책결정과 국방자원의 효율적 사용을 보장하기 위한 관리기능이다. 기획, 계획, 예산, 집행 및 운영 간에 사업추진의 타당성, 합리성, 사업의 효율성, 사업추진 성과들을 분석평가하여 사업추진 단계별 합리적인 의사

58) 국방부(2017), 전게서, pp. 97-34-35에서 발췌하여 인용

결정과 차기 및 유사사업에 대한 계획수립을 지원함으로써 한정된 자원의 효율성을 극대화한다.

분석평가는 전력운영사업 분석평가와 방위력 개선사업 분석평가로 구분한다. 전력운영사업 분석평가는 계획단계에서는 국방중기계획서 작성 간 의사결정을 지원하고, 예산편성단계에서는 예산요구서상 주요 전력운영사업의 적정성, 타당성 등을 평가한다. 집행단계에서는 집행 중이거나 완료된 사업에 대한 적절성 등을 평가한다. 한편, 방위력 개선사업 분석평가는 소요기획단계에서는 소요의 타당성 등을 평가하고, 획득단계에서는 계획, 예산편성, 집행 단계를 지원하기 위한 평가를 한다. 운영유지 단계에서는 다시 전력화 평가와 전력운영분석으로 나눌 수 있는데, 전력화 평가는 무기체계 배치 후 1년 이내의 운용개념, 작전운용성능 달성 등을 평가하고 전력운영분석은 합동전력 운용 차원에서 전력발휘 효과 등을 평가한다.

2017년 개정내용 중 국방부 기획관리실과 계획예산관실의 임무 조정이 확인된다. 국방부 기획관리실은 전력운영분야의 중요사업과 장관으로부터 지시받은 사업, 사업 주관부서에서 분석평가를 의뢰한 사업 등에 대하여 분석평가를 실시하고 평가자료를 관련 부서에 전파하며, 연간 분석평가 실시자료를 종합하여 연간 전력운영사업 분석평가서를 발간한다. 계획예산관실은 신규사업에 대한 사전 타당성 검토 및 계속사업에 대한 심층평가를 별도의 규정에 따라 실시할 수 있으며, 국방 전력운영사업의 총사업비 관리, 사전 타당성 검토 및 심층평가와 관련된 중요 사항을 심의하기 위한 재정효율화 심의위원회 설치를 위해 별도의 규정을 마련한다.

한편, 국방부 전력정책관실은 방위력 개선사업 분야에 대하여 장관이 지시한 사항과 선정한 과제에 대해서는 분석평가를 실시하고, 합참에서 실시한 소요기획 단계의 분석평가 결과와 방위사업청에서 실시한 분석평가 결과의 자체 또는 용역 검증을 실시하고, 연간 분석평가 실시자료를 종합하여 연간 방위력 개선사업 분석평가서를 발간한다. 합참 분석실험실은 소요기획 단계 분석평가를 실시하고 그 결과를 해당 소요제기기관, 합참 전력기획부, 방위사업청, 국방부 전력정책관실에 통보하고 전력화되어 운영 중에 있는 무기체계에 대한 전력운영분석을 실시한다. 각 군 및 기관은 초도 생산 후 배치된 무기체계에 대해 배치 후 1년 이내에 전력화 평가를 한다.

〈표 3-7〉 분석평가문서[59]

문서명	주관부서	시기	주기
연간 전력운영사업 분석평가서	국방부 기획관리실	3월	매년
연간 방위력 개선사업 분석평가서	국방부 전력정책관실	3월	매년
연간 방위력 개선사업 분석평가서(획득단계)	방위사업청	3월	매년

59) 국방부(2017), 전게서, pp. 97-43.

일반적으로 국방기획관리체계는 방대한 국방자원을 체계적으로 관리할 수 있는 장점에도 불구하고 조직 및 문서체계의 복잡성에 따른 '과도한 행정 소요', 집단의사결정(Group Decision Making) 방식을 채택함으로써 주요 의사결정에 있어서 책임성의 모호라는 비판을 받아왔다. 선진국의 군에서는 이 같은 제도적 단점을 보완하는 조치로서 상부조직의 기능을 가능한 하향 조정하고 상부조직은 최소한의 핵심 의사결정 기능만을 보유하여 하부 집행조직의 업무를 지원하는 개념으로 운영하는 추세이다.[60]

3. 총수명주기관리체계

앞에서 미국에서 어떻게 총수명주기관리체계(TLCSM)가 태동하였는지 살펴보았다. 총수명주기관리를 제대로 해야 국방자원을 제대로 관리한다는 총론적이고 당위적 공감대는 상당한 수준에 이르고 있다. 총수명주기관리 자체를 반대하는 사람은 아무도 없을 정도이다. 그런데 총론적 수준에서의 강력한 공감대는 각론 수준으로 접근하면 달라진다. 대표적으로 이해의 방향과 깊이가 천차만별이다. 총수명주기관리체계를 이해하는 데 두 가지 관점이 존재한다고 본다. 첫째는 방법론으로의 이해이다. 획득과 운영유지가 분리되거나 총 소유비용(TOC: Total Ownership Cost)이 증가하는 추세를 감안하여 비용은 절감하면서 성능 발휘는 보장하는 방법론이라는 측면에서의 이해이다. 두 번째 이해는 군사력 건설체계의 하위체계 간의 협업을 보장하거나 보완하는 체계로서 접근으로 보는 견해이다. 이러한 두 번째 이해는 구체적인 체계로써 법규의 제정 또는 개정의 형태로 나타나거나 전담조직이 등장하거나 기존의 조직에 임무를 추가로 부여하는 방안 등이 적용된다.

우리는 지금까지 통합군수를 염두에 두면서 군사력 건설체계를 먼저 알아보았고, 하위체계로서 국방기획관리체계, 합동전투발전체계, 국방획득관리체계 등 소관업무의 범위와 업무수행 절차 등을 살펴보면서 핵심적으로 각 하위체계 간의 협업분야와 협업의 실상을 살펴보았다. 합동전투발전체계를 통해서 소요가 결정되면 이는 합동군사전략목표기획서(JSOP)에 담기게 된다. 국방기획관리체계의 기획단계에서 작성되고 검토되는 기획문서 중의 하나가 바로 합동군사전략목표기획서이며 이를 토대로 국방중기계획이 작성된다. 장기 소요가 중기 소요로 전환되는 것이며 단년도 예산편성과 집행에 이른다. 여기서 예산계획 집행은 국방기획관리체계의

60) 정영태(2000), 전게 논문, p. 10.

일부이지만 앞에서 살펴본 바와 같이 다소 독자적 검토 및 결정과정을 보여주면서 힘 겨루기 양상마저도 보여주고 있다. 예산이 편성되어 집행하는 단계부터 국방획득관리체계의 선행연구, 탐색개발과 체계개발이 이루어진다. 체계개발 이후 시험평가와 규격화 과정을 거쳐서 양산에 이르면 국방획득관리체계가 마무리된다.

여기에서 각 체계 간 협업의 미흡과 분절, 업무 연속성의 훼손, 고도의 전문성과 책임성의 저하 등 문제점이 대두되었다. 이러한 문제는 주요 군수품의 전력화 지연, 성능과 품질의 신뢰성 저하, 수명주기 비용의 증가 결과로 나타난다. 이를 해결하기 위해서 각 체계를 연결하고 특히, 획득과 운영유지를 일관되게 관리하는 것을 골자로 하는 총수명주기 관리체계의 적용이 시작되었다. 체계 간의 교집합 부분이 협업을 촉진해야 할 부분이고 그러한 부분에서 협업을 촉진하는 방법은 공동업무로 추진하거나 업무와 책임을 구분하되 절차를 명확히 하고 책임이 명시되는 문서 등 협업의 수단들을 표준화시키는 것이다. 이러한 체계와 관계관들의 노력에도 불구하고 국방자원 관리분야에서 군내·외부의 기대와 현실은 차이가 있고 이러한 차제에 총수명주기 관리가 어떤 의미를 갖는지 알아보는 것은 중요하고 적절하다고 본다.

가. 선진국의 총수명주기관리 동향

1) 미국의 총수명주기관리

2002년 미국 합동군수위원회(Joint Logistics Board)에서는 주요 군수품의 총수명주기관리를 사업관리자를 통해서 일원화하는 제도를 추진하였고, 2003년 이후 주요 장비에 대부분 적용되고 있다. 우리와 다르게 실질적으로 주요 무기체계 획득과 운영유지를 담당하는 각 군은 이러한 총수명주기관리를 실정에 맞추어서 적용하고 있는 것이다.

미국 국방부에서 정립한 총수명주기관리체계의 기본개념은 무기체계 수명주기 관리책임의 단일화, 진화적 획득, 중요 성과요소로서의 지원성 및 후속지원 반영, 성과기반 군수지원, 신뢰성 향상을 통한 전투준비태세 향상 등을 추구하게 되었다.

무기체계의 기획, 획득 및 운영유지에 이르는 수명주기 관리책임을 사업관리를 통해 단일화하였으며, 사업관리자를 효과적으로 지원하기 위해 군수사령부 예하에 수명주기관리사령부(LCMC: Life Cycle Management Command)의 협의체를 구성하여 무기체계 획득에 따른 의사소통을 원활히 하도록 하였다. 수명주기관리 사령부를 통한 획득과 운영유지의 긴밀한 협력관계는 무기체계 획득 시에 사업관리자로 하여금 해당 소요를 반영토록 요청하는 역할을 수행하게 되며, 무기체계의 양산 이후에는 해당 업무를 인계받아 무기체계의 전투준비태세를 유지하기 위한 지원업무를 지속하게 된다. 이러한 협력관계는 미 국방부의 기본지침을 바탕으로, 획득 및 운영유지 조직 간의 협력(MOU)을 통해 이루어진다.[61]

총수명주기관리는 단일 사업관리자(PM: Program Manager)가 획득에서 배치 및 운영까지 책임과 권한을 가지고 개발하고 배치하여 운영을 담당하는 구조라 할 수 있다. 획득과 운영유지가 분리된 체계에서 획득을 담당하는 부서는 획득과 관련된 업무에 집중하게 되며, 운영유지를 담당하는 부서는 운영유지에 대한 업무 효율성 확보에 치중하게 된다. 또한 비용 결정요소가 여러 가지인 경우, 각 요소를 별도로 최적화하면 총비용은 최적화될 수 없으며, 여러 요소를 함께 고려하여야 총비용이 최적화될 수 있다. 체계를 개발할 때에는 개발비용, 운영유지비용, 부대비용 등을 동시에 고려하여 최적화하여야 비용절감 효과를 얻을 수 있다. 획득부터 운영유지까지 단일 사업관리자에게 책임과 권한을 부여함으로써 얻을 수 있는 효과는 최적화에 따른 비용절감 효과와 더불어 의사결정이 빠르고, 획득에서 운영유지까지 산출 및 획득되는 정보의 손실이 없다는 것이다.[62] 부분 최적화(Local Optimization)를 이룬 비용들을 단순히 합한 경우에 전체 최적화(Global Optimization)의 총비용보다 크다는 것이다. 이를 아래 그림에서 살펴볼 수 있다. 따라서 이러한 부분 최적화의 한계 때문에 총수명주기관리체계에 의한 접근이 필요한 것이다.

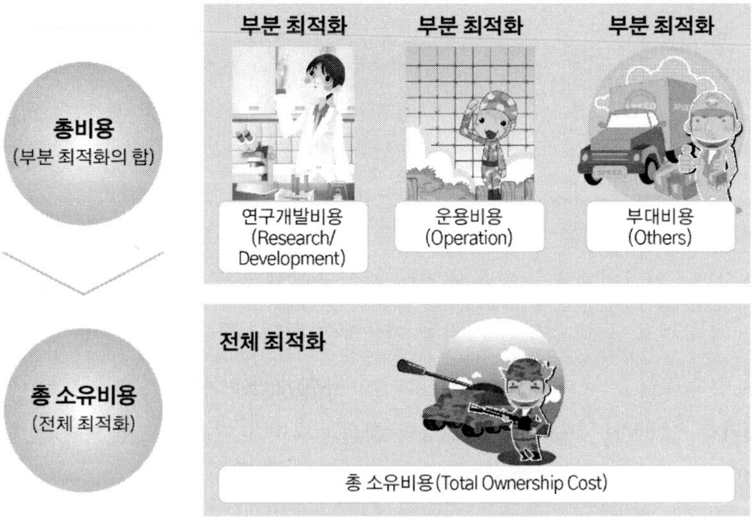

<그림 3-12> 전체 최적화의 개념

61) 최석철(2009), "총수명주기체계관리(TLCSM) 적용을 통한 국방경영 개혁방향", 『국방과 기술』 369, p. 83.
62) 백순흠·이윤수(2010), "총수명주기관리체계 구축 및 발전방안(1)", 『국방과 기술』 382, p. 96.

총수명주기관리체계는 미국 국방부의 주요 획득정책관리의 구조 중 하나로 활용되고 있으며 실행전략으로 성과기반 군수지원(PBL: Performance Based Logistics)을 적용하고 있다. 성과기반 군수지원은 2003년에 총수명주기관리체계를 적용할 때 권고사항으로 출발했는데 많은 사업에서 효과를 얻으면서 점차 필요성이 강조되고 있다. 이는 주요 군수품을 획득하면서 통합된 패키지로 운영유지를 위한 군수지원을 함께 고려하는 것이다. 소요기획 단계에서 군에서 요구한 능력을 발휘하는지 여부를 측정하는 지표들이 기존의 계약자 군수지원(CLS: Contractor Logistics Support)과 구분되는 지점이라고 볼 수 있다. 핵심성과지표(KPP: Key Performance Parameters), 핵심체계속성(KSA: Key System Attributes) 등을 광범위하게 적용하고 있다. 이러한 전략을 수행하는 프로세스를 보면, 성공적인 사례(best practice)를 발굴하고 적용하는 최신의 경영혁신적인 기법들을 모두 적용하고 있다. 조직을 슬림화하되, 불량률을 최소화하는 린-6시그마 기법(Lean-six Sigma)의 적용이라든가, 총 소유비용에 의한 항목의 표준화 및 관리 등이 그것이다.63)

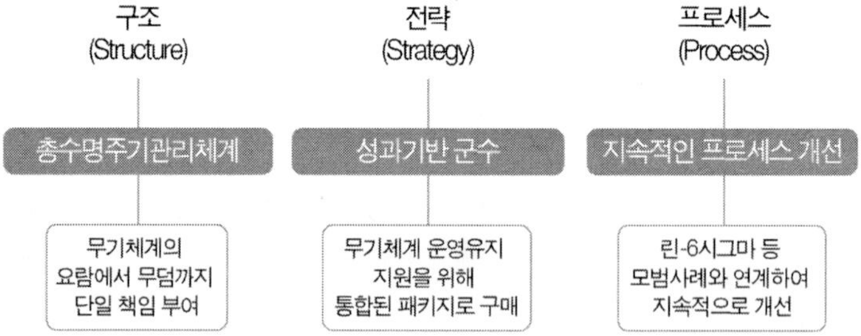

〈그림 3-13〉 미국의 총수명주기관리체계 구조, 전략 및 절차64)

미국의 총수명주기관리체계의 적용에 있어 사업관리자의 역할이 운영유지 단계에서도 지속되도록 하는 데 주안을 두고 검토한 배경을 이해해야 한다. 종래의 획득이란 군에서 필요로 하는 요구능력이 소요결정 시 작전운용성능 등으로 확정되면 상황의 변화에도 불구하고 변경 없이 진행되어왔다. 그러나, 기술의 발전 속도와 생산능력의 고도화 등으로 기술적 영향이 단기간에 급변하게 되었다는 점에서 진화적 획득(Revolutionary Acquisition)을 지향해야 하는 상황에 처하게 됐다. 획득을 담당하는 사업관리자가 획득 이후 운영유지 단계까지 일관된 책무를 수

63) 상게 논문, p. 97에서 요약하여 인용.
64) 상게 논문에서 재인용[Jerry Beck(2005), "Transforming Logistics 2005 NDIS," System Engineering Conference].

행하면서 사용 간 개선 또는 개량요소를 포함한 성능개량과 신규 군수품 개발에 이르기까지 일련의 순환되는 업무를 수행하게 되었다고 본다.

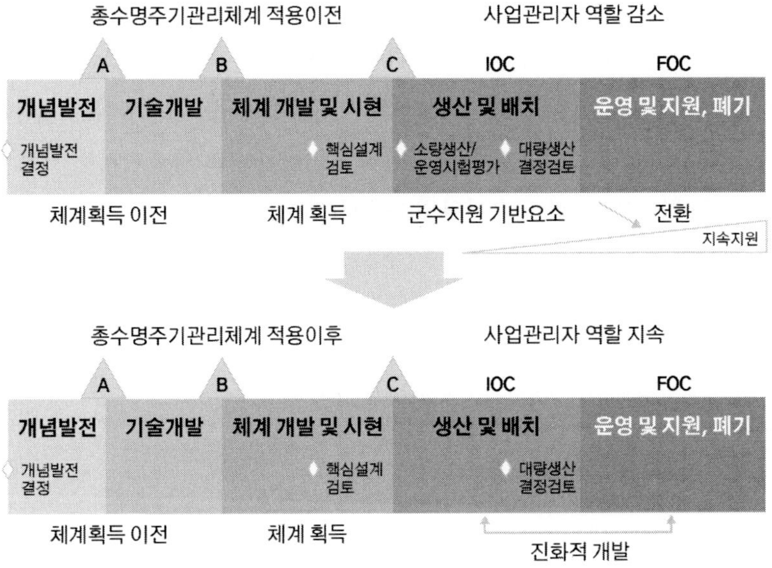

〈그림 3-14〉 총수명주기관리 적용: 사업관리자 역할 지속과 진화적 획득전략

총수명주기관리체계에서 사업관리자는 수명주기 간 군수지원에 대한 포괄적 책무를 갖고 이는 다시 체계공학(SE: System Engineering)을 적용하는 획득활동과 성과기반 군수지원(PBL: Performance Based Logistics)을 적용하는 운영유지 활동을 포함한다고 보는 것이다. 체계공학을 적용하면서 요구조건의 충족을 위해 요구조건 분석, 체계분석, 기능분석 및 할당, 설계종합, 검증의 단계를 지속한다. 총수명주기관리에서 체계공학을 적용하는 목적은 체계공학의 수명관리 요소를 반영하고 검증, 분석 및 통제를 통해서 수명관리 요소 및 척도의 충족 여부를 확인하여 신뢰성과 효율성을 강화하는 것이다. 결과적으로 총수명주기관리의 목적인 총 소유비용의 절감과 가동률 향상에 기여할 수 있다[65]는 것이다.

한편 성과기반 군수지원을 협의의 개념으로 이해하는 경우에는 운영유지 단계에서 수리부속 조달과 정비활동에 국한하여 외주에 의한 조달 및 정비를 위한 활동으로 이해하는 경우도 있다. 하지만 사실은 소요기획부터 폐기 시까지 프로세스 단계별 성과에 대한 측정지표가 도출되고 평가되어 의사결정이 이루어지고 이를 토대로 운영유지 단계에서 성과를 기반으로 군수지원을

65) 백순흠·이윤수(2011), "총수명주기관리체계 구축 및 발전방안(2)", 『국방과 기술』 383, p. 84.

체계적이고 효과적으로 한다는 개념이다. 소요기획 단계에서 가동률, 운용 가용도, 정비개념 등이 포함되어 요구능력이 도출되면, 개발단계에서는 소요제기 단계의(소요기획 단계의) 요구능력을 성능요소로 전환하여 가동률, 가용도, 총 소유비용 등으로 구체화 한다. 운영유지 단계에서는 이러한 성능을 측정하는 척도가 해당 군수품이 목표하는 성능을 발휘하는가 여부를 측정하는 성과지표로서 활용[66] 되면서 군수지원 활동을 관리하는 최신의 기법이 되고 있다. 총수명주기관리체계에서 군수품 개발단계인 마일스톤 A, B단계에서는 체계공학을 적용하여 신뢰도 향상과 운영유지 소요를 최소화하기 위한 개발전략을 구사하고, 양산단계를 거쳐 군수품이 야전에 배치된 이후에는 성과기반 군수지원을 통해서 전투준비태세를 극대화하는 지원전략 등 2개의 추진전략으로 구성된다.

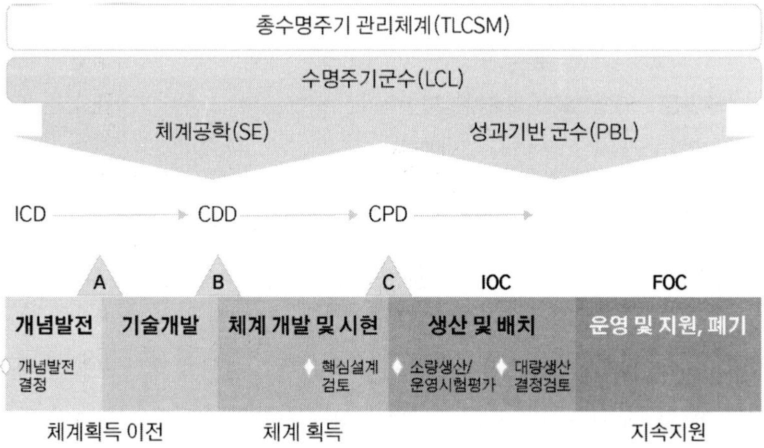

〈그림 3-15〉 총수명주기관리체계의 구성과 운영[67]

2004년에 육군 군수사령부에 수명주기사령부(LCMC: Life Cycle Management Comand)를 창설하여 총수명주기관리에 일대 전환을 이룬다. 다음 그림의 왼쪽은 2004년 이전의 획득과 운영유지의 분리를 단적으로 보여주고 있다. 시스템사령부(System Command)에서 무기체계를 획득하여 군수사령부(Logistics Command)에 인계하여 운영유지하는 방식이었다. 시스템사령부의 사업관리자는 성능 좋은 무기체계를 개발하는 데 주력했지만 사용자 입장에서 운영유지에 관한 사항은 고려의 대상이 되기 어려웠다. 실제로 사업관리자는 무기체계 개발 간 획득과 관련한 일정과 비용에 대한 평가만 받았지, 신뢰도나 정비도 같은 운영유지와 관련된 사항을

66) 상게서, p. 83.
67) DAU(2017), *TLCSM Oversight*, p. 1.

평가받지 않았다. 그 결과는 막대한 운영유지 비용의 증가로 이어졌다. 이러한 문제를 해결하기 위해 획득을 담당한 사업관리자에게 총 수명주기 간 운영유지 책임을 부여하였다. 하지만 사업관리자는 운영유지 업무에 미흡하여 획득과 운영유지 간에 교량적 역할을 수행하는 새로운 조직인 수명주기관리사령부를 오른쪽 그림과 같이 설치하게 된 것이다.[68] 수명주기사령부는 군수사령부 예하 조직이면서 사업부장(PEO)을 참모조직으로 갖추게 되어 획득과 운영유지를 연결하는 역할을 수행하는 것이다. 사업관리자에게는 기존의 획득업무에 운영유지 업무까지 부여하여 총 수명주기 간에 관리책임을 일원화하였다.

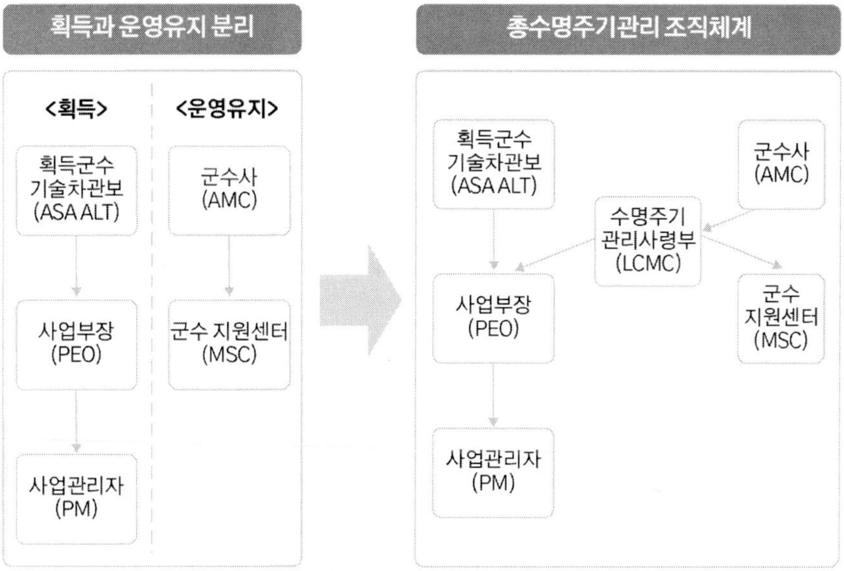

〈그림 3-16〉 총수명주기관리 조직체계[69]

2) 영국의 총수명주기관리

영국은 2006년부터 획득변화추진팀(Enabling Acquistition Change Team)을 구성하여 획득과 운영유지를 단일조직에서 일관성 있게 관리하고 획득 초기에 수명주기 비용을 정확히 파악하여 효율적 재원배분을 실현하기 위해 새로운 획득전략인 총수명능력관리제도(Through-Life Capability Management)로 전환하였다.

68) 국방부(2010), "총수명주기체계관리를 위한 획득조직과 군수조직의 효율적 통합방안 연구", p. 62.
69) Flanagan, Michael(2007), "Life Cycle Management Commands Wartime Process or Long-Term Solution?," Army War College Strategy Research Project, p. 3.

개편 전에는 장비획득은 국방조달본부(DPA: Defense Procurement Agency)에서 수행하였으며, 운영유지는 국방장비지원차관 예하 영국의 국방군수본부(DLO: Defense Logistics Organization)에서 담당하였다. 그런데 2007년부터 양개조직을 통합하여 국방장비지원차관 예하에 장비지원본부(DE&S: Defense Equipment and Support)를 창설하여 획득과 운영유지 조직을 통합하였다. 분산된 획득과 운영유지 조직의 통합은 물론 중복기관과 기능을 단일화한 것이다. 하나의 조직 밑에 편성된 통합사업관리팀(IPT)이 장비획득부터 운영유지까지 일관성 있게 관리한다. 종전에 2개로 분리되어 있던 조직을 통합사업관리팀이라는 하나의 부서로 소속시켜 업무의 효율성을 향상시킨 것이다.70)

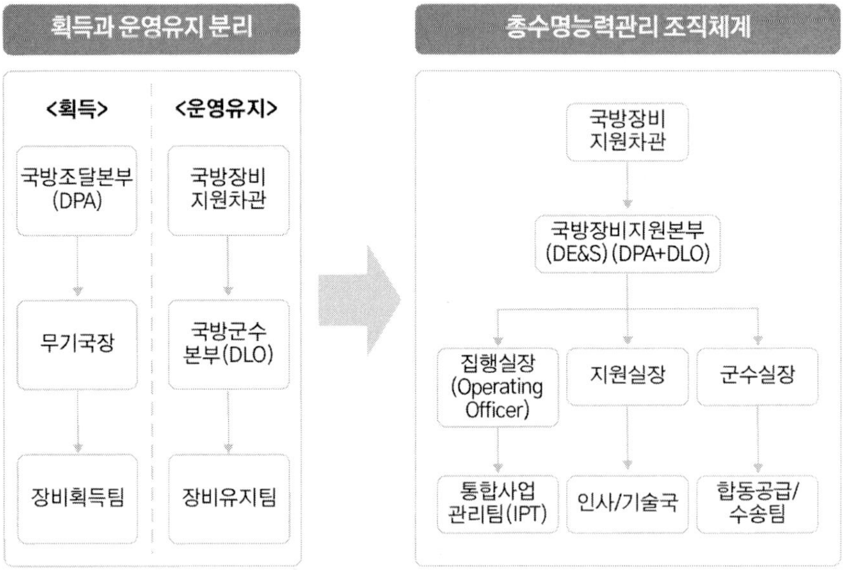

〈그림 3-17〉 영국의 총수명능력관리 조직체계

통합사업관리팀은 장비획득, 운영 및 폐기를 포함하는 총수명주기관리계획(TLMP: Through-Life Management Plan)을 작성하며, 개념단계부터 총수명주기관리계획을 작성하여 Main Gate의 시현단계에서는 개선 및 보완된 총수명주기관리계획을 갖고서 최종 사업승인이 이루어진다. 생산단계에서 협의된 계획을 기반으로 수락시험 및 평가를 통해서 실전배치 여부를 결정한다. 또한 장비유지에 대한 중장기 예산계획 대상시간을 기존의 5년에서 무기체계와 동일하게 10년으로 확대하여 장비유지 계획과 무기체계 획득계획을 상호 연계하여 수립함으로써 획득과

70) 국방부(2010), 전게 논문, p. 80.

운영유지 재원 배분의 일관성과 균형성을 향상시켰다.

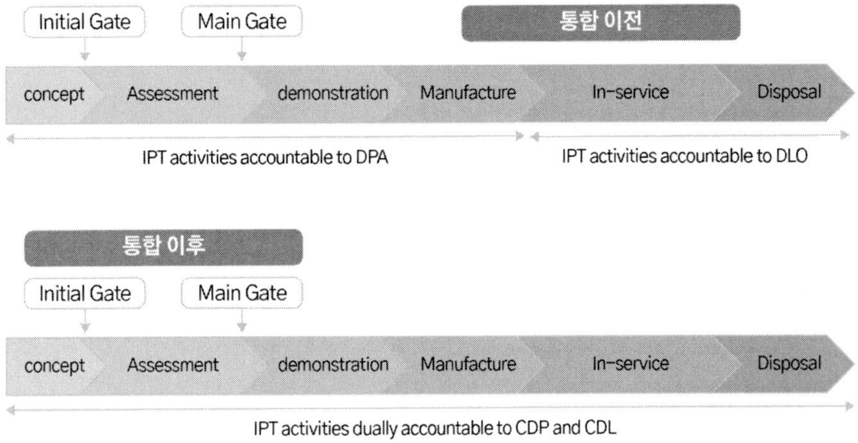

〈그림 3-18〉 국방획득 절차[71)]

나. 한국의 총수명주기관리 추진전략

다음 그림에서 제시하듯이, 합동전투발전체계를 통해서 소요능력이 요구되면 국방기획관리체계에서 기획활동으로 수용되면서 구체화되어야 한다. 이를 총수명주기관리체계에서는 소요기획 단계로 총칭하면서 포괄적이면서 협업적인 체계에 담아낸다. 국방기획관리체계의 계획단계에서 종합되는 중기계획서는 다소 독자성이 강화된 것으로 평가되는 예산계획 집행체계에서 검토되면서 예산편성과 집행을 거쳐서 획득체계에 재원을 공급하는 역할을 한다. 국방획득관리체계는 방위사업청 개청 이전과 이후로 구분되기도 하지만 예산계획 집행체계보다도 더욱 독자성이 강화된 획득절차를 준수하면서 사업관리를 하는 경향이 강화되었다.

이러한 국방기획관리체계의 계획, 예산 및 집행과 예산계획 집행체계의 예산편성과 집행 그리고 국방획득관리체계의 다단계의 절차를 합쳐서 획득관리 단계에 담아낼 수 있다고 본다. 물론 이들 중의 일부 재원은 운영유지 단계에도 할당된다. 하지만 운영유지 단계로의 할당은 획득 중심의 군사력 건설체계와 획득과 운영유지, 무기체계와 전력지원체계의 분리 등의 영향으로 그 재원의 성격이나 총량이 왜곡되거나 축소되어왔다는 것이 대부분의 연구를 통해서 밝혀

71) 영국 국방부는 국방획득 절차를 CADMID(Concept, Assessment, Demonstration, Manufacture(Migration), In-service, Disposal(Termination)로 정의하고 있음[UK MOD(2005), *MOD Architectural Framework Acquisition Community of Interest Deskbook*, p. 23].

졌다. 아래의 그림을 통해 군사력 건설체계에서 누락되거나 왜곡되는 체계간의 협업 미흡, 조직 간의 소극적 소통, 재원의 합리적 종합과 할당의 미흡 등을 방지하고자 하는 것이 바로 총수명주기관리체계임을 알 수 있다.

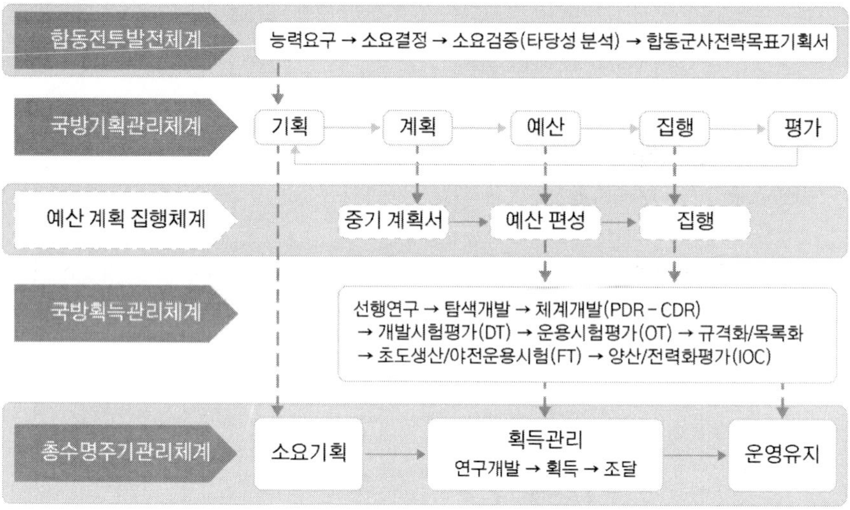

〈그림 3-19〉 군사력 건설체계와 총수명주기관리체계

우리는 일찍이 2008년부터 국방부를 중심으로 전투부대(사용자) 중심의 준비태세 보장과 총 소유비용 절감을 위해서 총수명주기관리체계를 구축하려고 노력하고 있다. 그러한 추진 전략과 중점사업들은 다음과 같다.

1) 기본방향

우리 군은 그간 획득과 운영유지를 정책적으로 완전히 분리하였으며 주 장비 중심의 획득 및 보급으로 운영유지비의 증가와 후속 군수지원의 문제점이 심각해지고 있는 실정이었다. 이에 따라 국방부와 각 군에서 이러한 소요기획-획득관리-운영유지를 통합하는 컨트롤타워 역할을 할 수 있는 조직을 구축하고자 노력하고 있다. 또한 총 소유비용 개념을 적용하여 획득 초기 단계인 연구와 개발과정에서 운영유지비를 함께 고려하여 비용절감 기회를 포착하고자 소요기획 과정과 사업관리 과정에서 운영유지의 관계관이 참석하고 의견을 제시하는 것을 제도화하였다.

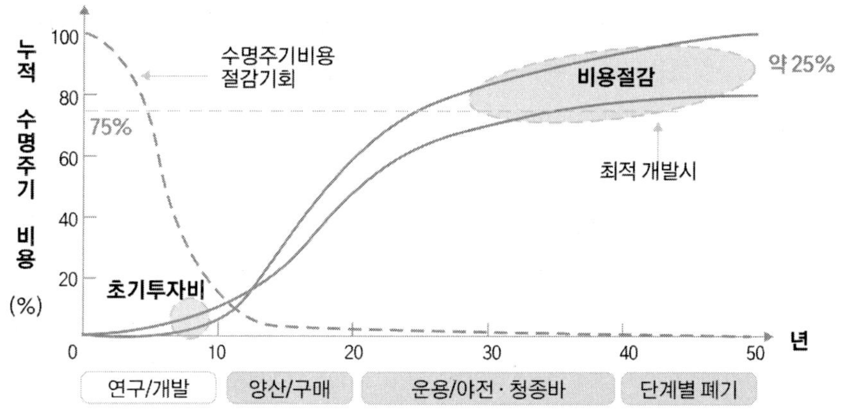

〈그림 3-20〉 K-1전차 운영유지비 증가사례

성능(또는 성과), 시간 및 비용의 트레이드 오프를 고려한 균형 잡힌 사업관리를 추진하여 소요기획 단계부터 운영유지의 방법을 검토하여 야전정비와 창정비 방안을 결정하고 표준화 방안 재정립, 수리부속 조달방안, 제작 및 공급업체에 의한 수명주기 관리 및 지원 방안 등을 적용하는 것 등을 포함하여 폭넓은 총수명주기관리사업을 추진하고 있다.

2) 주요 추진 중점

(1) 수명주기 지속계획 수립 및 시행

군수품의 수명주기 간 체계적 관리와 효율적 운영유지를 위하여 최초 개발부터 폐기까지 수명주기 지속계획(LCSP: Life Cycle Sustainment Plan)을 수립하여 시행한다. 현재는 국방부 주관하에 시범사업 형태로 추진하고 있으며, 향후 모든 사업에 적용할 예정이다.

우리는 종합군수지원 계획서(ILS-P: Integrated Logistics Sustainment-Plan)를 작성하여 적용하고 있다. 주요 장비의 획득 시에 체계개발단계에서 제작 또는 공급업체에서 작성하여 종합군수지원 실무조정협의회 등을 통해서 방위사업청 통합사업관리팀(IPT)에서 검토하여 확정하는 방식으로 수립하고 있다. 이때 검토하고 확정하는 내용은 일반적으로 종합군수지원 요소 11대 요소를 근간으로 한다. 연구 및 설계반영, 표준화 및 호환성, 정비계획, 지원장비, 보급지원, 군수인력 운용, 군수지원 교육, 기술교범, 포장·취급·저장 및 수송, 정비 및 보급시설, 기술자료 관리 등이 종합군수지원 11대 요소이다. 종합군수지원 11대 요소는 주 장비 획득 시 동시에 패키지로 확보하여 주 장비의 성능을 보장하는 데 기여하도록 하는 것이다. 따라서 이러한

11대 요소가 전력화 이후에 주 장비의 성능을 어떻게 보장하는가가 중요함에도 불구하고 오히려 11대 요소를 구비했는지 여부에 주안을 두는 현상이 나타났다. 운영유지 단계는 10년 이상의 기간에 걸쳐서 다수의 변화가 수반되는 단계이다. 대표적으로 부품가격의 인상, 핵심적인 부품의 단종, 기술의 진부화 등이 이 단계에서 발생한다. 그런데 기존의 종합군수지원계획으로는 이러한 유동적인 상황변화에 대처하기에는 부적합한 것으로 판단된다. 단순히 유행이 바뀌어서 종합군수지원을 수명주기 지속계획서로 바꾸어야 한다는 것이 아니다.

이러한 반성을 토대로 수명주기 지속계획서는 두 가지 측면에서 그 특징을 살펴볼 수 있다. 첫째, 사업 초기 선행연구단계부터 적용하여 연구 및 개발단계에서는 체계공학적인 측면에서 요구능력의 신뢰성 지표인 신뢰도, 가용도, 정비도 등을 도출하여 설계 시에 각 부품에 반영하고, 이를 다시 종합하여 완성장비에서 성능 발휘를 보장하도록 한다. 둘째, 성과기반 군수지원을 수행하기 위해서 기준이 되는 핵심성과지표(KPP: Key Performance Parameter)와 핵심장비속성(KSA: Key System Attributes)을 단계적으로 도출하여 완성해가는 진화적 접근방법을 적용한다. 이와 같은 두 가지 중요한 고려요소는 기존의 종합군수지원계획과는 지향하는 주안을 다르게 하는 특징이라고 볼 수 있다. 합동전투발전체계를 통한 능력기반 소요결정 시 작전운용성능(ROC)과 동일한 비중으로 지속성(Sustainment)을 고려하도록 지침에 반영해야 한다. 그렇게 함으로써 획득단계에서는 성능요소로, 운영유지 단계에서는 성과요소로 핵심성과지표와 핵심장비속성을 적용할 수 있다.

능력구성요소는 초기에 요구되는 최저값을 기록한다. 이들 능력구성요소는 획득단계에서는 성능구성요소로 전환되며 지휘통제, 정보, 화력, 기동, 방호 및 지속지원 등 전장기능으로 구분되고 중요도에 따라 핵심성과지표, 핵심장비속성, 기타속성(Attributes)으로 구분되어 구체화된다. 이들 지표는 탐색개발단계와 체계개발단계를 거치면서 규격에 반영하여 성능을 보장하도록 한다. 여기서 장비가동률은 전투준비태세를 나타내는 핵심성과지표로 정의하고 평균 불가동 시간(MDT: Mean Down Time), 신뢰도(Reliability), 소유비용(OC: Ownership Cost)은 핵심장비속성으로 선정한다. 그 밖에 지속지원에 영향을 미치는 요소로서 평균 정비시간, 군수 지연시간 등을 지속유지 분야 척도로 사용한다.[72] 수명주기 지속목표와 추진전략, 핵심관리품목 등을 추가하여 운영유지 단계에 비용유발요소를 식별하여 관리한다.

72) 한국국방발전연구원(2012), "무기체계의 수명주기 지속계획서 적용방안 연구보고서", p. 15.

<표 3-8> 버전별 수명주기 지속계획서 포함내용[73]

버전표시	단계	내용
V0	선행연구단계	선행연구단계에서 개발되는 개략계획서
v1	탐색개발단계	탐색개발단계에서 개발된 최초의 수명주기지속계획서(LCSP)
v2	체계개발단계	체계개발단계에서 체계개발실행계획서를 반영한 수명주기지속계획서(LCSP)
v3	체계개발단계	체계개발단계에서 예비설계검토(PDR)를 반영한 수명주기지속계획서(LCSP)
v4	체계개발단계	체계개발단계에서 상세설계검토(CDR)를 반영한 수명주기지속계획서(LCSP)
v5	체계개발단계	체계개발단계에서 개발시험평가(DT&E)를 반영한 수명주기지속계획서(LCSP)
v6	체계개발단계	체계개발단계에서 운용시험평가(OT&E)를 반영한 수명주기지속계획서(LCSP)
v7	체계개발단계	체계개발단계에서 규격제정결과를 반영한 수명주기지속계획서(LCSP)
v8	양산 및 배치운영	양산 및 배치운영단계에서 전략화평가결과를 반영한 수명주기지속계획서(LCSP)
v9	운영유지	척도 유지와 향상을 반영한 수명주기지속계획서(LCSP)

수명주기 지속계획서는 획득단계별로 지속적으로 최신화가 이루어지므로 단계별 고려사항이 다르다. 선행연구단계에서는 개략적인 계획을 수립하는 데 중점을 둔다. 개략계획으로 필수항목에 대해서만 기술하고 성과지표에 대해서 검토한다. 탐색개발단계에서는 선행연구단계에서 작성된 개략계획을 구체화하며 표준서식 목차를 준용한다. 특히, 성과지표 및 요구사항과 수명주기 간 소요예산에 중점을 두고, 이후 단계가 진행됨에 따라 구체화한다. 탐색개발 완료 시 수명주기 지속계획서 v1이 작성된다. 체계개발단계에서는 본격적인 설계 및 제작이 이루어지는 단계이므로 군수지원분석 등이 수록되는 단계이다. 모든 단계 중 가장 작성량이 많은 단계이고 모든 목차가 완성된다. v1을 최신화하는 것이 주안이다. 양산 및 배치운영단계는 전력화 평가를 통해서 최신화하고 운영유지 단계에서 수집되는 정보를 통해서 성과지표를 지속적으로 관리한다. 성과기반 군수지원제도를 적용하기 전에 후속 군수지원 개념을 적용하여 수명주기 지속요소를 최적화한다. 아울러 수명주기간 소요예산에 대해서 지속적으로 관리한다.[74]

73) 국방부(2015), 『수명주기 지속계획서 가이드북』, p. 19.
74) 상게서, p. 20.

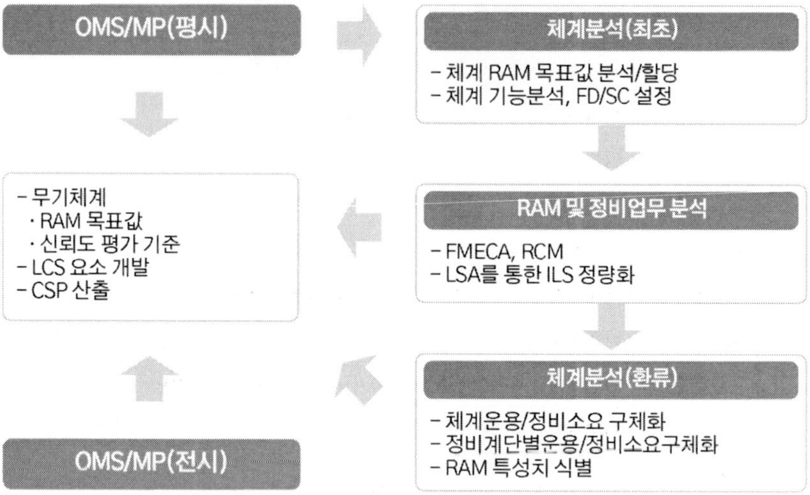

〈그림 3-21〉 OMS/MP와 수명주기 지속 업무흐름도[75]

운용형태요약/임무유형(OMS/MP)은 해당 무기체계의 임무는 무엇이며 어떻게 사용할 것인가를 체계적이고 정량적으로 분석하여 기술한 문서로 주 장비 설계목표 및 수명주기 지속(LCS: Life Cycle Sustainment)계획 수립의 기초가 된다. 연구개발로 결정된 사업에 대해서는 탐색개발 또는 체계개발 착수 전에 방위사업청이 소요군과 협조하여 외부 전문기관의 용역연구를 통해서 운용요구서(ORD)를 작성한다. 운용형태요약/임무유형은 운용요구서의 부록으로 작성하여 체계가 향후 배치되었을 때 전·평시에 어떻게 사용될 것인지를 설명하는 문서로서, 연간 체계 사용방법을 구조화·정량화하여 나타내며, 성능규격과 시험계획 및 군수지원요소 개발지원 등에 활용된다.

운용형태요약(OMS)은 무기체계의 전·평시 운용형태를 종합적으로 정리한 자료로 통상 특정 운용형태별 횟수, 총시간, 총 가동시간(운용시간, 경계시간, 대기시간), 총비가동시간(총 정비시간, 총 행정 및 군수 지연시간) 등으로 표현된다. 한편, 임무유형(MP)은 무기체계가 운용간 수행해야 할 임무로서 사격 발수, 주행거리 등 운용형태별 필수임무기능의 수행시간 및 운용량을 제시하며, 특정한 임무수행이 어떤 환경조건에서, 어떠한 형태로, 얼마만큼 수행되는가를

75) 상게서, p. 90.
* CSP: Concurrent Spar Parts(동시조달 수리부속)
FD/SC: Failure Defentiltion/Scoring Criteria(고장 정의 및 판단기준)
FMECA: Failure Modes, Effects and Criticality Analysis(고장유형 영향 및 치명도 분석)
RCM: Reliability Centered Maintenance(신뢰도 중심 정비)
LSA: Logistics Support Analysis(군수지원분석)

정량적으로 표현한 것이다.[76)]

앞에서 살펴본 바와 같이, 체계공학을 적용하여 요구능력을 성능으로 전환하고 이러한 성능이 성과로서 측정되도록 하는 논리적이며 체계적인 접근이 수명주기 지속계획서를 작성하는 가장 큰 이유 중의 하나이다. 성과지표(Program Metrics)는 성과기반 군수지원(PBL)을 적용하는 척도이며 성과기반 군수지원 전략의 채택 및 효율성을 측정한다. 무기체계의 준비태세, 비용, 운용 및 유지 효율성을 측정하며 절차와 진단이 아닌 결과에 관련된 성과 및 능력에 대한 측정이다. 이는 또한 공급자의 성과기반계약 이행성과를 측정하기 위한 측정기준이기도 하다.

(2) 성과기반 군수지원제도 추진

총수명주기관리체계에서는 체계공학을 적용해서, 소요기획 단계의 '요구능력'을 기반으로 한 획득관리 및 사업관리를 통해서 개량화된 '요구성능'을 군수품에 구현할 수 있게 되었다. 결과적으로 운영유지 단계에서는 그렇게 개발된 군수품의 '요구성과'를 측정할 수 있는 기반이 마련되었다. 총수명주기관리체계에서 운영유지 단계의 핵심사업 중 하나는 성과기반 군수지원(PBL: Performance Based Logistics)이다.

성과기반 군수지원이란 주요 군수품의 안정적인 가동률 보장을 위해 군수지원업체와 장기계약을 체결하여 수요군은 성과지표와 그에 따른 성과목표를 제시하고 계약업체는 군수지원 요소의 일부 혹은 전부를 제공하도록 하고 그 성과에 따라 대가를 지급하는 제도이다.[77)]

① 성과기반 군수지원의 특징

성과기반 군수지원은 기존 군수와 다음 표와 같이 비교되기도 한다. 성과기반 군수지원은 총수명주기관리체계에서 개별 부품이나 수리부속 혹은 용역 등 단편적인 기능을 구매하는 것이 아니라 통합된 군수지원 '성과를 구매'하여 효과적이며 효율적으로 군수지원을 제공하기 위한 것이다. 업체의 군수지원 성과를 구매함으로써 업체의 이익 창출을 위한 효율적인 군수지원을 유도하고 성능개량, 품질관리, 보급망 관리 등의 분야에서 기술적 혁신을 장려할 수 있다. 기존의 군수지원에서는 무엇을, 언제, 어떻게 살 것인가에 대한 결정을 구매가 하였다면, 성과기반 군수지원에서는 계약자가 결정한다. 기존에는 군에서 구매의 대상인 물품과 용역의 소요를 산출하여 구매 및 재고관리를 하고, 업체는 단지 계약금액에 맞추어 물량을 공급하는 형태로서 정

76) 상게서, pp. 88-93.
77) 국방부(2015), 『성과기반 군수지원 길라잡이』, p. 11에서 인용.

확한 수요예측 및 구매물량 판단에 대한 책임을 군만이 갖게 된다. 이러한 방식은 업체가 부품의 신뢰성 및 품질향상에 대한 동기부여는 미흡하고 오로지 공급능력에만 초점을 맞추게 하여 많은 기반시설 투자, 개별단가의 상승 등으로 높은 비용을 유발하게 되었다. 반면에 성과기반 군수지원은 군수지원 성과를 구매대상으로 하며 업체가 수요예측 및 구매량을 결정하고 전투원의 요구를 충족시킬 책임을 진다. 따라서 업체 입장에서는 군의 요구성과를 달성하기 위해서 제품의 신뢰성 및 품질향상, 지속적인 기술개발 등 군수소요와 비용을 절감하기 위한 노력을 병행하게 된다.

〈표 3-9〉 기존 군수와 성과기반 군수의 차이점78)

구분	기존 군수	성과기반 군수
개 념	재고기반(Inventory Based)	성과기반(Performance Based)
구 매	물품 및 용역	물품과 용역의 성과
목 표	저비용	성과(효과 또는 가치)
군의 역할	물품관리	공급자 관리
결 과	- 사전에 준비하여 저장한 보급 가용성에 초점 - 신뢰성, 품질향상 노력 미흡 - 대부분 단년도 계약 - 군 직영 기반시설 필요 - 군에 의한 지원	- 성능 발휘 수준(결과)으로써 성과에 초점 - 고객만족, 신뢰성, 준비태세 등 향상 - 전문업체에 의한 관리 - 장기계약 - 군 직영 기반시설 축소 가능

② 도입경과

성과기반 군수지원은 1999년 미 공군의 록히드 마틴(Lockheed Martin)과의 F-117 정비지원사업에 효시를 두고 있다. 이는 1998년 미 국방성의 '군수지원혁신계획'에 의거하여 군 병력과 시설을 축소하면서 예산 절감을 위해 민간자원을 활용한 군수지원기법으로 시작하여 2003년 총수명주기관리체계가 도입되면서 중요한 시행과제로 추진되었다. 우리는 2006년 신(新)정비지원 개념으로 성과기반 군수지원 도입을 검토하여 2010년에 공군 KT-1 기본훈련기과 KA-1 전술통제기의 수리부속 조달을 시범사업으로 적용했다. 이후에 육군 군단급 무인정찰기(UAV), 해군 대잠어뢰인 홍상어에 대한 시범사업에 적용하고 지금은 전군의 주요 첨단무기체계로 확대하여 수리부속 조달, 정비지원 등 군수지원 활동에 적용하고 있다.

78) 김문조·김백현·전종순(2011), 『무기체계 획득 & 종합군수지원』, 양서각, p. 126.

③ 다양한 시행 형태

성과기반 군수지원은 적용대상에 따라 아래 그림과 같이 민·군의 협력 정도를 차등적으로 적용할 수 있다. 적용대상은 수리부속 조달, 보급, 정비, 기술지원 등을 기능별로 적용할 수 있으며, 완성장비, 시스템, 구성품, 수리부속 등으로 대상을 구별하여 적용할 수도 있다. 군과 업체의 제휴 정도에 따라 군 중심의 성과기반 군수지원과 업체 중심의 성과기반 군수지원으로 구분되고 다양한 유형이 적용된다. 총체계지원계약(TSSP: Total System Support Partnership), 업체협력(Industry Partnering), 서비스수준 협약(Service Level Agreement), 정부/업체 제휴(Government/Industry Partnering), 성과기반 신속 군수지원(PALS: Performance-based Agile Logistics Support), 주 공급자 지원(PVS: Prime Vendor Support), 계약자 군수지원(CLS: Contractor Logistics Support), 계약업체 운송체계(CDS: Contractor Delivery System), 공급자 직접배송(DVD: Direct Vendor Delivery) 등이 있다.[79)]

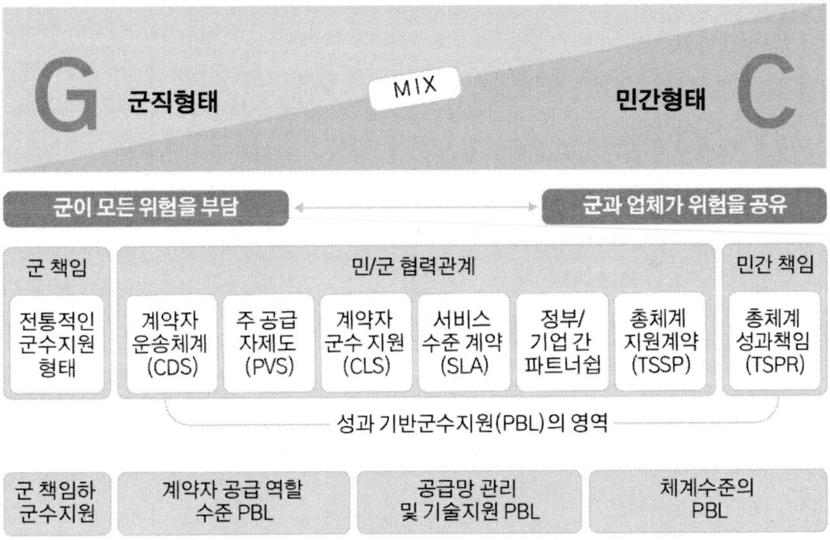

〈그림 3-22〉 성과기반 군수지원의 다양한 유형

④ 성과지표와 비용분석

성과기반 군수지원제도에 있어 객관적인 성과지표의 적용과 비용에 대한 통제력 확보는 가장 중요한 요소이다. 성과지표를 개발하고 적용하는 업무는 가능한 한 소요기획 단계부터 구체화되

79) 상게서, p. 127.

면서 발전되어야 한다. 또한 성과기반 군수지원에 있어서 지금까지도 논란이 되는 비용 상승의 우려를 불식시키기 위해서는 비용분석의 구조와 입력자료를 적정하게 관리해야 할 것이다.

㉠ 성과지표의 개발과 적용

성과기반 군수지원 성과지표를 적정하게 수립하기 위해서는 적용여건, 효율성과 효과성을 고려하여 사업별로 성과지표와 성과목표를 맞춤형으로 구체화시켜서 적용해야 한다. 성과지표는 각 군, 기관 및 방위사업청에서 계약업체의 이행성과를 측정하는 기준을 말한다.

최상위 성과지표는 사업목표로 선정하고 이를 달성했는지 여부를 측정할 수 있는 성과지표를 선택한다. 최상위 성과지표는 달성해야 할 최종 목표이자 최종 성과물을 말하는데 운용 가용도(Ao: Operational Availability), 운용신뢰성(Ro: Operational Reliability), 군수반응시간

〈표 3-10〉 성과지표 적용사례(2-1)[80]

적용장비	성과지표	요구수준(기준치)	가중치(%)
KT/A-1	인도 응답기간율(DRT)	구매: 15~30일 정비: 120~210일 (85% 이상 충족)	90
	후불 대기기간(TOB)	15일 미만	-10
	고객지원 반응률(DSR)	-	10
UAV	사용자대기기간(CWT)	15~30일	90
	후불 대기기간	10일 이내	-10
	고객지원 반응률	-	10
홍상어	전투준비태세(SSR)	92.1%	22
	평균 고장간 시간(MTBF)	25,000시간	24
	발당 고장수리비용	340만 원	11
	사용자 대기시간	54일	10
	기술지원 만족도	-	11
	관리 만족도	-	8
	운용부대 만족도	-	9
	하청계약 만족도	-	5
천마	사용자대기기간(CWT)	85% 이상	90
	고객지원 반응률(DSR)	85% 이상	10
	후불 대기기간(TOB)	15일 이내	-10

80) 국방부(2015), 전게서, p. 106에서 인용.

(LRT: Logistics Response Time), 고장률 감소, 총 소유비용 절감 등이 있다. 이 중의 일부 또는 전부를 적용할 수 있는데, 이 외에도 장비가동률, 사용자(고객) 대기시간(기간), 정비기간, 조달기간 등 다양한 성과지표를 활용할 수 있다. 아래 표는 현재 국내에서 성과기반 군수지원에 적용하고 있는 성과지표 현황이다.

표에서 확인할 수 있듯이, 현재 적용하고 있는 대부분의 대상은 항공기 및 미사일 등 첨단무기체계이며, 국내에서 개발되었음에도 불구하고 조립체, 구성품 및 수리부속 단위에서 원 제작사가 국외에 있는 경우를 적용하고 있다. 국외도입 부품의 경우에 조달원을 식별하지 못하는 경우, 조달 대기기간이 과다하거나, 복구성 품목(Repairable Item)[81]의 정비기간이 과다하여 결과적으로 장비가동률에 부정적인 영향이 심대하였던 품목이다. 기존의 군수지원 또는 정비지원을 통해서 한계적 상황을 보여왔던 대상 품목이 성과기반 군수지원을 통해서 가동률이 향상되면서 그 대상이 점차 확대되고 있음을 알 수 있다.

〈표 3-11〉 성과지표 적용사례(2-2)

적용장비		성과지표	요구수준(기준치)	가중치
F-15K		자재 대기율(NMCS)	7%	75%
		ICS계통 수리순환기간	150일	25%
KF-16엔진		인도 응답기간율(DRT)	30일 이내 (업체 →미국 내 한측 수송업체)	100%
FA-50	기체	인도 응답기간율	85% 충족	95%
		후불 대기기간(TOB)	30일 미만	-5%
		고객지원 반응률(DSR)	85% 이상 만족	5%
	엔진	예비엔진 불가동률 (SE-NMCS)	25% 이하	85%
		예비 보조동력장치 불가동률 (SA-NMCS)	65% 이하	5%
		인도응답기간	210일 이내 (정비품목)	5%
		고객지원 반응률	90% 이상 만족	5%
T-50 계열	기체	인도 응답기간율	85% 충족	95%
		후불 대기기간	30일 미만	-5%
		고객지원 반응률	85% 이상 만족	5%
	엔진	예비엔진 불가동률	65% 이하	85%
		예비보조동력장치 불가동률	65% 이하	15%

81) 정비를 거쳐 서비스가 가능한 상태로 복구할 수 있는 내구재 품목을 경제적·공학적으로 수리나 정비할 만한 가치가 있다고 인정한 품목으로 재생가능품이라고도 한다[국방부(2013), 전게서].

그런데 성과지표와 목표를 볼 때, 성과기반 군수지원의 대상이 일부 수리부속의 구매와 부분적 정비에 한정되면서 최상위 성과지표를 포함하는 수직적 체계가 미흡하고 정량적인 측정 중심으로 적용되고 있어서 향후 제도적 개선의 필요성이 있다 할 것이다.

합동전투발전체계의 능력요구 단계에서 도출하는 것이 바로 핵심성과지표(KPP), 핵심장비속성(KSA)과 추가적인 성능속성 등이다. 이러한 핵심성과지표, 핵심장비속성 등은 탐색개발과 체계개발 등 획득사업 절차진행의 기준이 되고 운용시험평가 등에서 작전요구성능의 충족 여부를 가름하는 역할을 한다. 특히 탐색개발단계부터 전력화 지원요소, RAM,[82] 시험 및 평가, 성과기반 군수지원 등을 검토하고 적용할 준비를 하는데 바로 이러한 핵심성과지표, 핵심장비속성 등이 중요한 기준을 제공한다. 총수명주기관리라는 관점에서 이렇게 능력요구를 통한 소요기획 단계부터 핵심성과지표와 핵심장비속성 등은 수명주기 지속지원의 성과지표로 전환된다.

핵심성과지표로는 가용도를, 핵심장비속성으로는 신뢰도와 운영유지비용 등을 선정할 수 있다. 운용가용도(Ao: Operational Availability)는 군수품의 사용 가능한 시간의 비율이고, 장비가용도(Am: Materiel Availability)는 부여된 임무수행이 가능한 전체 장비 재고 중 작동 가능한 비율을 말한다. 수식은 아래와 같다.

$$A_o = \frac{\text{MTBM}}{\text{MTBM} + \text{MDT}} = \frac{\text{총 운용시간}}{\text{총 운용시간} + \text{총 고장정비시간} + \text{총 예방정비시간} + \text{총 지연시간}}$$

* MTBM(Mean Time Between Maintenance): 평균 정비 간 시간
MDT(Mean Down Time): 평균 불가동 시간

$$A_m = \frac{\text{\# of Operational End Items(작동가능 장비수량)}}{\text{Total Population of End Items (전체 장비수량)}}$$

현실적으로 행정업무 처리 및 부품조달시간을 0으로 만들 수 없고 이러한 요인으로 발생하는 지연이 불가피하다. 이 모두를 고려한 가용도가 운용 가용도이다. 운용 가용도는 현실적인 군수지원 상태 하에서 규정된 조건으로 무기체계 및 장비가 가동될 확률이다. 또한 전투준비태세 수

82) RAM: 신뢰도(Reliability), 가용도(Availabilty), 정비도(Maintainability)

준으로부터 운용 가용도를 결정하는 기본적인 개념은 체계가 1년 또는 어떤 주어진 시간 중 얼마 동안 작전 가능한 상태에 있어야 하느냐는 요구조건을 설정하는 것으로서 무기체계의 종류 및 전투준비태세 요구조건에 따라 달라진다. 운용 가용도를 전시 수행임무에 대한 시간분석을 통하여 산출하면 아래 표와 같다.

〈표 3-12〉 운용 가용도 기준 전투준비태세 등급[83)]

전투준비태세 범주	장비가동률
C-1: (전투준비: 결함이 없음)	0.90~1.00
C-2: (전투준비: 사소한 결함)	0.70~0.89
C-3: (전투준비: 중대 결함)	0.60~0.69
C-4: (비전투준비)	0.00~0.59

신뢰도는 앞에서 살펴본 바와 같이 핵심장비속성의 하나이며 군수품이 얼마나 자주 고장 나고 정비를 필요로 하는가에 대한 측정치이다. 따라서 정비 등 군수지원 활동을 계획하고 수행하는 데 사용하는 또 다른 핵심 데이터이다. 이러한 신뢰도는 임무 신뢰도와 군수 신뢰도로 구분할 수 있다. 임무 신뢰도는 모든 중복되는 운용형태에서 일정 기간 동안 주어진 임무를 완수하는 데 장비가 고장 나지 않을 능력의 측정치로 표현된다. 보통은 평균 고장간 시간(MTBF: Mean Time Between Failure)을 말한다. 군수품의 구성품 하나라도 고장이 발생하면 군수품 전체가 기능을 상실하게 되는 경우는 직렬 결합 모델이라고 한다. 반면에 기능 구현에 필수적인 부품이나 신뢰성이 낮은 부품의 경우에 중복설계(Redundancy Design)를 통해 어느 한 부품만이 작동하더라도 군수품 시스템 전체는 기능을 발휘할 수 있도록 결합된 경우를 병렬 결합 모델이라고 하는데, 이러한 병렬 결합 모델에 적용되는 형태를 중복되는 운용형태라 볼 수 있다. 임무 신뢰도에서 말하는 고장이란 시스템 전체, 하위 시스템, 구성품 단위 고장 등을 말한다.

군수 신뢰도는 모든 고장과 정비활동 등 군수품의 정비나 교정을 위해서 군수지원체제상의 수요 없이 운영될 수 있는 군수품의 능력에 대한 측정치이다. 평균 군수 지연시간(MLDT: Mean Logistics Delay Time)으로 통칭되는데 수송 지연, 착오 분배 등 다양한 원인이 있다. 가용도와 신뢰도 등 성과지표의 수직적 체계는 다음 그림과 같다.

83) 김문조·김백현·전종순(2011), 전게서, p. 303.

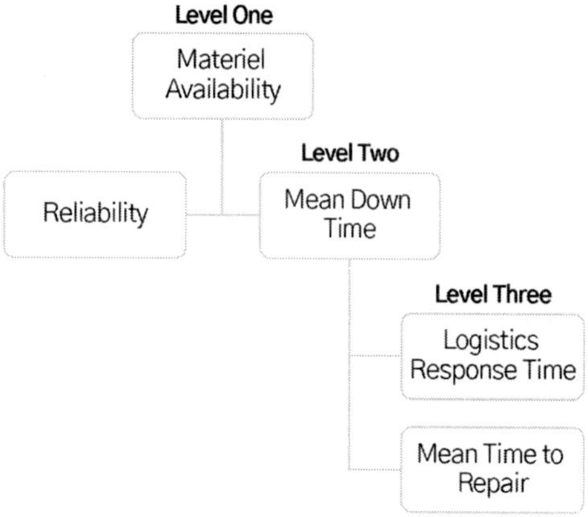

<그림 3-23> 성과지표의 수직적 체계[84)]

성과지표 매트릭스는 프로그램 수준의 핵심성과지표와 핵심장비속성을 포함하고 하위 매트릭스는 특정한 운영 결과에 대한 보다 상세하고 추적 가능한 데이터를 제공할 수 있어야 한다. 그리고 이러한 성과의 측정은 비용, 기간 등의 요구 등과 트레이드 오프를 고려하여 균형을 이루어야 한다. 또한 매트릭스는 스마트(SMART)해야 하는데, 구체적이고(Specific), 측정 가능(Measurable)하고, 획득 가능(Attainable)하며, 관련 있어야(Relevant) 하고, 시기적으로 적절해야(Timely) 한다.

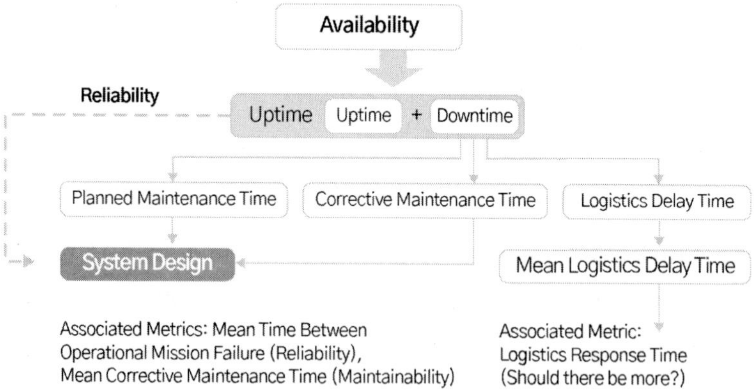

<그림 3-24> 가용도의 하위 구성도[85)]

84) US DoD(2016), *PBL Guidebook*, p. 41에서 인용.
85) DAU(2017), "Performance Metrics," 국방자원관리자 교재, p. 15.

㉡ 적정한 비용분석을 통한 비용 상승 억제

성과기반 군수지원제도의 다양한 기대효과에도 불구하고 성과에 대한 지불 비용의 적정성 문제는 성과기반 군수지원 계약을 망설이게 하는 주요한 요인이다. 또한 성과기반 군수지원 계약 이후 품목별 단가, 폐기율 등에 관한 정보의 비대칭이 심화되고 군은 정비 및 부품조달 능력이 상실되어 재계약 시 협상력이 저하될 것에 대한 우려도 있다.

성과기반 군수지원에서 주요 비용요소는 수리부속의 구매비, 정비비, 사업관리를 위한 인건비, 데이터를 관리하기 위한 정보시스템 구축 및 유지비, 수송비, 인센티브 등이 있다. 이 중에서도 가장 많은 비중을 차지하는 것은 수리부속에 대한 구매 및 정비비용 즉, 자재비이다. 기존의 성과기반 군수지원 사례 분석에 따르면 전체 비용의 약 95~96%가 자재비용이다. 따라서 자재비용에 대한 적정한 판단이 전체 비용분석의 핵심적인 사항으로 확인된다.

〈표 3-13〉 비용요소 및 산출방법

비용요소			산출방법	관리방식(군직/PBL) 변화로 인한 차이
자재비	소모 비용	구매비	교환율, 폐기율, 소모량, 장비운용계획 등을 통해 수요예측	동일 비용
		수리비		
	재고 비용	운영재고비	재고모형을 통해 산출	비용 차이 발생
		안전재고비		
기타 비용	수송비		자재비의 일정 비율 반영	자재비에 따라 차이
	사업관리비		유사사례를 통한 추정	PBL에만 적용
	인센티브		계약 시에 합의	

위의 표는 일반적으로 성과기반 군수지원 비용요소와 산출방법을 정리한 것이다. 자재비는 정비과정에서 교체되어 폐기되므로 소모비용과 재고비용으로 나눌 수 있다. 그런데 소모비용은 관리방식과 관계없이 동일하게 소모되는 비용이지만 재고비용과 수송비에서 비용 차이가 발생하게 되며 성과기반 군수지원에만 적용되는 사업관리비, 인센티브 등이 있을 수 있다.[86] 이러한 비용요소 및 산출방법을 적용하여 분석할 경우 성과기반 군수지원의 비용 상승에 대한 우려를 합리적으로 분석할 수 있을 것으로 본다. 성과기반 군수지원의 비용 상한선은 기존의 군직체제하에서의 현재 가동률을 유지하기 위한 비용이고 비용 하한선은 성과기반 군수지원 적용 시 발생하는 비용이다. 따라서 하한액과 상한액 간의 비용 차이는 성과기반 군수지원의 협상 범위가 될 수 있다.

86) 진아연·이혁수(2016), "장비유지 분야 성과기반 군수지원 제도 적용을 위한 비용분석 방안", 『국방정책연구』 32(3), pp. 229-230.

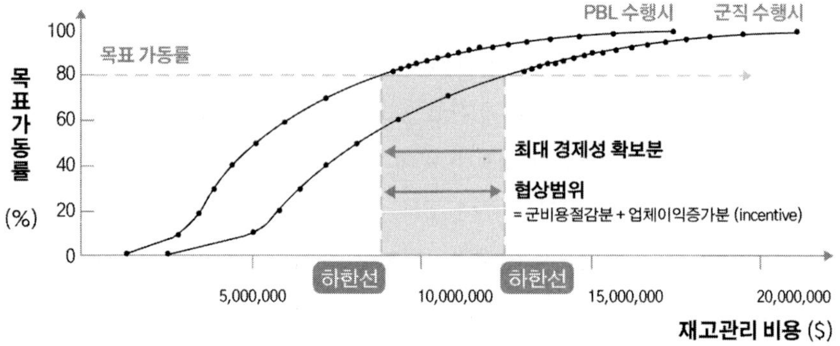

〈그림 3-25〉 PBL 비용산출 방안[87)]

(3) 부품단종 관리체계 구축

무기체계는 복합 시스템으로 간주된다. 이러한 무기체계는 체계(System), 하위체계(Sub-system), 장치(Unit), 결합체(Assembly), 구성품(Component), 부품(Parts) 등으로 나눌 수 있다.[88)] 최하위의 기본요소가 부품이다. 부품단종이란 기본요소인 부품이 수요에 따라 개발되어 생산되다가 기술의 발전 또는 시장 상황의 변화에 따라 생산이 중단되거나 생산업체의 도산, 자원의 고갈로 인한 공급 중단 등으로 인해 부품의 확보가 불가능한 상태를 말한다.[89)] 여기서 기술의 발전이 역설적인 것은 이미 개발된 부품에 투여된 기술은 점차 쓸모없는 상태에 이르게 한다는 점이다. 이와 같은 이유로 인하여 수리부속품을 획득할 수 없는 상태를 부품단종(DMSMS: Diminishing Manufacturing Sources and Material Shortage)이라고 한다. 부품단종은 단종이 발생한 시점에 따라 제작사 단종과 재고단종으로 구분할 수 있다. 제작사 단종이란 부품의 생산자나 공급원이 더 이상의 생산 또는 공급을 중단하거나, 생산 또는 공급의 중단이 예상되는 경우이다. 재고단종이란 제작사 단종이 심화되어 더 이상 재고품이 없어서 조달, 불출, 사용 및 청구할 수 없는 상태를 말한다.[90)]

87) 상게 논문, p. 237.
88) U.S. DSPO(2016), *DMSMS Guidebook*, p. 59.
무기체계 및 핵심기술 연구개발단계 중소기업자 우선선정 품목지정제도 운영에 관한 고시(방위사업청 고시 제2018-1호, 2018) 제2조 5항에서는 구성품(component)-결합체(assembly)-부분품(parts)로 구분하고, DAU(2017), *System Engineering*, 국방자원관리자과정, p. 32에서는 체계(system)-하위체계(sub-system)-모듈(module)-구성품(component)으로 구분함.
89) 국방부(2015), "부품단종 관리 업무 지시", 국방부 지시 15-23호, p. 1.
90) 최석철·장필훈(2007), "무기체계의 수명주기단계별 부품단종 관리방안", 한국방위산업학회지, 14(1), p. 56.

① 추진배경

부품단종 현상은 비단 군수품에서만 나타나는 것은 아니다. 그러나 군수품의 경우 민수규격에 비해, 상세규격과 작전운용성능과 같은 요구사항 충족을 위해서 일반 상용품과 같이 기술의 변화에 신속히 대응하기가 상당히 어렵다고 볼 수 있다. 또한 제작 및 공급기술과 품질관리능력의 발달은 군수품의 수명을 획기적으로 연장하였지만, 군수품 자체의 융·복합화 추세는 전자 및 통신부품의 사용 비중을 점점 확대하고 있다. 기계부품의 수명은 연장되었지만 전자 및 통신부품의 수명은 기술적 여건에 따라 짧은 주기 내에 교체가 요구되고 있다.

이러한 군수품이 갖는 고유한 특성과 전자 및 통신분야의 기술적 발전 등이 군수품 시장에서 불균형 현상을 이루면서 이를 해소하려는 단종관리는 불가피하게 된 측면이 있다.

② 미국의 사례

미국은 무기체계 부품관리를 위해 관련 규정을 정비하고 무기체계 부품단종 관리시스템 구축 및 설계단계에서의 진부화 예방활동 등 국방 획득 전 분야에 걸쳐 다각적인 노력을 기울이고 있다. 아울러 전담조직을 편성하여 운용하고 있으며 매년 세미나 개최를 통해 부품단종 이유의 공유와 함께 부품단종 관리 기술개발을 지속적으로 추진하고 있다. 부품단종 관리를 위해서 이보다 더 큰 개념인 부품관리를 체계적으로 수행하면서 부품단종에 대한 문제점도 함께 해결해 나가고 있는 것을 알 수 있다.

미국은 추진 중인 부품관리를 통해서 단편적인 부품단종 관리를 벗어나 무기체계의 수명주기 전 과정의 효과적인 선택과 의사결정의 지원, 무기체계 부품 감소 추진 및 수명주기 비용절감 등 다각적인 노력을 병행하고 있다. 시스템 요구사항 검토(SRR: System Requirements Review), 예비설계 검토(PDR: Preliminary Design Review), 상세설계 검토(CDR: Critical Design Review) 단계 등에서 부품의 선택, 상호운용성 확대, 부품 감소 대책, 부품표준화 등에 대해서 검토함으로써 부품관리를 수행하고 있다.

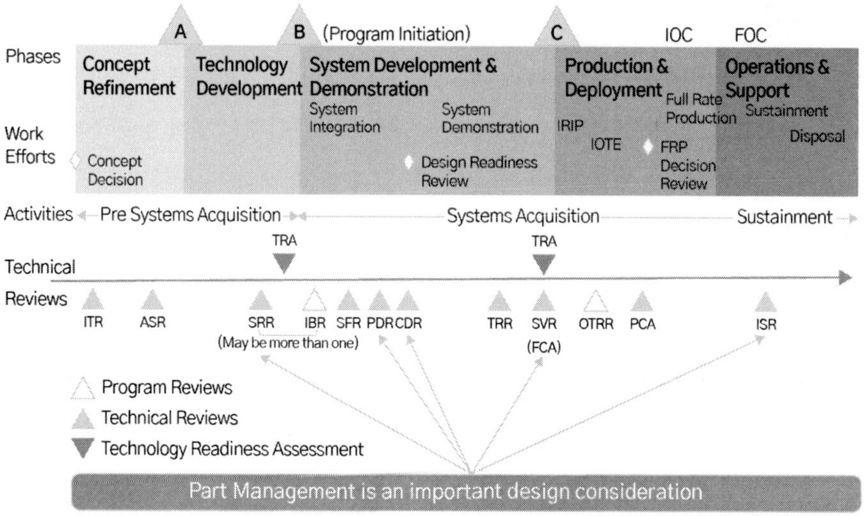

〈그림 3-26〉 수명주기에서 부품관리[91)]

SRR단계에서는 단종관리업무가 시작된다고 볼 수 있는데, 정부, 주 계약자 및 보조계약자, 제3자 공급자 등 각 기관의 역할과 책임을 식별하는 단종관리 전략과 계획을 수립한다. 기술개발계약에는 단종관리를 위한 필요한 자료의 제공과 계약자의 역할과 책임을 명시한다.

PDR단계에서는 운영유지분야에서 단종관리계획에 대한 사업관리자의 공식적인 승인을 받는다. 단종관리와 관련한 관찰 및 점검이 예측수단과 시장조사 등을 통하여 개념적이거나 예비적인 부품현황과 부품구성표(BOM: Bill of Material)[92)] 등에 구현된다. 추정되는 신뢰도 데이터를 사용하여 영향평가, 해결방안의 결정·집행이 시작된다. 기술발전 로드맵과 재검토 전략이 단종관리 절차에서 고려된다.

CDR단계에서는 예측수단과 시장조사 결과를 사용하여 단종관리 이슈들을 관찰하고 점검하여 최종 디자인과 부품구성표에 반영한다. 추정되는 신뢰도 데이터를 사용하여 해결방안을 결정하고 적용한다. 아울러 사례 관리와 성과측정표가 수립된다. 공학적 설계와 생산개발계약은 단종관리에 필요한 데이터의 제공과 계약자의 역할과 책임에 대해서 확정한다.[93)]

미국이 추구하고 있는 부품관리의 주요 기능을 살펴보면, 우선 시스템 지원성 향상 측면에서 수명주기 비용절감, 신뢰성 향상, 군수 및 작전분야 준비태세 강화, 설계단계부터의 부품 선택 고려를 통한 상호운용성 확대, 공통부품 및 상용품 적용 확대를 통한 군수지원 범위 통제, 단일

91) U.S. DSPO(2016), op. cit., p. 24.
92) BOM(Bill of Material)은 부품구성표 또는 자재명세서로 혼용하여 사용함.
93) U.S. DSPO(2016), op. cit., pp. 24-25.

부품수 감소를 통한 부품단종 문제 감소 및 플랫폼 간 표준화를 추구하고 있다.[94)]

한편 부품단종 관리를 위한 정보체계 구축을 위해서 미국은 2003년에 DMSMS COE(Center of Excellence) 구축을 통해 부품단종 관리를 위한 기준 및 전략을 수립하고 이후 부품관리 리엔지니어링을 추진하면서 2006년에 DMSMS KSP(Knowledge Sharing Portal)로 전환하였다. DMSMS KSP 구축에 따른 가장 큰 변화는 부품단종 자료교환 프로그램과 함께 DMSMS 관리를 위해 정부 및 민간부분에 산재해 있는 무기체계 관련 부품정보를 수집하는 단종정보 공유체계 DMSMS SDW(Shared Data Warehouse)를 구체화하고 부품단종 예측 및 기술정보 등 민간부분에서 보유하고 있던 관리도구들을 하나의 웹사이트로 통합한 것이다.

③ 부품단종 관리를 위한 핵심요소

부품단종 관리를 위해서 다섯 가지 요소가 성공적인 관리업무의 핵심이라고 할 수 있다. 바로 부품단종 관련 규정 및 계약, 부품단종 관리팀, 단종 예측도구, 부품구성표 및 부품단종 관리 예산이다.

㉠ 부품단종 관련 규정 및 계약

정부의 군수품 획득과 운영은 관련 규정에 따라 이루어지며 이 과정에서 발생하는 부품단종의 문제에 대해 효과적으로 대응하려면 이에 대한 면밀한 검토를 통해 부품단종 관리 실행의 근거가 되는 규정이 선행되어야 한다. 우리의 무기체계 획득과 관련된 가장 상위의 법령 문서로서 방위사업법 및 동법 시행령, 시행규칙과 방위사업관리 규정, 국방전력발전업무 규정의 부품단종과 관련된 규정의 보완이 필요한 실정이다.

㉡ 부품단종 관리팀 구성 및 운영

부품단종 관리팀(DMT)의 구성은 사업의 규모와 상황에 따라 다르나 업무분야별로는 사업관리자, 부품단종 관리 전문가, 제품 엔지니어, 군수 관리자 등으로 구성될 수 있다. 참여기관으로는 방위사업청 통합사업관리팀, 부품단종 관리 전문연구기관, 주 계약업체가 필수 인원으로 참석해야 한다. 필요시 방위사업청 원가부서, 국과연 개발부서, 군수사령부 군수지원부서, 협력업체 등이 부품단종 관리 업무 사안별로 참여할 수 있다.

94) 최석철·장필훈(2007), 전게 논문, pp. 57-58.

㉢ 부품단종 예측도구

부품단종 관리의 주요한 목적은 부품단종 관리 계획서(DMP) 표준(안)에서 제시한 부품단종 식별/확인 보고서를 문서화하는 것이며 문제를 해결하는 것이 포함되어 있다. 많은 예측도구들이 이러한 목적을 달성하는 데 도움을 주고 있으며 유사한 핵심 기능을 가지고 있는데 부품구성표로부터 부품의 상태를 파악하고 노후화 가능성을 예측하는 것이 그것이다. 부품단종 관리를 위해 선정할 도구들이 해당 사업의 비용 면이나 요구 면에서 적합한지에 대한 여부를 검토해야 한다.

㉣ 부품구성표

부품구성표(BOM: Bill of Material, 또는 자재명세서)는 하나의 시스템이나 조립체를 생산하기 위해 필요한 모든 부품들의 목록이다. 부품구성표는 사전 예측적인 부품단종 관리를 위해서 반드시 필요한 데이터 자료이다. 따라서 부품구성표 없이는 영향력 분석, 부품 분석, 생산중단 예측과 같은 부품단종 관리 관련 활동들이 불가능하다. 특히 계층구조로 작성된 부품구성표는 최하위 단품에서부터 박스 단위 부품, 시스템의 관계까지 알 수 있으나, 부품들의 목록만으로 구성된 부품구성표는 부품 간의 계층구조 관계를 알 수 없다. 부품단종 관리팀의 첫 번째 임무 중의 하나는 부품구성표를 획득하고 이로부터 가용 데이터를 확보하는 것이다.

부품구성표(BOM)를 확보하면 부품단종 관리팀은 예측도구를 실행하여 부품의 상태를 식별하고 몇 가지 기본적인 분석을 수행할 수 있다. 상용품(COTS: Commercial Off The Shelf) 부품들에 대해서는 주기적으로 원생산업체(OEM)에 대한 조사를 실시하여 제품의 상태와 예상수명에 관한 업데이트된 정보를 얻을 수 있다.

㉤ 부품단종 관리 예산

부품단종 관리를 위한 비용으로는 부품단종 관리팀(DMT)을 조직하기 위한 연간 인건비, 출장이나 교육 그리고 각종 자료 및 도구 구입비 등이 소요된다. 또한 부품단종 관리팀에 의해 제출된 노후화 문제 해결책을 구현하기 위해 소요되는 비용을 추가하여야 한다. 해결책의 소요비용은 사업관리부서에게 매우 중요한 정보이다. 그러나 해결책에 대한 실제 비용을 정확히 알 수 없을 수도 있다. 따라서 정확히 비용을 예측할 수 없을 때에는 같은 방식으로 실행된 유사사업 또는 유사부품을 검토하여 평균 비용을 추정하여야 한다.[95]

95) 국방기술품질원(2017), 『부품단종 관리 가이드북』, pp. 4-6.

④ **단종관리 전략**

부품의 수명주기 관점에서 보면 부품은 도입(Introduction), 성장(Growth), 성숙(Maturity), 포화(Saturation), 쇠퇴(Decline), 소멸(Phase-Out)의 수명 과정을 거치게 된다. 부품의 생산 및 판매량은 개발 후 서서히 증가하여 성숙과 포화 단계를 거치며 최대화되고 안정화된 후 쇠퇴·소멸 단계에서 생산과 판매는 줄어들어 최종적으로 중단되며 가격은 상승하게 된다. 부품이 쇠퇴 단계를 거쳐 소멸 단계에 이르면 일반적으로 생산업체는 부품단종 예정을 공지하게 되며 이때부터 부품단종으로 인식되어 해당 부품 사용자는 이를 해결하기 위한 관리 노력이 필요하다.

부품단종 관리는 대응시기에 따라서 크게 두 가지로 구분할 수 있다. 첫 번째, 부품단종이 발생하기 전에는 아무런 조치도 하지 않고 부품단종이 인지되거나 발생된 후에 문제를 해결하는 사후(Reactive)관리 방법이 있다. 반면, 부품단종을 사전에 예측하고 이에 대한 대응방안을 부품단종 발생 전에 수립하고 이행하는 것을 부품단종에 대한 사전(Proactive)관리 방법이라 한다.

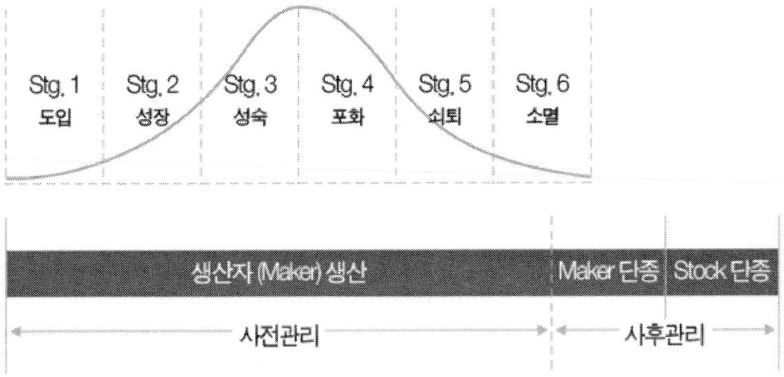

<그림 3-27> 부품단종 관리 대응시기 분류

특히, 사전관리 방법은 부품의 지원성 강화 및 비용 절감의 기회가 있을 때 미리 노후화의 위기를 완화하는 수단으로 무기체계의 전 순기에 걸친 부품의 수명주기를 고려한 과학적 접근방식이라 할 수 있다. 이는 부품단종 관리도구와 기법을 통해서 다양한 수준의 의사결정이 가능하도록 조치하여 수명주기를 예측하는 단종관리 방법이다.[96]

부품단종 관리자는 위험도 평가를 실시할 때 확률, 영향력 그리고 비용의 세 가지 요소를 활용할 수 있다. 각 요소별 위험 평가결과 분류를 고, 중, 저로 도식화함으로써 부품단종에 따른

96) 상게서, pp. 35-36.

위험수준을 분석하고 부품단종 관리팀이 채택할 적절한 접근법을 결정하는 데 활용할 수 있다. 부품단종에 따른 위험도 평가결과가 낮은 경우 사후관리 방법을, 높은 경우 사전관리 방법을 고려할 수 있다. 위험도 평가결과 '저'위험도 품목은 사후관리를 수행하며 대응방안으로 부품 재고, 대체품, 부품 국산화, 설계변경 등을 고려할 수 있다. 그리고 위험도 평가결과 '중·고'인 품목은 부품단종 예측 및 모니터링을 통하여 설계단계부터 위험저감 방안을 수립하고 실행하여야 한다.

하나의 장비나 조립체는 수많은 부품으로 구성되어 있으며 개별 부품의 노후화 위험은 다양하다. 그러므로 하나의 장비에 대한 접근법은 사전 예측적인 방법과 사후 대응적인 방법의 조합으로 구성될 수 있다. 부품단종 관리에 대한 사전·사후 관리전략이 수립되고 환경이 성숙되면, 능동적 사전관리와 수동적 사후관리 방법을 적절히 혼합하여 적극적인 단종자료들, 예를 들어 단종정보, 미래 기술정보, 사업 방향 등을 활용해 사안에 따라 탄력적으로, 보다 장기적이고 넓은 관점에서 대응하기 위한 전략관리가 필요하다.[97]

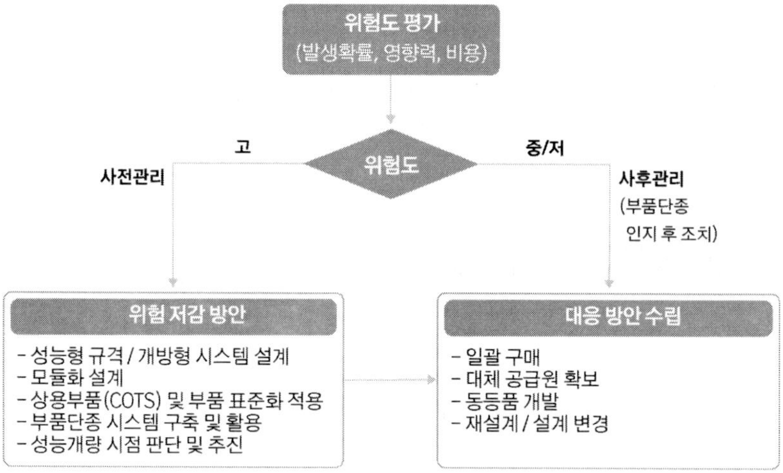

<그림 3-28> 위험도에 따른 부품단종 사전관리와 사후관리

사후관리 방법은 대부분의 경우에 대응시간이 부족하고 재고 고갈에 대하여 사전에 인지하지 못하므로 장비의 불가동을 초래할 수 있다. 또한 부품단종이 발생할 때마다 무기체계를 분석해서 대처해야 하므로 시간, 인력 및 비용 등이 소요되는 문제가 발생한다. 부품 대체는 원 제작

97) 상계서, pp. 37-38.

사와 다른 제조업체의 동등 부품을 선정하거나 단종 부품의 특성을 분석하여 허용 가능한 범위 내에서 동등 성능 이상의 부품으로 교체함으로써 부품단종에 대처하는 관리방법이다. 재고 확보는 단종계획에 대한 정보를 갖고서 소요예측에 기반을 두어 단기적 대응의 일환으로 필요한 부품을 일괄 구매하여 확보하는 방법이다. 설계변경은 기존 무기체계와 비교하여 동일한 성능 혹은 동등 이상의 성능 및 안전성을 확보할 수 있는 방법으로 기존 무기체계의 구조를 유지하면서 설계를 변경하여 적용한다.

이에 반하여, 사전관리 방법은 사전인지가 가능하여 무기체계의 불가동에 체계적으로 대응이 가능하다는 장점이 있다. 무기체계 개발단계부터 운영유지 단계까지 포괄하면서 인력과 비용에 대한 예산을 사전에 확보하므로 체계적 대응이 가능한 것이다. 우선, 부품의 상세형 규격을 성능형 규격으로 설계하는 방법이다. 동등 또는 그 이상의 성능을 발휘할 수 있도록 시험방법 및 절차를 적용한다. 다음 방법은 구성품을 기능 단위로 구분한 뒤 모듈화하여 설계하여 다른 기능 모듈에 영향을 주지 않으면서 부품의 성능개선과 교체가 가능한 방법이다. 또한 군수품 개발 시 상용부품을 최대한 활용하여 민수 기반의 군수품을 만들거나, 표준화 부품을 활용하도록 하여 단종 가능성을 최소화할 수 있다. 또한 부품단종 관리시스템을 구축하여 사전에 단종정보를 확인하고 대비하여 단종에 대응하는 시간과 비용을 절약하는 방법이다. 부품의 단종시기, 부품의 가용 비용, 성능개량 비용 등을 비교하여 최적의 성능개량 시점을 도출하는 방법으로 볼 수 있다.98)

(4) 표준화 업무수행체계 재정립

총수명주기관리제도가 도입되면서 총 소유비용(TOC)을 최소화하기 위한 관련 제도 개선의 일환으로 표준화 업무수행체계를 재정립하고자 하는 움직임이 뚜렷하다. 총 소유비용의 약 60~70%를 차지하는 운영유지비용을 최소화하는 것이 필요하며, 운영유지비용을 최소화하기 위해서는 획득단계 초기부터 표준부품을 사용하거나 상용품을 적용하는 군수품 표준화 계획을 수립하여 시행하는 전략이 필요하다고 본다.

표준화 업무에 관한 제도적 근거는 방위사업청 예규인 「표준화 업무지침」이다. 「표준화 업무지침」은 「방위사업관리규정」의 표준화 및 목록화 업무에 대한 세부절차를 제공함을 목적으로 하고 있다99)고 명시되어 있다. 표준화 업무 자체는 소요기획 단계부터 획득관리와 운영유지

98) 박경덕·이종문(2013), "무기체계 특성을 고려한 부품단종 관리방안에 대한 연구", 한국산학기술학회 논문집, 14(11), pp. 5867-5868.
99) 방위사업청(2018), 「표준화 업무지침」, 제1조 "목적".

전 수명주기에 적용되어야 함에도 불구하고 획득 위주로 적용되는 한계가 있다.

① 표준화 업무에 대한 정의

표준화란 국제표준기구인 ISO/IEC Guide 2(2004)[100]에 따르면 '일상적이고 반복적으로 일어나는 실제 또는 가능성이 있는 문제에 대해 주어진 여건하에서 최적의 질서를 달성하려는 목적을 확립하기 위한 일련의 활동'이다. KS A ISO/IEC Guide 2(2002)는 '합의와 인정된 기관에 의해 작성되었으며 주어진 범위내에서 최적수준의 성취를 통한 공통적이고 반복적인 사용을 목적으로 규칙, 지침 또는 특성을 제공하는 문서'로 정의하고 있다. KS Q 3534-4(2009)에서는 "관계되는 사람들 사이에서 이익 또는 편리가 공정하게 얻어지도록 통일·단순화를 도모할 목적으로 물체, 성능, 능력, 배치, 상태, 동작, 절차, 방법, 수속, 책임, 의무, 권한, 사고방법, 개념 등에 대하여 정한 결정", "측정의 보편성을 주기 위하여 정한 기준으로서 사용하는 양의 크기를 표시하는 방법 또는 일"을 표준으로 정의하고 있다.

한편, 국방분야에서는 표준화에 대해 「국방전력발전업무훈령」과 「표준화 업무지침」에 다음과 같이 정의하고 있다. 표준화란 "군수품의 조달·관리 및 유지를 경제적·효율적으로 수행하기 위하여 표준을 설정하여, 이를 활용하는 조직적 행위와 기술적 요구사항을 결정하는 품목지정, 규격제정, 목록화, 형상관리 등의 지정에 관한 제반활동을 말한다"라고 정의하고 있다.

결론적으로, 국방분야에서의 표준화란 '군수품의 조달·관리 및 유지를 경제적·효율적으로 수행하기 위하여 표준을 설정하여, 이를 활용하는 조직적 행위'를 말하며, 표준이란 '표준화 활동에 필요한 합리적인 기준'이라고 정의할 수 있고, 이와 관련된 활동으로는 품목지정, 규격제정, 목록화, 형상관리 등이 있다. 그러나 이러한 활동들은 모두 성문표준과 관련된 활동이다.[101] 적용범위를 시간적 범위와 업무적 범위로 나누어 살펴보면, 연구개발단계에서도 형상관리 등의 일부 표준관련 활동을 수행하지만 대체로 획득 및 양산, 운영유지 단계 위주이다. 업무적 범위는 앞에서 명시된 표준품목의 지정, 규격화, 목록화, 형상관리 등을 포함한다.

표준화 업무를 제정 주체에 따라 위계적 체계를 간단히 도식화하면 다음과 같다. 국제표준화기구가 제정한 국제표준, 지역 내 국가 간 합의를 토대로 경제연합체 등에서 제정한 지역표준, 국가별 표준관리기관이 채택한 국가 규격 또는 표준이 있으며, 분야 및 업종별 단체가 제정한 단체표준과 기업체 내에서 자체적으로 제정한 제원과 품질 기준 등을 명시한 사내표준 등

100) ISO와 IEC가 합동으로 발전시킨 지침의 묶음을 지칭하는데 ISO/IEC Guide2는 표준화 및 관련 활동들에 대한 총체적인 용어 및 정의를 제공한다(https://www.iso.org/iso-guides.html에서 인용).

101) 국방기술품질원(2011), "군수품 표준화 업무 수행체계 재정립 방안 연구", pp. 9-11.

이 있다.

국제표준	국제표준화기구 제정규격(ISO, IEC, ITU)	공적 표준
지역표준	특정 지역의 국가 간 합의표준(EN)	
국가표준	국가 표준기관이 채택한 규격 (KS, KDS, ML, FED, ANSI, BS, JIS)	
단체표준 (업종별 표준)	특정 업종, 표준화 단체가 합의한 표준 (ASTM, UL)	사실상 표준
사내표준	기업 내에서 자체 제정규격	

〈그림 3-29〉 제정 주체에 따른 표준체계도[102)]

표준화 업무는 「국가표준기본법」, 「방위사업법」, 「민·군겸용기술촉진법」 등 법률에 기초를 두고 「방위사업관리규정」, 「국방전력발전업무훈령」, 「표준화 업무지침」, 「민·군규격 표준화 업무지침」 등 지침과 예규 등을 근거로 수행한다.

표준화 업무의 요건은 체계적인 전력운영의 보장, 효율적 군수지원 여건 마련, 총 소유비용의 절감 등으로 나누어볼 수 있다. 체계적인 전력운영의 보장이라는 측면은, 무기체계가 전장에서 충격력과 화력을 동반한 기동력, 화력과 연계된 장애물의 운영 그리고 전투원과 연계된 운영 등으로 나타나야 한다. 전장 내에서 신속한 기동과 수송, 주요 책임지역 내지는 구역에서 정확한 화력의 발휘, 전장의 환경조건에 맞거나 환경요인을 극복할 수 있는 전력운영의 기반이 되는 것이 표준화의 첫째 요건이다.

둘째로 보급, 정비, 수송 및 근무 등 지속지원의 기능이 발휘되려면 표준화되고 상호 운용이 보장되어 군수지원 소요(Logistics Footprint)가 최소화되어야 한다. 제대로 표준화가 이루어지지 않으면 물적 소요 못지않게 운용자와 정비요원에 대한 교육훈련 소요의 증가가 불가피하다. 셋째로, 획득단계에서 표준화를 제대로 고려하지 않으면 획득 초기 비용은 절감할 수 있을지 모르지만 운영유지비용의 증가를 제대로 제어하지 못하게 되어 결국에는 총 소유비용의 증가로 이어진다고 볼 수 있다.

102) 방위사업청(2017), 『국방표준업무 실무핸드북』, p. 7.

따라서 군수품에서 표준화는 군수품 수명주기간 경제적 운영을 위하여 상호운용성, 호환성, 공통성을 달성하고 자원을 최적화하는 프로세스를 개발하는 활동이다. 그러므로 소요기획 단계의 표준화 동향 조사, 연구개발단계에서의 통일·단순화를 위한 우선적용 품목의 식별 및 사용, 정밀측정 요소 식별, 물질에 대한 정확한 값과 물리적 기준 설정, 이를 활용하는 조직적 행위와 기술적 요구사항을 결정하는 품목지정, 규격화, 형상관리, 목록화 등의 제반활동을 포함해야 한다. 또한 표준화를 달성하기 위한 과학기술적 기준으로 물품의 특성을 공인된 데이터로 나타내는 참조표준,[103] 이를 정확하게 측정하고 평가하는 측정표준,[104] 기술적 요구사항을 명시한 성문표준 등 3대 표준이 상호 유기적으로 관련되어 체계적인 표준화 업무를 수행해야 할 것이다.

② 표준화 관련 국내·외 동향

㉠ 국제 및 민간 표준화 동향

앞에서 살펴보았듯이 표준의 문제가 국부적이고 지엽적인 것이 아니기 때문에 국제적인 표준화기구의 동향은 지역연합체와 각 국가별 표준기구의 활동, 업종별 표준기구의 지향방향 등에 많은 영향을 주고받을 수밖에 없다. 대표적인 국제표준화기구인 ISO(International Organization for Standardization)는 1946년 설립된 독립적이며 163개국의 국가표준기구와 780개의 기술위원회와 부속위원회의 연합으로 이루어진 국제기구이다. 회원기구들의 전문적인 지식을 공유하고 자율적인 협의를 통해서 시장에서 통용되는 국제적 표준을 만들고, 그러한 국제적 표준이 범세계적인 문제를 해결하고 혁신을 지원할 수 있도록 한다.[105] 상품 및 서비스의 국제적 교환을 촉진하고 지적이며 과학적·기술적·경제적 활동분야에서의 협력을 증진하고 세계의 표준화 및 관련 활동의 발전을 촉진하기 위한 기구이다. ISO의 주요 활동은 표준과 그에 관련된 세계적인 협력을 촉진시키기 위한 국제표준의 개발과 전파이다. ISO는 ISO 표준이 세계적으로 사용되도록 정보의 교환을 주선하고 타 국제기구와 협력을 증진하고 있다.

다음으로 IEC(International Electrotechnical Commission)는 1906년에 설립되어 전기 및 전자 분야에서 표준에 대한 준수 확인 등과 같은 표준화에 대한 제반 현안 및 관련 사항에

103) 참조표준은 측정데이터 및 정보의 정확도와 신뢰도를 과학적으로 분석·평가하여 공인함으로써 국가사회의 모든 분야에서 널리 지속적으로 사용 가능하도록 마련된 자료로서 물리화학적 상수, 공인된 물성값, 공인된 과학기술적 통계 등을 말함(「국가표준기본법」 제3조).

104) 측정표준이란 산업 및 과학기술 분야에서 물상 상태의 양의 측정단위 또는 특정량의 값을 정의하고 현시하며, 보존 및 재현하기 위한 기준으로 사용되는 물적 척도, 표준물질, 측정방법 또는 측정체계를 말함(「국가표준기본법」 제3조).

105) "All about ISO," https://www.iso.org 인용.

대한 국제 간 협력을 촉진하여 국제 간의 이해를 증진시키기 위해 간행물을 발행하고 이것을 각국의 국가표준에 반영시키는 것을 목적으로 하고 있다. IEC의 최근 관심분야는 스마트그리드와 신재생 에너지, 전자기파 적합성(EMC: Electromagnetic Compatibility), 그리고 장비 및 시스템의 안전 설계 등 환경 및 에너지 분야에 대한 표준 개발로 다른 국제표준화기구인 ISO 및 ITU(International Telecommunication Union)와의 상호 협력과 보완을 통하여 노력하고 있다.

최근 국제민간표준기구와 선진국들의 표준화정책에 대한 동향을 요약하면 다음과 같다. 첫째, 표준을 전략적으로 활용하여 국가경쟁력을 제고하고 있다. 유럽은 국제표준화기구(ISO, IEC, ITU) 등의 기술위원회 및 연구반 등에서 주요 역할을 강화하고 있고 미국은 자국의 사실상 표준화기구(ASTM, ASME, IEEE)와 국제표준화기구의 연계를 통해서 국제표준을 선점하려는 노력을 지속하고 있다. 둘째, 신(新)성장 산업분야에서 국제표준을 선점하려는 경쟁이 심화되고 있다. 중국은 정보통신, 전기전자, 한의학 등 전략산업 분야에서 자국 고유의 표준을 국제표준으로 추진하고, 유럽연합은 에너지, 나노 등의 분야에서 연구개발 시 표준항목을 신설하고, 일본은 재료, 나노기술, 에너지, 환경, 생명과학, 정보통신 등 미래기술 분야의 표준화를 적극 추진 중이다. 셋째, 연구개발과 표준화의 전략적 연계가 확대되고 있다. '유럽 표준화 전략 2020'에서 표준과 연구개발의 전략적인 연계를 모색하고 있으며, 중국은 중국표준화위원회에서 연구개발-표준-특허를 연계하는 제도적 기반을 강화하고 있다.

넷째, 서비스산업의 표준화를 통해서 국가경쟁력을 제고하고 있다. ISO는 서비스산업의 성장추이에 따라서 전략적으로 관광, 행사, 헬스케어 등 다양한 분야의 서비스 표준화를 추진하고 있다. 이에 맞추어 유럽은 서비스 성과 측정, 소비자 만족도 측정, 서비스 구매 및 계약 등에 관련된 서비스 공통표준전략을 수립하였다. 다섯째, 정부와 민간의 파트너십이 강화되고 있다.[106] 미국은 공공부분은 상무부 산하 미국표준기술연구소(NIST: National Institute of Standards and Technology)에서 표준관리를 수행하고 민간부분은 미국표준협회(ANSI: American National Standards Institute)가 주도하는 등 표준개발을 가속화하고 공공부분과 민간부분의 공동협력을 위하여 NIST와 ANSI가 협약을 체결하였다. EU는 표준화 업무 추진을 유럽표준화기구[CEN(European Committee for Standardization), CENELEC(European Committee for Electrotechnical Standardization), ETSI(European Telecommunication Standard Institute)]에 위임하고 EC의 산업정책을 담당하는 DG(Directorate General)

106) 산업통상자원부(2016), "제4차 국가표준기본계획('16-'20년)", pp. 5-6.

Enterprise가 표준화 관련 업무를 총괄하고 있으며 위임명령을 통하여 민간 유럽표준화기구가 특정 분야 및 주제에 대한 표준화 활동계획을 수립하여 표준개발을 하도록 하고 있다. 일본의 일본공업표준조사회는 미국의 ASD(Accredited Standards Developer)제도를 벤치마킹하여 특정 표준화기관 제도를 2003년 도입하였다.[107)]

㉡ 군수분야 표준화 동향

미국의 군수품 표준화는 1952년 국방 목록화 및 표준화 법안(DCS: Defense Cataloging and Standardization Act)이 통과되어 국방 표준화 프로그램(DSF: Defense Standardization Program)이 시작됨으로써 체계화되었다. 이 법은 이후 DoD Directive 4120.3, Defense Standardization Program(1954. 10.), DoD Directive 4120.3-M, Defense Standardization and Specification Program Policies, Procedures, and Instruction(1978. 8.)으로 변천되어 국방 표준화 프로그램의 목적과 기본개념을 정의하고 관리조직과 업무 프로세스 등에 관한 내용을 포함하게 되었다. 이 외에도 OMB Circular A-119(1982), DoDI 4120.24, Defense Standardization Program(1998. 6.), DSP Strategic Plan, DSP Strategic Plan Implementation(1999. 10.), DoDI 4120.24-M, Defense Standardization Program Policies and Procedures(2000. 3.), 상용품 획득 표준화법(2000. 7.), 군수품 획득 사용에 관한 NATO 표준(2000. 9.), 합동장비 성능표준 로드맵(2001. 6.), 합동장비 표준 로드맵(2002. 10.), 국방획득 시스템 안전성(2004. 9.), 미군표준전략(2006. 5.) 등을 통하여 표준화의 핵심 부분에 대한 기본정책을 제시하고 있다.

미국의 국방 표준화 정책은 합동 및 연합군의 상호운용성을 향상시키는 데 중점을 두고 표준화된 부품의 사용으로 비용을 절감하고, 재고품을 감소시키며, 군수지원망을 단축시키고, 준비태세를 향상시키며, 민·군 통합을 증진시키고 있다. 또한, 국방부 내에서 성능형 및 비정부 표준의 개발과 사용을 제도화하고 민·군 및 국제표준화 활동에 적극 참여하며, 일련의 표준화 영역과 그 영역 내에서 전문가 그룹의 우선순위를 선정하여 각종 국제표준화 회의에 참여하고 있다. 시스템 요구조건 문서는 표준화 요구조건을 반영하도록 하며, 상위 관리자 및 프로그램 관리자는 표준화를 획득 프로그램 개발의 중요한 요소로 인식하도록 교육시키고 있다.

미국 국방분야의 표준화 정책은 획득·기술 및 군수차관(USD AT&L: Under Secretary of Defense for Acquisition, Technology & Logistics)이 담당하고 있다. 미 국방부 지침서

107) 국방기술품질원(2011), 전게 논문, p. 36에서 인용.

4120.24(DoD Instruction 4120.24)는 획득·기술 및 군수차관의 하위 부서인 미국의 국방군수본부(DLA: Defense Logistics Agency)는 국방 표준화 업무 수행부서로 정하고 있으며, 국방군수본부장은 국방부 표준화 담당관(DoD Standardization Executive)과 국방표준화 사업부(DSPO: Defense Standardization Program Office)를 두어 업무를 수행하고 있다. DSPO는 국방부 차원의 표준화 정책, 업무 절차 및 안내서를 발행하는 등 컨트롤타워 업무를 수행하며, 국방 표준화 자문위원회(DSC: Defense Standardization Council)를 두어 주요 정책 개발, 업무수행 전략방향 결정 등에 대한 지원을 받고 있다. DSPO는 다시 각 군별 표준화 부서(DSO: Departmental Standardization Offices)로 나누어져 있으며, 각 군별로 문서관리(DMA: Document Management Activities), 선도 표준화 활동(LSA: Lead Standardization Activities) 및 품목 단순화(IRA: Item Reduction Activities) 업무를 담당하는 하위 부서들을 두고 있다.

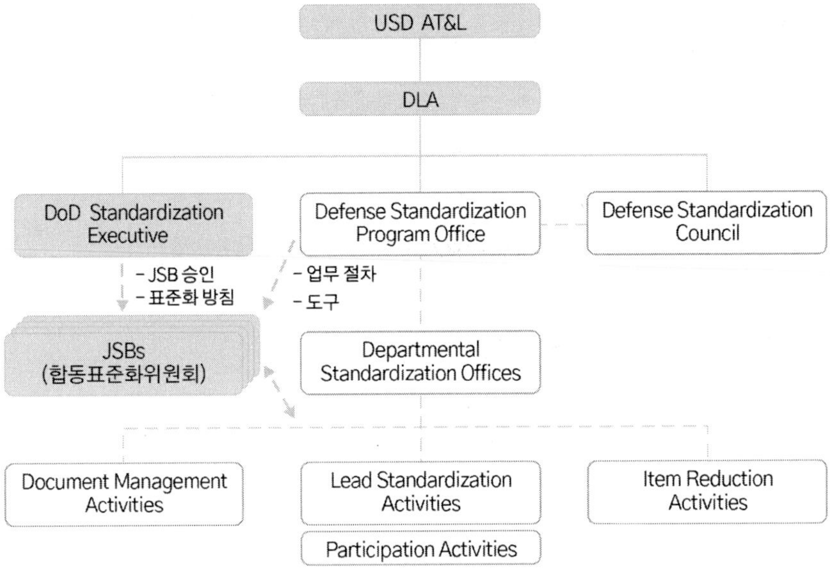

<그림 3-30> 미 국방부 표준화 조직과 업무관계

미 국방부는 2006년부터 DSPO와는 별도로 국방 전 분야의 차원에서 표준화가 필요한 대상을 식별하여 각 군 및 관련 기관을 포괄하는 표준화 활동을 수행하는 합동표준화위원회(JSB: Joint Standardization Board)를 구성하여 운영하고 있다. JSB가 국방부 차원의 공통적이며 상호 호혜적인 표준화를 추진하는 대상은 단일 표준화기구에서 처리하지 못하는 다중 공급 및 표준화 문제, 단일 표준화기구가 없는 진화적인 기술과 통상품, DSPO의 표준화 문서에서 제외

된 표준화 이슈 등이다.[108] 현재 구성되어 활동 중인 합동표준화위원회는 총 6개 분야이며, 각 분야별로 상급 수준(Senior Level)의 표준화 대상 식별, 표준화의 우선순위, 상호운용성 개선, 민·군 표준화를 위한 인터페이스 제공 등의 표준화 활동을 수행하고 있다.

JSB는 각 군별 상호운용성 협조, 계획 및 의사결정을 위한 임무를 수행하며, 특히 획득비용 절감, 군수지원태세 및 상호운용성 향상, 시스템 신뢰성 및 안전성 증대, 작전준비태세 향상, 공통적으로 광범위하게 이용하고 신뢰할 수 있는 부품 및 프로세스의 사용을 통하여 수명주기 비용 절감 등을 달성하는 데 주력하고 있다. 합동표준화는 부족한 자원의 효과를 최대로 달성하고, 표준화 요구의 우선순위를 설정하며, 연구개발, 획득의 중복을 최소화하기 위해서 전반적인 표준화를 달성하는 것을 의미한다. JSB는 국방표준화 프로그램(DSP)을 전략방향과 일치하도록 개발하고, 국방획득관리체계와 연계한다.

JSB는 국방부 전반에 걸친 각 분야에 대한 현 실태와 문제점을 우선적으로 식별하여 표준화에 대한 목표와 방향, 기술적인 문제, 인원 구성, 각 군 및 국방 관련 기관, 국가 및 민간단체 등의 참여 여부, 예산지원 사항 등에 관한 세부적인 계획을 수립하여 추진하고 있다. JSB의 회원은 국방부, 타 정부기관, 업체 및 업체 연합, 그리고 학계로 구성되어 있다. 위원회의 의장은 국방부 또는 연방정부의 기관장급 인원으로 선정되고, 정해진 기간마다 기관별로 순회하여 담당하도록 하고 있다.

현재 활동 중인 6개의 JSB 분야별 임무 및 기능은 다음과 같다.[109]

• 공중 재급유장비(Aerial Refueling Systems)

공중 재급유장비 위원회는 20개국의 군 및 산업계 대표자들이 개방된 포럼형태로 공중 재급유에 대해 발전시키는 임무를 수행한다. 공중 재급유의 혁신, 개발, 상호운용성과 교훈 등에 관하여 연간활동에 포함된 보고서 발간, 세미나, 공지사항, 토의 및 전시회 등을 통해서 조명된다. 또한 각 군과 우방국 간의 공중 재급유에 관한 문제들에 대해서 자문을 제공하기도 한다.

• 신관 및 점화장치(Fuze/Initiation Systems)

신관과 다른 점화장치에 관한 미국과 NATO의 표준, 지침, 핸드북에 대해서 준비, 검토하는 실무적 협력관계를 유지한다. 내장형 신관 및 점화장치의 디자인 개념, 지연신관 및 점화장치의 기술, 포장 및 군수지원 기법, 시험 및 평가절차 등에 대해서 표준화를 촉진하는 지속 그룹이다.

108) www.dsp.dla.mil/Programs/Joint-Standardization-Boards에서 인용.
109) "Joint Standerdization Board," DSP, www.dsp.dla.mil/Programs/Joint-Standardization-Boards/ 에서 인용.

• 협동일관 수송장비(Intermodal Equipment)

협동일관 수송장비 관련 합동표준화위원회의 임무는 국방표준의 통합 및 상호 호환성을 강화하며, 국방부 정책의 효율성에 중점을 두고 기존의 수송기관 및 수단별 재고를 감소하고 단축된 보급계통과 전투준비태세의 향상을 위하여 민·군을 통합하여 상호 호환성이 가능토록 인터페이스를 제공한다.

미군의 최근 협동일관 수송장비는 모든 종류의 용기와 플랫폼은 자동화 식별기술(RFID: Radio Frequency Identification) 장비를 탑재하고 있다. RFID를 장착함으로써 보급품의 실시간 현 위치를 사용자와 공급자에게 제공할 수가 있다.

• 이동형 발전기(Mobile Electric Power Generating Systems)

미 국방부에서 사용해왔던 이동형 발전기(MEP: Mobile Electric Power) 발전기는 휴대용 0.5kw에서 주전원 발전시스템인 750kw 발전기까지 용량이 다양하다. 이것은 MIL STD 1세대 발전기로서 37종의 발전기 모델이 있고, 엔진은 가솔린, 가스터빈, 디젤엔진으로 다양화되어 있으며 발전기 수명에 따른 운영유지비가 급격히 증가했다. 그러나 2세대 발전기인 전술 저소음(무소음) 발전기(TQG: Tactical Quiet Generators)는 발전기 모델을 37종에서 18종으로 감소시켰으며 운영유지비 또한 감소하였다. JSB에서는 MIL STD 발전기를 줄이고 TQG 사용을 확대하기 위해 연도별 정책을 추진 중에 있으며 나아가 3세대 발전기에 대한 구체적인 획득방안을 추진 중에 있다.

미군의 차량 내장형 발전기로 TQG 출력의 범위가 엔진에 따라서 2kw~920kw로 18종의 모델을 보유하고 있으며, 디젤엔진에 의해 작동되고 연료는 디젤과 JP8을 겸용으로 사용한다. 다양한 전술체계의 전원공급을 위해 사용되고 있으며 충격에 강한 장점이 있어 군의 요구되는 성능을 만족시킨다. 또한 발전기의 기본적인 수명을 15년으로 유지하고, 발전기 모델의 종류를 줄이고 외형 치수를 최소화하여 모든 것이 디지털화되는 최근의 지휘소 및 작전상황실에 필요한 발전기 출력을 고려하여 표준화하고 있는 추세이다.

• 전원 시스템(Power Source System)

JSB는 소량 다품종의 군용 건전지 약 5,000종(4,500개 국가재고번호)을 웹기반 시스템 툴을 사용하여 분류 및 소팅함으로써 표준 및 통일화 가능한 건전지를 식별하고 상용전지를 군용물자로 사용할 수 있도록 하였다. 웹기반 시스템 툴이란, 건전지에 영향을 미치는 요소를 기준으로 하여 해당 품목을 구분하고 데이터를 구축한 것으로, 상용 및 국방품목 모두를 포함하여 기존 전지, 연료전지 및 전기화학 축전기 등 표준화되지 않는 전지의 확산을 방지하는 시스템이다.

획득비용 절감, 군수지원태세 및 상호운용성 향상, 시스템 신뢰성 및 안전성 증대, 작전준비태세 향상, 공통적으로 광범위하게 이용할 수 있고 신뢰할 수 있는 부품 및 프로세스의 사용을 추구하여 수명주기 비용을 절감하고 있다.

• 전술막사 및 원정기지(Tactical Shelters and Expeditionary Basing Systems)

전술막사 및 원정기지 관련 JSB의 임무는 미군이 세계 어느 곳에 파병되든 간에 모든 위협요소(극심한 추위, 적으로부터의 탐지 최소화, 화생방전 등)를 최소화하기 위해 표준화된 전술막사 제작이다. 이러한 표준화된 전술막사는 강성벽체, 연성벽체 또는 혼합벽체(Rigid wall, Soft wall, Hybrid wall) 등을 포함하며 전장상황에 따라 적절하게 운용된다.

모듈식 개방형 시스템 접근방법(MOSA: Modular Open Systems Approach)이란 모듈식으로 설계하고, 주요 인터페이스가 보장되어 범용으로 쓰이고, 상호운용성을 보장하는 개방형 표준을 사용하는 시스템으로 시스템의 주요 인터페이스는 개방성을 보장해주기 위해 확인과 검증 절차를 거치는 개발방식을 말한다. 모듈식 개방형 시스템의 접근방법은 냉전 시대 이후 첨단무기체계의 연구개발비, 운용유지비 등과 같은 과도한 국방예산의 절감을 위하여 도입된 개념으로 민간분야의 경제적인 상용기술 및 상용물품을 무기체계 분야에 적용하는 데 적합한 것으로 평가된다. 미국의 경우에는 개방형 시스템에 의한 사업 추진 시 고유기술 노출 등의 문제로 모듈식 개방형 시스템 접근방법의 다섯 가지 원칙을 수립하여 보급하였다.

주요 사례로 프레데터 무인항공기(UAV)는 1994년 신개념기술시범(ACTD: Advanced Concept Technology Demonstration) 방식으로 개발사업을 시작하였는데, EO(Electo-Optic), IR(InfraRed), SAR(Search and Rescue), 항법 시스템, 엔진, 기초 항공기 설계 등에 이용되는 상용품에 신형 체제들을 하나로 통합하는 모듈식 개방형 시스템 접근방법을 적용하였다. 이로써 지상공격을 위한 헬파이어 미사일 통합운용 방안을 30일에 달성하고 기존 소프트웨어를 새로 개발하던 것에 비해 75% 예산을 절감하였으며, 소프트웨어 재사용으로 인한 상호운용성을 증대시키는 효과를 가져왔다.

또한, AV-8B 개방형 시스템 핵심 항전장비는 개방형 시스템 핵심 항전장비 소요 프로그램에 의해 AV-8B Harrier 2 전투기의 임무 시스템과 전장관리 컴퓨터를 교체하는 사업으로 임무 컴퓨터의 업그레이드를 하드웨어적으로 상용품 기반으로 수행하였다. 미래전투체계(FCS: Future Combat System)는 미래의 모든 군사작전 영역에서 어떤 위협에도 대응할 수 있도록 다양한 수단과 능력을 보유하고 전 세계 어느 곳이든지 여단은 96시간, 사단은 120시간 이내에 전개하는 것을 목표로 하였다. 주요 실적은 유인지상차량을 공통 차체(Chassis)를 기반으로 모듈식으로 설계하였다.[110)]

NATO는 북미와 유럽의 29개 독립 회원국과 31개 협력국으로 구성된 동맹기구로 동맹국 전반에 걸쳐 모든 표준화 활동을 조정·통합·지원하기 위해 NSO(NATO Standardization Organization)를 운영하고 있다. NSO를 감독하는 기구로는 NATO표준화위원회(NCS: NATO Committee for Standardization)가 있어 표준화 문제에 대한 NATO의 상위 기관으로 북대서양심의회(NAC)에 보고하는 역할을 수행한다. NSA(NATO Standardization Agency, 표준화국)는 동맹국의 연합작전 효과를 향상시키기 위해 모든 표준화 업무의 조정자로서의 기능을 수행하는 곳으로 NAC에 설립된 독립 부서이다.

NATO의 표준화 절차는 하향식과 상향식 두 가지 절차가 있다. 하향식(Top-down) 절차는 국가 또는 NATO 사령부의 요구에 의해 표준화 협약을 변환시키는 절차에 기초를 두고 새로운 목표 기준에 대한 필요성 인식과 함께 NATO 표준화 프로그램을 통하여 표준화 목표로부터 발생된 임무 및 과제 즉, 전략사령부의 국방 표준화 요건들에 대한 인식으로부터 부분적인 군사제안으로 시작되는 것이다. 상향식(Bottom-up) 절차는 하부 조직 내 기술 전문가들이 표준화 협약을 위해 제시한 요구를 결정하는 절차에 기반을 두고 있다. 상향식(Bottom-up) 절차는 표준화 요구 또는 필요에 대한 인식에 의해서 시작되며, NATO 기구와 별개 회원국에 의하여 사업기관에 제출되어 실무 그룹에 의해 공식화된 표준화 제안으로 다음 업무단계에 따라 이루어진다.

NATO의 주요국들도 상용품에 기반을 둔 개방형 시스템을 국방분야에 도입하고 있다. 영국은 국방분야 및 산업 전 분야에 걸쳐 무기체계 획득 간 총수명능력관리(TLCM: Through-Life Capability Management)를 통해 총 소유비용을 줄이고 최신 기술 적용을 위한 개방형 시스템 접근방식을 채택하였다. 영국의 개방형 시스템 접근방식은 2005년 국방과학기술연구소 주도하에 시작되어 복합 기술과 짧은 수명주기를 가진 부속품을 수용하고, 즉각적인 요구능력을 지원할 수 있는 전투체계 아키텍처를 전력화시키고, 유지하는 방법을 정의하기 위해 수행되었다. 적용 사례로 잠수함 소나 슈트(Suite)의 경우 수중시스템 개방형 플랫폼 프레임워크를 기반으로 개발[111)]하였다.

110) 국방기술품질원(2011), 전게 논문, p. 60에서 인용.
111) Linux, XML Scheme, COBRA, DDS, TCP/IP, UDP, NTP, SNMP 등과 같은 상용 표준에 기반을 둠.

프랑스도 MOSA 활동을 수행하고 있는데 공급자가 유럽 전체로 확대되고, 상용기술과 상용품 적용이 증가됨에 따라 가장 넓은 범위에서의 경쟁자를 활용하고자 전체적인 결과에 대한 책임을 계약자가 지도록 하였다. 비용과 일정의 전체적인 성과에 대한 정확한 해결방안을 계약자가 수행하도록 함으로써 결과와 개선에 목표를 두는 통합적인 계약을 수행토록 하고 있다. 국방규격도 국제 또는 유럽에서 인정된 규격을 우선 적용하고 그다음 민간규격, 국방분야 국가규격을 적용하도록 하고 있다.

독일 역시 새로운 장비를 개발하는 것보다 이미 생산된 장비를 최대한 활용토록 권고하고 있으며 이를 위해 최대한 민간규격을 사용하여 규격 개발 시 민간 및 상용규격, 국제 군사동맹 규격, 국방규격 순으로 적용하도록 하고 있다.

미국을 포함한 표준화 선진국에서는 국방획득 정책과 연계된 군수품 표준화 사업 정책과 목표를 규정 및 지침에 세부적으로 제시하고 있어, 표준화 사업 관련 부서들의 역할과 임무 부여를 명확하게 하고 있으며, 군수품 표준화 사업 관련 위원회 운영을 통해 정책 수립 및 각 군, 동맹국, 민간표준과의 연계성을 강화하고 있다.

또한, 무기체계 개발 초기 단계부터 군수품 표준화 사업 결과물을 적용하여 군수품 획득 시 표준화된 부품, 구성품을 적극적으로 연구개발 시 적용함으로써 부품단종을 예방하고 나아가 총 소유비용의 절감을 위하여 노력하고 있다. 그리고 JSB, MOSA 등을 통하여 구성품의 표준화, 상용품 채택 등에 대해 노력하고 있으며, 군수품 표준화 사업 수행 시 민간표준기관 및 전문가를 적극 활용하고 있다.

즉, 군수품 표준화가 단순한 국방규격 제정이 아니라 연구개발사업, 적합성 평가체계 등 다양한 분야에서 자원의 적절한 활용을 통한 비용 절감, 원활한 군수지원에 중점을 두고 수행되고 있음을 알 수 있다.112)

ⓒ 국내 표준화 동향

국내적으로도 제4차 산업혁명으로 요약되는 기술의 융·복합으로 기존의 사업영역이 급속히 파괴되면서 신산업이 등장하고, 이에 따른 무한 경쟁 및 산업 간 협업과 인터페이스의 중요성이 증가하면서 표준화의 요구와 역할이 증가할 것으로 예상된다. 제조업 또는 제조업과 ICT 기반 융합이 용이한 산업 중심의 표준화 역량이 집중되고 있어 수요가 증가하는 스마트, 융·복합 기술을 적기에 표준화하고 신성장 산업으로 부각되는 서비스 산업에 대한 표준화를 확대하고 있

112) 상게 논문, pp. 63-64.

다. 현재 KS인증은 최근 5년간 전체적으로 약 2만 종 수준을 유지하는데 서비스 인증은 79종에 불과하여 타 선진국과 비교할 때 미흡한 것으로 분석되고 있다.[113)]

다음 표의 KS인증 현황에서 알 수 있듯이 2012년 24,129종의 유효인증에서 2013년 이후 현재까지 약 2만 종 수준을 유지하고 있다. 이는 상세형 규격을 성능형 규격으로 전환하면서 규격의 수와 분량이 줄어든 추세가 반영되었고, 단기간 내에 기술의 진부화가 발생하는 첨단 전자 및 통신 분야의 발전, 민·관협력 활성화와 민간 주도의 표준으로의 전환 등의 영향이 있다고 볼 수 있다.

〈표 3-14〉 KS인증 현황[114)]

연도	제정	개정	확인	폐지	유효KS(종)
2017	341	1,407	3,505	208	20,282
2016	311	1,482	1,963	554	20,149
2015	170	1,520	1,763	298	20,392
2014	982	2,171	2,010	945	20,520
2013	180	847	3,669	3,827	20,482
2012	525	1,518	4,681	319	24,129

지속 가능한 KS 개발과 환경 변화에 신속 대응하는 KS 활용 역량 강화 측면에서, KS 시스템 혁신방안을 수립하여 추진하고 있다. 혁신시스템에서 가장 핵심적인 사항은 지금까지의 무조건적인 표준 개발에서 벗어나 수요자의 요구를 수집하여 이를 분석, 유효성을 평가하고 표준특허 분석 및 경제성 분석으로 편익이 있을 경우에만 표준을 제정하며, 검토 시 부처별 기술기준과 비교하여 표준 제정 필요성이 있는 경우에만 국제표준, KS, 단체표준을 분류하여 제정하는 것이다.

제4차 국가표준기본계획(2016)에 따르면, 다음의 네 영역에서 주요 정책을 추진하고 있다. 첫째, 스마트 융·복합, 제조기반 서비스 등 신산업 표준화 확대 및 국제표준화를 추진한다. 둘째, 인증제도 개선, 측정·참조표준의 산업화 등을 통해 기업의 성장을 도모하고 해외진출 활성화를 지원한다. 셋째, 관광·한류, 악취·미세먼지 측정, 보건·의료, 산업·생활안전 등의 표준화를 확대한다. 넷째, 민간 표준전문기관 및 인력을 양성하고, 소통·개방형 표준문화 정착을 통해 민간 주도의 표준생태계를 확산한다.

113) 산업통상자원부(2016), 전게 논문, p. 11.
114) "연도별 국가표준(KS) 현황", 국가표준인증 통합정보시스템, https://standard.go.kr/KSCI/stats/searchStandardStatsList.do.

이 중에서도 국가 R&D와 표준을 효율적으로 연계하는 사업이 주목받고 있다. 다음 그림과 같이, 국가 R&D단계인 연구기획, 과제선정, 연구수행, 성과평가 등 전 단계에 걸쳐서 표준화 업무 및 항목을 반영하여 연계 및 시너지 효과를 배가할 수 있다고 본다. 기술과 표준을 동시에 개발하여 향후 사업화를 용이하도록 하고 평가관리의 객관성도 확보할 수 있다.

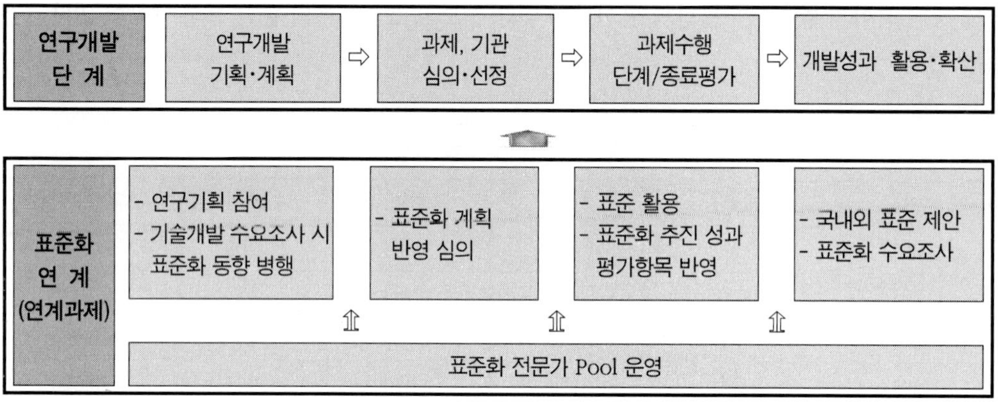

〈그림 3-31〉 국가 R&D와 표준활동의 연계[115)]

다른 트렌드의 하나는 민간 주도의 표준개발 및 관리의 확산이다. 기업, 연구소, 표준개발협력기관 등 민간 중심의 표준수요를 발굴하는 표준화 포럼, 워크숍 등을 확대하고 있다. 정보통신·방송 분야 전략포럼, 미래성장 산업 표준화 전략포럼 등을 추진하고, 포럼 등에서 도출된 표준화 분야를 신속하게 제정하는 것이다. 또한 표준학회, 한국표준품질선진화포럼 등 표준연구 모임을 활성화하고 민간의 의견을 적극 수렴하여 표준개발에 적용하고 있다. 특히, 국방 측정표준 공동개발을 위해 민·관·군 상호 교류를 확대하고, 측정표준은 민간부문에서 활용 가능하도록 표준가치를 제고하고 있다.[116)]

③ 한국의 중점 추진 업무

㉠ 품목지정

군수품 중 장비는 모델의 다양화 방지, 경제적인 구매 유도, 원활한 군수지원 등을 위해서 표준품목, 제한표준품목, 시용품목, 비표준품목, 상용품목 등으로 분류한다. 표준품목은 군사 요

115) 산업통상자원부(2016), 전게 논문, p. 22.
116) 상게 논문, p. 33.

구도를 충족하는 품목으로서, 군의 특수성과 보급 및 정비 등의 후속군수지원 등을 고려하여 단일모델이 지정된 품목을 말하며, 표준품목으로 지정된 장비는 국방규격 등을 만족하는 제품으로 조달하고, 그 수리부속품은 정상소요를 확보한다. 제한표준품목은 표준품목과 병행하여 계속 유지할 필요성은 있으나, 새로운 표준품목으로 대체될 품목을 말하며, 제한표준품목으로 지정된 장비는 조달을 요구할 수 없고, 그 수리부속품은 현 보유량을 유지하기 위한 소요만을 조달할 수 있다. 시용품목은 군수품 표준화를 위하여 시험평가하기 위한 품목을 말하며, 시용품목으로 지정된 장비는 시험소요, 그 수리부속품인 경우에는 시용기간의 소요만을 조달 요구할 수 있다. 비표준품목은 군사 요구도를 충족할 수 없고 경제적으로 부적합하나 교육 및 훈련용으로 사용 가능한 품목을 말하며, 비표준품목으로 지정된 장비는 조달 요구를 할 수 없고, 관리·유지를 위한 수리부속품은 같은 종류의 전환으로 확보한다. 상용품목은 민수용으로 생산 또는 유통되고 있는 품목을 군에서 군수품으로 채택·사용하는 품목을 말하며, 구매요구서에 의한 조달이 가능하고 후속 군수지원에 문제가 없는 경우 상용품목으로 지정할 수 있고, 상용품목으로 지정된 장비는 완제품 및 수리부속품의 정상소요를 반영하여 조달한다.117)

품목지정은 무기체계와 전력지원체계 품목을 대상으로 한다. 무기체계의 연구개발품은 전투용 적합 판정과 군사용 적합 판정 시 표준품목으로 간주하고 구매품은 기종 결정 시 표준품목으로 한다. 한편 전력지원체계 연구개발품은 국방부 및 각 군에서 요구한 것을 대상으로 한다.

〈표 3-15〉 표준품목 지정 대상

구분	표준품목 지정 대상	
무기체계	연구개발	전투용 적합 판정, 군사용 적합 판정 시 표준품목으로 간주
	구매사업	기종 결정 시 표준품목으로 간주
전력지원체계	국방부 또는 각 군에서 요구한 것을 대상	
시용품목	시험평가 결과 군사 요구도 충족 시 표준품목으로 지정	
외국 개발품목	외국의 개발시험 또는 운용시험 결과, 판매실적 등 근거자료를 대상으로 각 군, 국과연, 기품원 등 관련 기관의 평가결과 군사 요구도를 충족 시 시용품목의 지정과정을 거치지 않고 표준품목 지정 가능	

표준품목으로 지정한 경우 매 5년 단위로 상용품목 등으로 품목해제 및 전환지정을 검토한다. 시용품목은 시험평가 결과 군사 요구도를 충족하면 표준품목으로 지정한다. 다만, 사업추진의 효율화를 위하여 시험평가 이전에 추가 조달이 불가피한 경우 각 군, 국과연, 기품원 등 관련

117) 방위사업청(2018), 「표준화 업무지침」, pp. 4-5에서 인용.

기관의 자료에 의한 평가로 군사 요구도 충족 여부를 판단한다.

우선적용 품목이란 군수품 획득 시 운용 군수품의 종수를 단순화하고 적용장비 상호 간에 호환성을 높이기 위하여 우선적으로 지정하여 운영하는 품목으로 군수품의 종류 및 물리적·화학적 특성을 분석하고, 해당 군수품의 사용 빈도, 조달가격, 국내 기술수준 및 기술의 발전추세 등을 고려하여 가능한 최소의 종수로 지정하게 된다. 2010년 국방부에서 적용하기 시작한 제도로서 품목지정제도가 완성장비를 대상으로 지정하는 데 비해 부분품, 결합체, 구성품 등을 포함하여 지정한다는 차이가 있다. 우선적용 품목 지정제도는 미국 국방부의 합동표준화위원회(JSB)의 품목감소(Item Reduction) 활동과 유사하게 전지와 발전기의 성능과 형상을 고려하여 전지는 22종, 발전기는 13종을 우선적용 품목으로 지정하여 관리하고 있다. 다만, 물리적인 형상 혹은 성능(용량 등)이 상이하여 이미 사용 중인 품목을 단기간 내에 인위적으로 통·폐합하는 것이 곤란하기 때문에 장기적인 계획을 수립하여 점차적으로 도태시키거나 표준품목으로 대체하는 방향으로 추진하고 있다. 이를 위해서 현재 사용 중인 전지의 식별 및 목록화 자료 정리, 우선 품목의 지정 및 관리, 군용전지 사용 및 개발 통제, 군용전지 표준화 업무 등을 지속적으로 추진하고 있다.[118)]

ⓛ 국방규격

국방규격은 군수품의 조달을 위하여 제품 및 용역의 기술적인 요구사항과 요구 필요조건의 일치성 여부를 판단하기 위한 기술문서로 국방규격서, 도면, 부품/BOM, 품질보증 요구서(QAR: Quality Assurance Requirement), S/W기술문서 등의 기술자료로 구성된다. 규격화는 국방규격을 제·개정하고 관련정보 등을 관리하는 일련의 과정이다.

국방규격의 역할과 중요성을 연구개발사업 관리 측면과 연구개발 완료 이후 또는 조달단계에서의 활용 측면에서 알아볼 수 있다. 사업관리 측면에서는 연구개발, 설계의 결과를 정리하여 제정된 연구개발의 최종 산출물로서 연구개발사업의 종료 여부를 판가름하는 기준이 된다. 다음으로 활용 및 기능측면에서, 국방규격서는 조달단계에서 계약서에 첨부하여 납품받을 계약목적물의 형상과 특성을 정의하고 생산라인, 공정과 치공구의 설계 및 품질보증 활동의 기준이 된다. 하자 및 결함 발생 시 설계와 제작의 결함 원인을 규명하는 근거로 제공될 수도 있다. 아울러 소요 원자재 및 구매부품의 산정 등 생산 준비를 위한 자원을 판단하는 기준이 되기도 한다. 부품구성표(BOM) 등 물리적 원가의 산정 기준 및 사업관리를 위한 기준이며 교범 작성과 목록

118) 국방기술품질원(2014), "군수품 표준화 정책 발전방안 연구", pp. 21, 118에서 인용.

화, 장비운영을 위한 수리부속 구매를 할 때 계약기준이 된다.

국방규격은 사용목적에 따라 다음 표와 같이 정식규격과 임시규격으로 구분한다.

〈표 3-16〉 규격의 구분

구분	내 용	조달 시 고려사항
정식규격	- 일정 형식과 내용을 구비하여 계속적으로 통용하고 반복 사용하기 위하여 제정된 규격 - (KDS 1234-5678)	- 연구개발 완료 품목 - 각 군의 공통장비 및 부품, 물자로서 기술 자료가 완비된 품목 - 약식규격 중 정식 규격화가 필요한 품목
임시규격 (Temporary)	- 임시로 사용하기 위하여 제정된 규격으로 동일품목 구매에 재사용 불가 - (KDC[119] 1234-T5678)	- 정식규격 작성을 위한 기술 자료가 미비한 경우 - 잠정전투용 적합 판정을 받은 신규 조달품목 - 소량 소액 품목으로서 정식 규격화하는 것이 불합리하다고 판단되는 경우

규격은 또한 다음 표와 같은 문서들로 구성된다. 여기에서 국방규격서는 국방규격의 가장 상위문서로서 해당 품목의 기본적인 요구사항을 명시하며 서술형으로 작성한다. 반면에 도면은 국방규격에서 해당 제품에 대하여 가장 구체적이고 상세한 정보를 갖는 기술문서로서 묘사하는 품목이나 사항의 물리적이며 기능적인 요구조건을 도형과 제조방법 등을 사용하여 표현한다. 품질보증요구서는 기본적으로 도면을 보조하는 기술문서로서 도면에 시험방법 등을 구체적으로 표현하기 어려울 때 이를 보조하기 위해서 작성한다.

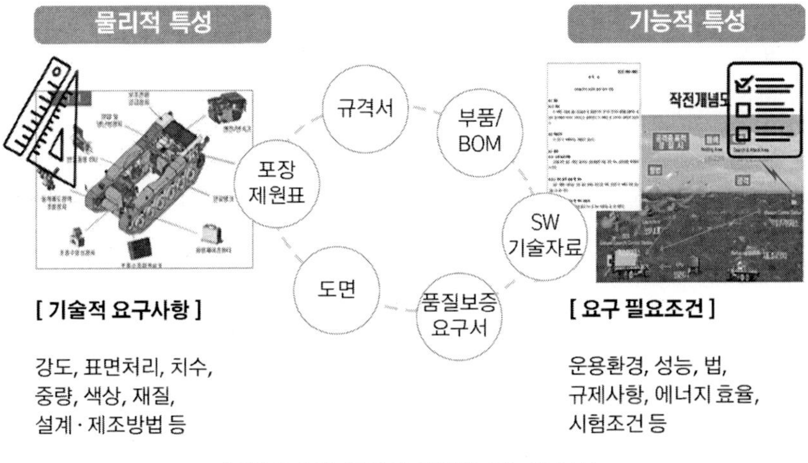

〈그림 3-32〉 규격의 물리적·기능적 특성

119) KDS: Korean Defense Standards, KDC : Korean Defense standards-Conditional.

〈표 3-17〉 규격의 구성

구분	조달 시 고려사항
국방규격서	- 제품 등에 대한 성능, 기능, 형상 등의 기술적 요구사항과 일치성 여부의 판단기준 - 제품의 상세설계 기준이 되는 요구사항 제시
도면	- 완성품, 조립품, 부품 등의 제조와 품질보증 등을 위해 필요한 형태, 치수, 내부구조 등을 기하학적 표준방법으로 제시
부품/BOM	- 특정 제품이 어떤 부품들로 구성되는가에 대한 데이터로 최종 제품과 부품들과의 관계를 계층적으로 표현하며 제품을 구성하는 부품정보 및 부품 구조정보가 결합된 구조목록
품질보증 요구서(QAR)	- 품질보증 시 확인할 항목, 위치, 합격 품질수준을 명시한 기술문서로 도면에 포함하기 어려운 구체적인 품질보증요구사항 표현
S/W 기술 자료	- 장비에 내장되는 소프트웨어의 요구사항, 인터페이스, 설계·시험 산출물에 대한 명세서, 시험보고서, 설치지침 등에 대한 내용 제공
포장제원표	- 완성품, 조립체, 부품 등 포장 대상품목 단위로 작성하며, 품목별로 특화된 포장방법과 포장재 등을 명기하며, 단위포장, 내부포장, 외부포장 조건 등을 표 형태로 구성

규격의 작성 시점을 체계개발의 마지막 단계인 시험평가가 완료되고 난 뒤의 전투용 또는 군사용 적합 판정과 양산단계의 중간으로 잘못 인식하여 부실한 규격의 가능성이 커지거나 양산단계에서 기술 변경이 과다해지는 문제가 있을 수 있다. 규격작성은 탐색개발 시 형상이 식별되면 '개발규격서'라는 문서화를 통해서 시작되어야 한다.

국방규격은 그 목적에 따라서 조달단위 또는 보급품 단위수준으로 작성되어야 한다. 특히, 국산화 추진 가능품목, 소요량 다수품목, 고가품목 위주로 작성되고 군수품의 특성, 기술수준 및 능력 등을 고려하여 성능형, 상세형, 혼합형 규격 중에서 효과적인 방법을 선택하여 적용한다. 기술적 필요조건을 최대한 포함하여 제정되어야 하며 일반경쟁을 유도할 수 있도록 작성되어야 한다. 또한 국방규격 작성 전에 적용 가능한 기술 자료, 개발 및 운용시험자료, 규격화 여부, 지식재산권 출원 및 등록 여부, 견본 등을 확인하고 검토한 후에 작성한다.[120]

120) 방위사업청(2017), 전게서, pp. 25-26.

<표 3-18> 규격의 형태[121]

구분	내 용	장 점	단 점
상세형	- 구매에 적용될 품목과 용역에 관한 기술적인 요구조건과 요구성능의 달성방법을 구체적으로 기술한 규격(재질, 설계, 제조, 안전성, 호환성 등을 보증 가능한 범위까지 구체화)	- 재료, 공정이 정확하여 원가 및 계약관리 편리 - 제조방법이 명확하여 생산 간편 - 품질검사와 정비가 용이	- 제조방법, 재료 등이 엄격하여 원가상승 우려 - 조달원 및 상용품 구매 제한
성능형	- 요구되는 결과를 얻기 위한 구체적인 방법을 기술하지 않고 요구성능, 환경조건, 연동성, 호환성 등을 명시한 규격(제품의 형상, 기능 및 요구사항을 명시)	- 최신 기술 반영 용이 - 민간의 전문기술을 적용하는 데 적합 - 다양한 조달원 확보 가능	- 제조방법과 재료 등이 명시되지 않아 원가산정 곤란 - 다양한 품목 군수지원 부담 가중

국방규격은 기능성·표준성·경쟁성·경제성·최신성·시장성 등을 감안하여 제정한다. 특별한 군사 요구도가 없는 군수품은 국방규격의 제정을 지양하고 산업규격(KS), 민수규격 등을 최대한 활용한다. 국산화 추진 가능품목, 소요량 다수품목, 고가품목 위주로 제정하되 가능한 성능형으로 작성한다. 특허, 실용신안 등 산업재산권이 등록된 장비 및 물자에 대하여는 원칙적으로 국방규격 적용이 불가하다. 다만, 경쟁계약을 위하여 부득이한 경우 통상실시권[122]을 설정하고 '또는 동등 이상의 것'이라는 품질과 성능의 요구조건을 기재하여 적용한다.

국방규격은 작성기관과 작성관리기관으로 구분한다. 작성기관은 군사 요구도에 따른 제품의 생산, 운용 중 발생한 기술적 개선사항에 대해 국방규격 제·개정, 폐지 등 필요시에 국방규격(안)을 작성하여 작성관리기관에 제출한다. 작성관리기관은 형상통제와 관련된 기술변경 검토, 승인 및 규격 심의제안서를 작성하여 심의기관에 제출하는 등 행정업무를 담당한다. 군수품의 종류, 연구개발 형태 및 주관기관, 조달형태 등에 따른 국방규격 작성기관 및 작성관리기관 현황은 다음의 표와 같다.

121) 육군종합군수학교(2017), "표준화 강의록", pp. 51-52.

122) '통상실시권'은 타인의 특허발명을 일정 조건에서 비독점적으로 실시할 수 있는 권리이며, '전용실시권'은 일정범위 내에서 타인의 특허발명을 업으로서 독점 실시할 수 있는 권리를 말함. 전용실시권이 설정된 범위 내에서는 특허권자도 전용 실시권자의 허락 없이 특허를 실시할 수 없다고 할 수 있음. 여기서 '실시권(License)'은 타인의 특허발명(디자인의 경우 등록디자인)을 업으로서 실시할 수 있는 권리이고, '사용권(Right to Use)'은 타인의 등록상표를 그 지정상품 또는 지정서비스업에 대해서 사용할 수 있는 권리임. '실시권'은 내용에 따라 '전용실시권'과 '통상실시권'으로 분류할 수 있음(특허청(2012), 『지식재산권의 손쉬운 이용』, p. 84).

<표 3-19> 국방규격 작성 및 관리기관

<table>
<tr><th colspan="2">종 류</th><th>작성기관</th><th colspan="2">작성관리기관</th></tr>
<tr><td rowspan="9">개발/
양산
단계</td><td>국과연 주관
연구개발품목</td><td>국과연</td><td colspan="2">국과연</td></tr>
<tr><td rowspan="2">핵심기술 연구개발품목</td><td rowspan="2">연구개발
주관기관</td><td>국과연 주관</td><td>국과연</td></tr>
<tr><td>산학연 주관</td><td>방사청 방산기술센터</td></tr>
<tr><td>업체 주관
연구개발품목</td><td>해당 연구개발업체</td><td colspan="2">해당 연구개발 관리기관</td></tr>
<tr><td>전력지원체계
연구개발품목</td><td>해당 연구개발업체</td><td colspan="2">국방부 또는 각 군</td></tr>
<tr><td>국산화 개발품목</td><td>해당 연구개발업체</td><td colspan="2">해당 연구개발 관리기관</td></tr>
<tr><td rowspan="2">중앙조달품목</td><td rowspan="2">해당 업체</td><td>무기체계</td><td>방사청 IPT</td></tr>
<tr><td>전력지원체계</td><td>방사청 계획지원부</td></tr>
<tr><td>부대조달품목</td><td>각 군, 해당 업체</td><td colspan="2">각 군</td></tr>
<tr><td colspan="2">운영유지 단계</td><td></td><td>무기체계</td><td>방사청 계획지원부</td></tr>
</table>

국방규격을 제정하여 조달하는 것이 현저하게 비경제적이거나 불합리하다고 판단되는 경우에는 국방규격을 제정하지 아니하고, 군사 요구도(구매 요구조건), 특수포장 등을 검토하여 구매요구서를 작성할 수 있다. 구매요구서는 군수품의 원활한 조달 및 품질 개선을 위해 필요한 요구사항을 반영하여 조달요구부서가 작성하며 필요시 조달요구부서장이 운영하는 구매요구서 심의위원회의 심의를 거쳐 확정한다. 통합사업관리팀, 장비·물자규격팀 및 기품원은 조달요구부서 및 구매부서 요청 시 중앙조달품목에 대한 구매요구서를 검토 지원한다. 구매요구서는 계약 특수조건 및 구매요구서에 의한 적정한 조달 가능 여부, 후속 군수지원 가능 여부, 경쟁조달 가능 여부 등을 검토하여야 한다.123)

국방규격은 순기능적인 역할이 많음에도 불구하고, 그간 첨단기술의 발전을 담아내지 못하면서 군수품 시장의 진입장벽 역할을 함으로써 경쟁을 제한한다는 등 다소 부정적 측면이 나타나기도 하였다. 따라서 국방규격의 경직성을 보완하는 다양한 노력이 강구되고 있다. 그 일환으로 국방규격의 적합성 검토, 국방규격의 공개와 민수규격으로의 전환 등이 추진되고 있다.

국방규격을 제·개정한 날로부터 3~5년마다 분야별 기술발전 속도를 고려하여 다음 표와 같이 무기체계 및 전력지원체계별로 달리하는 국방규격 검토주기에 따라 적합성을 검토하고 필요한 경우에는 규격 제정절차를 준용하여 개정하거나 폐지를 추진한다. 특히, 당해 연도 기준

123) 방위사업청(2018), 「표준화 업무지침」, 제20조.

이전 5년간 조달 실적이 없는 품목과 실효성이 없어진 규격은 비활성 규격으로 분류하여 폐지 여부를 검토한다.

〈표 3-20〉 국방규격 적합성 검토주기[124]

구분	대분류	검토주기
무기체계	지휘통제·통신, 감시·정찰	3년
	기동, 함정, 항공, 화력, 방호, 기타	5년
전력지원체계	전투지원장비(감시지원·측정·통신전자장비), 전투지원물자(방탄류)	3년
	기 타	5년

국방규격은 공개를 원칙으로 한다. 다만, 군사 기밀 및 보안 유지가 필요하다고 판단되고 아군 장비의 방호력 노출이 우려되는 규격, 제조승인 대상 탄약류, 무기체계 성능이나 특성이 공개되어 군사기밀 유지가 필요한 경우에는 비공개로 지정할 수 있다. 공개는 전체공개, 업체공개, 내부공개, 비공개 등으로 등급을 분류한다.

국방규격 공개와 더불어 국방규격의 상용 전환이 있다. 국방규격의 상용 전환은 시중의 우수 상용품의 군수품 채택 확대와 경쟁조달 확대 등을 위해서 국방규격을 폐지하고 상용규격으로 전환하는 업무를 말한다. 상용 전환에 따른 국방규격 폐지 시 군사 요구도를 계약 특수조건 또는 구매요구서에 명확하게 반영해야 한다. 군 전용 품목을 제외하고 시중에서 일반적으로 유통되고 있는 품목은 기존의 국방규격을 최대한 상용규격으로 전환한다. 품목별 상용 전환 여부는 국방규격과 민수규격[한국산업규격(KS), 정부규격], 단체규격, 외국규격 등을 비교하여 최신 기술 및 산업발전 추세를 고려하여 추진한다.[125]

㉢ 형상관리

형상관리는 품목의 기능적 또는 물리적 특성을 식별하여 문서화하고 그 특성에 대한 변경을 통제하며 도면, 규격서 등 형상을 식별할 수 있는 문서와 그 제품의 합치 여부를 점검하고 형상의 변경을 승인한 경우 그에 따른 이행현황 등의 필요한 정보를 기록 유지하는 활동이다. 이와 같이 형상관리는 형상식별, 형상통제, 형상확인, 형상자료 유지 등으로 구분된다. 무기체계의 형상관리는 사업추진 방법이 결정된 때부터 군수품 폐기 시까지이며 전력지원체계의 형상관리

124) 방위사업청(2018), 「표준화 업무지침」, 별표8에서 인용.
125) 방위사업청(2018), 「표준화 업무지침」, 제25조 2, 제26조에서 인용.

는 규격 제정 이후 폐지 시까지이다.

형상관리 책임기관 구분은 다음과 같다.

〈표 3-21〉 형상관리 대상품목 및 책임기관126)

구분	책임기관
개발 및 양산단계의 무기체계	방위사업청 통합사업관리팀
양산완료 후 운영유지 단계의 무기체계	방위사업청 계획지원부
각 군에서 규격을 제정하여 관리하는 전력지원체계 연구개발품목	각 군
중앙 및 부대조달 구분 없이 전력지원체계	해당 국방규격 작성관리기관
개발단계에서 국과연 주관 연구개발사업	국과연
운용단계 전장관리정보체계, 군 활용 M&S체계, 소요군에 인도된 함정	각 군
국방규격 작성관리기관이 국과연과 기품원인 품목	방위사업청 계획지원부

• 형상식별 및 문서화

형상식별 및 문서화 단계에서는 형상식별서를 작성한다. 형상식별서는 개발단계별로 기능형상식별서(체계규격서 포함), 개발형상식별서(개발규격서 포함), 제품형상식별서(제품규격서 포함)로 구분하여 작성하되, 단계별 작성대상과 시기를 변경할 수 있다. 이러한 식별서 간 상호 일관성을 유지해야 하고 모순되지 않아야 하며, 모순이 발생할 경우에 적용하는 우선순위는 기능형상식별서, 개발형상식별서, 제품형상식별서 순이다. 양산단계와 운영유지 단계 무기체계 및 전력지원체계 형상관리 업무 시 형상식별서는 국방규격을 적용한다.

통합사업관리팀 및 연구개발 주관기관은 연구개발 단계별 형상식별서(체계·개발·제품규격 포함)를 국방규격 제정이 완료될 때까지 관리하여야 한다. 연구개발 주관기관은 체계 요구조건 검토(SRR: System Requirement Review)회의 전까지 체계규격 초안을 작성하고 체계 요구조건 검토를 통하여 완성된 체계규격을 체계기능 검토(SFR: System Functional Review)회의 전까지 통합사업관리팀에 제출한다. 기본설계 검토(PDR: Preliminary Design Review)회의 전까지 개발규격 초안을 작성하고 기본설계 검토를 통하여 완성된 개발규격을 상세설계 검토(CDR: Critical Design Review)회의 전까지 통합사업관리팀에 제출한다. 상세설계 검토에서부터 시험평가 등을 거쳐 수정·보완하여 물리적 형상확인(PCA: Physical Configuration Audit) 종료 후 1개월 이내에 완성된 제품규격을 통합사업관리팀에 제출한다. 다만, 연구개발 주관기관은 필요시 통합사업관리팀과의 협의를 통해 연구개발단계 규격의 작성 종류 및 시기

126) 방위사업청(2018), 「표준화 업무지침」 제30조에서 인용.

를 변경할 수 있다. 이를 요약하여 제시하면 아래 표와 같다.

〈표 3-22〉 연구개발단계별 형상식별서 작성[127]

사업절차	연구개발단계	규격화 업무	형상식별서 작성
사업 착수	체계개발 실행계획서	규격화 계획 완성	
요구사항 분석	체계 요구조건 검토(SRR)	체계규격서 초안	기능형상식별서
기능 분석	체계기능 검토(SFR)	체계규격서 완성	
구성품 수준 개략설계	기본설계 검토(PDR)	개발규격서 초안 작성	개발형상식별서
부품 수준 개략설계	상세설계 검토(CDR)	개발규격서 완성 제품규격서 초안 기술자료 타당성 검토	
시제품 제작	시험준비상태 검토(TRR)	제품규격서 보완	제품형상식별서
개발시험평가(DT&E)	형상통제심의회(CCB)	기술변경제안·승인	
운용시험평가(OT&E)	기능적 형상확인(FCA)	제품규격서 보완	
규격화(정식/임시)	물리적 형상확인(PCA)	제품규격서 완성	국방규격서 제정

• 형상통제

형상통제는 형상과 형상식별서의 변경을 통제하는 활동으로 결함사항의 시정, 운용상 또는 군수지원상 요구를 충족하기 위한 변경, 비용의 효과적인 절감, 승인된 생산일정의 지연방지, 최신 기술 적용 및 성능개선, 규격 적합성 검토 결과 이의사항을 반영하기 위해서 적용한다. 방위사업청의 통합사업관리팀과 계획지원부, 국방기술품질원, 국방과학연구소, 방산기술센터, 각 군 및 업체 등 형상관리 관련 기관은 형상변경을 제안할 수 있으며, 형상변경 제안사항이 기술, 계약, 구매, 정비, 교육, 운용 및 상호운용성 등과 관련이 있을 경우 해당 분야 주무부서와 협의하여야 한다.

형상과 형상식별서의 변경을 통제하는 활동은 기술변경, 규격완화, 면제로 구분할 수 있다.

127) 방위사업청(2017), 전게서, p. 46에서 인용.

〈표 3-23〉 형상통제의 분류[128]

구분	내 용
기술변경	형상식별서 작성 이후에 발생되는 물품의 형상, 특성 및 기능 등의 변경이며 기술자료 묶음의 수정이 필요
규격완화	제품 제조 전 계약서, 규격서, 도면, 소프트웨어 기술자료(소프트웨어 기술문서, 각종 컴퓨터 파일), 품질보증 요구서(QAR) 등에 규정하고 있는 성능상 또는 설계상의 필요조건에 미달되는 정도를 일정한 단위 또는 특정 기간에 한하여 문서 절차에 의해 허용하는 것
면 제	제품 생산 도중 또는 검사를 받기 위하여 제출된 후, 규정된 필요조건과 상이한 것이 발견되었으나 상이한 상태 그대로 또는 추가 인가된 방법으로 수리 후, 사용 가능한 것으로 간주되는 경우 문서절차에 의해 그 제품을 합격으로 인정하는 것

기술변경 등급이 작전운용성능에 영향을 미치는 사항 또는 전력화 일정에 지장을 초래하거나 비용변동 등이 예상되어 수정계약의 대상이 되는 사항은 '1급 기술변경'이며, 1급에서 명시하지 않은 사항은 '2급 기술변경'에 해당된다. 기술변경의 처리우선순위는 운용자에게 상해를 입히거나 장비의 손상을 가져올 잠재적인 위험상태 등 임무수행에 지장을 초래하는 사항으로 조속한 기간 내에 처리하여야 할 사항은 '긴급'으로 처리하고 기타 일반사항으로 생산일정 및 납기를 고려하여 처리하여야 할 사항은 '보통'으로 처리한다.

규격완화 및 면제의 경우는 각 각 '치명', '중', '경'으로 구분하며 안전에 관련되는 경우는 '치명' 결함으로 처리한다. 건강, 성능, 운용 편의성, 무게, 크기, 외형 또는 해당 품목과 수리부품의 호환성, 신뢰성, 생존성, 정비성, 내구성에 영향을 미치는 경우에는 '중' 결함으로 분류한다. 앞에서 '치명' 또는 '중' 결함으로 분류되지 않은 경우는 '경' 결함으로 분류한다. '1급 기술변경'과 '치명' 또는 '중' 규격완화와 면제는 반드시 관련 기관인 소요군, 기품원, 국과연 등의 검토를 거쳐야 한다. 관련 기관은 검토 의견에 대해서 '동의', '부동의', '조건부 동의'로 의견을 제출한다. 이를 기초로 관련 기관의 검토 결과가 서로 다를 경우, 기술변경 처리 우선순위가 '긴급'에 해당할 경우, 기타 필요하다고 판단할 경우에 형상통제심의회를 소집하여 심의하고 의결할 수 있다. 이때에 '승인', '기각', '조건부 승인' 중 선택할 수 있다. 형상통제심의회 결과에 따라서 국방규격개정 심의제안서를 작성하여 표준화 실무위원회에 제출하고 표준화 실무위원회에서 형상식별서 변경을 심의하게 된다.

128) 방위사업청(2018), 「표준화 업무지침」 제34조.

기술변경	규격완화	면제
형상식별서 작성 이후 형상, 특성, 기능 변경	**제품 제조 전** 필요조건을 일정단위 또는 특정 기간에 한하여 허용	**생산도중** 필요조건과 상이하나 추가 인가로 합격품으로 인정
1급 : 성능, 신뢰성, 안전에 영향을 주는 사항	**치명** : 안전과 관련사항	**치명** : 안전과 관련사항
2급 : 명백한 설계상 오류, 대체재료 사용 등	**중** : 성능, 호환성, 신뢰성에 영향을 미치는 사항	**중** : 성능, 호환성, 신뢰성에 영향을 미치는 사항
	경 : 치명, 중 규제완화 제외	**경** : 치명, 중 규제완화 제외

〈그림 3-33〉 형상통제 분류별 적용사항[129)]

• 형상확인

형상확인은 제품이 형상식별서와 합치되는지 여부를 점검하는 활동으로, 형상관리 책임기관이 기능적 형상확인(FCA)과 물리적 형상확인(PCA)으로 구분하여 수행하고, 필요시 관련 기관의 지원을 받아 수행한다.

기능적 형상확인은 형상식별서에서 요구되는 성능 발휘 여부를 확인하는 활동이다. 물리적 형상확인은 국방규격의 제품 기준에 맞게 완전하고 정확하게 제조되었는지 확인하고 점검하는 활동이다. 기능적 형상확인은 물리적 형상확인에 우선하여 시행하며 형상확인 적용대상은 연구개발 시제품과 양산품, 기술협력 생산품의 양산품과 국외구매의 최초 구매품이다.[130)]

• 형상자료 유지

형상관리 시 발생한 형상자료인 기술변경제안서, 형상통제심의서 등은 형상관리 책임기관이 관리 및 유지한다. 형상관리 책임기관은 최신화한 국방규격을 전산파일화하여 국방표준 종합정보시스템에 등록한다. 규격서는 워드문서, 도면은 CAD로 작성된 도면, 부품/BOM 목록은 전산서식, 소프트웨어 기술문서는 워드문서로, 각종 컴퓨터 파일은 원래 파일 형식을 유지한다.[131)]

현재 국방표준화와 관련된 업무를 수행하는 과정에서 주요 사항에 대한 심의·의결을 위한 목적으로 국방부, 방위사업청이 주관하는 다양한 위원회가 운영되고 있다. 국방규격 조정위원회, 군수품 표준화 위원회, 군수조달분과위원회 및 실무위원회, 민·군규격실무위원회 등이다.[132)]

129) 방위사업청(2018), 「표준화 업무지침」 제45조-53조 요약하여 정리; 육군종합군수학교(2017), 전게 논문, p. 64.
130) 방위사업청(2018), 「표준화 업무지침」 제56조.
131) 방위사업청(2018), 「표준화 업무지침」 제58조.

국방규격 조정위원회는 「국방전력발전업무훈령」 제385조에 근거하여 군수품 획득의 경제성, 운영유지의 효율성 및 우수 민수기술의 군 활용 확대를 위하여 국방규격 품목을 상용품목으로 확대적용하기 위해 운영하고 있다. 국방부 차관을 위원장으로, 전력자원관리실장을 부위원장으로 하여 국방표준 분야의 위원회 중 최고위직으로 구성되어 있다. 위원회는 심의결과를 국방규격 검토 결과 보고서로 채택하여 방사청 등 국방규격작성관리기관에 통보한다. 국방규격 조정의 적합성 여부를 판단하기 위하여 시범사업 추진을 의결한 사업은 그 결과를 근거로 전력지원체계는 시범사업을 추진할 수 있으며, 무기체계는 해당 위원회에 상정하여 그 결과에 따라 처리한다.133)

군수품 표준화 위원회는 「국방전력발전업무훈령」 제388조에 의거하여 군수품(장비) 우선 적용 품목 지정, 국방규격 품목을 상용품목으로 대체하기 위한 국방규격의 조정, 그 밖에 필요한 사항을 심의·의결하기 위하여 군수관리관실 내에 설치하여 운영하고 있다. 국방부 군수관리관을 위원장으로, 합참, 각 군 및 해병대, 방사청, 국과연, 기품원, 사업관련 부서 과장급을 위원으로 편성하여 운영하는데, 운영유지 단계 부품 국산화 개발 승인 및 그 밖에 필요한 사항의 심의를 위하여 군수관리관실 내에 부품 국산화 개발관리위원회를 둔다.

군수조달분과위원회와 실무위원회는 「표준화업무지침」 제69조와 제70조에 의거하여 국방규격의 제·개정, 품목지정 등에 대한 사항을 심의하기 위하여 운영되며, 심의대상 품목의 중요성에 따라 각각 분과위원회와 실무위원회로 구분되어 운영된다. 군수조달분과위원회는 방위사업청 계약관리본부장이 위원장으로 총 사업비 규모 3,000억 원 이상 장비, 연구개발비 100억 원 이상으로 총 사업비 1,000억 원 이상인 연구개발사업의 국방규격 제·개정에 대한 사항 등을 심의한다. 한편, 실무위원회는 방위사업청 분석시험평가국장이 위원장으로 군수품 품목지정, 국방규격 제·개정 등에 대해 심의한다.

민·군규격실무위원회는 「민·군규격 표준화 업무지침」 제11조에 의거하여 민·군기술협력사업 중에서 민·군규격표준화 사업에 대한 사항을 검토하는 임무를 수행하고 있다. 방위사업청 과장급을 위원장으로 하여 민·군규격표준화 사업의 기본계획 및 시행계획의 수립과 변경에 관한 사항, 국방규격의 민수규격으로 전환대상 심의, 민·군규격표준화와 관련된 표준제도 및 지침의 개선에 관한 사항 등을 다룬다.

㉣ 목록화

목록화는 효율적인 군수관리 업무를 수행하기 위하여 국제적으로 표준화된 체계(NATO 목록체계)

132) 국방기술품질원(2014), 전게 논문, pp. 24-25.
133) 「국방전력발전업무훈령」(국방부훈령 제2114호, 2017.12.29.) 제385조.

와 제도화된 절차에 따라 군수품에 대한 품목식별 및 재고번호 부여를 하는 등 목록자료 생성 및 관리를 위한 제반과정이다. NATO 목록체계는 회원국(NATO 소속국가, 1단계 및 2단계 후원국가) 간 공통 용어를 사용함으로써 군수물자 분야의 자료관리를 용이하게 하고, 군수품의 적정 재고량을 유지하게 하여 효과적인 국내 및 국제 군수지원을 목적으로 한다. 우리나라는 2단계 NATO 후원국가로 국제적으로 표준화된 체계인 NATO 목록체계를 따라 목록화를 수행한다.

목록화 대상이 되는 군수품은 반복적인 조달, 저장, 분배 등이 이루어지는 물품(소프트웨어를 포함한 무형의 재화 포함)이다. 획득단계의 군수품 목록화 범위는 군수지원분석(LSA), 종합군수지원 계획서(ILS-P) 또는 보급교범 등에 명시된 보급품 목록을 기준으로 하여 소요군 및 관련 기관의 의견을 수렴하여 정한다. 반면에 운용유지단계의 군수품 목록화 범위는 인가저장목록(ASL) 품목, 전투 긴요 전품목과 비인가저장목록(N-ASL) 품목, 조달요구품목 중 1회 이상 조달실적이 있거나, 신규 조달요구품목 등을 기준으로 한다.

획득단계의 군수품 목록화는 해당 품목 검수 시 소요군이 해당 품목의 재고번호를 확인할 수 있도록 납품 전에 완료하여야 한다. 무기체계 연구개발사업과 국외구매사업은 납품 전에 목록화가 완료되어야 한다.

재고번호 구성 및 부여는 NATO목록제도에 따라 각 군수품을 표시하기 위하여 체계적으로 부여한 군급분류번호(4자리), 국가부호(2자리), 품목식별번호(7자리)로 구성된다. 군급분류는 군급분류집을 이용하되, 군수품의 형상, 용도 및 기능에 의하여 지정품명이 있는 군수품은 NATO 지정품명집(H6, AcodP-3)의 해당 품목에 정해진 범위의 군급 중에서 군급분류의 정의와 일치하는 군급으로 분류한다. 지정품명이 없는 군수품은 이미 목록화된 동류품목의 군급 내용이 무엇인지 확인하여 군급분류번호(H2, AcodP-2)에 의거 군급을 분류한다. 요청된 품목을 식별하기 위하여 동일 품목의 존재 여부를 확인하는 경우 국방표준 종합정보시스템을 통하여 참조번호를 이용한 참조번호 검색 방법 또는 품목의 특성을 비교 검토하는 특성자료 검색 방법 등을 사용한다. 단, 요청된 품목이 탄약인 경우에는 체계지원철(SSR)의 탄약식별부호(DODIC: Department of Defense Identification Code) 자료를 추가 검색한다. 국가부호는 해당 군수품에 대하여 최초로 목록화한 국가를 표시하며, 국제적으로 통용되는 번호체계에 의하여 부여한다. 대한민국의 경우 37을 부여하는데, 국외재고번호, 임시재고번호(37A)로 구분한다. 임시재고번호(37A)는 국외재고번호를 부여받지 못한 품목 중 요청기관에서 임시재고번호 발급을 요청한 품목에 대하여 부여할 수 있다. 품목식별번호는 하나의 품목이 다른 품목과 서로 중복되지 않도록 순차적으로 부여한다.

(5) RAM 업무 정립[134)]

RAM은 신뢰도(Reliability), 가용도(Availability) 및 정비도(Maintainability)의 약어로서 장비의 능력요구부터 획득 및 운영까지 총수명주기관리 차원에서 고장빈도나 시간, 임무수행 정도, 고장 시 정비에 소요되는 시간 등과 관련된 업무로 정의하며 전 순기를 통하여 관리되어야 할 주요 척도이다. 이러한 RAM을 관리하고 순환시킬 수 있다면 협업에 의한 수명주기관리가 가능하고 획득과 운영유지 활동을 연계시킴으로써 궁극적으로 군수지원의 효과성과 효율성을 동시에 향상시킬 것으로 기대할 수 있다.

① 협업과 신뢰도 성장

무기체계는 한번 설계되어 생산되면 운영유지 단계에서는 문제점에 대한 수집 및 보완이 쉽지 않다. 전자장비의 경우 고장의 발생 원인을 주기별로 분석한 아래 표를 보면 설계 및 제조 단계에서의 잘못된 판단 또는 고려에 의한 비율이 전체 고장 원인의 절반이상인 63%나 차지하고 있음을 보여준다. 수많은 부품과 모듈로 구성된 무기체계를 고장 없이 제대로 운용하기 위해서는 부분적이고 단편적인 시험평가나 운영유지 활동에서 탈피하여 소요기획 단계부터 총 수명주기 간에 연계된 체계적이고 종합적인 관리활동이 필요함을 알 수 있다.

〈표 3-24〉 전자장비의 순기별 고장 원인[135)]

구분	고장 원인		비율(%)	
설 계	전기/전자	회로 및 구성품 결함	11	43
		부적절한 부품 선정	10	
		회로 오용	12	
	기계	설계 취약성/부적절한 재료	5	
		불만족한 부품의 사용	5	
제 조	기술 결함, 부적절한 검사 및 공정관리		18	20
	원재료 결함		2	
운 영 유 지	비정상적 혹은 우발적 조건에서 운영유지		12	30
	수동 조작		10	
	정비 실수		8	
기 타	마모 및 노후화, 기타 요인		7	7

134) RAM 업무 정립은 장준근(2013), "총수명주기관리 기반요소로서 RAM 업무체계 정립 제언", 『군수』 37, pp. 158-166; 장준근(2014), "획득과 운영유지 연계 위한 RAM 업무 순환 및 협업 제언", 『국방과 기술』 420, pp. 40-44에서 발췌하여 인용.

135) 최충현(2002), "무기체계의 신뢰도 품질 특성이 후속 군수지원 요소에 미치는 영향", 국방품질보증 학술세미나 발표 자료에서 인용.

특히, 설계 시에 목표로 하는 신뢰도를 보장받기 위해서는 순기에 따라서 신뢰도의 적절한 관리활동이 필요한데, 일반적으로 소요기획 단계에서 사용자 요구조건을 바탕으로 신뢰도 목표값이 설정된다. 신뢰도 목표값을 기초로 연구개발단계에서 설계되고 생산단계에서 완성되며 운영유지 단계에서 지속적으로 성장하는 아래 그림과 같은 특성을 지닌다고 한다.

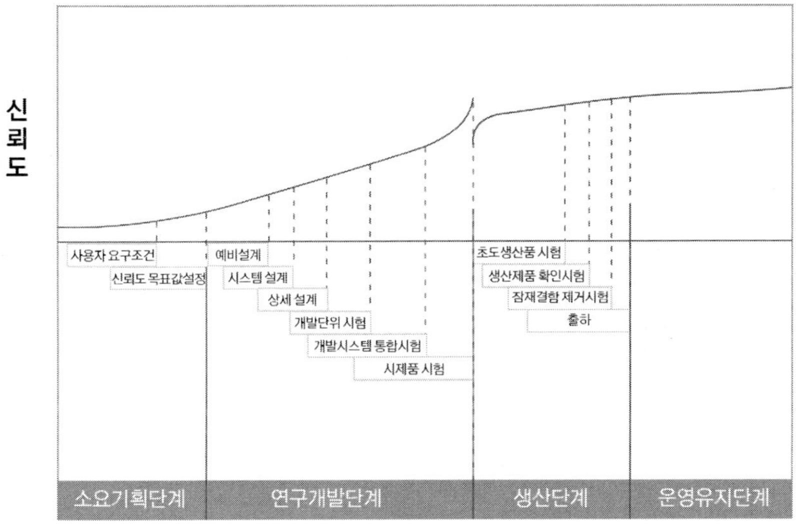

〈그림 3-34〉 신뢰도 성장곡선

② 야전운영제원의 RAM 업무를 통한 환류와 협업의 발전

이미 살펴보았듯이, 각각의 법률과 조직, 그리고 독립적인 예산으로 운영되는 소요기획, 획득관리 및 운영유지를 체계적으로 연계하여 총수명주기관리를 실현하는 일은 어려운 과업이다. 하지만 전혀 불가능한 일도 아니다. 일부 영역에서 전향적인 시도도 있고 부분적인 성과도 확인된다. 하지만 지속적이고 근본적인 처방과 실천이 아쉬운 것 또한 사실이다.

현실적으로 소요, 획득 및 운영유지 업무를 통합하는 것은 법률을 개정하거나 제정해야 하고 예산과 조직을 통합해야 하며 인력의 양성과 관리도 종합적으로 이루어져야 하는 등 너무나 광범위하고 복잡한 문제들의 해결을 전제로 해야 가능하다. 통합이 어렵다면, 현재의 체제를 유지한 가운데 획득과 운영유지의 효과성과 효율성을 동시에 향상시킬 수 있는 방안은 무엇이고 무엇부터 시작해야 하는가에 대해서 우선적으로 고민해야 할 것이다.

일단 법률, 조직 및 예산의 기반을 존치시킨 상태에서 총 수명주기 간 협업이란 제한적이지만 RAM 업무수행이 어느 한 단계에서 다음 단계로 이관되어 종결되는 것이 아니라 지속적으로 보완되고 순환되는 것을 말한다고 볼 수 있다. RAM 중에서도 설계 시에 목표로 하는 신뢰도를 보장받기 위해서는 순기에 따라서 신뢰도의 관리활동이 필요한데, 일반적으로 소요기획 단계에서 사용자 요구조건을 바탕으로 신뢰도 목표값이 설정된다. 신뢰도 목표값을 기초로 연구개발단계에서 설계되고 생산단계에서 완성되며 운영유지 단계에서 지속적으로 성장하는 특성을 지닌다. 주로 연구개발 분야에서 무기체계를 대상으로 하여 제한적으로 수행하고 있다고 판단되는 신뢰성 관리활동을 살펴보면 아래 그림과 같다.

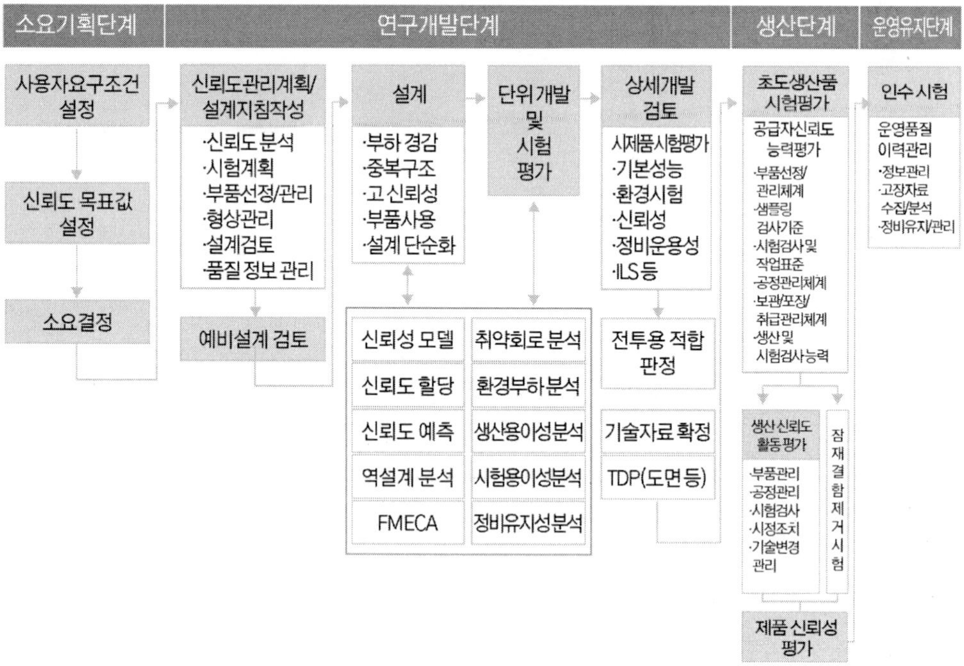

〈그림 3-35〉 무기체계 순기별 신뢰도 관리활동

이를 위해 위 그림에서 보듯이 합참, 각 군 및 군수사, 방위사업청, 국방과학연구소, 국방기술품질원 등에서 소요기획 단계부터 획득 및 운영유지 단계까지 전 단계에서 적용할 수 있도록 자료제공, 목표값 잠정 설정, 최적값 도출 및 야전운영제원의 분석 및 환류에 대한 기준과 절차를 포괄하는 RAM 업무가 적용되어야 한다. 각 단계별 업무에 있어 누가 무엇을 할 것인가를 명확히 함으로써 협업적 업무가 가능하다.

㉠ 소요기획 단계

소요기획 단계는 최초단계로서 누가 고양이의 목에 방울을 달 것인가로 많은 논의가 있을 수 있다. 아래 그림에서 보는 것처럼 각 군은 소요 요청 시 RAM 잠정값을 제시하거나 RAM 잠정값이 제한될 경우 이 중에서도 운용 가용도 잠정값 자료를 제시해야 한다. 각 군의 전력과 군수부서에서는 상호 협조하여 제시하되 RAM 업무의 최초단계이기 때문에 반드시 달성해야 할 최소한의 기준값으로서 개략적인 최저값을 제시한다. 이때 공학적인 분석을 통해서 정량적 데이터가 중요하나 자료가 제한될 경우에는 유사장비의 야전운영제원 등 분석자료를 활용하거나 전투준비태세 수준으로라도 제시해야 할 것이다.

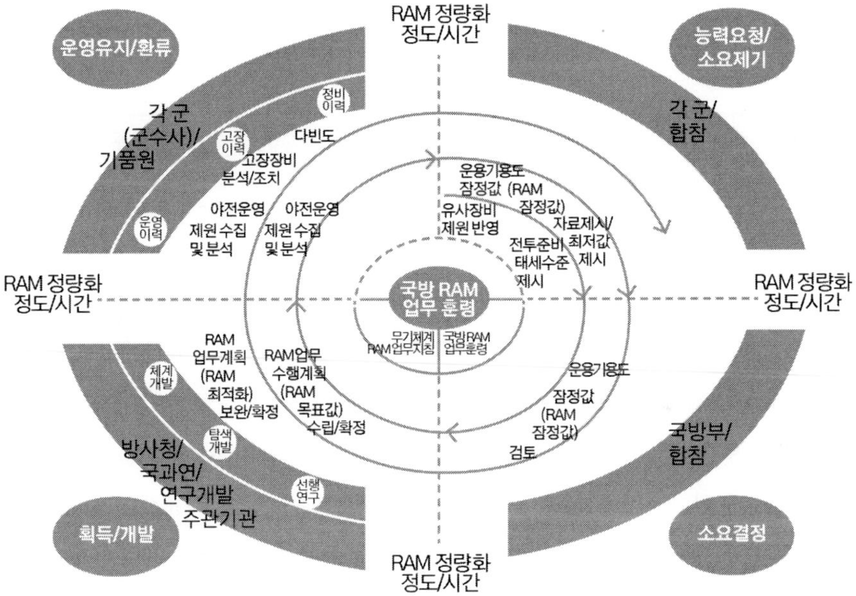

〈그림 3-36〉 총 수명주기 간 RAM 업무의 협업, 순환 및 발전

유사장비의 야전운영제원을 활용해야 하는 이유는 소요 요청 단계에서는 운용형태종합/임무유형(OMS/MP)[136]에 포함될 정량적 시간 값인 총시간, 가동시간, 비가동시간 등 주 장비 설계목표와 종합군수지원 요소 개발기준 등에서 추출될 수 있는 정량적 데이터를 얻을 수 없기 때문이다. 또한 가용도의 최저값을 제시하는 이유는 최초단계부터 정확한 정량적 목표값을 제시

136) 운용형태종합/임무유형은 전·평시 작전개념, 작전계획 및 연간 교육훈련계획 등을 고려하여 부대가 달성하고자 하는 목표와 그에 따른 임무의 과업별 시간요소 값(가동시간, 비가동시간, 고장정비시간 등)을 정량적으로 도출하여 작성한 산출물임.

할 수 없을 뿐만 아니라 제시할 수 있다 하더라도 오히려 최신 기술을 수용하지 못하거나 목표 기준값의 불균형을 초래할 우려가 있기 때문이다.

전투준비태세는 임의의 시점에서 부대가 요구하는 장비대수 이상을 운용 가능한 상태로 유지하는 능력이다. 전투준비태세 수준은 부대의 장비보유대수 중에서 운용 가능한 장비대수의 비율인 장비가동률 수준으로 정의하고, 전투준비태세 수준인 장비가동률을 임의의 시점에서 유지할 수 있는 가능성을 전투준비태세 유지확률로 정의한다. 가동률이 임의의 시점에서 각 장비가 운용될 수 있는 확률인 운용 가용도의 함수이므로, 전투준비태세 유지확률은 장비보유대수에 대한 운용이 요구되는 최소장비대수 이상이 운용 가능한 상태에 있을 확률로 통계적으로 추정할 수 있다. 아래 표와 같이 전투준비태세 수준을 4개의 범주로 분류하고 각 범주에 따른 장비가동률은 작전운용개념에 따라 결정한다.

〈표 3-25〉 단위부대 전투준비태세 범주

전투준비태세 범주	장비가동률
C-1(전투준비: 결함이 없음)	0.90~1.00
C-2(전투준비: 사소한 결함)	0.70~0.89
C-3(전투준비: 중대 결함)	0.60~0.69
C-4(비전투준비)	0.00~0.59

자료를 제시할 때 각 군은 장비의 특성을 고려하여 작전운용성능, 기술적·부수적 성능, 또는 전력화 지원요소 중 하나를 포함하여 제시하며, 이때 정비개념과 정비정책을 포함하여 검토한다. 예컨대, 고도의 첨단장비에 대한 능력을 요구할 경우에는 RAM 목표값이 주요 작전운용성능으로 제시될 수 있는 것으로 본다.

또한 소요 요청 단계에서 RAM 잠정 목표값을 제시한 이후에도 단계적으로 RAM 목표값을 협의하도록 순환적이며 진화적인 업무수행으로 발전시켜야 한다. 따라서 각 군은 한 번의 능력요구로 업무가 이관되고 종결되는 것이 아니라 지속적으로 최신화시키고 보완해야 하는 것이다.

능력요구와 소요결정 단계에서는 국방부 및 합참에서 RAM 잠정값과 정비개념을 검토하고 결정해야 한다. 합참에서는 주요 작전운용성능에 대해서 검토·결정하고, 방사청에서는 작전운용성능에 포함된 항목을 제외한 기술적·부수적 성능 및 전력화 지원요소에 반영된 운용 가용도 잠정값에 대하여 사업추진단계를 거치면서 수정 및 보완해야 한다.

㉡ 획득관리 단계

획득관리 단계에서는 관련 기관들이 RAM 업무의 필요성에 대해서 가장 견고한 공감대를 형성하고 있다고 할 수 있다. 무기체계의 설계 및 개발단계부터 사용 용도, 기간, 정비 용이성 등을 고려하여 신뢰도, 가용도 및 정비도가 우수한 체계를 획득해야 한다는 요구가 비교적 명확하다.

선행연구, 탐색개발 및 체계개발단계에서 주로 방사청과 연구개발 주관기관은 각각의 사업 추진 기본전략, 사업관리계획서, 체계개발기본계획서 등에 RAM 업무수행계획을 단계별로 구체화한 뒤 수명주기 지속계획서(LCSP)에 포함하여 발전시키고 RAM 결과보고서를 작성한다. 특히, 시험평가 기본계획에는 RAM 시험평가 계획을 포함하고 연구개발 주관기관과 소요군은 개발시험평가 및 운용시험평가를 수행해야 한다. 획득 및 개발단계에서는 방사청에서 제정한 '무기체계 RAM 업무지침'을 따르지만, 방사청과 연구개발 주관기관은 소요군 등 관련 기관의 의견과 기타 전문가의 의견을 수렴하는 노력을 지속해야 한다.

㉢ 운영유지 단계

운영유지 단계에서 소요군은 기존의 장비정비정보체계, 또는 별도의 무기체계별 정보수집체계 등을 활용하여 야전운용제원을 수집해야 하며 장비 획득 시 후속 군수지원사업으로 구축된 시스템이 있을 경우에는 이를 활용해야 한다. 소요군이 수집한 야전운용제원은 운영이력, 고장이력 및 정비이력 등을 포함해야 하며 이를 기품원과 소요군에서 분석하여 데이터베이스(DB)를 구축하고 분석 결과를 관련 기관에 환류하여야 한다. 소요군은 운영유지간 수명주기 지속계획서(LCSP)를 관리하며 가동률, 신뢰도, 비용, 평균 불가동시간 등 척도를 유지하고 향상시키기 위해 노력해야 한다.

현재는 가용자원의 부족과 여건의 미성숙으로 인해 현재 운영 중인 장비 중 중요 장비, 신규 전력화 장비, 다빈도 고장장비 등으로 한정하여 선정하고 각종 제원을 수집하여 분석하고 있지만, 일정한 여건이 성숙되면 전 장비를 대상으로 운용자료를 수집하고 분석해야 한다. 운영이력, 고장이력 및 정비이력을 체계적으로 입력하고 관리해야 하는데 특히, 일 단위를 시간 단위로 세분화하고 투입인시를 계산할 수 있도록 인원과 숙련도를 구분하여 명시하여야 한다. 또한 입력오류 방지를 위한 프로그램의 개선도 아울러 진행되어야 하며 입력인원에 대한 교육도 필요하다.

③ **다빈도 고장장비**

또 하나 RAM 업무수행의 중요한 목적 중 하나는 다빈도 고장장비에 대한 적절한 조치이다. 다빈도 고장장비는 통계적 분석을 통해서 대상 장비를 선별하고 고장 원인을 분석해야 한다. 고장 원인은 개발 간, 생산 시 또는 운영유지 간의 문제점으로 구분할 수 있는데 기품원, 국과연, 각 군의 정비기술연구소, 민간연구소 등을 포함한 전문기관들의 기술적이며 공학적인 검토가 필요하다. 이러한 분석을 토대로 장·단기 조치방안이 강구되고 관련 기관의 후속조치가 체계적으로 이루어져야 한다.

지금까지 대부분의 획득 및 군수지원업무는 기능을 중심으로 하여 각 기관에서 많은 노력을 기울여왔고 부분적으로 괄목할 만한 성과를 거두어온 것도 사실이지만, 이제부터 RAM 업무는 전 기관이 전(全) 수명주기 기간에 걸쳐서 협력하고 발전시키고 환류시켜야 하는 프로세스 중심의 업무로서 정착되어야 할 것이다.

4. 통합군수의 체계와 기능

우리는 지금까지의 논의를 통해서 군수의 개념을 살펴보고 군수에 대해서 다음과 같이 정의하였다. 군수란 군수 관계관이 전·평시에 군사적인 목표를 달성하는 데 필요한 군의 물적 수요를 충족시키기 위해서 소요기획, 획득관리 및 운영유지의 전 수명주기 간에 적용하는 프로세스 활동이며, 보급·정비 및 수송 등 지속지원의 기능활동이다. 이는 전·평시 군사력 발휘를 확장하거나 제한하는 중요 요소라고 보았다. 이러한 군수에 대한 정의는 창군 이래 우리 군수의 역사적 변화 속에서 발전되어온 군수의 역할과 기능 속에서 도출되었다. 또한 군수를 둘러싼 다양한 이해관계자의 역할 분석을 통해서 군수에 대한 내·외부의 입체적이고 때로는 상충적인 기대와 영향력의 작용의 결과임을 알 수 있었다. 아울러서 최근 다차원적으로 이루어지는 민·군 협력을 통해서 군수의 포괄적이고 협력적인 모습의 일단들을 살펴볼 수 있었다.

이제 우리는 군수를 바라볼 때, 전략적인 관점, 공급사슬(SCM)의 관점과 균형적 성장을 위한 관점에서 이해의 틀을 재정리할 수 있으며, 군수의 주요 활동영역을 구분하고 상관관계와 인과관계를 알 수 있다. 이제 군수활동을 제대로 하기 위해서 군수 자체의 수직적이며 수평적인 모습들을 체계 속에서 폭넓게 이해하고, 군수의 역량을 효과적이며 효율적으로 발휘하기 위해서 구성하는 전략적인 네트워크를 통해서 시너지를 발휘해야 한다는 점을 강조하고자 한다.

위에서 요약한 제1장의 주장이 군수를 이해하려는 역사적 탐구와 더불어 외생적 변수들을 중점적으로 살펴본 것이었다면, 제2장에서는 군수활동에 내장된 숨은 역동적인 수요와 공급활동을 주로 살펴보았다. 대증처방과 더불어 근본적인 치유의 일환으로서 군수의 수요와 공급활동의 원리들과 세부적인 활동들을 다시금 살펴본 것이다. 우리가 군수활동을 하는 데 있어 법규를 준수하고 절차를 통해서 투명성의 구현을 위해서 노력하는 것은 시장의 수요와 공급이라는 원리를 제한된 군수활동의 영역 속에 구현하는 방편일 뿐이다. 원리를 도외시하고 방편으로서 법규나 절차만을 따진다면 근본적인 문제해결은 요원할 수밖에 없다.

수요와 공급의 원리 속에서 구현되는 가격요인 그리고 탄력성, 합리적 소비와 이윤의 추구 등은 고스란히 군수활동에 적용된다. 수요활동에서 군수가 시작되고, 이러한 시작단계에서 세부적이고 체계적인 군수활동을 해야 시장에서의 왜곡을 방지하고 효과적이며 효율적인 군수를 보장할 수 있는 것이다. 수요활동은 소요의 기획과 소요관리로부터 획득전략을 수립하고 획득방안에 따른 연구개발, 사업관리, 시험 및 평가, 규격의 제정과 적용, 예산종합 및 할당, 입찰 및 계약 등 조달행위, 군수품 검사, 보급·정비·수송 등 기능적 지속지원에 이르고 폐기단계까지 포함한다. 이와 같은 전 수명주기 간에 이루어지는 다양한 수요활동의 다른 측면에 공급활동이 있다.

공급활동은 자본, 기술과 노동력 등으로 군수품을 개발하고 수요에 따른 탄력적 공급을 구상하고 관리하는 활동이다. 실질적으로 기술을 축적하고 사업을 관리하는 영역부터 군수품에 대한 품질관리와 보증활동 영역은 근본적으로 공급활동의 일부로 이해된다. 이러한 공급활동은 결국에 수요활동과 조화롭게 시장에서 균형을 찾아간다고 본다. 군수활동은 수요활동과 공급활동을 매개하는 관리자, 촉진자로서 고도의 전문성을 요구받는다. 수요와 공급의 역동적인 원리 측면에서, 수요독점(Monopsony), 공급독점(Monopoly), 쌍방독점(Bilateral Monopoly) 또는 과점(Oligopoly)의 형태가 나타나는 현상을 이해하고 수요와 공급의 원리에 입각하여 시장의 균형을 찾아가는 원리를 구현하려는 군수활동을 지속해야 한다고 본다.

일련의 논의와 학습을 통해서 우리는 군수의 포괄적이고 입체적이며 역동적인 모습들을 살펴보았다. 이번 제3장에서는 군수를 이루는 체계들을 큰 틀에서 살펴보고 그러한 체계 사이의 협업과 상관관계를 중점적으로 논의하였다. 소요를 기획하고 예산을 확보하며 사업을 관리하는 군사력 건설체계와 그 하위체계 간의 협업을 살펴보고 국방기획관리체계 그리고 총수명주기관리체계의 태동과 적용 등을 알아보면서 통합군수를 형성하는 다양한 체계와 기능을 살펴보았다.

군사력 건설체계는 능력기반으로 소요를 기획하는 합동전투발전체계, 소요결정 이후에 사업관리를 통해서 군사적 요구를 충족하는 장비와 물자를 생산하고 공급하는 국방획득관리체계, 그리고 소요의 기획으로부터 계획으로 발전시키고 이를 예산으로 연계하여 사업집행이 가능토록 하는 국방기획관리체계 등을 하위체계로 하여 업무를 수행한다. 그리고 군사력 건설체계는 이러한 하위체계 간의 협업을 토대로 시너지를 발휘할 수 있는데, 각 체계들의 법률적 기반, 조직 그리고 예산이 단절되거나 구분되어 있어 협업이 미흡하고 그로 인해 총 소유비용 측면에서 개선요구가 점차 커지고 있는 실정이다. 총수명주기관리체계는 이러한 체계 간의 단절과 부분적 최적화를 전체 최적화로 승화시키기 위한 방법과 철학을 담고 있으며 앞으로 정책적인 측면과 운영적인 측면에서 계속 발전시켜야 할 것이다.

통합군수를 보다 크고 근본적인 시각에서 이해할 때, 기반분야와 운영분야로 구분할 수 있다. 기반분야는 하드웨어적인 성격을 갖고 있어서 인체의 뼈대와 같은 역할을 한다. 이에 반하여 운영분야는 기반분야의 하드웨어적인 토대 위에서 운영적인 형태와 성격을 보여주면서 피와 살 같은 역할을 한다. 인체는 뼈대나 살 그리고 피가 없을 경우에 생존이 위협받듯이 군수도 기반분야와 운영분야가 균형을 이루고 역할을 수행해야 한다.

기반분야는 법규, 조직, 예산 및 정보체계로 구성된다. 법규는 법률, 대통령령, 훈령, 지시, 지침 및 규정 등의 구조로 이루어져 있다. 법률은 방위사업법, 군수품관리법, 국가를 당사자로 하는 계약에 관한 법률 등 국방부 및 방위사업청의 소관 법률과 범정부 적용 법률 등이 있다. 이러한 법률의 하위에 대통령령과 부령 또는 훈령이 있는데 그 차이는 기본적으로 제정 주체에서 식별할 수 있다. 법률은 국회에서 제정하지만 그 입법 취지에 입각하여 행정부에서 범정부적으로 집행할 중요한 사항을 구체화할 경우에는 대통령령으로, 그 밖의 부처에서 중심적인 역할을 하는 사항은 훈령, 부령 또는 행정규칙 등으로 정한다. 따라서 구체성과 적용의 범위 등에 따라서 하위법규로 분화된다고 볼 수 있다.

다음으로 조직을 살펴볼 수 있다. 조직은 군수의 포괄성으로 인하여 군 위주 조직, 민·군 합동조직, 조직으로 보기는 어렵지만 협업을 기반으로 하는 느슨한 형태의 네트워크로 나누어볼 수 있다. 이러한 네트워크는 군사적 목적, 취급하는 군수품과 군수활동의 보안성 정도에 따라서 폐쇄형 네트워크와 개방형 네트워크로 구분할 수 있다. 여기서 우리 군수의 포괄성, 기술의 융·복합 추세 등을 감안할 때, 개방형 네트워크의 중요성이 지속적으로 강화되고 있다고 하겠다. 군수분야는 전문성이라는 특성으로 인하여 일정한 수준의 교육, 훈련 그리고 직무경험을 요구하고 있으며 그러한 전문가 집단이 거대한 생태계와 같은 조직을 이루고 있다.

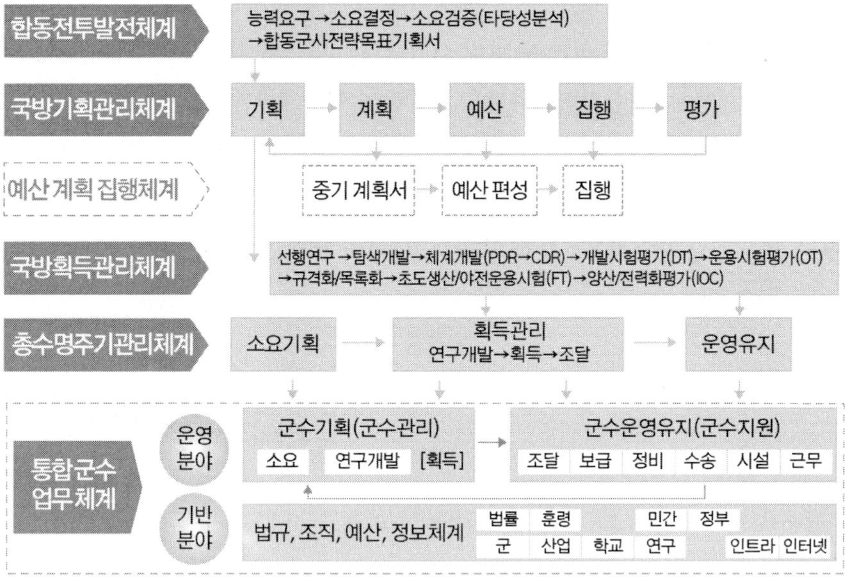

〈그림 3-37〉 통합군수 업무체계

예산은 물적 요소를 다루는 군수의 특성이 잘 드러나는 부분이다. 예산이 없으면 사업을 진행할 수 없다. 대부분의 경우, 정부예산을 토대로 하지만, 긴급한 경우나 사안에 따라서 업체투자에 의존하는 경우도 있는데 수익자 부담이 적용되어 자본을 투자한 업체는 일정 기간 동안의 수의계약을 보장받는 등 반대급부의 수혜가 있기 마련이다. 정부예산의 경우에도 정부공동 협력사업 등 타 부처와 협업으로 예산의 제한성을 극복하는 방안을 적극적으로 추진할 필요가 있다.

정보체계는 주로 분야별 순기업무 절차를 전자화하고 데이터를 저장하는 수준에서 시작하였다. 따라서 주로 인트라넷으로 활성화되었고 사용자의 편의성, 데이터의 추출 및 분석 등의 확장성은 미흡한 것으로 분석된다. 최근까지 주로 인트라넷에서도 부분별·기능별 정보체계를 고도화하는 수준이지만, 향후 웹기반으로 군수 내부정보체계는 물론이고 외부의 재정체계, 기술정보체계, 단종관리체계 등과 연계하여 종합적인 정보체계로 고도화되어야 한다.

이와 같이 법규, 조직, 예산 및 정보체계가 구성하는 기반분야는 군수활동의 개념과 목표를 설정하고 그러한 지향방향에 이르는 업무수행 절차를 제공하며, 군수 관련 기관과 관계관의 역할과 임무를 규정함으로써 협업의 근간을 마련해주고 업무의 우선순위를 조정하고 한정된 재원의 할당 등 군수활동의 틀과 기초를 제공한다.

군수운영 분야는 군수기획(군수관리)체계와 군수지원체계로 나누어볼 수 있다. 군수기획(군수관리)체계는 합동전투발전체계의 능력요구, 소요결정 및 소요검증 결과와 국방기획관리체계의 기획단계의 업무와 총수명주기관리체계의 소요기획 단계를 포함한다. 여기서 기획은 주로 소요와 관련된 활동으로, 관리는 예산 및 집행단계의 업무와 획득관리체계의 선행연구, 탐색개발, 체계개발, 시험평가 및 전력화과정을 포함하여 연구개발관리로 구분할 수 있겠다.

군수지원체계는 전력화가 완료된 군수품을 조달, 보급, 정비 및 수송하는 활동과 시설업무 및 근무활동을 포함하여 주로 야전의 현장에서 이루어지는 군수지원 활동을 통칭한다. 여기서 보급, 정비 및 수송은 주요 군수기능으로서 전·평시 군사적 목표를 달성하기 위해 간단없는 지원이 핵심가치로 간주된다.

군수는 복잡하고 어렵다고 한다. 그런데 대부분 현상을 말하면서 원인에 대한 분석을 함께 제시하지 않기 때문에 개인적 인식과 주장에 그치고 조직의 담론 수준으로 발전되지 못하고 있다고 본다. 차제에 현상과 원인을 동시에 설명하고 분석하는 틀로써 군수의 다양한 체계와 기능들을 살펴볼 것을 제안한다.

군수는 크게 기반분야와 운영분야로 구분할 수 있다. 기반분야는 강제성과 절차적 타당성의 근거인 법규, 업무수행 주체인 인력과 기관을 다루는 조직, 군수분야에 관한 중·장기 계획을 수립하고 재원을 한정하는 예산 등이 있다. 이렇게 법규, 조직 및 예산체계가 전통적인 기반분야에 속하는 반면에 최근에는 정보체계의 중요성이 아울러 강조되고 있다. 실시간에 자산을 가시화하고 물적 흐름과 정보의 흐름을 일치시키고 수행업무를 전·후방으로 연계하여 확장하는 통합적 자원관리 시스템이 그것이다.

운영분야는 일반적으로 기획관리체계, 소요체계, 획득체계와 운영체계 등으로 구성된다. 기획관리체계는 기획, 계획, 예산, 집행 및 평가의 단계적 업무를 포함한다. 개념을 발전시키거나 첨단기술을 접목하여 사업을 기획하여 계획을 수립하고, 타당성에 기반을 두어 예산을 편성하고 할당하며, 사업을 집행 및 관리하고 성과에 대한 평가결과를 다시 순환시킨다. 이렇듯 기획관리체계는 업무의 기준선 역할을 하며 소요, 획득 및 운영체계와 연동된다. 한편, 소요체계는 군수업무를 이끄는 체계로서 소요기획, 소요관리 및 소요창출로 구분된다. 소요기획 과정에서 군사적 요구를 계량하고 발전시키고, 계량화된 소요는 보다 쉽고 객관적으로 관리된다. 기술평가, 개념연구 등을 통해서 신규 소요로 창출되고 다시 소요기획으로 환류된다. 획득체계는 소요와 연계되어 선행연구, 탐색개발, 체계개발, 시험 및 평가, 전력화 등의 업무를 포함한다. 선행연구 등을 통해서 사업추진 방법을 검토하고, 탐색개발과 체계개발을 통해서 군사적 요구를 충족시키며, 이를 객관적으로 시험하고 평가하여 야전에 배치하는 전력화에 이른다. 전력화 이후, 운영체계는 주로 보급, 정비 및 수송기능으로 구성되어 지속지원에 중점을 두고 다소 독자적 영역에서 업무를 수행한다. 여기에는 병과별 지원에서 출발하여 기능화 지원 그리고 통합형 지원으로 발전되어온 모습이 고스란히 담겨 있다.

한편, 총수명주기관리는 군수품의 전 수명주기 간에 단절된 업무의 연계에 주안을 두고 총 소유비용을 낮추기 위해 전체 최적화를 추구한다. 소요 및 획득단계에서 신뢰성 업무, 지속지원 계획, 단종관리 및 형상관리 등이 강조되고 있다. 아울러 운영유지 단계에서는 성과기반 군수지원, 성능개량과 창 정비 통합, 주 공급자 활용 등이 주목받고 있는 사업이다.

아는 만큼 보이는 것이다. 군수의 다양한 체계와 기능을 이해하면 그만큼 군수를 폭넓고 깊게 볼 수 있는 것이다. 앞으로 우리는 군수의 이러한 체계와 기능들을 제대로 앎으로써 장병과 무기체계의 전투력 발휘를 보장하는 군수의 본질에 충실할 수 있을 것이다.

* 장준근(2017), "군수의 체계와 기능", 국방일보, 2017. 9. 18. 기고에서 일부 용어를 수정 인용.

제2부

소요기획

제 4 장
무기체계 소요기획

1. 소요기획의 역할과 범위

앞에서 합동전투발전체계, 국방기획관리체계 그리고 국방획득관리체계 등 군사력 건설을 위한 하위체계 간의 협업 활동 속에서 소요기획을 살펴보았다. 그러한 이유는 소요기획을 독립적인 하나의 체계로서 인식하기 이전에 군사력 건설을 위한 구성체계로서 역할과 위치를 명확히 알고자 함이었다. 그런데 각각의 체계들은 법률, 조직 및 예산 등 구조적 기반 여건으로 인하여 다소 독립적인 업무형태를 보여주고 있다. 하위체계 간의 이러한 독립성과 폐쇄성은 협업의 미흡으로 나타나고 협업의 미흡은 부분 최적화로 이어졌다. 그리고 그러한 부분 최적화를 타개하기 위한 방안으로 총수명주기관리체계의 필요성을 이해하였다. 본 장에서는 지금까지 살펴본 큰 틀의 인식을 바탕으로 소요기획의 세부적인 내용을 알아보고자 한다.

가. 소요기획의 역할

소요기획은 군수활동의 처음이라고 볼 수 있다. 사용자인 장병의 군수품에 대한 요구, 전투부대와 전투지원부대의 지원요구, 적의 위협에 대비하는 전투력 발휘에 대한 요구, 미래의 요구되는 능력 등을 포함하여 군에서 광범위하게 필요로 하는 것을 수요 또는 소요라고 할 수 있으며, 그러한 수요와 소요를 다듬어가는 과정을 소요기획이라고 할 수 있다.

그러므로 소요기획에서는 먼저 이러한 다양한 요구들이 있다는 점을 알아야 한다. 다양한 요구들은 대부분의 경우에 모호하거나 추상적이고 개념, 목표, 능력 등으로 표현되기도 한다. 만일 구체적이고 정량적인 요구라면 군수품을 특정하고 소요량을 집계하는 수준에서 다음 단계로의 진입이 훨씬 쉬울 수 있다. 그렇지만 모호하거나 추상적 요구라면 이를 구체화하는 기준과 절차를 갖추어야 한다. 이렇게 초기의 추상성 또는 모호성을 구체적 소요로 변환시켜주는 일정한 절차를 소요기획이라고 할 수 있다. 이러한 소요기획 과정을 거쳐서 나오는 소요는 정량화되어서 관계기관의 누구나 이해할 수 있어야 하고 그러한 이해가 개인이나 조직별로 크게 다르지 않아야 한다.

소요에는 시간적인 요소가 있다. 현재 필요한 것인지, 아니면 미래에 필요한 것인지 등이다. 현재에 필요한 것이라면 현존 군수품을 보급해야 하는 소요가 대부분일 것이고 미래의 일정한 조건과 상황에 대비하는 소요라면 현존하는 군수품을 포함할 수도 있고 현존 군수품이 그러한 요구를 충족시켜주지 못하면 신규로 군수품을 개발하고 생산하거나 공급해야 한다.

아울러, 소요에는 내재적으로 불일치 또는 차이라는 개념을 갖고 있다고 볼 수 있다. 불일치는 정성적인 측면에서 군수품의 성능 효과나 사용자 만족도의 불일치 등이 있으며, 정량적으로는 수량의 불일치나 신뢰도의 불일치 등이 있을 수 있다. 이러한 불일치를 해소하려는 노력이 수량의 부족을 보충하는 것에서부터 새로운 성능을 보강하거나 완전한 신규 군수품을 개발하는 것을 포함한다.

업무수행의 편의상 우리는 소요를 전력(또는 무기체계)소요와 전력지원체계 소요로 구분하기도 한다. 소요기획의 의미에서 이렇게 전력소요와 전력지원체계 소요를 구분하는 행위는 소요기획의 마지막 단계라고 볼 수 있는 능력 요구를 아예 처음부터 적용하는 모순적인 측면이 다분히 있지만, 현재의 「방위사업법」, 「국방전력발전업무훈령」 등에 따르면 이렇게 구분하여 소요업무를 수행해야 한다.

소요는 최상위의 전략과 연계되어야 한다. 「국가안보전략지침」, 「국방기본정책서」 등을 토대로 합동군사전략에 기초하여 소요를 결정하는 한편, 능력의 평가와 능력의 요구는 합동군사전략 능력기획에서 발전되는 작전계획과 군사력 운용에 근거해야 한다. 이와 같은 합동기획체계를 다음 그림과 같이 확인할 수 있다. 합동전투발전체계는 미래 합동작전 기본개념에서 제시된 요구능력을 기준으로 미래능력을 평가하고 소요를 결정하여 그 결과를 합동군사전략목표기획서(JSOP), 중장기 전투발전기획서와 합동무기체계기획서 등에 반영하게 된다. 합동전투발전체계는 합동성 차원에서 미래전을 사전에 준비하는 총체적인 노력으로서, 현존 전력을 극대화하고 미래전력의 소요를 창출하는 과정으로 합동개념발전, 능력평가, 능력요구, 합동소요 결정으로 이어지게 된다.

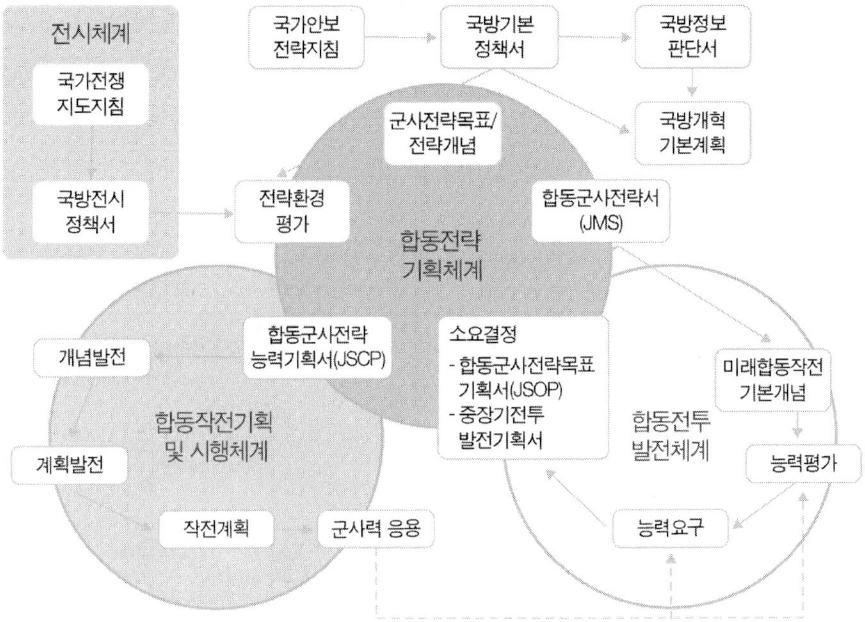

〈그림 4-1〉 전략과 작전으로부터의 합동전투발전체계[1)]

나. 능력기반과 위협기반의 소요기획 비교

능력기반평가(CBA: Capability Based Assessment)란 어떻게 싸울 것인가에 기초를 두고 요구능력을 도출하고 이를 현 능력과 비교하여 능력의 차이를 평가하고, 개선이 요구되는 능력을 식별하는 기본적인 절차로서 합동전투발전체계의 근간이 되고 있다. 이는 기존의 소요창출체계(RGS: Requirement Generation System)[2)]가 소요를 단위로 하여 의사결정을 해왔던 것과 대비된다. 특히, 기존의 소요창출체계는 위협기반의 소요기획이다. 이는 임무를 분석하고 적의 위협을 분석하면서 대응하는 과정에서 각 군에서 제기하는 플랫폼 중심의 무기체계 등의 소요를 종합하는 상향식의 소요창출체계이다. 따라서 위협기반의 소요기획에서는 임무소요서(MNS: Mission Needs Statement)와 개별 무기체계의 운용요구서(ORD: Operational Requirement Document) 등이 요구되는 것이다.

2003년 미국 국방장관 럼즈펠드는 기존의 소요창출체계를 대체하여 합동능력통합발전체계

1) 국방기술품질원(2016), 『국방기술기획방법론 연구』, p. 8.
2) RGS는 소요창출체계, 소요제기시스템, 소요결정체계 등 다양하게 번역되어 사용되었으나 여기서는 일반적으로 사용하는 소요창출체계로 번역함.

(JCIDS)를 도입하였다. 기존의 소요창출체계는 각 군별 소요제기에 따라서 상향식으로 소요를 제안 및 제기하고 합참에서 소요를 결정하는 체계인 데 반해서, 합동능력통합발전체계는 하향식으로 능력을 평가하여 능력을 요구하고 소요를 결정하는 체계이다. 능력기반 소요기획의 도입 배경이나 취지는 다음 그림과 같이 정리할 수 있다.

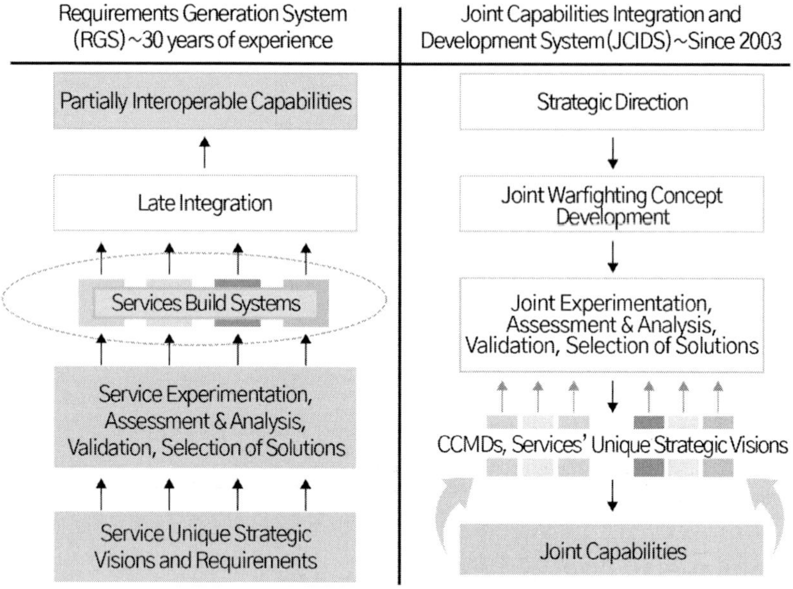

〈그림 4-2〉 위협기반과 능력기반 소요기획 비교[3)]

능력기반 소요기획은 위협이 불확실하거나 비대칭 전력에 의한 위협이 다양한 형태로 전개될 경우에 위협을 특정하는 것이 어렵고 이에 따라 대응하는 전력의 효과를 보장할 수 없을 때 적합하다고 할 수 있다. 9.11테러, 천안함 폭침과 같이 우리가 상상하기 어려운 위협은 그 대상, 시기, 범위 및 특성 등을 확정하기 어렵고 그러한 위협에 맞춤형으로 처방하여 사전에 준비하고 실시간에 효과적으로 대응하기가 곤란하기 때문에 오히려 다양한 상황에 유연하게 대응할 수 있는 보다 포괄적인 능력을 갖추는 것이 필요하다 할 것이다.

다른 이유는 국방예산의 압박이라고 볼 수 있다. 세계의 어느 나라든 국방예산의 압박을 받지 않는 나라가 없을 지경이다. 위협기반 소요기획에서는 상향식 소요결정체계를 적용하면서 위협에 대응하는 개별 무기체계 위주로 소요를 각 군이 제기하고 합참에서 소요를 결정하는 방식이다. 이러한 방식에서는 총체적인 합동전투력 발휘를 보장할 수 없을 뿐만 아니라 중복투자의

3) DAU(2012), JCIDS Primer에서 인용.

가능성이 많아지고 각 군별 예산을 확보하려는 경쟁을 심화시키기도 한다. 따라서 한정된 재원을 국가 차원에서 종합적인 능력을 단위로 할당하는 방식으로 전환할 경우에는 재원의 효율성을 보다 향상시킬 수 있을 것으로 기대하는 것이다.

다음으로 전투력 발휘의 합동성과 상호운용성의 강화이다. 합참에서 주도하여 합동개념을 발전시키고, 이를 기반으로 요구되는 능력을 상정하고 현존 능력과 차이를 식별하는 방식으로 접근한다. 기본적으로 합동성을 전제로 하고 이를 지속적으로 강화하며 상호운용성을 보장할 수 있는 것이다.

수행주체 측면에서 능력기반 소요기획의 또 하나의 특징은 최초의 검토에서부터 민·군의 협력을 바탕으로 능력을 확보하려 한다는 점이다. 종래에는 군사력 건설을 위한 방위력 개선 분야에서 군의 독자성과 전문성을 인정하면서 다소 독립적이며 폐쇄적인 영역으로 인식되었으나, 최근에 공공분야 전반에 걸쳐서 투명성과 합리성에 대한 요구가 증가하면서 민·관의 개입분야가 확대되고 있다. 또한 군의 대(對)민 설득 노력과 민·관의 대(對)군 설득의 논리가 상호 간 정교해지고 있다. 민·군의 소통과 협력 차원에서 위협을 기반으로 하는 개별 무기체계 위주의 사업 진행보다는 능력을 중심으로 하는 포괄적 사업이 보다 많은 산·학·연이 참여하여 검토, 논의 그리고 협력을 강화하는 데 유용할 수 있다.[4)]

사업을 추진하는 방안과 절차 측면에서 보면, 의사결정의 단위를 소요에서 능력으로 전환하여 불필요한 획득을 방지하고 미래전의 요구능력과 현 능력을 비교하여 능력격차를 식별하고 해소한다. 이를 해소하기 위해 우선은 '비물자적 방안(Non-materiel Solutions)'을 검토하고 이어서 '물자적 방안(Materiel Solutions)'을 고려한다. 비물자적 방안은 교리, 조직, 훈련, 장비 및 물자, 리더십, 인사, 시설 등 능력격차를 해소하는 방안을 검토하는 것이며 이러한 비물자적 방안으로 능력격차를 해소할 수 없을 경우에, 물자적 방안으로 결정한다.[5)]

따라서 위협기반의 소요기획에서 주요 문건인 임무소요서(MNS)와 운용요구서(ORD)를 대체하여 최초능력서(ICD: Initial Capabilities Document), 능력개발서(CDD: Capability Development Document), 능력생산서(CPD: Capability Production Document) 등을 사용한다. 최초능력서 이후에 물자적 해결방안에 대해서 대안분석(AoA : Analysis of Alternatives)을 수행하여 최선의 대안을 결정해간다. 대안분석을 하면서 효과척도(MOE: Measure of Effectiveness), 성능척도(MOP: Measure of Performance) 등으로 군수품의 고유 특성치가

4) 안영수 외(2013), 『방위산업 발전과 선진강군을 위한 국방 전력소요기획체계 발전방향』, 산업연구원 Issue paper 2013-323, p. 55.
5) 상게서, p. 18.

반영[6]되어 핵심성과지표(KPP), 핵심장비속성(KSA) 등과 연계하여 향후 획득관리, 운영유지 단계 등 총수명주기관리의 체계성 보장이 용이하다.

다. 소요의 분류

소요를 모두 정리하여 분류하는 것은 어려운 일이지만, 일정한 기준에 따라 정리하면 소요를 누락 없이 포함할 수 있는 장점이 있다. 소요의 성격이 포괄적이므로 분류하는 기준도 다양하다.

소요를 시기별로 나누어보면 전시와 평시, 현재소요와 미래소요로 구분할 수 있으며, 긴급소요와 이에 대비되는 일반소요로 나눌 수 있다. 대상별로 소요를 구분할 경우에, 인력소요, 자금소요, 장비소요, 물자소요 및 서비스소요로 구분한다. 기능별 소요는 일반적인 군수 8대 기능이라는 소요, 연구개발, 조달, 보급, 정비, 수송, 시설, 근무 등에서 주로 언급될 수 있는 소요이다. 한편, 계획을 기준으로 소요를 구분하면 초도소요, 소모보충소요, 재주문소요, 저장소요 등으로 구분할 수 있다.

〈표 4-1〉 소요분류 기준[7]

분류기준	내용
시기별 소요	전시소요, 평시소요, 현재소요, 미래소요, 긴급소요, 일반소요
대상별 소요	인력소요, 자금소요, 장비소요, 물자소요, 서비스소요
기능별 소요	연구개발소요, 조달소요, 정비소요, 수송소요, 시설소요, 재고소요, 생산소요, 고객서비스소요, 정보소요, 환경소요
계획별 소요	초도 소요, 소모보충소요, 재주문소요, 저장소요
충족형태별 소요	부대운영, 보급수준
기간별 소요	장기소요, 단기소요

6) "효과척도는 각 대안이 임무목표를 얼마나 달성할 수 있는지를 정량적으로 평가하기 위한 것이다. 예를 들어 '대화력전' 능력을 평가하기 위하여 특정한 시점까지 '적 장사정포의 00%를 파괴'한다는 임무목표를 수립할 수 있고, 효과척도로 주어진 시간 동안 적 1개 포대에 대한 파괴율, 그리고 성능척도는 무기체계의 고유 특성치가 반영되어 대안별(무기체계별) 화력의 사거리, 정확도, 파괴력, 발사율 등을 고려하여 평가한다." 상게서, p. 88.

7) 손병식(2013), 『군수학 원론』, 서울경제경영, p. 82에서 인용하여 일부 내용을 보완하였음.

2. 무기체계 소요기획의 이해

가. 미국의 소요기획

미국은 월남전 패전에 따른 전쟁 교훈과 그레나다 침공 시 군사작전 분석 결과를 토대로 한 합동체제의 필요성을 근거로 합참의장의 권한을 강화하고 군 내 명령체계를 재정비하는 것을 골자로 하는 골드워터-니콜스 법안을 1986년 발표하였다. 그 후에도 합동성을 강조하는 합동작전 수행체계는 발전을 지속하여 냉전 종식과 더불어 도래한 새로운 군사안보 환경의 변화와 비약적인 정보기술의 발전, 그리고 수차에 걸친 대규모 전쟁의 교훈을 반영한 『합동비전 2010』, 『미래합동작전 개념서』, 『합동비전 2020』 등을 발간하였다. 2003년에는 『합동운용개념서(*JOpsC: Joint Operations Concept*)』를 발간하고 2005년에는 『합동작전기본개념서(*CCJO V.2.0: Capstone Concept for Joint Operations*)』로 대체되면서 하위문서로 "합동운용개념서(JOC: Joint Operating Concept)", "합동기능개념서(FJC: Functional Joint Concept)", "합동통합(지원)개념서[JIC: Joint Integrating(Supporting) Concept]"가 문서화되었다. 2009년에 『합동작전기본개념서(*CCJO V.3.0*)』로 개정되었고 2012년에는 명칭을 『합동전력 2020』으로 변경하였다.8)

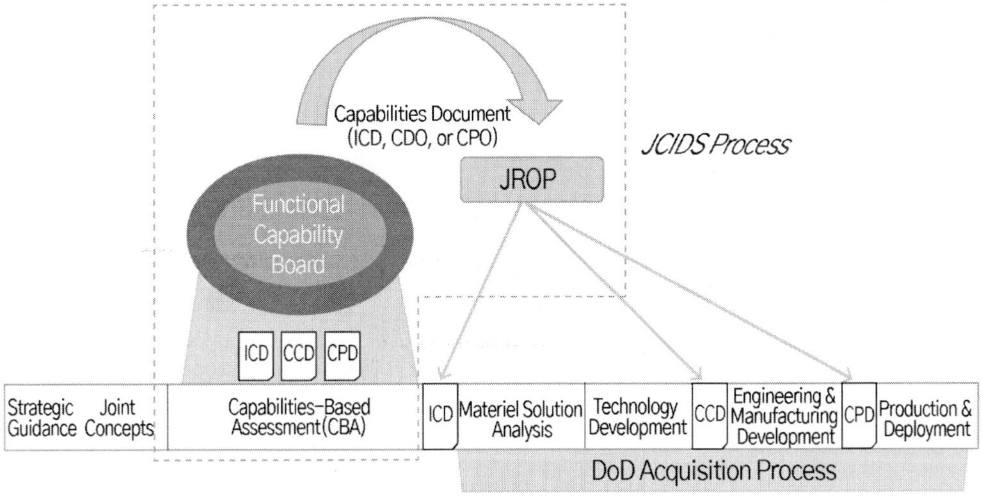

<그림 4-3> 합동능력통합발전체계

8) 서길원·유진영·홍성표(2014), "합동성 강화를 위한 한국군 소요기획체계 개선방안", 『한국방위산업학회』 21(4), pp. 8-9에서 인용하였으며 CSCSI 3010.02D는 2016년에 CSCSI 3010.02E로 최신화됨.

합동작전의 개념발전과 더불어 2003년에는 위협기반의 소요제기체계를 합동능력통합발전체계(JCIDS: Joint Capabilities Integration and Development System)로 발전시켰다. 합동능력통합발전체계에서는 최초능력서(ICD), 능력개발서(CDD), 능력생산서(CPD)로 개편되었으며 작전능력 중심의 소요기획으로 능력의 소요가 능력평가를 거쳐 국방획득관리체계로 연결된다. 미래에 요구되는 능력과 현존 능력의 격차를 확인하고 비물자적 방안을 우선 검토하고 이를 전투발전요소 변경건의(DCR: DOTmLPF-P Change Recommendation)로 제시한다. 비물자적 방안이 불가할 경우에는 물자적 대안을 모색하게 된다. 다수의 물자적 사업단위 대안 중에서 가장 효율적인 대안을 대상으로 선정하는 대안분석(AoA)을 통해서 최선의 대안으로 획득을 추진하게 되는데, 능력의 결정을 담아서 최초능력서(ICD)를 작성한다. 이후에 체계개발을 위한 심의문서인 능력개발서(CDD)를 기초로 체계개발을 진행하고 이어서 양산을 위한 능력생산서(CPD)를 작성한다.

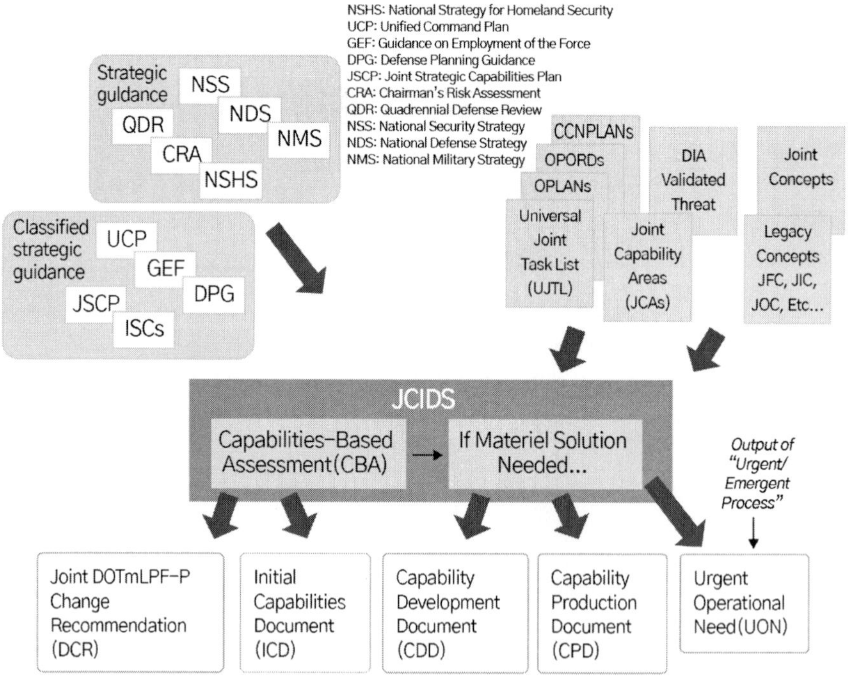

〈그림 4-4〉 합동능력통합발전체계 수행절차 9)

9) US Army RDECOM(2016), "JCIDS: How it drive acquisition of armament systems and influences armament science & technology investments," p. 17.

나. 소요의 순환

소요는 소요체계라고도 하고 의사결정 과정을 의미하기도 하지만 의사결정을 넘어서 소요창출, 소요기획 및 소요관리의 순환으로 설명된다.

군사전략목표와 전략개념으로부터 발전되는 교리 및 작전개념의 발전, 기술의 요구, 운용상의 필요 등에 의해서 소요가 창출된다고 본다. 이러한 소요창출에는 신규 군수품의 개발, 기술개발, 운영상 보충소요 등을 포함한다. 소요가 창출되면 소요제기 요건에 맞추어 소요제기가 이루어지는데 주로 합동전투발전요소 중에서도 DOTMPF 즉, 교리, 구조 및 편성, 교육훈련, 무기·장비·물자, 인적 자원 및 시설 등을 중점적으로 소요를 제기한다. 소요제기 단계에서는 능력평가, 분석 및 대안수립 등을 통해서 능력을 요구하고 소요검증을 통해서 소요를 결정하게 된다. 결정된 소요는 합동군사전략목표기획서에 반영되면서 소요기획이 완료된다. 이렇게 결정된 소요는 사업관리 활동과 시험·평가를 거치면서 정제되고 관리되는데 이 단계가 소요관리 단계이다. 전력화 이후 운영유지 단계에서 야전운용제원이 수집되면서 설정했던 성능과 차이가 분석되면 다시 소요창출 과정으로 환류된다. 이와 같은 소요의 환류과정이 아래 그림과 같다.

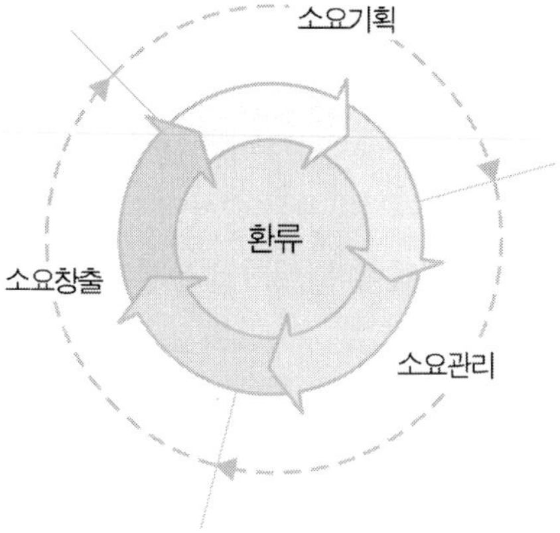

〈그림 4-5〉 소요의 순환

다른 측면에서 진화적 획득전략(Evolutionary Acquisition)을 통해서 소요의 환류가 촉진되는 측면이 있다. 능력평가를 통해서 능력격차를 확인하고 능력이 요구되면, 이를 토대로 소요제기와 소요결정을 하게 된다. 소요결정은 기획문서에 담기게 되고 기획과 예산을 연결하는 계획문서를 수립하면서 기획의 시행 가능성을 제고하게 된다. 최근에 진화적 획득전략을 적용하면서 장기소요에서 효과척도(MOE)와 성능척도(MOP) 등 정량적 요소를 포함하는 작전운용능력이 도출된다. 선행연구 등을 통해서 장기소요가 중기소요로 전환되면서 작전운용성능(ROC: Required Operational Capability)을 설정하고, 탐색개발을 통해서 작전운용성능을 결정한다. 이후에 체계개발과 시험·평가를 거치면서 연구개발 기간의 장기화에 따른 폐해를 최소화하고 개발위험과 기술 진부화를 방지하기 위한 목적 등으로 개발단계를 2회 이상 반복 적용하여 작전운용성능의 목표치를 분할한다. 운영유지 단계를 거치면서 야전운영제원을 수집하여 분석하면서 다음 단계의 진화적 개발을 추진하거나 성능개량, 차세대 무기체계 개발을 위한 작전운용성능을 제시한다. 이와 같은 진화적 획득전략의 적용은 아래 그림과 같다.

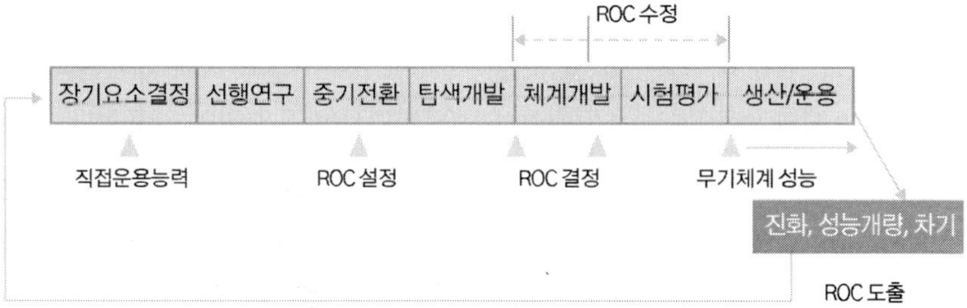

〈그림 4-6〉 진화적 획득전략에 따른 작전운용성능의 발전[10)]

진화적 획득전략(Evolutionary Acquisition)이 작전운용성능의 목표치를 분할하여 동일한 개발단계를 2회 이상 반복 적용하여 최종적으로 완료하는 전략이라고 한다면, 일괄획득전략(Single Step to Full Capability)은 개발단계를 순차적으로 1회 적용하여 작전운용성능의 목표치를 충족하는 체계를 개발하는 전략이다. 여기서 분할은 점증적 방식으로의 분할을 의미하고 증분 또는 블록이라고도 한다. 이것은 군이 획득하고자 하는 운용적인 능력을 나누는 단위이며 각 점증은 소요기획부터 전력화까지 획득 전 단계에서 고려해야 할 단위이다. 진화적 획득전략은 점진적 개발(Incremental Development)과 나선형 개발(Spiral Development) 등으로 구분하기도 한다. 점진적 개발은 체계의 작전운용성능이 개발 이전 단계에서 이미 확정되었으나 개발목표치의 달성을 위하여 개발단계를 반복하여 적용하는 방식이다. 반면에 나선형 개발은 체계의 운용개념은 확정되었으나 구체적인 작전운용성능이 개발 착수 이전에 확정되지 않은 경우에 적용하는 개발방식이라고 볼 수 있다.[11)]

우리는 앞에서 알아본 바와 같이 군수품을 무기체계와 전력지원체계로 구분[12)]하고 각각의

10) 과학기술정책연구원(2018), "국방기술 기획체계 발전방안", 『STEPI Insight』 223, p. 10.
11) 한국국방발전연구원(2015), 『무기체계의 진화적 연구개발 방향』, pp. 22-23.
12) 앞서 군수의 변천사에서 살펴보았듯이, 무기체계와 전력지원체계의 구분은 한정된 국방재원을 좀 더 용이하게 확보하

거의 독립적인 법규, 조직 및 예산 등 기반을 구축하고 업무를 수행하고 있는 실정이다. 따라서 여기에서도 각각 별도의 무기체계 소요기획과 전력지원체계 소요기획으로 나누어서 상세한 내용을 알아보고자 한다.

3. 한국의 무기체계 소요기획[13)]

소요를 표현할 때는 해당 무기체계가 무엇인지 대상을 식별하고, 왜 필요한지, 언제까지 필요한지, 얼마나 필요한지 등을 결정해야 하고 전장에서 어떻게 운용할 것인지 등을 명확하게 기술해야 한다. 소요기획이란 국방목표를 달성하기 위하여 국방정책과 군사전략을 수립하고, 군사전략에 따른 미래 합동작전 기본개념을 발전시키고 이를 구체적으로 구현하기 위한 합리적인 군사력 건설 및 유지소요를 창출하는 것을 말하여 전력소요서의 주요 내용이라고 할 수 있다. 이는 합동작전 기본개념인 미래 한반도 작전환경의 변화에 따른 군사적 요구에 부응하고 군사전략개념을 실질적으로 구현하기 위해 싸우는 방법과 연계성을 유지하여야 한다.[14)]

합동전투발전체계는 합동성 차원에서 미래전을 준비하는 총체적인 노력으로서 현존 전력을 극대화하고 미래전력의 소요를 창출하는 과정으로 합동개념발전, 능력평가, 능력요구, 합동소요 결정으로 이루어진다.

가. 합동개념발전

합동개념발전은 미래의 싸우는 방법에 대한 개념을 제시하고 요구능력을 도출하는 것이다.

고 관련 사업을 투명하게 추진하기 위한 목적에서 시작되었다고 볼 수 있다. 그럼에도 불구하고 현재 이러한 분류가 역으로 우리의 전력 및 군수업무의 발전과 협업을 제한하는 요소로 작용하고 있는 것도 사실이다.
무기체계(Weapon System)는 광의의 개념과 협의의 개념이 있는데, 광의의 무기체계는 유도무기, 전차, 항공기, 함정 등 전쟁에서 전투력을 발휘하기 위한 무기와 이를 운영하는 데 필요한 인원, 장비, 부품, 시설, 소프트웨어, 종합군수지원 요소, 전략·전술·훈련 등 제반요소를 통합한 전체 체계를 말한다[국방부(2013), 전게서]. 협의의 무기체계는 특정한 운용목적을 달성하기 위한 무기를 중심으로 구성된 주요 장비 및 관련되는 기재의 종합을 의미한다(상게서).
반면에 전력지원체계(Force Support System)는 전투수행의 주체인 장병과 무기체계의 지속적인 전투력 발휘를 지원하는 (무기체계 이외의) 장비(부품), 물자, 일반시설, 자원관리 및 기반체계 소프트웨어 등의 제반요소를 통칭한다(상게서). 여기서 사용하는 전력지원체계라는 용어는 우리가 만든 순수한 조어(造語)로서 타국에서 이러한 용어를 정의하거나 사용한 사례는 없다.

13) 제시되는 내용은 「합동전투발전업무훈령」(국방부 훈령 제2068호, 2017. 9. 20.)과 국방기술품질원(2016), 전게서에서 발췌하여 인용하였음.
14) 김홍빈(2015), "군사전략 구현 위한 무기체계 소요기획 영향요인 도출에 관한 연구", 『국가전략』 21(4), p. 212.

'국방정보판단서', '국방기본정책서', '합동군사전략서'를 근거로 미래 합동작전개념을 발전시켜 '미래 합동작전기본개념서'와 '합동작전요구능력서'를 작성한다. '미래 합동작전기본개념서'는 미래에 합동작전부대가 싸우는 방법과 '무엇을 준비할 것인가'에 대한 개념을 제시하는 문서이다. 상위전략 지침과 개념, 결정적 지점 선정, 작전목표 설정, 작전개념 구상, 대응목표 및 대응개념, 대응수단과 방법으로 구성된다. 5년 주기로 작성하며 F+8~15년 기간의 합동작전 범주별 미래 전력운용 방안을 구상하여 개념발전 제안을 한다. 합참 전력발전부는 개념발전 TF를 구성하여 합동작전 기본개념을 발전시킨다.

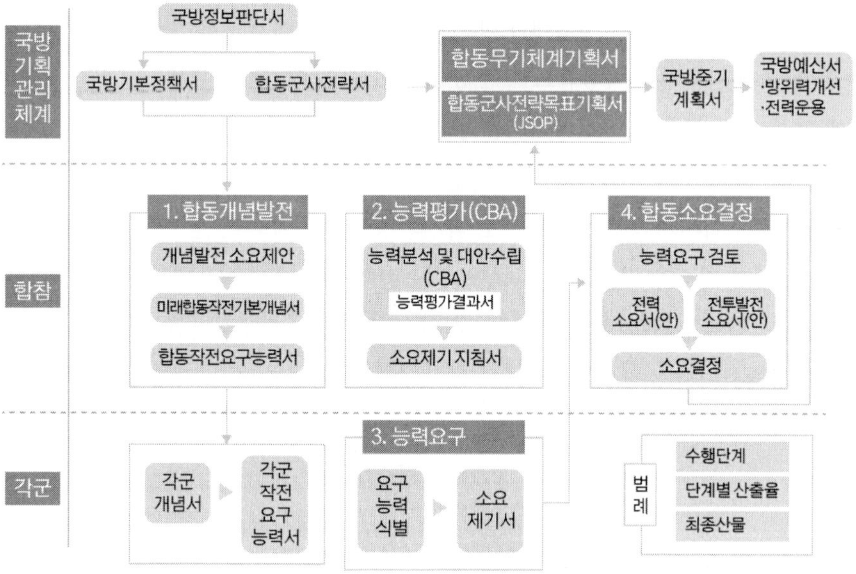

〈그림 4-7〉 합동전투발전체계도[15)]

'합동작전요구능력서'는 '싸우는 방법'과 '요구되는 능력'을 구체화하기 위한 문서로 미래 작전환경에서 다양한 유형의 합동작전 수행 시 합동개념 구현을 위한 구체적인 요구능력을 도출하여 합동실험 및 합동전투발전 소요제기의 기초를 제공한다. 기본개념의 구비조건과 구현요소에서는 상호운용성 보장 등 합동성 영역과 현재 및 미래 기술적 구현 가능성을 검토하는 기술적 영역을 아울러 제시한다. 합동작전 범주별 작전수행개념에서는 국지도발, 전면전, 잠재적 위협대비, 비군사적 위협대비, 국제군사협력 활동 등으로 범주를 나누고 예상상황, 대응개념, 운용개념 순으로 기술하는데, 운용개념은 시나리오로 기술한다. 합동기능별 요구능력은 합동전

15) 「합동전투발전업무훈령」(국방부 훈령 제2068호, 2017.9.20.) 별표2.

장기능에서 측정 가능한 표준과 조건을 제시한다. 이러한 표준과 조건은 전반적인 군수품의 효과척도(MOE)로 표현될 수 있으며, 일정한 부분의 효과척도는 성능척도(MOP)과 적합성 측정(MOS: Measure of Suitability)으로 구성된다.16)

<표 4-2> 합동작전요구능력서 작성내용

구분	내용
1. 미래 전장환경 분석	미래전 양상, 필요성, 활용분야
2. 기본개념	개요, 구비조건, 구현요소(합동성/기술적 영역)
3. 합동작전 범주별 작전수행 개념	예상상황, 대응개념, 합동기능별 운용개념 - 합동작전 범주: 국지도발, 전면전, 잠재적·비군사적 위협 대비, (국제)군사협력 - 합동기능: 전장인식, 지휘통제, 전력운용, 방호, 지속지원
4. 합동기능별 요구능력	합동기능별 요구능력 및 수준(표준, 조건) *예) 00km 감시능력 구비, 00주 이상 수중체재
5. 합동실험지침	실험 중점 및 추진방향
6. 합동전투발전 소요제기 지침	교리(D), 구조 및 편성(O), 교육훈련(T), 무기·장비·물자(M), 인적자원(P), 시설(F)에 대한 소요제기 지침

나. 능력평가

능력평가단계에서는 현재의 능력을 평가하고 미래에 요구되는 능력을 도출하여 부족한 능력을 식별하여 이를 극복하기 위한 가용대안을 수립하여 소요제기 지침서를 하달한다. 능력평가에는 세 가지 유형이 있는데, 전장기능별 미래 요구능력 도출, 특정 군사문제 해결, 각 군 개념에 의한 소요 도출 등이다.

전장기능별 미래 요구능력 도출은 미래 합동작전기본개념서 작성주기를 고려하여 5개년 계획을 작성하되, 합동작전요구능력서를 기초로 시나리오 작성 시부터 반영한다. 특정 군사문제 해결은 특정한 군사적 영역에 문제발생 시 정책결정권자의 지시에 의거 합참, 각 군 주도로 능력평가를 수행한다. 각 군 개념에 의한 소요 도출은 각 군의 개념에 의한 소요 또는 현행작전 긴급소요가 요구될 경우에 운영개념의 명확화, 소요의 논리 입증 및 합동성 제고를 위하여 각 군 주도의 능력평가를 수행하는 것이다.

16) Greg Prothero(2017), "Developing Requirements," DAU CLR252, lesson #3; DAU acqnotres.com/acqnote/tasks/measures-of-effectivenessrequirements에서 발췌하여 인용.

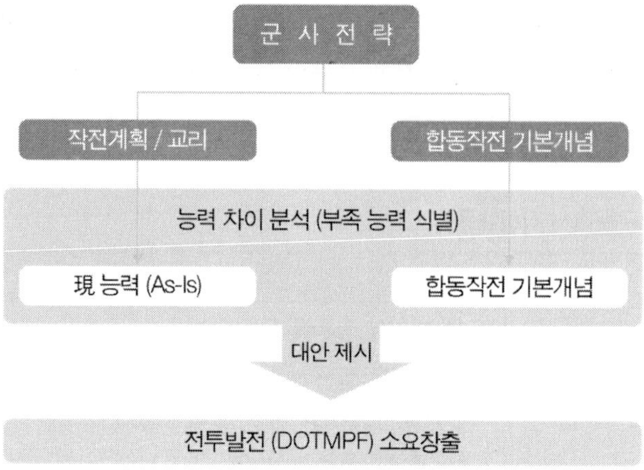

〈그림 4-8〉 능력평가

능력평가의 절차는 다음의 그림에서 보는 바와 같다. 시나리오 작성 및 능력평가범위 산정, 능력분석, 대안수립, 합동성위원회 승인의 절차를 따른다. 기능별 능력위원회에서 능력평가 전 과정을 주도한다.

군사전략에 기반을 두어 작전계획, 교리, 미래 합동작전기본개념서와 합동작전요구능력서 등을 기초로 적 위협 시나리오를 작성하고 이에 대응하는 우리의 대응 시나리오를 작성하여 요구능력을 식별한다. 각 시나리오에서 도출된 요구능력은 합동능력영역(JCA: Joint Capability Area)[17]과 합동과제목록(JTL: Joint Task List)[18]에 매핑하여 요구능력 달성을 위한 과제를 선정한다.

능력분석은 능력평가 범위를 대상으로 목표, 현재, 부족능력을 정량적으로 도출하는 과정으로 지식 및 통계기반 분석기법과 M&S 분석기법을 활용한다. 또한 전문가 판단서를 활용하여 과제의 성공 여부를 판단한다. 전문가 판단서는 평가요소별 답변서, 참고자료, 전문가 대안제시로 구성된다. 전문가에게는 관련 시나리오 아키텍처, 참고자료 및 가용대안 풀을 제공하여 객관적인 관점에서 판단하고 대안을 제시하도록 해야 한다. 가용대안 풀을 제시할 때는 전투발전요소(DOTMPF)를 활용한다.

17) 합동능력영역은 국방 차원에서 필요한 모든 능력을 중복 및 누락 없이 그룹화, 계층화한 능력항목들의 분류체계로서 합동능력 관리를 위한 문서이다. 합동능력영역은 국방부, 합참, 각 군의 공통적인 능력소요 기준이며 수준척도로서 능력평가에도 활용된다(「합동전투발전업무훈령」 제29조).

18) 합동과제목록은 합참, 각 군, 작전사 및 합동부대가 국가 및 군사목표 구현을 위해 수행해야 할 과업을 행동중심으로 과제화한 목록으로 합동과제 관리를 위한 문서이다. 합동과제목록은 능력평가 수행시 능력분석을 위한 평가요소를 제공하고 합동임무 필수과제목록(JMETL) 작성의 근간을 제공하며 연합 및 합동작전계획 발전의 기반을 제공하고 전투준비태세 검열 시 평가과제 선정의 기초로 활용한다(「합동전투발전업무훈령」 제30조).

〈그림 4-9〉 능력평가 절차

전투발전요소는 부족능력을 보완하기 위한 가용대안을 선정하는 과정으로 미래전력 소요 도출 및 전력화 의사결정 지원 시 핵심자료로 제시한다. 능력보완 필요과제를 식별하여 전투발전요소(DOTMPF) 분야별 가용대안을 도출하고 대안별 작전효과도, 위험도, 비용 측면에서 우선순위를 부여한다. 이때 작전효과도는 보통의 경우에 전문가 설문 등을 통해서 시행한다. 대안별 비물자적 대안과 물자적 대안을 조합하되, 비물자적 대안을 우선 고려한다. 합동실험은 현재와 미래 능력을 정량화하고 도출된 대안의 타당성을 검증하고 최적 대안 도출을 지원한다.

합동성위원회에서 작성결과를 승인하면, 수립된 대안은 소요제기 지침서로 소요제기기관에 하달된다. 특히, 소요제기 지침은 작전효과도를 이용하여 분석한 대안을 합동전투발전 분야별로 구분하고 부족능력에 대해 보완 가능한 대안을 세부적으로 기술한다.

다. 능력요구

능력요구는 소요제기기관이 소요제기 지침서에 제시된 대안에 대한 작전요구능력 또는 발전방향을 도출한 후 소요제기서를 작성하여 합참에 제출하는 단계이다. 소요제기기관은 합참의 소요제기 지침에 포함되어 하달된 대안과 각 군 개념으로부터 대안의 소요를 도출한다.

무기·장비·물자(M)는 운용개념을 정립한 후 작전요구능력을 도출하고 유사 무기체계를 선정한다. 기타 전투발전 분야(DOT_PF)는 현 실태를 분석하고 대안의 개략적인 발전방향을 제시한다. 소요제기기관은 전투실험을 실시하여 도출된 발전방향의 타당성을 검증하고 타당성 인정 시 소요제기서를 작성한다.

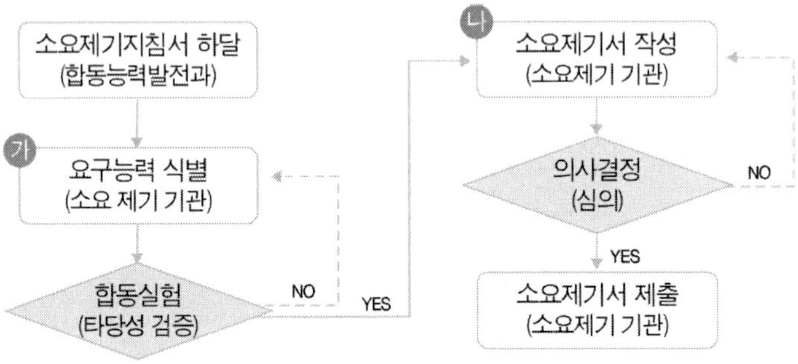

〈그림 4-10〉 능력요구 절차

라. 합동소요 결정

각 군, 합참부서, 합동부대의 소요제기서를 합참에서 구체화하여 소요서(안)를 작성하고 소요를 결정하는 단계이다. 합참 전력발전부와 전력기획부는 소요제기기관의 소요제기서를 종합하여 전투발전 분야별 담당부서에 배부하고 전투발전 분야별 담당부서는 해당 분야의 능력요청 지침과 부합되고 중복과 누락이 없는지 검토한다.

전투발전 분야별 담당부서는 소요제기서를 소요로 구체화하여 전투발전소요서(안)와 전력소요서(안)를 작성한다. 무기·장비는 전력기획부에서 운영개념, 작전운용성능, 소요량, 전력화 시기 결정 등 소요를 구체화하여 전력소요서(안)를 작성하여 소요제기하되, 필요시 통합개념팀(ICT: Integrated Concept Team)을 운용한다. 기타 전투발전 분야는 전투발전 분야별 담당부서에서 소요제기서에 제시된 분야별 발전방향에 대한 발전(안)을 구체화하여 전투발전소요서(안)를 작성하여 소요제기한다. 이때 분석실험실은 소요 구체화 시 전력분석(사전분석)을 하고 무기·장비 소요의 타당성을 검증하고 합동실험을 통하여 기타 전투발전 소요의 타당성을 검증한다.

무기·장비는 합동참모회의에서 전력소요서(안)를 심의하여 소요를 결정하고 기타 전투발전 분야는 합동성위원회 또는 합동참모회의에서 전투발전소요서(안)를 심의하여 소요를 결정한다. 합참 전력기획부는 무기·장비 분야 소요결정사항을 합동군사전략목표기획서(JSOP)와 합동무기체계기획서에 반영하고 합참 전력발전부는 기타분야 소요결정사항을 합동성위원회 또는 합동참모회의의 심의를 거쳐 국방부 등 주관부서에 반영 요청한다.

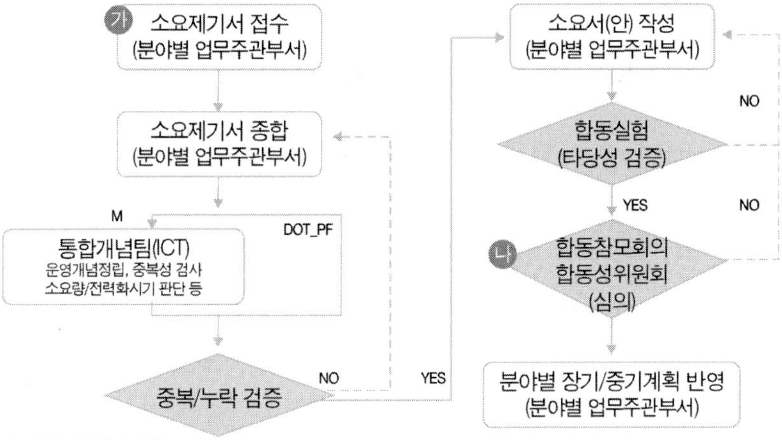

〈그림 4-11〉 합동소요 결정 절차

통합개념팀(ICT)은 합참에서 합동개념의 구현과 과학적·개량적 분석에 의한 소요창출을 위해 군사전략, 작전운용, 군 구조, 교리, 무기체계, 과학기술 분야, 시험평가 분야 등 관련 인원으로 구성된다. 통합개념팀은 그 구성요원의 다양성을 활용하여 합동개념을 구현하기 위한 무기체계의 식별, 무기체계의 필요성, 편성 및 운영개념의 정립, 작전운용성능(능력), 소요량 및 전력화 시기 등을 판단하고 합동성 차원의 중복성을 검증하고 신뢰성 확보방안을 검토한다. 모든 중·장기 신규전력 및 중기전환전력에 대한 전력소요서(안) 작성과 긴급소요에 대한 소요결정을 위해 통합개념팀의 운영을 원칙으로 하되, 단순 무기체계나 성능개량 소요 등과 관련해서는 통합개념팀을 운영하지 않을 수 있다.

소요결정의 대상은 대략적으로 장기전력 소요, 중기전력 소요, ACTD 소요로 구분할 수 있다. 장기전력 소요의 전력화 시기는 10년으로 전기(F+8~F+12)와 후기(F+13~F+17)로 구분한다. 합동참모회의의 심의·의결을 거쳐 합참의장의 결재를 받아 소요를 결정한다. 중기전력 소요는 중기 대상기간(F+3~F+7)에 신규로 반영하는 전력소요와 장기에서 중기로 전환되는 전력소요(F+7)를 포함하여 반영한다. 장기에서 중기로 전환되는 전력소요를 중기전력 소요로 반영하기 위하여 작전운용성능 구체화, 작전효과 분석, 개략적인 비용추정 및 비용절감 방안 등 과학적 분석 및 검증결과 선행연구 또는 탐색개발의 결과 반영 등 필요한 선행조치를 완료해야 한다. 중기전력 소요도 장기전력 소요와 같이 합동참모회의의 심의·의결을 거쳐 합참의장의 결재로 소요가 결정된다. ACTD 과제의 경우에는 소요군의 군사적 실용성 평가와 합참의 검토 결과에 따라 무기체계 소요로 전환이 가능하다고 판정될 경우 소요결정 절차에 따라 소요를 결정한다.[19)]

마. 합동군사전략목표기획서 등 작성

소요의 결정은 절차적 행위인데 행위의 결과는 문서에 담겨야 효력을 갖추게 된다. 합참은 국방정보판단서, 국방기본정책서, 국방개혁기본계획 및 합동군사전략서에 근거를 두고 합동성, 완전성 및 통합성을 고려하여 중·장기전력 소요 및 전력화 우선순위를 수록한 합동군사전략목표기획서(JSOP: Joint Strategy Objective Plan)를 매년 발간한다. 이러한 합동군사전략목표기획서는 국방중기계획서 및 국방과학기술진흥정책서 등의 작성 근거가 된다.[20)]

합참은 중·장기전력 소요를 수록한 합동무기체계기획서를 합동군사전략목표기획서의 별책으로 매년 발간한다. 합동무기체계기획서는 비닉무기와 보안이 요구되는 작전운용성능, 편제, 전투력 수준 등에 관련된 내용을 제외한 열람본을 발간하여 방산업체의 투자 활성화를 유도한다. 열람본은 중·장기 무기체계 소요의 필요성 및 운영개념, 중·장기 무기체계의 전력화 시기 및 소요량, 주요 작전운용성능, 기술적·부수적 성능, 종합군수지원 등을 포함한다. 또한 합참은 운용 중이거나 운용 예정인 무기체계에 대한 목록과 현황을 수록한 합동무기체계목록서를 매 3년마다 발간한다.[21)]

19) 「국방전력발전업무훈령」(국방부훈령 제2114호, 2017.12.29.) 제32-34조에서 발췌하여 인용.
20) 「국방전력발전업무훈령」(국방부훈령 제2114호, 2017.12.29.) 제35조.
21) 「국방전력발전업무훈령」(국방부훈령 제2114호, 2017.12.29.) 제37조, 제38조.

4. 작전운용성능과 기술적·부수적 성능

소요기획 과정 전반에서 가장 중요하게 검토되고 결정되는 부분 중 하나가 바로 작전운용성능(ROC: Required Operational Capability)이라고 할 수 있다. 작전운용성능에 관련된 언론보도[22] 등을 통해서 알게 되는 내용은 그렇게 호의적이지 않다. 무기체계획득 시 군이 과도한 작전운용성능을 요구하여 사업이 지연되고 있다거나, 어떤 때는 오히려 진부한 작전운용성능(또는 국방규격)으로 최신의 기술을 담아내지 못하여 무기체계의 성능 발휘도 제대로 못하고 결과적으로 국방예산을 낭비했다거나, 또는 작전운용성능을 임의로 낮춰서 특정 업체를 봐주기 위한 것이 아니냐 등의 의심을 사기도 한다. 이처럼 작전운용성능은 소요기획뿐만 아니라 군수품 수명주기 전체에서 가장 중요하고 민감한 사안 중 하나로 이해되고 있고 그 파급효과를 상징적으로 보여준다고 하겠다. 따라서 작전운용성능을 제대로 이해하고 적용한다면, 해당 군수품은 물론이고 군수활동 전반에 대한 신뢰를 회복할 수 있을 것으로 기대한다.

작전운용성능(ROC)은 군사전략 목표달성을 위해 획득해야 하는 무기체계의 운용개념을 충족할 수 있는 성능수준과 무기체계능력을 제시한 것으로서 주요 작전운용성능과 기술적·부수적 작전운용성능으로 구별된다. 이는 연구개발 또는 국외구매 무기체계의 획득을 위한 시험평가의 기준이 된다.[23] 연구개발 측면에서 보면 탐색개발은 작전운용성능의 기술적 구현 가능성을 확인하고 작전운용성능을 결정하는 단계이고, 체계개발은 결정된 작전운용성능을 만족하는 무기체계를 설계하고 시제품을 제작하고 시험평가를 통해 양산할 수 있는 무기체계를 개발하는 단계이다. 또한 운영유지의 성과기반 군수지원을 위한 기초를 제공한다고 할 것이다.

작전운용성능과 기술적·부수적 성능은 단위전력의 운영개념을 충족하고 작전수행에 필요한 요구성능을 제시하는 것으로, 항목별로 범위형(Belt) 및 오차형(±), 이상형, 이하형, 정량화형, 서술형 등으로 제시하며, 대상별 결정시기 및 절차는 단계화하여 결정한다. 장기소요 결정 시 작전운용능력을 제시하고 중기전환 시 작전운용성능을 설정하며, 탐색개발 결과를 반영하여 결정한다. 구매의 경우는 제안요청서 배포 전까지 결정한다. 작전운용성능은 합참에서 결정하고 기술적·부수적 성능은 방사청에서 결정한다.

22) 합참(2017), 『합리적 작전운용성능(ROC)설정 및 수정체계 구축』, p. 42.

사업명	ROC 수정 사유	미치는 영향
신세기함 UAV능력 보강	현 요구수준으로 충족할 수 있는 광학장비 부재	ROC 수정, 계약 지연
GOP 과학화 경계시스템	탐지율 요구수준 미충족	ROC 수정, 업체 봐주기 논란
군사용 수면비행선박(ACTD)	현 기술수준으로 상승고도 요구성능 미충족	사업 취소
차기 중기관총	현 기술수준으로 대공기능 요구수준 미충족	사업 취소
K-2전차	현 기술수준으로 파워팩 요구수준 미충족	ROC 수정, 사업 지연

23) 국방부(2013), 전게서, p. 335.

가. 작전운용성능의 특성

작전운용성능은 획득단계별 목표를 제공하기 위해 소요군이 요구하는 필수성능을 제시한 것이다. 따라서 작전운용성능은 단절된 것이 아니라 획득 전 단계에 걸쳐 만들어 가는 과정으로 볼 수 있다. 작전운용성능이 결정된 후에도 수정절차를 통해서 수정 가능하며 양산 전에 최종적인 무기체계 성능이 도출된다. 운영유지 단계에서는 이러한 성능이 보장되는 군수지원 활동의 기준으로서 역할을 하게 되고, 운영 중에 성능개량 또는 차기 무기체계에 새로운 또는 개선된 작전운용성능이 반영된다. 이러한 일련의 작전운용성능을 도식화하면 아래 그림과 같다.

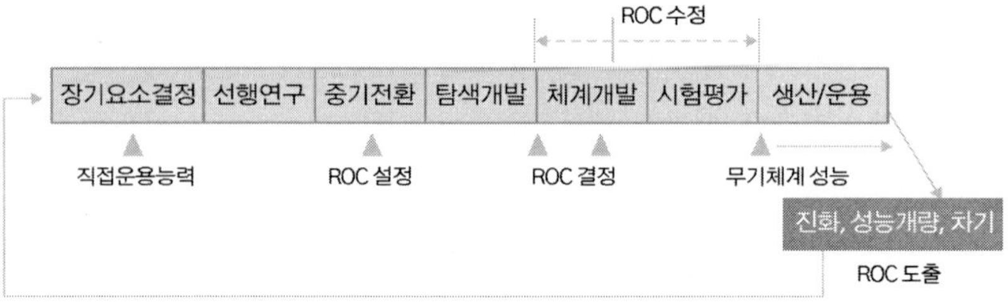

〈그림 4-12〉 작전운용성능 특성[24)]

나. 작전운용성능과 기술적·부수적 성능의 결정 및 수정

장기전력 소요서(안)에는 작전운용능력을 개략적으로 기술하고 중기전력 소요서(안)에는 작전운용성능을 구체화하여 기술한다. 신규 전력소요는 우선 장기전력 소요로 결정하여 소요를 반영한 후 소정의 절차를 거쳐 중기전력 소요로 반영한다. 작전운용능력은 합동개념을 충족시킬 수 있도록 하고 국방과학기술수준 및 무기체계 운용환경을 고려한 기준을 설정하되, 진화적(Block, Batch 또는 Build) 획득전략 적용대상은 단계별로 진화적 작전운용성능을 설정한다. 주요 작전운용성능(ROC)은 국방과학기술수준 및 무기체계 운용환경 등을 고려하여 필수적인 요구성능 및 능력을 제시한다. 주요 작전운용성능은 합동개념을 충족시킬 수 있도록 항목별로 범위형, 오차형 등 기준유형을 고려하여 제시하는데 명확하게 제시 가능한 항목은 정량화하여 제시한다. 진화적 획득전략 적용대상은 단계별로 진화적 작전운용성능을 설정한다. 장기에서 중기로 전환되는 전력소요를 중기전력 소요로 반영하기 위하여 작전운용성능 구체화, 작전효과 분석, 개략적인 비용추정 및 비용절감 방안 등 과학적 분석 및 검증결과, 선행연구 또는 탐색개발의 결과

24) 합참(2017), 전게서, p. 34.

반영 등 필요한 선행조치를 해야 한다. 연구개발대상 무기체계의 작전운용성능은 탐색개발 과정을 통하여 구체적으로 검토 후에 체계개발 개시 전까지 확정된다. 방사청은 국방부, 합참, 소요군 등의 관련 부서 의견수렴 및 실무위원회의 심의를 거쳐 기술적·부수적 성능을 결정하고 그 결과를 합참 및 소요군에 통보하여야 한다. 기술적·부수적 성능에 포함되는 사항은 단위전력의 운영개념·계획을 변경시키지 않으면서 작전운용성능 및 운영에 간접적으로 영향을 미치는 사항, 환경 적응성, 인체공학적 적합성, 확장성 등 표준화 사항과 전력화 지원요소 등이다.

〈표 4-3〉 작전운용성능과 기술적·부수적 성능의 비교

구분	작전운용성능	기술적·부수적 성능
기관/부서	합참	방사청
기술형태	- 항목별로 범위형, 오차형, 이상형, 이하형, 서술형	
결정시기	- 연구개발: 중기전환 시 설정하며 탐색개발 결과 반영 - 구매: 제안요청서 배포 전	
주요 항목	- 무기체계별 운영개념을 구체화시킨 기본운용조건 사항 - 단위전력의 운영개념과 계획을 충족하고 작전수행에 직접적으로 영향을 미치는 사항 - 주 장비의 탑재장비 주요 성능사항과 세트 단위로 결정되는 무기체계의 구성장비 성능 사항 - 보안기능 관련 주요사항 - 타 체계와의 상호운용성	- 단위전력의 운영개념과 계획을 변경시키지 않는 사항 - 작전운용성능 및 운영에 간접적으로 영향을 미치는 사항 - 환경 적응성, 인체공학적 적합성, 확장성 등 표준화 사항 - 전력화 지원요소 등

합참이 결정한 주요 작전운용성능은 사업의 효율적인 추진을 위하여 필요한 경우 소요제기기관과 방사청의 수정건의를 받아 합동전략회의에서 수정할 수 있다. 합참은 국방과학기술 발전추세를 고려하여, 소요제기기관과 방사청에서 수정 요구한 작전운용성능 항목 이외에도 필요한 항목을 합동전략회의를 통해 추가, 수정 또는 삭제할 수 있다. 연구개발사업에 대하여 작전운용성능의 수정이 필요한 경우에는 개발 중 수시로 건의할 수 있으며, 구매사업의 경우에는 작전운용성능의 수정을 시험평가 계획 승인 이전에 건의할 수 있다. 합참은 소요제기기관 및 방사청의 수정건의서 접수 후 관련 기관 및 부서의 검토를 거쳐 합동전략회의를 통하여 작전운용성능 수정 여부를 결정한다. 방위사업청은 작전운용성능 수정과 연계하여 사업추진 단계에 따라 기술적·부수적 성능에 대하여 방위사업추진위원회 등에서 심의하여 수정 및 보완할 수 있다.[25)]

25) 「국방전력발전업무훈령」(국방부훈령 제2114호, 2017.12.29.) 제4조0-20조의 2.

5. 무기체계 소요검증

국방부 전력정책관실은 합동참모회의의 심의를 거쳐 결정한 무기체계 등의 소요의 적절성, 사업추진 필요성 및 우선순위 등을 소요검증하고 이를 국방중기계획 수립 시 반영 또는 전력소요 재검토 등 필요한 조치를 취한다. 소요검증을 실시하기 위하여 전력소요 검증위원회를 두며, 검증위원회를 실무적으로 보좌하기 위하여 전력소요검증 실무회의를 운영한다.

소요검증은 소요분석 전문기관이 소요검증을 위한 소요분석을 실시하고 그 결과를 국방부에 제출하며, 이를 기초로 국방부 전력정책관이 소요검증안을 작성하고 검증위원회에 상정하여 심의하는 방법으로 실시한다. 무기체계 등의 소요검증은 단위 소요검증과 통합 소요검증으로 구분한다. 단위 소요검증은 개별 소요의 적절성과 사업추진 필요성 등을 판단하는데, 통합 소요검증은 사업추진 필요성이 인정된 소요의 상대적 우선순위를 판단한다.

전력소요 검증 대상사업은 단위 소요검증을 했을 때, 총사업비 규모가 1,000억 원 이상의 사업으로서, 무기체계 등의 신규 전력소요 중 방위력 개선사업분야 국방중기계획에 반영이 필요한 소요인데 긴급 전력소요, 극도의 보안을 요하는 소요는 제외한다. 또한 단위 소요검증을 실시한 후 편성 및 운용개념, 소요량, 작전운용성능 등이 수정되어 국방중기계획의 현격한 변경이 필요한 소요를 포함한다.

국방부 전력정책관실은 효율적인 소요검증을 위해 소요분석 전문기관으로 하여금 소요분석을 실시하도록 하는데, 소요분석은 한국국방연구원(이하 국방연)이 수행하는 것을 원칙으로 하되, 필요한 경우, 그 밖의 기관이 수행할 수 있다. 소요분석 전문기관은 분석의 전문성 및 객관성 확보를 위해 다양한 분야의 연구진을 구성하여야 하며 필요한 경우 별도의 자문위원회를 구성하여 활용할 수 있다. 소요분석은 전문기관이 연구책임을 맡아 수행하는 내부과제와 외부 전문가(기관)가 연구책임을 맡아 수행하는 외부과제로 구분하여 추진할 수 있다. 외부과제의 연구진은 원칙적으로 공개경쟁을 통하여 선정한다. 단위 소요분석 수행기간은 6개월을 원칙으로 하되 소요검증의 대상 소요의 성격 등에 따라 기간을 연장 또는 단축할 수 있다.

국방부 전력정책관실은 합참 및 방사청으로부터 단위 소요검증을 요청받거나 소요검증 대상사업으로 식별되는 경우에 검토과정을 거쳐 단위 소요검증 대상사업으로 선정하며, 선정결과를 국본, 합참, 각 군 및 방사청 등 관련 기관(부서)에 통보한다. 다만, 필요하다고 판단되는 경우 소요검증 위원회를 거쳐 단위 소요검증 대상사업을 선정할 수 있다.

소요분석 전문기관은 국방부 전력정책관실이 선정한 사업에 대해 소요분석을 실시하여 그 결과를 국방부에 제출하고 국방부는 단위 소요검증을 실시한다. 단위 소요검증을 통해 사업추진 필요성이 인정된 사업에 대하여 통합 소요분석을 실시하고 그 결과를 국방부 전력정책관실에 제출하면 국방부는 이를 검증위원회에 상정하여 통합 소요검증을 실시한다.

단위 소요분석은 소요의 사업 추진 필요성, 적정 소요량 및 요구성능, 전력화 시기 등에 대한 합리적인 의사결정이 이루어질 수 있도록 소요에 대한 쟁점식별, 타당성 및 대안의 검토, 정책적 고려사항 등을 조사·분석한다. 단위 소요검증을 위한 소요분석에서는 소요에 대해 제기된 다양한 쟁점을 조사·식별하여 분석평가를 실시하고 이를 종합평가하여 해당 소요에 대한 사업 추진 필요성 여부를 결과로 제시한다. 다음은 분석평가 요소이다.

- 작전적 요소
  - 작전적 임무기여도
  - 객관적 능력수준 등
- 기술적 요소
  - 획득 용이성
  - 상호운용성
  - 군수지원성 등
- 경제적 요소
  - 획득비용 및 유지비용
  - 산업 경제적 파급효과 등
- 정책적 요소
  - 국방정책 및 목표와 일관성
  - 사업추진상 위험요인 등

통합 소요검증을 위한 소요분석은 단위 소요검증 등을 통해 사업추진 필요성이 인정된 소요에 대해 단위 소요검증 등의 결과와 다음의 요소를 종합 분석평가하여 전력소요 간 상대적 우선순위를 제시한다.

- 작전적 요소: 능력증강 시급성, 소요기여도 등
- 비작전적 요소: 사업추진 위험성, 총수명주기 비용, 정책적 고려요소 등

국방부 전력정책관실은 검증위원회의 심의결과를 국방부 장관에게 보고하고 국본, 합참, 각 군 및 방사청 등 관련 기관(부서)에 통보한다. 결과를 통보받은 관련 기관은 국방중기계획 수립 시 반영 또는 전력소요 재검토 등 필요한 조치를 취한다.[26]

26) 「국방전력발전업무훈령」(국방부훈령 제2114호, 2017.12.29.) 제41-41조의 7에서 발췌하여 인용.

제 5 장
전력지원체계 소요기획

1. 전력지원체계 소요기획에 대한 인식[1)]

앞에서 무기체계를 중심으로 하는 소요기획에 대해서 알아보았는데 이는 우리 군의 포괄적인 군사력 건설의 일부이다. 이 외에 대부분은 전력지원체계라고 할 수 있다. 전력지원체계는 일종의 우리만의 조어(造語)이지만 산·학·연의 의견수렴 과정을 거쳐서 국방부에서 2011년에 제정하여 2012년 1월 1일부로 사용하기 시작하였다. '전력지원체계는 전투수행의 주체인 장병과 무기체계의 지속적인 전투력 발휘를 지원하는 (무기체계 이외의) 장비(부품), 물자, 일반시설, 자원관리 및 기반체계 소프트웨어 등 제반요소이다.' 여기서 주목해야 할 두 가지 측면이 있다. 전력지원체계가 무기체계를 제외한 것이라는 단순한 명칭과 분류 이상의 가치가 있다는 것이다. 첫째, 무기체계가 전장기능에서 전투력을 발휘하는 주요 수단으로 정의되고 분류되면서 실제로 전투수행의 주체인 장병을 중심으로 하는 방호 및 보호 장비와 물자 그리고 장병의 전투력 발휘를 보장하는 제반 노력이 상대적으로 소홀해 졌고, 이제 전력지원체계에서 이를 중점적으로 보완해야 한다는 점이다. 둘째, 무기체계가 획득단계에서 투명성과 효율성을 중시하는 경향을 가짐에 따라서 운영단계에서 무기체계의 성능을 보장하는 효과성과 신뢰성, 운영유지비의 체계적이고 효율적인 관리가 필요하다는 것을 주목해야 한다는 것이다. 이러한 맥락을 통해 전력지원체계의 정의에서 '무기체계 이외의'가 중요한 것이 아니라, '전투수행의 주체인 장병'과 '무기체계의 지속적인 전투력 발휘'에 오히려 초점을 두어야 함을 알 수 있다.

가. 전력지원체계 분류

전력지원체계의 대상을 살펴보면 소요기획의 대상을 명확히 할 수 있다. 전력지원체계를 정의하기 전에는 대부분이 무기체계의 분류에 따르거나 제품별로 사업을 추진하는 형태를 보여주

1) 전력지원체계 소요기획은 주로 「국방전력발전업무훈령」(제2114호) 제3장 제105조~제105조의 15에서 인용.

었다. 그렇지만 지금은 전력지원체계의 분류를 운용개념, 기술적 분류, 예산과목과의 연계 등으로 체계화하였다.

〈표 5-1〉 전력지원체계 분류[2]

목적	기술발전 추세와 예산편성을 고려한 분류체계 정립으로 전력지원체계 사업의 기획 및 관리 효율성 제고	
대분류	운용개념(6개)	전투지원장비, 전투지원물자, 의무지원물품, 교육훈련물품, 국방정보, 일반시설, 기타
중분류	기술분류(31종)	일반차량, 방탄류, 의무물자, 교육훈련장비, 자원관리정보체계 등
소분류	예산 과목 세부사업 (약191종)	승용차, 방탄복, 치과장비, 교육훈련장비, 기획·재정 정보체계 등

전력지원체계가 갖는 특징 중 하나는 민간기술과의 연계이다. 대분류는 운영개념에 따라서 대부분 책임부서별로 분류하였지만, 중분류에서는 민간의 기술분야에서 구분하는 기준을 가급적 적용하여 민간기술 발전의 추세가 쉽게 군사 분야에 적용될 수 있을 뿐만 아니라 나아가 민·군 기술협력을 촉진하고 있다. 또한 소분류에서는 예산과목의 세부사업과의 연계를 고려하여 사업의 기획과 관리의 효율성을 제고하고 있다.

나. 전력지원체계 소요기획 여건

전력지원체계 소요기획의 역할과 범위를 제대로 정의하기 위해서 무기체계와의 차이점을 이해하는 것에서 출발하고자 한다. 무기체계의 소요기획은 군사전략 지침과 작전계획 등을 통해서 미래에 요구되는 능력을 구상하고 이를 현행 능력과 어느 정도 격차가 있는지 평가한다. 능력격차를 해소하는 방안으로 능력을 요구하게 되는데, 이는 소요제기기관인 각 군, 합참부서, 합동부대 등이 소요제기서를 합참에 제출하는 단계이다. 비물자적 방안을 우선 검토하고 이어서 물자적 해소방안을 강구하게 되는데, 이때 전투발전요소(DOTMPF)의 틀을 활용하고 합동참모회의 등 심의·의결기구를 통하여 소요를 결정한다. 결정된 소요는 합동군사전략목표기획서 등에 반영한다.

2) 「국방전력발전업무훈령」(제2114호, 2017. 12. 29.) 별표2의 2에서 인용.

그런데, 전력지원체계 소요기획은 이와 같은 무기체계 소요기획과는 다른 모습으로 구현되고 있다. 이는 구조적 여건이 다르고 운영 측면에서도 다양한 요소들이 관계되어 발전되어온 모습의 결과로 보인다.

첫째, 앞에서 군수 체계성과 복잡성에 대해 살펴본 바와 같이 전력지원체계는 무기체계와 다른 법규, 조직 및 예산의 규제를 받고 있다. 그런데 법규와 조직 측면에서 소요 및 기획업무는 다소 미약하고 예산은 세항까지 할당되고 운영유지의 성격상 경직성 경비로 취급되는 예산구조와 운영실태를 보여준다. 「군수품 관리법」 등 군수분야 최상위 법률은 주로 관리 측면에서 군수품의 출납, 보관 및 사용에 관한 행위를 규정하고 있고, 군수품의 소요기획업무는 「국방전력발전업무훈령」에 일부 반영되어 있을 뿐이다. 조직 측면에서도 무기체계는 합참, 국방부, 방위사업청, 국과연, 기품원 등 최상위 정책기관으로부터 전문연구기관까지 폭넓은 지원을 받을 수 있는 구조인 데 반해서 전력지원체계는 국방부 군수관리관실, 각 군 군참부 및 직할기관으로 구성되어 있다. 또한 전문적인 연구기관도 제대로 갖추어지지 않아 (물론 현재 기품원 산하에 전력지원체계 연구센터가 설치되어 앞으로 발전이 예상되고 있음) 장기적이고 전문적인 기획업무를 추진하기에는 미약하다는 것이 일반적인 평가이다.

둘째, 전체 군수품의 약 90% 이상을 점유하는 전력지원체계는 일부를 제외하고는 소량 다품종인 경우가 많아서 관련 인원과 예산의 집중이 제한된다. 이러한 제한성으로 인하여 지금까지 대부분의 전력지원체계 연구개발은 업체투자 연구개발 형태로 진행되어왔으며 최근 들어 정부투자 연구개발로 전환하여 추진 중이다. 업체투자 연구개발은 소요제안부터 업체의 기술과 자본을 기반으로 하여 정부나 군이 주도적인 역할을 하기보다는 업체의 주도에 의존하였고 연구개발 완료 후에는 수의계약을 보장하는 방식이었다. 이에 따라 소요기획 단계부터 군의 요구가 반영되기보다는 업체의 요구가 반영되기 쉬운 구조와 관행을 이어왔으며, 소요제안부터 소요결정까지 체계적인 검토와 검증이 무기체계와 비교하여 미약하였던 것 또한 사실이다.

셋째, 과학기술의 발전, 산업의 고도화 그리고 생활수준의 향상이 전력지원체계에 미치는 영향이 점차로 커지는 형태를 보여주고 있다. 2000년대 이전에는 주로 외국산 무기체계의 국산화에 역량을 집중하고 이를 보장하기 위해서 예산을 별도로 확보하고 관련 조직을 보강하는 등 노력을 기울여왔고 그에 따른 성과도 지대하였다. 기술의 발전과 생산능력의 증대와 더불어 최근의 4차 산업혁명의 융·복합화는 재래적이고 기계적인 무기체계 위주의 군수품에도 전자부품이 차지하는 비율과 중요도를 획기적으로 높이고 있다. 획득뿐만 아니라 운영유지를 포함하는 총소유비용 관점에서 총수명주기관리에 대한 요구가 점차로 커지고 있다. 획득 위주의 무기체계 관련 업무를 이제는 운영유지까지 포함하는 총수명주기관리 업무로 추진하라는 요구이다. 한편, 국민적 생활수준의 향상은 장병의 의식주 등에 직접적으로 영향을 주면서 피복, 장구류 등에 대한 개선요구와 궁극적으로는 사용자 만족도를 향상시키라는 요구로 발전되고 있다. 이러한 변화는 지금까지 전력지원체계에 있어서 조달 이후 출납, 관리 및 사용 분야 위주의 보급관리업무에서, 획득관리와 그 이전의 소요기획으로까지 업무의 영역을 넓히라는 요구로 이해되는 것이다.

넷째, 지금까지 우리는 중후장대형 군별 대표 무기체계획득에 집중해왔으나 이제는 그러한 무기체계를 운영하는 장병에 대한 관심이 커지고 있는 실정이다. 장병은 전장의 주인공이며 무기체계를 비롯한 주요 장비를 운영하고 정비하고 사용하는 주체로서 다시 주목받아야 한다. 특히, 드론 등 초소형 민·군 겸용 무기체계 등의 등장, 장병의 생존성을 보장하기 위한 각종 장비 및 물자의 발전 등이 순수한 무기체계와 더불어 전력지원체계의 중요성을 넓히는 계기가 되고 있다.

다. 소요기획과 소요관리

전력지원체계의 소요에 있어 인식의 차이가 실무자 및 학자에 따라서 다양하다. 소요에 대한 담론에서 한쪽은 소요기획 능력이 미약하고 이를 추진할 정책적 의지도 미흡하다는 의견을 제시한다. 다른 측면에서 일군의 학자들은 소요예측의 정확도가 낮아서 채찍효과 등이 나타나고 결과적으로 운영유지비의 예산사용 효율성이 낮은 수준이라고 이야기한다. 모두 맞는 이야기이지만 담론의 대상과 주제가 다르다.

소요기획에 있어서 소요 대상은 무기체계를 제외한 장비류 그리고 물자류 등이다. 소요의 형태는 신규 소요, 현행 군수품의 성능개량 또는 대체 소요가 대부분이다. 따라서 대부분 적용되는 획득방안은 연구개발이나 기술개발에 해당하는 경우가 많고 일부 제작구매의 형태도 있다. 이러한 대상과 획득방안 측면에서 무기체계 소요기획과 대부분 유사한 논리구조로 발전하였다.

한편, 소요예측을 거론할 때 소요는 소요관리라고 통칭하는데, 소요체계 측면에서 분류하면 소요창출에 가깝다고 본다. 이렇게 소요창출에 가깝다고 보는 관점은 소요창출-소요기획-소요관리의 순환으로 이루어지는 소요체계 속에서 본 것이고 총수명주기관리에서 보면 운영유지단계에서 주요 활동이 이루어진다. 소요예측의 대상은 장비류와 물자류의 전 군수품을 포함하는데 무기체계류는 완성장비가 아닌 구성품 및 부품 단위를 대상으로 하고 무기체계가 아닌 장비류는 완성품, 구성품 및 부품 등 대부분 조달단위를 기본적인 대상으로 판단한다. 장비류는 사용이력, 고장 및 정비이력 등 야전운영제원을 수집하고 분석하여, 정비활동에 필요한 수리부속의 향후 소요량이 산정되고 예산에 반영되는 것이다. 물자류는 대부분이 편제표 및 배당기준에 따라 소요량이 산정된다. 관련된 일부 내용은 조달관리에서 다루기로 한다.

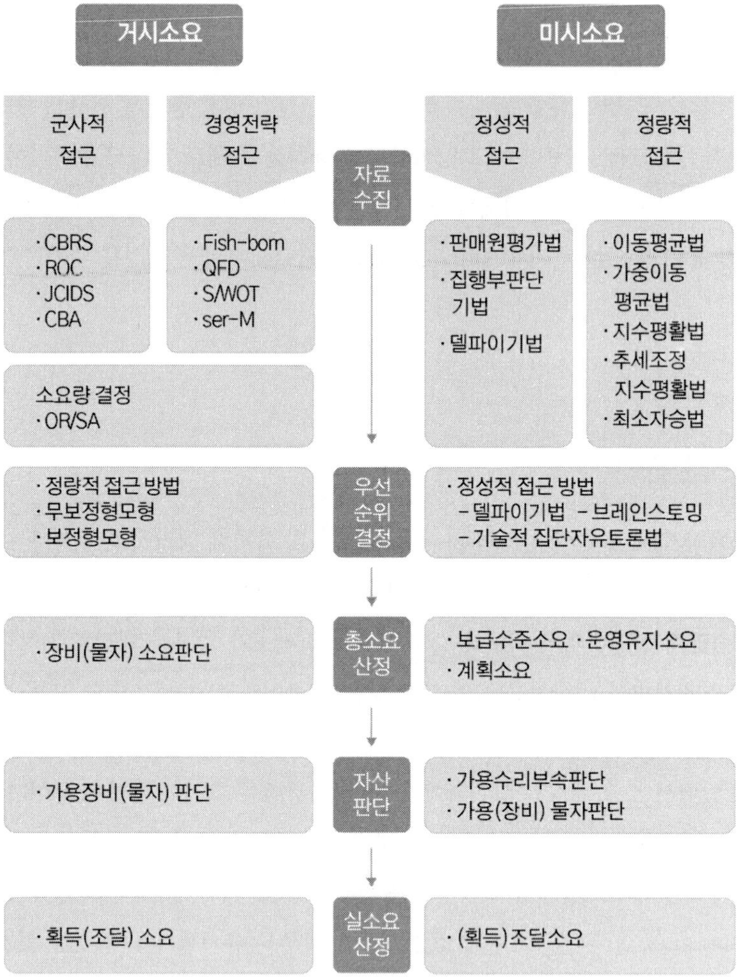

〈그림 5-1〉 소요구분과 전개[3)]

이러한 소요기획과 소요예측의 구분을 손병식(2013)은 소요를 산출하는 대상에 따라 거시소요와 미시소요로 구분할 수 있다고 보았다. 그의 주장에 따르면, 거시소요는 국가안보와 사회질서 및 경제건설을 위한 다양한 대안을 검토하는 차원에서 의사결정을 하는 것이다. 거시소요

3) 손병식(2013), 『군수학 원론』, 서울경제경영, p. 70에서 인용.

는 국가 전체적인 차원에서 인식된 문제를 해결하며 국가 안보목표를 달성하기 위해 군사력을 건설하는 방법과 경영전략 접근방법을 적용하여 장기적이고 전략적인 의사결정을 한다. 최고 의사결정자의 서술 의도, 목적 및 최종상태를 구현할 수 있는 방안을 수립하고 필요한 자원을 준비하여 주어진 목표를 달성하는 하향식 접근을 사용한다. 따라서 거시소요 관리자는 특정 분야가 아닌 다양한 분야의 경험과 지식을 소유한 전문가가 바람직하다. 소요판단 행위는 어느 한 개인이 하는 것보다는 잘 교육받고 충분한 경험이 있는 전문팀으로 구성하는 것이 바람직하다.

반면에, 미시소요는 군 내부에서 인식된 군사목표를 달성하기 위해 구체적이고 단기적이며 전술적인 의사결정에 집중한다. 현장에서 구체적·정량적인 판단을 하므로 특정 분야에서 깊이 있는 현장지식이 필요하다. 따라서 간접적이고 포괄적인 이론보다는 직접적이고 상황과 연계된 경험적인 요인이 많은 영향을 주게 된다. 이러한 거시소요와 미시소요 그리고 일련의 업무수행 절차는 위의 그림과 같다.[4)]

2. 전력지원체계 소요기획 절차

전력지원체계 소요기획은 무기체계와 다른 개념과 절차를 적용하고 있다. 그 이유와 배경에 대한 이해가 필요하다. 전력지원체계 소요기획 관련 업무는 종래에는 「일반군수품(운영유지 분야) 획득관리 업무지시」[5)]와 「국방전력발전업무훈령」에 '비무기체계 획득지침' 등 국방부 지시 및 훈령의 형태로 지침이 있었지만, 무기체계 획득절차를 준용한다는 전제를 두고 있어서 기준과 지침으로서 독자성 내지는 완전성을 갖추지 못하였다.

전력지원체계에 대한 중요성을 인식하게 되면서 국방부, 각 군 본부 등은 그간 여러 차례 전력지원체계 소요기획 및 획득절차에 대해서 제도적 개선을 추진하였다. 그러한 과정에서 중점적으로 고려한 사항은 전력지원체계의 상대적 특성, 법규 등 업무환경 여건, 주요 이해관계자 등에 관련된 사항이었다. 이러한 특성과 여건은 앞에서 살펴본 전력지원체계의 고유한 특성의 연장선에서 알 수 있다. 그러한 고려사항 중 몇 가지는 다음과 같다.

우선, 전력지원체계는 군 고유기술보다는 민간기술의 영향을 많이 받는 구조를 갖고 있다는 것이다. 업체투자 연구개발의 적용이라든가 민·군겸용품의 사용과 군수품 상용화 확대, 정부·업체 공동투자 연구개발 등의 적용은 민간기술을 바탕으로 하고 있다. 따라서 민간기술을 어떻

4) 상게서, pp. 70-72에서 인용.
5) 「일반군수품(운영유지 분야) 획득관리 업무지시」(국방부 지시 제11-5006호, 2011.11.1.)

게 하면 용이하게 군에 또는 군수품에 적용할 것인가에 초점을 두어왔다고 본다. 하향식의 소요기획보다는 다양한 채널과 아이디어에 기반을 두고 현존 기술의 융·복합을 통한 상향식의 소요기획이 더욱 중요하다는 점을 이해해야 한다.

다음으로, 참여하는 이해관계자 중 민간기업의 영세성을 주목해야 한다. 전력지원체계 군수품은 대기업이 주도하는 방산물자로 지정되지 않는 경우가 대부분이고 '중소기업진흥에 관한 법률'과 '보훈·복지단체 수의계약업무' 대상 군수품이라는 특수성을 갖고 있다. 이러한 영세성은 기술의 진부화에 능동적으로 대응하는 데 적합하지 않고 경쟁여건도 모든 기업들에 균일하지 않다는 점에서 더욱 더 섬세한 정책적 고려와 운영적인 경험요인에 기반한 융통성이 필요하다. 또한 이러한 기업의 영세성에 국방규격의 경직성이 결합될 경우에는 군납시장에 진입이 업체의 사활에 결정적 영향을 주게 되고 따라서 업체 간에는 다양한 비공개적인 로비, 음해, 투서 및 소송 등 건전한 경쟁과는 다소 거리가 있는 형태가 나타나곤 한다.

다음으로, 업무수행의 투명성과 함께 효율성의 제고에 대한 요구이다. 투명성은 누구나 그 업무의 기준과 절차, 평가의 정량성과 객관성, 업무의 진행 정도, 다음 단계나 종료시점 등을 예측할 수 있어야 한다. 또한, 주요 단계별 자료가 공개되거나 결과가 통지되어야 한다. 그런데 이러한 투명성에 대한 요구와 다른 한편에서는 전력지원체계 소요기획 과정이 장기간 소요되는 경향이 있기 때문에, 주요 사업을 제안하고 참여하는 산·학·연의 주요기관들은 주관기관인 군기관에게 신속한 업무의 진행을 요구한다. 이것이 효율성을 향상시켜 달라는 요구이다.

마지막으로, 전력지원체계 연구개발 예산이 한정되어 있어 다양한 재원의 확보가 요구된다는 점이다. 전력지원체계에 대한 인식이 거의 없었던 시기에는 무기체계관련 예산의 확보가 무엇보다도 중요하였다. 따라서 전력지원체계는 주로 업체의 자본과 기술에 의존하는 전략을 택할 수밖에 달리 방도가 없었다 해도 과언이 아니다. 하지만 2012년 이후 정부 차원에서 전력지원체계 연구개발 예산을 별도로 확보하고 정부공동 협력사업, 군 및 업체 공동투자, 민·군 기술협력사업 등 다양한 형태로 재원을 마련하고 있다.

가. 전력지원체계 소요기획 기본절차

전력지원체계 소요기획 절차는 소요제안, 소요 요청, 소요제기 및 소요결정으로 이루어진다. 소요제안은 전력지원체계 소요기획의 사실상 첫 단계라 할 수 있다. 소요제안이란 군수품의 현재 또는 미래 소요에 대해서 누구든 넓은 의미에서 아이디어나 제품을 제안하고, 생산 또는 공급제안을 할 수 있다. 이러한 제안은 군 내에서는 전발계통을 통한 소요제안으로 추진되고 외부의 산·학·연에서는 가장 손쉽게 국방부 및 각 군 인터넷 홈페이지를 이용한 군수품제안 코너를 통해서 제안할 수 있으며, 소요 요청과 소요제기기관에 소요제안을 할 수 있다. 여기서 소요 요청기관은 국방부 본부, 합참, 각 군 및 해병대, 방위사업청, 국방부 직할기관 및 합동부대 등이다. 대부분의 전력지원체계는 각 군의 군참부에 그 조직과 기능이 활성화되어 있어 각 군 군참부를 통해서 제안하는 것이 가장 실효적이라 할 수 있으며 다양한 제안과 요구를 수용할 수 있도록 융통성 있는 소요기획으로 발전되고 있다. 기술개발 소요제안의 경우는 국방부 군수관리관실에 접수할 수 있다.

소요제안에는 그 다양성만큼이나 양식을 별도로 구비하지는 않지만 대략적으로 국방군사 제안에서 요구하는 개요, 현 실태 및 문제점, 개선내용 또는 제안내용, 기대효과 등을 최소한 포함하는 것이 바람직하다고 본다. 개념적인 내용보다는 구체화되고 수치로 제시할 수 있는 내용으로 발전시키는 노력이 필요하다. 산·학·연 중에서도 기업에서 제시하는 상용품에 대한 제안서는 아래 표와 같은 내용을 요구하고 있다.

〈표 5-2〉 상용품 제안서[6)]

상용품 획득(군수품 채택) 제안서
1. 사업 개요 2. 필요성 가. 현 실태 및 문제점 3. 제품 구성 및 특성 가. 형상 나. 구성 다. 특징(동일 제품군 대비 우수성) 4. 제품의 기능(※가격 포함) * 제품의 기능 추가에 따른 가격 변동사항 제시 5. 제품의 장점 가. 제품을 사용했을 경우와 사용하지 않았을 경우 군의 장·단점 분석 나. 제품 적용 시 기대효과 6. 제품의 사용방법 7. 실제 테스트 결과 * 공인기관의 성적서를 근거로 제품의 도입 필요성을 설명 8. 납품실적 가. 국내 나. 국외 9. 특허 및 인증서 현황 * 특허: 구매조건에 내용을 명시하여 조달의 편의성 증진 * 인증서: 공인기관의 인증내용으로 제품의 규격 및 품질인증에 사용 10. 업체소개 11. 소요 요청 업체 및 담당자

6) 「국방전력발전업무훈령」(국방부훈령 제2114호, 2017.12.29.) 별지 제32호.

군의 효율적 운영이나 전투력 향상을 위해서 필요한 제품이나 기술의 소요제안을 인식한 기관은 소요 요청을 한다. 이때 소요제안된 품목에 대한 필요성과 운용개념을 중점적으로 검토하고 각 군 자체적으로 마련된 중·장기 발전계획, 전력화 완료 또는 진행 중인 무기체계와의 연계성 등을 검토한다.

소요제기기관은 소요 요청된 품목 중 소요제기 대상품목으로 선정된 품목을 국방부에 보고하고 3군 공통품목의 경우에는 주도 군을 지정하여 주도 군이 소요제기서를 작성하고 기타 군이 의견을 반영하도록 한다. 소요제기기관은 소요제기서 작성을 위해서 정책연구용역, 통합개념팀(ICT) 운용, 전문가 자문, 기술수준 조사, 자체 검토 등을 수행할 수 있다. 소요제기기관은 소요제기 시에 아래 표의 소요제기서의 항목을 포함하여 작성한다. 소요제기기관이 기술개발을 위한 소요제기 시에는 ① 소요기술명, ② 기술개요 및 필요성, ③ 목표성능, ④ 예상 소요시기 및 예산, ⑤ 활용분야, ⑥ 소요제기 부서 및 담당자 등을 포함한다. 여기서 예상 소요시기와 예산은 개발된 기술이 적용될 완성품의 소요시기와 연계하여 작성하고 소요되는 예산을 작성한다.

〈표 5-3〉 전력지원체계 소요제기서 양식[7]

소요제기서(ㅇㅇ품목)

1. 사업 개요

2. 필요성
가. 현 실태 및 문제점

3. 편성·운용개념
가. 용도
나. 편성
다. 운용개념

4. 소요기준·소요량
가. 총 소요량
나. 소요기준

5. 전력화 시기

구분	기획 소요	증감 목표	F+1	국방중기계획 대상기간						F+7 이후
				계	F+2	F+3	F+4	F+5	F+6	
수량(개)										
금액(억 원)										

6. 군사 요구도와 기술적·부수적 성능
가. 구성(형상)
나. 세부내용

구 분	요구성능	선정근거
군사 요구도		
기술적·부수적 성능		

7. 전력화 지원요소

8. 비용 대 효과 분석

9. 소요제기 부서 및 담당자

7) 「국방전력발전업무훈령」(국방부훈령 제2114호, 2017.12.29.) 별지 제28호.

군사 요구도와 기술적·부수적 성능은 전력지원체계의 운용개념을 충족하고 임무수행에 필요한 요구성능 및 능력을 제시하는 것이며 항목별로 범위형, 오차형, 이상형, 이하형, 정량화형 및 서술형 등으로 제시한다. 군사 요구도에 포함되는 사항은 운용개념을 구체화시킨 기본운용 조건 사항이며 운용개념을 충족하고 임무수행에 직접적으로 영향을 미치는 사항, 상호운용성 및 보안기능 관련 주요사항으로 한다. 반면에 기술적·부수적 성능은 운용개념을 변경시키지 않는 사항으로 군사 요구도 및 운용개념에 간접적으로 영향을 미치는 사항과 환경 적응성, 인체공학적 적합성, 확장성 등 표준화 사항 및 종합군수지원 요소 등이다.8)

소요결정기관은 국방부 및 각 군이다. 국방부 군수관리관실은 민·군 기술협력사업, 기술개발사업 및 국방부에서 소요결정이 필요한 품목을 대상으로 소요결정을 한다. 특히, 경제적 사회적으로 민감하고 파급효과가 커서 국방부에서 소요결정하는 것이 더 적합하다고 판단되는 품목으로 한정하고 있다. 각 군은 국방부에서 통제하지 않는 품목으로, 3군 공통품목 및 각 군 고유품목, 성능개량 및 품질 개선 품목, 교육훈련용 물자·장비 및 탄약, 산·학·연에서 소요제안한 상용품 획득 관련 품목, 타 군에서 이미 소요결정되어 획득한 품목, 그 밖에 국방부로부터 소요결정이 위임된 품목 등을 다룬다.

이때 소요결정을 심의·의결하는 기구는 전력지원체계 소요결정 실무위원회와 소요결정 위원회이다. 소요결정 실무위원회는 국방부 군수관리관을 위원장으로 각 군, 해병대, 합참, 기품원, 민간 전문위원 등을 위원으로 구성하여 민·군 기술협력사업 대상품목, 장병 복지 관련 국민적 관심사업, 전력지원체계 중·장기 정책과 관련된 사항, 기존 군수품을 대체하거나 상용품을 도입하는 사업, 전력지원체계 법규 등 주요 의사결정이 필요한 사항, 국방전력지원체계 소요기획서, 사업계획서 작성 관련 사항 등을 심의하고 의결한다. 한편 전력지원체계 소요결정 위원회는 실무위원회의 상위의 심의·의결기구이다. 위원장은 국방부 전력자원관리실장이며, 각 군 및 해병대, 합참, 기품원 등 관련 부장, 민간 전문위원 등의 위원으로 구성되며 실무위원회에서 상정된 안건이나 그 밖에 위원장이 필요하다고 인정한 사항을 대상으로 심의하고 의결한다.

전력지원체계 소요가 결정되고 총 사업비(연구개발비용과 5년간 중기계획비용 합산) 규모 500억 원 이상인 사업의 소요에 대한 소요검증을 원칙으로 한다. 단위 전력지원체계를 대상으로 하고 이를 위해서 국방부 군수관리관실에 전력지원체계 소요검증 실무위원회와 소요검증 위원회를 설치하여 운용한다.

소요검증을 위한 소요분석은 국방연에서 수행하며 필요한 경우에 타 기관에서 수행할 수 있

8) 「전력지원체계 연구개발 업무지침」(국방부 지시 제17-001호, 2017.1.1.)에서 인용.

다. 소요분석은 소요의 필요성, 적정 소요량 및 요구성능, 전력화 시기 등에 대한 합리적인 의사결정이 이루어질 수 있도록 소요에 대한 쟁점식별 및 대안의 검토, 정책적 고려사항 등을 조사 및 분석한다. 작전적 요소에서는 임무기여도와 객관적인 능력수준 등을 분석하고, 기술적 요소에서는 획득 용이성, 상호운용성, 군수지원성 등을 분석한다. 아울러 경제적 요소로서 획득비용과 유지비용, 산업 경제적 파급효과 등을 분석하고 정책적 요소로서 국방정책 및 목표와 일관성 여부, 사업추진상 위험요인 등을 분석한다. 이러한 요소별 분석평가를 통하여 사업추진 필요성 여부를 결과로 제시한다. 검증결과에 따라서 국방중기계획 수립 시 반영되거나 전력소요 재검토 등 필요한 조치를 한다.

소요결정기관은 소요결정된 품목에 대하여 선행연구 수행을 원칙으로 하며 자체 의사결정 심의를 통해 불필요하다고 결정된 경우에는 생략할 수 있다. 선행연구를 통해서 사업추진 기본계획을 수립하고 그 내용으로 군사 요구도와 기술적·부수적 성능, 전력화 시기와 소요량, 획득방안 등을 중점적으로 구체화한다. 이때, 사업추진 기본계획은 획득방안, 사업통제부서, 추진 일정 등 계획, 사업의 타당성, 일정·비용·품질 등 위험성 분석 및 대책 등을 포함한다. 획득방안은 신규개발, 성능개선, 기술개발 등을 포함하는 연구개발, 품질 개선, 구매, 임차 등으로 구분한다.

국방부 군수관리관리관실은 각 군에서 요구한 기술개발을 포함한 품목, 국방부와 기품원에서 개발 필요성을 제기한 품목 등을 심의하여 F+8 ~ F+15년을 대상기간으로 하는 전력지원체계 소요기획서에 수록한다. 소요기획서는 장기 획득목표 및 획득전략, 국내·외 기술발전 추세, 장기 획득대상 품목, 선행기술 개발 로드맵을 포함하여 작성한다.

국방부 군수관리관실은 소요결정된 전력지원체계에 대해서는 전력지원체계 사업계획서에 F+3 ~ F+7년을 대상기간으로 수록하며, 전력지원체계 소요결정 위원회 심의를 통해서 매년 12월 말까지 발간한다. 전력지원체계 사업계획서는 필요시 민간기술수준 조사 및 평가결과를 반영할 수 있으며 국방군수정책 방향, 전력지원체계 발전방향, 전력지원체계 중분류별 소요품목 등을 수록한다. 소요품목은 신규 소요결정 품목과 우수 상용품 시범사용 결정 품목을 포함한다.

나. 전력지원체계 기술개발[9)]

기술개발 소요는 산·학·연을 대상으로 공모한 기술과제, 각 군 및 해병대에서 소요제기한 과제 등을 포함한다. 산·학·연 대상 기술개발 과제공모는 특정 분야를 한정하지 않는 자율공모를

9) 「전력지원체계 연구개발 업무지침」(국방부 지시 제17-001호, 2017.1.1.)에서 발췌하여 인용.

원칙으로 하되, 군에서 필요한 전력지원체계 기술개발 분야로 한정할 경우 지정형 공모라 한다. 각 군, 산·학·연, 출연기관, 업체 등은 소요제안 신청서를 제출한다.

소요요청기관은 기술개발 신규 소요 요청을 위해 산·학·연 기술개발 공모 자료, 각 군이 제안한 기술개발 소요제안, 기품원 국방기술정보 통합서비스(DTiMS) 기술개발동향 자료를 활용할 수 있다. 소요 요청기관은 산·학·연 과제공모를 통한 기술개발 제안서 접수 후 필요성이 인정되고 중복되지 않은 과제에 대하여 기술개발 소요 요청·제기서를 소요제기기관에 제출한다. 필요한 경우 국방부, 합참, 방사청, 각 군, 국과연 및 기품원 등의 전문가와 산·학·연 등의 내·외부 전문가들로부터 개발 타당성 등에 대한 검토의견을 수렴할 수 있으며 국방 관련 기관에 의뢰하여 기술수준 조사 등을 실시할 수 있다.

소요제기기관인 각 군 본부(군수참모부 및 정보작전참모부)는 각 군 전력발전 업무에 근거하여 각 군 주관 기술개발 시 예하부대로부터 수시로 제출받은 소요제안과 산·학·연으로부터 제출받은 소요제안 및 자체 도출한 소요 등을 종합 후 소요제기한다.

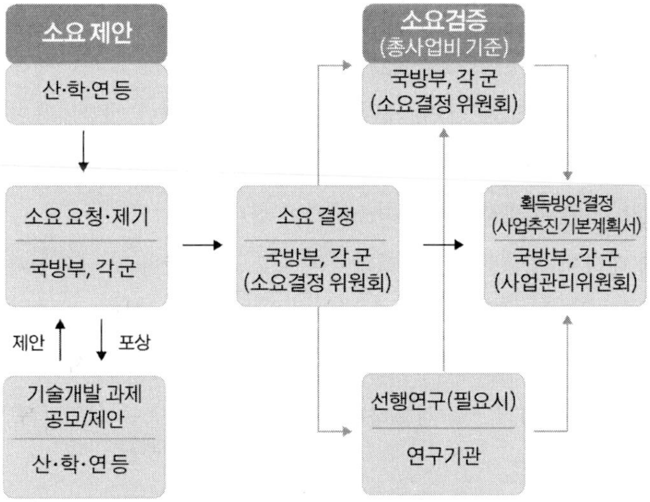

〈그림 5-2〉 전력지원체계 기술개발 업무 절차[10)]

국과연, 기품원은 자체 도출한 소요를 검토하여 소요제안 신청서를 작성하고 관련 부서에 소요제안한다. 국방부 군수관리관실은 국과연, 기품원, 산·학·연 등으로부터 수시로 제출받은 기술개발 소요를 종합하여 소요제기하며, 이를 위해 기술개발 대상과제 선정을 위한 공고를 실시

10) 「전력지원체계 연구개발 업무지침」(국방부 지시 제17-001호, 2017.1.1.) 별표 5에서 인용.

할 수 있다. 국방부 군수관리관실은 대상과제 공모를 통한 정기 및 수시 소요제기를 하며, 민·군 협력기술과 민간 우수기술 발전추세를 고려하며, 가급적 정부공동 협력사업을 추진하며 유관기관으로부터 요청받은 소요와 군에서 필요할 것으로 판단되는 소요 등을 종합하여 소요제기한다.

일반적으로 기술개발 소요제기 대상은 장병 보호 및 생존성 보장에 관계하는 과제, 국민적 관심에 부합하는 의·식·(주)[11] 관련 과제, 민·군겸용기술이 가능한 과제, 민간의 우수기술을 군수용 기술로 전용하여 전력지원체계로 개발 가능한 경우, 정부 공동연구가 필요한 경우, 전력지원체계의 성능개량에 필요한 경우 등이다.

국방부 군수관리관실은 산·학·연 공모를 통한 기술개발 대상과제, 각 군 및 해병대에서 소요제기한 기술개발 대상과제에 대하여 기술개발 소요 검토를 실시한다. 소요 검토 시 핵심기술육성 분야 및 기술발전 추세와의 부합성, 과거 개발사례 및 소요의 중복성 여부, 기존 핵심기술 개발계획 내용과의 연계성, 국내·외 기술수준 및 확보 가능성, 당해 연도 전력지원체계 연구개발 예산, 기술소요의 활용성 등을 고려한다.

기술개발은 해당분야의 민간기술수준을 응용하여 가급적 군에 바로 적용할 수 있도록 기술개발 목표성능 설정을 검토한다. 이 경우 개발기간과 개발비용 등을 고려하여 필요 이상으로 과도한 개발목표를 설정하지 않도록 하며, 개발기간이 장기화되거나 개발비용이 과도하게 소요되지 않도록 한다. 전력지원체계에 있어서 기술개발은 민간기술 기반의 기술개발이 추진되도록 소요검토하여 개발기간과 개발비용을 최소화해야 한다.

기술개발 소요에 대하여 국방부 군수관리관실은 소요군, 기품원 및 국과연과 상호 협력하여 입체적으로 검토하도록 한다. 이때, 소요군은 기술개발의 필요성 여부를 검토하고, 기품원은 개발기간, 개발방안, 개발성능, 기술수준(기술적 난이도 및 중요도), 개발 가능성(개발능력), 시험평가 수행 가능성 등을 중점적으로 검토하며, 국과연은 기술적 난이도 및 중요도 등 기술수준, 개발 가능성 등을 검토한다.

국방부 군수관리관실은 소요제기된 기술개발 과제에 대하여 타당성을 검토하고, 국방부 소관 사업은 3군 공통 신규개발품목으로 국방부 조정·통제가 필요한 기술 개발 품목 등으로 하고, 각 군 위임사업은 각 군에서 소요제기한 품목 중 각 군 고유품목, 성능개량(품질 개선) 품목 등으로 한다. 각 군 위임사업으로 결정된 기술개발 소요는 국방부 소요결정 위원회에 상정하지 않는다. 국방부 심의대상 중 소요결정은 전력지원체계 소요결정 위원회를 통하여 결정한다.

11) 의·식·(주)에서 (주)의 표현은 제한적 주거시설이라는 표현이다. 이동형 지휘 및 통제시설, 개인 및 부대 단위 숙영시설 등 천막류, 임시 설치한 보호시설 등을 의미한다.

다. 전력지원체계 사업계획서

국방부 군수관리관실은 F+3~F+7년에 소요결정된 신규 전력지원체계 소요품목을 수록한 국방전력지원체계 사업계획서를 매년 12월 말까지 발간하는 것을 원칙으로 한다. 다만, 필요시 신규 전력화된 전력지원체계 품목과 수정·추가사항 등을 포함한 수정문으로 대체 가능하다. 사업계획서에 포함할 주요 내용은 다음과 같다. 국방군수정책 방향, 전력지원체계 발전방향, 전력지원체계 중분류별 소요품목으로 신규 소요품목, 우수 상용품 시범사용 결정 품목, 기존 전력지원체계 소요 품목 등을 포함한다. 기술한 내용은 개요와 필요성, 특히 기술발전 추세와 부합성, 신규 소요 확보를 통해 달성할 수 있는 기대효과, 활용성 등이다. 그 밖에 기술개발의 경우 적용할 장비 및 물자의 편성과 운용개념, 기술개발의 예상 소요량, 군사 요구도와 목표성능, 전력화 지원요소 등을 기술한다. 사업계획서는 필요시 국내·외 기술수준 조사 결과를 반영할 수 있으며, 기술수준 조사는 기품원 등에 연구용역으로 추진할 수 있다. 국방부 군수관리관실, 각 군 및 해병대는 전력지원체계 사업계획서에 반영된 품목을 우선적으로 국방중기계획에 반영한다.

국방부 군수관리관실은 전력지원체계 사업계획서의 부록으로 전력지원체계 품목에 대한 국방전력지원체계 목록서를 매년 12월 말까지 발간하는 것을 원칙으로 하고 있다. 신규 전력화된 전력지원체계 품목과 수정·추가사항 등을 포함한 수정문으로 대체 가능하도록 하여 수정 및 발간 소요를 최소화하고 있다. 국방전력지원체계 목록서는 전 품목에 대한 작성을 원칙으로 하고, 수리부속 및 급식 품목을 제외할 수 있지만, 급식 품목 중 주요 관심품목은 포함한다. 국방전력지원체계 목록서는 장비와 물자로 구분하여 작성하며, 주요성능 및 제원을 포함하는 형상, 운영개념, 추진경과, 보유 및 배치, 그 외에도 품목별 기술보유기관, 개발 및 납품업체, 획득방법 등을 포함한다. 이러한 국방전력지원체계 목록서를 통해서 군내·외 관계자들은 전력지원체계 품목의 현황을 정확히 알고 분석할 수 있으며 소요기획의 기초자료로 활용할 수 있다.

라. 전력지원체계 연구개발

전력지원체계 연구개발은 비용분담에 따라 정부가 개발비를 부담하는 정부투자 연구개발과 업체가 개발비를 부담하여 개발하는 업체투자 연구개발, 국방부와 산·학·연이 개발비를 공동으로 부담하는 정부·업체 공동투자 연구개발로 구분한다. 연구개발은 사업추진 방법에 따라 신규개발, 성능개량(품질 개선), 정부공동 협력사업, 기술개발, 사업추진 기본계획 수립을 위한 선행연구 및 기술개발 소요창출을 위한 정책연구용역 등을 포함한다.

전력지원체계 연구개발은 정부투자 연구개발 및 정부·업체공동투자연구개발을 원칙으로 한다. 협력방식에 따라 국방부와 타 정부부처 간 공동으로 협력하는 정부공동 협력사업을 추진할 수 있다. 연구개발은 신규개발 및 성능개량(품질 개선)을 포함하며, 개발, 시험평가, 규격화 및 양산의 절차로 수행하며, 규격화 완료시점을 사업의 종료시점으로 한다. 그런데, 기술개발은 사업의 특성에 따라 단계평가 완료(시제품이 없는 기술개발사업 등), 개발시험평가 완료(시제품이 완제품이 아닌 소재 등의 개발사업), 운용시험평가 및 규격화 완료시점(시제품이 완제품인 기술개발사업)을 사업의 종료시점으로 한다. 단, 사업의 특성에 따른 사업의 평가 및 종료계획을 사업추진 기본계획에 포함하여 확정한다.

소요결정기관은 소요결정된 품목에 대하여 사업추진 기본계획 수립 등을 위하여 필요시 선행연구를 수행할 수 있다. 선행연구는 연구개발의 가능성, 소요시기 및 소요량, 국방과학기술수준, 방위산업 육성효과, 기술적·경제적 타당성, 비용 대비 효과 등에 대한 조사·분석을 거쳐 전력지원체계 사업추진 기본계획을 수립한다. 국과연, 기품원, 각 군 및 관계 부처 등의 의견을 반영하고 외부 전문연구기관의 연구용역으로 수행할 수도 있다. 선행연구를 통해서 중점적으로 검토되고 발전되는 분야는 군사 요구도, 전력화 시기 및 개략적인 소요량, 연구개발 또는 구매 등 획득방안, 연구개발 시 투자형태 및 각 투자형태에 따른 사업추진 가능성 및 방법 등이다. 특히, 업체제안 연구개발품목에 대한 선행연구는 시행하지 않는다. 일반적으로 선행연구계획서에 포함될 사항은 다음과 같다. 군사 요구도와 기술적·부수적 성능, 전력화 시기 및 개략적인 소요량, 선행연구의 범위 및 추진방향, 연구용역의 필요성 검토 및 대상·방법, 선행연구 소요예산·일정, 사업 추진 가능성 및 방법, 소요군과 기품원 등 전문가 인력소요 판단과 구성원의 업무 분장, 획득방안 검토, 연구개발 시 투자형태 및 각 투자형태에 따른 사업추진 가능성 및 방법, 전력화 평가 수행여부와 평가방법 등이다.

사업추진 기본계획에 운용개념과 필요성, 군사 요구도와 목표성능, 전력화 시기 및 소요량, 획득방법 및 투자방법, 획득방안별 국내기술수준 또는 기술 성숙도, 사업의 타당성과 위험성 등을 포함한다.

3. 군사 요구도와 기술적·부수적 성능

군사 요구도 및 기술적·부수적 성능은 소요군 및 관련 기관의 검토의견을 수렴하여 소요결정기관에서 결정한다. 군사 요구도, 기술적·부수적 성능은 전력지원체계의 운용개념을 충족하고 임무수행에 필요한 요구성능 및 능력을 제시하는 것이며, 항목별로 범위형(Belt), 오차형(±), 이상형, 이하형, 정량화형 및 서술형 등으로 제시한다.

군사 요구도 작성 및 결정 시 다음 사항을 포함한다. 운용개념을 구체화시킨 기본운용조건사항, 운용개념을 충족하고 임무수행에 직접적으로 영향을 미치는 사항, 상호운용성 및 보안기능 관련 주요사항 등이다. 한편 기술적·부수적 성능 항목 작성 시 다음 사항을 포함한다. 운용개념을 변경시키지 않으면서 군사 요구도 및 운용개념에 간접적으로 영향을 미치는 사항, 환경적응성, 인체공학적 적합성·확장성 등 표준화 사항, 종합군수지원(ILS) 요소 등이다.

군사 요구도의 수정이 필요한 경우 소요결정기관에서 소요결정 (실무)위원회를 통해 수정할 수 있다. 기술적·부수적 성능의 수정이 필요한 경우 사업관리기관에서 사업관리 (실무)위원회를 통해 수정할 수 있다. 연구개발사업에 대하여 군사 요구도의 수정이 필요한 경우 개발 중 수시로 건의할 수 있으며, 구매사업의 경우에는 시험평가 계획 승인 이전에 군사 요구도의 수정을 건의할 수 있다.[12)]

4. 전력지원체계 전문기관

앞에서 알아본 바와 같이, 전력지원체계는 그 자체로서 중요한 위치를 갖고 있고 작은 수리부속부터 복잡한 첨단장비에 이르기까지 아주 다양하다. 대부분의 장비는 기계적 제품이라도 전자부품이 내장되는 형태를 보이는 등 하나의 제품이라도 복잡하다. 특히, 최근의 융·복합화 현상 등 외부적인 요인은 이와 같은 전력지원체계에 관련된 민간의 기술적 진보를 가속시키고 있다고 본다. 따라서 군 내에서 전력지원체계를 담당하는 기관, 부서 및 담당자들은 전력지원체계의 기술적 분야에서 검토 및 분석, 평가, 시험 등 일련의 체계적이고 전문적인 지원을 요구하고 있다.

12) 「전력지원체계 연구개발 업무지침」(국방부 지시 제17-001호, 2017.1.1.) 제9조의 2-3에서 발췌하여 인용.

또한 전력지원체계는 종래의 업체투자 연구개발 환경에서 2012년 이후 정부(군) 주도 연구개발로 패러다임이 전환되면서 아래 표와 같은 이유로 전문기관의 필요성이 대두되었다고 본다. 광범위한 분야의 다수의 품목을 연구개발하고 관리하기 위해서 정부(군) 주도 연구개발에서는 더 이상 업체 주관의 연구개발이 불가하므로 전력지원체계 분야의 경험과 지식을 갖춘 독립된 출연기관이 필요하다. 제한된 예산범위 내에서 범정부 및 국가 차원에서 민·군 협력 또는 정부공동사업을 주도하고 촉진할 수 있는 유연한 전문연구기관의 역할이 요구된다. 전문연구기관은 예산의 압박, 짧은 개발기간과 참여업체의 영세성 등 열악한 제반 여건을 극복할 수 있도록 품질관리, 시험 및 평가 분야에서 체계적 지원역량을 갖춘 별도의 조직이어야 한다.

〈표 5-4〉 전력지원체계 연구개발의 특성[13)]

구분	무기체계	전력지원 체계	현 실태 및 문제점	개선방향
품목수	소품목	다품목	품목 다수로 사업관리 애로	특정한 분야에서 오랜 경험과 지식을 갖춘 전담기관 필요
개발비	높음	매우 낮음	수준 높은 연구개발을 위한 가용예산 부족	한정된 예산을 극복하기 위한 효율적 기반체계 구축 필요
개발 기간	장기, 집중개발	단기, 분산개발	특화된 분야에 분산개발	제한된 기간 내 사업을 성공적으로 관리할 전문인력 필요
참여 업체	대기업	중소기업	업체의 영세성으로 기간지연, 품질 하자 등 발생	개발업체를 체계적으로 지원하고 품질을 관리할 수 있는 체계 구축 필요
시험/ 검사	품목별 시험/검사 프로세스 보유	품목별 다양한 맞춤형 시험 및 검사	다양한 맞춤형 시험 및 검사 제한	연구개발사업을 체계적으로 관리하고 이를 확인하고 평가할 수 있는 개발, 운영시험평가 전문조직 필요

가. 추진경과

국방부에서 2012년부터 전력지원체계 획득제도 개선을 추진하면서, 비무기체계에서 전력지원체계로 명칭을 변경하고, 전력지원체계의 대·중·소 분류체계를 확립하였으며, 전반적인 획득절차의 투명성과 효율성을 제고하는 방향으로 심의·의결기구, 문서체계 등을 대대적으로 정비하였다. 이로 인해 전력지원체계 연구개발을 지원할 전담 전문기관 설립의 필요성에 대한 광

13) 과학기술정책연구원(2013), "전력지원체계 연구기관 설립방향과 국가경제발전에 미치는 영향 연구", p. 10에서 발췌하여 인용.

범위한 공감대를 얻게 되었다. 특히 전력지원체계 연구개발 방식에 있어서는 국과연에서 직접 핵심기술을 연구하는 방식의 무기체계 연구개발과 동일하게 할 수 없다는 총론에 모두 공감하였다. 그리고 민간의 우수기술을 군사분야에 적용하거나 관련 기술들을 융합하여 국가 차원의 중복투자를 방지하면서 동시에 민·군의 기술협력이 가능한 일종의 개방형 C&D방식[14]을 우선 고려하였다.

전력지원체계 전문연구기관을 설립하기 위해서 2013년 국방부에서는 정부입법 또는 의원입법으로 추진하는 방안을 구체적으로 검토하였다. 2014년에는 국회에서 의원입법으로 무기체계와 전력지원체계의 균형적인 발전을 도모한다는 취지에서 독립적인 전력지원체계연구소 설립법(안)을 발의하였으나 통과되지 못하였다. 독립적인 별도의 국방부 출연기관 설립이 빠른 시간 내에는 제한된다고 보고 2015년 국방부는 법률 통과 이전에 국과연 내에 전력지원체계 연구 부서를 신설하는 방안을 기재부 등과 협의하였다. 그러나 이후 2016년에 기품원에 전력지원체계 연구센터를 설치하는 방안으로 변경되었고 2017년에 기품원 품질경영본부 내에 연구센터로 설치되었다가, 2018년에 기품원 직속의 연구센터로 개편되었다.

나. 기관별 역할

다음 그림에서 보는 바와 같이, 기품원에 설치한 전력지원체계 연구센터는 국방전력지원체계 분야에서 범정부 협의기구인 민·군기술협의회의 민·군규격위원회와 공동으로 기획업무를 수행한다. 이때 국과연의 민·군협력진흥센터와 협조하고 과제참여기관 또는 위탁기관 등 주관 연구기관과 과제를 협약하고 관리한다.

14) C&D방식은 미국의 다국적기업인 P&G에서 2001년에 도입하여 적용한 방식으로, 조직 내부에서 R&D방식에서 벗어나서 외부의 기술과 협력을 토대로 직접투자에 따른 비용은 절감하면서 기술력과 상품성을 향상시키는 방식이다. 전체 R&D의 약 35%를 C&D방식으로 추진하여 시장에서 지배력을 강화하고 수익창출의 원동력으로 삼고 있다. C&D는 개방형 연구개발 모델로 개인과 기관 간의 네트워크를 활용하여 아이디어를 구하고 이를 바탕으로 차별화된 혁신을 만들어가는 연구개발 전략이다[윤병운(2008), "중소기업의 오픈 이노베이션", 과학기술정책연구원 정책자료 2008-12, pp. 16-17; 이주성(2009), "스마트 시대의 기술혁신 경영", KAIST 기술경영전문대학원, pp. 38-43에서 인용].

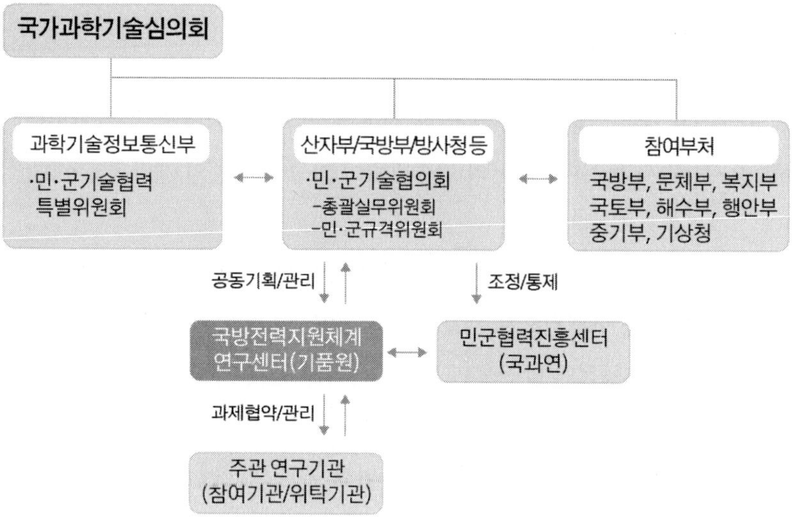

〈그림 5-3〉 국방전력지원체계 연구센터

다. 주요기능

전력지원체계 연구센터는 전력지원체계의 기술 분야에 대한 자료수집, 자료제공, 분석, 평가 등으로 주로 지원적인 역할을 수행한다. 이와 관련하여 국방부 군수관리관실은 전력지원체계 관련 정책을 수립하고 기반 제도를 구축하고, 필요시 중요한 전력지원체계의 소요를 결정하고, 각 군의 전력지원체계 소요결정과 사업관리를 조정 및 통제한다. 또한 각 군 본부 군참부와 사업단은 대부분의 전력지원체계 소요를 결정하고 소요결정 과제에 대한 사업관리를 수행한다.

전력지원체계 연구센터는 국방부와 각 군 본부의 소요기획 활동을 지원하고 필요시 기술개발사업을 관리한다. 전력지원체계의 중분류를 기준으로 민간의 관련 분야 기술수준을 조사하고 평가하여 전반적인 미래 소요에 대한 기초자료로 활용할 수 있도록 제공한다. 또한 소요제기 및 결정단계의 주요 군사 요구도의 적정성을 검토하여 의견을 제시한다.

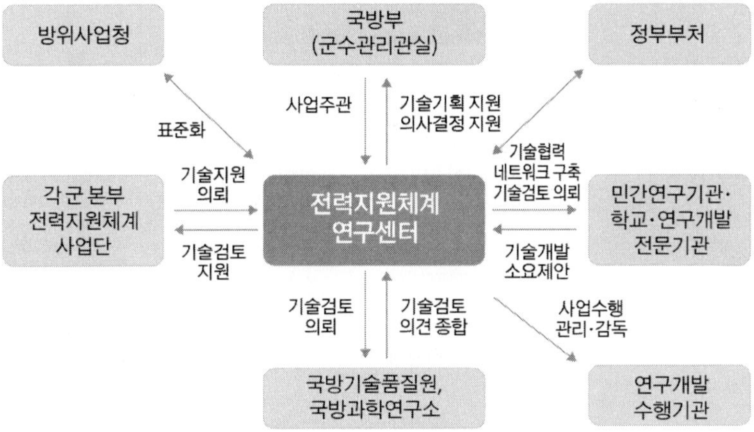

〈그림 5-4〉 전력지원체계 연구센터의 협력 및 지원업무

위 그림에서 확인할 수 있듯이, 국방전력지원체계 연구센터는 국방부, 각 군 본부 및 전력지원체계 사업단의 기술지원 의뢰에 대해서 기술기획을 지원하고 의사결정을 위한 검토의견을 제시하며 사업관리 단계에서는 주요 기술적 쟁점사항을 확인하여 기술검토를 지원한다. 이때 전력지원체계 연구센터는 자체적인 연구인력으로 이러한 요구에 따라 지원하는 것이 아니라 국과연, 기품원 그리고 정부출연 연구기관 등 산·학·연의 기술협력 네트워크를 토대로 기술적이며 전문적인 지원체계를 구축하여 지원하는 것이다.

현재 기품원에 설치된 연구센터는 방위사업법 등 법률과 관련 시행령 개정, 연구개발 출연금 조성과 연구인력 충원 등 연구기관의 기본적 요건을 갖추기 전의 편성이다. 앞으로 연구센터는 그림과 같이 기본적으로 4개 실 정도로 편성하되, 기획총괄실에서는 전력지원체계 기술기획을 지원하고 군의 요구에 따른 지원업무 총괄부서 역할을 수행하며, 전력지원체계 기술 관련 정보를 수집하여 관리한다. 민·군기술연구실은 핵심기술 개발을 주관하고 체계개발과 성능개선 업무를 수행하며 소요결정된 사업 중에서 군이 요구하는 과제에 대한 선행연구를 수행한다. 융합기술연구실에서는 「민·군 기술협력사업 촉진법」에 근거한 규격표준화 사업, 민간의 우수한 상용품을 군수품으로 전환하여 사용하거나 국방규격을 완화하여 상용품을 군 내에서도 사용 가능하게 하는 군수품 상용화 사업을 추진하고, 이를 지원하는 구매요구서 작성 등을 지원하는 업무를 수행한다. 한편, 특화기술연구실은 산·학·연의 네트워크를 구축하고 전력지원체계 분야별 특화연구실을 지정하여 운영할 것이다.

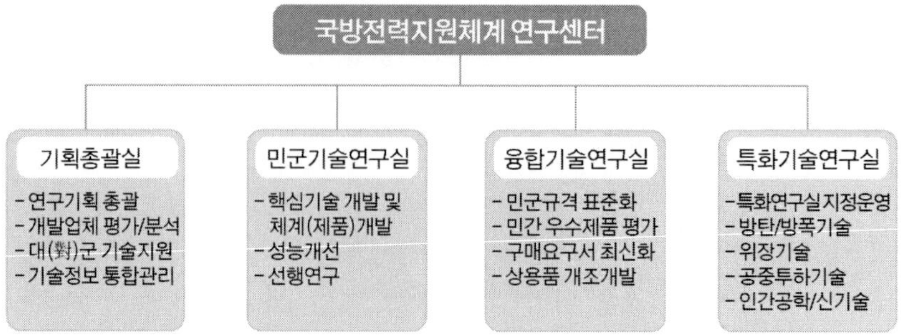

〈그림 5-5〉 국방전력지원체계 연구센터 세부편성 및 임무[15)]

5. 지적재산권 관리

소요기획 단계에서 고려해야 할 사항 중 하나가 바로 지적재산권 관련 사항이다. 획득방안이 연구개발인 경우에 전력지원체계의 지적재산권에 대해서 검토하고 협약을 체결하는 것이 효율적인 획득 및 조달관리에 유리하기 때문이다. 지적재산권 관리는 군수품 표준화의 일환으로 검토될 수 있다. 군수품 표준화는 군수품의 조달, 관리 및 지원을 경제적·효율적으로 수행하기 위한 품목지정, 규격관리, 형상관리 및 목록관리를 포함하는 개념이다. 그런데 군수품 중에서도 전력지원체계의 경우 지금까지 연구개발이 주로 업체투자 연구개발이었고, 따라서 군에서는 연구개발 초기부터 관심을 갖고 관리하기보다는 주로 연구개발 이후 군수품으로써 관리와 조달행위를 위한 노력에 중점을 두어왔다. 연구개발이 성공하여 군사용 적합 판정을 받은 이후에 국방규격을 제정하고 해당 연구개발 업체에게는 최대 5년간의 수의계약을 할 수 있는 권한을 부여하여 정부나 군에서 직접적으로 연구개발비를 지원하거나 보상하는 방식이 아니었다. 수의계약에 의한 군납을 허용함으로써 업체가 연구개발 투자금을 회수하고 일정한 이윤을 보장받을 수 있는 간접적인 기회를 부여하는 방식이었다.

하지만, 일부 업체에서는 국방규격 이외에 자사 명의의 특허를 출원하여 조달계약 시 군과 업체 간 또는 업체 상호 간 분쟁의 빌미를 제공하기도 하였으며, 계약행위가 지연되는 원인이 되기도 하였다. 한편, 관련 기술의 발전 속도와 수준에 비하여 국방규격 관리기관의 제정, 개정 및 관리활동의 전문성과 유연성이 부적합하다는 의견도 아울러 제시되었다.

15) 국방부(2017), "국방전력지원체계연구소 설립추진 TF 업무종결보고", pp. 3-4에서 발췌하여 인용.
* 2018년 기품원 조직개편 시 전력지원체계 연구기획팀과 전력지원체계 개발관리팀으로 재구성되었음.

이러한 문제점들이 식별되는 시기에, 2012년부터 전력지원체계 분야에서도 연구개발 예산이 편성되어 직접 지원되었다. 이에 따라 전력지원체계 연구개발에 있어서 정부투자 연구개발을 원칙으로 하고 불가피할 경우에만 업체투자 연구개발을 허용하는 제도의 변화가 있었다. 또한 군수품의 상용화 추진에 따라서 국방규격을 제정한 군수품의 경우에도 국방규격을 완화, 폐지하고 민간규격으로 전환하는 정책이 추진되었다. 또한 민·군 기술협력, 정부공동 협력사업 연구개발 등 다양한 형태로 산·학·연과 정부(군)의 개방적 연구개발 협력활동이 활발해지면서 점차 민간의 적극적인 참여가 연구개발의 중요한 성공요인이 되고 있다. 따라서 민간의 최신 기술을 군수품에 적용하고, 민간의 창의와 협력을 이끌어내기 위해서는 지적재산권 분야에서 새로운 제도적 개선과 다양성의 허용이 필요하다고 본다.

가. 전력지원체계 국방규격과 지적재산권의 관계

소요를 결정하면서 획득방안으로 연구개발을 추진할 경우에는 연구개발 과정에서 그 결과물인 시제품에 대한 평가가 이루어질 필요가 있다. 이를 위해서는 개발 초기 단계부터 규격화가 동시에 이루어져야 한다. 제조 측면에서 연구개발업체가 최초에는 수의계약을 통하여 독점적으로 해당 물품을 공급하지만, 일정한 기간 이후에는 경쟁 체제로 전환된다. 연구개발업체가 아닌 제3의 업체가 해당 물품을 제조하기 위해서는 연구개발 성과물에 대한 국방규격화가 이루어져 있어야만 동일한 기준에 의한 제조가 가능하다. 품질보증 측면에서 연구개발업체뿐만 아니라 제3의 업체가 요구되는 품질의 제품을 납품하고 있는지를 확인하기 위해서도 국방규격이 필요하다. 지적재산권 관리 측면에서 국방규격은 상세한 도면 및 기술 설명내용을 포함하고 있기 때문에 일종의 집약된 기술설명서에 해당한다. 따라서 제3자가 무단으로 해당 연구개발의 성과물을 지적재산권으로 등록하려고 시도하거나 실제 등록이 이루어진 경우에 이를 저지하거나 무력화할 수 있는 대비 자료가 될 수 있다.

특허·실용신안 등 지적재산권이 등록된 장비 및 물자에 대하여는 원칙적으로 국방규격을 적용할 수 없다. 국방규격이 타인의 특허권 내용을 포함하여 제정한 것 자체만으로 특허권의 침해로 보기는 어려우나, 대부분의 경우 국방규격을 근거로 생산업체와 계약을 체결하여 물품을 제조(구매)하게 되므로 타인의 특허권을 침해할 가능성이 있다. 이러한 이유로 국방규격 작성 관리기관은 국방규격 제·개정(안)과 관련하여 직접 또는 유사기술이 제3자의 명의로 지적재산권으로 등록되었는지를 확인하고, 등록된 경우에는 기술의 유사성 여부를 검토하여야 하며, 지적재산권의 소유권 및 실시권의 주체에 대해 명확히 하여 국방규격 제정 이후 분쟁이 생기지 않도록 예방계획을 수립하는 등 필요한 사항을 조치해야 한다.

지적재산권이 존재하지 않고, 연구개발에 따라 발생한 지적재산권을 국가(국방부) 소유로 등록할 필요가 있는 경우에 지적재산권 등록이 가능하다. 또한 제3자의 지적재산권이 존재하더라도 권리자로부터 실시권을 확보한다면 국방규격의 제정이 가능하다.

국방규격화의 핵심은 가능한 한 최신 기술을 적용할 수 있도록 작성하고, 민수규격을 적용하여 규격 자체를 슬림화하는 것이다. 최신 민간기술을 국방분야에 적용하고, 기술 진부화가 급격한 분야는 기술환경 변화에 신속하게 대응할 수 있어야 한다. 이를 위해서는 요구되는 결과를 얻기 위한 구체적인 방법보다는 요구성능, 환경조건, 연동성, 호환성 등을 명시하여 설계의 유연성과 기술 적용을 쉽게 하는 성능형 규격 작성의 확대가 필요하다.

다만 개발업체가 연구개발을 수행하더라도 자신의 노하우 및 기술 등 무형적 자산을 국방규격서 및 기술자료에 상세히 기술하지 않는 경우가 있다. 이로 인해 개발업체와의 수의계약 기간이 경과한 후 다른 제3자의 업체가 해당 규격에 따라 물품을 납품하는 경우에 품질상의 문제가 발생하는 경우가 실제로 빈번하게 발생하고 있다. 이러한 사정으로 최근 국방규격이 상세형에서 성능형으로 바뀌다가 다시 상세형을 보강하는 형태로 진행되고 있다. 따라서 기본적으로 국방규격은 성능형 규격으로 진행하되, 경우에 따라서는 성능형 규격과 상세형 규격을 혼용하는 방법도 고려해볼 필요가 있다.

전력지원체계 연구개발은 기본적으로 다른 국가연구개발사업과 달리 기술개발에 중점을 두고 있는 것이 아니라 제품개발에 중점을 두고 있다고 볼 수 있다. 이에 전력지원체계 연구개발에 있어서 대상 장비 및 물자의 특성, 연구개발의 규모에 따라 지적재산권의 내용이 다를 수 있다.

따라서 전력지원체계 연구개발사업에 있어서 규격화는 필수적으로 진행하되, 이와는 별도로 국방부와 연구개발업체 사이에 협약을 체결함에 있어서 연구개발 과정에서 새롭게 지적재산권이 창출되는 경우에 추후 국방부가 규격화하는 과정에서 장애요소로 작용하지 않도록 (또는 지적재산권을 자유롭게 활용할 수 있도록)해야 한다. 이를 위해 협약 체결은 협약 내용에 지적재산권 창출에 따른 권리 귀속 및 실시권 설정 등에 관한 내용을 미리 정하는 형태로 진행되어야 한다.[16)]

16) 국방부(2013), "전력지원체계 획득업무 발전방향", 제5장, pp. 157-175에서 발췌하여 인용.

나. 연구개발 결과물에 대한 지적재산권

현행 법령상 전력지원체계로 분류되는 장비 및 물자에 관한 연구개발에 의하여 발생한 지적재산권의 귀속에 관하여는 명확한 규정이 없다. 그렇지만, 「방위사업법 시행령」에 의하여 국방과학연구소법을 준용할 경우, 국과연이 주관하는 사업의 모든 지적재산권은 국과연에 귀속되나, '국가연구개발사업의 관리 등에 관한 규정'을 준용할 경우, 업체가 주관하는 연구개발사업의 지식재산권은 개발주체인 업체에게 귀속되어야 한다. 그런데 실제로는 법령의 내용과 달리 업체 주관 연구개발사업의 경우에도 협약 등을 통해 국가가 소유권을 가지도록 운영하고 있는 실정이다.

〈표 5-5〉 지적재산권 귀속형태에 따른 장·단점 분석17)

구분	장점	단점	비고
정부 귀속	관리의 용이성	국민의 재산권 침해 및 추세에 역행 문제	지적재산권 관리, 활용
공유	협업의 상징성	처분, 활용의 제한	-
업체 귀속	추세에 부합, 국민의 재산권 보장	관리의 어려움	안정적인 실시권 확보

국가가 개발비의 일부 또는 전부를 지급하였다면, 국가가 연구개발사업에 따른 지적재산권을 보유하는 것이 추후 지적재산권을 활용하는 데 있어서 용이하다. 이 경우 개발업체에게 통상실시권을 부여하는 방법이 적절하다. 구체적으로 개발업체의 역할, 기여도 등에 따라 통상실시권을 무상으로 부여할 것인지, 유상으로 부여할 것인지, 만약 유상인 경우에 실시료를 어떻게 산정할 것인지에 관하여 협약에서 정하고, 이를 위한 기준을 훈령이나 지침에서 미리 마련할 필요가 있다.

국가가 일부 또는 전부를 투자한 경우에 지적재산권을 공유하는 방법을 고려할 수 있다. 과거 투입된 자금 비율로 연구결과물의 소유권 지분이 결정되면서 국가연구개발사업에 참여한 주체들 간의 연구결과물 공동소유가 발생하였다. 이에 따라 연구결과물 활용 및 확산의 제한 등의 문제가 발생하여 현재와 같이 개발업체의 단독 소유로 변경되었다. 예를 들어, 특허권 공유의 경우, 특허권의 공유자 자신이 이를 실시하는 데에는 제한이 없으나, 특허권을 제3자에게 양도하거나 제3자에게 전용실시권을 설정하거나 통상실시권을 허락할 때에는 다른 공유자의 동의가 있어야만 가능하다는 문제가 있다. 추후 국가가 개발업체가 아닌 제3자에게 공유의 대상인

17) 상게 논문, 제5장, p.178에서 인용.

특허를 실시하게 하려면, 개발업체의 동의가 필요하게 된다. 따라서 공유로 하는 경우에는 지적재산권의 처분, 이용에 있어서 제한이 존재하게 되므로 문제가 있다.

업체투자 연구개발의 경우에도 지적재산권의 귀속은 신중하게 접근할 필요가 있다. 우선 국방기술에 대한 통제, 국가안보의 필요성, 해외 기술유출의 위험 방지, 업체 변경에 따른 원활한 군수품의 공급, 지적재산권 활용의 용이성 등을 고려하여 국가에 권리를 귀속시키는 방안이 유리한 측면이 있다. 다음으로 전력지원체계와 무기체계의 차이, 업체의 재산권 보장, 권리 귀속에 관한 추세 등의 측면을 고려한다면 지적재산권을 업체에 귀속시키는 방안이 합리적일 수 있다. 이 경우에는 국가가 해당 지적재산권을 추후 활용하는 데 어려움이 없도록 최초 협약 또는 계약에서 실시권을 확보하거나 권리를 양수하는 방안을 사전에 마련해야 한다.

업체가 기존에 자신의 지적재산권을 이용하여 연구개발하여 새로운 지적재산권이 발생하는 경우에, 업체의 기존 지적재산권을 활용하여야만 추후 제3자가 물품을 생산·공급할 수 있다면, 제3자의 생산에 대비하여 업체의 기존 지적재산권을 활용할 수 있도록 미리 조치할 필요가 있다.

「국방전력발전업무훈령」에 따르면, 국방규격화한 개발품의 기술자료 묶음(TDP: Technical Data Package) 등 지적재산권은 '국방부'의 소유를 원칙으로 하고 있다. 아울러 정부·업체 공동투자 연구개발은 정부부처 및 업체 간 '협약'에 따르도록 규정하고 있다. 연구개발업체와 개발협약을 체결하는 경우에 개발품에 대한 권리와 기술자료 일체에 대한 권리의 귀속 및 사용제한 내용을 협약의 내용에 포함할 수 있다.

그런데, 「과학기술기본법」 제11조의 3 제1항에서 "국가안보상 필요한 경우 등에 해당하는 경우 중앙행정기관의 장이 국가연구개발 결과물에 관한 권리를 국가의 소유로 할 수 있다"고 규정함으로써 법률상 근거를 제공하고 있다. 또한 '국가연구개발사업의 관리 등에 관한 규정' 제20조 4항에서 "중앙행정기관의 장이 과학기술기본법 제11조의 3 제1항 각 호 외의 부분 단서에 따라 연구개발 결과물을 국가의 소유로 할 경우에는 협약에서 이를 명확히 하여야 한다"고 규정하고 있어서 당사자 간의 협약으로 연구개발 결과물을 국가의 소유로 할 수 있는 근거를 제공하고 있다. 다만 현재 민·군기술협력사업이 확대되고 있고, 국방부와 타 부처 사이의 협업을 통한 연구개발사업이 다각도로 추진되고 있는 상황에서 전력지원체계에 있어서 '국가안보상 필요'를 이유로 연구개발의 결과물인 지적재산권을 일률적으로 국방부에게 귀속시키는 것이 적절한지는 다음과 같은 사항의 검토가 필요하다.

첫째, 국방과학기술 연구개발사업은 정부조달을, 일반 민간기술 연구개발사업은 민간산업 성장을 목적으로 한다. 국방연구개발사업은 군용물자를 조달하기 위한 획득수단의 하나로서 연구개발 결과물의 최종 수요자는 군이며, 일반 민간기술 연구개발사업은 민간산업의 성장을 도모하는 목적으로 추진되며, 결과물의 사용자는 주로 민간기업체이다.

둘째, 국방과학기술 연구개발사업은 '선 검증 후 개발' 방식이고, 민간기술 연구개발사업은 '선 개발 후 검증' 방식이다. 국방과학기술 연구개발사업은 결과물의 기술적 완성도도 중요하지만, 결과적으로 군 적용을 목표로 하기 때문에 수요자인 군이 요구하는 성능을 충족할 수 있는지, 즉 실용화 가능성을 검증한 이후에 개발이 이루어지는 '선 검증 후 개발' 방식으로 이루어진다. 반면에 민간기술 연구개발사업은 결과물에 대한 시장수요가 불확실하고 가변적이며, 결과의 상품성은 시장에 출시된 이후 소비자의 선택을 통해서 확인할 수 있기 때문에 '선 개발 후 검증' 방식으로 이루어진다.

셋째, 국방과학기술 연구개발사업은 기술개발과 상품화를 동시에 수행하는 반면, 민간기술 연구개발사업은 기술개발을 위주로 수행하게 된다. 국방과학기술 연구개발사업은 궁극적으로 군이 필요로 하는 체계를 획득하고자 하는 것이기 때문에 그 대상에 있어서 기술개발과 상품화 단계를 모두 포함하나, 일반 민간기술 연구개발사업은 주로 기술개발, 즉 상품화 이전 단계의 개발만을 대상으로 하며, 시장에 직접 개입하지 않는 범위내에서 산업기반 육성 차원으로 투자된다.

만약 업체투자 연구개발에 있어서 연구성과물(지적재산권)을 업체에게 귀속하게 하는 경우에는 최초 협약 또는 계약에서 무상 통상실시권과 제3자 실시권 허여를 확보하거나 권리를 양수하는 방안을 합의내용에 명시하여 사전적으로 권리를 확보할 필요가 있다. 다른 방안으로 군이 지적재산권을 소유하고 개발업체가 유상 통상실시권을 소유하는 방안이 있을 수 있다. 두 가지 방안 중 어느 것을 선택하느냐는 개발기술의 사용분야 및 개발기술의 기술 성숙도 등에 따라 결정된다.[18)]

6. 전력지원체계 소요검증

국방부 군수관리관실은 국방부 및 각 군이 소요결정 심의를 거쳐 결정한 전력지원체계의 소요의 적절성을 검증하고 이를 국방중기계획 수립 시 반영 또는 전력지원체계 소요 재검토 등 필요한 조치를 취한다. 소요검증을 실시하기 위하여 전력지원체계 소요검증 위원회를 두며, 소요

18) 상게 논문, 제5장, pp. 171-172; 박송기·이상협(2013), "국방 지식재산권 창출·활용을 위한 연구: 국유특허와 비무기체계 업체투자 연구개발을 중심으로", 『지시재산연구』 8(4), pp. 59-65에서 발췌하여 인용.

검증위원회를 실무적으로 보좌하기 위하여 전력지원체계 소요검증 실무회의를 둔다.

소요검증은 소요분석 전문기관이 소요분석을 실시하고 그 결과를 국방부 군수관리관실에 제출하며, 이를 기초로 소요검증안을 작성하고 소요검증 위원회에 상정하여 심의하는 방법으로 실시한다.

전력지원체계의 소요검증은 단위 소요검증을 원칙으로 하고, 단위 소요검증은 개별 소요의 적절성을 판단한다. 전력지원체계 소요검증은 총 사업비(연구개발비용과 5년간 중기계획비용 합산) 규모가 500억 원 이상인 사업의 소요에 대하여 실시하는 것을 원칙으로 하되, 그 밖에도 전력자원관리실장이 소요검증이 필요하다고 판단하는 주요 사업의 경우에는 소요검증을 실시할 수 있다.

전력지원체계 소요분석은 국방연이 수행하는 것을 원칙으로 하되, 필요한 경우 국방부 장관이 정하는 바에 따라 그 밖의 기관이 수행할 수 있다. 소요분석 전문기관은 분석의 전문성 및 객관성 확보를 위해 다양한 분야의 연구진을 구성하여야 하며 필요한 경우 별도의 자문위원회를 구성하여 활용할 수 있다.

소요분석은 전문기관이 연구책임을 맡아 수행하는 내부과제와 외부 전문가(기관)가 연구책임을 맡아 수행하는 외부과제로 구분하여 추진할 수 있다. 외부과제의 연구진은 원칙적으로 공개경쟁을 통하여 선정하되, 분야별 전문 국책연구기관(국과연, 기품원, 산업연구원 등)에 대해서는 수의계약을 통해 선정할 수 있다.

소요분석 수행기간은 5개월을 원칙으로 하되, 소요검증의 구분, 대상사업의 성격 등에 따라 기간을 연장 또는 단축할 수 있다. 각 군 및 해병대는 소요가 결정된 사업이 있는 경우, 국방부 군수관리관실에 수시로 소요검증을 요청한다. 국방부 군수관리관실은 각 군 및 해병대로부터 소요검증을 요청받은 경우와 소요검증 대상사업이 식별되는 경우에 소요검증 대상사업을 선정하며, 선정결과를 각 군 및 해병대 등 관련 기관·부서에 통보한다. 소요분석 전문기관은 국방부 군수관리관실이 선정한 사업에 대해 소요분석을 실시하고 그 결과를 국방부 군수관리관실에 제출하고 이를 검증위원회에 상정하여 소요검증을 실시한다.

전력지원체계 소요 분석은 소요의 필요성, 적정 소요량 및 요구성능, 전력화 시기 등에 대한 합리적인 의사결정이 이루어질 수 있도록 소요에 대한 쟁점식별 및 대안의 검토, 정책적 고려사항 등을 조사·분석한다. 소요분석은 소요별로 다음의 요소에 대해 분석평가를 실시하고 이를 종합평가하여 해당 소요에 대한 사업 추진 필요성 여부를 결과로 제시함을 원칙으로 한다.

- 작전적 요소

- 작전적 임무기여도
- 객관적 능력수준 등

• 기술적 요소
  - 획득 용이성
  - 상호운용성
  - 군수지원성 등

• 경제적 요소
  - 획득비용 및 유지비용
  - 산업 경제적 파급효과 등

• 정책적 요소
  - 국방정책 및 목표와 일관성
  - 사업추진상 위험요인 등

국방부 군수관리관실은 검증위원회의 심의결과를 각 군 및 해병대 등 관련 기관(부서)에 통보한다. 결과를 통보받은 관련 기관은 국방중기계획 수립 시 반영 또는 전력소요 재검토 등 필요한 조치를 취한다.[19]

19) 「국방전력발전업무훈령」(국방부훈령 제2114호, 2017.12.29.) 제105조의 8.

제3부

획득관리

제 6 장
체계공학과 프로젝트(사업) 관리 지식체계

1. 국방획득의 개념과 적용

국방자원을 관리하는 활동은 단선적인 활동이나 일회성 업무가 아니라, 다양한 체계와 기능에 의한 입체형 업무이며 선후 절차가 있는 흐름의 업무이고, 관계기관 네트워크의 협업을 기반으로 끊임없이 환류하면서 발전하는 복잡업무로 이해해야 한다. 항상 큰 그림에서 현재는 어느 퍼즐에 속하는지 확인하고 그러한 맥락 속에서 그 취지와 가치를 확인하면서, 동시에 현재 진행 중인 업무에 집중해야 한다. 또한 나의 현재 업무가 단순히 잘되거나 잘못되는 것으로 종결되는 것이 아니라 또 다른 업무의 원인이 되고 영향을 준다는 사실을 알아야 한다.

앞서 소요기획 과정을 통해서 우리 군의 미래에 요구되는 능력을 도출하고 현재의 능력을 평가하여 능력의 차이를 확인하고 능력을 요구하거나, 소요제안에 의한 소요제기 및 결정 과정을 통해서, 군에서 원하고 요구하는 것을 합동소요로 결정한 바 있다. 소요기획 과정에서 물적 소요가 결정된 이후에, 이렇게 결정된 소요를 투명한 절차를 통해서 효율성을 보장하고 경제적·능률적으로 외부로부터 군수품을 얻는 과정을 총칭하여 획득이라고 할 수 있다. 소요결정 이후 획득업무 절차는 〈그림 6-1〉을 참조할 수 있다. 이러한 획득관리 과정은 대규모 예산의 투입이 수반되고 다양한 산·학·연 기관들의 이해관계가 복잡하게 얽힌다. 특히, 수요와 공급이 수요독점(Monopsony), 쌍방독점(Bilateral Monopoly), 공급독점(Monopoly) 등의 형태로 나타나게 되어 고도의 교육과 직무경험을 보유한 전문가가 체계와 기능이 복합적으로 작용하는 획득활동 전반에서 충실한 관리자 역할을 수행해야 한다.

가. 획득과 조달

획득(Acquisition)이란 사용자(수요군)를 위하여 군수품을 구매하거나 임차하여 조달하거나 연구개발, 생산하여 조달하는 행위를 포함한다. 획득은 개념형성 단계부터 사용자에게 최종 생산품이 공급될 때까지의 활동을 포함하는 광의의 개념이다. 군 자체 생산, 연구개발을 통한 국내생산, 국내·외의 상용품의 구매 또는 임차, 외국 무기체계의 구매, 공동 연구개발 또는 생산 등을 망라한다.[1] 여기서 획득을 광의의 개념으로 이해할 때는 소위 Big 'A'로 통칭되는 군사력 건설체계인 합동전투발전체계, 국방기획관리체계와 국방획득관리체계를 포함한다. 획득의 의미가 확장되어 군의 소요를 기획하고 결정하는 것에서 출발하여, 이를 계획으로 발전시키며 예산과 연계하여 집행 가능하도록 하고, 물자적 해결방안으로 연구개발, 구매 및 임차 등 획득방안에 따라 사업을 관리하고 요구되는 군수품을 제공하는 일련의 행위가 모두 획득으로 간주될 수 있다. 협의의 획득은 Little 'a'라고 별칭하는 국방획득관리체계(DAS: Defense Acquisition System)의 업무를 말한다. 국방획득관리체계에서 다루는 주요 업무인 선행연구, 연구개발 또는 구매, 시험 및 평가 그리고 전력화 업무를 획득이라고도 한다.

반면에 조달(Procurement)은 경제 주체의 활동에 필요한 장비, 물자, 시설 또는 용역을 필요한 시기와 장소에 필요한 만큼을 획득하여 공급함으로써 경제 주체가 활동을 원활하게 하도록 하는 것이다.[2] 조달은 주로 군의 운용 및 유지에 필요한 물자 및 용역을 구매하는 행위를 말하며 소요단계에서 판단한 장비, 물자, 시설, 용역 등에 대한 소요를 군 보급체계 내부에서 가용하도록 실체화하는 중요한 기능이다.[3] 조달은 예산범위 내에서 소요를 기반으로 비용분석, 규격화 및 목록화 등 이미 만들어진 자료를 활용하여 계약을 통해서 외부에서 생산한 자재 및 용역을 최적의 조건으로 들여오는 것을 말한다. 이때 조달관리자가 달성해야 할 조달의 목적은 '7R'과 관련성이 깊다. 'R'은 Right를 나타내는데, '정확한 또는 적정한'의 의미이다. 정확한 품질(Right Quality)의 적정한 군수품(Right Materiel)을 적정한 공급원(Right Supplier)으로부터 적정한 가격(Right Price)으로 요구한 정확한 양(Right Quantity)을 적절한 시기(Right Time)와 적절한 장소(Right Place)에 제공하는 것이다.[4]

1) 장기덕(2012), 『군수관리의 이론과 실제』, Kida Press, p. 453.
2) 국방부(2013), 『국방 군수·전력 용어사전』에서 인용.
3) 장기덕(2012), 전게서, p. 216.
4) 손병식(2011), 『국방구매공급관리』, p. 25.

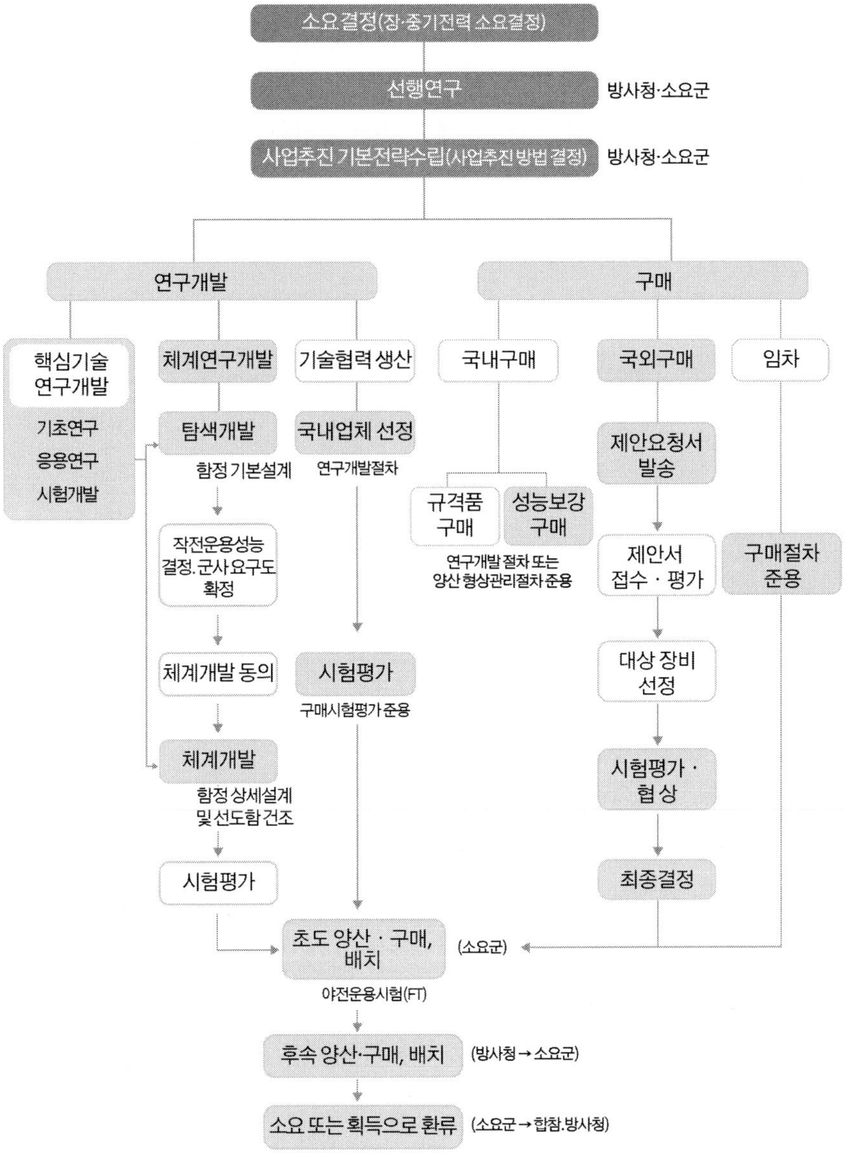

<그림 6-1> 무기체계 획득 절차도[5)]

유사한 용어로 구매(Purchasing)가 있는데, 구매는 물건을 사들임 또는 구입하는 것이다. 소비자가 상품을 구입하기 위해서 계약체결을 위해 상담을 하고 그 계약에 따라 상품을 인도받고

5) 「국방전력발전업무훈령」(국방부훈령 제2114호, 2017.12.29.) 별표 5.

대금을 지불하는 과정을 말한다. 구매에서 주된 관리는 가격협상을 위주로 하는 원가계산 및 가치분석 등이 포함된다. 주로 전술적인 차원에서 의사결정이 이루어지며 의사결정을 위한 시간과 노력은 획득이나 조달보다 적게 요구된다.[6)]

획득, 조달 그리고 구매에 대해서 알아보았는데, 이러한 용어에 대해서 아래 표와 같이 개념을 정리하여 이해하는 것이 중요하다. 용어의 실제 사용은 맥락 속에서 쓰이므로 혼란이 훨씬 덜할 수 있다.

〈표 6-1〉 획득, 조달 및 구매 용어 정리[7)]

구분	획득	조달	구매
출현 시기	1970년대	1940년대	1910년대
출현배경	연구개발	군수품 구매	자재 관리
계획수준/기간	전략(장기)	계획(중기)	행위(단기)
방법론	사업관리, 체계공학, 종합군수지원 등	예산편성, 계약방법 등	가격협상, 원가계산, 가치분석 등
관점	사업관리자	계약담당자	
업무범주	획득 〉 조달 〉 구매		

나. 획득방안과 고려요소

획득관리 단계에서 초기에 중요한 업무 중 하나는 획득방안을 결정하는 일이다. 획득방안은 획득방법이라고도 하며 여기에 세부 수행절차를 포함하여 사업추진 방법이라 한다.[8)] 누가, 언제, 어떤 재원으로, 어디에서, 어떻게 군수품을 획득할 것인가를 결정하는 것이다. 큰 틀에서 군에서 요구하는 성능을 충족하는 군수품이 있는지 여부에 따라서 획득방법을 연구개발과 구매(임차)로 나눌 수 있다.

연구개발은 투자형태와 주관기관에 따라 다음 표와 같이 구분하며 연구개발 추진 시 국내 연구개발뿐만 아니라 국제기술협력을 포함하여 추진할 수 있다.

6) 상게서, p. 19.
7) 상게서, p. 20에서 발췌하여 재정리.
8) 「방위사업관리규정」(방위사업청훈령 제415호, 2017) 제77조.

〈표 6-2〉 사업추진 방법의 비교[9]

구분			투자주체	수행주체	내용
연구개발	국내 연구개발		정부투자	국과연 주관	- 정부: 개발비 부담 - 국과연: 연구개발 주관
				업체 주관	- 정부: 개발비 부담 - 업체: 계약을 통한 연구개발 추진
			업체투자	업체 주관	- 정부 승인하 업체 자체 연구개발
	국제공동 연구개발		공동투자	국제공동	- 국내·외 개발주체가 공동으로 개발비를 투자하여 연구개발
구매	국내구매				- 국내 생산품을 구매
	국외 구매	대정부 구매(FMS)			- 외국 정부와 우리 정부 간의 계약에 의한 - 구매
		상업 구매			- 외국 업체로부터 직접 구매
	임차				- 계약을 통한 일정 기간 대여

국내 연구개발과 국제공동 연구개발은 투자형태에 의한 분류방법으로 국내 연구개발은 국내 자본과 국내 기관에 의해 수행하되 연구개발의 형태를 말하며, 국제공동 연구개발은 외국 자본(외국 정부 및 외국 업체 자본 포함)과의 공동투자로 추진하는 연구개발의 형태를 말한다. 이는 국내 연구개발 주체가 외국 연구개발 주체와 공동의 연구개발 목표를 위하여 연구개발 자원을 공동으로 부담하여 연구를 수행한다.

개발비 부담주체에 의한 분류방법으로 정부투자 연구개발과 공동투자 연구개발 그리고 업체투자 연구개발이 있다. 정부투자 연구개발은 정부가 연구개발비의 전액을 투자하여 추진하는 연구개발의 형태를 말한다. 공동투자 연구개발은 정부와 업체가 연구개발비를 공동으로 투자하여 추진하는 연구개발의 형태를 말한다. 업체투자 연구개발은 업체 자체 시설과 기술능력으로 군수품을 개발하는 것으로 개발업체가 개발에 관련된 모든 비용을 부담하며, 정부는 개발 실패에 따른 개발비용 보상과 개발 완료 후 구매 여부에 책임을 지지 않는 연구개발 형태를 말한다. 따라서 업체를 공모하여 주관기관을 선정하고, 업체가 연구개발비를 투자하여 연구개발을 추진하게 된다. 소요와 무관하게 업체의 개발의사에 따라 향후 군의 소요가 있을 때 경쟁에 의한 구매를 전제로 업체에서 투자하여 개발하는 업체 자체 연구개발과는 구분된다.

연구개발 주관기관을 대상으로 연구개발을 분류하면 국과연 주관 연구개발과 업체 주관 연

9) 「방위사업관리규정」(방위사업청훈령 제415호, 2017) 제78조에서 무기체계 연구개발사업을 구분하고 제81조에서 구매사업을 구분한다.

구개발로 구분할 수 있다. 국과연 주관 연구개발은 국과연이 연구개발 주관기관으로 지정되어 추진하는 국내 연구개발의 형태로 정부가 개발비를 부담하고 통합사업관리를 총괄하며, 연구개발 주관기관에 따라 국과연이 정부를 대행하여 연구개발 주관을 위탁 수행하는 것이다. 따라서 국과연이 체계설계를 수행하며, 구성품 수준 이하의 품목은 시제업체 및 시제 협력업체를 기본설계부터 참여시킬 수가 있다.

업체주관 연구개발은 업체가 주 계약자로서 정부와 계약을 통해 연구개발을 주관하여 수행하는 연구개발 형태를 말한다. 따라서 국방부, 각 군, 방위사업청의 조정 및 통제 하에 업체에서 개발계획 수립·설계, 시제품 제작, 종합군수지원 요소 개발, 규격 작성 등 기본업무를 주관하여 수행한다. 그리하여 소요군 및 국과연의 주관으로 주 계약업체가 체계설계를 수행한다.[10]

우리 군은 획득방법 결정 시 연구개발을 우선적으로 고려하되 전력화 시기, 연구개발 우선순위, 연구개발 가능성, 개발에 소요되는 비용, 경제적인 파급효과, 효율적인 군수지원요소 등을 고려하여 결정한다. 연구개발과 국산화를 우선하지만 아래 요인들의 분석을 통해서 구매하는 것이 효율적일 경우 구매사업으로 추진할 수 있다.[11]

〈표 6-3〉 획득방법 결정시 고려요소[12]

고려요소	세부 내용
전력화 시기	소요군에서 요구하는 무기체계가 통합전력 발휘가 가능하고 전력으로서 사용 가능한 시기
연구개발 우선순위	미래전의 양상에 따른 과학기술 수준을 목표로 합참의 무기체계 획득 우선순위와 국방부의 자원배분 방향 등 고려
연구개발 가능성	기술 경쟁력 제고, 핵심기술의 해외 의존도 축소, 기술 취약성의 극복, 독자적인 연구개발 능력, 비교우위의 핵심역량 제고 등을 통해서 기술 자립 확충에 미치는 영향을 분석하여 판단
획득비용	연구개발비, 양산비용, 운영유지비 등 대상체계의 전 순기 동안 소요되는 비용을 말하며, 대상 무기체계에 대한 연구개발로 추진하는 경우의 비용과 구매 시 획득비용을 분석하고 비교
경제적인 파급효과	연구개발로 산출된 기술이 적용 또는 활용되는 무기체계가 국방분야 및 사회, 민간부분에 어떠한 영향을 미치는가를 분석해 평가
국산화 기여	구매나 연구개발을 통해 국산화를 촉진하는 기여도
정책적 결정	방산 수출을 확대하고 방위산업 육성을 위해 국가 간 상호 교류 측면에서 정책적으로 검토

구매사업은 국내에서 생산된 군수품을 우선적으로 구매하는 것을 원칙으로 하며, 요구조건을 충족하는 국내 생산품이 없는 경우 등 국내구매가 곤란할 때에는 국외에서 생산된 군수품을

10) 정진태(2012), 『방위사업학개론』, 21세기북스, pp. 489-490.
11) 장기덕(2012), 전게서, p. 496.
12) 상게서, p. 496.

구매할 수 있다. 다만, 운영유지비를 포함한 획득비용이 구매하는 경우보다 경제적일 경우, 구매에 의해서는 전력화 요구 시기를 충족하기가 곤란한 경우, 기술발전 또는 지속적인 장비의 성능개량 등으로 임차하는 것이 효율적인 경우 등에는 임차의 방법으로 군수품을 획득할 수 있다.[13)]

획득방안에 관련하여 방위사업법에는 연구개발의 가능성, 소요시기 및 소요량, 국방과학기술 수준, 방위산업 육성효과, 기술적·경제적 타당성, 비용 대비 효과 등에 대한 조사와 분석을 하는 선행연구를 거쳐서 사업추진 방법을 결정해야 한다고 적시되어 있다. 또한 「방위사업관리규정」에 사업추진 방법의 구분, 획득방안 수립 시 포함사항, 획득방안 수립 시 검토사항 등이 명시되어 있다. 아래 내용은 초기 통합사업관리팀장이 획득방안 수립 시에 포함해야 할 사항이다.

- 체계개요 및 운영개념, 획득 필요성
- 획득방안별 획득제한 요소 분석 등을 포함한 체계분석
- 국방획득정책, 국가연구개발정책, 방위산업 육성정책 등의 정책적 고려사항
- 획득방안 식별내용(연구개발·구매, 연구개발사업의 경우 국과연 주관 연구개발·업체주관 연구개발 구분 및 기술협력 여부, 중소기업 우선선정 품목지정 여부 등)
- 획득방안별 획득 성능·비용·일정 및 비교표
- 획득방안별 합동전장 환경에서의 상호운용성 확보방안
- 획득방안별 소프트웨어 확보방안
- 획득성능(작전운영성능과 기술적·부수적 성능)· 비용 및 일정 상호 절충
- 획득방안별 위험요소 분석 결과
- 획득방안별 비용 대 효과 분석
- 획득방안별 기대성과, 수출 가능성 및 파급효과
- 전력화 시기 충족 여부
- 획득방안별 관리체계
- 획득방안별 예산 및 재원 조달방안
- 획득방안별 국가 간·정부부처 간 협력방안
- 획득방안별 종합군수지원에 대한 개략적 계획(필요시 PBL 포함)
- M&S 활용에 대한 개략적 계획
- 시험평가에 대한 개략적 계획
- 생산 및 배치에 대한 개략적 계획
- 운용 및 폐기에 대한 개략적 계획
- 연구개발의 경우 각 투자형태(업체투자, 공동투자, 정부투자 등)에 따른 사업추진 가능성 및 방

13) 상게서, p. 513.

안, 국제협력에 대한 검토 결과

- 국과연 또는 업체주관에 대한 연구개발 주관기관 검토 결과
- 함정사업 시 주요 함정 탑재장비의 개략적 확보계획 및 특수성능 달성계획[14)]

위와 같은 요소들을 포함한 획득방안들을 수립하고 방안들의 비교 및 분석평가 결과 등을 활용하여 최적의 획득방안을 마련한다. 이렇게 수립되는 획득방안은 법규에 따른 체계적 절차를 거쳐서 다양한 기관의 의견이 수렴되는 구조와 여건을 갖추고 있다고 볼 수 있다. 하지만 실제로 검토와 판단을 수행하는 관련 기관과 관계관의 주관적인 인식과 이해관계가 개입되어 획득방안 결정에 문제가 제기되기도 한다. 이는 법규에서 고려해야 할 요소는 다양하게 제시되고 있으나 중대하거나 결정적인 사항은 정성적인 판단에 의존하기 때문으로 추정된다. 또한, 일부이긴 하지만, 고려해야 할 요소 내에서 대안별로 차등화하거나 식별할 수 있는 측정지표가 없다는 점이 확인된다. 정성적인 요소들을 성급히 개량화하여 점수화하는 것도 합리적 의사결정을 보장할 수는 없다고 본다. 그 이유는 군수품 개발사업이 장기간에 걸쳐서 대규모 예산이 수반되는 국가적인 사업임에도 불확실하거나 변화하는 상황에 따른 요인들이 많이 있기 때문이다. 그래서 일반화하여 적용하는 데 문제가 있을 수 있으므로 유사한 사례를 모아서 검토·연구 및 검증하는 방법이 선호된다고 본다.

2. 체계공학의 이해 및 적용

가. 체계공학의 개요

앞에서 총수명주기관리를 논하면서 살펴본 바와 같이, 소요기획과 획득관리를 관통하면서 적용되는 기본적인 원리는 체계공학(SE: System Engineering)이다. 체계공학적 접근법을 적용하여 군의 능력요구 분석, 체계분석, 기능분석 및 할당, 설계종합, 검증의 절차를 거치면서 군수품을 개발하기 위해 설계하고 제작하는 것이다. 총수명주기관리가 가능하게 하는 기반 원리로서 체계공학의 수명관리 요소 및 척도가 신뢰성과 효율성을 보다 강화하여 운영유지 단계의 성과기반 군수지원이 가능하게 되는 것이다.

체계공학이란 군수품을 개발하는 프로그램의 사용자 요구사항이 '왜' 그리고 '어떻게' 가용

14) 「방위사업관리규정」(방위사업청훈령 제415호, 2017) 제85조에서 인용.

한 자원의 제한 속에서 구현되는지 결정하는 주(主) 수단이다. 체계공학은 능력 요구사항들이 특정한 설계요소로 전환되는 절차를 제공함으로써 핵심적인 위험요소를 확인하고 해결할 수 있도록 교훈을 제공한다. 제품개발에 착수하기 이전에 체계공학을 적용함으로써 성능, 비용, 기간(일정)의 트레이드 오프와 추가적인 투자 등의 활동을 통해서 위험이 해소되도록 하는 것이다.[15)]

체계공학은 문제점에 대한 효과적인 해결책을 개발하고 관리하는 활동에 초점을 두고 있다. 체계공학은 대상기관의 가용한 예산과 일정 범위내에서 충족되는 제품을 생산할 수 있는 단계적 프로세스를 말한다. 프로세스 초기에는 획득대상 제품의 요구사항을 정의하는 일이 가장 중요하다. 따라서 '문제점'도메인과 '해결방안'도메인을 구분하는데 아래 표에서 문제점 도메인과 해결방안 도메인을 비교할 수 있다.

〈표 6-4〉 문제점 도메인과 해결방안 도메인[16)]

요구사항 계층	도메인	관점	역할과 기능
이해관계자	문제점	이해관계자	이해관계자가 원하는 시스템을 추상적으로 기술하되 확정적인 특정 해결방안 언급은 제한
시스템	해결방안	분석가	이해관계자 요구를 충족시키는 내용을 추상적으로 기술하되 특정 설계에 대한 언급은 제한
아키텍처 설계	해결방안	설계자	시스템 요구사항을 충족시키는 구체적인 설계 규격을 제시

체계공학에서 중요한 이슈 중 하나는 추적성(Traceability)이다. 이러한 추적성을 나타내는 방법은 우선 요구사항 관련 문서에 매트릭스 형태를 제시하는 방법이 있다. 한 축에는 이해관계자의 요구사항을 나타내고 다른 축에는 체계 요구사항을 나타내는 이차원의 셀을 만들어서 추적하는 것이다. 그런데 2개의 축으로 표현할 경우에 크기가 제한되어 모든 정보를 한눈에 볼 수 없는 경우가 있다. 다른 방법으로 하이퍼링크를 사용하여 연관문서를 연결하는 방법이 있다. 이와 같은 방법은 관련 문장을 부각시킬 수 있고 다른 문장과 연결할 수 있어서 추적성을 제공한다. 그런데 다른 편의 본문을 보려면 수작업 링크를 사용해야 하고, 하이퍼링크의 다른 편 항목을 삭제할 경우 다시 찾아내기가 어렵다. 이러한 단점을 극복하는 방법 중 하나는 데이터베이스 기능을 활용해서 문장을 연결하여 추적성을 보장하는 것이다.[17)]

15) U.S. DAU(2018), *DAG(Defense Acquisition Guidebook)*, CH 3-2. "Background"에서 인용.
16) 민성기(2011), 『시스템요구관리』, 시스템체계공학원, p. 35에서 인용.
17) 상게서, pp. 222-224에서 인용.

나. 체계공학 절차 적용

체계공학은 「방위사업관리규정」 제96조(체계공학에 관한 절차 적용)에서 효율적인 연구개발을 위하여 대상 무기체계에 대한 모든 이해관계자와 총수명주기를 고려하여 체계공학에 관한 절차를 적용하도록 하고 있다. 제125조(체계개발 내용)에서는 연구개발 주관기관은 체계 요구조건 검토(SRR: System Requirements Review), 체계기능 검토(SFR: System Functional Review), 기본설계 검토(PDR: Preliminary Design Review), 상세설계 검토(CDR: Critical Design Review), 시험준비상태 검토(TRR: Test Readiness Review), 개발시험평가 및 체계기능 형상확인(FCA: Functional Configuration Audit), 양산 기준 설명 등을 위한 물리적 형상확인(PCA: Physical Configuration Audit) 등을 수행하여 체계 업무성과를 단계적으로 확인하고 그 결과를 통합사업관리팀에 제출하도록 하고 있다.

다음 그림은 체계공학의 절차를 이해하기 쉽도록 영문자 'V'모양으로 제시한 'V'모델이다. 'V'모델의 좌측은 위에서 아래로 진행하면서 요구사항을 분해하는 과정이라고 할 수 있으며 우측은 아래에서 위로 진행하면서 군수품을 만들어 가는 과정이라고 볼 수 있다. 다만, 이러한 체계공학의 업무수행 절차가 특정한 시간에 종속적이거나 일정한 순서로 적용된다는 것을 의미하는 것이 아니라, 모든 절차가 그 단계에서 반복적으로(Iteratively) 적용되거나, 처음으로 되돌아가기(Recursively)도 하고 전(全) 순기에 걸쳐서 평행하게 적용되기도 한다고 봐야 한다.[18]

다음 그림의 하단에 보이는 의사결정 분석(Decision Analysis), 기술계획(Technical Planning), 기술평가(Technical Assessment), 요구관리(Requirements Management), 위험관리(Risk Management), 형상관리(Configuration Management), 기술자료 관리(Technical Data Management), 인터페이스(연동, 접속) 관리(Interface Management) 등 8가지 분야로 구성된 기술관리 프로세스(Technical Management Processes)가 'V'자의 좌·우에 있는 8단계의 기술 프로세스의 진행을 관리하고 통제하며 균형을 제공하는 도구키트가 된다. 다음으로 8단계의 기술 프로세스를 알아보자.

18) US DAU(2018), op. cit., "System Engineering and "V" Model"에서 인용.

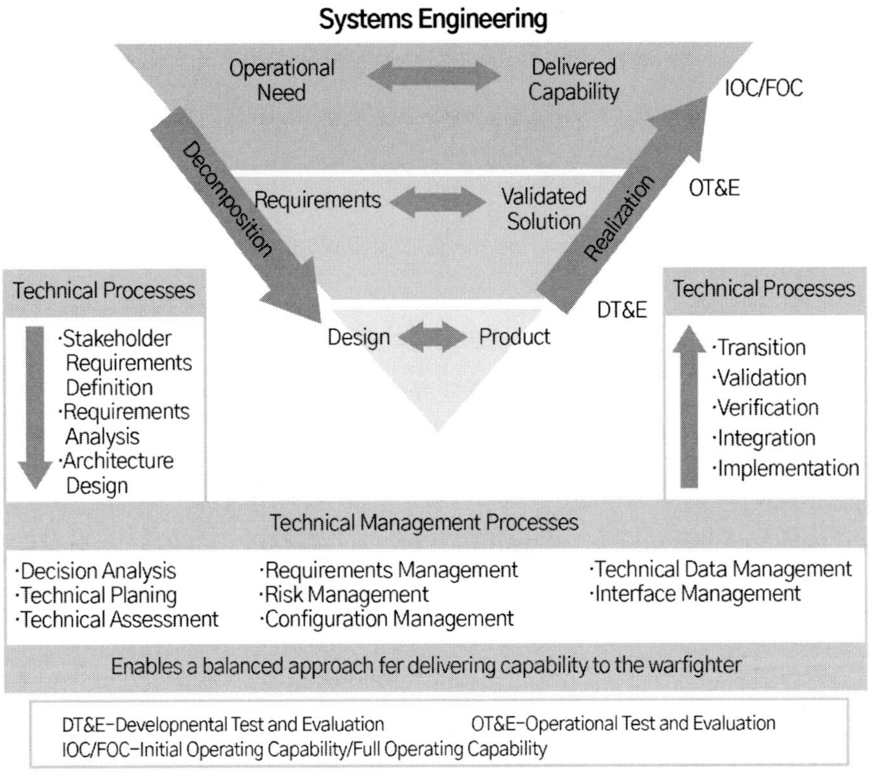

〈그림 6-2〉 체계공학 절차도[19)]

1) 이해관계자 요구 정의

이해관계자의 요구를 도출하거나 제한하는 등 정의하는 단계이다. '사용자 요구'라고 하기보다는 더 넓게 '이해관계자 요구'를 도출하여 정의하는데, 주로 무엇을, 어디서, 어떤 조건에서 얼마나 자주 또는 얼마나 오랫동안, 누가 사용할 것인지를 검토한다.

2) 요구분석

이 단계에서는 기능(Functions)을 분석하는데, 요소를 '행위동사(Action Verbs)'로 표현하기를 요구한다. 상위단계의 기능을 하위단계의 기능으로 분해하고 성능요구(Performance Requirements)를 각 기능에 할당한다. 모든 성능요구는 최소한 하나의 기능에 할당되고, 모든 기능은 유효한 성능요구에 의해 정당화되어야 한다. 특히, 기술관리 프로세스는 군수품을 설계

19) Ibid., "Figure 2; Systems Engineering Processes"에서 인용.

하고 개발하여 전력화시키는 전(全) 과정에서 요구사항을 통제하고 추적 가능하도록 하는 데 가장 핵심적인 도구이다. 추적 가능하기 위해서는 요구사항과 기능이 매치되어 매트릭스로 표현되어야 한다. 또한 운용요구서(ORD) 등에서 성능척도(MOP)가 핵심성과지표(KPP) 등으로 분석되어야 한다.

3) 아키텍처 설계

아키텍처를 설계할 때 하드웨어와 소프트웨어의 구성요소를 기술하면서 '명사(Nouns)'를 사용한다. 물리적 아키텍처가 정의될 때, 개별 부품은 최소한 하나의 기능에서 작동해야 하고 몇 가지 부품은 하나 이상의 기능에서 작동될 수 있어야 한다. 모든 기능은 하나 이상의 하드웨어나 소프트웨어에 의해 표현되어야 한다. 또한 모든 물리적 아키텍처는 유효한 기능요구(Functional Requirements)에 의해 뒷받침되어야 한다. 그리고 아래의 예시처럼 물리적 아키텍처의 명사형 명칭은 기능적 아키텍처의 동사적 표현과 매트릭스에서 교차되어야 한다.

<표 6-5> 기능·물리적 아키텍처의 교차

물리적, Physical (명사, Nouns) / 기능적, Functional (동사, Verbs)		본 체			엔진	바퀴	브레이크	라디오
		도어(문)	좌석	히터				
수 송	상차	×	×					
	이동				×	×		
	정지					×	×	
	하차	×	×					
통 신								×
온도 조절				×				

4) 구현

설계요소를 어떻게 구현할 것인지 결정하는 단계이다. 소프트웨어적인 방법을 사용할 것인지, 하드웨어를 사용할 것인지를 결정하거나, 구성품을 다시 사용할 것인지, 상용품 사용이 가능한지 여부 등을 결정한다. 이 단계에서는 연동(인터페이스) 요구, 사용 및 정비 매뉴얼, 설치방법 등 체계공학의 핵심적인 지원문서를 발전시킨다.

5) 통합

하위수준의 시스템 요소가 상위수준의 시스템을 구성하는데, 하드웨어와 소프트웨어와의 연계, 작업분할구조(WBS: Work Breakdown Structure)의 요소가 차상위 수준의 시스템(또는 서브시스템)의 수준까지 포함한다. 인터페이스 관리가 특별히 중요한 단계이다.

6) 검증과 확인

검증(Verification)은 요구사항의 충족 여부를 따지는 것이고 확인(Validation)은 사용자의 요구를 충족하는가를 보는 것으로 구분할 수 있다. 포괄적인 검증은 각각 독립적인 개발시험(DT: Development Testing)을 통한 검증과 운영시험(OT: Operation Testing)에 의한 확인으로 구성된다. 검증은 검사(Inspection), 분석(Analysis), 시현(Demonstration)과 시험(Test)에 의해서 수행된다.

7) 전환

최종적으로 완성품(End item)을 만들기 위해서 구성품을 상위수준으로 결합하는 단계이다. 완성된 군수품을 운영하는 환경에서 전력화하는 단계이며, 다른 시스템과 통합하여 운영할 경우에 외부 인터페이스에 의한 통합이 요구된다.

다. 체계공학 절차와 기술검토

기술검토와 확인(Technical Reviews and Audits)은 연구개발 주관기관 및 통합사업관리팀에서 체계공학 프로세스별 주요 의사결정 통제점에서 개발 진척도와 설계 완성도를 평가하고 특정한 단계에서 이미 설정된 기준과 현재의 설계 상태를 비교하여 설계 완성도를 결정하는 것이다. 계약상의 요구사항 및 개발 진척도와 관련하여 특정 연구개발사업 내에서 기술적인 진전을 평가하기 위해 수행되는 체계공학 활동인데, 개발 중인 체계가 체계공학계획에 문서화되어 있는 기술검토 착수조건을 충족할 때 수행되어야 한다. 다음은 연구개발 단계, 체계공학 프로세스와 기술검토의 연계를 도식화한 것이다.

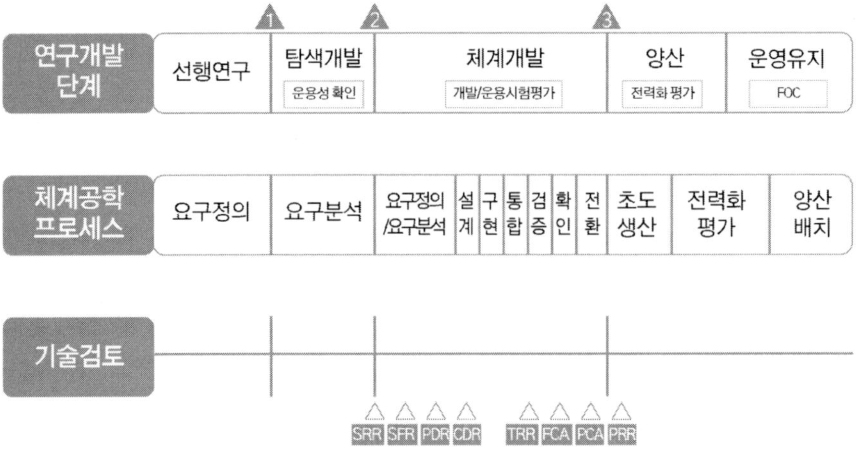

〈그림 6-3〉 체계공학 프로세스와 기술검토의 연계[20]

탐색개발단계에서 체계공학 프로세스 측면에서는 이해관계자의 요구분석이 이루어지고 이때 체계 요구조건 검토(SRR)로부터 상세설계 검토(CDR)까지 하향식 세분화 과정을 통해서 구체화되면 다시 구현, 통합, 확인 및 검증 등 상향식 과정을 거쳐 사용자 요구사항을 충족하는 최종 군수품을 완성하는 과정을 볼 수 있다. 이러한 점에서 기술검토회의는 전체 수명주기에 걸친 연구개발 진행 간 공식적인 기술검토 시점에 연구개발사업에 참여하는 이해관계자들이 요구사항 분석으로부터 양산에 이르기까지 단계별 완성도를 평가하고 기술적 위험을 점검하며, 다음 단계로의 진입 여부를 결정하기 위해 수행하는 체계공학의 주요 활동이라 할 수 있다. 기술검토회의는 해당 단계의 진척도가 어느 정도 완성수준을 달성한 상태에서 다음 단계로의 진입을 위한 사업진행 간 문제점 해결 중심으로 진행되어야 한다. 필요시 사전 준비회의를 통해 공식회의에서 토의할 내용, 주요 검토내용에 대한 사업별 적용사항, 개발진도 및 의사결정이 필요한 주요사항들을 식별하는 활동을 한다.[21]

따라서 기술검토는 실시 전·중·후를 나누어서 구체적으로 수행해야 할 업무를 구분할 수 있다. 다음 그림과 같이, 기술검토 실시 전에는 계획검토, 개략검토회의, 사전검토 등을 통해서 이해관계자의 역할에 따른 업무를 할당하고 검토단계의 진입과 검토 완료의 기준을 확인해야 한다. 필요시에는 개략 검토회의를 할 필요도 있으며, 개인 및 팀 단위 검토, 산출물 검사와 분석, 추적 분석과 문서 검토 등도 사전에 준비한다. 기술검토 실시 중에는 검토와 해결방안을 의결한다. 개인 및 팀 단위 검토를 바탕으로 검토회의를 효율적으로 진행하고, 산출물에 대한 검토·분

20) 최석철(2017a), 『방위사업관리(II)』, 국방과학기술아카데미, p. 147.
21) 방위사업청(2017), 『SE기반 기술검토회의 가이드북』, pp. 24-25.

석 및 분류한다. 식별된 핵심 이슈를 명시하고 문제의 심각성을 평가하며 수행해야 할 과업을 목록화한다. 문제를 해결하기 위해 책임의 할당을 의결한다. 기술검토 후에는 수행과업과 이슈들의 완결 여부를 추적하며, 기술검토 회의 의결사항을 문서화하고 배부한다.

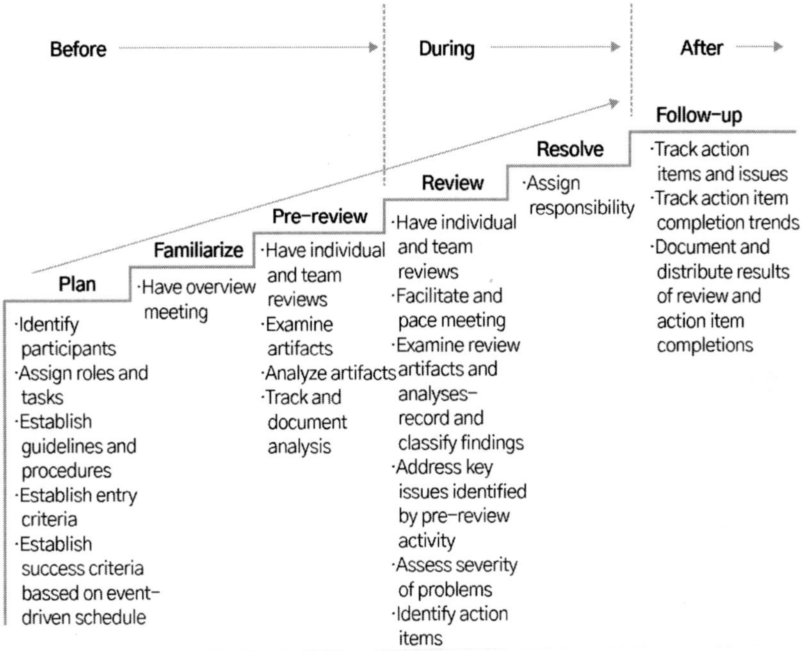

〈그림 6-4〉 기술검토회의 전·중·후[22]

1) 체계 요구조건 검토(SRR)[23]

체계 요구조건 검토는 사용자 요구사항이 시스템 요구사항으로 적정하게 전환되었는지 확인하기 위해 검토하는 것이다. 탐색개발 후반부 또는 체계개발 초기에 시행하며 사용자 요구사항인 운용요구서(ORD)와 작전운용성능(ROC) 등을 분석하고 체계 요구사항 명세서(SSRS: System Subsystem Requirements Specification)의 추적성을 확인한다. 운용요구서 등에서 성능척도(MOP)가 핵심성과지표(KPP) 등으로 분석되어 체계 요구사항 명세서로 정의되고 정량화되었는지 확인해야 한다. 체계개발단계에서 예상되는 전반적인 위험평가 결과를 작성하고 위험관리방안을 검토한다. 요구조건을 충족시키기 위해 비용, 일정(기간) 등 투입자원이 적절

22) US DAU(2017), *Defense Acquisition Guidebook*, CH-3.3, "Technical Reviews and Audits," p. 97.
23) 체계 요구조건 검토부터 물리적 형상확인 등 기술 검토사항의 세부적인 절차는 방위사업청(2017), 『SE기반 기술검토 회의 가이드북』, pp. 38-115에서 발췌하여 인용.

하게 식별되고 기술적·관리적 측면에서 위험이 수용 가능한지 확인한다. 조치사항을 식별하고 체계설계 단계로 진입 가능한지를 검토하여 결정한다.

연구개발 주관기관인 국과연과 업체 등에서 주관하여 수행하며 이해관계 기관이 참여하여 검토한다. 주요 산출물은 체계 요구사항 명세서, 체계규격서(안), 최신화된 기술계획문서 등이다.

2) 체계기능 검토(SFR)

체계기능 검토는 사용자 요구사항 및 체계요구조건이 체계규격서(SSS: System Subsystem Specification)에 군수품의 기능요구조건으로 일관성 있고 정확하게 반영되었는지 확인하여 체계에 대한 기능기준선(Functional Baseline)을 설정하고 승인된 총 사업비, 개발 일정 및 수용 가능한 위험범위 안에서 요구조건을 충족하는 체계의 기본설계로 진행이 가능함을 공식적으로 확인하는 절차이다.

체계기능 검토 수행시기는 체계개발단계에서 초기 기본설계를 수행하기 전이다. 사업특성에 따라서 체계 요구조건 검토와 동시 수행이 가능하다. 주요 구성품의 기능요구조건, 검사 및 시험 그리고 품질보증에 관하여 정의한다. 연구개발 주관기관은 기본설계 단계에서 예상되는 전반적인 비용, 일정 및 성능 등 위험을 평가하고 관리방안을 제시한다. 또한 요구조건 분석 결과에 따른 분야별 기술계획 수정사항을 제안한다. 방산기술지원센터는 체계 위험수준과 기술 범위 등에 기초하여 통합사업관리팀이 검토 범위를 적절하게 조정할 수 있도록 지원한다.

특히, 체계기능 요구조건에 '추후결정(TBD: To Be Determined)' 항목이 최소화되어야 한다. 주요 산출물은 체계규격서, 체계·부체계 설계기술서, 하드웨어 요구사항 명세서, 소프트웨어 요구사항 명세서, 연동통제문서 등이다.

3) 기본설계 검토(PDR)

기본설계 검토는 체계요구조건 및 체계기능 요구조건이 기본설계를 충족하는 개발규격으로 체계/부체계 설계 기술서(SSDD: System Subsystem Design Description), 하드웨어 요구사항 명세서(HRS: Hardware Requirements Specification), 소프트웨어 요구사항 명세서(SRS: Software Requirements Specification) 및 개발규격서(안)에 반영되었는지 확인하고 할당기준선(Allocated Baseline)을 설정하며 승인된 총 사업비, 개발 일정 및 수용 가능한 위험범위 안에서 요구조건을 충족하는 상세설계로 진행이 가능함을 공식적으로 확인하는 절차이다.

기본설계 검토는 통합사업관리팀이 기본설계의 완전성 여부와 상세설계 및 시험절차를 시작할 준비가 되었는지 결정할 필요가 있을 때 시행한다. 주관과 수행은 연구개발 주관기관, 국과연 및 업체 등이며, 검토기관은 방사청, 소요군 및 관련 기관이다.

개발규격서(안)는 구성품의 필요조건(성능, 물리적 특성, 운용 특성, 연동 특성, 환경조건, 신뢰성, 정비성, 수송성, 재료, 부품 등) 및 검사와 시험 및 품질보증에 관한 개발규격 내용을 포함한다. 연구개발 주관기관은 기본설계 결과에 따른 분야별 기술계획 수정사항을 제안한다.

4) 상세설계 검토(CDR)

상세설계 검토는 체계요구조건 및 체계기능 요구조건이 상세설계를 충족하는 초기 제품규격으로 하드웨어 설계기술서(HDD: Hardware Design Description), 소프트웨어 설계기술서(SDD: Software Design Description), 연동설계기술서(IDD: Interface Design Description), 연동통제문서(ICD: Interface Control Document), 제품규격서(안)에 반영되었는지를 확인하고 초기 제품기준선(Initial Product Baseline)을 설명하며, 승인된 총 사업비와 개발 일정 및 수용 가능한 위험범위 안에서 요구조건을 충족하는 시제 제작, 체계 통합 및 시험단계로 진행이 가능한지 여부를 확인하는 절차이다.

상세설계 검토는 체계의 세부 구성품(부품)까지 상세설계가 완료되고 M&S를 통하여 성능 예측을 수행한 후 시제 제작을 시작할 준비가 되었는지 결정할 필요가 있을 때 실시한다. 아울러 연구개발 주관기관은 체계 설계를 위한 비용, 일정, 성능 및 관리적 측면에서의 위험분석을 실시하고, 상세설계의 전반적인 위험평가 결과를 작성하며 향후 체계통합 및 시험단계를 위한 위험관리방안을 제기한다. 또한 상세설계 결과에 따른 분야별 기술계획 수정사항을 제안한다.

상세설계 검토는 통합사업관리팀을 포함한 소요군, 관련 기관과 연구개발 주관기관이 참석하여 모든 체계기능 요구조건이 상세설계를 위한 제품규격으로 세부 형상품목에 정의되었는지 확인하고, 일관성과 추적성을 유지하며 체계 상세설계를 충족시키는지 검토한다. 이때 방산기술지원센터는 체계 위험수준과 기술 범위 등에 기초하여 통합사업관리팀이 검토범위를 적절하게 조정하여 적용할 수 있도록, 체크리스트 항목을 사업의 특성에 맞게 추가·삭제·수정할 수 있도록 테일러링을 지원한다. 통합사업관리팀, 소요군 및 관련 기관은 체크리스트 점검결과를 확인하여 적색(Red), 노란색(Amber), 녹색(Green) 등으로 표현하는 형태로 활용할 수 있다.

5) 시험준비상태 검토(TRR)

시험준비상태 검토는 시험목적, 방법, 절차, 범위, 인력, 자원 및 안전 고려사항 등이 포함된 시험계획이 체계요구조건과 사용자 요구사항에 대한 만족 여부를 검증 및 확인할 수 있는지 검토하여 시험평가단계로 진입 가능함을 공식적으로 확인하는 절차이다.

시험준비상태 검토의 수행시기는 체계 통합 및 기능적인 점검이 완료된 후 시험평가를 착수하기 15일 이전이다. 통합시험평가를 수행하는 경우 개발시험평가 착수 전에 시험준비상태 검토를 수행하고 개발시험평가와 운용시험평가를 나누어서 별도로 수행할 때에는 각각 시험준비상태 검토를 수행한다.

연구개발 주관기관은 시험준비상태 검토를 위한 일정, 비용, 성능, 품질 등 여러 측면의 위험을 식별하고 사전에 관리방안을 수립한다. 또한 시험을 수행하기 위한 환경 구축과 안전문제를 식별하고 대처방안을 수립한다.

6) 기능적 형상확인(FCA)

기능적 형상확인은 형상품목의 실제 성능이 기능기준선(Functional Baseline) 및 할당기준선(Allocated Baseline)에 명시된 요구조건을 충족하는가를 확인하는 절차이다. 기능적 형상확인 업무의 수행시기는 연구개발 수명주기 내의 시험평가 후반부(개발시험 수행 후 운용시험 전, 필요시 운용시험 수행 간)이다. 연구개발 주관기관의 형상품목 개발이 완료되고, 개발시험평가 및 운용시험평가가 수행되며, 분석 및 시뮬레이션에 의한 형상품목 성능결과가 개발 기준에 충족될 경우에 수행한다.

기능적 형상확인은 시험평가 결과와 입증된 자료가 형상품목의 기능 및 성능 요구조건을 만족하는지 여부를 확인하고 시험평가 여건상 완벽하게 검증될 수 없는 성능 특성에 대해 분석과 시뮬레이션을 수행하여 성능 보증 가능 여부를 확인한다. 연구개발 주관기관은 형상확인 계획 및 점검표에 따라 형상확인 후 적용규격, 형상품목별 성능 충족 확인결과, 시제품 검사결과, 형상통제 현황, 기타 필요하다고 판단되는 자료 등을 포함하여 기능적 형상확인 결과보고서를 작성하여 통합사업관리팀에 제출한다. 성공적인 기능적 형상확인 여부는 시험평가 및 품질확인 결과가 형상품목의 성능 및 품질 요구조건을 충족하며 운용시험 후 규격화 단계로 진입하기에 충분한 기반을 갖추었다는 통합사업관리팀, 소요군 및 관련 기관의 검토와 확인에 있다.

시험평가 결과가 해당 항목의 기능 및 형상식별서에 요구된 성능을 만족하는지 확인하기 위하여 형상 산출물 및 목록, 형상통제 현황, 규격서, 국방규격화 연계표, 도면, 품질보증 요구서,

시제품 검사결과 등을 확인한다. 또한 형상관리 대상항목의 기술자료에 반영되고 추적성이 유지되는지 확인한다. 최초 요구사항으로부터 요구사항 명세서 및 규격서 등에 추적관리 되어온 요구사항 최종반영 여부를 국방규격화 연계표와 형상 산출물 간의 일관성 및 추적성에서 확인한다.

7) 물리적 형상확인(PCA)

물리적 형상확인은 검증된 제품이 규격서, 설계도면 등과 일치하는지 여부를 확인하여 제품기준선(Product Baseline)을 충족시키기 위한 절차이다. 물리적 형상확인은 규격화 수행 간 양산 착수 이전에 수행되며, 사업추진 기본전략 또는 체계개발 기본계획서의 양산단계 구분(초도 양산과 후속 양산)에 따라 계약체결 또는 초도 양산 착수 전 생산준비상태검토(PRR: Production Readiness Review)와 동시에 수행이 가능하다.

연구개발 주관기관은 형상확인 계획 점검표에 따라 형상확인 후 적용도면, 제조문서 목록 및 도면 대비 제조문서 일치 여부 확인결과, 형상통제 현황, 수락시험 절차 일치 여부 확인결과 등이 포함된 물리적 형상확인 결과보고서를 작성하여 통합사업관리팀에 제출한다.

8) 생산준비상태 검토(PRR)

생산준비상태 검토는 연구개발하는 무기체계 설계의 생산준비상태와 계약자가 설계의 RAM 수준을 저하시키지 않는 적절한 생산계획을 수립하였는지를 확인하기 위해 수행하는 검토회의이다. 통합사업관리팀은 양산업체를 대상으로 계약체결 또는 초도 양산 착수 전에 생산준비를 확인하는 생산준비상태 검토를 수행한다.

주요활동은 생산 또는 생산준비상태로서 인력, 시설, 원자재, 시험장비 및 시설, 기술자료, 생산계획 등이 비용, 일정, 성능 또는 기타 설정된 기준들의 한계를 초과하여 수용 불가능한 위험을 초래할 가능성이 있는지를 분석한다. 최종 형상품목이 추적성을 유지하며 모든 사용자 요구사항 및 체계요구조건을 충족할 수 있는지 평가한다. 통합사업관리팀은 제작공정, 품질관리체계 및 생산계획 준비상태, 즉 시설, 치공구 및 시험장비 능력, 인력개발 및 능력인증, 공정지시서, 재고관리, 협력업체 관리 등을 확인한다.

3. 프로젝트(사업)관리 지식체계

우리는 앞에서 군수품을 개발하여 지원하기 위한 소요기획, 획득관리, 그리고 조달하는 행위를 포함하는 광의의 획득과 주로 국방획득관리 업무 영역에서의 협의의 획득에 대해서 살펴본 바 있다. 협의의 획득에서 우리가 적용하고 있는 절차인 선행연구, 탐색개발, 체계개발, 시험 및 평가 등을 체계공학 프로세스와 연계하여 기술검토 과정까지 그 원리와 내용을 부분적으로 알아보았다.

이제 그러한 획득관리 중에서도 사업관리에 대해서 알아보고 우리가 적용하고 있는 획득업무 절차 속에서 무엇이 어떻게 구현되는지 확인하고자 한다.

가. 프로젝트(사업)관리의 개념

1) 사업의 정의

사업의 뜻은 아주 광범위하고 두루 쓰임이 많으나, 보통의 경우에는 표현의 맥락 속에서 그 의미를 파악하는 것이 가장 바람직하다고 할 것이다. 우리가 일반적으로 사업이라고 할 때는 기업을 경영하는 행위를 일컫는데, 국방획득 분야에서 사업이란 특정한 목적을 위해서 예산을 투입하여 관리해야 할 대상을 말한다.

다시 말해서, 사업(Project)이란 고유한 제품, 서비스 또는 결과물을 창출하기 위해 한시적으로 투입하는 노력이다. 사업은 고유한 제품, 서비스 또는 결과물을 산출한다. 유형물과 무형물이 모두 사업의 산출물이 될 수 있으며 일부 반복적인 요소가 있더라도 고유한 특성은 변질되지 않는다. 한시성은 사업기간이 단기간임을 의미하는 것이 아니라 특정한 기간 동안의 참여와 지속성을 의미한다. 따라서 사업의 결과물로 산출되는 것은 다른 품목의 구성품, 기존 품목을 개선한 제품이나 완제품, 서비스 또는 서비스 수행역량 등을 포함한다.[24]

사업 관련 용어를 정리해보면, PMBOK[25]에서는 포트폴리오(Portfolio), 프로그램(Program) 및 사업으로 나누어 설명한다. 다음 그림과 같이 포트폴리오는 전략적 목표를 달성하기 위해 하나의 그룹으로 관리되는 하위 포트폴리오, 프로그램, 사업으로 구성되는 집합체이다. 여러 프로그램이 모여 포트폴리오가 형성되고, 포트폴리오를 지원하며 통합된 방식으로 관리되는 사업, 하위

24) PMI(2017), 『프로젝트관리 지식체계 지침서(PMBOK GUIDE)』 제6판, pp. 4-5.
25) 여기서 PMBOK는 미국 PMI에서 발간하는 상게서의 프로젝트 지식체계(Project Management Body of Knowledge) 또는 그 지침서(PMBOK GUIDE)를 의미함.

프로그램들이 모여서 프로그램이 구성된다. 프로그램에 속하지 않는 개별 사업도 포트폴리오의 일부로 간주된다.[26)]

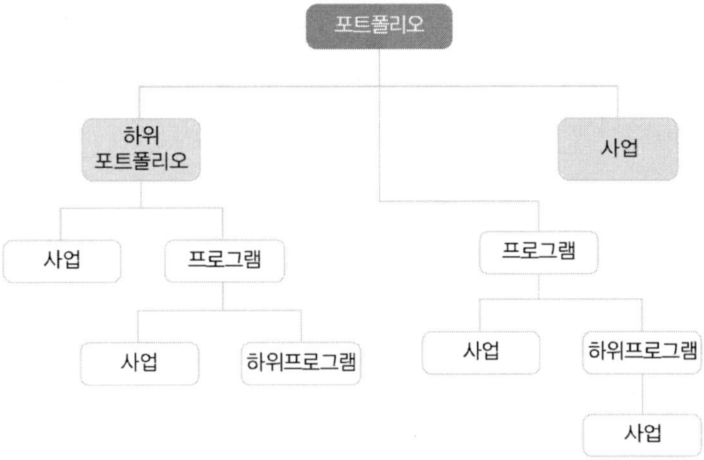

〈그림 6-5〉 포트폴리오, 프로그램 및 사업[27)]

포트폴리오는 프로그램과 사업의 집합이며 책임자인 CEO는 조직의 자원과 예산을 최적으로 관리해야 하고 그에 따라 사업은 프로그램으로 묶일 수 있다. 그리고 프로그램을 사업부장인 프로그램 관리자가 담당하고 각 사업 간의 연관성을 관리한다. 그 하부에서는 사업관리자가 개별 사업의 성공을 책임진다. 이를 정리하면 아래 표와 같다.

〈표 6-6〉 구분별 책임자와 관리포인트[28)]

구분	정의	책임자	관리포인트
포트폴리오	사업 혹은 프로그램들의 집합(조직에서 수행하는 전체 사업)	CEO	포트폴리오 구성, 성과 모니터링(조직의 자원과 예산의 최적 관리)
프로그램	상호 연관된 사업들의 집합	사업부장 (프로그램 관리자)	프로젝트 간 연관성 관리
사업 (프로젝트)	사업관리 시스템 구축	사업관리자	개별 사업의 성공

26) 상게서, pp. 11-12. 최석철(2017a, 전게서)에 따르면 사업은 하위의 통제계정(Control Account)으로 구성되고, 통제계정은 그 하위의 작업패키지(Work Package) 등으로 구성된다. 통제개정은 사업성과관리 시 비용관리와 일정관리 등에 사용하고, 작업패키지는 사업성과 관리 시 WBS(Work Breakdown Structure, 작업분할구조)의 최하위 단위가 된다.
27) PMI(2017), 전게서, p. 12에서 발췌하여 인용.
28) 이무건(2016), 『PMBOK 강해서』, p. 60.

2) 사업관리

사업관리(Project Management)란 사업과 관련된 요구사항을 충족시키기 위해 지식, 기술, 도구, 기법 등을 사업활동에 체계적으로 적용하는 것이다. 따라서 사업관리에 있어 요구사항의 식별이 가장 중요한 첫 출발이다. 사업을 기획하고 실행하는 과정에서 이해관계자의 다양한 요구사항, 관심사항, 기대사항 등을 해결해야 한다.

(1) 이해관계자

여기서 이해관계자(Stakeholder)란 사업의 의사결정, 활동 또는 결과에 영향을 주거나 또는 그로 인해 영향을 받는 개인, 집단 또는 조직을 가리킨다.[29] 군 사업의 특성을 고려하여 이해관계자를 알아보면 앞서 제1장 '이해관계자가 바라보는 군수의 다양한 모습'에서 살펴본 바와 같이 군 내부의 이해관계자, 정부기관, 방산 및 군수업체 등 공급기업, 민수기업으로 군수분야에 관심을 갖는 기업, 보훈단체, 국회 등을 꼽을 수 있다. 이해관계자의 다양하고 때로는 상충되는 의견을 수렴하고 조율하고 일정한 기준이나 우선순위를 만들기 위한 노력이 중요한 것이다. 이러한 이해관계자의 요구사항을 수렴하는 행위는 어느 특정한 단계에서만 이루어지는 것이 아니라 소요기획, 획득관리 및 운영유지 등 군수품의 전 수명주기에서 지속적으로 이루어져야 한다.

(2) 조직

다음으로 이러한 요구사항이 식별되면 지식, 기술, 기법을 체계적으로 적용해야 하는데 조직과 관리자가 중요하다. 조직이란 사업 수행의 목표를 달성하기 위해 구성된 다양한 주체들의 집단이다. 조직의 문화와 양식, 의사소통 그리고 조직구조는 사업관리의 성공에 큰 영향력을 행사한다. 조직의 문화와 양식은 오랜 시간에 걸쳐 이어져온 집단현상으로 문화규범이라고도 한다. 사업의 착수 및 기획지침으로 확립된 방식, 작업을 완료하기 위한 방법으로 허용되는 수단, 의사결정을 내리거나 의사결정에 영향력을 행사하는 공인기관의 규범 등이 포함된다. 조직의 의사소통 역량은 사업수행 성패를 좌우할 정도로 중요하다. 원활한 의사소통을 갖춘 조직에서는 비록 사업관계관들이 지리적으로 멀리 떨어져 있더라도 이해관계자들과 효과적으로 소통하면서 올바른 의사결정을 내릴 수 있다. 특히, 전통적인 소통방식에 더해져 전자적 소통인 이메일, 메시지 등의 활용이 도움을 준다. 조직구조는 자원의 가용성과 사업 수행방법에 영향을 미치는

---

29) PMI(2017), 전게서, p. 24.

환경요인이다. 다음 표와 같이, 기능조직부터 사업 전담조직, 그리고 다양한 매트릭스 조직이 활용될 수 있다.

〈표 6-7〉 조직구조와 사업관리[30)]

조직구조 / 사업의 특성	기능(Functional) 조직	매트릭스(Matrix) 조직			사업 전담 (Projectized)조직
		약함	균형	강함	
사업관리자 (PM) 권위	거의 없음	제한적	적음~보통	보통~높음	높음
사업관리자 역할(명)	파트타임(코디 또는 리더)		전담 (PM/Officer)	전담 (PM/Program Manager)	
지원조직	파트타임		전담		
팀원 참여 자원 가용성	거의 없음	제한적	적음~보통	보통~높음	높음
예산 통제	부문 관리자		혼재	PM	

전통적인 형태의 기능조직은 직원마다 상위 수준의 생산, 마케팅, 회계 등과 같은 영역에 따라 분류되고 조직되는 수직적 구조이다. 이러한 수직적 기능조직은 특정한 사업을 수행하는 조직이 아니므로 기존의 조직에 속한 직원들로 구성되는 느슨한 형태를 보이게 된다. 군에서 일상적으로 TF를 구성하는 경우가 여기에 해당된다고 본다.

다음으로 수직적 기능조직과 사업 전담조직의 특성이 혼합된 매트릭스 조직을 볼 수 있다. 매트릭스 조직은 기능조직 관리자와 사업 전담조직 관리자 사이의 상대적인 권력과 영향력 수준에 따라 약한 조직, 균형 조직, 강한 조직으로 구분할 수 있다. 약한 조직은 기능조직의 특성을 많이 갖고 있으며 사업관리자의 역할이 조정자나 촉진자에 가까운 편이다. 강한 매트릭스 조직에는 사업 전담조직의 특성이 많으며 상당한 권한을 보유한 전임 사업관리자와 행정업무를 전담하는 직원이 배속된다. 반면에 균형 매트릭스 조직은 사업관리자의 필요성은 인정하지만 사업의 예산 사용 등에 대한 권한을 사업관리자에게 부여하지 않는다. 사업 전담조직에서 팀원은 같은 장소에서 근무하게 된다. 조직자원의 대부분이 사업에 투입되며 사업관리자는 상당한 수준의 독립성과 권한을 보유한다. 이러한 형태의 조직 이외에도 다양하고 복합적인 조직이 가능하고 그 여건, 임무 등에 따라 변형된 형태로 적용할 수 있다. 다만, 이러한 조직이 사업의 성패에 미치는 영향을 감안하여 가장 적합한 형태의 조직을 편성하고 운영하는 노력이 중요하다.

30) 이무건(2016), 전게서, p. 66에서 발췌하여 인용.

나. PMBOK 이해

최근 Standish group에서 발간하는 Chaos Report[31] 등 국내·외에서 발간되는 연구개발사업 관련 통계를 보면 사업성공률이 대략 30% 정도이고 나머지 70%는 실패하거나 목표성능을 구현하지 못한 것으로 나타난다. 실패의 현황을 보면 비용을 초과하는 경우 22%, 납기가 지연된 경우 3.2%, 인원이 변동되는 경우 24%, 그 밖에도 요구사항이 추가되거나 변경되어 사업이 중단되는 경우도 있었다.[32] 이러한 통계는 다소 개략적인 수치이고 실패라고 확정된 것만을 통계에 반영했다는 점을 감안하고 현황을 이해해야 한다. 여기서 우리는 사업관리가 얼마나 어려운지 알아야 하고, 사업관리 방법론을 체계적으로 적용해야 한다는 점을 역설적으로 설명하고 있다고 본다.

사업(Project)과 사업관리에 대한 이해를 바탕으로 지금부터 사업관리에 있어서 글로벌 표준이라고 할 수 있는 PMBOK에 대해서 알아보고자 한다. PMBOK는 PMI(Project Management Institute)라는 미국의 민간단체에서 만든 사업관리 방법론으로 사업관리자(PM) 입장에서 사업을 관리하는 방법을 다루어 범세계적 기준으로 자리 잡은 표준과 지침이 포함되어 있다. 표준이란 확립된 규범, 방법, 프로세스 및 실무사례를 설명하는 공식적인 문서를 가리킨다. PMBOK는 4년 주기로 개정되고 있으며 2017년에 제6판이 발간되었다.

PMBOK는 주로 미국을 중심으로 적용되는데, 유럽지역에서는 PRINCE 2(Project in Controlled Environments Version 2)를 활용한다. 굳이 비교하자면, PRINCE 2는 사업 방법론이고 PMBOK는 사업관리자의 백과사전이라고 할 수 있다. PMBOK는 사업관리자로서 갖춰야 할 도구와 기법에 대해 상세히 기술하고 인사관리에 대한 부분을 강조하는 반면에, PRINCE 2는 각 단계에서 질적 검토(Quality Review)와 사례연구(Business Case)를 재진단하여 단계를 종료하고 다음 단계로 넘어가도 좋은지 혹은 사업을 중단해야 할지, 계속 진행해야 할지 진단하고 점검하는 단계별 관리(Manage by Stage)가 큰 특징이다.[33]

PMBOK에서는 다음 표와 같이 5개의 프로세스 그룹을 제시한다. 착수, 기획, 실행, 감시 및 통제, 종료가 그것이다. 이러한 5개의 프로세스 그룹이 횡축을 이루고, 10개의 지식영역이 종축에 배치된다. 통합, 관리, 시간, 원가, 품질, 인적 자원, 의사소통, 조달, 이해관계자 관리 등 10개의 영역이다. 이를 매트릭스로 하여 47개의 프로세스를 제시하고 있다. 제6판에서는 여기에 3개를 추가하고, 1개를 삭제, 10개를 이동 및 조정하여 총 49개의 프로세스를 제시하고 있다.

31) Standish Group(2014), *The Standish Group Report(CHAOS)*, p. 5, "Failure Statistics"에서 발췌하여 인용.
32) 이무건(2016), 전게서, p. 53; Standish Group(2016)에서 발췌하여 인용.
33) 상게서, p. 22.

여기에 각각의 프로세스는 투입(Input), 도구와 기법(Tools and Techniques), 산출물(Output) 등 소위 ITTO를 적용한다.

〈표 6-8〉 사업관리 프로세스 그룹과 지식영역 간 연결 관계[34)]

지식영역	프로세스 그룹				
	착수	기획	실행	감시 및 통제	종료
4. 통합관리	4.1 헌장개발	4.2 관리계획서 개발	4.3 작업지시 및 관리 4.4 사업지식 관리	4.5 작업감시 및 통제 4.6 변경통제 수행	4.7 종료/단계 종료
5. 범위관리		5.1 범위관리계획 수립 5.2 요구사항 수집 5.3 범위 정의 5.4 작업분할구조(WBS) 작성		5.5 범위검수 5.6 범위통제	
6. 일정관리		6.1 일정관리계획 수립 6.2 활동 정의 6.3 활동순서 배열 6.4 활동기간 산정 6.5 일정개발		6.6 일정통제	
7. 원가관리		7.1 원가관리계획 수립 7.2 원가산정 7.3 예산책정		7.4 원가통제	
8. 품질관리		8.1 품질관리계획 수립	8.2 품질관리	8.3 품질통제	
9. 자원관리		9.1 자원관리계획 수립 9.2 활동자원 산정	9.3 지원확보 9.4 팀개발 9.5 팀관리	9.6 자원통제	
10. 의사소통관리		10.1 의사소통 관리계획 수립	10.2 의사소통 관리	10.3 의사소통 감시	
11. 리스크관리		11.1 리스크 관리계획 수립 11.2 리스크 식별 11.3 정성적 리스크 분석 수행 11.4 정량적 리스크 분석 수행 11.5 리스크 대응계획 수립	11.6 리스크 대응 실행	11.7 리스크 감시	
12. 조달관리		12.1 조달관리계획 수립	12.2 조달수행	12.3 조달통제	
13. 이해관계자관리	13.1 이해관계자식별	13.2 이해관계자 참여계획 수립	13.3 이해관계자 참여관리	13.4 이해관계자 참여 감시	

34) PMI(2017), 전게서, p. 25.

1) 사업관리 프로세스 그룹

(1) 착수 프로세스 그룹

착수 프로세스 그룹은 사업의 시작에 대한 승인을 받아서 기본 사업의 새로운 단계 또는 새로운 사업을 정의하는 과정에서 수행할 프로세스들로 구성된다. 착수 프로세스에서 초기 범위가 정의되고, 초기 재원이 충당된다. 사업의 전체 결과에 상호작용하며 영향을 미칠 내부 및 외부 이해관계자가 식별된다. 사업관리자가 아직 임명되지 않았으면 이때 선임된다. 사업헌장이 승인되면 사업이 공식적으로 승인된다.[35] 이 프로세스의 주요 목적은 이해관계자의 기대사항을 사업의 목적에 맞게 조율하고 이해관계자에게 사업의 범위와 목표를 명확히 제시하고, 사업 및 관련 단계에 대한 이해관계자의 참여가 기대사항 달성에 미치는 기여도를 확인시키는 것이다.

복잡한 대규모 사업은 여러 개별 단계로 세분해야 한다. 이러한 사업의 경우, 후속단계에서 착수 프로세스를 수행하면서 최초 사업헌장 수립 및 이해관계자 식별 프로세스 동안 수행한 결정사항을 확인한다. 성공 기준을 검증하고 사업 이해관계자의 영향력, 추진요인 및 목표를 검토한다. 그다음에 사업의 지속, 연기 또는 중단을 결정한다.

착수 과정에서 이해관계자들이 참여하면 성공 기준에 대한 공감대가 형성되고, 참여비용이 절감되며, 일반적으로 제품 인수율과 고객을 포함한 이해관계자의 만족도가 향상된다.

(2) 기획 프로세스 그룹

기획 프로세스 그룹은 전체 업무 범위를 설정하고, 목표를 정의 및 구체화하면, 확정된 목표를 달성하기 위해 필요한 일련의 활동을 개발하는 프로세스로 구성된다. 기획 프로세스를 통해 사업을 수행하는 데 사용할 문서와 사업관리 계획서를 개발한다. 사업의 복잡한 특성으로 인해 추가적인 분석을 위한 반복적인 환류과정이 필요할 수도 있다. 사업정보가 더 수집되고 사업의 특성이 더 파악됨에 따라, 추가적인 계획 수립이 필요할 수 있다. 사업의 중대한 변경이 발생하면 하나 이상의 기획 프로세스를 재검토해야 하며, 경우에 따라 착수 프로세스도 일부 재검토해야 할 수도 있다. 이와 같이 사업관리 계획서를 점진적으로 구체화하는 과정을 점진적 구체화라고 하며, 기획 및 문서화 작업이 반복적이며 지속적인 활동임을 의미한다.[36]

기획 프로세스 그룹의 주요 이점은 사업이나 사업관리 단계를 성공적으로 완료하기 위한 작

---

35) 상게서, p. 561.
36) 상게서, p. 565.

업의 과정 또는 경로뿐 아니라 전략과 전술도 상세히 설명하는 것이다. 기획 프로세스 그룹을 적절히 관리할 때 이해관계자의 수용과 참여를 훨씬 쉽게 유도할 수 있다. 기획 프로세스 그룹의 산출물로 작성된 사업관리 계획서와 사업문서에서는 통합, 범위, 시간, 원가, 품질, 의사소통, 자원, 리스크, 조달 및 이해관계자 관리 측면이 두루 다뤄진다.

(3) 실행 프로세스 그룹

실행 프로세스 그룹은 사업관리계획서에 정의된 작업을 사양에 맞게 완료하는 과정에서 수행하는 프로세스로 구성된다. 사업관리계획서에 따라 사업활동을 통합하고 수행하는 프로세스뿐만 아니라, 인적 자원과 물적 자원을 통합하고 조정하는 프로세스, 이해관계자 기대사항을 관리하는 프로세스 등이 실행 프로세스 그룹에 포함된다.[37]

사업을 실행하는 동안 계획 갱신 및 기준선 조정이 필요할 수도 있다. 여기에는 예정된 활동기간 변경, 자원의 생산성 및 가용성 변동, 예상치 못한 리스크가 수반되기도 한다. 이러한 변동성이 사업관리계획서나 사업문서에 영향을 미칠 수 있고, 그로 인해 철저한 분석이나 적절한 사업관리 대응책 개발이 필요할 수도 있다. 분석 결과에 따라서는 승인될 경우에 사업관리계획서는 기타 사업문서를 수정하고 새로운 기준선도 설정해야 하는 수준의 변경 요청이 제기될 수 있다. 사업예산의 상당한 부분이 실행 프로세스 그룹의 프로세스를 수행하는 데 지출된다.

(4) 감시 및 통제 프로세스 그룹

감시 및 통제 프로세스 그룹은 사업의 진행 상황과 성과를 추적·검토 및 조정하고, 계획 변경이 필요한 영역을 식별하고, 해당 변경을 착수하는 데 필요한 프로세스로 구성된다.[38] 이 프로세스 그룹의 주요 이점은 사업계획과의 차이를 식별하기 위하여 정기적으로 또는 해당하는 사건이나 예외 조건 아래서 사업성과가 측정되고 분석되는 것이다.

감시 및 통제 프로세스 그룹에는 변경통제 및 발생 가능한 문제에 대비하여 시정 또는 예방조치의 권유가 포함된다. 또한 프로젝트 성과측정 기준선을 따르는지를 확인하고 변경통제 또는 형상관리를 피할 수 있는 요인을 조정하여 승인된 변경사항만 구현하도록 조치한다.

감시 및 통제 프로세스 그룹은 프로세스 그룹 내에서 수행되는 작업만 감시 및 통제하는 것이 아니라 전체 사업도 감시 및 통제한다. 검토 결과에 따라 사업관리계획서의 갱신이 권고되거나

37) 상게서, p. 595.
38) 상게서, p. 613.

승인될 수 있다.

(5) 종료 프로세스 그룹

종료 프로세스 그룹은 부분적인 사업이나 전체 사업의 모든 활동을 종결하는 과정에서 수행하는 프로세스로 구성된다. 완료시점에 사업 또는 사업단계를 적절히 종료하기 위하여 모든 프로세스 그룹에 정의된 프로세스가 완료되었는지 검증하고, 사업 또는 사업단계가 완료됨을 공식적으로 확정한다.[39]

사업의 조기 종료도 이 프로세스 그룹에서 공식적으로 확정된다. 조기에 종료된 사업에는 중단된 사업, 취소된 사업, 위기상황에 처한 사업 등이 포함된다. 일부 계약을 공식적으로 종료할 수 없거나 또는 일부 활동을 다른 부서로 이관하는 등의 상황에서는 특정 이양 절차를 마련하여 종료할 수 있다.

2) 사업관리계획서와 중요 기준선 관리 프로세스

사업관리계획서는 사업을 실행·감시·통제하는 방법을 기술한 문서이다. 이 계획서에는 프로세스 기준선과 모든 보조계획서를 통합한다. 범위기준선(Scope Baseline), 일정기준선(Schedule Baseline), 원가기준선(Cost Baseline) 등이 기준선이 있으며, 이외에도 아래 표와 같은 보조계획서가 있을 수 있다. 범위관리 계획서, 요구사항 관리 계획서, 일정관리 계획서, 원가관리 계획서, 품질관리 계획서, 프로세스 개선 계획서, 자원관리 계획서, 의사소통 관리 계획서, 조달관리 계획서, 이해관계자 관리 계획서 등이다.

〈표 6-9〉 사업관리계획서와 프로세스 투입물 및 산출물

사업관리계획	사업문서	
변화관리계획	활동속성	사업팀원 배치
의사소통 관리계획	활동원가 산정치	작성기술서
형상관리계획	활동기간 산정치	품질 체크리스트
원가기준선	활동 리스트	품질관리 측정치
원가관리계획	활동자원 요구사항	품질 매트릭스
자원관리계획	협약서	요구사항 문서

39) 상게서, p. 633.

프로세스 개선계획	측정기준선	요구사항 추적 매트릭스
조달관리계획	변경기록	자원분류체계(RBS)
범위기준선 -범위기술서 -작업분할구조(WBS) -작업분할구조 사전	변경 요구사항	자원달력
품질관리계획	예측 -원가예측 -일정예측	리스크 관리대장
요구사항 관리계획	이슈 기록부	일정 데이터
리스크 관리계획	마일스톤 목록	판매자 제안
일정기준선	조달문서	공급자 선정기준
일정관리계획	조달작업 기술서	이해관계자 관리대장
범위관리계획	사업달력	팀성과 측정치
이해관계자 관리계획	사업헌장 사업자금 요구사항 사업일정 사업일정 네트워크도	작업성과 데이터 작업성과 정보 작업성과 보고서

사업통합관리 단계에서 각 프로세스의 투입물과 산출물이 통합되어서 관리되고 그중에서 앞에서 언급한 3개의 기준선과 보조계획서 등을 확인할 수 있다. 여기서 3개의 기준선이 산출되는 프로세스를 중점적으로 살펴보겠다.

(1) 범위관리

범위관리의 목표는 사업을 성공적으로 완료하는 데 반드시 필요한 작업만을 빠짐없이 포함시키기 위해서 포함되지 않는 것을 정의하고 통제하는 것이다. 이는 사업관리자의 매우 중요한 역할이다. 사업을 관리하다 보면 추가요구(CR: Change Requests)가 많다. 이러한 추가요구는 변경통제위원회(CCB: Change Control Board)를 통해서 승인된 작업만 하는 것이 원칙이다. CR이 발생할 때마다 CCB로 상정할 수는 없는 노릇이고 어느 시점에서는 범위를 확정(Scope Freezing)해야 한다.

범위관리 프로세스는 범위관리계획, 요구사항 수집, 범위 정의, 작업분할구조(WBS: Work Breakdown Structure) 작성, 범위검수 및 범위통제로 이루어진다. 범위관리계획의 최종 산출물은 작업분할구조이며 이는 범위검수와 통제를 통해서 최신화된다. 앞에서 설명하였듯이, 모든 프로세스는 투입물, 도구와 기법, 그리고 산출물(ITTO: Inputs, Tools and Techniques, Ouputs)로 이루어진다. 범위관리 계획은 아래와 같은 ITTO 프로세스로 이루어진다. 이 중에서도 가장 중요하면서 다양한 도구 및 기법을 사용하는 프로세스를 선별하여 PMBOK의 특징적인 업무수행을 설명하고자 한다. 아래의 요구사항 수집 프로세스를 보자.

① 요구사항 수집

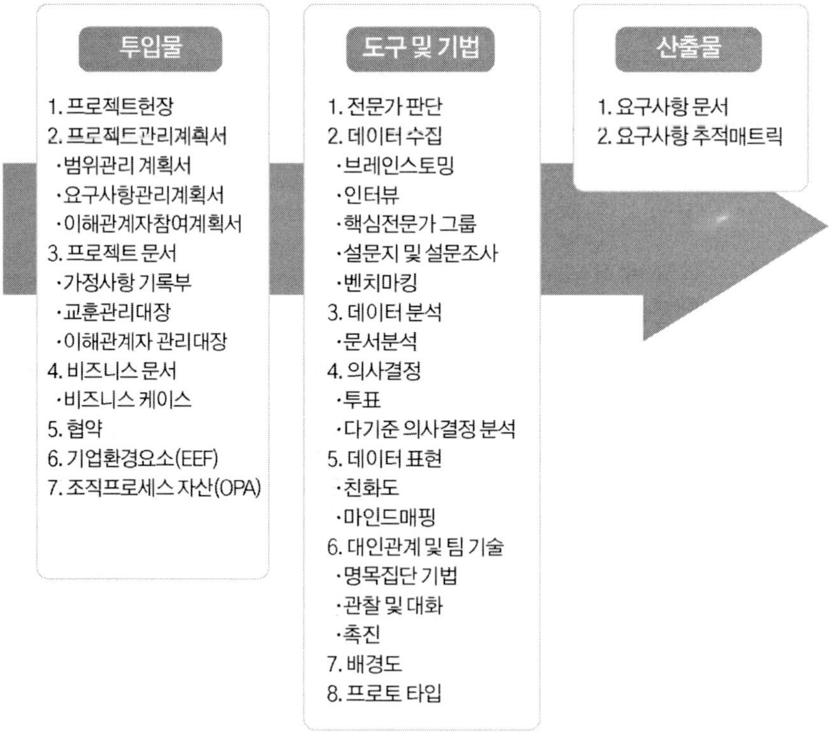

〈그림 6-6〉 요구사항 수집 ITTO[40]

요구사항 수집 프로세스는 위의 그림처럼 사업목표를 달성하기 위해 필요한 사항과 이해관계자의 요구사항을 판별하여 문서화하고 관리하는 프로세스이다. 사업 성공의 핵심요소 중 하나로 중요하면서도 수집 자체가 어려운 측면이 있다. 요구사항을 수집하기 위해서는 7개의 투입물과 8개의 다양한 도구와 기법이 사용될 수 있고 이를 통해 2개의 산출물이 나온다.

범위관리 계획서는 수집해야 할 요구사항의 유형을 판별하는 데 활용한다. 요구사항 관리는

40) PMI(2017), 전게서, p. 138

프로세스 전반에서 이해관계자의 요구를 정의하고 문서화하기 위해 참고한다. 이해관계자 관리대장을 통하여 이해관계자를 파악하고, 이해관계자 관리계획에 따라 이해관계자의 요구를 정의하고 문서화하는 프로세스를 파악한다. 사업헌장은 사업의 결과에 대한 상위 수준의 개괄적 설명을 제공한다.

〈그림 6-7〉 요구사항 수집 프로세스 데이터 흐름도[41]

요구사항을 수집하는 도구와 기법은 여덟 가지나 된다. 그중에서 인터뷰는 기본도구이다. 인터뷰를 하려면 사전 준비가 필요하고 1:1이나 다:다로 할 수도 있다. 질문은 일반적인 내용으로부터 시작해서 구체적인 내용을 묻는 방법이 좋다. 특히 기밀 정보를 입수하는 데에도 유용하다. 핵심전문가 그룹(FG: Focus Group)은 사용자 그룹 등 최종 제품이나 서비스에 대한 기대

41) 상게서, p. 139.

사항과 의견을 파악하기 위하여 선별된 이해관계자와 해당분야 전문가(SME: Subject Matter Expert)들로 구성된 집단이다. 숙련된 조정자가 대화식 토론을 이끌며 좌담을 진행하는 방식이다. 심층 워크숍(Facilitated Workshop)은 이해관계자들이 참여하여 제품 요구사항을 정의하는 체계적·조직적 회의다. 합작 애플리케이션 개발(JAD: Joint Application Development)은 해당 주제 전문가와 개발팀이 모여서 소프트웨어 개발 프로세스를 개선하는 데 초점을 맞추고 심층토론 세션을 진행한다.

품질기능 전개(QFD: Quality Function Deployment)는 신제품 개념 정립, 설계, 부품계획, 공정계획, 생산계획과 판매까지 모든 단계를 통해 고객의 요구가 최종 제품과 서비스에 충실히 반영되도록 해서 고객의 만족도를 극대화하는 데 초점을 맞추는 방법론이다. QFD의 기본개념은 고객의 요구사항을 제품의 기술특성으로 변환하고 이를 다시 부품 특성, 공정특성, 생산에서의 구체적인 사양과 활동으로 변환하는 것이다. QFD의 전체적인 목적은 신제품의 기획 및 설계단계부터 고객의 요구를 반영함과 동시에 개발기간을 단축하는 것이며 이런 목적을 달성하기 위하여 신상품 개발의 초기 단계부터 마케팅 부서, 기술부서, 생산부서가 서로 밀접하게 협력해야 한다. 다음으로 사용자 의견(User Stories)이 있다. 필요한 기능을 짧은 문장으로 기술한 것들을 지칭한다. 보통의 경우에 워크숍을 통해 수집되며 역할, 목적 및 동기 등을 기술한다.

집단 창의력 기법(GCT: Group Creativity Technique)은 똑똑한 소수보다는 다양한 사람들의 집단지성이 더 우수할 수 있다는 이론을 바탕으로 한 기법이다. 브레인스토밍(Brainstorming)은 다양한 아이디어를 수집하기 위해 사업관리자가 촉진자(Facilitator) 역할을 하고 타인의 아이디어에 대해 비판이 금지된다. 명목집단 기법(Nominal Group Technique)은 심층 브레인스토밍이나 우선순위 결정을 위해 아이디어를 가장 유용한 순서로 투표를 통해 순위를 정하는 방법이다. 아이디어 또는 마인드매핑(Idea/Mind Mapping)은 브레인스토밍을 통해 창출된 아이디어를 하나의 맵에 통합하여 파악된 공통점과 차이점이 반영된 새로운 아이디어를 도출하는 기법이다. 친화도(Affinity Diagrams)는 검토와 분석을 위하여 수많은 아이디어를 몇 개의 그룹으로 분류하는 기법이다. 다기준 의사결정 분석(Multi-Criteria Decision Analysis)은 많은 아이디어를 평가하여 순위를 매기는 기준을 세우기 위한 체계적이고 분석적인 접근법을 제공하는 의사결정 매트릭스를 활용하는 기법이다.

집단 의사결정 기법(GDMT: Group Decision-Making Techniques)은 제품 요구사항을 도출하여 분류하고 우선순위를 결정하는 데 사용할 수 있다. 만장일치(Unanimity)는 해당분야 전문가들로 의견을 수집하고 피드백을 반복하여 만장일치에 이르게 하는 방법이다. 과반수(Majority)는 집단 구성원의 50% 이상이 찬성하면 의결하는 방식으로 진행하고 구성원이 홀수

이거나 동수일 경우에 위원장이 최종결정을 하도록 하는 방식이다. 다수결(Plurality)은 과반수는 아니더라도 집단의 최다 구성원이 지지하면 의사결정을 하는 방식이다. 선택사항이 3개 이상일 경우에 적용한다. 한 집단의 의사결정을 한 사람이 내리는 방식으로 효율적일 수 있지만 리스크가 높다.

그 외에도 설문지 및 설문조사 방법, 현장 체험 식의 관찰 등이 있다. 모형제작(Prototype)은 제품의 실제 제작에 앞서 예상 제품의 작동 모형을 제공하여 요구사항에 대한 조기 피드백을 구하는 방법이다. 사용자 피드백을 받으면서 프로토 타입은 점진적으로 구체화될 수 있다. 벤치마킹(Benchmarking)은 비교 가능한 프로세스나 운영을 식별하고, 배경도(Context Diagrams)는 시스템과 행위자들(Actors) 사이의 상호작용을 도식화하여 보여주는 범위모델(Scope Model)의 한 예다. 문서분석(Document Analysis)은 기존 문서를 분석하고 관련된 정보를 식별하여 요구사항을 도출하는 방법을 말한다.

이와 같이 요구사항 수집 프로세스의 산출물은 요구사항 문서(RD: Requirement Document)와 요구사항 추적 매트릭스(RTM: Requirement Traceability Matrix)로 나누어진다. 요구사항 문서는 개별 요구사항이 사업의 요구를 맞추는 방법을 기술한 문서이며 문서의 형식은 다양하다. 비즈니스 요구사항(Business Requirements), 이해관계자 요구사항(Stakeholder Requirements), 해결책 요구사항(Solution Requirements), 사업 요구사항(Project Requirements), 전환 요구사항(Transition Requirements) 등이 여기에 포함될 수 있다. 요구사항 추적 매트릭스는 요구사항들이 어떻게 실현되는지 추적하고 관리하는 문서이다. 이는 각 요구사항을 비즈니스 및 사업목표와 연결시켜 비즈니스 가치를 높이는 데 도움이 되며 사업이 종료되었을 때 요구사항 문서에 승인된 요구사항이 인도되도록 지원한다. 최종적으로는 제품 범위에 대한 변경을 관리하는 데 유용한 체계를 제공한다. 추적 요구사항은 비즈니스 요구, 기회, 목적 및 목표, 사업목표, 사업범위 및 작업분할 구조 인도물, 제품 설계, 제품 개발, 시험 전략과 절차, 상위수준부터 상세한 수준까지의 요구사항 등이다.[42] 다음 표는 요구사항 추적 매트릭스의 적용 예로서 반드시 동일한 양식을 사용할 필요는 없다.

42) 이무건(2016), 전게서, pp. 149-160에서 발췌하여 인용.

〈표 6-10〉 요구사항 추적 매트릭스 적용 예[43]

요구사항 추적 매트릭스								
사업명								
1 원가센터 (Cost Center)								
사업설명								
ID	관련 ID (Associate ID)	요구사항 기술 (Requirement Description)	비즈니스 요구, 기회, 목적, 목표	사업목표	WBS 인도물	제품설계	제품개발	시험사례 (Test Cases)
001	1.0							
	1.1							
	1.2.1							
002	2.0							
	2.1.1							

② 범위 정의

범위 정의는 사업과 제품에 대한 상세한 설명을 개발하는 프로세스이다. 이 프로세스에서는 앞에서 수집한 요구사항 중 사업의 범위에 포함시킬 사항과 배제할 사항을 정의하여 제품, 서비스 또는 결과물의 경계를 설명하는 것이다. 앞에서 요구사항 수집 ITTO의 프로세스와 같이 범위 정의 프로세스도 투입물, 도구와 기법, 산출물의 프로세스를 적용한다. 사업헌장, 범위관리 계획, 요구사항 문서, 조직 프로세스 자산 등이 투입물이 된다.

범위를 정의하는 도구와 기법은 전문가 판단, 제품분석, 대안 만들기, 심층 워크숍이 적용된다. 전문가 판단은 범위기술서 개발에 필요한 정보를 분석하는 데 이용된다. 조직 내부의 다른 부서, 컨설턴트, 이해관계자, 기술협회, 산업단체의 전문가 등이 포함된다. 제품분석은 인도물이 제품일 경우에 주로 적용되는데, 시스템 분석, 요구사항 분석, 체계공학(SE), 가치공학(Value Engineering) 등을 활용하여 상위 수준의 제품설명을 유형의 인도물로 변환하는 방법으로 널리 수용된다. 대안 만들기는 가능한 한 많은 대안을 개발하는 기법으로 브레인스토밍, 수평적 사고, 대안분석 등의 기법이 있다. 심층 워크숍은 다양한 기대사항을 가진 전문가가 참여하여 공감대 형성에 도움이 될 수 있다.

43) 상게서, p. 160.

범위 정의 프로세스의 산출물은 사업범위 기술서(PSS: Project Scope Statement)와 사업 문서 최신화(PDU: Project Document Updates)이다. 사업범위 기술서는 공식적으로 범위를 확정해서 이해관계자들에게 사업범위에 대한 공통의 기준을 제공하는 문서이다. 실무에서는 업무(작업)기술서(SOW: Statement of Work)라고도 한다. 여기에는 사업의 범위, 주요 인도물, 가정, 제약 등이 기술된다. 이 문서의 역할은 이해관계자 사이에 사업범위에 대한 공감대를 형성하고 기대사항을 관리하는 데 도움이 되는 범위 제외사항을 명시한다. 또한 실행단계에서 사업관리팀의 작업방향을 안내하는 역할을 하고 변경이나 추가 요청이 사업의 경계를 벗어나는지 여부를 평가하는 기준을 제공한다. 사업문서 최신화의 대상은 이해관계자 등록부, 요구사항 문서, 요구사항 추적 매트릭스 등이다.

③ 작업분할구조(WBS) 작성[44)]

작업분할구조 작성은 사업의 인도물과 사업관리를 위한 요소들을 세분화하는 프로세스이다. 이 프로세스의 이점은 인도할 결과물의 체계적인 구성도를 제시하는 것이다. 작업분할구조는 전체 사업범위를 구성 및 정의하고 현재 승인된 사업범위 기술서에 명시된 작업을 표시해준다. 작업분할구조는 최하위 수준의 구성요소, 즉 작업패키지에 예정된 작업이 포함된다. 작업의 일정을 계획하고 작업을 예측·감시 및 통제하는 활동들을 분류하는 데 작업패키지를 사용할 수 있다. 프로세스도 앞에서와 같이 ITTO를 적용한다.

투입물들은 범위관리계획, 사업범위 기술서, 요구사항 문서, 기업환경요인, 조직 프로세스 자산 등이다. 범위관리계획은 작업분할구조 작성방법, 유지관리 방법, 그리고 승인 방법 등을 기술한다. 이 중에서도 중요한 작업분할구조 작성방법을 기술하는데, 각 WBS 단위의 범위, 일정, 원가의 기준을 설정할 수 있다. 예를 들어 1개의 WBS가 전체 사업의 범위, 일정, 원가의 4%를 넘지 않아야 한다는 원칙을 설정할 수 있다. 또는 WBS의 최소 단위는 팀 단위이며 최소 기간은 2주 이상이고 원가는 2천만 원 이상으로 한다는 등의 원칙을 수립할 수 있다.

적용하는 도구와 기법은 분할(Decomposition)과 전문가 판단 등이 있다. 분할은 사업의 범위와 인도물을 관리하기 쉬운 요소로 세분하는 기법이다. WBS에서 원가와 기간을 산정하고 관리할 수 있는 최하위 수준요소로 정의된 작업을 작업패키지(Work Package)[45)]라고 한다. 사

44) PMI(2017), 전게서, pp. 125-132에서 발췌하여 인용.

45) 작업패키지는 인도물을 산출하기 위하여 필요한 활동(Activity)으로 분할된다. 따라서 포트폴리오(Portfolio) ≥ 프로그램(Program) ≥ 사업(프로젝트, Project) ≥ 작업패키지(Work Package) ≥ 활동(Activity)으로 정리할 수 있다[이무건(2016), 전게서, p. 190].

업을 효과적으로 관리하기 위해서 필요한 통제수준에 따라 사업분할 수준이 결정되기도 한다. 작업패키지의 상세 정도는 사업의 크기와 복잡성에 따라 달라진다. 다만 일반적으로 적용되는 기준은 다음과 같다. 인도물과 관련 작업을 식별하고 분석하는 활동, WBS를 구성 및 편성하는 활동, 상위 수준의 WBS 요소를 상세한 하위 수준 구성요소로 분할하는 활동, 식별코드를 개발하여 WBS 구성요소에 할당하는 활동, 인도물의 분할수준이 적합한지 확인하는 활동 등이다.

다음으로 전문가 판단이다. 특정 산업에서는 해당 산업의 전문가가 제시하는 분할 기준을 활용하는 것이 유용할 수 있다. 주로 템플릿들이 전문가 판단으로 제공되며 이는 효율적인 분할을 위한 유용한 도구가 된다. 분할과 전문가 판단 등을 통해서 다양한 방법으로 WBS를 작성할 수 있다. 하향식 접근법, 조직별 지침 사용, WBS 템플릿 사용 등의 방법이 있다. 분할의 둘째 수준으로 사업의 생애주기의 단계를 사용하고 셋째 수준으로 제품과 사업 인도물을 삽입하는 형태가 있다. 다음으로 분할의 둘째 수준으로 주요 인도물을 사용하는 형태가 있다. WBS에는 모든 제품 및 작업이 표시된다. 최하위 수준의 전체작업이 상위 수준으로 완전히 연동되어서 남겨지는 항목도, 추가로 수행해야 할 작업도 없어야 한다. 이를 100퍼센트 규칙이라고도 하고 MECE (Mutually Exclusive Collectively Exhaustive)라고도 한다.

작업분할구조 작성의 주요 산출물은 범위기준선(SB: Scope Baseline)이며, 부가적으로 사업문서가 최신화된다. 범위기준선은 사업범위 기술서(PSS: Project Scope Statement), 작업분할구조(WBS: Work Breakdown Structure), 작업분할구조 사전(WBSD: WBS Dictionary) 등 3개의 구성요소로 이루어진다. 범위기준선은 비교 기준으로 사용되며 공식적인 변경 절차를 통해서만 변경할 수 있다. 사업범위 기술서에는 사업의 범위, 주요 인도물, 가정 및 제약사항이 기술된다. WBS는 사업관리팀에서 사업의 목표를 달성하고 필요한 인도물을 산출하기 위해 수행할 작업의 전체 범위를 계층구조로 세분한 계통도이다. 이는 작업패키지의 통제단위를 설정하고 고유한 식별자가 원가, 일정, 자원 정보의 계층적 요약구조를 제공한다. 통제단위는 성과측정을 목적으로 범위, 예산, 실제 원가, 일정이 통합되고 획득가치와 비교되는 관리 통제점이다. WBS에서 선정한 관리지점에 통제단위가 배정된다. WBS 사전은 WBS의 각 구성요소와 관련된 상세한 인도물, 활동, 일정 정보를 제공하는 문서이다. 다음은 자전거를 WBS로 분할한 도해이다.

WBS Level 1	
1. Bicycle	100

WBS Level 2	
1. Bicycle	
1.1 Frame Set	15
1.2 Crank Set	5
1.3 Wheels	30
1.4 Breaking System	5
1.5 Shifting System	5
1.6 Integration	35
1.7 Project Management	5
	100

WBS Level 3	
1. Bicycle	
1.1 Frame Set	
1.1.1 Frame	7
1.1.2 Handlebar	2
1.1.3 Fork	3
1.1.4 Seat	3
1.2 Crank Set	5
1.3 Wheels	
1.3.1 Front Wheels	13
1.3.2 Rear Wheels	17
1.4 Breaking System	5
1.5 Shifting System	5
1.6 Integration	
1.6.1 Concept	3
1.6.2 Design	5
1.6.3 Assembly	10
1.6.4 Testing	17
1.7 Project Management	5
	100

〈그림 6-8〉 WBS 예시[46]

(2) 일정관리(일정개발)[47]

여기서는 두 번째 기준선인 일정기준선(SB: Schedule Baseline)이 어떠한 프로세스를 통해서 개발되고 어떠한 역할을 하는지 살펴보고자 한다. 일정개발(Develop Schedule)은 사업의 모든 활동의 순서, 기간, 자원 요구사항, 일정 제약을 분석하여 사업일정 모델을 생성하는 프로세스다. 이 프로세스의 이점은 일정활동, 기간, 자원, 가용자원 정보, 논리적 관계를 일정 개발 도구에 입력하여 사업활동의 예정 종료일에 지정된 일정 모델을 생성하는 것이며 대표 산출물은 일정기준선이다. 실제로 일정 모델을 만들어놓으면 시뮬레이션을 통한 확률적 접근으로 계획된 일정을 달성할 확률을 정량화할 수 있다.

일정개발 투입물은 일정관리계획(SMP: Schedule Management Plan), 활동목록(AL: Activity List), 활동속성(AA: Activity Attributes), 사업일정 네트워크 다이어그램(PSND: Project Schedule Network Diagram), 활동지원 요구사항(ARR: Activity Resource Requirement), 자원달력(RC: Resource Calendar), 활동기간 산정치(ADE: Activity Duration Estimate), 사업범위기술서(PSS: Project Scope Statement), 리스크 등록부(RR: Risk Register), 사업팀원 배정(PSA: Project Staff Assignment), 자원분할구조(RBS: Resource Breakdown Structure), 기업환경요

46) 상게서, p. 169.
47) PMI(2017), 전게서, pp. 174-186에서 발췌하여 인용.

인(EEF: Enterprise Environment Factor), 조직 프로세스 자산(OPA: Organization Process Assets) 등이다.

여기에 여덟 가지 도구와 기법이 적용된다. 일정 네트워크 분석(SNA: Schedule Network Analysis)은 다양한 기법들을 활용하여 사업의 잔여활동에 대한 빠른 또는 늦은 개시일과 종료일을 계산할 수 있다. 주 공정법(CPM: Critical Path Method)은 총 여유시간이 '0'인 활동들을 연결한 경로이다. 일정 모델의 논리 네트워크 경로에서 일정계획에 유연성이 허용되는 기간을 결정하고 사업의 최소기간을 산정하는 데 사용되는 방법이다.

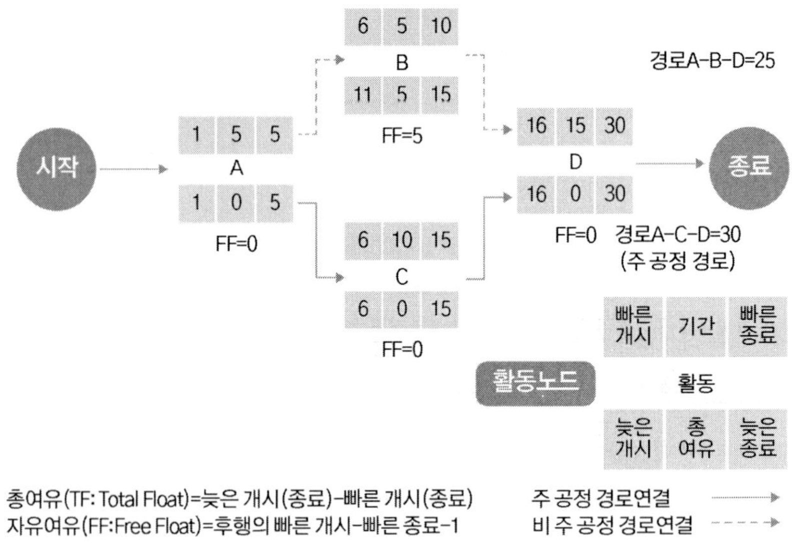

〈그림 6-9〉 주 공정법(CPM)의 예[48)]

위 그림에서 주공정법은 전체 사업기간에서 가장 긴 경로를 나타내는 일련의 활동순서로 A-C-D가 주 공정 경로이다. 산출된 빠른 개시일과 빠른 종료일, 늦은 개시일과 늦은 종료일이 반드시 사업일정이 되지는 않는다. 그보다는 활동기간, 논리적 관계, 선도, 지연 및 기타 확인된 제약에 대해 일정 모델에 입력된 모수를 사용하여 활동을 실행할 수 있는 기간을 나타낸다. 일정 모델의 논리 네트워크 경로에서 일정계획에 유연성이 허용되는 기간을 계산하는 데 주 공정법을 이용한다. 여기서 총여유는 사업 종료일을 연기하거나 일정제약을 위반하는 일 없이 빠른 개시일로부터 일정활동을 지연 또는 연기할 수 있는 여유시간을 의미한다. 한편, 자유여유는 후

48) 상게서, p. 211.

속활동의 빠른 시작일에 영향을 주지 않고 활동이 가질 수 있는 여유시간이다.

다음으로 주 공정 연쇄법(CCM: Critical Chain Method)을 알아보자. 자원의 제약과 사업의 불확실성을 고려하여 작업이 없는 일정활동들을 일정 경로에 완충으로 두는 일정계획기법이다. 주 공정(Critical Path) 경로에 자원할당, 자원 최적화, 자원 평준화, 활동기간 불확실성이 미치는 영향을 고려하기 위해 완충과 완충관리라는 개념을 도입했다.

자원 최적화 기법(ROM: Resource Optimization Method)이 일정개발에 필요한 이유는 항상 수요와 공급이 원활하지 못하기 때문이다. 최적화를 통하여 자원을 최대한 효율적으로 활용하는 방법으로 자원 평준화(RL: Resource Leveling)와 자원 평활화(RS: Resource Smoothing)가 있다. 자원 평준화는 가능한 한 자원 공급량과 자원 요구량 사이의 균형 유지 목표를 고수하면서 자원제약에 근거하여 시작일과 종료일을 조정하는 기법이다. 공유 자원이나 중요한 필수 자원을 과도하게 할당했거나 일정한 기간이나 제한된 수량에 한하여 사용할 수 있을 때 적용한다. 주 공정 기법으로 분석했던 모델에 적용하는 기법으로, 한정된 자원을 사용하여 선택된 자원을 일정 수준으로 유지하려는 목적으로 주로 사용된다. 주 공정의 완료일이 지연되며 주 공정이 늘어나는 형태로 변경될 수 있다. 자원 평활화는 자원 평준화의 반대 개념이다. 과부하는 해결하되 전체기간 증가는 허용하지 않는 방법으로, 완료일도 지연되지 않으며 주 공정 경로도 변경되지 않는다. 해당하는 자유여유(FF)와 총여유(TF) 안에서만 활동 지연이 가능하다.

다음은 모델링 기법(MT: Modeling Technique)의 적용이다. 가정형 시나리오 분석(What-if-Scenario Analysis)과 시뮬레이션이 있다. 가정형 시나리오 분석은 '시나리오 oo 상황이 발생한다고 가정하면?'이라는 질문을 분석한다. 가정형 시나리오의 분석 결과는 열악한 조건에서 사업일정의 타당성을 평가하고 예측하지 못한 상황의 영향을 극복하거나 완화하기 위한 우발사태 및 대응계획을 준비하는 데 사용할 수 있다.

선도와 지연(LL: Leads and Lags)은 일정 네트워크 분석과정에서 후행활동을 기준으로 선행활동을 앞당겨야 하는 상황이나 선행활동과 후행활동 사이에 일정한 시간경과가 요구될 경우에 실행 가능한 일정을 개발하기 위해 적용하는 조정이다. 일정 단축법은 공정압축법(Crashing)과 공정중첩 단축법(Fast Tracking) 등을 적용할 수 있다. 공정압축법은 원가에 여유가 있을 때 원가를 추가 투입하여 일정을 단축하는 기법으로 인력 추가, 초급인력을 전문인력으로 교체, 시간외 근무 승인, 급행료 지불 등 주 공정 경로에서 자원 보충으로 활동기간이 단축되는 활동에만 효과적이며 리스크 및 원가 상승을 초래할 수 있다. 공정중첩 단축법은 순차적으로 수행되는 업무를 일정 기간의 특정 구간에서 동시에 수행하는 방식의 일정 단축 기법이다. 여덟 번째로 일정계획 도구의 활용이다. 수작업 방식으로도 활용할 수 있으며, 지금까지 알아본 도구들과 연계하여 자동 일정계획 도구를 활용할 수 있다.

일정개발의 산출물은 일정기준선(SB: Schedule Baseline), 사업일정(PS: Project Schedule), 일정 데이터(SD: Schedule Data), 사업달력(PC: Project Calendar) 그리고 사업문서와 사업관리계획의 최신화 등이 있다.

일정기준선은 승인된 일정 모델로, 실제 경과와의 비교 기준으로 사용되며 공식적인 변경통제 절차를 통해서만 변경할 수 있다. 관련 이해관계자가 기준선 개시일 및 기준선 종료일과 함께 일정기준선으로 승인하고 허용한다. 감시 및 통제 과정에서 실제 개시일과 종료일을 승인된 기준일자와 비교하여 차이가 발생했는지 판단한다.

사업일정은 예정일, 기간, 마일스톤 및 자원과 해당 활동을 연결하여 보여주는 일정 도식표 중 하나다. 막대차트(Bar Chart), 마일스톤 차트(Milestone Chart), 사업일정 네트워크 다이어그램(PSND: Project Schedule Network Diagram) 등이 있다. 막대차트는 간트차트(Gant Chart)라고도 하며 세로축에 활동이 나열되고 가로축에 날짜가 표기된다. 활동은 가로 막대로 표시되며 막대의 좌측 끝은 개시일을, 우측 끝은 종료일을 나타낸다. 마일스톤 차트는 막대차트와 유사하나 일정의 기간은 표시되지 않는다. 대신 중요한 인도물과 핵심적인 외부 인터페이스의 시작일이나 종료일이 시점으로 표시된다. 사업일정 네트워크 다이어그램(PSND)은 세 가지 형태를 보여준다. 노드표기 활동도 또는 논리관계도(Activity-on-Node Diagram or Pure Logic Diagram)는 척도개념을 적용하지 않고 활동 간의 관계만 표시한다. 시간척도 일정 네트워크 다이어그램(Time-Scaled Schedule Network Diagram)은 논리막대 차트(Logic Bar Chart)라고 불리기도 하며 사업관리 활동일자의 정보 네트워크 논리, 주 공정 경로가 같이 표시된다. 또한 연속되는 활동들이 연속되게 합쳐져 최소 작업단위인 작업패키지로 기획되는 것을 보여준다.

〈표 6-11〉 사업일정표(예)[49]

활동식별자 (Activity Identifier)	활동기술 (Activity Description)	역일단위 (Calendar Units)	사업일정 시간체계 (Project Schedule Time Frame)				
			기간1	기간2	기간3	기간4	기간5
1.1.MB	신제품 Z 시작	0					
1.1	신제품 Z 개발 및 인도	120					
1.1.1	작업패키지1 : 구성요소 1	67					
1.1.1.D	구성요소1 설계	20					
1.1.1.B	구성요소1 제작	33					
1.1.1.T	구성요소1 시험1	14					
1.1.1.M1	완전한 구성요소1	0					
1.1.2	작업패키지2 : 구성요소2	53					
1.1.2.D	구성요소2 설계	14					

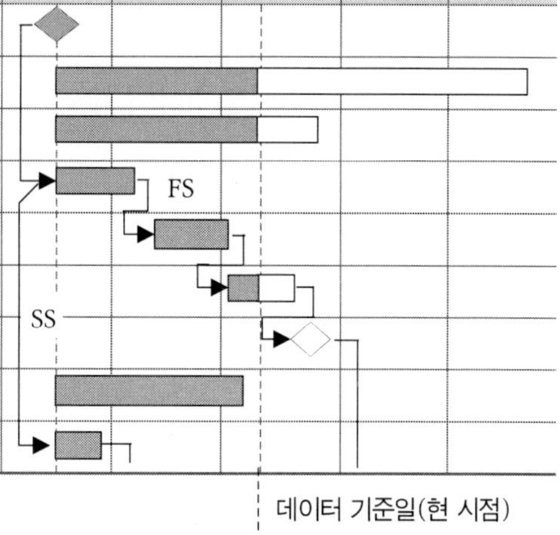

위의 그림은 사업일정표의 예시이며 각 마일스톤 MB와 M1은 활동이 아니라 주요 이벤트이므로 역일단위가 '0'이다. 여기서 기준일 또는 현황일이라고 하는 데이터 기준일은 현황이 기록되고 진행 중인 작업을 함께 보여준다.

일정데이터(SD)는 일정 모델에서 사용되는 정보의 집합으로 일정을 기술하고 통제하는 데 사용된다. 한편 사업달력은 사업 전체에 적용되는 일하는 날과 쉬는 날을 표시해놓은 달력으로 일정활동에 사용 가능한 근무일과 근무교대를 식별한다. 이 단계에서 일정기준선이 확정되므로 그 밖에도 사업관리계획서와 사업문서의 해당부분을 최신화한다.

49) 상게서, p. 219; 이무건(2016), 전게서, p. 217.
* FS와 SS는 선후관계 기법(PDM: Precedence Diagraming Method)에서 예시됨[이무건(2016), 전게서, p. 194].

유 형	정 의	예 시	
F-S(Finish-to-Start)	A 선행활동 완료 후에 B가 후속작업 시작	A FS2 B	A가 끝나고 2일 후에 B가 시작하는 관계
S-S(Start-to-Start)	A 선행활동 시작하면 B 후속활동 시작	A SS1 B	A가 시작하고 1일 후에 B가 시작하는 관계
F-F(Finish-to-Finish)	A 선행활동 완료 후에 B 후속활동 완료	A FF2 B	A가 끝나고 2일 후에 B가 끝나는 관계
S-F(Start-to-Finish)	A가 선행활동 시작하면 B가 후속활동 완료	A SF1 B	A가 시작하고 1일 후에 B가 끝나는 관계

(3) 원가관리(예산책정)[50)]

예산책정은 개별활동 또는 작업패키지로 산정된 원가를 합산하여 승인된 원가기준선을 설정하는 프로세스이다. 이 프로세스의 주요 이점은 사업성과를 감시 및 통제할 수 있는 기준선이 되는 원가기준선(Cost Baseline)을 결정하는 것이다.

예산책정의 투입물은 원가관리 계획서(CMP: Cost Management Plan), 범위기준선(SB), 활동원가 산정치(ACE: Activity Cost Estimates), 산정기준서(BoE: Basis of Estimates), 사업일정(PS), 자원달력(RC), 리스크 등록부(RR), 협약(Agreements), 조직 프로세스 자산(OPA) 등이다. 여기서 원가관리 계획서는 사업 원가의 관리 및 통제방식이 기술되어 있으므로 예산책정에 활용한다. 구매 예정인 제품이나 서비스의 원가는 협약서에 근거하여 예산으로 책정될 수 있다.

예산책정의 도구와 기법은 원가합산(CA: Cost Aggregation), 예비분석(RA: Reserve Analysis), 전문가 판단, 선례관계(HR: Historical Relationship), 자금한도 조정(FLR: Funding Limit Reconciliation) 등이다. 원가합산은 WBS에 따라 작업패키지별로 원가산정치를 합산하여 상위 구성요소인 통제계정(Control Accounts)으로 범위를 확정하여 최종적으로 전체 사업에 대한 원가를 합산한다. 예비분석은 우발 예비비와 관리 예비비를 분석하여 정하는 기법이다. 선례관계는 모수산정 또는 유사산정으로 이어지는 선례관계를 바탕으로 사업의 특성을 사용하여 전체 사업의 원가를 예측하기 위한 수학적 모델을 개발하는 기법이다. 자금한도 조정은 포트폴리오의 일부로서 사업의 자금을 집행할 때 조직에서 설정한 자금 한도에 맞춰 지출을 조정해야 한다.

예산책정의 산출물은 원가기준선(CB), 사업(프로젝트)자금 요구사항(PFR: Project Funding Requirements), 사업문서 최신화(PDU: Project Document Updates) 등이다. 원가기준선은 여러 일정활동들에 대해 승인된 예산들의 총액이며, 승인된 버전의 시간 단계별 사업예산으로 관리 예비비는 포함되지 않으며 공식적인 변경통제 절차를 통해서만 변경 가능하다. 실제 결과에 대한 비교 기준으로 사용된다. 사업예산 구성요소들은 다음 그림과 같이 비교할 수 있다.

---

50) 상게서, pp. 244-248에서 발췌하여 인용.

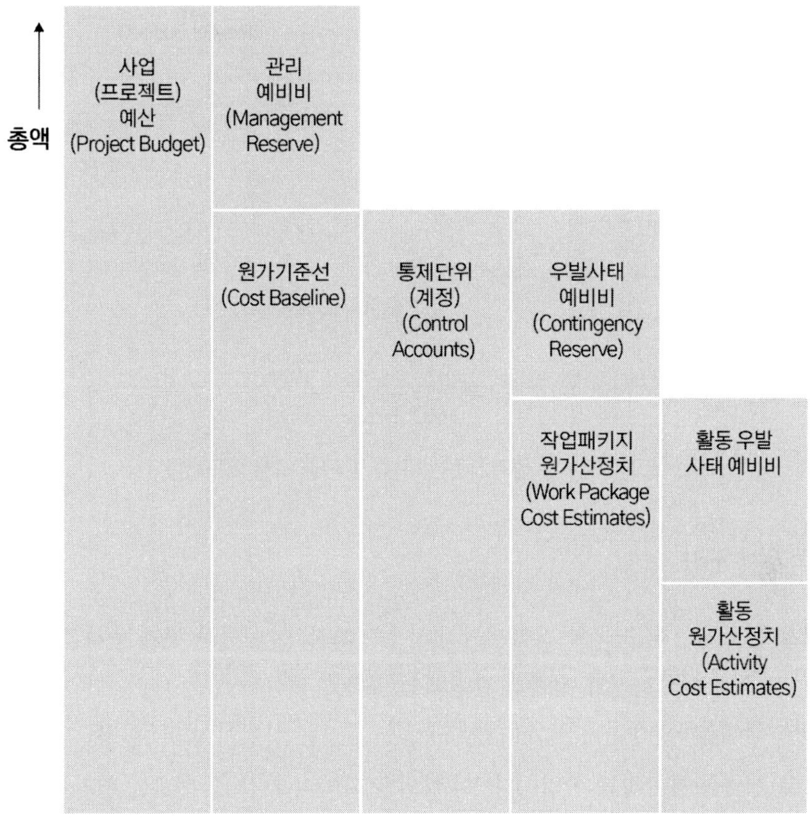

〈그림 6-10〉 사업예산 구성요소들[51]

사업(프로젝트)자금 요구사항(PFR)에 있어, 전체 자금 요구사항과 주기별 자금 요구사항은 원가기준선으로부터 유도된다. 자금 조성은 계단식으로 증가하는 경우가 많다. 필요한 총자금은 원가기준선에 관리 예비비를 더한 금액으로 자금 출처가 포함될 수 있다. 원가기준선, 지출, 자금 조성 요구사항들을 다음 그림에서 비교할 수 있다. 예산책정에 따라서 리스크 등록부, 활동원가산정치, 사업일정 등은 변경되거나 최신화될 수 있다.

51) PMI(2017), 전게서, p. 255.

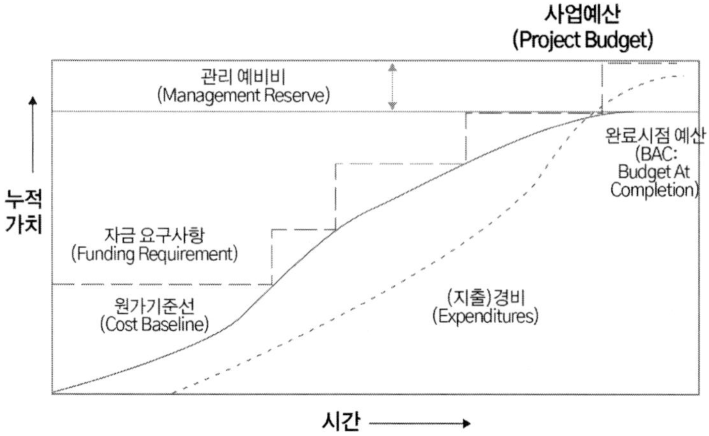

<그림 6-11> 원가기준선, 지출 및 자금 조성 요구사항[52]

3) 획득가치 관리

다음으로 원가 통제의 도구와 기법에 대해서 알아보자. 이 부분은 현재 우리 방사청에서 적용하고 있는 과학적 사업관리와 밀접히 관련되어 있다.

획득가치 관리(EVM: Earned Value Management)는 사업의 범위, 일정, 원가를 통합하여 정량적으로 성과를 통제하는 방법이다. 이 방법은 사업의 기간 중 성과를 평가할 때 기준이 될 통합기준선(Integrated Baseline)을 필요로 하는 사업관리 기법이다. 작업패키지와 통제계정에 대해 세 가지 주요 지표를 개발하여 감시한다.

계획가치(PV: Planned Value)는 예정된 작업에 배정된 승인예산(Budgeted Cost of Work Scheduled)이다. PV의 총합은 성과측정 기준선(PMB: Performance Measurement Baseline)이라고 하며, 사업의 전체 계획가치는 완료시점 예산(BAC: Budget At Completion)이라고 알려져 있다. 획득가치(EV: Earned Value)는 수행한 작업의 측정가치로, 수행된 작업에 대해 승인된 예산(Budgeted Cost of Work Performed)으로 환산하여 나타낸다. 사업 달성률 계산에 자주 사용된다. 작업의 진행률을 측정하기 위해서는 각 WBS 구성요소에 대한 진행 측정 기준을 세워야 한다. 사업관리자는 EV를 감시하여 현재 상태와 장기적 성과 추세(누적치)를 확인할 수 있다. 실제 원가(AC: Actual Cost)는 지정된 기간 동안 수행한 작업에서 실제로 발생한 원가다. 즉, EV가 측정된 작업을 완료하는 데 발생한 총원가다. AC는 상한이 없으며 EV 달성을 위해 지출된 사항이 측정된다.

52) 상게서, p. 255.

이와 같은 세 가지 가치와 원가는 승인된 기준선으로부터 차이가 감시된다. 다음이 감시결과로 나타나는 것이다. 일정 차이(SV: Schedule Variance)는 'SV=EV-PV'로 표현되는 일정 성과의 척도이다. 일정 차이는 사업완료 시 최종적으로 '0'이 된다. 주 공정법(CPM) 일정관리 및 리스크관리와 연계하여 이용하면 강력한 관리도구 역할을 한다. 원가 차이(CV: Cost Variance)는 'CV=EV-AC'이며 원가 성과를 측정하는 지수다. 사업 마무리 단계에서 원가 차이는 완료시점 예산(BAC)과 실제 지출한 금액 간의 차이다. 원가 차이는 지출된 원가에 대한 실제 성과의 관계를 나타내기 때문에 특히 중요하며 음수이면 사업이 회복 불능일 가능성이 높다.

다른 사업이나 포트폴리오 내에서 비교 목적으로 원가 및 일정 성과를 반영하기 위하여 일정 차이와 원가 차이를 효율지표로 변환할 수 있다. 일정성과 지수(SPI: Schedule Performance Index)의 수식은 'SPI=EV/PV'이며 일정효율의 척도이다. 이 지수는 사업관리팀이 시간을 얼마나 효율적으로 이용하는지를 측정한다. 원가성과 지수(CPI)와 연계 사용하여 최종 사업의 완료 산정치를 예측하기도 한다. SPI 값이 1.0보다 크면 계획보다 많은 작업이 수행되었음을 나타낸다. SPI는 사업의 모든 작업들을 측정하기 때문에 사업이 예정 종료일보다 빨리 끝날지 지연될지 알아보기 위해서는 주 공정 경로의 작업성과를 분석해야 한다. 원가성과지수(CPI : Cost Performance Index)의 수식은 'CPI=EV/AC'이며 예산 자원의 원가 효율을 측정하는 지수다. 가장 중요한 EVM지표로 간주되며 완료된 작업에 대한 원가 효율을 측정한다. 1.0보다 작으면 완료된 작업에 대한 원가가 초과했다는 것을 의미한다.[53] 이 지수는 사업진행 상황을 판단하고 원가와 일정 결과를 산정하는 기초를 제공하기에 유용하다. 아래 표에 이를 정리하였다.

〈표 6-12〉 일정과 비용 차이 분석

성과측정		일 정(Schedule)		
		SV〈0, SPI〈1.0	SV=0, SPI=1.0	SV〉0, SPI〉1.0
비 용 (Cost)	CV〉0, CPI〉1.0	일정 지연, 예산 절감	일정 준수, 예산 절감	일정 단축, 예산 절감
	CV=0, CPI=1.0	일정 지연, 예산 준수	일정 준수, 예산 준수	일정 단축, 예산 준수
	CV〈0, CPI〈1.0	일정 지연, 예산 초과	일정 준수, 예산 초과	일정 단축, 예산 초과

사업이 진행되면서 완료까지 소요될 원가의 예측치(EAC: Estimate At Completion)를 전망해야 한다. 예측 시점에서 가능한 다른 정보를 바탕으로 향후 사업에 발생할 상황과 이벤트를

53) 이무건(2016), 전게서, pp. 250-251에서 발췌하여 인용.

산정해야 한다. EVM 방법은 필요한 EAC 원가의 예측과 연계시킬 때 효과가 좋다. 가장 일반적인 EAC 예측방법은 사업관리자와 사업관리팀이 수작업으로 진행하는 상향식 합산이다. 현재 시점까지 실제 투입된 원가를 파악하고 WBS 단위로 실제 작업에 투입되는 사업관리팀에서 향후 완료시점까지 필요한 비용을 산정하여 모든 잔여 WBS를 합산하면 사업의 전체 EAC가 구해진다. 아래 그림에서 실선의 현재까지 실제 원가, 계획가치, 획득가치를 볼 수 있고 점선의 예측 원가를 볼 수 있다. 따라서 'EAC=AC+상향식 ETC'가 된다. 사업관리자가 EAC를 계산할 때는 다음의 세 가지 경우를 가장 일반적으로 사용한다.

예산책정 비율로 수행된 ETC 작업의 EAC 예측은 'EAC=AC+(BAC-EV)'이다. 실제 원가로 표시된 대로 현재까지의 실제 성과를 수용하고 향후 모든 ETC 작업이 책정된 비율로 완료될 것이라고 예상한다. 다음은 현재 CPI에서 수행된 ETC 작업의 EAC 예측치이다. 'EAC=BAC/CPI'가 적용되는 수식이며 현재까지 사업에 발생한 상황이 향후에도 계속될 것으로 가정한다. SPI와 CPI 인자를 고려한 ETC 작업의 EAC 예측치이다. 'EAC=AC+[(BAC-EV)/ (CPI×SPI)]'를 수식으로 하며, 사업일정이 ETC 활동에 영향을 미치는 요인일 때 가장 효과가 좋다. 사업관리자의 판단에 따라 CPI와 SPI에 서로 다른 값으로 가중치를 부여하여 변형할 수 있다.[54]

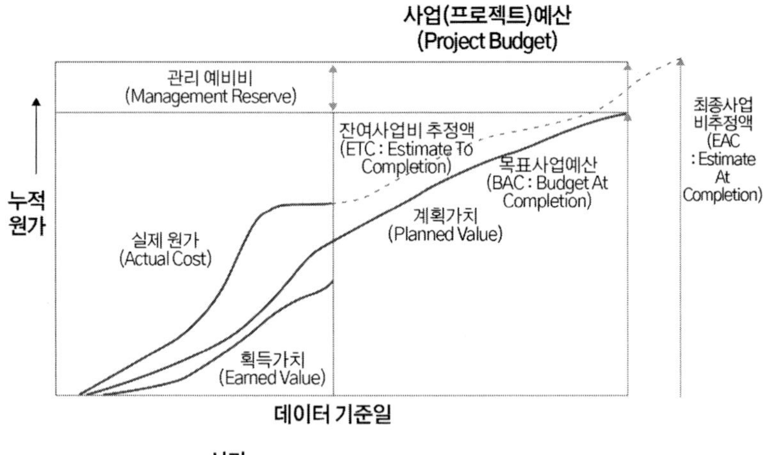

<그림 6-12> 획득가치, 계획가치 및 실제 원가[55]

지정된 관리 목표를 충족하기 위해 잔여 자원을 달성해야 하는 원가성과의 척도로 완료성과지수(TCPI: To-Complete Performance Index)는 미결작업의 완료 원가 대비 잔여 예산의

54) 상게서, pp. 252-253에서 발췌하여 인용.
55) PMI(2017), 전게서, p. 264.

비율로 표시한다. BAC가 더 이상 의미가 없다는 것이 분명해지는 경우 EAC 적용을 고려한다.

승인 전 BAC 기준의 TCPI=(BAC-EV)/(BAC-AC)=잔여 업무 범위/잔여 예산으로 산정한다. 승인 후 EAC 기준의 TCPI=(BAC-EV)/(EAC-AC)=잔여 업무 범위/필요 예산의 수식을 적용한다. 완료성과 지수(TCPI)의 개념이 아래 그림에서 설명된다. 누적 원가성과 지수(CPI)가 1 아래로 떨어지면 이후 사업은 TCP(BAC) 범위에서 수행해야 한다.

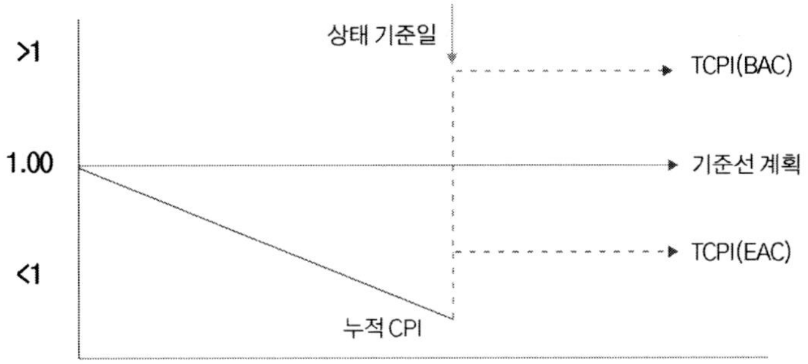

〈그림 6-13〉 완료성과 지수(TCPI)[56]

아래 그림에서 X축은 시간으로 정의되어 있다. 하지만 일정편차는 획득가치에서 계획가치를 뺀 것으로 나타난다. 이는 시간을 가치차원으로 개량하여 가치 차이에서 측정하는 것이다. 반면에 Y축은 금액가치를 실제 원가, 계획가치, 획득가치로 구분하면서 각각 원가 및 일정편차를 측정하여 분석할 수 있다. 실제 원가에 잔여사업비 추정액을 합산하여 최종사업비 추정액을 산정하면, 목표 사업예산과의 차이에서 최종사업비 편차를 예측할 수 있다.

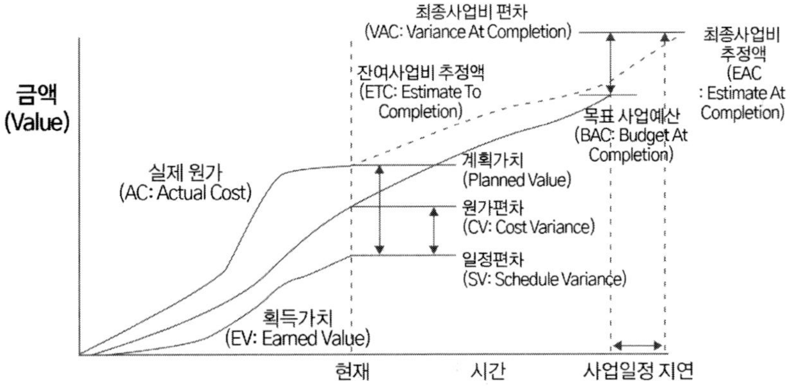

〈그림 6-14〉 사업분석 및 예측[57]

56) 상게서, p. 268.
57) 최석철(2017b), 『사업성과관리(EVM)』, 국방과학기술아카데미, p. 85에서 발췌하여 인용.

제 7 장 무기체계 사업관리

1. 선행연구

「국방전력발전업무훈령」(국방부훈령 제2114호, 2017.12.29.) 제42조, 제44조에 따르면, 방위사업청은 합참으로부터 무기체계의 소요결정사항을 통보받은 후 선행연구를 수행할 초기 통합사업관리팀을 방위사업청 내 최소의 인원으로 편성한다. 필요시 소요군 등으로부터 인력을 지원받아 연구개발 가능성, 소요시기 및 소요량, 기술적·경제적 타당성 및 비용 대 효과 분석 등을 고려하여 효율적인 사업추진 방법을 결정할 수 있다. 또한 「국방전력발전업무훈령」 제106조 3(선행연구)에 따르면, 전력지원체계 연구개발 소요가 결정된 경우, 국방부 군수관리관실 및 각 군이 해당 전력지원체계에 대한 획득방안, 사업 타당성, 일정·비용·품질에 대한 사업위험성 판단 등을 통해서 사업추진계획을 결정한다.

가. 선행연구의 정의 및 목적

선행연구란 국방부 및 합참으로부터 군수품 소요결정 결과를 접수하여 해당 군수품에 대한 연구개발 가능성, 소요시기 및 소요량, 국방과학기술 수준, 방위산업 육성효과, 기술적·경제적 타당성 및 비용 대 효과 분석, 전 수명주기 동안의 비용분석 등에 대한 조사 및 분석활동을 수행하는 것을 말한다.

선행연구를 수행하는 시기는 소요결정 이후 획득사업 관리 초기라고 할 수 있다. 소요결정 단계를 통해서 이해관계자의 요구를 정의하고 획득의 필요성과 타당성을 검증하고, 그리고 작전운용성능 또는 군사 요구도가 어느 정도 확정된다고 본다. 이러한 기획과정에서 계획이 구체화되면서 예산으로 연계된다. 이해관계자 요구나 작전운용성능 등의 요구는 성능과 전력화 시기 등으로 수렴되고, 예산이 요구되고 할당되면서 가용한 예산의 전체 규모가 확정된다. 비로소 성능, 시기 및 비용을 고려할 수 있는 단계가 되는 것이다. 이러한 소요결정 이후 성능, 시기 및 비용을 종합적으로 균형된 입장에서 검토하고 고려하고 분석하는 활동과 내용을 선행연구라고 볼 수 있다.

앞의 내용은 업무흐름과 논리적 전개에 의한 설명인데 선행연구가 필요한 현실적인 이유가 이에 못지않게 중요하다. 현실적인 이유의 한 측면은 소요결정된 군수품에 대한 기술적이며 전문적인 검토가 충분하지 못한 측면이다. 대부분의 소요결정된 군수품은 신규 소요인 경우가 많고 최근의 과학기술과 산업의 발전이 투영되는데 그러한 최신의 첨단기술과 산업의 발전에 대한 추가적인 검토과정으로서 선행연구가 필요한 것이다. 다른 측면으로 방위사업청 등의 통합사업관리팀 입장에서는 새로운 임무로서 해당 군수품 획득사업관리에 필요한 지식이 충분히 축적되고 준비되어 있지 않은 면도 있다. 따라서 해당 분야의 전문가들로부터 기술적 검토와 사업관리적 조언을 받고 사업 초기부터 일종의 지원 네트워크를 구성하여 운용할 수 있다는 기대가 있다.

선행연구를 시행하는 목적은 연구개발 또는 구매에 대한 의사결정의 기준으로 활용하기 위해서이다. 무기체계의 사업추진 기본전략 또는 전력지원체계의 사업추진 기본계획 수립을 위한 자료를 조사하고 분석하는 것이다. 무기체계의 연구개발 가능성, 소요시기 및 소요량, 국방과학기술 수준, 방위산업 육성효과, 기술적·경제적 타당성 및 비용 대 효과 분석 등에 대한 조사와 분석 결과를 바탕으로 방위력 개선사업에 대한 추진방법을 결정하고 분야별·단계별 사업추진 전략을 수립하여 제공한다. 아울러 중기전력 소요전환 시 작전운용성능 및 전력화 시기 판단자료로 활용한다. 전력지원체계의 경우에도, 연구개발 가능성, 지식재산권 검토, 최적의 획득방안 모색, 군사 요구도와 기술적·부수적 성능 구체화, 획득방안별 비용 대비 효과 분석, 종합군수지원 요소 확보방안, 시험평가 방안 등 사업추진 기본계획 수립을 위한 내용을 중점적으로 연구한다.[1]

장기전력 소요제기서는 소요제기기관이 연중 수시로 장기전력 소요(F+8~F+17)를 제기하는 문서로서 합동참모회의의 결과이며 선행연구 및 탐색개발의 근거를 제공한다. 중기전력 소요제기서는 소요제기기관이 획득의 합리성을 고려하여 합동성 및 통합성을 기초로 운영개념에 부합되는 작전운용성능을 포함하며 선행연구 결과를 반영하여 작성한다.

나. 선행연구의 현황

방위사업청 개청 초기에는 비교적 소액으로 국방연, 기품원 및 학교기관 등에서 단기간에 걸쳐 선행연구가 수행되었다. 근래에 이르러 선행연구 예산의 증액과 민간 연구기관 및 일반대학

---

1) 「육군 전력발전업무규정」(육군규정 010, 2017. 9.20.) 제115조 "선행연구".

의 선행연구 참여 빈도가 높아지고 있는 추세이다. 전체적으로 선행연구는 4개월 이내의 단기간으로 4,000만 원 이하의 소액으로 수행되고 있다.

선행연구는 대부분 막대한 비용과 장기간이 투입되는 무기체계 획득사업의 중요한 시발점임에도 불구하고 절차상으로 중기계획 편성 이전에 일회성 연구로 그치고 있다. 선행연구 기간의 부족, 소액 예산의 영세성, 참여기관의 전문성 제한 등으로 과정적 절차의 일환으로 여기게 되는 경향이 있다.[2)]

다. 선행연구 수행과 사업추진 기본전략(계획)

선행연구 과제는 중기전환 선행연구 과제, 예산편성 선행연구 과제 및 수시 선행연구 과제로 구분한다. 중기전환 선행연구 과제는 장기소요 결정 후 중기계획 반영을 위한 선행연구 과제이며, 예산편성 선행연구 과제는 중기계획 대상사업 중 차년도 예산편성을 위한 선행연구 과제이다. 수시 선행연구 과제는 당해 연도 소요결정 이후 초기통합사업관리팀에서 제기하거나 미계획된 과제 중 조기에 선행연구가 필요한 과제이다.

「방위사업관리규정」 제83조에 따르면, 초기 통합사업관리팀장은 장기 또는 중기 신규 소요가 결정되면 3개월 이내에 선행연구 수행(착수)계획을 수립하여 관련 부서에 배포한다. 소요결정문서와 소요제기 단계의 분석평가 결과, 합참 및 소요군이 제출한 군수품 운용환경, 운용절차, 합동성 및 상호운용성 등을 구체화한 의견과 목표운용 가용도 또는 RAM 잠정 목표값 등을 기초로 선행연구 계획서를 작성하여 소요결정 이후 1년 이내에 선행연구를 시작한다. 선행연구 수행 시 소요군의 요구사항을 보다 구체화하고 명확하게 하기 위하여 운용요구서를 작성하거나 운용 요구조건 검토(ORR: Operational Requirement Review)를 할 수 있다.

2) 안보경영연구원(2014), "선행연구 전문화 추진방안 연구", pp. 70, 76에서 발췌하여 인용.

<표 7-1> 획득방안 검토 시 고려요소

고려요소	세부 검토항목

기술적 요소	·연구개발 가능성
	  - 핵심기술 식별 및 확보계획
	  - 작전운용성능(능력) 분석
	·국방과학기술 수준(기술 성숙도 평가)
	·기술적 타당성 및 소요시기
	  - 기술적 대안
	  - 전력화 시기 달성 가능성

경제적 요소	·비용 대 효과 분석
	·경제적 타당성
	  - 편익분석 또는 비용 대 편익 분석
	  - 국내개발 비용한계

정책적 요소	·방위산업 육성효과 ·소요량 분석
사업관리 요소	·획득방안별 사업관리 위험요소 ·식별된 위험요소 관리방안

초기 통합사업관리팀장은 선행연구 단계에서 앞의 표에서 제시하는 획득방안 검토 시 고려요소인 기술적 요소, 경제적 요소, 정책적 요소, 사업관리 요소 등 조사·분석한 결과를 근거로 획득방안을 제시한다. 선행연구와 관련된 조사·분석업무를 위탁받은 기품원은 조사·분석 전문기관이다. 초기 통합사업관리팀장은 선행연구 수행(착수)계획을 수립하여 기품원에 통보하고 기품원은 조사·분석 수행계획(안)과 선행연구 계획서(안)를 작성한다. 기품원은 전문적인 분야의 경우 전문연구기관 또는 업체와 용역계약을 통해 선행연구 조사·분석업무를 수행할 수 있다.

선행연구는 과제를 발주하는 부서 및 담당관의 사전 준비와 그러한 준비사항이 명시되는 제안요청서의 구체성에 따라 선행연구의 질이 결정된다고 보면 된다. 요구는 대충하고 대답은 충실하기를 바랄 수는 없다. 선행연구를 통해서 달성하고자 하는 과업의 지시, 사업계획, 계약조건, 평가 방법 등이 구체적으로 명시되어야 한다. 제안요청서를 작성하여 국방전자조달 시스템을 통해서 입찰공고를 하고, 접수된 제안서를 평가하여, 기술능력과 입찰가격을 합산하여 고득점 순으로 협상대상자와 협상하고 이를 토대로 계약을 체결한다.[3]

초기 통합사업관리팀장은 획득방안들을 강구하고 수명주기 비용 추정 및 분석평가를 공정하고 투명하게 비교 분석하기 위하여 외부 전문기관을 포함한 각기 다른 전문기관에 중복된 내용의 연구를 수행하게 할 수 있다. 획득방안에 대한 비교 및 분석평가 결과를 활용하여 다음의 내

3) 「선행연구 조사·분석 업무요령」(기품원, 2017.1.11.) 제9조.

용을 포함한 사업추진 기본전략안을 수립한다.

- 획득목표, 연도별 편성계획을 포함한 사업예산, 추진경위 등 사업현황
- 필요성, 운용개념 등 획득논리
- 획득성능
- RAM 잠정 목표값 확보를 위한 업무수행계획, 수명주기 비용, 획득여건, 국내 기술수준 및 확보해야 할 기술수준, 전력화 시기 충족 여부, 국방획득정책 등을 고려한 연구개발 또는 구매로의 사업추진 방법 결정에 관한 사항(주요 탑재장비에 대한 사업추진 방법, 확보대상 범위, 관급 분류 방향, 표준장비 채택 가능 여부 등을 포함한다)
- 연구개발 또는 구매로의 사업추진 목표 및 방침
- 연구개발 시 투자형태(업체투자, 공동투자, 정부투자 등) 및 투자형태에 따른 사업추진 방법
- 연구개발사업과 구매사업의 구분형태에 관한 사항
- 야전운용시험·전력화 평가의 방법 및 기타 야전운용시험·전력화 평가의 수행을 위하여 필요한 사항(야전운용시험·전력화 평가를 위한 예산 반영, 연구개발 종료 후 연구인력의 유지 등)
- 시험평가 방법(적정 시제 수량, 유도무기의 경우 시험평가 수량 등 확보계획 포함), 시험평가 수행기관, 국내 시험시설, 장비, 능력 확보 등 시험평가 전략에 관한 사항
- 사업추진 단계별 기간을 구분한 사업추진 일정(주요 탑재장비를 포함한 사업일정)
- 운용성 및 체계특성, 연동성 및 정보 교환, 주파수, 정보 보호, 표준 및 아키텍처 등을 포함한 상호운용성 확보계획
- M&S 활용에 관한 개략적인 계획(필요한 경우)
- 소프트웨어 개발 및 확보에 관한 개략적인 계획
- 양산 또는 전력화 기간·대상부대·수량·예산 및 비용, 연도별 분리발주 또는 통합발주 등 양산 또는 전력화에 대한 개략적인 계획, 기종 결정의 개략적인 계획(필요한 경우)
- 전력화 지원요소 확보방안[주요 탑재장비의 주요 전력화 지원요소 식별 및 필요시 성과기반 군수지원(PBL) 적용방안을 포함]
- 절충교역에 관한 사항(추진 여부 및 방향을 포함)
- 통합사업관리팀 구성 및 운영에 관한 사항(계약업무 수행팀 지정을 포함)
- 복수 연구개발사업 추진 여부
- 2단계 경쟁에 의한 확정계약 추진 여부
- 국내 개발기술 등의 보호를 위한 계획
- 중소기업 우선선정 품목지정 대상 검토 결과
- 연구개발 단계를 통합하거나 일부를 생략하여 수행하는 사항[4]

4) 「방위사업관리규정」(방위사업청훈령 제415호, 2017.6.21.) 제83-88조에서 발췌하여 인용.

과제담당관은 선행연구용역 연구기간 동안 연구 진행상황을 중간 점검하고 연구자와 향후 연구일정 협의 등을 점검한다. 연구 완료 후에는 검수관을 지정하여 검수조서를 제출받고 연구결과 평가팀을 구성하여 선행연구 결과에 대한 평가를 한다.[5] 위의 사업추진 기본전략에서 제시하는 방위력 개선사업의 추진방법 확정과 변경은 방위사업추진위원회의 심의를 거쳐서 결정된다.[6] 사업추진 기본전략의 결정 후 통합사업관리팀을 구성한다.

최근 수행하였던 선행연구에 대한 현황분석을 통해서 살펴본 바에 따르면 현실적으로 선행연구를 통해서 사업추진 방법을 결정짓는 주요 기준은 다음과 같다. 첫째, 주로 기술수준, 비용, 전력화 시기였으며, 둘째, 기술수준은 선진국 대비 60~80% 이상인 경우 연구개발 추진으로 적용하였다. 셋째, 비용 대비 효과 분석은 효과요소별로 지수화하여 비교하기보다는 정성적인 서술방식으로 비교하고 넷째, 비용 대비 편익 분석은 대부분 미적용하고 긴급전력 확보 등은 국외구매로 추진하였다. 방위산업 육성효과 등 기타 요소에 대한 고려가 미흡하다는 것이 공통으로 지적되고 있다.[7]

전력지원체계 선행연구 시행여부는 전력지원체계 (실무)위원회에서 결정하고 선행연구의 주관은 전력지원체계 사업단에서 맡는다. 사업 주관부서는 선행연구 과업수행지침을 작성하여 사업관리기관에 제시하여야 한다. 사업관리기관은 제안요청서, 계약 특수조건 등을 작성하여 국가를 당사자로 하는 계약에 관한 법률에 의거하여 입찰 공고한다. 연구기관은 계약체결 후 사업관리기관장의 주관으로 연구추진 계획서를 근거로 연구 요구조건 검토회의를 시행한다. 여건에 따라서 선행연구 결과는 사업관리위원회 등에서 발표하도록 하거나 평가한다. 사업 주관부서는 전력지원체계 (실무)위원회에서 소요결정된 품목에 대하여 사업추진 기본계획을 수립 시 아래 사항을 포함한다.

- 사업현황
- 획득방안
  - 획득환경: 국내, 국외
  - 사업 주관부서, 사업관리기관
  - 사업추진 방법 판단: 구매, 연구개발(정부투자, 업체투자, 정부·업체 공동투자)
    - 가능한 획득방법
    - 고려요소

---

5) 방위사업청(2007), 전게서, 제14-16조에서 발췌하여 인용.
6) 「국방전력발전업무훈령」(국방부 훈령 제2114호, 2017.12.29.) 제44조.
7) 안보경영연구원(2014), 전게 논문, p. 74.

· 검토 결과
- 추진계획
- 사업관리계획
- 시험평가 방법 및 시험평가기관
- 사업 타당성 판단
- 사업 위험성 판단: 일정, 비용, 품질 등 위험성 분석 및 대책
- 보안측정 대상사업 결정 결과
- 결론 및 건의[8]

사업추진 기본계획은 사업통제부서에서 전력지원체계 (실무)위원회를 통해서 결정한다. 사업통제부서는 효율적인 전력지원체계 구현과 과학적·계량적 분석에 의한 소요창출을 위해 작전운용, 군 구조, ILS 운용, 교리 , 전력지원체계 , 과학기술 분야, 시험평가 등 관련 전문가 집단을 통합개념팀(ICT: Integrated Concept Team)으로 구성하여 운영할 수 있다.

소요결정된 전력지원체계 소요품목은 사업통제부에서 F+3~F+7 전력지원체계 사업계획서에 수록하여 발간한다. 신규 소요결정되는 품목은 수정 및 추가사항을 포함하여 수정문으로 대체할 수 있다. 이러한 전력지원체계 사업계획서에 반영된 품목은 우선적으로 중기계획에 반영된다. 전력지원체계 사업계획서의 부록으로 전력지원체계 목록서를 발간한다. 전력지원체계 목록서는 장비와 물자로 구분하며 형상, 주요성능 및 제원, 운영개념, 추진경위, 보유 및 배치, 그 밖에 필요한 사항을 수록[9]하여 현용 장비 및 물자의 운영실태를 파악하고 향후 전력지원체계 소요기획의 기본 자료로 활용한다.

2. 무기체계 연구개발

선행연구를 수행하면서 이해관계자의 요구사항을 구현하기 위해, 성능, 비용 및 일정 등 세 가지 요소를 중점적으로 검토하여 최적의 획득방법과 사업추진 기본전략을 수립할 수 있었다. 최근에는 기술적 요소, 경제적 요소, 정책적 요소 및 사업관리 요소 등으로 세분화하여 검토하고 이를 바탕으로 획득방안을 제시한다. 사업추진 기본전략을 통해서 획득성능을 구체화하고 RAM 목표값을 제시하며 연구개발과 구매방안을 구분하고, 획득방안별 구체적인 주관, 투자 및

8) 「육군 전력발전업무규정」(육군규정 010, 2017.9.20.) 제115-116조에서 발췌하여 인용.
9) 「국방전력발전업무훈령」(국방부 훈령 제2114호, 2017.12.29) 제106조의 2-제107조의 2에서 발췌하여 인용.

관리방안 등을 제시한다.

연구개발(R&D: Research and Development)이란 우리가 보유하지 못한 기술을 국내 단독 또는 외국과 협력하여 공동으로 연구하고 연구된 기술을 실용화하여 필요한 무기체계를 생산 및 획득하는 것을 말한다. 국내 연구개발은 국내 기술진에 의하여 개념을 설정하고 이를 설계, 시제품 제작, 시험평가를 통해서 특정 무기체계 또는 핵심기술과 부품을 개발하는 것이다. 연구개발은 아래 그림과 같이 개발 및 생산대상과 방법에 따라 핵심기술 연구개발, 무기체계 연구개발, 기술협력 생산으로 구분할 수 있다.

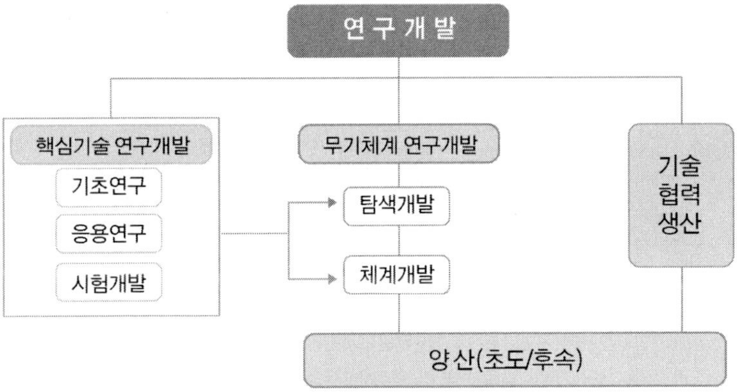

<그림 7-1> 연구개발의 구분

연구개발에 어떠한 형태가 있는지 알아보면 다음과 같다. 국외기관 참여 여부에 따라 국내 연구개발, 국제공동 연구개발로 구분하고, 비용분담에 따라 정부투자 연구개발, 업체투자 연구개발, 공동투자 연구개발 등으로 나눈다. 연구개발을 수행하는 주관기관에 따라 국과연 주관 연구개발과 업체주관 연구개발로 구분하기도 한다. 이를 다시 정리하면 다음 표와 같다.

<표 7-2> 투자형태 및 주관기관에 따른 연구개발 분류

구 분	투자형태	주 관	내 용
국내 연구개발	정부투자	국과연 주관	정부: 개발비 부담 국과연: 연구개발 주관
		업체 주관	정부: 개발비 부담 업체: 계약을 통한 연구개발 주관
	업체투자	업체 주관	정부승인하 업체 자체 연구개발
국제공동 연구개발	공동투자	국제 공동	국내·외 개발주체가 공동으로 개발비를 투자하여 연구개발

방사청은 사업추진 방법이 연구개발로 결정된 경우 운용요구서(ORD)안을 작성하여 합참 및 소요군에 검토를 요청한다. 방위사업청은 탐색개발 또는 체계개발 입찰공고 이전까지 합참 및 소요군 등 관련 기관과 부서를 포함한 협의체를 구성하여 운용요구서를 확정한다. 아래 그림은 선행연구 이후 탐색개발, 체계개발 및 양산에 이르는 일련의 연구개발 기본절차이다. 무기체계 연구개발은 탐색개발단계, 체계개발단계, 양산단계로 구분하여 추진함을 원칙으로 하며, 사업추진 기본전략에 따라 탐색개발을 생략하거나, 체계개발단계 종료 전에 양산업체를 선정하고 양산을 먼저 착수할 수 있으며, 체계개발과 양산을 통합하여 업체를 선정할 수 있다.

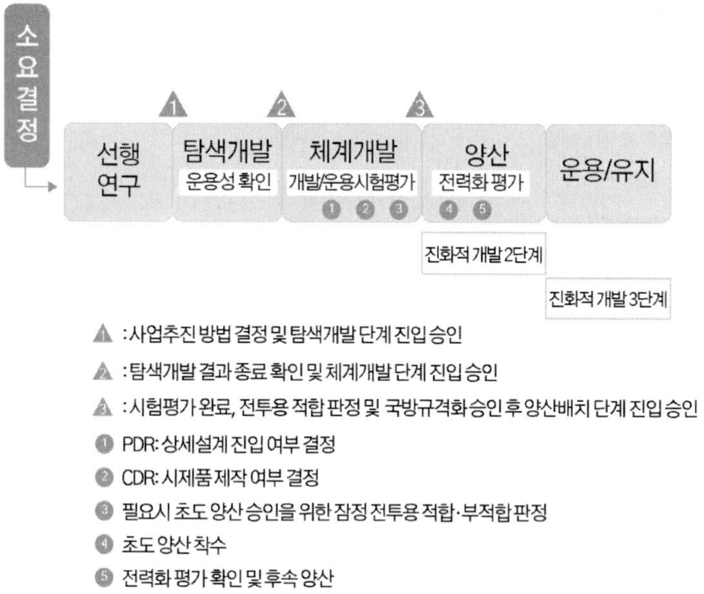

〈그림 7-2〉 무기체계 연구개발 기본절차[10)]

가. 탐색개발

탐색개발(Exploratory Development)은 선행연구 시 검토한 개념연구 결과가 체계개발로 전환 가능한지의 여부를 검토하는 데 주안을 두고 실시하며, 시뮬레이션, 모형제작 및 시험 등 다양한 방법을 통해 무기체계의 핵심부분에 대한 기술을 개발하여 기술의 완성도 및 적용 가능성을 확인하는 단계이다.[11)]

10) 최석철(2017), 『방위사업관리(I)』, 국방과학기술아카데미, p. 87.
11) 김문조·김백현·전종순(2011), 『무기체계획득 & 종합군수지원(ILS)』, 양서각, pp. 100-101.

연구개발 주관기관은 핵심기술, 부품 및 관련 소프트웨어 탐색개발 결과, 개발할 무기체계의 성능에 대한 상·하한선 제시, 탐색개발 주요 시험결과, 작전운용능력 분석 결과, 수명주기 비용 추정 및 비용절감 방안 등을 포함한 탐색개발 결과보고서를 합참 및 소요군에 통보한다. 탐색개발 결과보고서를 근거로 합참은 주요 작전운용성능(안)을 작성하고 합동전략회의를 통해서 수정 여부를 결정한다. 방사청은 기술적·부수적 성능(안)을 작성하고 작전운용성능 및 합참과 소요군의 검토의견 등을 고려하여 기술적·부수적 성능을 결정한다.[12]

체계개발의 적기 수행을 위해서 선행되어야 하는 장기발주 품목 또는 부체계 핵심기술 개발 품목에 대하여 발주 또는 개발을 착수할 수 있다. 이 경우 탐색개발 업무범위 및 필수사항 여부를 명확히 구분하여 가능한 한 소요를 최소화하여야 한다. 체계 요구조건 검토(SRR: System Requirement Review), 기술 성숙도 평가(TRA: Technology Readiness Assessment),[13] 운용성 확인, 작전운용성능 결정, 진화적 연구개발전략 수립, 체계개발 일정과 소요비용 산출, 예비시험평가 기본계획서(Preliminary TEMP: Preliminary Test & Evaluation Master Plan) 작성 등을 수행하면 그 결과를 체계개발단계로의 진입 여부 결정 시 반영한다. 이 경우 소요군(운용, 정비, 관리요원 포함), 국과연, 기품원, 방산기술센터 및 민간연구소 등의 전문인력이 참여하여 검토하여야 하며, 특히 기품원은 RAM 자료 분석 결과 및 품질자료를 수집하고, 양산 관점의 품질보증 의견을 제시하여야 한다. 적용하는 탐색개발기본계획서에 포함할 내용은 아래와 같다.[14]

• 사업추진 방법
  - 사업의 투자형태는 정부투자를 우선 검토
  - 연구개발 주관기관

12) 「국방전력발전업무훈령」(국방부훈령 제2114호, 2017.12.29.) 제56조(탐색개발 수행)에서 발췌하여 인용.

13) 기술 성숙도(Technology Readiness Level)는 해당 기술이 실제로 응용되어 쓰일 수 있기까지 어느 정도 준비가 되었는지 확인하는 정량적인 수준이며, 기술 성숙도 평가는 무기체계에 적용되는 핵심기술 요소(CTE: Critical Technology Elements)들이 어느 정도로 성숙되어 있는지 정량적으로 평가하는 공식적인 프로세스를 말함. 탐색개발 전환은 TRL 4, 체계개발 전환은 TRL 6, 양산 전환은 TRL 7을 달성해야 함.
핵심기술 요소는 개별 무기체계 연구개발사업의 범주에서 해당 사업 완수를 위해 기술적으로 중요한 요소로, 사업의 목표(성능, 비용, 일정)를 충족하는 데 결정적인 영향을 주거나, 기존 기술에 비해 개발내용, 개발방식, 시연환경, 설계조건 등이 새롭게 적용되는 기술을 말함.

기술성숙도	내 용	기술성숙도	내 용
TRL 1	기본원리 이해	TRL 6	유사 운용환경에서 체계·부체계 모델 또는 시제품의 성능시험
TRL 2	기술개념 형성과 응용분야 식별	TRL 7	운용시험 환경에서 체계 시제품의 성능 시연
TRL 3	주요 기능에 대한 분석·실험과 특성에 대한 개념 입증	TRL 8	시험·시범을 통해서 실체계의 완성 및 시연
TRL 4	실험실 환경에서 구성품·조립품(Breadboard) 수준의 성능 입증	TRL 9	성공적인 임무 운용을 통한 실체계의 입증
TRL 5	유사 운용환경에서 구성품·조립품 수준의 성능 입증		

국방부(2013), 『국방 군수·전력 용어사전』(2013); 「방위사업관리규정」(방위사업청훈령 제415호 2017.6.21.) 제116조; 「기술 성숙도 평가 업무지침」(방위사업청예규 제318호, 2016.5.31.) 제2조, 별표 1 등.

14) 「방위사업관리규정」(방위사업청훈령 제415호, 2017.6.21.) 제101조 ②, 제103조.

- 연구개발 일정 및 소요예산
- 연구개발사업을 관리하는 통합사업관리팀의 구성 및 운영계획
- 업체 선정기준·방법 및 계획(평가항목·기준, 평가절차, 평가일정, 평가결과 공개 여부, 계약방법 등)
- 탐색개발단계 M&S 활용계획(필요한 경우)
- 상호운용성 확보계획
- 필요시 성과기반 군수지원(PBL) 적용방안
- 시제품 관리계획(필요한 경우)
- 기술 성숙도 평가계획(평가일정, 평가절차, 핵심기술 요소, 목표수준 등)
- 함정 탑재장비와 무기체계의 확보 및 기본설계 추진계획, 해외 협력사항 등
- 사업추진 기본전략 수립 시 확정되지 않은 함정 탑재장비의 관급 분류에 관한 사항(필요한 경우)

나. 체계개발

체계개발(Full Scale Development)은 작전운용성능(ROC)을 만족하는 무기체계를 개발하는 단계로서 설계를 통해 체계의 통합성을 확인하고 시제품을 제작하여 시험평가를 통해 검증하고 국방규격을 완성하는 단계이다.[15]

방사청은 탐색개발 완료 후에 작전운용성능 및 전력화 지원요소, 시험평가, 목표비용, 안전기준 등을 포함하는 체계개발 동의서를 작성하여 합참 및 소요군과 합의 후에 공동서명하고 체계개발에 착수한다. 방사청은 체계개발 착수 전 군사안보지원사에 무기체계의 정보시스템 및 내장형 S/W에 대한 보호대책 검토를 의뢰하고 검토 결과를 체계개발 계획에 반영한다. 방사청은 체계개발단계에서 작전운용성능 변경이 요구되거나, 합동성·상호운용성에 영향을 미치는 경우 등 개발계획의 변경이 요구되는 경우에는 국방부, 합참, 소요군과 사전 협의하고 군사안보지원사에 무기체계의 정보시스템 및 내장형 S/W에 대한 보호대책 검토를 재의뢰하여야 한다. 방사청은 무기체계 체계개발을 수행하고 체계개발 동의서에 제시된 목표비용 등 포함요소별 달성 정도를 비교분석한 자료를 포함한 무기체계 개발결과를 국방부 전력정책관실, 합참 및 소요군에 통보한다. 개발기관과 소요군은 연구개발 무기체계에 대한 개발 및 운용시험평가를 실시한다.[16]

체계개발단계의 주요 수행내역은 다음과 같다. 체계개발단계 종료시점은 국방규격화 완료시점을 원칙으로 하며, 제조 성숙도 평가(MRA: Manufacturing Readiness Assessment)[17]를

15) 김문조·김백현·전종순(2011), 전게서, p. 101.

16) 「국방전력발전업무훈령」(국방부훈령 제2114호, 2017.12.29.) 제57조(체계개발 수행), 제58조(시험평가)에서 발췌하여 인용.

17) 제조 성숙도(MRL: Manufacturing Readiness Level)는 군수품 제작 및 생산에 관련되어 일정을 준수하고 비용의

수행하며 그 결과를 양산단계로의 진입 여부 결정 시 반영한다. 체계 요구조건 검토(SRR), 체계기능 검토(SFR), 기본설계 검토(PDR), 상세설계 검토(CDR: Critical Design Review), 시험준비상태 검토(TRR: Test Readiness Review), 개발시험평가 및 운용시험평가 수행과 결과판정 및 체계기능 형상확인(FCA: Functional Configuration Audit), 양산기준 설정 등을 위한 물리적 형상확인(PCA: Physical Configuration Audit) 등을 수행한다. 기본설계 검토, 상세설계 검토회의(CDR) 등 수행 시 소요군(운용·정비·관리요원 포함), 국과연, 기품원, 방산기술센터 및 민간연구소 등의 전문인력이 참여하여 검토하도록 하여야 한다. 이 경우 기품원은 RAM 자료 분석 결과 및 품질자료를 수집하고 양산관점의 품질보증 의견을 제시하여야 한다. 체계개발 기본계획서에 포함될 내용은 아래와 같다.

- 탐색개발 결과
- 사업추진 방법
- 연구개발사업을 관리하는 통합사업관리팀의 구성 및 운영계획
- 시험평가에 대한 개략적인 계획
- 기술 성숙도 및 제조 성숙도 평가계획(평가일정, 평가절차, 핵심기술 요소, 목표수준 등)
- 업체 선정기준·방법 및 계획(평가항목·기준, 평가절차, 평가일정, 평가결과 공개 여부, 계약방법 등)
- 체계개발단계 M&S 활용계획(필요한 경우)
- 무기체계 상호운용성 확보계획
- 시제품 활용계획(탐색개발 결과 시제품이 생산된 경우 부품 단위의 재활용 계획을 포함)
- 함정 상세설계·선도함 건조계획 및 해외 협력사항
- 중소기업 우선선정 품목지정 대상 검토 결과
- 전력화 지원요소의 개발 및 확보방안[필요시 성과기반 군수지원(PBL) 적용방안 포함] 등
- 수의계약 추진사항
- 사업추진 기본전략 수립 시 확정되지 않은 함정 탑재장비의 관급 분류에 관한 사항[18]

상승을 억제하면서 품질 저하를 방지할 수 있는 생산능력을 정량적인 수준으로 표현한 것이다. 이를 확인하고 평가한 결과는 제조 성숙도 평가임. 체계개발의 목표 제조 성숙도는 보통 MRL 8 수준으로 보며, 탐색개발과 체계개발을 통합하여 수행하는 사업은 기술 성숙도 7, 제조 성숙도 8 수준임.

제조성숙도	내 용	제조성숙도	내 용
MRL 1	사업목표 달성 위한 제조상 문제점 파악	MRL 6	생산 유사환경에서 체계·부체계 생산능력 구비
MRL 2	제조개념 식별 및 실현 가능성 분석	MRL 7	생산 대표환경에서 체계, 부체계, 구성품의 생산능력 구비
MRL 3	실험실 환경에서 제조개념 입증	MRL 8	최초 생산 위한 생산능력 구비
MRL 4	실험실 기술의 생산능력 구비	MRL 9	최초 양산능력 검증 및 후속 양산능력 구비
MRL 5	생산 유사환경에서 구성품 시제 생산능력 구비	MRL 10	후속 양산능력 검증 및 지속적 개선

국방부(2013), 전게서; 「방위사업관리규정」(방위사업청 훈령 제415호, 2017.6.21.) 제125조, 「제조 성숙도 평가 업무 지침」(방위사업청예규 제410호, 2018.1.31) 제2조, 별표 1 등.

18) 「방위사업관리규정」(방위사업청 훈령 제415호, 2017.6.21.) 제101조 ②, 제103조.

다. 핵심기술 연구개발

핵심기술 연구개발은 무기체계 또는 전력지원체계의 국내개발 또는 생산에 필요한 고도의 첨단기술을 연구 및 개발하는 활동이다. 핵심기술의 연구개발 단계는 기초연구, 응용연구 및 시험개발로 구분하며 수행기관에 따라 국과연 주관 과제와 산·학·연 주관 과제로 구분한다.

기초연구는 핵심기술 연구개발을 위한 필요한 가설, 이론, 현상이나 관찰 가능한 사실에 관한 새로운 지식을 얻기 위해 학계에서 수행하는 이론적·실험적 연구활동 단계이다. 응용연구는 기초연구 결과를 군사적 문제의 해결책으로 전환하는 단계로서 실험실 환경하에서 기술의 타당성과 실용성을 입증하는 연구단계이다. 시험개발은 핵심기술 연구개발의 최종단계로서 무기체계의 주요 기능을 담당하는 핵심기술을 제작하여 기존 무기체계에의 적용 가능성 또는 미래 무기체계에의 응용 가능성을 입증하는 단계로 구분한다.

핵심기술의 효율적 개발을 위하여 기술기획, 계획, 개발 및 평가 등 전 과정이 상호 연계되도록 한다. 핵심기술의 소요제기 대상은 장기 무기체계 발전방향에서 제시된 무기체계 개발에 소요되는 핵심기술, 장기 소요로 결정된 무기체계 개발에 소요되는 핵심기술, 무기체계 발전추세 등 고려 시 장차 소요될 것으로 예상되는 핵심기술, 군 전력 혁신에 필요한 핵심기술, 상호운용성·정보 보호 등 정보화 분야 핵심기술 등이다. 국과연과 기품원 등에서 소요제기한 핵심기술과 산·학·연에서 소요제기한 핵심기술 개발 소요를 종합하여 핵심기술 소요를 결정하고 이를 핵심기술 기획서에 반영하여 체계적으로 관리한다.19)

핵심기술 연구개발은 소요가 결정된 핵심기술 과제 중 국방중기계획으로 전환된 과제와 적용 무기체계 소요가 예상되거나 정책적 개발이 요구되어 F-1년에 선정된 과제를 대상으로 한다. 핵심기술 개발은 국내 독자 개발을 원칙으로 한다. 다만, 연구개발 시 해외의 기술이나 부품 적용 및 도입이 필요한 경우에는 사전 승인을 받아야 한다. 핵심기술 연구개발사업수행 시 산·학·연을 주관 연구기관으로 우선 추진하지만, 다음의 경우에는 국과연을 주관 연구기관으로 추진할 수 있다. 보안이 필요한 고도·첨단기술 분야, 높은 실패위험과 낮은 경제성 등의 사유로 산·학·연이 기피하는 기술 분야, 군 전용기술로서 민간의 기술수준이 낮은 분야 등이다.

핵심기술 연구개발 과제의 단계별 산·학·연 및 시제업체를 선정할 경우에는 공정성·전문성 확보를 위하여 경쟁에 의하는 것을 원칙으로 적용한다. 평가는 과제 수행 중에 실시하는 성과평가(중간평가 및 단계평가)와 최종단계에서 수행하는 시험평가(개발시험평가 및 운용시험평가)로 구분하여 적용한다.

19) 「국방전력발전업무훈령」(국방부훈령 제2114호, 2017.12.29.) 제60조.

무기체계 적용을 목표로 하는 핵심기술 연구개발사업은 무기체계 전력화 일정을 고려하여 사업(기획, 계획, 사업관리 등)을 추진하여야 하며, 개발시험평가 및 운용시험평가 완료 후 군 사용 적합 판정 획득 또는 규격화된 연구개발 결과물(개발품)을 무기체계에 적용하도록 한다. 다만, 그 결과물에 대한 운용시험평가가 완료되지 않은 상태에서 전력화 시기 충족 등을 위하여 필요한 경우에는 이미 국외에서 개발이 완료되었거나 운용 중인 개발품을 구매하여 무기체계에 적용할 수 있다.

국과연은 기술의 급속한 진보에 즉시 대응하거나 군 작전 수행상의 문제점을 즉시 해결하기 위한 기술적 혁신 또는 핵심기술연구 개발 위험도 완화를 위한 선행조치가 필요한 원천기술 개발, 기술의 진보에 대응한 기술, 신개념 무기체계 사전 연구, 정책적 지시과제 등에 대해서는 선행적인 핵심기술 연구를 실시한다.

핵심기술 확보를 위한 기반을 구축하고, 국방과학기술 연구인력의 저변 확대를 위하여 대학(부설연구소 포함) 및 정부출연 연구기관 등에 특화연구센터를 설치·운영할 수 있다. 특화연구센터는 국방분야 핵심기술 연구개발, 국내·외 국방과학기술정보 획득 및 제공, 민간분야 첨단기술의 군내 활용방안 분석, 국방과학기술 분야 우수 연구인력 양성 등의 분야에서 역할을 수행한다. 이러한 특화연구센터 연구실 단위로 기초연구 수행을 위해서 특화연구실을 별도로 운영할 수 있다.[20] 특화연구센터는 해당 설립분야에 대한 연구능력 및 발전 가능성이 우수한 기관, 설치기관의 육성 의지 및 지원내용이 우수한 기관, 연구책임자 과반수 이상을 보유한 기관, 대학의 경우 해당 분야 박사과정이 설치되어 있는 기관 등이다. 특화연구센터는 단계별 3년씩 2단계로 총 6년간 운영함을 원칙으로 하며, 최대 3단계로 9년간 운영할 수 있다. 그리고 민간의 우수기술, 산업경쟁력을 국방연구 개발에 활용하여 미래 무기체계에 적용될 신기술 및 새로운 무기체계 개발에 필요한 핵심기술을 신속하게 확보하기 위하여 선도형 핵심기술사업을 추진할 수 있다.[21]

라. 기술협력 생산

기술협력 생산은 차기 무기체계 개발을 위한 기술 축적을 위하여 외국의 원 제작업체와의 기술협력에 의해 생산권한을 양도·대여 또는 지원받아 국내에서 생산하는 것이다. 기술협력

20) 「방위사업관리규정」(방위사업청훈령 제415호, 2017.6.21.) 제172조, 제173-제173조의 4.
21) 「핵심기술 연구개발 업무처리 지침」(방위사업청예규 제300호, 2016.3.11.) 제51조.

생산은 국내 기술수준, 기술협력 정도, 국산화율 및 방산 파급효과를 고려하여 공동생산, 또는 외국의 기술지원 없이 생산권한만을 양도 또는 대여받아 생산하는 면허생산(LP: License Production)으로 구분한다.22)

기술협력 생산은 국내 기술발전에 기여하여 국산화율을 향상시킨다. 또한 국내 생산에 따른 국내 부품생산 납품단가가 국외구매 가격보다 저렴하여 총수명주기 비용의 절약을 목적으로 개발된 무기체계 또는 구성품 획득에 적용한다.

기술협력 생산사업은 국내 업체가 외국 업체와 사전 협상을 통해 대상 기종을 선정한 후 제안서(기술협력 생산계획서를 포함한다)를 제출하고, 방사청 통합사업관리팀장이 제안서를 평가하여 국내업체를 선정하여 추진하는 것을 원칙으로 한다. 무기체계 구매사업의 기종결정 단계에서 기술협력 생산이 효율적이라고 판단되는 경우에는 구매계획서에 따라 기술협력 생산을 추진할 수 있다.23)

3. 무기체계 구매 및 임차

가. 구매사업 절차

구매에 의한 획득은 국내구매와 국외구매 및 임차로 구분하되, 국가이익을 고려하여 국내구매를 우선적으로 추진하고 국내구매가 곤란한 경우에 한해 국외구매를 추진하며, 구매사업 중 필요시 임차에 의한 도입을 추진할 수 있다.

다음 그림은 일반적으로 적용되는 무기체계 구매사업 절차이다.

22) 「국방전력발전업무훈령」(국방부훈령 제2114호, 2017.12.29.) 제61조.
23) 「방위사업관리규정」(방위사업청훈령 제415호, 2017.6.21.) 제167조(기술협력 생산사업의 원칙).

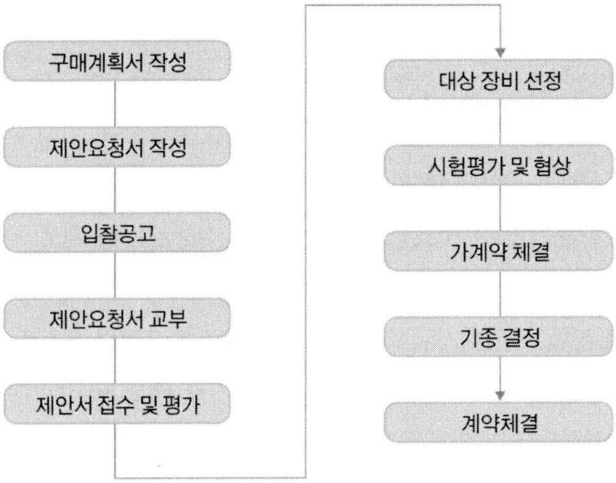

〈그림 7-3〉 무기체계 구매사업절차[24]

1) 구매계획서 작성

구매계획서는 통합사업관리팀장이 구매사업을 착수하기 전에 사업추진 기본전략과 관련 부서, 방산기술센터, 합참의 검토의견 등을 수렴하여 작성하고, 방위사업 추진위원회 또는 분과위원회에서 심의하여 확정한다.

구매계획서에는 획득배경 및 목표, 제안요청서에 포함할 주요사항, 시험평가에 관한 사항, 협상계획에 관한 사항, 무기체계 선정 및 기종 결정 원칙, 상호운용성 확보, 민간 전문가 협상 참여 여부, 분석평가 결과 활용 등을 포함한다. 구매계획서 작성에 필요한 정보를 수집하기 위하여 세미나, 공청회, 시장조사, 잠재 공급업체와의 회의, 해외 주재원을 통한 정보 획득, 업체 방문 등 다양한 활동을 수행한다.[25]

2) 제안요청서 작성

통합사업관리팀장은 구매계획서를 근거로 소요 무기체계 내용, 업체에 제공할 내용, 업체제안서에 포함할 내용, 제안서 접수 관련 사항, RAM 목표값 등을 포함하여 제안요청서를 작성한다. 이때에 합참·각 군·국방부 직할기관·국과연·기품원·방산기술센터·방위사업청의 관련 부

24) 「방위사업관리규정」(방위사업청훈령 제415호, 2017.6.21.) 제210조.
25) 「방위사업관리규정」(방위사업청훈령 제415호, 2017.6.21.) 제211조.

서에서 제기한 의견을 검토하여 제안요청서를 작성할 수 있으며, 법무부서의 법률적 검토를 받아야 한다.

소요 무기체계의 내용은 주요 작전운용성능, 체계 운용개념, 정비지원, 지원장비·보급지원·기술자료 등 종합군수 지원사항, 세부 요구성능조건 등을 포함한다. 업체에 제공할 사항은 시험평가 일정 및 방법, 체계 운영환경 및 여건, 계약의 일반조건, 기종 결정 평가 방법 및 기준, 절충교역 방침과 협상방안, 작전운용성능과 기술적·부수적 성능 및 운용개념 충족을 위한 구체적인 성능요구 사항, 상호운용성, 성과기반 군수지원 적용계획 등 주로 업체에서 제안서 작성 시 고려해야 할 사항을 망라한다. 업체제안서에 포함할 내용은 기본적인 요소의 누락을 방지하는 의미에서 제시한다. 체계 성능 및 입증방법, 인도 가능시기와 물량, 종합군수지원 등 운영유지 간 지속지원을 위한 사항, 가격 및 인도조건, 절충교역, 시험평가, 교육훈련, 상호운용성 확보계획 등을 포함한다.[26)]

과다하거나 과소하지 않은 적정한 제안요청서를 작성해야 한다. 제안요청서에 무엇을 포함해야 하느냐 하는 문제는, 즉 포함해야 할 항목은, 현재의 「방위사업관리규정」 등을 참고하면 절차와 요소가 상세히 설명되어 있기 때문에 작성하기에 어렵지 않다. 그런데 정작 중요한 이슈는 어떻게 하면 많은 업체들이 참여할 수 있도록 하느냐인데, 진입을 가로막는 규제적 조항들은 거의 없다 해도, 진입장벽 구실을 하는 항목의 수준을 낮추는 노력은 필요하다. 가능한 한 많은 업체들이 참여하는 경우의 이점에 대해서는 '제2장 수요와 공급으로 보는 군수'에서 이미 살펴보았다. 진입장벽 역할을 하는 항목을 찾아내고 이를 적정한 수준으로 조정해야 하는데, 앞서 구매계획서 작성을 위한 의견 수렴과 같이 세미나, 공청회, 협의 등을 통해서 다양한 방안을 강구할 수 있다.

아울러 법무 검토를 통하여 사전에 법률적 위반사항이 없도록 해야 한다. 사업의 진행에 있어 법률적인 위반은 가장 치명적인 결함이 되어 사업진행 자체가 위태로워진다. 아울러 특정 업체에 대한 특혜의 시비가 없도록 해야 한다. 사업 자체에 문제가 없다 하더라도 업체 간 사활을 건 민원제기 또는 감사, 고소 및 고발에 의한 수사 등은 사업진행을 가로막고 지연시키는 가장 큰 요인 중 하나이다. 따라서 구매행위에 있어 외부에 노출되는 첫 단추인 제안요청서에 대한 법리적 검토와 참여업체 간의 쟁송이 없도록 유의하는 노력이 강조되어야 한다.

26) 「방위사업관리규정」(방위사업청훈령 제415호, 2017.6.21.) 제212조.

3) 입찰공고 및 제안서 교부

무기체계 구매를 위한 입찰공고는 제안요청서를 근거로 통합사업관리팀장이 주관한다. 입찰공고는 사업 착수연도에 실시함을 원칙으로 한다. 해당 부서장은 예정가격[27] 산정을 위해서 원가회계검증단장에게, 목표가[28] 산정을 받기 위해서는 국제계약부장에게 입찰공고를 하기 전에 공고 및 제안요청서 내용을 통보한다.

입찰공고 후, 계약의 성질·규모 등을 고려하여 필요한 경우, 해당 계약관 또는 관련 부서·기관의 장과 협조하여 사업설명회를 개최할 수 있다. 이 경우 참가업체에게 구매하고자 하는 무기체계의 성능, 향후 사업추진 일정, 대상 장비 선정 및 기종 결정을 위한 평가기준·요소 등 전반적인 사업내용 및 계약에 대하여 설명하고 제안요청서를 배부한다.[29]

4) 제안서 접수 및 평가, 대상 장비 선정

통합사업관리팀장은 제안요청서를 배부하거나 그 변경내용을 통보할 때에는 그 배부일 또는 변경내용 통보일을 기준으로 40일 이상의 제출 기일을 지정하여 업체가 제안서 15부(국외구매인 경우에는 영문제안서 5부를 포함한다)를 제출하도록 하되, 업체의 제안서 작성에 필요한 충분한 기간을 주어야 한다. 다만, 긴급을 요하는 경우에는 사업관리본부장의 승인을 얻어 최소 10일 이상으로 하여 제안서 제출 기일을 단축할 수 있다.

통합사업관리팀장은 소요군·합참·관련 부서 및 기관 등의 전문가들로 제안서 평가팀을 구성하여 평가한다. 제안서 평가는 제안요청서 작성 시 설정된 평가요소 및 기준에 따라 평가한다. 평가 필수조건은 작전운용성능을 포함한 필수적으로 만족되어야 할 조건으로, 대상 장비 평가를 위해서는 모든 항목이 반드시 충족되어야 한다. 또한 무기체계의 객관적인 비용 검증이 가능하도록 RAM 분석 등 검증자료를 제출받아 주 장비와 종합군수지원 요소의 총비용에 대한 검증을 실시할 수 있다. 선택조건은 필수조건 이외의 조건으로 최종 대상 장비 평가를 위해서는 선택조건의 총 항목수에 대한 충족 항목수의 비율이 제안요청서에서 제시한 기준 이상이어야 한다.

통합사업관리팀장은 제안요청서 평가기준에 따라 업체제안서를 평가한 후 대상 장비 선정안을 작성하고 사업관리본부장은 이를 확정하거나 필요시 위원회 또는 분과위원회의 심의를 거

27) 예정가격(Prearranged Price)은 국가를 당사자로 하는 계약을 체결하기 위하여 입찰이나 계약체결에 앞서 계약금액의 결정기준으로 삼기 위하여 낙찰자와 계약담당 공무원이 미리 작성·비치하여 두는 가격으로, 대가를 지급하기로 의사 결정한 최고 상한가격[국방부(2013), 전게서].
28) 목표가격(Target Price)은 외자 상업구매에서 현재 거래실례가격이 없는 경우 등 예정가격을 작성할 수 없는 품목에 대하여 가격을 협상하거나 입찰할 때 가격정보를 토대로 경제적 조달을 하기 위하여 재무관이 설정한 예상가격(상게서).
29) 「방위사업관리규정」(방위사업청훈령 제415호, 2017.6.21.) 제213, 214조.

쳐 확정한다.[30]

5) 시험평가 및 협상

구매에 적용되는 시험평가는 자료에 의한 평가, 실물에 의한 평가, 실물과 자료에 의한 평가로 구분된다. 자료에 의한 시험평가는 업체가 제시하는 성능자료, 개발경위, 개발 간 M&S를 활용한 성능검증 활동 및 실적 등이 포함된 제안서와 수집된 각종 자료 및 정보 등의 관련 자료를 이용하여 작전운용성능, 종합군수지원 요소 등의 충족 혹은 적합 여부를 판단한다. 실물에 의한 평가는 국내 시험평가 또는 국외 시험평가로 구분하며 작전운용성능, 군용 적합성 및 전력화 지원요소 등의 충족 혹은 적합 여부를 판단하는 시험평가이다. 실물 및 자료에 의한 평가는 상호보완 필요성에 따라 실시한다.[31]

가격 및 계약 일반조건 협상은 계약관리본부가 주관하되 예정가격 기초자료 또는 목표가격을 산출하여 활용하고 원가, 목표가격 및 가격정보 담당자를 협상에 참여하게 할 수 있다.[32]

6) 가계약 체결

통합사업관리팀장은 시험평가 결과 및 협상결과를 종합하여 계약관리본부에 가계약 체결을 의뢰한다. 이 경우 가계약은 협상에 참가한 전 업체와 체결함을 원칙으로 한다. 해당 계약관은 협상결과와 통합사업관리팀장의 요구를 근거로 하여 구매방법, 인도기간, 가격정보, 절충교역, 종합군수지원, 품질보증, 관련자료 등을 포함한 가계약서안을 작성하고 법무부서에 법률 검토를 의뢰한다.

해당 계약관은 협상결과 합의된 계약조건과 구매 물품명세서가 포함된 가계약을 체결하고, 그 결과를 통합사업관리팀장에게 송부하여야 한다. 이 경우 계약의 효력은 위원회의 기종 결정과 후속처리가 완료된 이후 유효하다는 조건부로 가계약을 체결하여야 하며, 가계약의 유효기간은 통합사업관리팀장과 협조하여 기종 결정 및 후속처리에 필요한 충분한 기간을 설정하여야 한다.[33]

---

30) 「방위사업관리규정」(방위사업청훈령 제415호, 2017.6.21.) 제215, 216조.
31) 「국방전력발전업무훈령」(국방부훈령 제2114호, 2017.12.29.) 제81조.
32) 「방위사업관리규정」(방위사업청훈령 제415호, 2017.6.21.) 제219조.
33) 「방위사업관리규정」(방위사업청훈령 제415호, 2017.6.21.) 제221조.

7) 기종 결정

기종 결정을 위한 평가요소는 비용요소와 비비용 요소로 구분된다. 비용요소란 구매가격, 운영유지비, 지급일정, 비반복 비용 환급, 보증조건 및 지급 이행조건 등 비용으로 환산될 수 있는 모든 요소를 말하며, 비비용 요소는 비용요소 외에 무기체계 성능 및 절충교역 조건 등 비용으로 환산할 수 없는 요소를 말한다.

기종 결정 평가 방법은 요구조건 충족 시 최저비용에 의한 방법과 종합평가에 의한 방법으로 구분한다. 일반적이고 비교적 간단한 무기체계의 경우에는 요구조건 충족 시 최저비용에 의한 방법을 적용한다. 제안요청서에 제시된 요구조건을 필수조건과 선택조건으로 구분하여 충족 여부를 확인한다. 기종 결정을 위한 최저비용은 업체가 제시한 최종 가격과 운영유지비를 포함할 수 있다.

비교적 복잡하고 성능 차이가 크고, 기(旣)개발품목으로 한국의 요구에 맞추어 성능을 조정할 수 없거나 최신 기술의 필요성이 인정될 경우, 주요 국책사업 및 대규모 방위력 개선사업, 국가 경제적 파급효과와 안보 및 군사외교에 필요한 경우에는 종합평가에 의한 방법을 적용한다. 투자비용 대 효과를 분석하고 그 밖에 정책적 고려사항을 종합적으로 평가하여 결정한다. 통합사업관리팀장이 작성한 기종 결정안은 방추위나 분과위원회에서 심의하여 결정한다.[34]

8) 계약체결 및 계약이행, 사업관리

계약팀장은 구매사업의 계약체결 및 계약이행에 관한 사항을 통합사업관리팀 및 관련 부서·기관과 협의하여 계약을 완료한다. 통합사업관리팀장은 계약이 체결되면 계약서에 따라 생산현장에 사업관리관(PMO) 파견, 적기 납품 및 전력화를 위한 조치, 인수를 위한 수락검사 업무 등 납품 완료 후 전력화를 위한 후속조치 업무 등 계약업체와 협의하고 사업의 완성도를 향상시키기 위해 필요한 조치 등을 수행한다.

통합사업관리팀장은 소요군 주도 국내 수락검사(SAT: Site Acceptance Test) 수행 이전에 공장 수락검사(FAT: Factory Acceptance Test) 결과를 소요군 및 기품원에 통보한다. 또한 장비 특성을 고려하여, 업체주도 현장 FAT 시 사업담당자 이외에 무기체계의 전문성을 갖춘 기관의 전문가 등이 참여하여 요구성능 충족 여부를 확인하게 할 수 있다.[35]

34) 「방위사업관리규정」(방위사업청훈령 제415호, 2017.6.21.) 제222, 223, 224조.
35) 「방위사업관리규정」(방위사업청훈령 제415호, 2017.6.21.) 제227, 228조.

나. 국내구매

국내구매는 국내에서 운영 중인 정보체계 및 장비·물자를 일부 개조 또는 성능을 보강하여 구매하는 것으로 민수규격품 구매와 국방규격품 구매로 구분한다. 국방부와 방사청은 획득의 경제성, 운영유지의 효율성 및 우수 민수기술의 군 활용 확대를 위하여 매년 국방규격 품목을 대상으로 민수규격품목 대체 여부를 검토한다.

민수규격품 구매 시는 한국산업규격, 정부 관계기관 규격 및 업체규격을 활용한다. 민수규격품은 공개경쟁 입찰로 구매함을 원칙으로 한다. 민수규격품을 개조 또는 성능을 보강하여 구매하는 경우에는 연구개발 절차를 준용한다. 국방규격품을 구매하는 경우에는 공개경쟁 입찰로 구매하며, 경쟁입찰이 어려운 경우 수의계약으로 구매할 수 있다.[36]

다. 국외구매

국외구매는 소요군이 요구하는 무기체계 중 국내 연구개발이나 국내구매로 획득이 제한되는 경우 외국에서 운용 중이거나 개발 중인 무기체계를 획득하는 것이다. 국외구매는 다음과 같은 절차를 적용한다. 첫째, 사업추진 기본전략을 근거로 제안요청서를 작성, 사업을 공고한다. 둘째, 제안서 평가를 통하여 시험평가 및 협상을 위한 적절한 범위의 대상 업체를 선정한다. 셋째, 선정된 대상 업체의 무기체계에 대한 시험평가 및 협상을 통하여 조건충족 업체를 선정하고 해당 업체를 대상으로 경쟁입찰에 의한 방식으로 기종을 결정하되 방추위의 심의와 조정을 거쳐서 결정한다.

제안요청서는 기술적 자료[성능, 종합군수지원(ILS) 및 RAM 자료 등]와 상업적 자료(비용, 계약조건 및 절충교역 등)를 포함한다. 제안서에 대한 평가요소는 기종 결정 시 조건충족 최저비용 기법에 의한 방법을 원칙으로 적용하기 위하여 필수조건과 선택조건으로 구분하여 작성한다. 이때 합참과 소요군은 합동성·상호운용성 관련 사항이 반영되었는지를 확인한다. 제안서 평가 및 기종 결정 간에 공정성 시비를 방지하기 위하여 제안요청서 작성 시에 시험평가 개략계획(일정, 장소, 규모, 방법 등)을 포함한 평가요소·기준·방법·절차 등을 포함하여 작성하고, 필요한 경우 방사청은 관련된 외부 전문기관에 용역을 의뢰할 수 있다.

제안서 평가는 제안요청서 작성 시 제시한 평가요소·기준·방법·절차에 따라서 평가한다. 효

36) 「국방전력발전업무훈령」(국방부훈령 제2114호, 2017.12.29.) 제72-75조.

과적 비용 통제를 위하여 제안요청서에 전 수명주기 동안의 비용 통제 방안을 요구하고 제안서 평가기준에 비용항목과 점수를 구체적으로 명시하며, 비용 추정방법 명시(공학적 추정 기법 및 상용 전산화 모델 등) 등을 포함한다. 소요군은 구매대상 무기체계에 대한 시험평가를 실시한다. 방사청은 구매하는 무기체계에 대하여 시험평가와 협상이 동시에 추진될 수 있도록 합참 및 소요군과 긴밀한 협조하에 업무를 수행한다. 이 경우 관련 기관은 구매사업 추진 단계별로 필요한 의견을 제시할 수 있다. 합참과 방사청은 협상팀 및 시험평가팀 구성 시 소요군 및 국과연·기품원·합동상호운용성기술센터로부터 전문가를 지원받을 수 있다.[37)]

라. 임차

구매에 의한 획득으로는 경제성과 전력화 시기를 보장하기 어려울 경우, 장비의 진부화, 구식화 또는 성능개량 등으로 장비를 임차하는 것이 효율적인 경우, 장비운영 필요기간이 5년 이하로서 구매가 비효율적인 경우, 소요량 및 전력화 시기 등 제반여건상 임차만이 유일한 도입방법일 경우, 그 밖에 가용재원, 후속 군수지원 등을 고려시 임차가 효율적인 경우 등에는 임차를 추진한다.[38)]

4. 시험평가

시험(Test)이란 대상물자에 대한 운용성능 또는 완성도 등을 평가하는 데 기초가 되는 자료를 수집·검증·제공하는 과정이다. 반면에 평가(Evaluation)란 시험을 통하여 수집된 자료와 그 외의 방법으로 획득된 자료를 근거로, 사전에 설정된 판단기준과 비교 분석함으로써 대상물자가 사용자 요구와 운용목적에 일치하는지의 적합성을 판단하는 과정이다. 시험평가(Test & Evaluation)는 특정 무기체계의 기술적 측면 또는 관리적 측면에서 소요제기서에 명시된 제반 요구조건의 충족 여부를 확인 검증하는 절차이다. 이러한 시험평가의 목적은 무기체계의 유용성 여부와 비용 대 효과 측면에서 유·불리를 평가하여 적시에 정확하고 적절한 정보를 의사결정자에게 제공하기 위함이다. 다음으로 획득과 관련된 위험사항을 사전에 감소시키며, 획득 관

37) 「국방전력발전업무훈령」(국방부훈령 제2114호, 2017.12.29.) 제76-78조.
38) 「국방전력발전업무훈령」(국방부훈령 제2114호, 2017.12.29.) 제80조.

련 기관으로 하여금 운용 측면에서 효과성 및 적합성이 높은 무기체계가 획득되도록 지원한다.[39] 아래 그림은 무기체계 획득 시 적용되는 시험평가 활동이다.

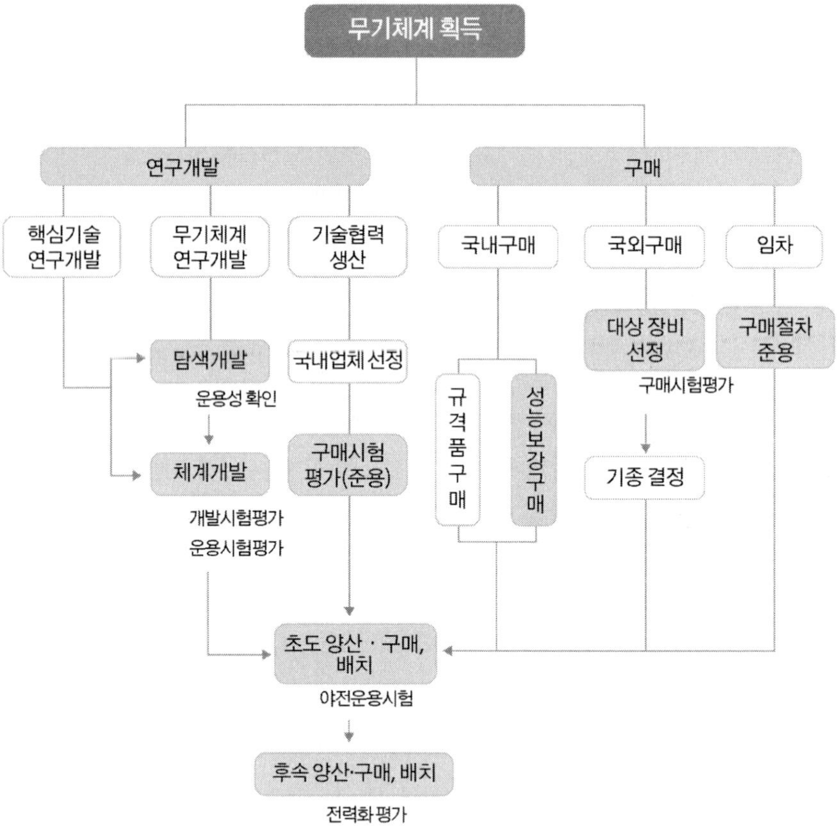

〈그림 7-4〉 무기체계 획득 시 시험평가 활동

무기체계 시험평가 방법에는 개발시험평가(DT&E: Development Test and Evaluation)와 운용시험평가(OT&E: Operational Test and Evaluation)로 구분하되, 시험평가 전에 운용성 확인을 할 수 있으며, 탐색개발단계부터 수행하는 것을 원칙으로 한다. 개발시험평가는 개발된 기술 또는 장비에 대하여 요구성능, 개발목표 등의 충족 여부를 확인하는 시험평가이며, 운용시험평가는 개발된 기술 또는 장비를 적용할 무기체계가 있는 경우에 체계연동에 따른 개발시험 후에 실시하며, 적용 무기체계에 대한 군사용 적합 유무를 확인하기 위한 시험평가이다. 상세한 비교는 다음 표를 참조한다.

39) 김문조·김백현·전종순(2011), 전게서, p. 105.

〈표 7-3〉 개발시험평가와 운용시험평가 구분

구분	개발시험평가	운용시험평가
수행주체	개발기관(업체)	소요군
환경	기술적으로 조성된 환경	실제 운용환경
목표	기술개발 목표 충족 여부 확인	작전운용성능 충족, 군 운용 적합성 확인
판정	기준 충족 또는 미달	전투용 적합 또는 부적합

시험평가 대상범위는 작전운용성능 및 기술적·부수적 성능 구현과 군 운용 적합성, 전력화 지원요소 실용성, 무기체계 운용 효과성이 반영된 운용요구서(ORD)에 대한 운용시험평가와 운용요구서 구현에 소요되는 각종 설계규격과 설계목표가 포함된 체계요구서(SRD)에 대한 개발시험평가로 구분할 수 있으며 아래의 그림과 같다.

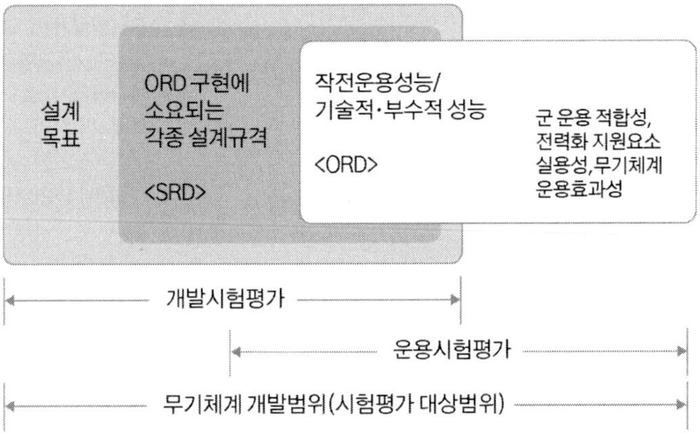

〈그림 7-5〉 시험평가 대상범위[40]

그런데, 최근 일련의 연구개발사업과 구매사업에서 시험평가와 관련된 사례가 지적되고 있다. 차륜형 전투차량, 국지방공레이더, 소부대 무전기 사업 등이 시험평가 수행 중에 중단되거나 지연되는 문제가 발생하였으며, 구매사업 중에 통영함, 해상작전헬기 관련 부실과 비리사례가 시험평가 과정에 집중되었다.[41] 이와 같이 국내 연구개발사업의 중단과 지연, 그리고 국외 구매사업의 부실 및 비리 등의 사례를 통해서 우리가 획득관리에 있어서 가장 투명하고 객관적

40) 방위사업청(2012), 『무기체계 시험평가 실무 가이드북』, p. 9.
41) 최성빈·이상경·김성진(2017), "방위사업에 있어서 합리적 시험평가 수행을 위한 개선방향", KIDA 주간국방논단 1665(17-4), p. 2.

으로 업무를 수행해야 할 분야 중 하나로 시험평가를 다시금 주목할 수밖에 없다.

가. 시험평가의 분류

시험평가는 그 대상에 따라, 무기체계와 전력지원체계, 그리고 무기체계의 연구개발과 핵심기술 연구개발, 구매사업, 신개념 기술시범(ACTD)사업, 민·군 기술협력사업 등으로 구분하고 이에 따라 시험평가의 항목과 기준, 결과판정 등이 다르게 적용된다.

〈표 7-4〉 시험평가의 구분[42]

<table>
<tr><th colspan="3">구 분</th><th>무기체계</th><th>전력지원체계</th></tr>
<tr><td rowspan="6">시험
평가
구분</td><td rowspan="2">무기
체계
연구
개발</td><td>탐색
개발</td><td>• **운용성 확인**[소요군(시평단)]</td><td rowspan="6">• **개발시험평가**(기품원)
• **운용시험평가**[소요군(시평단,
학교기관, 운영부대, 군수사)]
• **구매시험평가**[소요군(시평단)]
* **구매시험평가 구분**
-실물에 의한 시험평가
-자료에 의한 시험평가</td></tr>
<tr><td>체계
개발</td><td>• **개발시험평가**(연구개발 주관기관)
• **운용시험평가**[소요군(시평단)]
• **통합시험평가**(연구개발 주관기관/소요군)</td></tr>
<tr><td colspan="3">* **핵심기술**은 무기체계 연구개발과 같이
개발시험평가, 운용시험평가</td></tr>
<tr><td colspan="2">구매사업</td><td>• **구매시험평가**[소요군(시평단)]</td></tr>
<tr><td colspan="2">ACTD 사업</td><td>• **군사적 실용성 평가**[소요군(시평단)]</td></tr>
<tr><td colspan="2">양산</td><td>• **야전운용시험**[소요군(별도 구성)]
• **전력화 평가**(소요군)</td></tr>
<tr><td colspan="3">시험평가
항목</td><td>• **작전운용성능 충족성**
• 성능 충족성(구매시험평가)
• 합동성 및 상호운용성
• 군 운용 적합성
• 전력화 지원요소의 실용성</td><td>• **군사 요구도 충족성**
• 군 운용 적합성
(상호운용성 포함)
• 전력화 지원요소의 실용성</td></tr>
<tr><td rowspan="4">결과
판정</td><td colspan="2">운용성 확인</td><td>• 체계개발단계 전환 의견제시</td><td></td></tr>
<tr><td colspan="2">개발시험평가</td><td>• 기준 충족 또는 기준 미달</td><td>• 기준 충족 또는 기준 미달</td></tr>
<tr><td colspan="2">운용시험평가
(구매 포함)</td><td>• **전투용 적합 또는 부적합**
(핵심기술: 군사용 적합 또는 부적합)</td><td>• **군사용 적합 또는 부적합**</td></tr>
<tr><td colspan="2">군사적 실용성 평가</td><td>• 기준 충족 또는 기준 미달</td><td></td></tr>
<tr><td colspan="3">시험평가 예산</td><td>• 방위력 개선 사업비</td><td>• 전력운영 유지비</td></tr>
<tr><td colspan="3">작전운용성능/
군사 요구도 수정</td><td>• 합동전략회의(주요 작전운용성능)
• 방사청 사업관리실무회의
(기술적·부수적 성능)</td><td>• 전력지원체계위원회
(군참부장 또는 정작부장)</td></tr>
</table>

42) 육군시험평가단(2017), 『시험평가 업무소개』, p. 29; 「국방전력발전업무훈령」(국방부훈령 제2114호, 2017.12.29.) 제81조를 정리하여 제시.

시험평가에 있어 무기체계 연구개발사업이 가장 복잡한 절차로 이루어지고 일종의 기준이 된다고 본다. 탐색개발기간 중에는 잠재적인 운용효과와 운용 적합성에 관한 의사결정 자료를 조기에 제공하기 위하여 운용성을 평가한다. 개발장비의 시제품에 대하여 요구성능 및 개발목표 등의 충족 여부를 검증하는 시험평가가 개발시험평가인 반면에, 개발장비의 시제품에 대하여 작전운용성능 충족 여부 및 군 운용 적합 여부를 확인하기 위한 시험평가가 운용시험평가이다.

핵심기술 개발은 응용연구로 종결되는 사업 또는 시험개발 단계의 핵심기술사업에 대하여 시험평가를 수행한다. 개발된 기술 또는 장비에 대하여 요구성능, 개발목표 등의 충족 여부를 확인하는 시험평가는 개발시험평가이다. 개발된 기술 또는 장비를 적용할 무기체계가 있는 경우에 체계연동에 따른 개발시험 후에 실시하며, 적용무기체계에 대한 사용 적합 및 군사용 적합 유무를 확인하기 위한 시험평가는 운용시험평가이다.

무기체계 구매사업은 자료에 의한 시험평가와 실물에 의한 시험평가로 구분한다. 자료에 의한 시험평가는 수집된 각종 자료 및 정보 등의 관련 자료를 이용하여 작전운용성능, 종합군수지원 요소 등을 포함한 요구성능의 충족 여부를 판단하는 시험평가이다. 실물에 의한 시험평가는 국내 시험평가 또는 국외 시험평가로 구분하며 작전운용성능, 군 운용 적합성 및 전력화 지원요소 등을 포함한 요구성능의 충족 여부를 판단하는 시험평가이다. 구매하는 무기체계가 단일체계로서 국제 공인기관이 품질을 인정한 체계와 국내·외에서 현재 운용 중인 표준체계에 한하여 시험평가를 생략할 수 있다.

신개념 기술시범(ACTD)사업은 무기체계 연구개발 시험평가 절차를 적용하되 군사적 실용성 평가 결과를 활용할 수 있다. 민·군 기술협력사업에 대한 시험평가는 무기체계 개발, 기술개발, 부품 국산화로 구분한다. 무기체계 개발과 기술개발에 대한 시험평가는 무기체계 연구개발과 핵심기술 연구개발에 대한 시험평가 절차를 적용하고, 부품 국산화에 대한 시험평가는 방사청에서 운용시험평가를 요청하고 개발시험 및 부착시험평가가 시험평가 기준을 충족한 경우에 수행한다.[43] 양산단계에서 야전에 배치하는 전력의 완전성을 향상하기 위해 소요군이 초도 물량을 대상으로 야전운용상 제한사항을 조기에 식별하기 위하여 야전운용시험(FT: Field Test)을 시행한다. 야전운용시험은 연구개발 및 구매로 획득하는 모든 무기체계의 초도 물량을 대상으로 실시한다.[44] 한편 전력화 평가는 무기체계의 배치 후(야전운용시험을 실시한 경우는 후속 물량 배치 후) 1년 이내에 운용개념, 작전운용성능의 달성 정도 및 전력화 지원요소 등 부대임무 수행과

43) 「국방전력발전업무훈령」(국방부훈령 제2114호, 2017.12.29.) 제81조.
44) 「국방전력발전업무훈령」(국방부훈령 제2114호, 2017.12.29.) 제86조의 3.

관련된 사항 위주로 분석평가를 수행하여 해당 전력의 미비점을 보완하고 차기 전력에 반영을 지원하며 전력발휘의 완전성을 확인하기 위해 수행한다.[45] 전력지원체계 시험평가는 개발시험평가와 운용시험평가 그리고 구매시험평가로 구분하되 무기체계 연구개발 시험평가 절차를 준용한다.

나. 시험평가 업무수행 절차

무기체계 연구개발, 구매사업, 핵심기술 개발과 전력지원체계사업에 공통적으로 적용되는 시험평가 단계별 업무수행 절차[46]는 다음과 같이 요약할 수 있다.

1단계	자료수집 및 기초연구	· 운용성 확인, 개발시험평가 입회 · 운용시험평가 준비계획 작성
2단계	시험평가 계획(안) 작성	· 운용시험평가 계획(안) 작성 · 운용시험평가 세미나 · 운용시험평가 계획 검토회의 · 운용시험평가 계획(안) 완성 및 보고
3단계	시험평가 실시	· 운용시험준비 검토회의 (TRR: Test Readiness Review) · 시험결과 자료수집 · 시험 평가기관별 점검표 작성 및 의견수렴 · 일일 시험일지 작성 · 결함 및 문제점 도출 · 주간단위 시험결과 작성 및 보고
4단계	운용평가결과 분석 및 평가	· 시험결과 분석 및 종합 · 시험결과 검토회의
5단계	시험평가 결과 보고	· 운용시험평가 결과 보고
6단계	사후검토 및 후속조치	· 사후검토 결과(교훈집) 보고 · 운용시험평가 결과 자료 존안 · 전력화 평가 참여(필요시)

합참은 연구개발 주관기관이 방사청을 통하여 제출한 예비시험평가 기본계획서와 체계개발 실행계획서 등을 근거로 방사청, 연구개발 주관기관 및 소요군과 협조하여 시험평가 기본계획서를 작성한다. 합참은 매년 말 다음 연도에 수행할 방위력 개선사업의 시험평가 현황을 방사청으로부터 제출받아 시험평가 전반에 관한 종합계획을 작성하고 방사청, 소요군 또는 연구개발 주

45) 「국방전력발전업무훈령」(국방부훈령 제2114호, 2017.12.29.) 제363조.
46) 김문조·김백현·전종순(2011), 전게서, p. 109.

관기관 등에 통보한다. 무기체계에 대한 시험평가를 위하여 작성하는 계획서는 아래 표의 구분과 같다. 합참은 아래의 각종 시험평가 계획서를 국방부 전력정책관실에 제출하고, 국방부는 이를 확정하여 합참에 통보하며 합참에서 이를 관련 기관에 통보한다. 연구개발사업의 개발시험평가 계획서와 운용시험평가 계획서는 시험평가 기본계획서에 근거하여 합참에서 확정한다.[47]

〈표 7-5〉 시험평가를 위한 계획서[48]

구 분	내 용
운용성 확인계획서	탐색개발단계에서 운용성 확인을 위하여 수립한 계획서
시험평가 기본계획서(TEMP: Test and Evaluation Master Plan)	개발시험평가 계획서와 운용시험평가 계획서 수립의 기준이 되는 계획서
개발시험평가 계획서	개발장비 시제품에 대하여 개발목표·기준, 군 요구사항 및 체계규격 등의 충족 여부를 확인하기 위하여 수립한 계획서
운용시험평가 계획서	체계개발 시제품에 대하여 작전운용성능의 충족 여부를 확인하기 위하여 수립한 계획서
구매시험평가 계획서	대상 장비에 대하여 제안요청서 및 작전운용성능의 충족여부를 확인하기 위하여 수립한 계획서

시험평가 기본계획서 작성 시 방사청의 통합사업관리팀에서 제출한 핵심부품·구성품 선정 결과는 시험평가 기본계획서에 포함하고 세부적인 핵심부품·구성품 시험계획은 개발시험평가 계획서에 반영하여 개발시험평가 시 수행하며, 그 시험성적서를 개발시험평가 결과에 포함한다. 환경시험, 전자파 적합성 시험 등과 같이 시험항목에 따라 소요기간 및 장소 등을 고려하여 시험평가 사전 시험을 수행할 수 있으며 이 경우에 시험항목 및 평가기준을 시험평가 기본계획서에 명시한다. 통합시험 항목은 시험평가 기본계획서에 반영하고 통합시험계획(안)은 개발시험평가 계획(안)에 포함하여 확정절차를 거친다.

시험평가기본계획을 작성하지 않는 사업은 시험평가 계획을 별도로 작성해야 한다. 구매사업, 개발시험평가로 종결되는 핵심기술사업, 신개념 기술시범(ACTD)사업, 개발시험평가만 수행하는 민·군기술협력사업 등이 여기에 해당된다.[49]

47) 「국방전력발전업무훈령」(국방부훈령 제2114호, 2017.12.29.) 제81조의 2.
48) 「국방전력발전업무훈령」(국방부훈령 제2114호, 2017.12.29.) 제81조의 2에서 요약.
49) 합참(2017), 「무기체계 시험평가 업무지침」. 제12조.

다. 시험평가 결과의 판정 및 보고

운용성 확인 및 연구개발 무기체계에 대한 시험평가 결과의 판정은 다음과 같다. 운용성 확인은 탐색개발단계에서 체계개발단계로 전환이 적합한가에 대한 전반적인 의견을 제시하는 것이다. 이 경우 초기 작전운용성능, 예비 체계운용 요구서, 예비 체계운용 시나리오 등을 기준으로 주요 결함사항, 도출된 문제점, 개선 및 발전시킬 사항 등을 파악한다.

개발시험평가는 연구개발 주관기관에서 수행하며 시험평가 계획서에 제시된 기준의 충족 또는 기준 미달로 판정한다. 운용시험평가는 소요군이 수행하며 실제 운용환경 또는 이와 유사한 환경에서 운용범위 내의 극한(최고·최저치)시험을 실시하며 장비의 특성에 따라 혹한기와 혹서기에 성능이 평가되어 전투용 적합 또는 전투용 부적합으로 판정한다. 다만, 항공기, 함정 등 연구개발부터 최종 생산까지 장시간 소요되는 사업의 경우에는 연구개발 중에 후속단계로 전환 여부(초도 양산 승인을 위한 판정), 후속사업의 추진 등을 결정하기 위하여 잠정 전투용 적합 또는 전투용 부적합으로 결과를 판정한다. 운용시험평가를 초도 및 후속으로 구분하여 실시하는 경우에는 후속 운용시험평가를 실시하여 전투용 적합 여부를 최종 판정한다. 신개념 기술시범(ACTD)사업은 군사적 실용성을 평가하여 기준 충족 또는 기준 미달로 판정한다.

구매 무기체계에 대한 시험평가 결과판정은 전투용 적합 또는 전투용 부적합으로 한다. 핵심기술 연구개발에 대한 시험평가 결과판정은 개발시험평가는 기준 충족 또는 기준 미달로 판정하고, 운용시험평가는 군사용 적합 또는 군사용 부적합으로 판정한다. 다만, 연구개발 중에 해당 사업의 계속적인 추진 또는 후속단계로의 진행을 위하여 잠정적으로 군사용 적합 판정을 할 수 있다. 민·군기술협력사업의 군 적용 시험평가에 대한 결과판정은 개발시험평가는 기준 충족 또는 기준 미달로, 기술개발은 운용시험평가를 통해서 군사용 적합 또는 군사용 부적합, 무기체계 개발은 운용시험평가를 통해서 전투용 적합 또는 전투용 부적합으로 판정한다.

합참은 시험평가 결과에 대한 판정(안)을 작성하여 국방부 전력정책관실에 제출한다. 국방부 전력정책관실은 합참이 제출한 판정(안)을 근거로 시험평가 결과를 판정하여 합참에 통보하고, 방위사업추진위원회 또는 분과위원회에 보고한다. 합참은 국방부가 통보한 시험평가 판정결과를 관련 기관에 통보한다.[50]

50) 「국방전력발전업무훈령」(국방부훈령 제2114호, 2017.12.29.) 제81조의 3.

라. 시험평가 간 결함 발생 시 업무처리

결함은 시험평가 항목에 영향을 주는 기술적·운영적 하위요소 중 부족하고 불완전한 부분으로, 해당 시험항목 및 시험평가 결과판정에 영향을 주는 사항을 말한다. 결함은 유형1과 유형2로 나눈다. 작전운용성능에 크게 미달하여 군의 전술적 임무수행이 곤란하다고 판단되는 결함이 있는 경우, 대상 장비의 기능이 비정상적이고 불안정하여 계속 시험평가를 진행할 경우 인원 및 장비의 손실과 안전이 우려되는 경우와 다른 시험항목에 영향을 미치는 결함이 있어 시험평가 진행이 곤란한 경우를 통틀어 유형1이라고 한다. 반면에 유형2는 유형1에 해당하지 않는 결함이다.

결함 발생 시 원인분석이 완료될 때까지 해당 시험항목에 대한 시험평가는 진행하지 않는다. 원인분석 결과 유형1에 해당되는 경우에는 시험평가를 중단 또는 보류하고 재시험평가는 결함사유 해소 및 설계 보완 후 수행한다. 원인분석 결과 유형2에 해당되는 경우에는 결함사유 해소 후 시험을 계속 진행한다. 결함이 발생할 경우 결함 유형은 개발시험평가 진행 간에는 통합사업관리팀장이, 운용시험평가 진행 간에는 소요군이 주관하여 연구개발 주관기관과 협의하거나 결정하며 결정결과를 합참에 통보한다.

중단은 시험평가 진행 중 결함 등이 발생되어 시험평가 기간 내 결함 등 사유 해소가 불가능하여 더 이상 시험평가를 진행하지 않는 상태를 말한다. 사업의 중단과 재시험평가 등에 관하여 방사청은 합참과 협의한 후 사안의 중요도에 따라 방추위 또는 분과위원회의 심의 등을 거쳐 그 결과를 합참 및 연구개발 주관기관에 통보한다. 보류는 시험평가 진행 중 결함 등이 발생되었으나, 시험평가 기간 내 결함 등 사유 해소가 가능하여 일시적으로 시험평가를 진행하지 않는 상태를 말한다.[51)]

마. 통합시험 수행

시험평가 기본계획서에서 개발시험과 운용시험을 통합하여 통합시험으로 수행하도록 선정된 항목에 대해서는 통합시험 계획서를 작성하여야 하며, 필요한 경우 통합시험 계획서를 작성하지 않고 개발시험평가 계획서에 포함할 수 있다.

통합시험계획(안)은 개발주관기관에서 작성하고 소요군 검토를 거쳐 개발시험평가 착수 2

51) 합참(2017), 「무기체계 시험평가 업무지침」 제23조.

개월 전에 합참에 제출한다. 합참은 통합시험계획을 확정하여 개발시험평가 착수 1개월 전까지 방사청, 연구개발 주관기관, 소요군 및 관련 기관에 통보한다. 통합시험은 소요군 참여하에 개발주관기관에서 실시하되, 필요시 소요군이 수행하고 개발주관기관에서 참여 가능하며, 필요한 경우 국과연, 기품원 등의 전문인력과 민간 전문가를 포함할 수 있다.

통합시험은 개발시험평가 기간에 수행하는 것을 원칙으로 하나 관련 기관의 협의를 통해 운용시험평가 시 확인 또는 검증이 필요한 경우 운용시험평가 기간에 수행할 수 있다. 통합시험 결과는 개발시험평가 및 운용시험평가 결과판정에 활용하도록 한다.[52]

바. 무기체계 연구개발 시험평가

1) 탐색개발단계에서 운용성 확인

합참은 탐색개발단계의 제안요청서 작성 시 운용성 확인 부분에 대한 검토를 지원하고 연구개발 주관기관의 탐색개발 계획서 작성 시 운용성 확인계획의 포함 여부를 확인하여야 한다. 소요군은 탐색개발 계획서에 근거하여 운용성 확인계획(안)을 작성한 후 합참에 운용성 확인 착수 2개월 전까지 제출한다. 탐색개발을 생략할 경우는 체계개발 기간 중에도 운용성 확인을 할 수 있다.

합참은 소요군의 운용성 확인계획안을 검토 및 확정하여 운용성 확인 1개월 전까지 방사청, 연구개발 주관기관 및 소요군에 통보한다. 소요군(시험평가단)은 운용성 확인계획서를 근거로 운용성 확인을 수행하고, 운용성 확인 종료일로부터 1개월 이내에 운용성 확인 결과보고서를 합참에 제출한다. 결과보고서에는 운용성 확인 항목, 기준 및 결과, 주요 결함사항, 도출된 문제점, 개선 및 발전시킬 사항 등 다음 연구개발 단계로의 전환에 대한 전반적인 의견을 포함한다.

합참은 소요군에서 제출한 운용성 확인 결과와 합참 및 국방부의 상호운용성 평가결과를 검토하여 1개월 이내에 판정 절차를 거쳐 방사청, 연구개발 주관기관 및 소요군에 결과를 통보한다.[53] 그 개략적인 절차는 다음 그림과 같다.

52) 「국방전력발전업무훈령」(국방부훈령 제2114호, 2017.12.29.) 제82조의 6.
53) 「국방전력발전업무훈령」(국방부훈령 제2114호, 2017.12.29.) 제82조의 2.

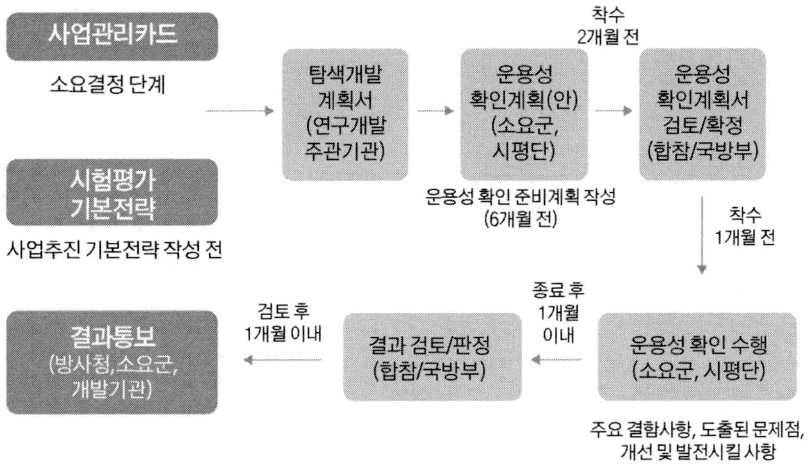

<그림 7-6> 운용성 확인 절차[54]

2) 체계개발단계에서 개발 및 운용시험평가

(1) 개발시험평가

연구개발 주관기관은 체계개발 실행계획서 및 시험평가 기본계획서를 근거로 필요시 계획검토회의(소요군 포함)를 거쳐 다음 각 호의 사항이 포함된 개발시험평가 계획안을 작성하여 방사청의 검토를 받은 후 개발시험평가 착수일 2개월 전까지 합참에 제출하고, 합참은 개발시험평가 계획을 확정하여 개발시험평가 착수 1개월 전까지 방사청, 관련 기관 및 소요군으로 통보한다.

연구개발 주관기관이 개발시험평가를 하는 경우에는 개발시험평가 수행 15일 전에 시험준비 검토회의(TRR: Test Readiness Review)를 개최하여 확인된 시험준비 상태를 합참에 통보한다. 연구개발 주관기관은 확정된 개발시험평가 계획서를 근거로 연구개발 무기체계에 대한 개발시험평가를 수행하며, 합참은 필요시 개발시험평가 수행 간 소요군 관련 인원이 입회하도록 조치할 수 있다. 완성체계 및 체계연동에 대한 개발시험은 방사청에서 승인한 기관(국과연 포함)에서 수행하고 핵심부품·구성품에 대한 개발시험은 공인시험기관 또는 방사청에서 승인한 기관(국과연 포함)에서 수행한다.

방사청은 개발시험평가 기간 중 보완이 불가능하여 시험평가의 중단이 필요하다고 판단되는 경우 연구개발 주관기관과 협의하여 개발시험평가를 중단하고, 이를 합참에 통보한다. 작전운

54) 육군시험평가단(2017), 전게서, p. 21.

용성능에 크게 미달하여 군 전술적 임무수행이 곤란하다고 판단되는 결함이 있는 경우, 대상 장비의 기능이 비정상적이고 불안정하여 계속 시험평가를 진행할 경우, 인원 및 장비의 손실과 안전이 우려되는 경우, 다른 시험항목에 영향을 미치는 결함이 있어 시험 진행을 계속하기가 곤란한 경우 등이 여기에 해당된다.

방사청은 개발시험평가가 중단된 경우에는 사업의 중단 또는 재시험평가 등에 관하여 합참과 협의한 후 사안의 중요도에 따라 필요한 경우에 위원회 또는 분과위원회의 심의를 거쳐 그 결과를 합참 및 연구개발 주관기관에 통보한다.

연구개발 주관기관은 개발시험평가 종료일로부터 1개월 이내에 개발시험평가 결과를 작성하여 방사청에 제출하고, 방사청은 이를 검토하여 합참에 통보한다. 단, 업체주관 무기체계 연구개발사업은 방산기술센터의 지원을 받아 검도한다. 이때, 합동상호운용성기술센터는 표준적합성 시험을 수행한 경우 그 결과를 국방부 및 합참 관련 부서에 제출한다.

합참은 개발시험평가 결과와 국방부 및 합참 관련 부서에서 제출한 표준 적합성 시험 평가에 대한 검토 결과를 검토한 후, 판정 절차를 거쳐 그 결과를 방사청, 연구개발 주관기관, 기품원 및 소요군에 통보한다. 방사청은 개발시험평가 결과가 기준 미달로 판정된 경우 위원회 또는 분과위원회에 사업의 중단 또는 계속 추진 여부를 보고하되, 필요시 심의·조정할 수 있다. 사업을 계속 추진하는 경우 전 항목 재시험 혹은 부분 재시험으로 구분하여야 한다.[55] 일련의 절차를 요약하면 아래 그림과 같다.

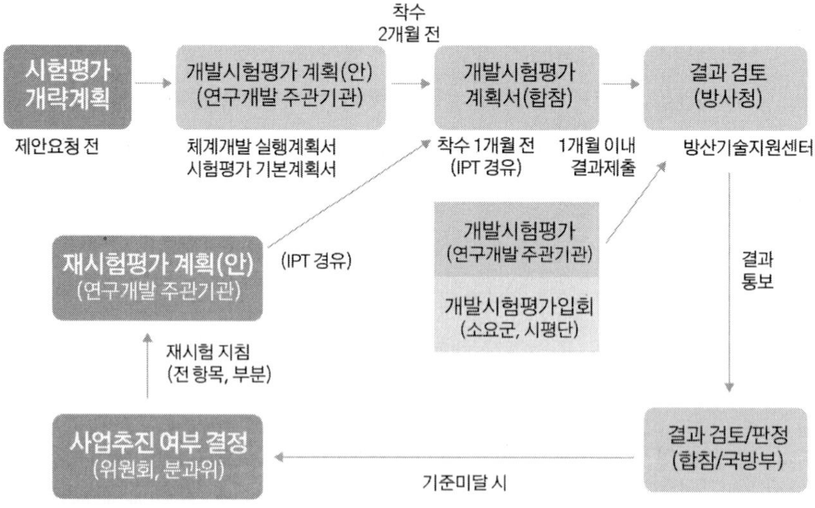

〈그림 7-7〉 개발시험평가 수행절차[56]

55) 「국방전력발전업무훈령」(국방부훈령 제2114호, 2017.12.29.) 제82조의 4, 7.

(2) 운영시험평가

소요군은 체계개발 실행계획서, 시험평가 기본계획서 및 개발시험평가 계획서(또는 계획안)를 근거로 운용시험평가 계획(안)을 작성한다. 소요군(시험평가단)은 종합된 운용시험평가 계획(안)을 운용시험평가 착수 2개월 전까지 합참에 제출하며, 합참은 운용시험평가 계획을 확정하여 운용시험평가 착수 1개월 전까지 방사청, 관련 기관 및 소요군으로 통보한다.

운용시험평가 항목은 보통의 경우 아래 내용으로 하지만, 무기체계의 특성, 시험장 및 시험장비 등을 고려하여 이를 조정할 수 있다.

- 작전운용성능의 충족성 시험
  - 주요 작전운용성능
  - 기술적·부수적성능
- 합동성 및 상호운용성
  - 운용개념 및 체계특성
  - 연동성 및 정보 교환
  - 표준 및 아키텍처
  - 정보 보호
  - 주파수
- 군 운용 적합성
  - 운용 및 조작 적합성, 안정성
  - 전술적 운용의 적합성
  - 기존 무기체계와의 상호운용 적합성
  - 환경 적응성
- 전력화 지원요소의 실용성 확증시험 등

소요군이 운용시험평가를 수행하는 경우에는 운용시험평가 착수 15일 전에 시험준비 검토회의(TRR)를 개최하며 확인된 시험준비 상태를 합참에 통보한다. 소요군은 확정된 운용시험평가 계획서를 근거로 연구개발 무기체계에 대한 운용시험평가를 수행한다. 운용시험평가는 실제 운용환경 또는 이와 유사한 환경에서 운용범위 내의 극한(최고·최저치)시험을 실시하며 장비의 특성에 따라 혹한기와 혹서기에 성능이 평가될 수 있도록 하여야 한다. 다만, 긴급 소요결정에 의해 추진된 사업, 장비의 특성 및 운용환경을 고려하여 그 기술적 타당성이 입증되는 경

56) 육군시험평가단(2017), 전게서, p. 22.

우에는 개발시험평가의 환경시험 항목으로 대체할 수 있다.

연구개발 주관기관은 운용시험평가에 필요한 각종 자료 및 기술지원 등을 제공하며, 소요군은 운용시험평가 시 방사청 및 연구개발 주관기관이 참관하여 자료를 공유 및 확인할 수 있도록 한다. 운용시험평가 진행 간 발생된 결함사항에 대해 소요군에서 보완 요청 시 연구개발 주관기관은 방사청과 협의하여 보완 조치한다. 이때, 방산기술센터는 방사청 요청에 따라 소요군의 보완요청 사항을 기술적 관점에서 객관적으로 분석 후 조치방안을 제시할 수 있다.

시험평가 수행 중 다른 시험의 평가결과에 영향을 미치지 않는 단순 결함 발견 시에는 결함 수정 후 시험을 계속 진행할 수 있다. 소요군은 운용시험평가 기간 중 보완이 불가능하여 시험평가의 중단이 필요하다고 판단되는 경우에는 연구개발 주관기관과 협의하여 운용시험평가를 중단하고, 이를 합참 및 방사청에 통보한다. 방사청은 운용시험평가가 중단된 경우 사업의 중단 또는 재시험평가 등에 관하여 합참과 협의한 후 사안의 중요도에 따라 위원회 또는 분과위원회의 심의를 거쳐 그 결과를 합참 및 소요군에 통보한다.

소요군은 제82조의7 제6항 이외에 운용시험평가를 일시적으로 보류할 결함이 발생된 경우에는 운용시험평가를 보류할 수 있으며, 보류사유가 없어진 때에 시험평가를 재개한다. 다만, 소요군의 보류사유 해소에 대한 판단이 불가능한 경우에는 방사청과 협의하여 전문연구기관에 검증을 의뢰할 수 있다.

합참은 소요군이 제출한 시험평가 결과와 상호운용성 평가에 대한 검토 결과를 근거로 시험평가 기준 등을 충족하는지 여부를 검토하고, 판정 절차를 거쳐 그 결과를 방사청, 소요군 및 연구개발 주관기관에 통보한다. 합참은 시험평가 결과가 전투용 적합으로 판정된 경우 판정결과를 기품원에 통보한다. 이때 기준 미달 항목 및 보완 요구사항 내용이 있을 경우에는 이를 포함하여야 한다. 기품원은 소요군 참여하에 개발기관과 협조하여 양산을 통해 보완 여부를 확인하고 그 결과를 합참, 방사청 및 소요군에 통보한다. 다만, 기술교범 등 종합군수지원 분야는 기품원과 협조하여 소요군에서 확인한다.

방사청은 운용시험평가 결과가 전투용 부적합으로 판정된 경우 위원회 또는 분과위원회에 사업의 중단 또는 계속 추진 여부를 보고하되, 필요시 심의·조정을 할 수 있다. 사업을 계속 추진하는 경우 전 항목 재시험, 부분 재시험 또는 군 필요성에 의해 획득이 추천되는 경우 재판정으로 구분하여야 한다. 일부 시험평가 항목을 미충족하였으나, 군 필요성에 의해 획득이 추천되는 경우에는 관련 선행조치 후 재판정하거나 부분 재시험평가를 수행할 수 있다. 소요군은 재시험평가를 위한 시험평가 계획안을 작성하여 합참에 제출하고, 합참은 이를 검토하여 확정한 후 방사청·소요군 및 연구개발 주관기관에 통보한다.[57] 이러한 절차를 요약하면 다음 그림과 같다.

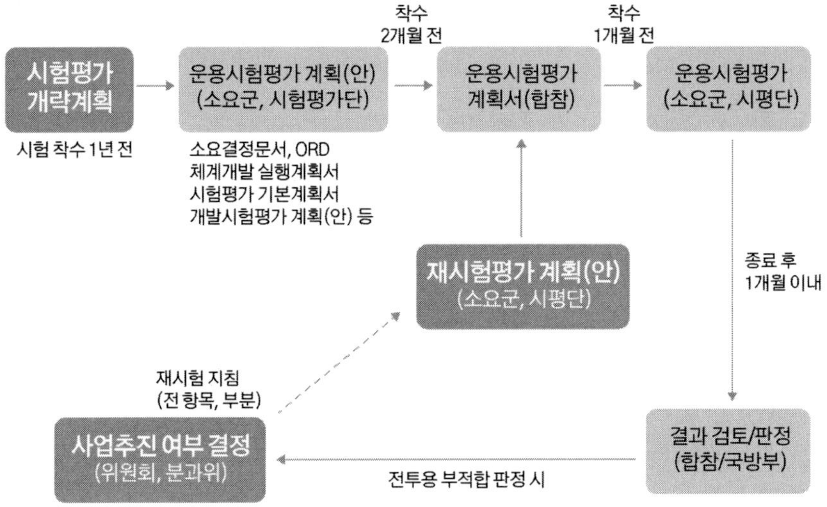

〈그림 7-8〉 운용시험평가 수행절차[58)]

사. 구매시험평가

구매시험평가는 실물에 의한 시험평가를 수행하는 것을 원칙으로 하며, 개발 중에 있어 시제품이 없는 무기체계를 구매하는 경우, 국내에서 현재 운용 중인 무기체계를 일부 개조하여 구매하는 경우, 국내·외에서 운용 중인 무기체계를 함정, 항공기 등 복합무기체계와 통합하기 위하여 구매하는 경우에는 자료에 의한 시험평가를 수행할 수 있다.

합참은 구매시험평가를 위하여 제안요청서에 반영할 사항을 방사청에 통보하며, 방사청은 제안요청 등을 통하여 획득한 업체제안서 및 시험평가 관련 자료, 소요군 및 관련 기관이 추가로 요청한 자료를 합참 및 소요군에 제공한다. 합참은 각 군, 국과연, 기품원 및 방산기술센터 등에 시험평가에 필요한 자료를 요청하거나 기술검토를 의뢰할 수 있다.

합참은 필요한 경우 통합시험평가팀을 구성하며 시험평가 계획 작성지침을 소요군에 통보하고, 소요군은 제안요청서 및 작전운용성능 등을 고려하여 시험평가 계획안을 작성하여 시험평가 착수 2개월 전까지 합참에 제출한다. 합참은 시험평가 계획안을 검토하고 확정 절차를 거쳐 소요군에 통보한다.

57) 「국방전력발전업무훈령」(국방부훈령 제2114호, 2017.12.29.) 제82조의 5, 8.
58) 육군시험평가단(2017), 전게서, p. 23.

개발 중인 품목에 대한 시험평가 계획은 분석(자료검토, M&S 포함), 검사, 시연(시뮬레이터 사용 포함), 시험 등의 방법을 적용하여 가능한 한 상세히 작성되어야 한다.

시험평가 항목에는 다음 내용을 포함한다.

- 성능 충족성
  - 주요 작전운용성능
  - 기술적·부수적 성능
  - 기타 제안요청 성능
- 합동성 및 상호운용성
  - 운영개념 및 체계특성
  - 연동성 및 정보 교환
  - 표준 및 아키텍처
  - 정보 보호
  - 주파수
- 군 운용 적합성
- 전력화 지원요소 충족성·실용성

소요군(시평단)은 구매시험평가 수행 15일 전에 시험준비 검토회의(TRR)를 개최하며, 확인된 시험준비 상태를 합참에 통보한다. 소요군은 시험평가 계획서, 업체제안서와 각종 공인된 자료를 근거로 시험평가를 실시한다. 예컨대, 품목을 개발하는 업체가 속한 국가의 정부에서 작성하거나 인정한 자료, 국제기구 또는 국제적 인증기관이 작성하거나 인정한 자료, 합참이 인정하는 국내·외 기관이 작성하거나 인정한 자료 등이다.

소요군은 구매시험평가 간 일시적으로 보류할 결함이 발생된 경우에는 합참 및 방사청에 통보하고, 합참은 소요군이 통보한 사항에 대해 공정성 및 형평성 등에 위배되지 않는 범위 내에서 관련 심의를 거쳐 확정 후 구매시험평가를 보류하고 보완 기회를 부여할 수 있으며, 소요군은 합참의 시험평가 지침에 따라 시험평가를 재개한다.

방사청은 시험평가 추진 중인 사업이 취소·유보 또는 순연되었을 경우 이를 합참에게 통보하여야 하며, 합참은 방사청과 협의하여 시험평가 계속 추진 여부를 결정하여 소요군에 통보한다.

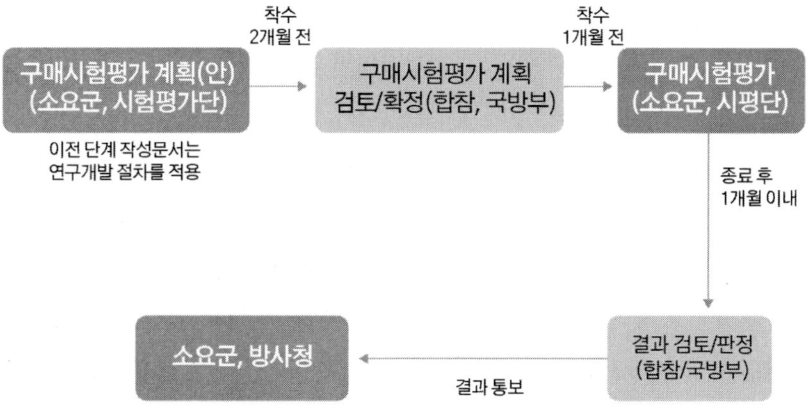

〈그림 7-9〉 구매시험평가 수행절차[59)]

소요군은 자료에 의한 시험평가를 수행하는 경우에는 각종 공인된 자료로 시험평가를 수행하고 합참에 그 결과를 제출하여야 한다. 합참은 전문연구기관을 이용할 수 있으며, 방사청은 무기체계 개발완료 후 개발업체로부터 해당 국가 또는 국제적으로 인정된 시험기관에서 실시한 개발시험결과를 제출받아야 한다.

소요군은 시험평가 완료 후 시험평가 항목 기준 및 평가결과(전력화 지원요소를 포함), 기준 미달 항목 및 보완 요구사항 등을 포함하여 시험평가 결과를 작성하여 합참에 제출하고, 합참은 필요시 이를 방사청에 통보한다.[60)]

5. 전력화 지원

전력화 지원요소는 무기체계 획득 시 야전배치와 동시에 전력화할 수 있도록 발전시켜야 할 군사교리, 부대편성, 교육훈련, 시설 및 무기체계 상호운용을 위해 필요한 하드웨어·소프트웨어 등의 전투발전 지원요소와 효율적이고 경제적인 군수지원 보장을 위한 종합군수지원 요소를 말한다.

합참, 소요군 및 방사청은 무기체계가 야전에 배치됨과 동시에 운영될 수 있도록 주 장비와 전력화 지원요소를 개발·확보하며, 적시성과 지속성이 보장되어야 한다. 소요군 및 방사청은

59) 상게서, p. 24.
60) 「국방전력발전업무훈령」(국방부훈령 제2114호, 2017.12.29.) 제83조.

무기체계 전체 수명주기에 걸쳐서 주 장비의 효율적·경제적 운영을 고려하여 전력화 지원요소를 개발·획득해야 한다. 또한, 주 장비 및 지원장비의 표준화와 호환성을 유지하고, 가급적 현 지원체제를 활용할 수 있도록 개발하여 운영유지비의 최소화로 경제적인 군수지원이 보장되도록 한다.

양산 및 전력화 운영 중인 무기체계의 전력화 지원요소에 해당되는 창정비 요소 등의 추가소요에 대하여는 소요군(기관)의 건의에 의해 국방부 및 합참의 필요성과 적절성 검토를 거친다. 방사청은 이를 근거로 중기계획 요구서 및 예산에 반영하고, 해당 무기체계사업에 포함하거나 별도의 사업으로 개발·확보할 수 있다.

전력화 지원요소 중 전투발전 지원요소는 다음과 같이 업무를 분장하여 개발·확보하되, 합참 및 소요군 소관사항 확보에 필요한 예산은 방사청에서 지원한다.

- 합참 및 소요군: 군사교리, 부대편성, 교육훈련
- 방사청: 시설, 무기체계 상호운용성에 필요한 하드웨어, 소프트웨어

전력화 지원요소 중 종합군수지원 요소는 방사청 주관하에 개발·확보 방안을 강구하고 합참과 소요군의 의견을 반영하여 개발·확보한다. 방사청은 무기체계의 창정비 요소 개발 등 소관분야 전력화 지원요소를 개발·확보하고자 할 경우에는 소요군으로부터 관련 자료(창정비원 및 주기를 판단할 수 있는 자료 등)를 제공받아서 확보 방침 및 계획(안)을 작성하여 소요군에 통보한다. 방사청은 관련 기관 협의를 통해 확보 방침 및 계획을 확정한다. 이때 확보해야 할 종합군수지원계획 요소는 다음과 같다.

- 연구 및 설계반영
- 표준화 및 호환성
- 정비계획
- 지원장비
- 보급지원
- 군수인력 운용
- 군수지원 교육
- 기술교범
- 포장, 취급, 저장 및 수송
- 정비 및 보급시설
- 기술자료 관리

각 군 및 해병대, 방사청, 업체 등 종합군수지원 업무수행기관은 효율적인 업무 추진을 위하여 긴밀한 협조체제를 유지하여야 하며, 필요시 국방부는 이를 조정·통제한다.[61)]

김영기(2007)는 우리 군은 무기체계 전력화 지원요소를 전투발전 지원요소(군사교리, 부대편성, 교육훈련 등), 종합군수지원 요소를 포함하여 정의하여 사용하고 있는 반면에, 미국은 전력화 지원요소라는 용어를 사용하지 않고 전투발전요소, 종합군수지원 요소를 별도 개념으로 사용하고 있다고 본다.[62)] 이러한 주장은 해석의 여지와 추가적인 논의가 필요할 것으로 본다. 앞의 소요기획을 설명하면서 미국의 소요기획을 알아보았는데, 미국은 합동능력통합발전체계(JCIDS)에서 전투발전요소(DOTmLPF-P)를 검토하면서 우선적으로 비물자적 해결방안으로 교리, 구조 및 편성, 훈련, 장비와 물자, 리더십, 인력, 시설, 정책 등을 검토하고 전투발전요소 변경건의서(DCR)로 제시한다는 점을 알 수 있었다. 물자적 해결방안을 추진하기 이전에 비물자적 해결방안을 고려한다는 의미는 전투발전요소를 선행적인 요소로 보는 접근이라고 볼 수 있다. 우리도 유사한 소요기획체계를 운영하지만, 전투발전요소를 통합적으로 검토하기보다는 각각 개별적인 요소로 보는 경향이 있고, 무기체계 연구개발과 동시적 또는 이를 지원하는 후행적인 측면에서 강조하는 '전투발전 지원요소'라고 정의하고 있는 것으로 본다.

이를 다시 정리하면 아래 표와 같다.

〈표 7-6〉 전력화 지원요소 구성

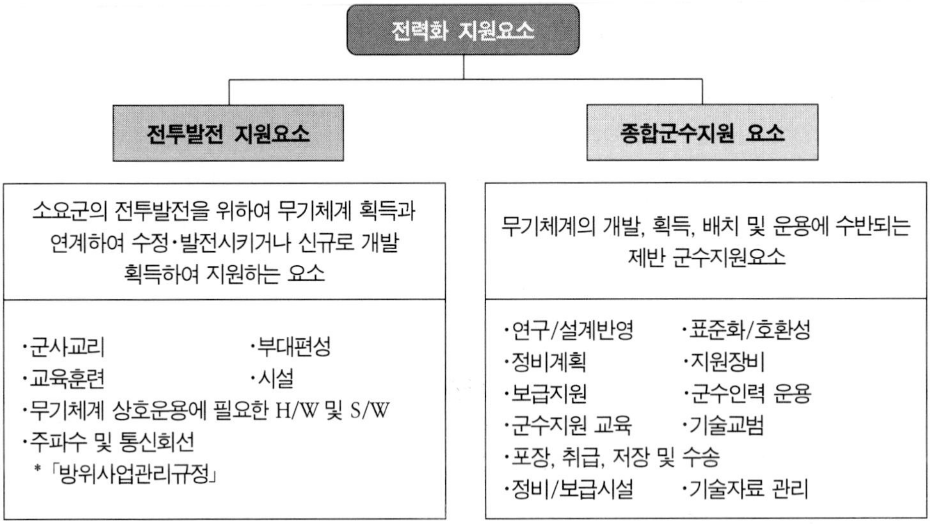

61) 「국방전력발전업무훈령」(국방부훈령 제2114호, 2017.12.29.) 제87조.
62) 김영기(2007), 『전력화 지원요소 이론과 실제』, 한국학술정보, p. 82.

가. 전력화 지원요소

1) 군사교리

교리는 국가목표를 달성하기 위한 군사에 관한 일치된 견해로서, 권위 있는 기관에 의해 공식적으로 승인된 군사력의 운용에 대한 기본원리이며 부대훈련, 작전계획 수립, 작전수행 간에는 상황에 맞게 적용해야 한다. 가용전투력의 운용효과를 극대화할 수 있도록 부대구조와 무기체계의 발전과 일치시키며 현존전력의 극대화와 미래전력 창출을 위해 각국의 신교리와 전사를 연구 분석하여 상대적 우위의 교리를 창출해야 한다. 동시에 상·하위 관련 교범 및 기타 관계교범과 연계성을 유지해야 하는 특성을 지니고 있다.

군사교리는 군사기본교리, 작전술 교리, 전술교리 및 장비운용교리로 분류할 수 있다. 군사기본교리는 군사전략 개념을 구현하기 위한 것으로 합동교리와 각 군 교리에 지침과 기준을 제공한다. 이는 군사교리 발전의 기초를 제공하는 것으로 군사작전에 대한 개념, 원칙, 기획과정과 제대별 역할을 제시한다. 작전술 교리는 군사력의 운용술로 전투력의 집중과 절약을 구사하여 군사전략 목표를 달성하는 술을 의미한다. 전술교리는 전장 또는 전투에서 승리를 쟁취하기 위해 전투력을 운용하는 술이다. 이것은 부대에 편성된 전투력이 최대한 발휘되도록 조직화하고 전투력이 극대화되도록 한다. 장비운용교리는 협의의 교리 범주에 속하는 것으로 장비를 어떻게 운용하고 성능을 보장하도록 유지할 것인가 하는 것을 기술한 야전운용교범과 정비교범이 있다.[63]

방위력 개선사업에서의 군사교리는 무기체계 획득에 따라 운용개념을 재정립하고 관련 교리, 교범 등을 발전시키는 것으로, 방위력 개선사업 수행 간 고려사항은 운용개념 정립, 중장기 교리발전 소요 판단, 관련 교리문헌 발전 및 정비 등이다. 소요군은 방위력 개선사업 추진 간 획득 중인 무기체계의 관련 군사교리를 발전시켜야 하며 그에 따른 교리문헌을 발간하여야 한다.[64]

2) 부대편성

부대편성이란 가용자원(정원, 장비, 예산)을 기초로 군사력 소요를 달성하기 위하여 지휘통제부대, 전투부대, 전투지원부대, 전투근무지원부대, 학교 및 기타 부대로 구분하고, 전투력 발

63) 상게서, pp. 22-23.
64) 「방위사업관리규정」(방위사업청훈령 제415호, 2017.6.21.) 제286조.

휘가 용이하도록 임무와 기능에 입각하여 지휘체계를 편성하는 것이다.

부대편성 시 고려사항은 적 전술 및 부대구조, 부대 운용개념 또는 임무 및 기능, 편성 지침 또는 개념, 외국군 유사 부대구조에 대한 특징과 비교, 역사성, 가용병력, 제한여건, 임무개시 일자 등이다. 부대의 세부구조는 임무와 기능을 효율적으로 수행할 수 있도록 인원 및 장비를 최소한으로 편성하며 지휘체제를 일원화한다. 임무 및 기능을 고려하며 중간지휘기구 편성을 지양하고 유사 기구는 통·폐합해서 편성한다.65)

방위력 개선사업에서의 부대편성은 소요군이 무기체계 획득과 연계하여 부대의 부여된 임무, 기능 등을 수행하는 데 필요한 최적 인적 소요를 판단하여 중기 부대계획에 반영하고 편제표를 작성·발간하는 것이다. 통합사업관리팀장은 각 군의 부대편성 변동소요를 확인하여 방위력 개선사업 수행 중에 이를 반영한다.66)

3) 교육훈련

교육훈련이란 부대훈련과 학교 교육으로 구분되며 부대훈련은 학교 교육을 통하여 습득된 군사 기본지식을 토대로 부대의 임무수행 능력을 배양하기 위하여 실시하는 개인훈련과 집체훈련으로 구분된다. 집체훈련은 하나의 조직체 단위(팀, 부대, 소대 등)로 부여된 부대임무를 효과적으로 수행할 수 있도록 능력을 부여하기 위하여 실시하는 훈련을 말하며 장비 위주 집체훈련과 전술훈련으로 구분한다. 부대훈련은 임무에 기초를 둔 훈련, 책임제 분권화 훈련, 성과 위주 훈련, 제대별 동시훈련, 과제에 의한 훈련 및 전투임무 위주 훈련 등으로 구분된다. 교육훈련은 임무를 효율적으로 완수할 수 있도록 전·평시에 수행해야 할 부대별 임무 및 특성에 부합된 훈련과제를 도출한다. '싸우는 방법대로 훈련하고 훈련한 대로 싸운다에 주안을 두고 어떻게 싸울 것인가'에 대한 훈련 내용 및 방법을 전투모델로 구성하여 실시한다.

교육훈련은 부대임무를 분석하여 작계상의 전투임무 수행능력을 최우선적으로 숙달하여 상시 전투준비태세를 유지하는 데 주안을 두어야 한다. 학교 교육은 전문교육과 보수교육으로 구분하며 전문교육은 병과별 전문인력 양성에, 보수교육은 계급에 상응하는 부대관리 및 제대별 지휘능력과 참모업무 수행능력 배양에 주안점을 둔다.67)

방위력 개선사업에서의 교육훈련은 무기체계 획득에 따른 교육훈련 소요를 판단하고, 교육훈련을 위한 장비 및 교보재 등을 확보하는 것이다. 통합사업관리팀장은 각 군의 의견을 반영하

---

65) 김영기(2007), 전게서, p. 24.
66) 「방위사업관리규정」(방위사업청훈령 제415호, 2017.6.21.) 제287조.
67) 김영기(2007), 전게서, p. 25.

여 운용자 및 기술요원에 대한 초도배치 전 교육계획을 구체화하여 장비운용능력을 구비시키고 장비·교보재 확보 여부를 확인하며, 각 군에 필요한 예산을 지원하거나 교육훈련용 장비 및 교보재를 확보하여 지원할 수 있다.68)

4) 시설

시설은 무기체계의 운용·시험·훈련을 지원하는 데 필요한 부동산과 관련 설비로, 무기체계 운용에 필요한 시설과 교육훈련에 필요한 훈련장, 사격장 등으로 구분한다. 방사청 사업관리본부장은 소요군이 무기체계의 소요 요청과 동시에 아래 사항을 고려하여 시설사업에 대한 소요를 판단할 수 있도록 한다.

- 현존 시설의 사용·개조·개량 가능성 판단
- 장비 운용에 필요한 부대시설 및 편의시설 건설 소요
- 시험평가 실시장소 및 시설소요
- 시설보안 및 전술적 측면 검토
- 운용시설의 환경대책
- 특수시설 및 훈련시설 소요69)

5) 무기체계 상호운용에 필요한 H/W 및 S/W

무기체계 상호운용에 필요한 하드웨어 및 소프트웨어는 무기체계간의 상호연동 및 통합운용을 위해 필요한 장비 및 물자로 방위력 개선 사업추진 간 고려하여야 할 요소는 다음과 같다.

- 무기체계 간 상호 연동을 위한 하드웨어 및 소프트웨어
- 무기체계들의 통합운용을 위해 소요되는 장비 및 물자
- 무기체계 운용에 필요한 주파수 및 통신회선 확보

통합사업관리팀장은 운용 중인 무기체계와의 통합전투력 발휘를 위해 소요되는 하드웨어 및 소프트웨어를 주 장비와 동시에 확보하여야 한다.70)

68) 「방위사업관리규정」(방위사업청훈령 제415호, 2017.6.21.) 제288조.
69) 「방위사업관리규정」(방위사업청훈령 제415호, 2017.6.21.) 제289조.
70) 「방위사업관리규정」(방위사업청훈령 제415호, 2017.6.21.) 제290조.

6) 주파수 및 통신회선

통합사업관리팀장은 획득 전 단계에 걸쳐 해당 무기체계 운용에 요구되는 주파수의 가용 여부(기존 주파수의 활용 및 신규 주파수의 확보 가능성)를 방사청 획득기획국, 합참, 소요군 등과 협조하여 지속적으로 검토하여야 한다. 통합사업관리팀장은 해당 무기체계의 운용 주파수 소요를 소요군 및 합참에 통보하고, 아래의 시기까지 주파수 획득 가능성을 확인받아야 한다. 이때 주 장비 이외에 타 무기체계와의 상호운용에 필요한 하드웨어 및 소프트웨어의 주파수도 포함한다.

- 연구개발사업: 탐색개발 종료 시
- 구매사업: 기종 결정 시

통합사업관리팀장은 주파수 획득방안에 대한 세부검토가 필요한 경우 획득기획국장에게 의뢰할 수 있다. 이때 획득기획국장은 이에 대한 기술검토 사항을 관련 기관(국과연, 기품원 등)에 요청할 수 있으며, 관련 기관은 기술검토 결과를 획득기획국장에게 통보하여야 한다.[71)]

나. 종합군수지원 요소

종합군수지원(ILS: Integrated Logistics Support)이란 장비의 효율적이고 경제적인 군수지원을 보장하기 위하여 무기체계의 소요기획 단계부터 설계, 개발, 획득, 운영 및 폐기 시까지 전 과정에 걸쳐 제반 군수지원요소를 종합적으로 관리하는 활동을 의미한다.[72)] 현재 우리 군의 종합군수지원 요소는 11대 요소로 구분되며, 이는 미 육군의 종합군수지원에 대해 검토하여 1983년 육군 군수학교에서 9개 요소를 설정한 이래, 1992년에 1차 수정을 거쳐 1998년 국방부 훈령, 2006년에 방위사업관리규정 등에 11개 관리요소로 정형화되어 적용되고 있다.[73)]

연구개발 시 방사청은 탐색개발 계획서 및 체계개발 계획서에 종합군수 지원요소를 포함하여 주 장비와 동시에 개발·확보할 수 있도록 하며, 국방부 및 소요군의 검토의견을 반영하여 종합군수지원 계획서(ILS-P: ILS-Plan)를 작성하여야 한다. 무기체계의 효율적인 총 수명주기

71) 「방위사업관리규정」(방위사업청훈령 제415호, 2017.6.21.) 제35조의 5.
72) 김영기(2007), 전게서, p. 26.
73) 21세기 군사연구소(2012), "전력화 지원요소 획득방법 개선방안 연구", p. 7.

관리를 위하여 수명주기 지속계획서(LSCP)를 종합군수지원 계획서와 병행하여 작성할 수 있도록 「국방전력발전업무훈령」에 반영하고 있다. 현재는 주요 사업에 대한 시범적용 수준에 있으나 점차 확대 적용을 추진 중이다. 종합군수지원 요소 중 창정비 요소 개발을 위해 방사청은 개발기관이 초도 물량 납품 시 소요군의 검토의견을 반영한 창정비계획서를 포함하여 소요군에 제공한다. 방사청은 창정비 요소 개발 시 양산사업과 패키지화하여 관리하며 별도 사업으로 추진하는 경우에는 창정비 요소 개발 및 제공 후 사후지원(A/S)이 종결될 때까지 관리한다. 합참은 확정된 종합군수지원 요소를 시험평가에 포함하여 평가한다.74)

운영유지 단계에서 종합군수지원 요소는 주 장비의 성능 발휘 및 운용유지를 보장할 수 있도록 통합하거나 부대 단위로 주 장비와 동시에 보급하거나, 야전부대의 정비지원 사전준비를 위하여 주 장비 보급 이전에 보급을 완료하는 것을 원칙으로 한다. 무기체계 운영유지 단계에서 각 군 및 해병대는 야전 경험 자료를 수집·분석하여 그 결과를 개발기관 및 기품원에 환류시켜 무기체계의 성능개량 및 개조가 가능토록 하고, 차기 유사 무기체계 개발 시 경험자료로 활용토록 하여야 한다. 효율적인 장비운용을 위하여 각 군 및 해병대는 무기체계 운영유지 단계에서 창정비 주기 조정 등 종합군수지원 요소에 대한 변경 필요시 야전운용 제원, 개발기관(방사청, 제작사 등) 의견 등 변경요건을 충족시킬 수 있는 각종 자료분석, 기술적 검토 등을 통하여 변경할 수 있다.75)

종합군수지원에 대한 상세한 내용은 별도로 살펴본다.

다. 획득방법별 전력화 지원요소 확보 절차

1) 연구개발 시 전력화 지원요소

연구개발사업의 경우, 소요제기 단계에서 전력화 지원요소의 개략적인 요구가 이루어지면, 탐색개발단계에서는 탐색개발 계획서에 개략계획이 포함되고, 체계개발단계에서는 개발업체와 국과연이 전력화 지원요소를 체계개발 동의서에 포함시켜 작성한다. 시제품에 대한 개발시험평가를 할 때에는 주 장비와 더불어 전력화 지원요소에 대한 검증이 이루어지는데, 이때 야전교범 및 기술교범 초안, 편성장비표 초안, 종합군수지원 계획서(ILS-P) 초안이 작성된다. 개발시험평가 단계에서 작성된 전력화 지원요소 초안은 운용시험평가 후 확정된다.76)

---

74) 「국방전력발전업무훈령」(국방부훈령 제2114호, 2017.12.29.) 제88조.
75) 「국방전력발전업무훈령」(국방부훈령 제2114호, 2017.12.29.) 제226조.

전투발전 지원요소에 대하여 합참 및 소요군은 방사청 및 연구개발 주관기관과 긴밀히 협조하여 초도배치 이전에 군사교리, 부대편성, 교육훈련, 교육훈련 주파수 및 통신회선 등 지원요소를 확보한다. 방사청은 시설, 무기체계 상호운용성에 필요한 하드웨어 및 소프트웨어 등 지원요소를 국방부·합참·소요군과 사전협의하에 탐색개발 계획서 및 체계개발 계획서에 포함하여 주 장비와 동시에 개발·확보한다.[77]

통합사업관리팀장은 연구개발로 결정된 사업에 대하여 선행연구 결과와 소요 요청기관에서 제출한 당해 무기체계의 운용환경, 운용절차 및 전장에서 무기체계 간의 합동성 및 상호운용성 등을 구체화한 의견과 관련 자료 등을 근거로 사업 착수 전에 전투발전 지원요소의 개발·획득 소요를 검토하여 수정·변경요소를 소요군 및 연구개발 주관기관에 통보하고, 필요시 중기계획 및 예산에 반영한다.

소요군은 군사교리, 부대편성, 교육훈련 발전 및 무기체계 운용에 필요한 주파수 및 통신회선 소요를 무기체계가 초도배치되기 이전에 확보될 수 있도록 한다.

통합사업관리팀장은 연구개발 주관기관으로 하여금 무기체계 상호운용에 필요한 하드웨어 및 소프트웨어의 개발계획을 탐색개발 및 체계개발 실행계획서의 수립단계부터 포함하도록 하여, 주 장비와 동시에 확보될 수 있도록 개발하여야 한다. 통합사업관리팀장은 사업추진 단계별로 전투발전 지원요소에 대한 소요군의 추진 진도를 확인하여야 하며, 필요시 소요군에 예산을 지원할 수 있다.[78]

통합사업관리팀장 및 연구개발 주관기관은 운영유지비 최소화 방안과 군수지원 가능성 등을 검토하여, 소요군이 최적의 종합군수지원 요소를 결정하도록 지원한다. 소요군은 유사장비 및 배치된 장비의 종합군수지원 관련 자료를 수집·분석하여 종합군수지원 요소에 대한 최적 개념을 정립하고 장비·부품의 표준화 및 호환성이 향상될 수 있도록 하여 소요 요청서에 반영한다. 통합사업관리팀장은 연구개발 단계별로 종합군수지원 요소를 지속적으로 구체화하여 발전시켜야 하며, 그 결과는 종합군수지원 계획서(ILS-P)에 반영한다.[79]

이와 같은 절차는 다음 그림에서 확인할 수 있다.

76) 21세기 군사연구소(2012), "전력화 지원요소 획득방법 개선방안 연구", p. 10.
77) 「국방전력발전업무훈령」(국방부훈령 제2114호, 2017.12.29.) 제88조.
78) 「방위사업관리규정」(방위사업청훈령 제415호, 2017.6.21.) 제308조.
79) 「방위사업관리규정」(방위사업청훈령 제415호, 2017.6.21.) 제309조.

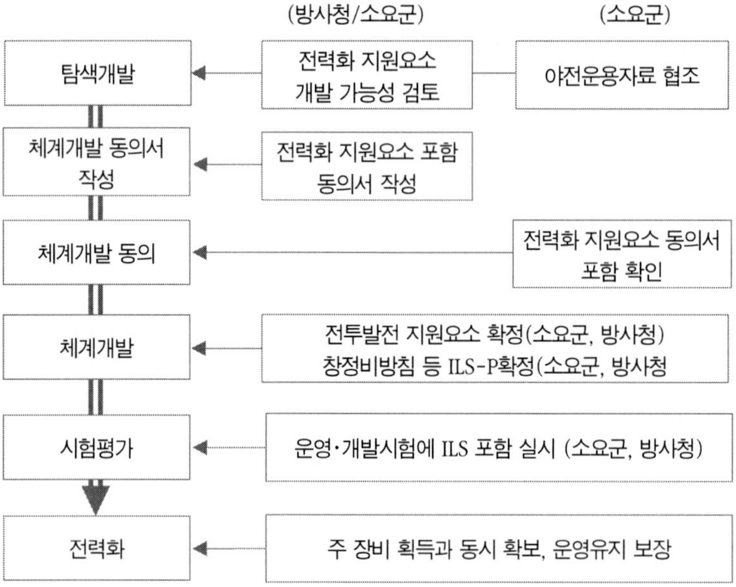

〈그림 7-10〉 연구개발 시 전력화 지원요소 획득절차

2) 구매 시 전력화 지원요소

통합사업관리팀장은 선행연구 결과에 따라 구매로 결정된 사업에 대하여 전력화 지원요소의 소요를 검토하여 수정·변경요소를 소요군 및 관련 기관에 통보하고, 필요한 경우 중기계획에 반영될 수 있도록 한다.

통합사업관리팀장은 무기체계의 기종이 결정되면, 소요군과 협조하여 전력화 지원요소별 확보계획을 구체화하여 수립한다. 이 경우 주 장비와 동시에 구매가 곤란한 요소는 연구개발 전력화 지원절차를 준용하여 확보한다.

소요군은 기종 결정된 무기체계 운용에 필요한 군사교리, 부대편성, 교육훈련 소요를 발전시켜 무기체계가 초도배치되기 이전에 확보될 수 있도록 한다. 통합사업관리팀장은 무기체계 상호 운용에 필요한 하드웨어 및 소프트웨어의 소요를 주 장비와 동일한 시기에 전력화가 가능토록 구매하여야 한다.

통합사업관리팀장은 제안요청서 작성, 제안서 평가, 협상지침 작성, 시험평가 등의 사업단계별로 신규운용 주파수의 확보 가능성 또는 기존 주파수 활용 가능성 등을 획득기획국, 합참, 소요군 등과 협조하여 검토하여야 하며, 기종 결정과 동시에 합참 및 소요군에 소요 주파수의 확보를 요청한다.

통합사업관리팀장은 주 장비와 동시에 종합군수지원 요소를 확보하여야 한다. 통합사업관리팀장은 업체가 제안서를 제출할 때 종합군수지원 계획서를 포함하도록 하여 제안서 평가 시 그 결과를 반영한다. 통합사업관리팀장은 소요군 및 종합군수지원 개발팀과 협조하여 제안요청서 작성, 제안서 평가, 협상 및 시험평가, 기종 결정 등의 사업추진 단계별로 종합군수지원 요소가 누락됨이 없도록 확인하여야 하며, 필요한 경우 개략적인 종합군수지원 계획서 작성 및 자료 검증을 위한 별도의 팀을 구성할 수 있다.[80)]

구매 시 전력화 지원요소 획득절차를 도식화하면 아래 그림과 같다.

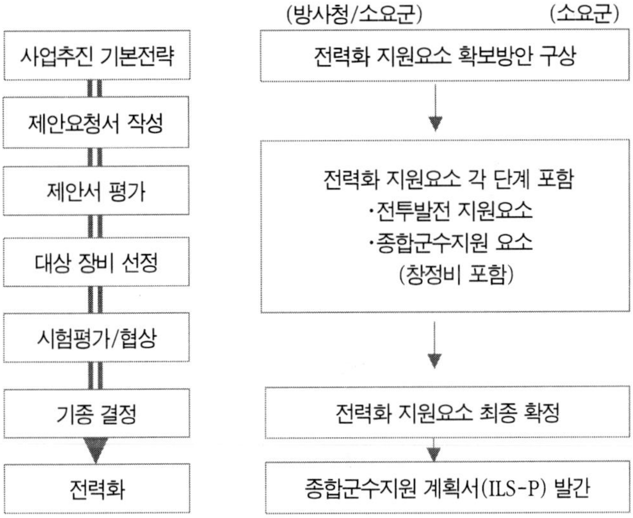

〈그림 7-11〉 구매 시 전력화 지원요소 획득절차

6. 분석평가

분석평가란 사업을 기획·계획·예산편성 및 집행함에 있어서 사업목표의 달성과 자원의 합리적인 배분 및 효율적 사용을 보장하기 위해 사업추진과 관련되는 제 요소를 분석하고 평가함으로써 의사결정권자 또는 각종 심의 및 의결기구에서의 합리적 의사결정을 지원하는 활동을 말한다. 따라서 분석평가는 사업단계별로 기획 및 소요결정단계 분석, 계획단계 분석, 예산편성단계 분석, 집행 중 분석, 집행성과 분석으로 구분할 수 있다.[81)] 방위력 개선사업을 수행함에

80) 「방위사업관리규정」(방위사업청훈령 제415호, 2017.6.21.) 제318, 319, 320조.

있어서 의사결정의 합리성을 도모하고 재원을 효율적으로 사용하기 위하여 방위력 개선사업의 분석·평가체계를 확립하고 적용해야 한다.[82]

소요기획 단계의 분석평가는 합참이 주관하여 소요결정 과정에서 실시하는 분석평가이고, 획득단계 분석평가는 사업계획 수립 및 중기계획 수립과정에서 실시하는 계획단계분석평가와 예산편성 과정에서 실시하는 예산편성 단계 분석평가, 그리고 집행과정에서 실시하는 집행단계 분석평가로 구분한다. 집행단계 분석평가는 집행 중 분석과 집행성과 분석으로 구분된다. 중기계획 수립에 필요한 분석평가는 국방부 전력정책관실에서 주관하고 사업계획 수립과 중기계획 요구서 작성에 필요한 분석평가와 예산편성 및 집행단계 분석평가는 방사청이 주관한다. 운영유지 단계 분석평가는 무기체계 초도배치 후 1년 이내에 실시하는 전력화 평가와 야전운영 중인 무기체계에 대한 전력운영분석으로 구분한다. 전력화 평가의 경우 각 군 및 해병대가, 전력운영분석은 합참이 주관하되 각 군 및 해병대와 협조하여 시행한다. 전력지원체계에 대한 분석평가는 무기체계 분석평가 절차를 준용할 수 있다. 다만, 전력지원체계의 분석평가는 소요군과 국방부가 수행한다.[83]

소요기획 단계의 분석평가는 소요의 타당성, 합리성, 정책 부합성 등을 분석평가하여 합리적인 소요결정을 지원하는 기능을 수행한다. 계획단계 분석평가는 중기계획 수립을 위하여 물량, 시기의 적절성, 군 요구조건의 타당성, 획득방안이나 사업추진 방법, 사업추진에 필요한 소요예산의 적정성 등을 중점적으로 분석한다. 예산편성 단계 분석이란 예산편성을 위하여 사업추진의 타당성 및 효율성, 예산편성의 적절성 등을 중점적으로 분석하는 것을 말한다. 집행 중 분석이란 집행 중인 사업에 대하여 중간성과, 사업추진 간 예상되는 위험요소 식별, 사업의 효율적인 추진방안 등에 중점을 두고 분석하는 것을 말한다. 집행성과 분석이란 집행 완료된 사업에 대하여 차기 유사사업 추진의 교훈 및 시사점 도출 등에 중점을 두고 분석하는 것을 말한다.[84] 획득단계별 분석평가를 정리하면 다음 그림과 같다.

81) 정진태(2012), 『방위사업학개론』, p. 440.
82) 「방위사업법」(법률 제15051호, 2017.11.28.) 제23조.
83) 「국방전력발전업무훈령」(국방부훈령 제2114호, 2017.12.29.), 제333, 334조에서 발췌하여 인용.
84) 상게서, pp. 441-442.

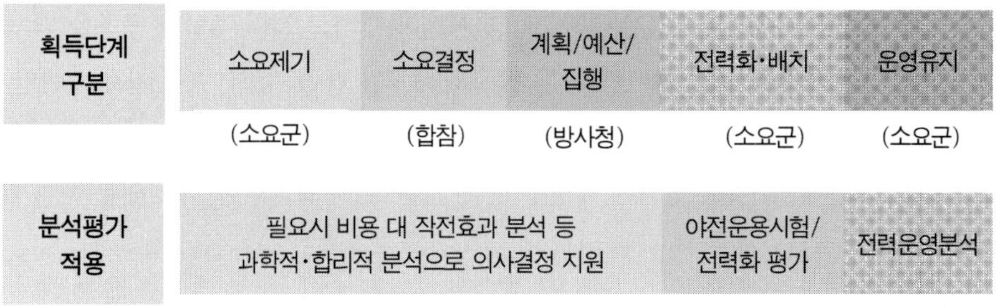

〈그림 7-12〉 획득단계별 분석평가[85)]

가. 분석평가 수행방법

분석평가는 분석평가 전담부서에서 직접 실시하는 것을 원칙으로 하되, 필요한 경우 관련 부서·군 및 외부 전문기관의 요원을 지원받아 통합분석팀을 구성하여 분석평가를 실시할 수 있으며, 국내·외 전문연구기관에 연구를 의뢰하거나 공동으로 분석평가를 실시할 수 있다.

분석평가 의뢰 시 분석기간은 사전에 분석평가 전담부서와 협의하여 심층적인 분석평가에 필요한 충분한 기간(최소 2개월 이상)을 설정하여야 한다. 분석평가 수행부서는 내실 있는 분석평가 수행을 위해 사업 관련 부서 및 기관에 자료제출을 요구할 수 있다. 이때, 자료제출을 요구받은 부서는 2주 이내에 해당 자료를 제출하여야 한다. 국방부, 합참, 각 군 및 해병대·기관 및 방사청은 분석평가 기간 중 중간·결과 보고회, 토론회 등에 참여하여 의견을 제시할 수 있다.

비용분석 시에는 각 단계별 적절한 비용분석 방법(공학적 추정기법, 상용 전산모델 등)으로 비용을 추정한다. 운영유지비의 비용분석은 일관성과 객관성을 유지하도록 운영유지비 비용구조 및 항목 표준[86)]을 원칙적으로 적용하여야 한다.

합참, 각 군 및 해병대·기관 및 방사청은 분석평가 종료 후 결과를 2주 이내에 국방부 전력정책관실 및 국방연에 제공하여야 하며, 사업 주관부서, 관련 부서 및 기관에 통보한다. 합참은 소요기획 단계와 획득단계의 연계성 있는 분석평가를 위해 분석평가 결과를 방사청에 통보한다. 국방부 전력정책관실은 방사청에서 실시한 분석평가 결과에 대해 군의 작전환경 및 기술변화 등을 고려하여 필요한 경우 방사청장에게 재분석평가 또는 시정조치를 요구할 수 있다. 필요시에는 각 군 및 해병대·기관, 방사청 사업 관련 부서의 분석평가 결과를 요구할 수 있다.

85) 육군분석평가단(2017), 『분석평가업무』, p. 27.
86) 「국방전력발전업무훈령」(국방부훈령 제2114호, 2017.12.29.) 별표 9.

국방부 전력정책관실은 분석평가 결과 자료목록을 종합하고, 최근 5년간 목록을 책자로 발간·배포하며 전산자료로 작성·게시한다. 그 밖에 분석평가 관련 자료는 전산자료로 존안 및 관리한다. 합참, 각 군 및 해병대·기관, 방사청은 연간 실시한 분석평가 결과 자료목록을 매년 12월 말을 기준으로 다음해 1월 말까지 국방부 전력정책관실에 보고한다. 국방연은 분석평가 결과 자료목록과 결과보고서를 활용하여 데이터베이스를 구축하고 국과연의 성능자료 등을 종합분석하여 관리한다.

국본, 합참, 각 군 및 해병대·기관, 방사청은 국내·외 전문연구기관, 전문가, 자료 등의 활용이 용이하도록 관련 기관 간 분석평가 자료 및 인원 교환, 공동분석 등에 관한 협력체계를 구축·발전시킨다.87)

나. 획득단계별 분석평가

1) 소요기획 단계 분석평가

소요기획 단계 분석평가는 소요기획 단계에서 소요결정되는 무기체계에 대한 소요의 타당성, 합리성, 정책 부합성 등을 분석평가함으로써 합리적인 소요결정을 지원한다. 이때 경제적이고 효율적인 소요결정 지원을 위해 개략적인 비용 추정결과 및 과도한 성능으로 인한 비용 상승요소 분석 등 비용절감 방안을 도출하여 제시한다.

소요기획 단계에서 실시하는 분석평가 대상 전력은 중기 신규 전력소요 또는 긴급 전력소요로 제기된 전력, 결정된 소요의 변경이 요구되는 전력, 유보 또는 삭제된 후 다시 소요제기된 전력, 합동군사전략목표기획서의 장기전력 중 중기로 전환되는 전력, 그 밖에 분석평가가 필요한 전력 등이다.

소요기획 단계 분석평가 요소는 전력의 필요성, 편성 및 운용개념의 타당성, 소요기준 및 소요량의 적정성, 작전운용성능의 적합성, 전력화 시기의 적절성, 전력화 지원요소의 적절성, 비투자 개선 방안, 작전효과 분석(비용 대 효과 분석), 개략적인 비용추정 및 비용절감 방안, 기술검토, 의뢰기관의 사전분석 결과 등을 포함할 수 있다.88)

---

87) 「국방전력발전업무훈령」(국방부훈령 제2114호, 2017.12.29.) 제336-339조.
88) 「국방전력발전업무훈령」(국방부훈령 제2114호, 2017.12.29.) 제342-343, 345조.

2) 획득단계 분석평가

(1) 계획단계 분석평가

계획단계의 분석평가는 사업계획의 타당성, 소요예산의 적절성 등을 분석평가하여 국방중기계획 작성을 지원한다. 계획단계 분석평가는 중기계획 요구 또는 수립에 필요한 분석평가로 나눌 수 있다. 중기계획 요구에 필요한 분석평가는 방사청이 주관하여 단위사업 위주로 실시하고, 중기계획 수립에 필요한 분석평가는 국방부 전력정책관실이 주관하여 전장기능별, 무기체계별 등 통합적 관점에서 실시하며, 필요시 단위사업에 대해 실시한다.

계획단계 분석평가는 국방중기계획 신규반영 사업, 계획이 변경된 사업, 그 밖에 계획단계 분석이 필요한 사업 중에서 선정하여 실시한다. 이때 분석평가 요소는 연구개발 양산 및 구매사업과 핵심기술 연구개발사업으로 나누어볼 수 있다. 연구개발 양산사업 및 구매사업에 대한 계획단계 분석평가 요소는 사업의 필요성, 편성 및 운영계획 적절성, 소요기준 및 소요량의 적정성, 작전운용성능의 적합성, 전력화 시기의 적절성, 계획예산의 적정성 및 타당성, 비용 대 효과 분석, 추진전략(기술확보 목표 등)의 적절성, 상호운용성 확보계획의 적절성, 유사·관련 사업과의 중복성 등을 포함한다. 한편, 핵심기술 연구개발사업에 대한 계획단계 분석평가 요소는 사업의 필요성, 연구개발 목표·범위의 적절성, 기술적 접근방법의 타당성, 개발기술 활용 가능성, 개발기간·소요예산의 적정성, 체계개발 연계성·통합 가능성, 유사·관련 연구개발 과제와의 중복성·연계성, 선진국 기술발전 추세, 국내 기술수준 등을 포함한다. 무기체계 연구개발사업에 대한 계획단계 분석평가 요소는 사업의 필요성(탐색·체계개발), 개발계획의 타당성(주도형태 결정·체계개발업체 및 연구기관 선정 등), 단계별 계획예산의 적정성, 핵심기술·부품 개발사업과의 연계성, 비용 대 효과 분석 등을 포함한다.[89]

(2) 예산단계 분석평가

예산단계 분석평가는 예산의 적정성, 계약내용 및 선행조치 내용 등에 대한 최종 점검을 통하여 사업추진의 타당성 및 효율성 등을 분석평가함으로써 예산을 구체화하고 사업추진계획의 실현성을 높이는 데 그 목적이 있다. 예산편성 단계에서 실시하는 분석평가 대상사업은 신규사업, 계획변경 사업, 그 밖에 예산단계 분석평가에 필요한 사업으로 구분한다. 예산단계 분석평가의 주요 요소는 획득대상 기종의 성능 등 효과, 획득대상 기종의 수명주기 비용, 절충교역 계획, 국산화 계획의 적절성,

89) 「국방전력발전업무훈령」(국방부훈령 제2114호, 2017.12.29.) 제346-347, 349조.

각종 규정 및 지침, 절차 이행 여부(선행조치 등), 요구예산의 타당성, 사업집행 간 예상되는 제반 문제점 및 위험도, 계획단계 및 예산편성을 위한 사업 분석 결과 반영 여부 등이다.[90]

(3) 집행단계 분석평가

집행단계 분석평가는 집행 중 분석평가와 집행성과 분석평가로 구분한다. 집행 중 분석평가는 예산을 집행 중인 방위력 개선사업에 대하여 사업추진 및 집행의 효율성, 사업추진 방법의 적절성 등을 분석평가함으로써 사업 추진 간 문제점을 식별하고, 최적 대안을 제시한다. 집행 중 분석평가 대상사업은 총 사업비 관리대상사업 중 최초 총 사업비 대비 30%이상 증가한 사업, 사업일정이 지연되고 전력화 시기의 차질이 예상되는 사업, 전장환경이 변경되어 사업 추진에 대해 재검토가 필요한 사업 및 집행 중 평가가 요구되는 사업 등이다. 집행 중 분석평가 요소는 사업집행계획 대비 실적, 소요기획·계획·예산단계 분석평가 결과 반영 여부, 사업추진 절차 및 과정의 타당성·객관성, 예산집행 과정의 합리성·투명성, 계획의 변동요소 및 대처방법 등 적정성, 문제점 발생 가능성 및 방지대책, 효율적 사업관리 여부 등이다.

집행성과 분석평가는 집행을 완료한 사업에 대하여 사업목표 달성 정도, 당초 계획 대비 성과, 차기 사업 추진 시의 교훈 등을 분석평가함으로써 차기사업 또는 유사사업 추진 시 반영할 사항을 도출하는 데 그 목적이 있다. 집행성과 분석평가 대상사업은 사업 집행을 완료한 사업과 그 밖에 성과 분석이 필요한 사업으로 나누어볼 수 있다. 연구개발 양산사업 및 구매사업에 대한 집행성과 분석 요소는 사업목표 달성 정도(총 사업비, 요구성능, 전력화 시기 등) 및 직·간접 효과, 사업추진 과정의 효율성, 재원 사용의 경제성(타 사업 추진방법 등과의 비교), 사업 관련 제 지원요소의 적시성 및 적합성, 관련 법규 및 방침 준수 여부, 절충교역의 적절성 및 사후관리 여부, 차기 및 타 사업계획에 적용할 교훈, 단계별 분석평가 결과 반영 여부 등이다. 연구개발사업(응용연구·시험개발, 선행연구·탐색개발·체계개발)에 대한 집행성과 분석 요소는 개발목표 대비 성과(국산화 수준 등), 다음 단계의 필요성, 성공 가능성(무기체계 연구개발사업의 경우), 재원 사용의 경제성(양산단가 대비 직구매가의 비교), 주도형태 결정·체계개발업체 및 연구기관 선정 등 주요 의사결정의 적절성, 개발인력 및 기술관리 실태, 절충교역을 통한 도입기술의 활용실태 등이다.[91]

---

90) 「국방전력발전업무훈령」(국방부훈령 제2114호, 2017.12.29.) 제350-351, 353조.
91) 「국방전력발전업무훈령」(국방부훈령 제2114호, 2017.12.29.) 제354-356, 358조-360, 362조.

3) 운영유지 단계 분석평가

(1) 전력화 평가

전력화 평가는 무기체계의 배치 후(야전운용시험을 실시한 경우는 후속 물량 배치 후) 1년 이내에 운용개념, 작전운용성능의 달성 정도 및 전력화 지원요소 등 부대임무 수행과 관련된 사항 위주로 분석평가를 수행함으로써 해당 전력의 미비점을 보완하고, 차기 전력에 반영을 지원하며 전력발휘의 완전성을 확인하기 위해 수행한다. 전력지원체계에 대한 전력화 평가는 이를 준용하여 실시할 수 있다.

전력화 평가는 배치 후(야전운용시험을 실시한 경우는 후속 물량 배치 후) 1년 이내의 무기체계, 각 군에서 전력화 평가가 필요하다고 판단한 전력, 전력화 평가 후 새로운 문제점이 발생하여 각 군에서 추가적으로 전력화 평가가 필요하다고 판단한 전력 등을 대상으로 한다.

전력화 평가는 소요군(국방부 직할부대 포함)이 실시함을 원칙으로 하며, 소요군은 전력화 평가 시 합참, 방사청 및 기품원 소속인원과 생산업체 등의 요원이 포함된 평가팀을 구성하여 운영할 수 있다. 또한 소요군이 다수인 무기체계는 각 군별로 교리, 조직, 훈련체계, 정비체계 등 전력화 지원체계를 포함하여 전력화 평가를 실시한다. 다만, 무기체계 성능에 관한 사항은 주도 군에서 수행한 야전운용시험 수행결과를 활용할 수 있다. 합참에서 소요제기한 합동전력에 대한 전력화 평가는 합참(전력운용부서)이 필요시 효율적인 전력화 평가를 위해 각 군 및 해병대(국방부 직할부대 포함), 방사청, 국과연, 기품원, 생산업체 등 관련 인원이 포함된 평가팀을 구성할 수 있다.

전력화 평가 결과는 국방부 전력정책관실, 방사청(사업분석담당관, 통합사업관리팀), 관련 부서에 제출(통보)한다. 방사청 등 관련 기관은 평가결과에서 나타난 문제점에 대한 조치계획 및 결과를 국방부 및 소요군(국방부 직할부대 포함)에 보고 및 통보하며, 전력화 평가 결과에서 나타난 문제점과 교훈을 차기 후속사업 및 유사사업 추진에 반영하여야 한다. 다만, 소요군에 위임된 전력지원체계에 대한 후속조치는 각 군에서 조치한다. 전력화 평가에 필요한 예산은 신규·계속사업은 방위력 개선비에서, 완료사업은 전력운영비에서 편성한다.

전력화 평가 요소는 무기체계 및 부대의 야전운용 적합성, 부대의 요망 임무수행 능력, 교리, 편성 및 운영개념의 적합성, 교육훈련 여건 및 훈련체계 구비 여부, 종합군수지원 요소 적절성, 표준화·규격화 적절성, 운영유지비용 절감방안, 운용시험평가 및 야전운용시험(FT) 결과 후속 조치사항 조치결과, 후속 양산 또는 후속 구매를 위해 보완해야 할 사항, 성능개량 소요 및 차기 전력소요 제기 시 적용할 교훈 등이다.[92)]

92) 「국방전력발전업무훈령」(국방부훈령 제2114호, 2017.12.29.) 제363-366조.

앞에서 언급한 야전운용시험과 전력화 평가를 그 시기, 대상, 기간, 중점 등으로 구분해보면 아래 표와 같다.

〈표 7-7〉 야전운용시험과 전력화 평가 비교[93)]

구분	야전운용시험(FT)	전력화 평가
시기	- 초도 전력화 이후	- 전력화 이후 1년 이내 *야전운용시험을 실시한 경우, 후속 물량 배치 후 1년 이내
대상 부대	- 전담부대(최소 전술단위)	- 전력화된 일부 부대 현장평가
기간	- 장기간 시험(상주인원 운용)	- 단기간 평가(비상주)
점검 중점 및 점검표	- DT 및 OT 결과, ILS-P, 운용개념서, 국방규격서, 교범 등에서 과제 도출, 시험점검표 작성	- 전력화된 부대의 야전 의견을 수렴하여 평가과제를 종합, 평가점검표 작성
후속 조치	- 우선조치 사항: 후속 양산 반영 *시험 간 개선(안) 입증 - 성능개선, 성능개량 사항: 별도사업 추진	- 개선 요구사항: 후속 양산에 반영하거나, 차기 후속사업/유사사업에 반영

(2) 전력운영분석

합참은 전력화되어 야전운용 중인 무기체계에 대한 운용실태를 분석평가함으로써 합동전력 운용 차원에서의 전력발휘 극대화를 지원하기 위하여 전력운영분석을 실시한다. 전력운영분석은 전력화가 완료되어 운용 중인 무기체계, 2개 군 이상이 관련되어 합동전력 운용 차원의 분석평가가 요구되는 무기체계, 기존 전력발휘에 영향을 미치는 특정 기능범주별 무기체계 중에서 선정하여 실시한다.

전력운영분석 요소는 최초 소요제기부터 전력화까지의 소요 변동실태, 확정 요구성능 및 전력화 이후 성능, 운용개념 대비 작전운용 실태, 부대구조, 편제, 편성대비 인력확보 및 운용실태, 탄약확보 및 운용실태, 교관, 교범·교보재 등 교육훈련체계 운용실태, 수리부속 보급체계 확보현황 및 조달계획, 정비교육 및 정비지원체계 운용실태, 전력발휘에 필요한 각종 지원요소 확보실태, 그 밖에 개선보완이 요구되는 사항 등이다.

93) 육군분석평가단(2017), 전게서, p. 28.

다. 분석평가에 사용되는 다양한 모델과 기법

대부분의 군사력 건설에는 대규모 예산과 장기간에 걸친 투자가 필요하기 때문에 사업의 시작 또는 진행 여부를 결정하거나, 다양한 사업방안 중 특정한 방안을 선택해야 하는 업무는 가장 중요한 업무 중의 하나로 인식된다. 이러한 중요한 의사결정, 심의 또는 의결에 있어 객관적이고 투명한 분석평가자료는 사업의 전·중·후 참고자료가 됨은 물론이고 중요한 근거자료가 되기도 한다. 따라서 입력하는 데이터의 신뢰도와 사용하는 모델과 기법은 범용성과 검증 가능성이 중요하다. 우리 군에서 사용하는 다양한 모델과 기법이 있는데 아래 표는 그 일부이다.

〈표 7-8〉 분석평가 모델 현황 1

명칭	활용분야	주요기능
JICM (Joint Integrated Contingency Model)	- 합동교리 및 작전계획 분석	- 작전계획 분석, 장차작전 분석 - 무기체계 전투력 효과 분석, 작전분석
JOAM-K (Joint Operations Analysis Model-Korea)	- 한반도 전역의 작전환경, 지형모의를 통해서 육·공·해 합동전력 및 작전분석을 지원하는 모델	- 합동작전 환경에서의 무기체계 전투력 효과분석 및 소요검증 - 한국형 합동작전계획 장차작전 분석 및 의사결정 지원
GORRAM(지상군 자원소요 분석모델)	- 전쟁수행에 필요한 전시 자원소요 산정	- 전시 필요한 주요자원(인원, 장비, 탄약, 유류)의 제대별, 작전기간별, 작전형태별 소요기준 산정
COSAGE (전투표본 생성모델)	- 전구급 모의분석 모델에 적용되는 전투표본자료 산출	- 지상군 전투모의를 통해 무기체계 간 살상 관계, 탄 소모량 등을 산출
EADSM (Extended Air Defense Simulation)	- 통합 방공 지휘통제 통신체계를 분석평가하여 작전계획에 대한 대안을 분석하는 모델	- 작전계획에 대한 대안분석 - 무기체계 운용교리 발전 및 효과분석 - 통합 방공 지휘통제 통신체계 분석 및 평가
비전21모델 (사단급 제대작전 분석용 모델)	- 사단급 제대 작전계획 및 방책 분석용 모델로 전투발전 요소 평가/검증 지원	- 사단급 제대 작전계획 및 방책 분석 - 부대 편성/구조, 개선교리, 신규 무기체계 등 전투발전 소요분석
화력운용 분석모델	- 포병 편성 및 무기체계, 전술교리, 작전 등 전투발전 제 요소에 대한 과학적 분석 및 전투실험을 지원하는 분석모델	- 포병부대 편성/구조, 교리, 포병 무기체계 효과분석 - 개별 확보~사단 증원포병부대 화력운용 분석
DNS (DIe Neue Simulation C4ISR 효과분석모델)	- 전장상황-정보수집-획득정보 하의 의사결정-교전과정 모의를 지원하는 에이전트(Agent)기반 C4ISR 효과 분석용 모델	- C4ISR 효과 분석 - 사단급 이하 작전계획 분석(전술급 작전 효과 분석) - 소규모 소요기획 단계 분석평가

OneSAF (One Semi-Automated Forces)	- 지상군 여단급 이하 제대의 훈련 및 작전, 획득 및 소요, 미래 무기체계 효과 분석	- 최신 전장환경 모의 등 다양한 목적으로 운용이 가능하며, 일반 분석용 워게임 모델과는 다른 실기동-시뮬레이터-분석모델(LVC) 연동과 다수 운용자의 동시 운용이 가능한 모델
AWAM (Army Weapon Effectiveness Analysis Model)	- 대대급 이하 무기체계 소요제기/의사결정 과정 및 무기/장비/물자 소요검증을 지원하는 지상전투 및 개별 무기체계 효과 분석용 모델	- 무기체계 소요제기 및 결정과정의 과학화·합리화 및 투명화 등을 달성 - 군 구조 및 편성, 무기·장비·물자 소요 검증
ADESIM (Air Defense Simulation)	- 육군 방공분야 전투실험 모의분석	- 방공무기 및 장비의 교전효과, 탐지체계 시계도 분석, 소요검증 등 육군 방공분야 전투실험 모의분석을 위한 교전급 분석모델
육군 항공 분석모델	- 육군 항공의 전장환경, 전술 및 무기체계 운용 모의를 통해 육군 항공 장비/무기체계 및 전술적 운용효과 평가를 지원하는 분석용 모델	- 단일 헬기~항공 대대급 육군 항공 운용 모의분석 - 항공부대 편성/구조, 교리, 항공무기체계 효과분석

〈표 7-9〉 분석평가 모델 현황 2

명칭	활용분야	주요기능
CAAS-K	- 전쟁연습 시 실제 발생한 자원 손실량을 분석하고 K-2012 제원을 보정하여 자원소요를 산출할 수 있도록 육군에서 개발한 모델	- 실손실과 K-2012 손실률을 활용하여 향후 작전 간 발생하는 손실률 산출 - 작전일자별, 주요 전투장비 및 신분별 손실률
TRUE-PLANNING 비용 분석모델	- 총수명주기에서 무기체계 비용을 추정하여 예산 책정 및 비용분석에 활용	- 무기체계의 연구개발비, 양산단가 및 운영유지비 분석
대전차 화기 효과 분석모델	- 보병용 대전차 화기의 전술적 체계운용, 전투효과를 분석하는 시뮬레이션 모델	- 작전형태별 전술적 체계운용효과분석 - 무기 효과지수 산출 및 최적 운용교리 분석 및 검증
Pythagoras	- 첨단개념 분석평가, 전투실험 - 군사훈련, 군사작전 분야	- 전장기능 포함 소부대급 작전분석 - 개체단위 모의 및 확률, 물리적 현상기반 모의논리 구성
ARENA	- 수송·보급 등 작전지속지원에 대한 모의 - 가용률에 의한 인원 판단	- 시간의 영향변수를 정의하고 확률변수를 적용하는 방식을 이용하여 물류체계, 군수지원절차, 군수운용체계의 규모 및 위치 결정 등의 분석을 위해 활용되는 시뮬레이션 모델
VENSIM	- 조직진단 인력분석 - 전투실험 분야	- 인간의 활동이 관여된 사회적 문제에 대해 시간에 따라 결과를 예측하여 과학적 의사결정 수립

라. 사업분석과 비용분석

방사청에서는 획득단계 분석평가의 효율성을 제고하는 차원에서 「방위사업관리규정」에서 그 내용과 목적에 따라 분석평가를 사업분석과 비용분석으로 구분하고 있다. 사업분석은 소요결정된 사업에 대하여 사업추진 단계별 사업목표의 달성과 자원의 합리적인 배분 및 효율적인 사용을 위해 사업추진과 관련되는 제 요소를 분석평가함으로써 합리적인 의사결정을 지원하는 것을 말한다. 이와는 다르게, 비용분석은 확정된 방안에 대하여 계획·예산단계에서 사업집행의 효율성 제고를 위한 적정비용을 추정하여 계획·예산단계에 반영하고 단계별 목표비용을 산정하여 적정 양산단가 결정 및 이를 위한 집행과정에서 비용 조정·통제를 목적으로 하는 것을 말한다.

분석평가는 수행방법에 따라 자체분석, 용역분석으로 구분한다. 자체분석은 사업의 효율적 추진을 위하여 방위사업청과 국과연이 직접 분석하는 것을 말한다. 용역분석은 방위사업청 이외의 외부 연구기관에 의뢰하여 사업분석 또는 비용분석을 실시하는 것을 말하며, 책정된 용역예산과 사업의 효율성 및 투명성 등을 고려하여 용역분석을 의뢰하여 실시할 수 있다.[94)]

방위력 개선사업의 비용분석 업무를 효율적·효과적으로 수행하기 위하여 목표비용 관리(CAIV: Cost As an Independent Variable)와 사업성과 관리 개념을 도입하여 업무에 적용할 수 있다. 목표비용 관리는 계획 및 예산단계에서 적극적이며 현실적인 목표비용(개발비 및 생산비, 운영유지비를 말한다)을 설정하고 집행 중에 주기적으로 비용을 추정하여 설정된 목표비용과의 편차를 분석하고 관리하는 것을 말한다. 사업성과 관리(EVM, 획득가치 관리)는 앞에서 살펴본 바와 같이, 설정된 성과관리 기준선이 달성되도록 집행 중에 주기적으로 비용, 일정을 분석하고 관리하는 것을 말한다.[95)]

마. 미국의 사업분석

미국의 사업분석(BCA: Business Case Analysis)은 의사결정에 영향을 주는 비용요소뿐만 아니라, 정량적이고 정성적인 요소도 포함하여 최선의 분석을 제공한다. 사업분석은 성과, 생산성, 신뢰성, 지속성 및 지원성의 향상 등을 포함하여 광범위하게 적용된다. 사업분석은 최상의 가치전략에 도달하기까지 많은 의사결정을 정제하는 데 도움을 주는 편리한 도구를 아울러 제

94) 「방위사업관리규정」(방위사업청훈령 제415호, 2017.6.2.) 제39조.
95) 「방위사업관리규정」(방위사업청훈령 제415호, 2017.6.2.) 제42조.

공한다. 또한 사업분석의 결과로, 사업과 임무 여건의 변화에 따라 수명주기 전반에 걸쳐서 적절히 대응하는 데 필요한 사업계획의 추진과 최신화 과정이 반복된다.

사업분석은 사업의 착수 여부를 결정하는 데 사용되며 여러 대안 중 최선의 방안을 선택하는 데 도움을 준다. 사업의 진행 간에는 범위, 일정 및 비용(예산)의 변화를 검증하는 데 활용된다. 다양한 군수품 지원전략(Product Support Strategy)에 필요한 예산항목과 예산을 식별할 때도 적용한다. 사업분석은 특정한 사업의 최신화 과정에 반드시 반영되어야 할 세부 사업 또는 조직상의 변경 이력이 포함되는 유용한 자료가 된다. 사업의 완료단계에서는 기대효과가 달성되었는가를 검증하는 데 또한 활용된다.96)

사업분석은 임무와 사업의 영향(재무적·비재무적 영향을 포함), 위험 및 민감도 등을 검토하여 대안을 식별하고 비교함으로써 의사결정을 지원하는 구조화된 방법론이며 문서체계이다. 사업분석은 이해관계자와 의사결정권자의 포괄적인[전사적인(Enterprise Wide)] 관점을 강조한다는 점과 의사결정에 따른 종합적인 영향에 대한 평가라는 점에서 여타의 다른 의사결정 지원분석과 사뭇 다르다. 사업분석은 비용과 효과성을 다루는 경제성 분석(EA: Economic Analysis)이며, 때로 비용편익분석(CBA: Cost-Benefit Analysis)과 편익비용분석(B-CA: Benefit-Cost Analysis)이라고도 한다. 사업분석은 비용, 편익과 위험을 검토하는 문서화되고 객관적인 가치분석이다.

사업분석의 업무 절차는 3단계로 구분된다. 준비, 시행 및 결론 도출이다. 이러한 단계별 사업분석 절차는 효과적인 문서작성과 신뢰할 수 있는 의사결정 지원을 보장할 수 있는 구조적인 방법으로 사업분석을 진행할 수 있도록 한다. 다음 그림은 일반적인 사업분석 절차이다. 이러한 일반적인 업무수행 절차는 사업의 특성과 이해관계자 및 주관기관의 요구에 맞추어서 유연하게 적용해야 한다.97)

96) U.S. DAU(2017), "Acqnote Business Case Analysis"에서 발췌하여 인용.
97) U.S. DoD(2014), *DoD Product Support Business Case Analysis Guidebook*, pp. 5, 34.

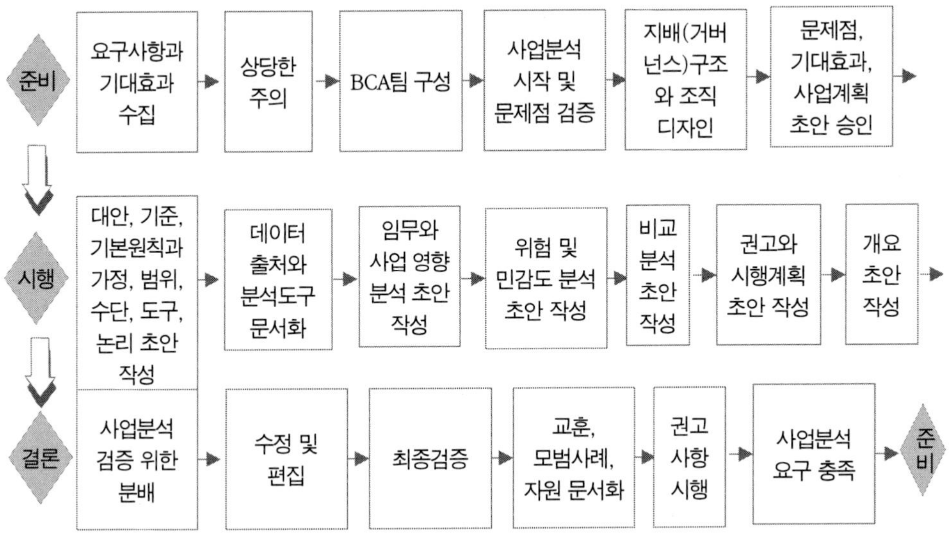

〈그림 7-13〉 사업분석(BCA) 업무 절차

제 8 장
전력지원체계 사업관리

전력지원체계의 획득방법도 크게 연구개발과 구매로 구분한다. 그런데 군의 요구사항, 민간의 생산 및 공급여건, 상용품과의 유사성, 장병의 병영생활에서 선호도 등의 특성을 반영하여 연구개발(신규개발, 성능개선, 기술개발), 품질 개선, 구매, 임차 등으로 세분화하여 나눌 수 있다. 연구개발은 상용품이 존재하지 않고 기존의 군수품으로 군의 요구를 충족시킬 수 없을 경우에 신규 군수품을 연구개발하는 경우가 대부분이다. 품질 개선은 운용 중인 품목의 기본 형상과 기능의 큰 변경 없이 국방규격서(또는 구매요구서)를 단순 개정하여 품질을 개선하는 것이다. 구매는 상용품을 단순 획득하는 단순구매와 군이 요구하는 군사 요구도를 반영한 개조구매로 구분할 수 있다. 임차는 대상품목을 계약에 의해 일정 기간 대여하는 것이다.

아래 그림은 「국방전력발전업무훈령」에 반영된 전력지원체계 획득업무 절차이다.

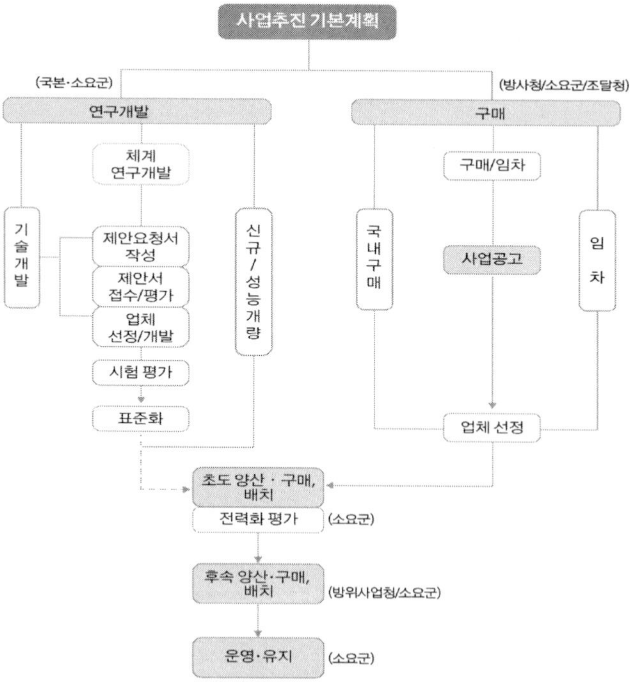

〈그림 8-1〉 전력지원체계 획득업무 절차[1)]

전력지원체계 획득은 국내 개발과 상용품 구매를 우선으로 적용하며, 필요시 국외구매를 할 수 있다. 민수용으로 생산·유통되고 있는 장비·물자 중 민·군이 공통사용 가능하며 유사한 모델을 운영하여도 군 임무에 지장이 없는 경우에는 상용품을 획득하여 사용한다. 획득방법을 국외에서 구매 또는 임차로 결정하는 경우에 그 대상 기종은 제작국가나 제3국에서 야전에 배치하여 운영 중인 장비를 선정함을 원칙으로 한다. 획득방법 중 연구개발과 개조구매는 업체 선정 시 협상에 의한 계약을 우선 검토한다.[2]

1. 전력지원체계 연구개발

가. 업체투자 연구개발의 명암

전력지원체계 연구개발은 전력지원체계 R&D 예산이 배정되기 시작한 2012년을 기점으로 그 이전과 이후로 구분할 수 있다. 이전의 전력지원체계 연구개발은 업체투자 업체주관 연구개발에 대부분을 의존하는 형태를 보여주었다. 민간기업에서 기업 자체의 자본, 기술 그리고 생산능력을 투입하고 기업이 연구개발의 주관기관이 되어 사업관리를 주도하고 군과 정부는 지원적인 역할을 수행하는 것을 가리켜 업체투자 업체주관 연구개발이라고 한다. 군은 업체가 주도하여 개발한 군수품에 대한 군사용 적합 여부를 판정하고 연구개발 확인서를 발급하여 군수품으로 조달하는 데 5년간 그리고 최장 15년까지 수의계약[3]을 보장하는 근거를 제공하고 있어, 업체 입장에서는 공급독점을 통하여 안정적으로 연구개발 투자비와 이윤 등을 보장받을 수 있는 구조였다.

기업이 연구개발비를 투자하고 사업 측면의 리스크 관리까지 도맡는 형태이다 보니 군은 주로 지원적인 역할과 수동적인 업무형태가 나타나는 폐단이 있었다. 소요기획 측면에서 군은 스스로 군사적 요구를 발전시켜야 함에도 불구하고 이러한 소요기획 업무에 소홀하고 오히려 민간 공급업체의 역(逆)제안에 의존하게 되는 상황으로 진행되었다. 이러한 형태가 고착화되기까지는 여러 가지 원인이 있었겠으나, 그중의 하나는 예산의 가용성에서 찾을 수 있다. 1993년경 군수업무에서 획득업무가 분리되어 발전되기 시작하면서 방위력 개선비는 일종의 군사력 건설을 위한 투자비 형태로 독자적 프로그램으로 편성되기 시작하고, 나머지 전력운영 유지비는

1) 「국방전력발전업무훈령」(국방부훈령 제2114호, 2017.12.29.) 별표 5.
2) 「국방전력발전업무훈령」(국방부훈령 제2114호, 2017.12.29.) 제106조.
3) 「국방전력발전업무훈령」(국방부훈령 제2114호, 2017.12.29.) 제114조의 3.

경상경비로 취급되고 가급적 삭감해야 하는 대상으로 인식되기 시작하였다. 방위력 개선비에서 무기체계의 연구개발비는 일정한 비율로 확보되고 필요시 증액을 거듭했으나, 전력지원체계는 비무기체계로 분류되면서 별도의 연구개발 예산이 편성되지 않았다. 하지만, 2000년대에 들어서면서 전력지원체계의 개인방호 장구류, 피복류, 급식류, 기동체계 등에 대한 군내·외의 개선요구가 지속적으로 제기되면서 별도의 연구개발 예산을 확보하지 못한 군 입장에서는 기업의 투자와 주도에 의존하는 형태를 보여줄 수밖에 없었다.

이렇듯, 업체투자 업체주관 연구개발에 이르게 된 원인 중의 하나가 별도의 연구개발 예산의 미편성에 근거하는 측면이 있는데, 이러한 업체투자 업체주도 연구개발은 긍정적인 여러 가지 기여에도 불구하고 동시에 결과적인 몇 가지 폐단 때문에 몸살을 앓게 되었다. 우선 긍정적인 측면을 살펴보면, 정부나 군 주도의 별도 연구개발 예산이 없는 상태에서, 기업의 독자적인 투자를 통해서 긴급한 전력지원체계 연구개발사업이 진행되었다는 점을 꼽을 수 있다. 두 번째로, 민간의 창의와 경쟁력을 군수품 시장에 일부 적용할 수 있었다는 점이다. 군에서 요구하지 않아도 민간에서 제안하고 이를 개발하고 사업화하는 과정에서 경쟁력 있는 기업들이 태동하고 성장하는 과정을 거쳐왔다. 다음으로 정부나 군은 연구개발의 실패 시에도 그에 대한 책임이나 보상을 하지 않아도 되고 성공 시에도 구매에 대한 부담이 없었다.

이와 같은 장점에도 불구하고, 업체투자 업체주도 연구개발에는 또한 개선을 요구하는 목소리가 많았다. 그 문제점들을 살펴보면 다음과 같다. 우선은 성능, 일정 및 비용 측면에서 관리하는 주체를 별도로 정할 수 없고, 기업에 의존하기 때문에 가장 빈번히 제기되는 것이 목표성능을 달성하지 못하는 문제였다. 군수품의 목표성능이 요구된 것이든 제안된 것이든 소요기획 과정을 통해서 제대로 검토되고 정제되지 않음으로써 달성 가능성이 보장되지 못한 상태에서 연구개발이 시작되고, 많은 사례에서 보듯이 목표성능에 도달하지 못하는 경우가 발생하게 되었다. 또한 기술력과도 관계되지만 연구개발 일정이 빈번히 지연되고 투자비용이 증가하여 결국엔 군수품의 납품 단가가 상승하는 악순환이 반복되고 심지어 연구개발을 포기하는 사례도 있었다. 두 번째로, 관련 지적재산권에 대한 분쟁의 여지를 들 수 있다. 연구개발 완료 후 군에서는 이를 국방규격으로 제정하고 기업은 규격에 맞는 군수품을 생산하여 납품하는 구조를 갖추게 된다. 하지만 기업은 기업의 입장에서는 자본과 기술을 투자했지만 개발된 군수품의 지적재산권을 행사할 수 없고, 군은 연구개발 결과물에 투영된 기술을 축적하고 관리하고 성장시킬 전담조직이나 전문가를 구비하는 데 소홀한 측면이 있었다. 세 번째로, 거의 대부분의 전력지원체계로 분류된 군수품의 연구개발을 업체 주관으로 추진하면서, 군내에는 이러한 연구개발을 주관할 조직이 없어도 되는 상황에 처하게 된 것이다. 필요성이 없으니 조직이 없고 조직이 없으니 주도할 수도 없는 상태에 이르렀다.

최근에는 이러한 업체투자 업체주관 연구개발 일변도에서 탈피하여 연구개발비 투자주체, 연구개발의 대상사업 등이 다양해지면서 여기서 파생되는 다양한 형태의 연구개발이 적용되고 있다.

나. 연구개발의 구분

연구개발은 정부가 연구개발비를 부담하는 정부투자 연구개발, 업체가 연구개발비를 부담하는 업체투자 연구개발, 국방부(또는 타 정부부처)와 산·학·연이 연구개발비를 공동으로 부담하는 정부·업체 공동투자 연구개발, 국방부와 타 정부부처가 공동으로 비용을 분담하는 정부공동 협력사업, 민·군기술협력 출연금으로 개발하는 민·군기술협력사업으로 구분한다. 여기서 대표적인 연구개발 형태인 업체투자 연구개발과 정부투자 연구개발을 비교하면 아래 표와 같다. 전력지원체계의 연구개발은 무기체계의 연구개발과 달리 탐색개발 절차가 없으며 체계개발을 바로 적용하는데 이때, 정부투자 연구개발은 선행연구를 수행하여 군사 요구도를 구체화하고 최선의 획득방법을 검토한다. 군사 요구도의 구체화는 목표성능의 달성 가능성을 높이는 역할을 한다고 본다. 또한 비용 상승의 통제와 수의계약이 아닌 경쟁계약의 적용 등 정부투자 연구개발은 업체투자 연구개발과 장·단점이 상반되는 측면이 있다.

〈표 8-1〉 업체투자 및 정부투자 연구개발 비교

구분	업체투자 연구개발	정부투자 연구개발
개발예산	업체예산(원가 반영)	국가예산(R&D 예산)
사업관리	업체 주도(제한적 통제)	군 주도 (사업 전반계획 및 관리)
군사 요구도	미구체화	구체화(선행연구)
양산단가	비용 상승 통제 제한	비용상승 통제 가능
조달	수의계약(5년)	경쟁계약(매년)
품질 개선	개선 제한	수시 개선 가능

또한 연구개발은 대상사업의 성격에 따라 신규개발, 성능개선, 기술개발 등으로 구분한다. 신규개발은 군에서 운용하지 않는 품목에 대한 연구개발이고, 성능개선은 기존 품목의 형상·군사 요구도·운용개념 등을 대폭 변경한 품목에 대한 연구개발이며, 기술개발은 기술획득이 필요

한 연구 또는 향후 제품개발을 위한 새로운 기술, 소재 및 시제품 제작으로 응용연구와 시제품 개발 등을 포함한다.

연구개발은 정부투자 연구개발 및 정부·업체 공동투자 연구개발을 원칙으로 하되, 업체투자 연구개발도 병행하여 적용할 수 있다. 사업관리기관은 연구개발사업추진 시 해당 업체와 개발계약(협약)을 체결하여야 한다. 국방부 심의를 통해 민·군이 공동으로 활용 가능하다고 판단하는 경우에는 민·군기술협력사업으로 추진한다.

연구개발 대상으로 소요결정된 사업은 각 군 및 해병대에서 통제하는 것을 원칙으로 하되 필요시 국방부 군수관리관실에서 조정·통제할 수 있으며, 국방부 군수관리관실에서 사업통제 및 관리할 경우에는 이를 기품원에 위탁할 수 있다.[4)]

다. 연구개발 업무수행 절차

전력지원체계 업체투자 연구개발은 각 군에서 자체적으로 제안하여 소요결정된 후 업체투자 연구개발로 결정된 경우와 업체의 개발제안서를 접수하여 검토 및 승인절차를 통해 결정된 경우에 적용한다. 각 군에서 자체적으로 제안하여 결정된 사업은 각 군 자체 절차에 의해 추진하며, 업체의 개발제안서를 접수하여 결정된 사업은 접수부터 승인까지의 업무를 국방부에서 조정·통제한다.

연구개발을 추진하고자 하는 업체의 연구개발 제안서는 2013년 이전에는 국방부 군수관리관실에서 일괄 접수하여 각 군 및 관련 기관을 조정·통제하여 사업을 추진하였다. 2013년 이후부터는 정부투자 연구개발로 그 기조를 전환하고 행정적 업무 중복을 회피하며 각 군의 주도적 연구개발을 촉진하기 위하여 각 군으로 제안서 접수 및 사업관리의 대부분의 권한을 위임하여 추진하였으나, 최근에는 다시 국방부로 창구를 일원화하였다.

4) 「국방전력발전업무훈령」(국방부훈령 제2114호, 2017.12.29.) 제109조.

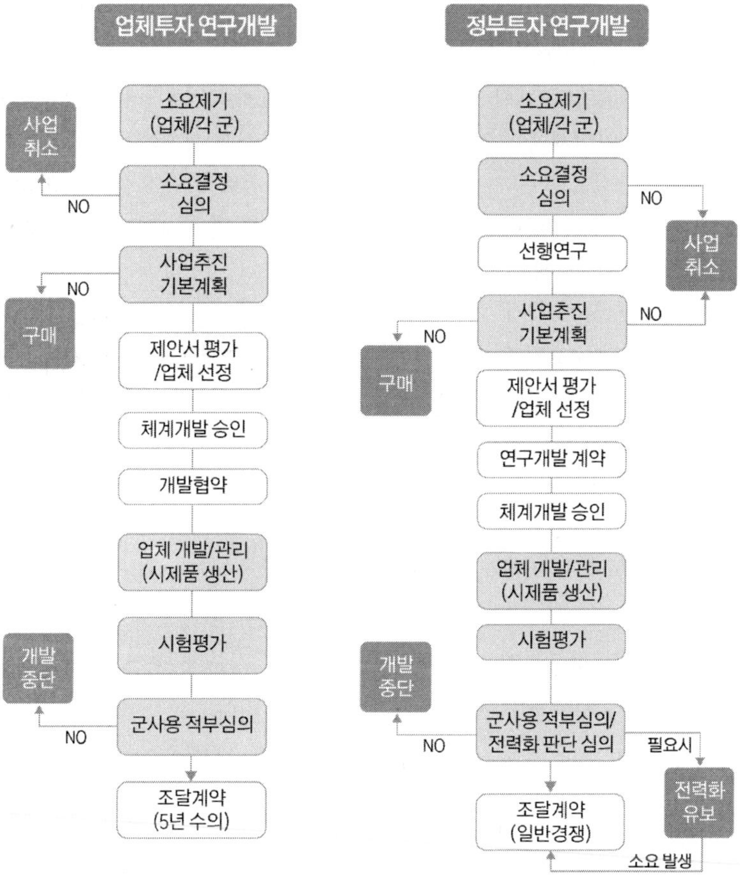

〈그림 8-2〉 전력지원체계 업체투자 및 정부투자 연구개발 절차 비교[5]

연구개발을 추진하고자 하는 업체의 제안서는 국방부 군수관리관실에서 접수하며 그 절차를 요약하면 아래 내용과 같다.

- 연구개발을 추진하고자 하는 업체는 연구개발계획서를 작성하여 국방부 군수관리관실에 제출
- 국방부 군수관리관실은 업체의 연구개발 계획서 접수 후 각 군 및 관련 기관에 검토하여 보고하도록 조정·통제
  - 각 군 및 해병대: 업체 제안품목에 대한 개발 필요성, 전력화 추진 중인 무기체계와의 중복성·연계성, 군사 요구도, 전력화 시기 충족 여부, 전력화 지원요소 등
  - 기품원(필요시 국과연): 업체 제안품목의 개발성능, 개발 가능성, 기술적 난이도 및 기술수준, 국산화 계획, 규격화 및 목록화 계획, 개발시험평가 수행 가능성, 개발완료 시기의 현실성 등

5) 육군 전력지원체계 사업단(2017), "전력지원체계 획득업무", p. 12.

- 각 군 및 관련 기관은 해당 기관의 접수일부터 3개월 이내에 검토 완료 원칙, 기한 내 처리 제한 시 사전 국방부 군수관리관실 승인하 연장 가능
- 각 군 및 관련 기관은 업체 제안서 검토 결과 보완 필요시 국방부 군수관리관실에 보고, 국방부 군수관리관실은 제안업체에 보완 요청 후 보완된 제안서를 접수받은 후 재검토를 조정·통제
- 국방부 군수관리관실은 관련 기관 검토 결과를 종합·검토 후 필요성이 인정될 시 제안업체의 연구개발계획을 승인. 다만, 연구개발 제안품목이 중복될 경우 적격요건을 갖춘 업체 중에서 제안서 제출일시가 빠른 업체의 제안을 승인
- 국방부 군수관리관실은 2개 군 이상에 소요가 있을 시 주도군을 지정하고 각 군간 업무협조를 조정·통제, 1개 군만 소요가 있는 경우 해당 군이 사업 추진토록 조정·통제
- 업체 제안품목에 대한 소요가 있는 주도군은 운용개념, 군사 요구도 등 필요한 사항을 보완하여 자체 규정에 의해 소요제기 및 소요결정 후 사업 추진
  - 주도군은 전력화 시기 및 소요량은 군사용 적합 판정 후 추후 판단한다는 조건부로 업체와 협약을 체결
  - 협약 체결 후 정부투자 연구개발사업관리 절차를 준용하여 사업 추진6)

업체투자 연구개발과 정부투자 연구개발을 구분하는 기준은 첫째, 연구개발비를 출연하는 주체이고, 둘째, 사업의 전반적인 성격과 세부 관리절차이다.

업체투자 연구개발은 소요결정 이후부터는 군사용 적부심의까지의 과정에서 업체가 중도에 포기하는 경우를 제외하고 계속 진행된다는 사실을 지금까지 대부분의 연구개발 사례를 통해서 확인할 수 있다. 군 입장에서는 업체투자 연구개발사업 자체가 군의 사업이 아니라는 인식이 있고 시험평가를 제외하고는 마땅히 조정·통제·관리할 명분이나 합리적 수단도 제한되기 때문이다. 업체가 일정을 지연하거나, 군사 요구도 등의 완화를 주장하고 투자비의 애로 등을 이유로 정상적인 사업 진행이 되지 않더라도 시험평가와 군사용 적부심의 이전에 실효적인 조치가 제한된다. 따라서 소요결정 심의단계에서 연구개발의 타당성, 군사 요구도의 적정성, 업체의 기술력, 개발 가능성 등에 대한 면밀한 확인, 검토 및 심의가 필수적이다. 소요결정 심의가 전반적인 연구개발사업의 진행에서 차지하는 비중이 그만큼 지대하다고 할 수 있다. 이후에 제안서에 대한 평가, 업체 선정, 체계개발 승인 등을 통해서 개발업체를 관리할 수 있는 수준의 전문성과 주도성을 확보해야 함은 물론이다.

이와는 다르게, 정부투자 연구개발은 군이 투자비를 출연하고 주도적으로 사업을 관리해야 하는 사업이다. 그러나 군은 자체적으로 연구개발 대상품목에 대한 축적된 기술적 지식과 운용제원에 대한 분석자료 등이 제한되는 경우가 대부분이기 때문에 이를 보완하고 사업관리 능력

6) 「국방전력발전업무훈령」(국방부훈령 제2114호, 2017.12.29.) 제109조의 4.

을 갖추고자 선행연구를 요구하고 있다. 선행연구를 통해서 연구개발의 필요성과 타당성, 구체적인 목표성능과 군사 요구도, ILS-P, 효과적인 사업추진 방안, 군수품 개발 가능성, 시험평가 등을 포함하는 사업추진 기본계획을 수립할 수 있다고 본다.

1) 제안요청서

국방부 또는 소요군은 소관 사업관리로 결정된 품목에 대하여 제안요청서를 작성하여 이를 공고한다. 제안요청서는 사업목적 및 내용, 사업추진 일정, 군사 요구도와 기술적·부수적 성능 등의 제안요청 사항, 연구개발을 희망하는 산·학·연 제안서의 작성기준, 제안서 평가기준 및 개발업체 선정 방침 등을 포함한다.[7)]

제안요청서는 군이 원하는 요구사항을 가능한 한 구체적으로 명시하는 것이 중요하지만, 다른 측면에서 민간의 창의성과 주도성을 장려할 수 있도록 균형감 있는 작성이 중요하다. 각각의 포함요소는 훈령 등에서 제시되는 양식을 참조하면 되지만 이 단계부터 해당분야 전문가의 자문 등을 참고할 필요가 있으며 법무 검토 등을 통해서 제안요청서의 적법성을 아울러 검토해야 한다.

2) 입찰공고

국방부 또는 소요군은 소관 사업관리로 결정된 연구개발품목에 대하여 「국방전력발전업무훈령」과 각 군 규정에 의거하여 인터넷 국방전자조달 등 다양한 대중매체를 활용하여 입찰공고한다. 이때에 제안요청서, 사업통제부서, 공개설명회 일정 및 장소, 그 밖에 필요한 사항 등을 포함한다.

최초 공고된 대중매체 공고일 기준으로 40일간 입찰공고하는 것을 원칙으로 하되, 사업 성격 및 긴급성 등을 고려하여 공고기간을 연장 또는 단축할 수 있으며, 재공고 등에 대한 사항은 「국가를 당사자로 하는 계약에 관한 법률」에 따른다.[8)]

3) 제안서 접수 및 평가, 개발업체 선정 및 협약 체결

사업관리기관(부서)은 제안서 평가를 주관하며, 제안서 평가 시에는 제안서 평가위원회를

7) 「국방전력발전업무훈령」(국방부훈령 제2114호, 2017.12.29.) 제112조의 2.
8) 「국방전력발전업무훈령」(국방부훈령 제2114호, 2017.12.29.) 제112조의 3.

구성하여 '업체 제안서 평가 기준(안)'을 활용하되, 해당 군 및 대상품목의 특성에 맞도록 보완하여 활용한다.

제안서 평가방법은 접수된 제안서에 대한 서면평가와 업체 실사평가로 구분한다. 업체 실사평가는 생략할 수 있으며, 서면평가 간 필요시 산·학·연의 소요제안 발표를 요청할 수 있다. 제안서 평가위원회는 위원장(사업관리부서장 또는 통제부서장)을 포함하여 5인 이상의 위원으로 구성하며, 평가위원은 사업 관련 부서 담당자, 각 군 및 해병대 업무담당자, 기품원, 필요시 국방 관련 기관 이외의 민간 전문가를 위촉할 수 있다. 제안서 평가결과를 근거로 전력지원체계 사업관리위원회를 통하여 개발업체를 선정하고 그 결과를 개발업체에 통보한다.[9] 연구개발의 경우 개발업체가 선정된 후 사업관리기관은 2개월 이내에 개발업체와 연구개발 계약(협약)을 체결하는 것을 원칙으로 하되, 사업의 특성을 고려하여 기간을 연장할 수 있다. 연구개발 계약(협약) 시 체계(시제품)개발 방침 및 승인조건, 군사 요구도와 기술적·부수적 성능, 시험평가 방침 및 조건, 종합군수지원 요소 개발, 규격화·목록화, 개발 취소 사유, 기술자료 소유권, 그 밖에 필요한 사항 등을 포함할 수 있다.[10]

4) 시험평가

연구개발 시험평가는 기술적 개발목표의 충족 여부를 확인하는 개발시험평가와 작전환경 또는 이와 동등한 조건에서 주요 군사 요구도 충족 여부를 확인하는 운용시험평가로 구분한다. 운용시험평가 기간은 대상품목의 특성을 고려하여 혹한기·혹서기를 포함하는 3계절 평가, 1계절 평가 또는 개발시험평가 간 환경시험으로 대체하는 등 적절한 기간을 적용할 수 있다. 사업추진기본계획 작성 시 이를 결정하고 시험평가기본계획(TEMP) 작성 시 연구개발 간 군사 요구도의 변경 또는 운용환경 변화 등을 고려하여 운용시험평가 방법을 재검토할 수 있다.

시험평가는 소요군·기관에서 수행하며 국산 개발품이 완성장비의 성능, 신뢰성 및 내구성 등에 큰 영향을 주지 않는 품목일 때에는 사업통제부서의 판단에 따라 개발시험평가만을 실시하거나 운용시험평가만을 실시할 수 있고, 단순체계[11] 및 계절성 품목[12]은 운용시험평가를 간소화할 수 있다.

연구개발의 경우에는 국방부 군수관리관실 또는 소요군 주관 하에 기품원이 개발시험평가

9) 「국방전력발전업무훈령」(국방부훈령 제2114호, 2017.12.29.) 제112조의 4, 5.
10) 「국방전력발전업무훈령」(국방부훈령 제2114호, 2017.12.29.) 제112조의 6.
11) 단일 기능을 수행하며 기능적으로 분리할 수 없는 최하위 수준의 체계. 무기체계 운용과 직접적인 관련이 없으며, 불량 또는 고장 발생 시에도 인명피해를 유발하지 않는 체계.
12) 동계·하계 등 특정한 계절에만 한시적으로 사용하는 품목.

수행 및 기술지원을 담당하며, 소요군은 운용시험평가를 수행한다. 기품원은 개발시험평가 수행 및 기술지원 시 업체에서 작성한 개발시험평가 계획을 검토하여 국방부 및 소요군에 보고(통보)한다. 필요한 경우 소요군은 기품원의 개발시험평가에 참여 또는 입회할 수 있다. 개발업체가 사업관리기관에 개발품목에 대한 시험평가를 요청할 때에는 자체 시험성적서, 주 조립업체 의견서(해당되는 경우), 업체 작성 국방규격(안), 시험절차서 등을 첨부하여야 하고, 개발시험평가의 경우 시험평가기관은 개발업체와 용역계약을 체결하여 시험평가를 실시한다. 이 경우 시험평가에 소요되는 비용은 개발업체에서 부담한다.

사업관리기관이 개발시험평가나 운용시험평가를 실시할 수 없을 때에는 관련 공인기관에 의뢰하여 실시할 수 있다. 해외로부터 기술을 도입하여 생산한 국산화 대상품목에 대한 시험평가는 사업관리기관이 소요군과 협의하여 원제작사의 개발경위, 시험평가 결과, 규격서 및 판매실적 등 관련 자료로 대체할 수 있으며, 조립 생산품에 대한 시험평가는 성능시험으로 대체할 수 있다.[13]

5) 군사용 적합 판정, 연구개발 확인서 발급

사업통제부서는 기품원의 개발시험평가 기준 충족 여부 판단 결과와 소요군의 운용시험평가 판단 결과를 종합·검토하여 군사용 적합·부적합을 판정한다. 사업통제부서는 군사용 적합·부적합 판정결과를 업체 및 관계기관에 통보한다. 사업통제부서는 구매사업에 대하여 필요시 시험평가 후 전력지원체계 사업관리위원회·실무위원회를 통하여 품목을 결정한다. 품목선정 기준·절차는 무기체계의 기종 결정 요소를 준용하고, 품목선정 계획 및 품목선정 결과를 공개하여야 한다. 다만, 경쟁입찰을 통해 품목을 결정하는 경우나, 대상품목이 유일한 경우 등은 사업통제부서장의 결재로 처리할 수 있다.

사업관리기관은 업체투자 연구개발 품목 및 정부·업체 공동투자 연구개발품목이 군사용 적합 판정을 받고 규격이 제·개정된 경우에는 지체 없이 연구개발 확인서를 발급한다. 다만, 정부투자 연구개발사업의 경우, 사업종결 여부는 사업관리기관의 공문에 의한다. 사업관리기관은 연구개발 확인서를 발급하면 개발업체, 소요군, 방사청, 기품원, 국과연에 통보하여야 한다. 야전에 배치하는 전력지원체계의 완전성을 향상시키기 위해 사업통제부서의 판단하에 야전운용시험(Field Test)을 할 수 있으며, 세부내용은 무기체계 야전운용시험 절차를 준용한다.

전력지원체계 연구개발사업을 통하여 얻어지는 특허, 실용신안, 디자인, 상표, 저작물, 기술

13) 「국방전력발전업무훈령」(국방부훈령 제2114호, 2017.12.29.) 제113조.

자료 등에 대한 지식재산권에 대한 처리는 「과학기술기본법」 국가연구개발 사업성과의 소유·관리 및 활용촉진[14]에 따른다. 국방부 및 각 군은 연구개발 결과물에 대해서 차후 안정적인 조달을 위해 통상실시권을 행사할 수 있도록 개발업체와 계약(협약)을 체결하여야 한다.[15]

6) 개발계획 변경 및 개발기간 연장 승인

앞에서 전력지원체계 연구개발의 제안서 접수와 군사 요구도 구체화 등 연구개발사업의 시작과 사업관리 절차에 관련하여 알아보았다. 연구개발 중에서도 대부분의 업체투자 연구개발은 성능, 일정 및 비용에 대한 느슨하거나 제한된 조정 및 통제로 인하여 업체가 선언하기 이전에 군에서 사업을 취소하거나 종료하는 경우가 드물었던 것이 사실이다. 최근에 이러한 취소 및 조기종료에 대해 근거 조항이 구체화되었다.

정부·업체 공동투자 연구개발, 정부공동 협력사업, 민·군기술협력사업, 업체투자 연구개발의 경우 사업통제기관(부서)은 심의를 통해 연구개발을 취소할 수 있다. 소요가 없어진 경우, 시제 납품기간을 준수하지 아니한 경우, 개발시험평가 결과 기준 미달 또는 운용시험평가 결과 군사용 부적합으로 판정한 경우, 업체 선정 및 사업추진 중에 부정비리 행위가 식별된 경우 등이 이에 해당된다.

한편, 정부투자 연구개발사업의 경우 사업통제기관(부서)은 심의를 통해 연구개발을 조기에 종료할 수 있다. 개발업체가 연구개발을 성실히 수행하였으나 국내 기술수준 부족으로 군사 요구도 구현이 불가능한 경우로서 기술수준 부족을 고려하여 군사 요구도 완화 시 연구개발 필요성이 상실되는 경우와 개발업체의 능력, 의지 부족 등으로 연구개발 수행이 불가하여 연구개발 목적달성이 제한된다. 또한 「과학기술기본법」 제11조의 2 제1항에서 적시하는 연구개발 참여제한과 사업비 환수의 대상이 되는 경우에 연구개발사업을 조기에 종료할 수 있다. 정부투자 연구개발사업을 조기 종료할 경우 연구개발에 참여를 제한하거나 사업비를 환수 또는 제재부가금 부과처분 등 후속조치를 시행한다. 제재 및 감면의 범위와 내용, 계약의 해제·해지 등 조치방안은 심의로 의결한다.[16]

연구개발업체는 연구개발 과정에서 문제가 발생할 경우 사업관리기관에 개발계획의 변경 혹

14) 국가연구개발사업의 성과는 국가연구개발사업에 참여하는 연구형태와 비중, 연구개발 성과의 유형 등을 고려하여 연구기관의 소유로 한다. 다만, 중앙행정기관의 장은 국가안보상 필요한 경우, 연구개발 성과를 공공의 이익을 목적으로 활용하기 위하여 필요한 경우, 연구기관 등이 국외에 소재한 경우, 그 밖에 연구기관 등이 소유하기에 부적합하다고 인정되는 경우에 국가의 소유로 할 수 있다. 「과학기술기본법」(법률 제15556호, 2018.4.17.) 제11조의 3.
15) 「국방전력발전업무훈령」(국방부훈령 제2114호, 2017.12.29.) 제113의 2-6.
16) 「국방전력발전업무훈령」(국방부훈령 제2114호, 2017.12.29.) 제109조의 2.

은 개발기간의 연장을 요청할 수 있다. 요청을 받은 사업관리기관은 이를 사업통제부서에 보고하며, 사업통제부서는 그 사유를 검토하여 기획재정부 「계약예규(용역계약 일반조건)」등에서 정한 불가항력의 사유 또는 발주기관의 귀책사유로 인한 필요성이 인정되면 사업관리위원회의 심의를 통해 개발계획 변경 또는 기간을 연장할 수 있다. 다만, 정부투자 연구개발의 경우 개발업체의 귀책사유로 인한 개발계획 변경 및 개발기간 연장은 불가하며 개발기간을 초과할 경우에는 기획재정부 「계약예규(용역계약 일반조건)」등에 따라 지체상금 부과 등 제재조치를 할 수 있다. 또한 업체투자 연구개발의 경우 개발업체의 귀책사유로 인한 개발기간 연장 시 추가 소요되는 개발비용은 양산단가 산정 시 포함하지 아니한다.

개발 연장기간은 1회 최대 1년으로 제한하며, 3회 연장 총기간이 최초 개발 승인 시 개발기간을 초과할 수 없다. 개발계획 변경 또는 기간 연장 시는 수정계약 또는 협약을 체결하여야 한다.[17)]

라. 기술개발

국방부 군수관리관실은 국방부 소관사업에 한하여 기술개발사업관리를 수행한다. 기술개발 소요결정 시 각 군 및 기품원에 위임된 사업은 해당 기관에서 기술개발사업관리를 수행한다.

국방부 군수관리관실은 국방부에서 소요결정된 품목에 대하여 사업추진 기본계획을 작성하는 것을 원칙으로 하되, 필요시 사업추진 기본계획 작성을 생략할 수 있으며, 이 경우 다음 기술개발 기본계획서를 작성한다. 기술개발 기본계획서는 사업 개요, 기술개발 계획(개발목표 및 범위, 기간 및 소요예산, 사업추진계획), 비용분석서, 상호운용성, 적용대상 전력지원체계 및 활용분야, 기대효과 및 관련 기술 등이다.[18)]

제안요청서를 작성하고 입찰공고를 수행하는 방법은 전력지원체계 연구개발사업의 방법을 준용한다. 제안서를 접수하여 평가 시에는 연구개발사업의 절차를 준용하되, 다음 사항을 추가하여 적용한다.

기술개발 제안서 평가는 제안서 평가의 공정성, 객관성 및 투명성 등을 위하여 제안서 평가 전문기관에 의뢰하여 실시할 수 있다. 기술개발사업에 참여를 희망하는 기관(산·학·연)은 제안서 및 제안서 요약본, 청렴서약서 등을 제출하여야 하며 필요시 국과연, 기품원, 정부 출연기

17) 「국방전력발전업무훈령」(국방부훈령 제2114호, 2017.12.29.) 제114조의 2.
18) 「국방전력발전업무훈령」(국방부훈령 제2114호, 2017.12.29.) 제109조의 3.

관, 업체 등을 포함한 공동 컨소시엄을 구성하여 제안할 수 있다. 이때 제안서를 최종 제출한 제안기관(산·학·연)은 제안서에 공동 컨소시엄으로 참여하고자 하는 참여기관의 참여 의지를 표시하는 문서를 포함하여 제출한다.[19)]

제안서 평가계획 수립, 평가위원회 구성, 제안서 평가 등은 전력지원체계 연구개발사업 절차를 준용한다. 개발기관 선정기준에 다음 사항을 추가하여 적용한다.

사업관리기관(또는 정부와 관련된 계약기관)은 제안서 평가결과 협상에 의한 계약체결 기준에 따라 제안서 평가결과 점수가 가산점을 포함하여 기술능력평가 분야 배점 한도의 80% 이상인 자를 협상 적격자로 선정하며 비용평가 분야와 합산하여 종합평점 80점 이상을 획득한 기관을 우선협상 대상기관으로 선정한다. 사업관리기관(또는 정부와 관련된 계약기관)은 제안서 평가 대상기관이 모두 80점 미만의 점수를 획득하였을 경우, 사업 과제의 요구성능, 연구기간 및 범위 등 전반적인 내용을 재검토할 수 있으며 필요시 재검토 결과를 토대로 재공고할 수 있다. 제안기관이 단수인 경우에는 종합 평균점수가 80점 이상이고 평가위원 중 2/3 이상이 추천에 동의하는 경우에는 개발기관으로 선정할 수 있다.[20)]

사업관리기관은 다음 연도 성과평가 대상과제 목록과 평가요구 계획일자를 포함한 연간 성과평가계획(안)을 작성하여 매년 12월 말까지 사업통제부서에 제출한다. 사업통제부서는 사업관리기관에서 작성한 연간 성과평가계획(안)을 확정한다. 다만, 사업관리기관과 사업통제기관이 동일한 경우에는 국방부 군수관리관 승인하에 실시한다.

사업관리기관은 연간 성과평가계획에 따라 성과평가를 시행하고, 성과평가결과를 종합·분석하여 사업의 계속 추진 여부 및 다음 단계로의 전환 가능성 등을 검토하여야 한다.

〈표 8-2〉 성과평가

구분		대상	시기	판정
중간평가	반기평가	사업승인 후 6개월 이상 경과한 과제	반기 (1, 7월 수행)	정상 추진, 계획 조정
	진도평가	사업 수행기간 중인 과제	매년 말	정상 추진, 계획 조정, 사업 중단
단계(최종)평가	단계(최종)평가	수행 완료 과제	사업 종료 시	합격, 불합격(성실 수행, 불성실 수행)
	최종단계 (종료)평가	시험평가 및 규격화 과제	사업 완료 시	

19) 「전력지원체계 연구개발 업무지침」(국방부 지시 제17-001호, 2017.1.1.) 제58조.
20) 「전력지원체계 연구개발 업무지침」(국방부 지시 제17-001호, 2017.1.1.) 제63조.

성과평가팀은 기술과제별로 구성·운영을 원칙으로 하되, 평가장소는 연구성과에 대한 확인이 가능하도록 개발기관(산·학·연)에서 실시한다. 반기평가팀은 국방부, 각 군, 국과연 및 기품원 실무자 위주로 구성하여 실무토의, 현장확인 방식으로 개발기관의 과제 수행 여부를 확인한다. 진도 및 단계 평가팀은 6~8인 이내의 평가위원으로 객관성, 전문성 및 공정성이 확보되도록 구성한다. 평가팀은 기술개발사업 진도·완료평가서에 의한 연구성과를 판정하고 연구목표 달성을 위한 연구수행체계 개선 및 보완 의견을 제시한다.[21)]

성과평가 시 반기평가는 '정상 추진', '계획 조정'으로, 진도평가는 '정상 추진', '계획 조정' 또는 '사업 중단'으로, 단계(최종) 평가는 '합격', '불합격'으로 평가하며 불합격 시 '성실 수행' 또는 '불성실 수행'으로 분류한다. 사업관리기관은 평가결과, 과제가 정상적으로 진행되지 않거나 계획의 변경 필요성이 있다고 판정될 경우 해당 과제의 연구목표, 연구방법 등 사업추진과 관련된 제반 계획의 재검토를 사업통제부서에 보고할 수 있다. 사업통제부서는 확인 후 "사업중단"의 경우에는 사업관리위원회·실무위원회를 개최하여 사업진행 여부를 결정한다.[22)]

2. 전력지원체계 구매 및 임차

구매는 국내구매와 국외구매로 구분한다. 전력지원체계 구매는 국내에서 생산되는 표준품목 또는 상용품목 구매를 우선으로 하며, 국내구매가 곤란한 경우에는 국외구매를 할 수 있다. 다만, 전력지원체계 구매는 국방부 군수관리관실 또는 소요군에서 주관하여 구매한다. 전·평시 민간자원을 최대한 활용한 경제적 군 운용과 전시 효율적인 동원체제를 유지하기 위하여 상용품 획득을 확대한다.

전투와 직결되지 않고 후속 군수지원에 특별한 문제가 없어 경쟁조달이 가능한 경우, 민·군 겸용으로 상호 간 호환이 가능한 경우, 제조기술의 급속한 발전에 따른 성능·기능상 지속적인 개발이 예상되거나 이미 성능상 군용보다 우수한 경우, 현재 군용으로 생산되고 있으나 향후 민간에서 대체 활용이 가능한 경우 등에는 상용품 획득을 원칙으로 적용한다. 특히, 신규 획득 품목, 국방규격품의 상용 전환 품목, 상용품 대체 품목 등은 군수품 상용화를 확대하기 위해 우수 상용품을 시범 대상으로 사용할 수 있다.

전력지원체계가 고도 정밀화되면서 고가·대형화하는 반면, 진부화 속도가 빨라지고 있다. 따

21) 「전력지원체계 연구개발 업무지침」(국방부 지시 제17-001호, 2017.1.1.) 제67조.
22) 「전력지원체계 연구개발 업무지침」(국방부 지시 제17-001호, 2017.1.1.) 제68조.

라서 경제적인 군 운용을 위해 구매에 비하여 임차했을 때 경제성이 우수한 경우, 획득방법이 연구개발로 결정되었으나 개발기간의 장기소요로 군의 요구 시기 충족이 불가할 경우, 기술발전 속도가 빠른 장비를 연구개발 또는 구매하여 기술적으로 진부한 장비의 획득이 우려되는 경우, 한시적으로 작전상 긴급 확보가 필요한 경우 등에는 임차의 획득방법을 적용한다.

3. 군수품 상용화 추진

군수품 품질 개선 및 전투준비태세 향상을 위한 국방규격품의 상용 전환과 민간 우수제품 도입 확대를 위한 우수 상용품 시범사용 등 군수품 상용화 업무가 정책적으로 수행되고 있다. 용어에 대한 정의를 살펴보면, 일반적으로 인식되는 상용화란 특수 환경에서 운용되는 물품·서비스를 민간 시장에서 일상적으로 활용될 수 있도록 상품화하는 것을 의미한다. 따라서 일반적으로 사용되는 상용화와 여기서 사용하는 상용화는 그 의미가 상반된다고 볼 수 있다. 즉, 군수품 상용화란 민간의 상용품을 군용화하는 것을 의미한다.

그런데, 기존의 국방규격품을 민수규격품으로 대체하는 방식은 제한적인 효과를 보여주었다. 국방규격품을 대체할 수 있는 민수규격품을 발굴하더라도 해당 국방규격품의 실제 수명주기 도래에 따른 교체까지는 상당한 기간이 소요되어 상용품 활용의 효과가 높지 않은 경우가 있다. 또한 기존 국방규격품의 민수규격품 대체는 이미 결정된 군사 요구도의 조정이 필요할 수 있는데, 군사 요구도 조정 타당성에 대한 논쟁이 빈번히 발생하여 왔으며, 이로 인해 상용품 활용이 지체 혹은 무산되기도 하였다.[23]

가. 대상품목의 발굴

각 군·방사청·기품원 및 국방과학연구소는 신규 군수품의 획득 단계에서 상용품 구매를 우선으로 검토하며, 사용 중인 군수품 중에서 상용품목으로 전환이 가능한 품목을 발굴한다. 개조 구매를 포함하여 상용품목으로 획득이 불가능한 경우에 연구개발을 실시하며 연구개발 추진 단계에는 구성품 단위의 상용품 적용을 우선 검토하여야 한다. 국외구매로 획득하는 품목 중에서 국내 상용품으로 전환이 가능한 품목도 대상으로 포함하여 검토한다. 일반적으로 상용품을 개조하는 수준

23) 선미선·권남연(2016), "군의 상용품 활용 확대 방안", KIDA주간국방논단 제1608호(16-9), p. 2.

에 따라서 아래 그림과 같이 개조의 수준과 개발기간이 적용된다는 점을 이해할 필요가 있다.

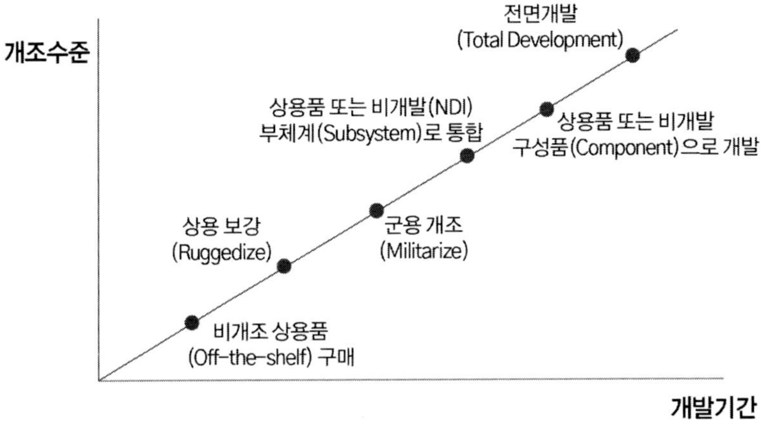

〈그림 8-3〉 상용품 개조수준과 개발기간[24]

국방부와 각 군 등은 신규 군수품의 획득 또는 사용 중인 군수품의 상용 전환을 검토할 때 각 군 자체 또는 민간 전문기관의 지원을 받아 민수시장의 상용품 또는 상용기술의 활용 가능성을 판단하는 시장조사를 실시하되 건의된 품목 외에 기능 및 용도가 유사한 품목들을 일괄 검토한다.

국방부는 시장조사를 실시하는 데 필요한 예산을 편성하고 기품원은 각 군의 기술지원 요청 시 필요한 사항을 지원한다. 국방부와 각 군 등은 시장조사 결과를 검토하여 상용 전환이 가능하다고 판단되는 경우에는 신규 군수품 획득 품목은 상용품으로 구매하고, 국방규격품 중 대체 가능한 품목은 시험평가와 상용 전환 심의 등 후속 절차를 거쳐 상용품으로 구매한다.

국방부와 각 군 등은 민·군협력을 강화하고 민간의 정보와 의견을 반영하기 위해 시범사용 품목 결정, 상용품 성능 또는 운용 적합성 평가, 상용 전환 심의·의결, 품질보증 등에 민간 전문가의 참여를 확대한다. 민간 전문가는 산업부 산업표준심의회 및 국방정책 자문위원(군수분과), 군수혁신 자문위원, 국방부 자체평가위원에 포함된 분야별 전문가로 구성한다.

나. 시범사용 및 운용 적합성 평가

군수품의 상용화 확대와 민간 우수기술·제품의 신속한 도입을 위하여 소량의 상용품을 시범

24) 국방기술품질원(2017), "국방전력지원체계 연구센터의 역할", 2017 군수 전투발전세미나 발표자료, p. 22.

사용할 수 있다. 신규 군수품의 획득을 위해 소요결정 전 시범사용이 필요한 품목, 국방규격품을 상용품으로 전환하기 위해 시범사용이 필요한 품목, 운용 중인 상용품목 중에서 성능이 더 우수한 상용품으로 대체 검토 시 운용 적합성 평가를 실시하여 검증할 필요가 있는 품목 등을 대상으로 소량 시범사용을 추진할 수 있다. 국방부는 시범사용 품목을 발굴하기 위해 각 군 등과 협조하여 업체 설명회를 개최한다.

국방부는 업체 설명회를 통해 발굴된 품목을 대상으로 전력지원체계 소요결정 실무위원회를 개최하여 품목 결정 및 예산 재배정을 심의·의결한다. 각 군은 시범사용이 필요한 품목을 발굴한 후 자체 규정에 따라 설치된 소요결정 회의체를 개최하여 품목 결정 및 예산 재배정을 심의·의결하되 심의위원 편성 시에 국방기술품질원 또는 국방과학연구소 소속 연구원 등을 전문위원으로 구성한다.

국방규격품의 상용 전환을 위해 배정된 당해 연도 해당 품목 예산을 활용하여 상용품 시범사용용(用)으로 국방규격 품목의 일부 물량을 상용품으로 구매할 수 있다. 각 군은 시범사용 품목에 대해 상용품으로 구매할 경우 국방부에 사전 보고하고, 시범사용 품목에 대한 운용 적합성 평가를 통해 규격품 대체 가능 여부를 검증한 후에 상용 전환 심의 안건으로 상정한다.

각 군은 시범사용이 결정된 품목의 구매요구서를 작성하고, 기품원은 각 군이 요청하는 경우 구매요구서 작성에 대한 기술지원을 실시한다. 소액 수의계약(추정가격이 2천만 원 이하, 여성·장애인 기업은 5천만 원 이하)에 해당하는 경우에는 구매요구서를 작성하지 아니하고 단일 업체의 견적서와 사양서로 수의계약을 체결할 수 있다.

시범사용 품목으로 선정된 상용품의 성능을 객관적으로 검증하기 위해 필요하다고 인정되는 경우에는 2개 이상 업체의 제품을 구매하여 운용 적합성 평가를 실시할 수 있다. 시범사용 품목으로 구매한 상용품은 임시 관리번호를 부여하여 관리하되 사용 중 발생한 파손과 원형 변경, 고장 등에 대해서는 손·망실 처리를 하지 않고 시범사용 부대장(장관급 장교)의 판단하에 폐기 처분한다. 개인지급품 및 소모성 물자류는 구매 이후 소모 삭제 처리하고 군사용 부적합 등의 사유로 더 이상 사용이 불필요한 경우에는 폐기 처분하거나 기능이 상실될 때까지 활용 후에 폐기 처분한다.

각 군 등은 신규 군수품의 획득 또는 사용 중인 군수품의 상용 전환을 검토할 때 상용품의 성능을 확인하기 위하여 성능시험평가 계획서를 작성하고 외부 전문기관에 성능시험을 의뢰하여 평가할 수 있다. 각 군 등은 신규 군수품의 획득 또는 사용 중인 군수품의 상용 전환을 검토할 때 군 작전 또는 운용환경의 적합성을 판단하기 위해 운용 적합성 평가계획서를 작성하여 평가할 수 있다.

각 군은 운용 적합성 평가 수행 중에 해당 품목의 기능이 비정상적이고 불안정하여 인원 및 장비의 손실과 안전이 우려되는 경우에는 평가를 중단하고 국방부(군수관리관실)에 보고한 후 결과에 따라 처리한다. 국방부는 시험평가 계획 수립 및 실시 과정에서 민·군 전문가 협의체를 활용한 기술지원, 성능시험평가에 필요한 예산 편성·배정 등 필요한 사항을 지원한다.

각 군은 상용품 운용 적합성 평가 결과를 종합·검토하여 군사용 적합 여부를 심의·의결하고 결과 보고서를 작성하여 국방부 및 관련 기관에 제출한다. 국방부는 각 군의 결과 보고서를 검토·승인한 이후 군사용 적합 판정을 받은 품목 현황을 각 군 등에 전파한다.

군사용 적합 판정을 받은 품목에 대하여 3군 공통품목의 경우는 국방부, 각 군 고유품목의 경우에는 각 군에서 국방규격품의 대체가 가능한 품목은 상용 전환 절차를 적용한다. 군에서 아직 사용하지 않는 신규 품목은 「국방전력발전업무훈령」의 신규 군수품 획득절차를 적용하고, 기존 상용품목보다 성능이 개선된 품목은 소요 발생 시 조달한다.

다. 심의 및 의결

각 군 등은 국방규격품 중 상용품목으로 전환이 가능한 것으로 판단되는 품목이 있을 경우에는 국방부(군수관리관실)에 상용 전환 심의를 요청한다. 국방부는 각 군 등이 요청한 심의 안건을 종합하여 관련 기관(부서)에 상용 전환에 대한 의견을 조회한다. 각 군은 군사 요구도 충족 여부, 상용 전환에 따른 문제 및 제한사항을 검토하여 의견을 제시하고, 방사청은 방산물자 지정 여부, 계약 관련 사항을 검토한다. 기품원은 적용 기술 및 품질보증과 관련된 전반적인 의견을 제시한다.

국방규격 조정위원회와 군수품 표준화 위원회에서 국방규격품의 상용 전환을 의결하며, 위원회의 구성과 운영은 민·군 전문가 협의체에 소속된 분야별 민간 전문가를 2인 이상 포함하여야 한다. 국방부는 국방규격 조정위원회를 개최하여 국방규격 품목을 상용품목으로 대체하기 위한 국방규격의 조정 등 필요한 사항을 심의·의결하고 의결 내용을 관련 기관(부서)에 통보한다. 상용 전환으로 의결한 품목의 규격을 관리하는 기관은 상용 전환 의결 내용에 따라 국방규격을 개정 또는 폐지한다.

라. 구매요구서 작성 및 조달

각 군은 상용 전환하기로 의결된 품목의 군사 요구도(구매 요구조건), 특수포장 등을 검토하여 구매요구서를 작성하되 경쟁조달이 가능하도록 특정 모델이나 업체를 지정하지 않고 최소한의 군사 요구도만 제시하여야 한다. 기품원은 각 군의 요청이 있을 경우에 구매요구서 작성에 대한 기술지원을 실시한다. 방사청은 중앙조달 품목에 대한 구매요구서를 검토하고 중앙·부대조달 품목에 대한 구매요구서를 관리한다.

동일 연도 동일 품목은 통합조달을 원칙으로 하나, 상용품 시범사용 등 군수품 상용화 확대를 위해 필요한 경우에는 분리하여 조달할 수 있다. 국방규격 조정위원회와 군수품 표준화 위원회에서 상용 전환으로 의결된 품목은 국방규격의 개정 또는 폐지 등 후속조치 이전에라도 의결 사항에 따라 상용품으로 조달할 수 있다.

상용품목에 대한 수리부속 제공, 정비 등 후속 군수지원은 민간업체를 활용하는 것을 원칙으로 하되 품목 특성에 따라 군직정비 등 각 군 자체적으로 후속 군수지원을 할 수 있다. 상용품목의 구매 시 계약 특수조건으로 필요한 후속 군수지원 사항을 반영한다. 국방규격품 중 상용품목으로 전환된 품목의 효율적인 후속 군수지원을 위하여 구매요구서에 국내에서 생산된 제품을 우선 구매한다는 내용을 반영한다.

상용품목의 품질보증은 업체제공 보증서, 반품 등과 같이 업체가 제공하는 보증과 KS(한국산업규격)·ISO(국제표준화기구)와 같이 공인된 인증을 활용하는 것을 기본으로 하며, 각 군이 필요로 하는 별도의 품질보증 조건은 계약 특수조건에 명시한다. 각 군은 상용품목의 특성(군사 요구도 수준 등), 상용 전환 후 경과기간 등을 고려하여 기품원에 품질보증 관련 기술지원을 요청할 수 있다.[25)]

4. 전력지원체계 시험평가

전력지원체계 시험평가는 소요군·기관에서 수행한다. 다만, 국산개발품이 완성장비의 성능, 신뢰성 및 내구성 등에 큰 영향을 주지 않는 품목일 때에는 사업통제부서 판단에 의거하여 개발시험평가만을 실시하거나 운용시험평가만을 실시할 수 있고 단순체계의 경우 운용시험평가를 간소화할 수 있다. 연구개발의 경우에는 군수관리관실 또는 소요군 주관 하에 기품원이 개발시험평가 수행 및 기술을 지원하며, 소요군은 운용시험평가를 수행한다. 기품원은 개발시험평가 수행 및 기술지원 시 업체에서 작성한 개발시험평가 계획을 검토하여 국방부 및 소요군에 통보한다. 필요한 경우 소요군은 기품원의 개발시험평가에 참여 또는 입회할 수 있다.

25) 「군수품 상용화 업무훈령」(국방부훈령 제2176호, 2018.7.2.)에서 발췌하여 인용.

개발시험평가와 운용시험평가에 포함할 사항을 정리하면 아래 표와 같다.

〈표 8-3〉 개발 및 운용시험평가 항목 비교

구분	개발시험평가	운용시험평가
평가 항목	·시험평가 개요 ·시험평가 대상 장비 및 수량 ·시험평가 실시방법, 기간 및 장소 ·시험평가 항목, 기준 ·소요예산 ·시험평가단 편성 ·그 밖의 협조 및 지원사항 ·군사 요구도(목표성능) 충족성 평가 계획 ·전력화 지원요소의 실용성 등 전력지원체계의 특성, 시험장 및 시험장비 등을 고려 조정 가능	·시험평가 개요 ·시험평가 대상 장비 및 수량 ·시험평가 실시방법, 기간 및 장소 ·시험평가 항목, 기준 ·소요예산 ·시험평가단 편성 ·그 밖의 협조 및 지원사항 ·군사 요구도 충족성 평가 계획 ·군 운용의 적합성 평가 계획 - 운용 및 조작 편의성과 안전성 - 전술적 운용의 적합성 - 기존 무기체계·전력지원체계와의 상호운용 적합성 - 환경 적응성 ·전력화 지원요소의 실용성 등 전력지원체계의 특성, 시험장 및 시험장비 등을 고려 조정 가능

개발업체가 사업관리기관에 개발품목에 대한 시험평가를 요청할 때에는 자체 시험성적서, 주 조립업체 의견서(해당되는 경우), 업체 작성 국방규격(안), 시험절차서 등을 첨부하여야 하고, 개발시험평가의 경우 시험평가기관은 개발업체와 용역계약을 체결하여 시험평가를 실시한다. 이 경우 시험평가에 소요되는 비용은 개발업체에서 부담한다. 사업관리기관이 개발시험평가나 운용시험평가를 실시할 수 없을 때에는 관련 공인기관에 의뢰하여 실시할 수 있다.

해외로부터 기술을 도입하여 생산한 국산화 대상품목에 대한 시험평가는 사업관리기관이 소요군과 협의하여 원제작사의 개발경위, 시험평가 결과, 규격서 및 판매실적 등 관련 자료로 대체할 수 있으며, 조립 생산품에 대한 시험평가는 성능시험으로 대체할 수 있다. 사업관리기관은 기품원의 검토의견을 반영하여 시험평가시설 미비로 시험이 곤란할 때에는 국내·외 공인시험시설을 이용할 수 있으며, 국내·외 공인기관의 시험결과를 적용할 수 있다.

운용시험평가는 각 군 운용시험 평가기관에서 실시함을 원칙으로 하되, 운용시험 평가기관의 평가가 제한되거나 필요시에는 학교기관 및 운영부대를 지정하여 운용할 수 있다. 정보통신 기능이 내장된 전력지원체계의 운용시험평가 계획 수립 시 상호운용성 관련 내용을 포함하여 계획을 수립하고 이를 근거로 상호운용성 운용시험평가를 수행하며, 그 결과를 정보화기획관실로 통보한다.[26]

26) 「전력지원체계 연구개발 업무지침」(국방부 지시 제17-001호, 2017.1.1.) 제69조.

기술개발 시제품에 대한 시험평가는 기본적으로 연구개발에 준하여 수행하는데, 개발 및 운용시험평가는 시제품이 포함되어 개발되는 품목에 적용한다. 단순 기능발휘 품목과 사용기술이 높고, 유사품목이 5개 이상인 경우에는 운용시험평가를 생략할 수 있다. 운용시험평가 대상은 장비류 등 전투력 발휘에 밀접하며 실(實)전장 상황하 성능검증이 필요한 품목으로 하고, 물자류 등 전투력 발휘와는 관계가 적으나 활동성에 대한 성능검증이 필요한 품목에 대하여 운용시험평가를 적용한다.

개발 및 운용시험평가 실시 여부는 기술개발 기본계획 확정 시 결정한다. 개발시험평가는 개발업체가 사업관리기관이나 사업통제기관에 의뢰하여 기품원이 계획을 수립하여 실시함을 원칙으로 하고, 기품원 평가 주관이 제한되거나 필요시에는 사업통제기관 주관하에 군 시험평가 가능부대(서) 및 국가공인기관을 활용할 수 있으며, 사업관리기관에서 시험평가 계획서를 작성한다.[27]

5. 표준화 및 후속조치

전력지원체계의 규격화·목록화에 대해 연구개발업체가 요청 시 기품원은 기술지원을 할 수 있으며, 이 경우 용역계약을 체결하여 지원하고 그 결과를 국방부 또는 각 군에 통보한다. 정부투자 연구개발사업의 경우 양산단계에서 규격·목록의 미비로 양산이 제한될 경우, 사업관리기관은 연구개발업체에 규격·목록을 보완하도록 조치할 수 있다.

방사청은 국방부 및 각 군의 국방규격 제·개정 요구서 접수 후 30일 이내에 검토·심의를 거쳐 규격을 제정하여 관련 부서에 통보한다. 단, 기한 내 검토가 곤란한 경우 국방규격 작성관리기관과 협의하여 기한을 연장할 수 있다. 목록화 작업은 업체에서 작성하여 입력하며, 각 군(군수사)은 기본자료 지원과 1차 검토지원을 하고, 방사청은 2차 검토와 자료구축(완결) 업무를 수행한다.[28]

군수품(장비) 우선적용 품목 지정, 국방규격 제·개정 및 폐지 요청, 국방규격 품목을 상용품목으로 대체하기 위한 국방규격의 조정, 그 밖에 필요한 사항을 심의·의결하기 위하여 군수관리관실 내에 군수품 표준화 위원회를 둔다. 또한 운영유지 단계 부품 국산화 개발 승인 및 그 밖에 필요한 사항의 심의를 위하여 군수관리관실 내에 부품 국산화 개발관리 위원회를 둔다.[29]

27) 「전력지원체계 연구개발 업무지침」(국방부 지시 제17-001호, 2017.1.1.) 제75조.
28) 「전력지원체계 연구개발 업무지침」(국방부 지시 제17-001호, 2017.1.1.) 제79조.
29) 「전력지원체계 연구개발 업무지침」(국방부 지시 제17-001호, 2017.1.1.) 제80조.

사업관리기관은 업체투자 연구개발 품목 및 정부·업체 공동투자 연구개발 품목이 군사용 적합 판정을 받고 규격이 제·개정된 경우에는 지체 없이 연구개발 확인서를 발급한다. 다만, 정부투자 연구개발사업의 경우, 사업종결 여부는 사업관리기관의 공문에 의한다.

개발업체는 개발과정에서 문제가 발생할 경우 사업관리기관에 개발계획의 변경 혹은 개발기간의 연장을 요청할 수 있다. 사업관리기관은 개발업체의 개발계획 변경 혹은 기간연장 요청을 받아 그 사유를 검토하여 사유가 인정되면, 개발계획 변경 또는 기간을 연장할 수 있다. 이때 개발계획 변경 또는 기간연장은 3회에 한한다. 다만, 불가항력 및 업체의 귀책사유가 없는 경우에는 연장횟수에 제한을 두지 않는다. 개발 연장기간은 1회 최대 1년으로 제한하며, 3회 연장 총기간이 최초 개발 승인 시 개발기간을 초과할 수 없다.

군수관리관실 또는 위임받은 소요군은 전력지원체계 사업관리위원회를 통해 소요가 없어진 경우, 시제 납품기간을 준수하지 아니한 경우, 개발시험평가 결과 기준 미달 또는 운용시험평가 결과 군사용 부적합으로 판정한 경우에는 해당 정부투자 연구개발계획, 정부·업체공동투자연구개발계획, 업체투자 연구개발계획 승인을 취소할 수 있다. 업체투자 및 정부·업체 공동투자 연구개발의 경우 방사청은 연구개발 확인서를 발급받은 업체와 수의계약으로 조달할 수 있다.

사업권 지정승계는 정부·업체공동투자연구개발 및 업체투자 연구개발 업체의 매매과정에서 기존 개발업체에 의해 수행되던 사업을 타 업체로 전환하기 위한 절차이다. 정부·업체공동투자 연구개발 및 업체투자 연구개발의 개발업체는 개별적 사업권 변동이 있는 경우 국방부에 양도 승인신청을 하여야 한다. 신청대상은 현재 기존 업체(양도업체)가 연구개발 확인서를 발급받아 수의계약 중인 품목, 「국방전력발전업무훈령」 등 관련 규정에 의거하여 연구개발 확인서가 발급되어 향후 수의계약의 자격을 부여받을 것이 예상되는 사업을 포함한다.[30)]

30) 「전력지원체계 연구개발 업무지침」(국방부 지시 제17-001호, 2017.1.1.) 제81-86조.

제4부

운영유지

제 9 장
종합군수지원

군수는 프로세스와 기능이 거대한 생태계를 이루면서 부분이 아닌 전체로서 활동하며 발전한다고 본다. 이렇게 군수활동을 프로세스로 이해할 때 소요기획, 획득관리 및 운영유지를 큰 틀에서 함께 볼 수 있으며, 소요기획과 획득관리 단계에서 군수활동의 목적, 범위 그리고 방향, 군수활동의 주요 내용 등이 면모를 갖추게 되고 아울러 체계적으로 군수품이 획득되어 군내로 유입되는 선행의 과정이 있다. 운영유지 단계는 이렇게 이전 단계에서 산출되고 결과로서 주어지는 여건을 기반으로 하고, 획득된 군수품과 관련활동들이 통합되고 기능으로 정제되면서 비로소 전투력 발휘로 수렴되는 중요한 단계이다. 운영유지 단계에서는 군사적 목표를 달성하기 위해 전·평시 현장의 접점(Contact point)에서 필수불가결한 실체로서 군수품과 군수품의 성능 발휘를 보장하는 군수지원 활동으로 구현되어야 하므로 가장 중요한 군수활동이 이루어지는 단계라고 본다. 따라서 고객과의 접점에서 여하히 적기, 적량, 적소 군수지원을 지속할 수 있는가를 살펴야 하는 것이 운영유지 단계의 핵심이랄 수 있다.

1. 종합군수지원의 개념

가. 종합군수지원의 정의

종합군수지원(ILS: Integrated Logistics Support)은 무기체계의 성능을 유지하고 경제적인 군수지원을 보장할 수 있도록 소요제기 시부터 폐기 시까지 수명주기 전 기간에 걸쳐 제반 군수지원 사항을 종합 관리하는 활동이다. 앞에서 획득관리를 논하면서 전력화 지원요소를 살펴본 바 있다. 종합군수지원은 전력화 지원요소를 구성하는 전투발전 지원요소와 더불어 2개의 축 중의 하나이며 무기체계 개발 및 획득 간 확보하여야 할 군수지원요소의 묶음이라고 볼 수 있다. 야전운용 간 종합군수지원 요소는 주 장비의 성능 발휘 및 운용유지를 보장할 수 있도록 통합하거나 부대 단위로 주 장비와 동시에 보급하거나, 야전부대의 정비지원 사전준비를 위하

여 주 장비 보급 이전에 보급을 완료하도록 한다.[1)]

여기서 종합(Integrated)이란 의미는 다양한 해석이 가능한데, 일반적으로 무기체계의 설계·개발·획득 과정에서 군수지원 업무를 주 장비 획득과 동시에 이루어지도록 관리함으로써 군수지원의 적시성을 보장하는 것이며, 군수지원 요소별 업무를 기능적으로 종합한다는 의미를 갖는다.

종합군수지원 업무는 최초에는 무기체계를 개발하는 데 적용되어왔으나 현대에 와서는 무기체계뿐만 아니라 전력지원체계 및 상용장비를 개발하는 데도 적용되고 있으며 국가의 정책이나 사업계획을 수립하는 분야에도 종합군수지원의 적용 필요성이 확대되고 있다. 따라서 종합군수지원의 활용도가 점점 증가되는 현실을 감안하여 종합군수지원 분야의 많은 연구가 필요하고 업무영역을 확대 발전시켜야 한다.[2)]

이러한 종합군수지원의 정의 속에서 다음과 같은 의미를 추출할 수 있다고 본다. 첫째, 성능유지이다. 이것은 무기체계에 부여된 성능을 지속적으로 실현할 수 있도록 보장하는 것이다. 이를 위한 조치 중 하나는 장비의 불가동시간을 최소화하여 가동시간을 증가시키는 것이다. 둘째, 경제적인 군수지원이다. 이것은 수명주기 비용, 특히 경상비 성격의 운영비를 최소화하는 것으로 주 장비의 획득 시 군수지원 소요를 최소화하여 반영하고 장비 운용 시 군수지원요소를 최소로 유지하는 것이다. 셋째, 효율적이며 효과적인 무기체계 획득을 위해 종합군수지원 원칙을 적용하는 것이다. 이를 위해서 주 장비 성능과 군수지원의 보완적 발전, 군수지원요소 상호 간 유기적인 통합, 군수지원요소 획득과 배치 업무의 동시적 수행, 군수지원요소 획득과 운용의 순환체계를 유지하는 것 등을 들 수 있다.[3)]

나. 획득방안별 종합군수지원

연구개발 시 종합군수지원 요소의 누락을 방지하고 성능 발휘의 완전성을 추구하기 위해서 방사청은 선행연구, 탐색개발 및 체계개발 시 주 장비와 동시에 군수지원요소를 개발하여 확보할 수 있도록 하고 있다.

방사청은 선행연구를 수행하기 전에 소요제기 기관으로부터 아래의 내용을 제출받아 종합군수지원 요소를 식별하고 중기계획 수립 및 예산편성 과정에서 소요군과 협의하여 종합군수지

1) 「국방전력발전업무훈령」(국방부훈령 제2114호, 2017.12.29.) 제88, 226조.
2) 김문조·김백현·전종순(2011), 『무기체계 획득 & 종합군수지원(ILS)』, 양서각, p. 143.
3) 조용선(2008), 『종합군수지원』, 한국학술정보, p. 28.

원 요소를 보완·발전시킨다.

- 목표
- 정비환경 및 정비개념[필요시 성과기반 군수지원(PBL) 개념 포함]
- 운용 및 정비소요
  - 운용소요
  - 정비소요
  - 목표운용 가용도 또는 RAM 잠정 목표값
  - 유사장비 등의 군수지원분석 자료
- 종합군수지원 11대 요소

방위사업청에서는 종합군수지원 요소를 발전시키면서 지원소요의 최소화 및 간편화, 정비의 용이성, 가동시간의 최적화, 보급지원의 지속성, 종합군수지원 요소의 소요 판단, 성과기반 군수지원(PBL) 적용 시 총수명주기 비용 및 평시·전시 정비지원 방안 등을 고려하여야 한다. 방위사업청은 무기체계 획득단계에서 종합군수지원 요소를 무기체계의 수명주기 간에 걸쳐서 주 장비와 함께 개발해야 한다. 단, 주 장비 배치계획을 고려하여 획득하고, 주 장비 운용에 필요한 지원품목 등을 포함하여 패키지 단위 및 부대 단위로 배치된 주 장비의 성능 발휘 및 운용유지[성과기반 군수지원(PBL) 방안 포함]를 보장할 수 있도록 상호 체계적으로 관리 유지하여 지원해야 한다. 운영유지비의 최소화와 평시 및 전시 군수지원 가능성 등을 검토하여 소요군의 동의하에 종합군수지원 요소를 개발·획득하고, 양산 종료 시까지 관리한다. 기품원은 소요군으로부터 야전 운용제원(장비 이력, 운용·정비·부품교체 자료 등을 말함)을 제공받아 자료를 데이터베이스화하고 주기적인 분석업무를 수행하여, 그 분석 결과를 소요군, 종합군수지원개발팀, 연구개발기관 및 업체 등에 통보한다.

종합군수지원 실무조정회의(ILS-MT)는 종합군수지원 요소의 효율적 획득 및 관리를 위해 최초(1차)의 경우 해당 사업부장이 주관함을 원칙으로 하고, 2차 이후는 통합사업관리팀장이 주관한다. 종합군수지원 요소 전문분야는 통합사업관리팀장과 협의한 후 종합군수지원개발팀장이 주관한다.[4)]

구매 시 종합군수지원 요소에 대하여 방사청은 제안요청서 작성, 제안평가 및 협상을 통해서 종합군수지원 요소를 포함하고 기종결정 단계에서 국방부 및 소요군의 검토의견을 반영하여 종합군수지원 계획서(ILS-P)를 확정하여 구매한다.[5)]

4) 「방위사업관리규정」(방위사업청훈령 제415호, 2017.6.21.) 제291, 292조.

다. 획득 및 운영유지 간 종합군수지원

종합군수지원은 무기체계의 수명주기 간에 걸쳐서 주 장비와 함께 개발하되 주 장비 배치계획을 고려하여 획득해야 한다. 또한 주 장비 운용에 필요한 지원품목 등을 포함하여 통합·패키지화 및 부대 단위로 보급하여 배치된 주 장비의 성능 발휘하고 운영유지를 보장할 수 있도록 상호 체계적으로 관리·유지되어야 한다.

무기체계 획득단계에서 운영유지비의 최소화와 군수지원 적용성 등을 검토하여 종합군수지원 요소를 개발·획득하고, 전력화 평가 후속조치 완료 후 운영유지 단계로 전환한다. 무기체계 운영유지 단계에서 소요군이 야전운용제원(장비 이력, 운용·정비·부품교체 자료 등)을 수집하여 기품원으로 제공해야 한다. 기품원은 이를 분석하여 그 결과를 방사청, 소요군 및 개발기관에 환류하여 무기체계의 성능개량 및 개조가 가능하도록 하고, 아래 그림처럼 차기 유사무기체계 개발 시 경험자료로 활용하여야 한다.[6]

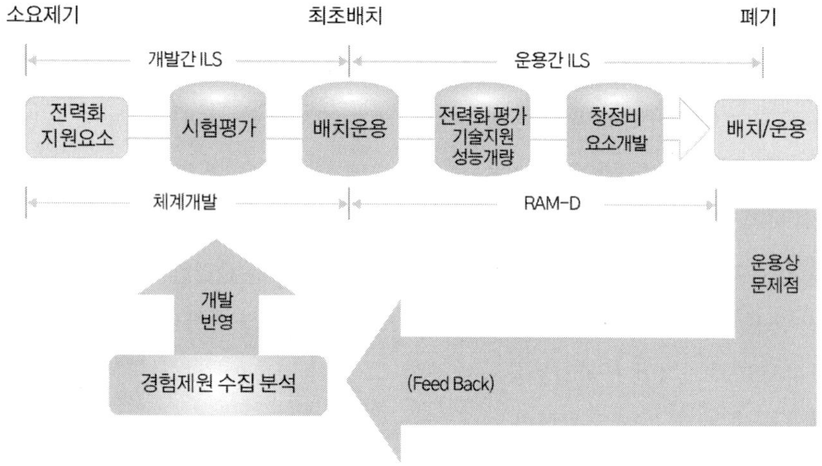

〈그림 9-1〉 종합군수지원 업무 수행절차

5) 「국방전력발전업무훈령」(국방부훈령 제2114호, 2017.12.29.) 제88, 89조.
6) 육군종합군수학교(2017a), 『종합군수지원』, pp. 11-12.

라. 제도의 출현과 배경

1960년대 미군은 무기체계와 장비의 투자비가 지속적으로 증가하는 가운데, 정밀무기체계의 주(主) 장비 위주 개발만으로는 그 무기체계의 성능을 지속적으로 보장할 수 없었다. 더욱이, 연구개발 투자비의 효율성이 증대하고 군수지원의 적시성 보장 등을 할 수 있도록 주 장비의 개발과 더불어 군수지원 측면의 종합적인 관리가 필요하다는 점을 인식하기에 이르렀다. 그러한 결과, 1964년부터는 종합군수지원제도를 수립하여 적용하기 시작하였다.

우리 군도 1970년대 전반기까지는 무기체계와 장비를 해외구매에 의존함으로써 군수지원상의 문제점을 인식하지 못했으나, 1970년대 후반부터는 독자적인 무기체계 개발에 따른 국산 무기체계 운용으로 군수지원상의 문제점이 대두되면서 종합군수지원제도의 도입 필요성을 검토하였다.

1978년 육군은 국산 장비의 야전운용 실태를 조사한 결과, 군수지원상의 구조적 문제가 있음을 확인하고 종합군수지원제도의 필요성을 제기하였다. 1980년 2월에 국방관리연구소(현재의 국방연)에서 미국의 제도를 기본모델로 하여 종합군수지원제도의 적용을 제안하였으며, 1987년과 1988년에 걸쳐 종합군수지원 규정을 제정하고 관련 조직을 편성하게 되었다.

2006년 「방위사업법」과 「방위력 개선사업 관리규정」 제정, 2007년 종합군수지원 업무 지침서가 규정됨으로써 종합군수지원 관리업무를 추진하는 소요군, 방사청, 연구개발 주관기관 및 업체 간 업무의 협조와 절차가 보다 구체화되었다. 이러한 많은 노력에도 불구하고 현행의 종합군수지원(ILS) 제도는 주로 체계개발단계 이후부터 적용되면서 진화적 획득전략과 총 소유비용의 절감을 주안으로 하는 총수명주기관리체계의 적용에는 다소 미흡한 제도 또는 낡은 제도라는 인식이 확산되었다. 소요기획 단계부터 적용하면서 군수품의 효과성과 효율성을 동시에 확보한다는 미국의 통합 군수품 지원(IPS: Integrated Product Support)에 기반을 둔 수명주기 지속계획(LCSP) 제도의 전향적인 도입을 검토한 이유와 배경이 여기에 있다. 현재는 국방부 주도로 각 군별 시범사업에 적용 중이며 향후 제도 발전과 여건 성숙 시 수명주기 지속계획(LCSP)으로 전환이 예상된다.

마. 미국의 통합 군수품 지원 관련 최근 동향

미국은 전통적으로 10대 종합군수지원 요소를 선정하여 관리해왔으나, 현재는 12대 통합 군수품 지원요소로 확대 및 발전시켜 관리하고 있다. 종합군수지원(ILS) 10대 요소와 통합 군수품 지원(IPS) 12대 요소를 비교하면 다음 표와 같다. 〈표 9-1〉에서 진한 고딕은 추가 또는 신설된 항목이고 중간 실선은 삭제를 의미한다. 각각의 요소를 보면, 표면적으로는 종합군수지원과 통합 군수품 지원의 유사성이 매우 높아 보인다. 그렇지만 지향방향과 중점으로 살펴보면 다른 점들을 이해할 수 있다.

첫째, 신규요소인 군수품 지원 관리(Product Support Management)와 지속유지 공학(Sustaining Engineering)은 수명주기관리에 중점을 두고 업무영역을 기존의 군수영역 이상으로 넓히고 있다. 둘째, 정비계획(Maintenance Planning)은 정비관리는 물론이고 운영유지와 지원(Operation and Support)의 책무까지 포함한다. 셋째, 시설은 단순한 수용·저장시설을 넘어서 운영과 관련된 기반시설까지 포함한다. 넷째, 컴퓨터 지원은 군수품 지원의 효과성과 지원 가능성 보장을 포함하여 하드웨어와 소프트웨어까지 의미한다. 다섯째, 통합(Integration)의 의미는 설계, 개발, 배치 및 운영의 전 수명주기 간에 지원 가능하고 효과적인 군수품(an Affordable and Effective System) 지원전략을 시행하기 위해서 제반요소를 통합한다는 의미이다.[7)]

〈표 9-1〉 종합군수지원과 통합 군수품 지원 요소 비교

구분	종합군수지원	통합 군수품 지원
세부 요소	·설계 인터페이스(Design Interface) ·보급지원(Supply Support) ·정비계획(Maintenance Planning) ·포장, 취급, 보관 및 수송(Packaging, Handling, Storage and Transportation) ·기술자료(Technical Data) ·지원장비(Support Equipment) ·훈련 및 훈련지원(Training & Training Support) ·인력 및 인사(Manpower and Personnel) ·시설(Facilities) ·전산자원 지원(Computer Resources Support)	**·군수품 지원 관리(Product Support Management)** ·설계인터페이스 **·지속유지 공학(Sustaining Engineering)** ·보급지원 ·정비계획 및 **관리**(Maintenance Planning and **Management**) ·포장, 취급, 보관 및 수송 ·기술자료 ·지원장비 ·훈련 및 훈련지원 ·인력 및 인사 ·시설 및 **기반구조**(Facilities and **Infrastructure**) ·전산자원 ~~지원~~(Computer Resources ~~Support~~)

7) U.S. DAU(2018), "Integrated Logistics Support(ILS) and Integrated Product Support(IPS) Elements: A Study in Contrasts," DAU News에서 요약.

2. 종합군수지원의 필요성

종합군수지원의 필요성은 무기체계 획득실태와 종합군수지원이 지니는 기능 측면에서 각각 파악할 수 있다.

가. 무기체계 획득실태면

우리 군은 1970년대 초부터 독자적인 무기체계 개발을 위해 많은 노력을 해왔다. 1960년대와 1970년대 역설계 방식에 의한 소총류, 중화기류 등의 개발과 일부 기동 및 화력장비의 개량, 개조 생산을 시작하여 정밀무기에 대한 개발 및 생산기반을 조성하였다. 1980년대에는 유도무기 개발, 전투기 기술도입 생산, 전차의 기술협력 생산 등을 추진하여 독자적인 연구개발 기반이 비로소 구축되었다고 본다. 이를 바탕으로 1990년대부터 첨단화되고 융·복합화되는 지상 무기체계의 독자적 개발, 함정 및 항공기의 기술협력에 의한 개발과 생산 능력을 갖추게 되었다.

〈표 9-2〉 방위산업의 발전과정

구분	내 용
60년대	·소총류 재생 자급(M-1, 칼빈, 소화기탄)
70년대	·M-16, M-60 박격포, 무반동총 ·곡사포, 전차(M48A3, M48A5) 및 장갑차 개조 ※ 기본 병기 양산체제 구축 및 정밀무기 생산기반 조성
80년대	·지대지/지대공 유도탄 ·K-1 전차 개발, F5F 전투기 조립생산 ※ 고도 정밀무기 국산화 및 독자 개발 기반 구축
90년대	·전차, 장갑차, 자주포 양산체제 구축 ·전투함, 중·장거리 미사일 개발 ※ 첨단 정밀무기체계 개발 및 기반 구축
현 재	·K-2 전차, 자주포, 다련장, 장갑차, 탄운차 개발 ·F-5K 전투기, 잠수함, 미사일 등 첨단 무기체계 개발

그러나 이러한 무기체계 획득과정에서 주 장비 위주의 획득관리를 추구함으로써 독자적으로 개발하여 전력화시킨 주요 군수품의 운용 시 군수지원상에 문제가 발생하기 시작하였다. 고장

빈도가 높아지고, 고장 발생 시 정비업무량이 과다하게 소요되는 등 전반적인 불가동시간이 늘어나게 되어 결국엔 장비의 가동률이 낮아지고, 전력운영비가 과다하게 소요되는 등의 문제가 누적되기 시작하였다.

나. 종합군수지원의 기능면

현대 무기체계의 특성은 체계성, 복잡성, 고가성 등을 들 수 있으며 이러한 무기체계의 특성으로 인해 군수지원 업무는 고도로 복잡화·전문화되어가고 있다. 종합군수지원은 이와 같이 난해한 군수지원 업무를 체계적이고 과학적으로 수행할 수 있도록 하는 것이다.

1) 체계성

무기체계는 하나의 무기나 장비가 주어진 목적을 달성할 수 있도록 운영·유지하는 데 소요되는 제반시설, 지원장비, 보급물자 그리고 일정 수준의 기술을 가지고 운영하는 인적 자원 모두를 망라한 집합체로서, 이 중 어느 하나가 결여되어도 부여된 임무를 원활히 수행할 수 없다. 예를 들면, 전차라는 무기체계는 전차 자체뿐만 아니라 운용 및 전술교리, 승무원 등 운영조직, 개인 및 부대훈련, 수용 및 정비시설, 상호운용성을 보장하는 하드웨어 및 소프트웨어, 정비병, 정비기술교범(제원), 시험장비, 공구, 수리부속, 탄약, 연료 등이 종합적으로 준비되고 지원되어 운용되어야 기대하는 모든 성능과 기능을 발휘하게 된다.

이와 같이 현대 무기체계는 주 장비와 전력화 지원요소를 통합하여 하나의 체계성을 지니게 됨으로써 전력화 지원요소의 핵심인 종합군수지원의 중요성은 점점 증가하고 있다. 최근 들어 무기체계 획득 시에 군수지원 문제는 주 장비 못지않은 관심을 갖고 해결하지 않으면 안 될 중요한 과제로 대두되고 있다.

2) 복잡성

과학기술의 발전은 무기체계의 성능과 형태에 급진적인 변화를 가져오고 있다. 특히 정밀도와 치명도의 증대로 설명되는 사거리, 정확도, 파괴력 등의 발전과 이에 대응하는 무기체계의 발전은, 창과 방패의 논리처럼 무기체계 간의 경쟁과 융·복합화를 가속시키면서 결과적으로 무기체계 자체의 복잡성을 증가시키고 있다. 통신전자 기술의 발전은 무기체계의 집적성과 연동성을 더욱 촉진하고 있다. 이에 따라 군수지원 문제를 합리적으로 해결하기 위해서는 주 장비의 복잡성이라는 특성을 제대로 이해해야 한다는 것을 기본 전제로 한다.

3) 고가성

현대 무기체계는 정밀화와 복잡화로 인하여 무기체계 획득비용과 전력유지비를 급격히 증가시키고 있다. 특히 전력운영비는 전투준비태세 지속성을 제고시키기 위한 수명주기 비용의 중요 비용항목이 되고 있으며, 전력운영비가 총수명주기 비용의 60~70%를 차지하고 있다.

이러한 무기체계의 특성으로 인하여 급격히 증가하는 수명주기 비용, 특히 전력운영비를 최소화하여 경제성을 제고하는 것은 중요한 과제이며, 이를 실현시키는 활동이 종합군수지원이다.

4) 수명주기 비용의 조기 확정

무기체계 수명주기 비용의 2/3 이상이 획득 초기인 체계개발단계에 확정된다는 것이 일반적인 견해이며 다음 그림은 무기체계 획득단계별 수명주기 비용의 확정범위를 개략적으로 도식화한 것이다.

그림에서 보는 바와 같이 개발단계 초에서 체계개발단계 말로 이행되면 수명주기 비용이 거의 확정되므로 이후에 비용을 변경할 수 있는 융통성은 거의 없다. 그러므로 수명주기 비용이 확정되기 전에 비용을 예측하고, 비용이 최소화되도록 노력해야 한다. 이와 같이 비용의 조기 예측과 최소화 등의 난해한 업무를 수행하는 것이 종합군수지원이다.[8)]

8) 육군종합군수학교(2017a), 전게서, pp. 7-8.

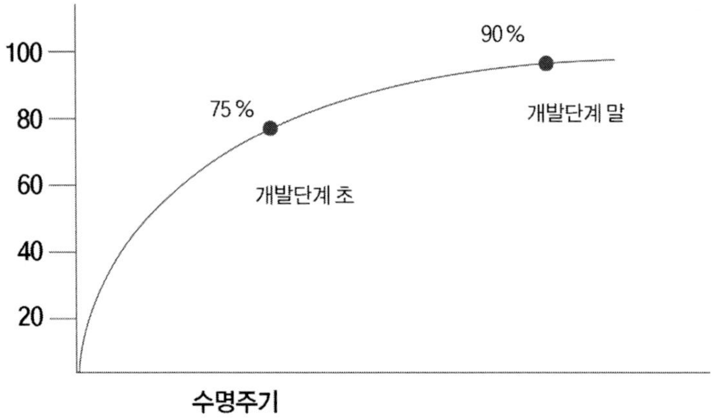

〈그림 9-2〉 무기체계 수명주기 비용 확정시기

3. 종합군수지원의 원칙[9)]

무기 및 전력지원체계 획득 시 경제적이고 효과적으로 획득하기 위하여 다음과 같은 종합군수지원 원칙을 적용하여야 한다.

가. 주 장비 성능과 군수 지원성의 보완적 발전

무기체계 획득(설계) 시 주 장비 성능과 군수 지원성을 상호 보완적 입장에서 발전시켜야 한다. 주 장비 제작 시 결정된 모든 설계사항은 군수지원은 물론, 성능 발휘까지 중대한 영향을 미친다. 예를 들면, 특수하고 복잡한 설계는 성능을 향상시킬 수는 있으나, 고장빈도가 높고 수리에 많은 시간과 비용이 소요되어 결과적으로 전체적인 사용효과는 낮아지고 전력유지비가 증가된다. 따라서 주 장비 설계 및 제작 시에 군은 군수지원이 용이하도록, 전력유지비가 최소화되도록 요구해야 하며, 설계자들은 그들의 설계 결정이 군수지원에 중대한 영향을 미친다는 사실을 명심해야 한다. 이러한 주 장비 성능과 군수지원성의 보완적 발전을 실현하기 위해서는 개발자들의 군수지원에 관한 인식이 제고되어야 하고, 주 장비 설계영향에 관한 교리가 개발되어

9) 김문조·김백현·전종순(2011), 전게서, pp. 148-150에서 발췌하여 인용.

야 하며, 개발자와 종합군수지원 요원 간의 업무협조 체제가 확립되어야 한다.

나. 군수지원요소 상호 간의 유기적 통합

군수지원요소는 그 대상이 무수히 많을 뿐만 아니라 상호 연관성을 지니고 있다. 그러므로 군수지원요소의 획득(개발) 시에는 이들 상호 간의 연관성을 고려하여 균형과 조화를 이룰 수 있는 최선의 대안을 선정하여야 한다. 예를 들면, 고도로 숙달된 정비요원 육성이 곤란할 경우에는 미숙한 정비요원이 다루기 쉬운 지원장비를 요구하거나, 수리체계 대신 비수리체계를 확대하여 고장을 배제하게 된다. 이와 같이 군수지원 교육, 지원장비, 정비계획, 기술교범, 보급지원 등의 군수지원 요소들이 상호 균형과 조화를 이룰 수 있도록 관리하여야 한다. 이를 실현하기 위해서는 군수지원요소 획득(개발)요원들의 전문인력이 확충되어야 하고, 군수지원요소 개발기법이 실용화되어야 하며, 특히 업무 관련 부서 간의 업무 협조체계가 확립되어야 한다.

다. 무기체계 수명주기 간 종합군수지원의 적시성과 지속성 보장

종합군수지원 요소의 확보는 무기체계의 설계·개발 및 확보과정과 함께 추진되어 무기체계 수명주기 간 종합군수지원의 적시성과 지속성이 보장되도록 하여야 한다. 무기체계 개발 후 소요군에 장비가 배치되어 장비운용 간 고장 시, 원활히 조달될 수 있는 수리부속을 사용하고, 외주정비로 추진될 경우에는 해당 정비업체가 지속적인 정비유지가 될 수 있는지를 확인하고 업무를 추진하여야 한다. 특히, 장비 도입 시 최첨단 장비를 선호하여 타국에서 사용하고 있지 않는 장비나 부품을 도입하면 희소 장비가 되어 해당 업체가 구조조정 또는 폐업하여 차후에 정비할 수리부속 조달이나 정비가 매우 곤란하여 고가의 첨단장비가 제 기능을 발휘하지 못할 수 있다.

라. 종합군수지원 요소와 주 장비의 동시 개발 및 배치

종합군수지원 요소의 개발, 생산, 배치 등 일련의 업무를 주 장비 획득업무와 동시적으로 수행하여야 한다. 무기체계 획득과정 중의 주요 의사결정 시에 군수 지원성을 반영하고 전력화 일정계획을 준수하며, 적기에 소요예산을 판단하여 중·장기 계획에 반영하기 위해 종합군수지원

업무는 반드시 주 장비 획득업무와 병행하여 수행하여야 한다. 이를 실현하기 위해서는 종합군수지원 업무의 진도관리체계가 개발되어야 하고, 관리기관, 특히 조정 및 통제기관의 능력이 확충되어야 하며, 종합군수지원 요소 개발능력이 확보되어야 한다.

마. 종합군수지원 요소 획득과 운용의 순환체계 유지

종합군수지원 요소를 획득하여 배치한 후에 운용과정에서 경험제원을 수집·분석·평가하며, 분석평가 결과에 따라 부적합한 군수지원 요소에 대한 수정 제기는 물론, 이들 경험제원을 축적하여 차후 유사 무기체계 획득(개발) 시에 군수지원 기준으로 활용할 수 있도록 관리하여야 한다.

이를 실현하기 위해서는 군수지원 요소 획득과 운용의 연결고리 역할을 할 수 있는 종합군수지원 조직이 있어야 하고, 운용단계의 종합군수지원 관련 교리가 보완되어야 하며, 특히 야전운영 경험자료 수집체계가 확립되어야 한다.

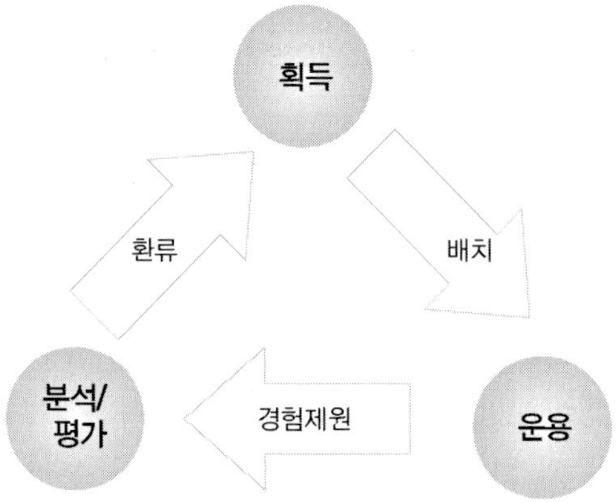

〈그림 9-3〉 종합군수지원 요소 획득과 운용의 순환체계

4. 업무체계와 협의체[10)]

가. 무기체계의 종합군수지원 업무분장 및 업무체계

종합군수지원 업무를 계획 및 시행하고 요소 개발을 구체화하는 기관으로 국방부, 합참, 방사청, 소요군, 군수사, 교육사, 연구개발 주관기관, 야전군 등이 있다. 관련 기관의 협업이 중요하므로 이에 따른 업무분장은 책임 있는 협업을 위한 기반이 된다.

1) 국방부

국방부는 최상위 정책부서로서 종합군수지원 업무와 관련된 정책 및 제도의 발전에 대한 광범위한 책무를 소관으로 하는데, 현재는 주로 운영유지 단계의 종합군수지원 업무를 조정·통제한다.

(1) 군수정책, 군수품 조달정책, 군수지원계획, 전투 긴요 물자 및 장비 비축계획의 수립·조정 및 제도 발전
(2) 군수품의 표준화 및 ILS에 관한 정책 및 제도의 발전
(3) 장비·물자·탄약의 보급·운영 및 유지
(4) 군수분야의 중기계획(안) 및 예산(안) 검토

2) 합동참모본부

합참은 신규 무기체계, 무기체계 성능개량 등에 대한 소요를 결정하고 방위력 개선사업의 분석평가, 시험평가 등 업무를 협조한다.

(1) 무기체계 등에 대한 소요결정 및 수정
(2) 합동군사전략서 및 합동군사전략목표기획서 작성
(3) 무기체계의 작전운용성능(ROC) 결정 및 수정
(4) 시험평가 수행에 대한 조정 및 통제

10) 육군종합군수학교(2017a), 전게서, pp. 18-24; 방위사업청(2015), 『종합군수지원 개발 실무지침서』, pp. 53-58, 69-73에서 발췌하여 인용.

3) 방위사업청

방사청은 ILS 관련 규정, 방침, 제도의 발전을 담당하며, 무기체계 ILS 요소 분석 결과를 확인·검증 및 환류시킨다. 사업관리 단계에서 실무조정회의 등을 주관한다.

(1) 무기체계별 ILS 요소 획득 소요 식별 및 반영
(2) ILS 요소 개발 관련 예산 획득 및 활동예산 반영
(3) ILS 계획 수립 및 협의체(ILS-MT 등) 주관
(4) 시험평가 및 전력화 평가결과 후속조치

4) 국방기술품질원

국방기술품질원은 소요기획 및 획득단계의 신뢰성 정책, 제도 및 기법의 발전을 담당하며 이와 관련된 기술적이며 전문적인 지원활동을 수행한다.

(1) 초도 및 양산기간 중 형상관리 업무수행
(2) ILS 개발사업에 대한 기술지원 및 품질보증 활동
(3) 전력화 평가 참여 및 기술지원
(4) RAM 분석도구 및 기법 발전, 기술지원 등
(5) 야전운용제원 데이터베이스 구축, 분석 및 관련 기관 환류

5) 국방과학연구소

국방과학연구소는 핵심기술, 무기체계 연구개발 시에 산·학·연 협력을 촉진하고 관리한다. 국방부, 소요군 등 관련 기관에 기술적·전문적 지원업무를 수행한다.

(1) 국과연 주관 무기체계/핵심기술 연구개발사업의 ILS 요소 개발
(2) 핵심기술·부품개발의 산·학·연 협력 연구개발사업에 관한 업무
(3) 국과연 주관 연구개발의 ILS 분야 개발시험평가 수행
(4) 작전운용성능 결정 지원 및 국방기술 분야 대군 지원

6) 각 군 본부

각 군 본부는 참모부와 직할부대를 통해서 ILS 관련 정책·제도를 발전시키고 예산을 편성하

고 할당하며, 소요제기부터 획득관리 및 야전운영 전수명주기에 걸쳐서 분석·평가 및 시행의 조정·통제·관리의 임무를 수행한다.

(1) 전력기획참모부
① 소요제기서(안) 중 전력화 지원요소 분야 검토 및 작성
② 전력단위별 관련 부서 의견수렴, 중기계획 육군요구(안) 작성
③ ILS 분야를 포함한 운용시험평가 계획, 결과 종합, 방위사업청 통보
④ 야전운용제원 수집 및 분석 결과에 대한 의견제시
(2) 인사참모부
① 신규 획득장비 운영에 따른 군사 주특기 적합성 검토
② 신규 주특기 인가 및 편제된 인원 획득·보충
(3) 정보·작전 참모부
① 운용/기술인력 증감, 신설에 따른 편제 반영 및 부대계획 반영
② 신규 개발장비, 지원/시험장비 편제 반영 및 관련 부서 의견수렴
③ 교육훈련용 장비 및 교보재 필요성 검토, 소요판단, 개발 및 보급까지 전 단계 확인, 통제
(4) 군수참모부: ILS 업무 종합, 조정 및 통제
① 분야 정책결정 및 제도 발전
② ILS 사업관리 시 소요결정 단계부터 선행연구, 탐색개발, 체계개발 및 구매사업 중점 관리
③ 무기체계별 소요제기서(안) 및 전력소요서(안)의 ILS 분야 검토
④ 방위력 개선사업 ILS 분야 중기계획 및 연도 예산 요구(안) 작성
⑤ 전력화 중인 무기체계 사후관리(형상관리, 국산화, 성능개량 등) 지원
⑥ 운용시험평가(OT), 야전운용시험(FT), 전력화 평가지원 및 ILS 분야 후속조치
(5) 정보화기획실: 전자식 기술교범(IETM) S/W 유지보수 관리
(6) 분석평가단
① 전력화 평가 및 조정·통제
② ILS 개발 및 획득사업에 대한 비용분석
(7) 시험평가단: 무기체계 및 전력지원체계에 대한 운용시험평가

7) 소요군 군수사령부

소요군의 군수사령부는 신규 무기체계 개발 시 ILS 업무를 지원하고 창정비 요소 개발, 동시조달 수리부속 소요 산정 등을 지원한다.

(1) 창정비 요소 개발 소요제안 및 시험평가 주관

(2) 신규 무기체계 개발 시 종합군수지원 업무수행

① ILS 사업관리 시 전력화 진행사업, 창정비 요소 개발사업 중점관리

② 체계개발 동의서(LOA) 검토

③ 운용시험평가, 통합시험평가, 야전운용시험(FT) 시 ILS 분야 평가 지원

④ 전력화 장비 A/S 종료 3~6개월 전 운용유지 능력 종합평가 실시(육군만 적용)

(3) 군수지원분석(LSA)에 필요한 자료수집 및 지원

① 야전운용제원 DB 구축, 제원 수집 및 분석

② 무기체계 개발 시 군수지원분석 입력자료(운용 및 정비소요) 작성 및 보고

(4) 동시조달 수리부속(CSP) 산출 및 분석

① 동시조달 수리부속 초도 보급 소요산출 시 자료검토 및 의견제시

② 3년간 CSP 운영결과 분석 및 육본(군참부) 보고

8) 소요군 교육사령부

소요군 교육사령부는 관련 교범을 검토·발간 및 관리하며, 군수지원분석을 지원한다.

(1) 신규 전력의 전력화 지원요소 운용 및 정비소요 포함 소요제안서 작성

(2) 전자식 기술교범(IETM)과 책자형 교범 등 운영관리

(3) 군수지원분석 지원

나. 전력지원체계의 종합군수지원 업무분장

전력지원체계 관련 종합군수지원 업무는 업무수행 단계별로 구분할 수 있다. 소요제기단계에서는 사업통제부서(군참부, 정작부)가 최초 군사 요구도 적용 시 ILS 개발 필요성을 결정한다. 이후 사업관리 단계에서 사업통제부서는 사업과정별 ILS-P 초안을 검토하고 ILS-MT에 동참하여 의사결정에 참여한다. 이때 전력지원체계 사업단은 사업 전 과정에 대한 ILS 11대 요소를 개발한다. 초도배치단계에서 사업통제부서는 ILS 보완에 대한 건의사항을 접수 및 조치하는데, 전력지원체계 사업단은 야전운용성에 대해 평가한다. 전력화단계에서 품질보증기간 중, 운영유지, 소요판단 및 기초 DB를 관리한다. 아울러 품목별 적정 운영유지에 대한 체계를 구축토록 한다.

다. 종합군수지원 협의체

1) 종합군수지원 실무조정회의(ILS-MT)

종합군수지원(ILS) 요소 개발을 위해 개발주관기관과 관련 기관 간에 의견 조정 및 통합을 위해 실무조정회의를 운영한다. 방사청 통합사업관리팀장은 체계개발단계에서 종합군수지원 요소의 효과적인 개발 및 관리를 위하여 군수지원 관련 기관 및 부서 요원으로 실무조정회의체를 구성한다.

방위사업청은 통합사업관리팀, 종합군수지원개발팀 등이 참여하고 소요군은 기참부, 군참부, 시평단, 군수사, 교육사, 군지사, 해당 병과학교, 전력화 대상부대 등 다양한 부대 및 부서가 참여하고, 연구개발 주관기관, 국과연, 기품원 등이 아울러 참여한다.

운영시기는 정기와 수시로 나누는데, 정기는 소요군, 관련 기관 및 연구개발 주관기관의 ILS 현안토의 시 개최되고, 사안 발생 시 필요에 따라 수시 회의가 소집된다.

실무조정회의 주요 내용은 아래와 같다.

- ILS 요소 개발 및 단계별 관련 분야 의견수렴
- 주 장비 개발과 종합된 ILS 요소 반영 및 협조
- 개발 및 획득단계별 관계기관의 미흡사항 및 향후 추진계획 작성
- ILS 요소 업무 조정·통제 및 반영
- 전력화 진행 중인 장비의 ILS 요소에 대한 변경 소요 및 후속조치 검토

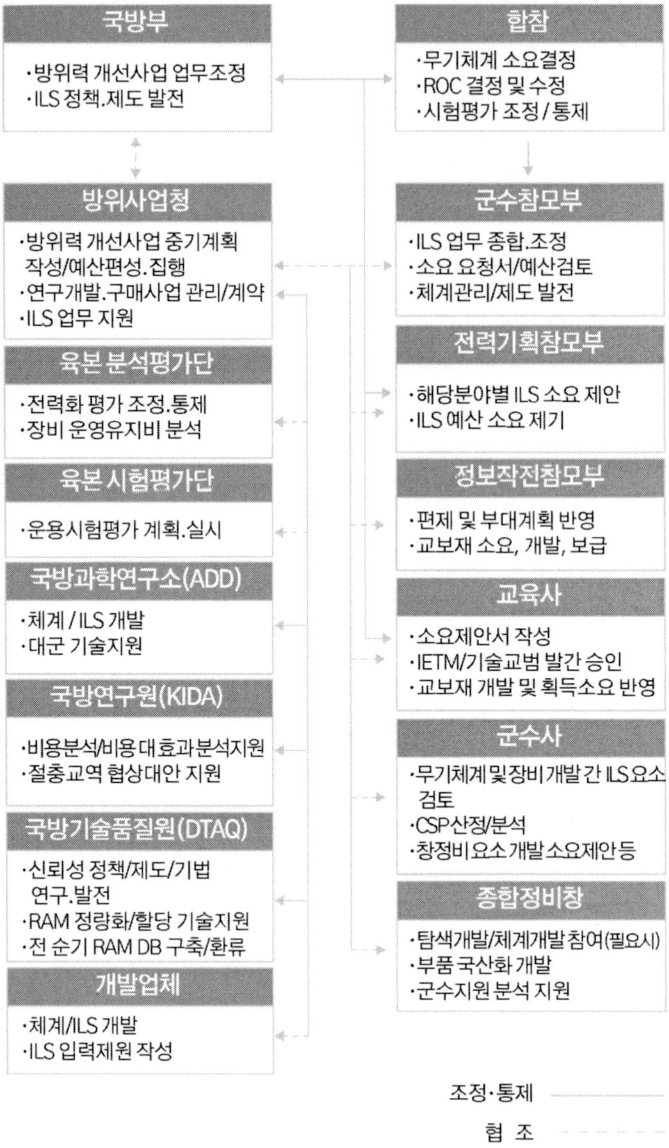

〈그림 9-4〉 무기체계 종합군수지원 업무체계 및 소관업무

2) 군수제원점검 회의

군수제원점검(LDC: Logistics Data Check)란 연구개발 주관기관(국과연 및 업체)이 작성한 분석자료 및 군수지원요소에 대해 관련 기관(방위사업청, 소요군, 개발기관 등)이 참석하여 실시하는 제원점검회의를 의미한다. 점검 대상에는 신규 무기체계의 군수지원요소 및 지원성

관련 사항이 포함되며, 협의/확정결과를 토대로 군수제원을 최신화하고 환류하여 개발에 반영해야 한다.

회의 구성은 방사청, 소요군 및 연구개발 주관기관 등으로 이루어진다. 방위사업청은 통합사업관리팀, 종합군수지원 개발팀 등이며, 소요군은 군참부, 시평단, 교육사, 군수사, 군지사, 정비창, 군수교, 병과학교, 장비 운용부대 등이다. 그 밖에 국과연, 기품원, 개발업체, 구성품 설계업체 등이 참여한다.

운영시기는 군수지원분석 및 체계설계 완료 시, 체계가 복잡한 경우 LDC는 군수지원분석 관리번호(LCN) 계열별로 실시하거나, 체계설계가 완료되는 구성장비 각각에 대하여 별도로 실시할 수 있다. 주요 임무는 아래와 같다.

- 공정 간 검토 자료 및 군수제원자료 검토
- RAM 및 군수지원분석 결과 검토 및 입증
- 근원정비복구성 부호, 정비업무 부호 부여의 적절성
- 계획정비, 비계획정비에 대한 정비인시 산정의 적절성
- 특수공구/시험장비의 적용성 및 적합성
- 표준화 및 호환성의 설계반영 확인
- 고장유형 영향/치명도 분석, RAM 매트릭스, 정비업무 분석 등 적절성 검토
- 기타 ILS 개발 관련 추가 소요 반영 및 의견 개진

연구개발 주관기관(국과연, 업체)은 LDC 회의 후 결과를 반영하여 수정보완을 실시하고 사업관리기관은 차기 LDC 또는 ILS-MT를 통해 이를 확인한다. 사업관리기관(IPT 및 시험평가 수행기관)은 군수제원 점검회의 결과에 대한 수정 보완된 사항을 시험평가 기간 중에 확인하고 보완 소요를 도출한다.

3) 설계검토 회의

(1) 체계 요구조건 검토(SRR: System Requirement Review)

체계 요구사항의 식별 여부 및 요구자와 개발자 간의 체계 요구사항에 대한 상호 이해 등을 확인하고 군수지원, 소프트웨어, 시험 및 배치, 생산 공정상의 계약조건 등에 관한 제 요소를 검토한다. 개발 무기체계의 개념정립 단계나 시험 및 입증단계에서 체계수준의 기준분석, 요구사항이 할당된 이후 실시한다. 주요 검토대상은 다음과 같다.

- 체계수준의 기능 블록선도, 요구사항 할당서 등
- 비용효과, 수명주기 비용을 포함한 체계 비교분석, 독립적인 비용분석
- 체계 인터페이스 연구, 제작 계획서 초안, 인력 요구계획서 등
- ILS 분야 요구사항 식별 및 요구 수준의 적절성 검토

(2) 체계기능 검토(SFR: System Functional Review)

체계기능 검토는 체계 및 구성품에 대한 기능을 분석하여 소요군의 요구사항을 충족하기 위하여 실시한다. 체계 요구사항 검토와 체계기능 검토는 별도로 수행할 수 있으나, 요구조건과 이를 구현하기 위한 기능적 충족 여부를 검토하기 위하여 통합하여 실시할 수 있다. 주요 검토 대상은 아래와 같다.

- 초기 RAM 분석방법 및 연구계획의 타당성
- 초기 군수지원분석 방법 및 연구계획의 타당성
- ILS 11대 요소별 개발방안 및 범위의 적절성

(3) 기본설계 검토(PDR: Preliminary Design Review)

체계 요구사항의 식별 여부 및 선정된 설계방안에 대한 진행사항, 기술적 가능성, 위험 해소 방안 등을 분석·검토한다. 장비와 시설, 운용자, 컴퓨터 프로그램 간에 물리적·기능적 인터페이스가 가능하도록 각 형상품목에 대하여 타당성을 검토한다. 주요 검토대상은 아래와 같다.

- 개발규격서 및 개발규격서에 관한 초기 설계종합 과정
- 공학적 특수분야 연구(ILS, 생산성, 인간공학 등)
- 개발되어야 할 하드웨어 형상항목에 대한 인터페이스 요구사항
- 개발규격서의 검토를 위해 필요한 체계공학적 문서화 내역 식별
- 개발규격서 내 지원장비 항목 초기 식별(시험용 콘솔, 전원장비 등)

(4) 상세설계 검토(CDR: Critical Design Review)

중요한 공학적/기술적 검토의 마지막 단계로서 하위수준의 상세 설계에 대한 완벽성 및 인터페이스의 적절성 여부를 검토한다. 상세설계 검토의 성숙도가 불완전한 경우 차후의 빈번한 변경이 생산에 지장을 초래하고, 상세설계 검토를 너무 늦게 완료할 경우 생산계획 작성에 심각한 지장을 초래하므로 설계검토의 수행시점을 적절히 선정해야 한다. 기타 소요군의 추가 요구사

항 및 유사체계의 환류제원에 대한 반영요소를 검토·결정한다. 주요 검토대상은 아래와 같다.

- 주 장비 설계 시 군수 지원성 검토 등 연구 및 설계반영 내용
- ILS 11대 요소별 개발계획 및 추진 현황
- RAM 분석보고서, ILS-P, LSA-P 등 각종 보고서 초안 검토

4) 시험준비 검토회의(TRR: Test Readiness Review)

시스템 또는 서브시스템이 공식적인 시험평가(개발시험평가, 운용시험평가) 수행 준비여부를 다중으로 점검하는 회의를 말한다. 시험목적, 방법 및 절차, 시험범위, 안정성, 요구되는 시험요소가 적절히 식별되고 계획된 시험평가와 연계성이 있는지 여부를 확인한다.

5. 종합군수지원 11대 요소

가. 연구 및 설계반영

연구는 무기체계에 대한 최적의 종합군수지원 개념을 형성하고 구체화하기 위하여 사전에 관련 자료 및 현상을 검토·확인하는 활동을 말한다. 개발 및 획득 무기체계에 대한 군수지원 개념설정, 정비기술 획득소요 판단, 장비 원생산국의 관리유지 실태를 확인하기 위하여 관련 기관을 통하거나, 해외업체 및 기관을 직접 방문하여 ILS 자료를 수집 및 획득하는 활동이다.

군이 보유할 핵심기술을 최단기간에 획득하고 고도의 관리 유지를 위한 기술적 기반을 조기에 구축하는 데 목표를 두며, 아래 기준에 의거하여 활동범위를 설정한다.

- 현용 장비에 대한 관리유지 체제 구축에 파급효과가 기대되는 분야
- 신규 획득장비로 현 보유 유사장비가 없는 장비분야
- 전략상 독자적으로 군수지원 능력을 확보해야 할 장비분야
- 차기 세대에 지속적으로 발전시켜야 할 관련 장비분야

연구는 종합군수지원에 대한 개념형성이나 ILS 요소를 구체화하기 위한 관리유지 기술 습득 활동으로 볼 수 있다. ILS와 관련하여 무기체계의 기술적·경제적 분석을 실시하며, ILS 운용성능에 부합하는 최적의 종합군수지원 대안을 도출하고 현 정비능력(기술수준)을 조사하여 야전

배치 후 초래될 관리 유지상의 문제를 최소화하기 위한 활동이다.

연구를 위한 활동은 정해진 기간은 없으며, 관련 기관 간 상호 긴밀한 연계하에 무기체계 개발단계에서의 추진을 원칙으로 하되 사업진행 순기가 지연되었다고 생략할 수 없다. 대상 무기체계에 대한 최적의 군수지원 체제를 구축하기 위하여 탐색 및 연구를 하며, 무기체계 개발단계마다 결과를 적절히 반영한다. 장기적인 군수지원 발전목표에 중점을 두고, 개념적인 연구를 완료하여 전력화 후 ILS 관련 문제를 최소화해야 한다.

설계반영이란 무기체계의 전 개발단계에서 ILS에 관련된 모든 요구사항을 주 장비 설계에 반영하는 활동을 말하며, 그 내용은 다음과 같다.

- 주 장비 설계 시 장비의 시험성, 정비성 등 군수지원의 용이성과 지속성, 운영유시비의 최소화를 위한 개념 반영
- 체계개발 동의서, 체계개발 계획서, 종합군수지원 계획서(ILS-P) 등에 포함
- 군수지원분석(LSA) 결과, 유사장비 경험제원 등을 주 장비 설계에 반영
- 개발진행 과정에서 설계변경이 요구될 시는 군수지원 소요와 운영유지비 및 불가동시간이 최소화되도록 결정

나. 표준화 및 호환성

표준화 및 호환성은 무기체계 개발 및 획득 시 소요되는 재료, 구성품, 소모품 등에 대한 최대한의 공통성을 유지시켜 장비 간의 군수지원이 용이하도록 군수지원요소를 단순화하는 과정이다.

신규개발, 획득할 무기체계, 배치 운용 중인 무기체계와 신규개발 무기체계 자체 내의 표준화 및 호환성이 유지되도록 설계에 반영한다. 군수지원 소요를 최소화할 수 있도록 최대한 표준서에 의거하여 제작(수리부속, 탄약, 유류, 취급장비, 지원장비 등)한다. 탐색개발, 체계개발 동의서 작성, 체계개발 시 표준화 및 호환성을 반영한다. ILS 요소 중 표준화 및 호환성과 관련된 요소는 소요제기, 개발, 획득, 전력화 평가 시까지 반영하고 종합군수지원 계획서에 포함한다.

다. 정비계획

정비계획은 무기체계 개발 전(全) 기간 동안 군수지원분석, 경험제원 등을 반영하여 신규 무기체계 전력화 시 정비지원의 용이성, 효율성을 보장하기 위한 고려요소를 포함한다.

정비개념은 무기체계 소요제기 단계에서 수립되어야 하며 여기에는 개략적인 정비계단 구분, 정비방침 및 책임, 정비 허용시간, 정비지원 여건 등을 포함한다. 정비개념 설정 시 고려사항은 아래와 같다.

- 정비계단 설정 및 정비지원 책임
- 장비의 특수성(정밀, 고가, 복합장비 등)
- 임무수행에 대한 무기체계의 긴요성
- 무기체계 운용과 군수환경
- 운영유지비의 최소화
- 목표 운용 가용도

설정한 정비개념은 무기체계 설계 시 군수지원의 가능성 판단을 위한 기초로 활용하며, 군수지원 소요판단과 정비계획 수립, 정비 할당표 작성 시 근거를 제공한다.

또한, 군수지원분석 S/W를 이용한 정비업무량을 추정 및 분석한다. 정비대상 품목의 정비인시 소요를 예측하고, 예측된 정비업무량에 대하여 수리와 교환으로 구분하며, 수리 시 적정 정비계단을 설정한다. 정부 주관 및 국과연 주관 연구개발은 국과연이 주관하여 수행하며, 업체주관 및 업체투자 개발은 방사청에서 지원한다. 정비지원 시설소요(현 시설 이용, 추가소요), 정비할당표(MAC: Maintenance Allocation Chart), 정비요원의 주특기 소요, 정비대충 장비(M/F: Maintenance Float) 소요, 군수관리 기능분류 및 지원책임, 하자보증 및 사후지원(A/S) 수행방법 등을 군수지원분석 S/W를 활용하여 추정 및 분석한다. 정비대충 장비 소요의 판단은 아래와 같다.

- 소요량 산정은 유사장비 M/F 인가 기준 적용
- M/F는 완성장비에 대한 M/F 및 주요 구성품에 대한 M/F로 구분하여 확보
- 확보시기는 전력화 장비 배치시기와 균등한 비율로 야전배치하여 적시적인 정비지원 보장

라. 지원장비

지원장비란 주 장비를 운용하고 유지하는 데 필요한 모든 부수장비를 말한다. 고장 및 예방정비 활동을 위한 공구, 계측기, 교정장비, 성능척도 및 검사장비 등이 있으며 정비활동에 소요되는 취급장비와 주 장비, 임무수행을 위한 장비를 포함한다. 지원장비는 가능한 한 현재 사용하고 있는 지원장비를 사용할 수 있도록 무기체계 개발단계에서 반영해야 하며 지원장비 대상품목은 아래와 같다.

- 일반공구 및 특수공구
- 시험, 측정, 검사장비
- 정밀측정 장비, 계측기 및 교정장비
- 정비행위 및 보급활동에 소요되는 물자취급 장비(구난차, 크레인 등)
- 주 장비 운용에 소요되는 보조장비(발전기, 냉·난방기, 특수천막 등)
- 유류 및 탄약지원을 위한 장비(필요시)
- 근접정비 지원용 장비 등

지원 장비의 소요는 연구개발과 구매로 구분한다. 연구개발과 기술도입 생산의 경우에는, 국과연 및 주계약업체에서 1~4계단 정비에 필요한 지원장비 소요를 소요군에 제시한다. 소요군은 동일 및 유사기능의 지원장비 사용 유무와 필요성을 검토하여 개발 여부를 결정한다. 구매의 경우에는, 소요군 시험평가단은 제안요구서 작성 시 지원장비 획득을 위해 구체적인 사항을 명시하여 국외 생산업체에서 관련 자료를 제출할 수 있도록 하며, 시험평가 시 획득 여부에 대해 결정한다.

지원장비는 무기체계의 유사기능을 통합하여 지원할 수 있도록 개발·획득하되, 진부화도 고려해야 한다. 정밀측정 및 교정대상 장비 시험기는 군수제원점검 이전 공군(제85 표준창)으로부터 기술검토를 받는다.

마. 보급지원

보급지원은 주 장비와 동시에 획득·보급되어야 할 초도 보급 소요와 운영유지를 위한 물자를 포함한다. 초도 보급은 신장비 개발 및 획득 시 고려되어야 할 주요 사항으로, 주 장비 배치 후 사용부대 및 야전정비부대에서 필요한 지원품목의 범위와 소요량을 군수지원분석을 통하여 결정한다. 이러한 초도 보급 소요와 운영유지 물자 내용은 다음과 같다.

- 보급지원체제 및 지원 절차 수립
- 동시조달 수리부속(CSP) 소요산출
- 유류 및 탄약 등 소요
- 보급지원을 위한 보급목록 및 보급제원
- 보급지원 활동을 위한 보급지원 소요판단 및 편성
- 소모성 및 주기성 품목 보급기준 검토

바. 군수인력운용

군수인력운용은 무기체계 운영유지에 소요되는 정비요원과 보급요원 등에 대한 주특기 신설, 주특기별 인원소요, 이러한 소요인원이 충원되도록 편제에 반영 등에 활동으로 고려할 사항은 다음과 같다.

- 야전정비 인력에 대한 보충 및 주특기 소요
- 특수기술 및 위험한 기술에 대한 인원소요
- 비밀취급 인가(운용, 정비) 소요
- 인간공학적 요소를 주 장비 설계에 반영

사. 군수지원 교육

군수지원 교육은 새로운 무기체계의 전력화 후 효율적인 군수지원을 위하여 정비요원(부대 및 야전)에 대한 교육훈련 계획을 수립하여 적용하고, 주 장비 개발 시 패키지화하여 교육훈련 장비 및 교육 보조재료를 동시에 개발·획득하는 활동이다. 정비요원에 대한 교육훈련은 신규 무기체계를 운용하기 위한 초도 배치 전 교육과 전력화 이후에는 손실인원을 충당하기 위한 양성교육으로 이루어지며, 전력화 요소의 교육훈련과 연계하여 발전시켜야 한다. 군수지원 교육에서 고려해야 할 사항은 다음과 같다.

- 교보재 및 교육훈련 S/W 소요판단 및 개발획득

- 양성교육 계획 발전 및 반영
- 초도배치 전 교육계획 최신화 및 ILS-P 반영
- 시험평가 계획에 시험평가요원 교육계획 반영

아. 기술교범

기술교범은 무기체계 개발 및 운영유지에 필요한 제반 문서와 자료를 말하며, 여기에는 주 장비, 지원장비, 훈련장비, 수송 및 취급장비, 시설 등의 개발문서와 생산, 시험, 운용, 정비, 비군사화 등에 사용되는 기술자료 등이 포함된다. 기술교범은 주 장비 설계변경, 정비방침의 개정, 군수지원요소의 변경에 따라 갱신되어 주 장비 야전배치와 동시에 소요되는 기술자료로 보급되어야 하며 기술교범은 아래 내용을 포함한다.

- 정비교범(기본형, 통합형)
- 보급교범
- 전자식 기술교범(IETM: Interactive Electronic Technical Manual)
- 주유 명령서, 점검표, 창정비 작업요구서(DMWR: Depot Maintenance Work Requirement), 창정비 검사기준서(PSA: Pre-Shop Analysis) 등

자. 포장, 취급, 저장 및 수송

무기체계의 포장, 취급, 저장 및 수송에 필요한 특성, 요구사항, 제한사항(안전규정) 등은 주 장비, 부수 및 지원장비, 시험계기 등의 요소가 안전하고 경제적으로 취급·저장 및 수송될 수 있도록 설계하고 개발하여 획득해야 한다. 포장, 취급, 저장 및 수송요소를 개발·획득하기 위해 고려할 사항은 다음과 같다.

- 가용한 수송방법으로 수송이 보장되도록 무게, 크기, 부피 등 수송 제한사항을 고려하여 설계·개발·획득토록 반영
- 특수면허나 특별 수송방법 등이 필요시 관련 수송기관과 협의
- 액체 및 위험물 등의 수송에 따른 안전대책과 국내·외 법적 제한사항 및 운용 제한사항
- 보급품의 포장은 국내표준규격(KS) 및 군 표준규격서에 규격화된 표준화물 깔판과 국제표준화기구의 표준화물 컨테이너에 적합하도록 설계

- 취급제원(중량, 규격 등)을 적송용 포장 외부에 표기하여 취급의 용이성 보장
- 수송, 취급, 저장 작업 중에 물리적·기계적 손상으로부터 효율적·경제적으로 보호하기 위한 보호수준 설정
- 포장제원 및 절차는 각종 보급품의 개발과 동시에 개발하고, 시험평가 시 확인
- 독성, 인화성, 부식성, 동파성, 방전성, 변질성 등에 대한 대책
- 저장건물, 공간, 보조물, 보호방법, 물자취급 장비 및 안전 등을 고려하여 계획
- EMI 대책, 충격방지 및 흡수 등을 고려한 대책을 강구

차. 정비 및 보급시설

무기체계를 정비·보급하는 데 필요한 모든 부동산과 관련 설비 및 장비를 포함하여 무기체계의 설계가 변경됨에 따라 설계 기준도 변경되어야 하며, 무기체계 배치 전까지 공사가 완료되어야 한다. 아래 내용은 정비 및 보급시설 설계 요구조건이다.

- 현존 시설의 이용 가능 여부, 개조 및 개량소요 판단
- 주 장비 정비에 필요한 정비계단별 정비시설 소요
- 개발 및 운용시험 실시장소 및 시설 소요
- 정비시설의 환경(온도, 습도, 먼지 등) 대책
- 보급품 저장시설 소요 및 저장환경
- 특수 및 훈련시설 소요
- 군수인력 훈련시설 소요

카. 기술자료 관리

기술자료 관리란 무기체계의 수명주기(소요결정, 연구개발, 획득, 운영유지)를 통하여 관련 부서(기관)의 관리자가 의사결정에 필요한 군수 관리정보를 제공하는 데 요구되는 전산장비 및 제반 프로그램 개발, 운용인력 및 체제 구성, 관련된 각종 문서 등의 지원활동을 포함한다. 무기체계 개발 및 운영유지 과정을 통하여 종합군수지원 요소 개발자, 관리자에 의해 요소별·기능별로 신뢰성 있는 제원으로 최신화하여 사용할 수 있도록 한다. 기술자료 관리의 대상은 아래와 같다.

- 전산체제 구성 및 장비(H/W)
- 무기체계별 군수관리 전산자료(S/W)
  - 군수지원분석, RAM 분석, 수명주기 간 비용분석 자료
  - 국방 장비정비정보시스템 전산자료
  - 표준제원철 생성을 위한 품목별 전산자료
  - 전자식 기술교범(IETM) 개발, 관리유지 전산자료
  - 그 밖의 전산자료 형태의 기술자료 묶음(TDP: Technical Data Package) 등
- 동시조달 수리부속(CSP: Concurrent Spare Parts) 산정 전산자료
- 기술자료 묶음(TDP): 규격서, 도면, 수정작업 명령서, 검사 및 시험 및 교정 절차, 설치 지시서, 그 밖의 각종 절차서 등

6. RAM 분석

RAM 분석업무는 종합군수지원 업무의 중요한 업무 중 하나로서 소요기획, 연구개발 및 획득관리, 운영유지 전(全)수명주기에 걸쳐서 기본이 되는 자료이며 관리의 효과적 수단이다. RAM 분석업무에 대해서는 군수의 체계성과 복잡성의 총 수명주기 관리 추진전략에서 RAM 업무 정립으로 설명하였다.

7. 군수지원분석

군수지원분석(LSA: Logistics Support Analysis)이란 무기체계 전 수명주기 간에 적용되는 군수지원 요소를 확인·정의·분석·정량화·처리하는 체계적인 활동이다. 군수지원분석은 무기체계 획득관리 업무의 전 단계에서 주 장비와 지원체계를 결정하는데 필요한 정보를 제공하며 해당 무기체계의 운영유지 비용을 최적화시키는 동시에 무기체계의 운용 시 지속적인 군수지원이 이루어질 수 있도록 보장하는 종합군수지원 업무의 실체적 활동이다. 따라서 군수지원분석은 무기체계 획득관리 전 단계에 걸쳐 체계적이고 반복적으로 수행하여 주 장비 설계에 있어 군수지원의 소요를 최소화하고 운영유지 단계에서 필요한 군수지원요소를 식별하며 이를 충족하는 활동에 중점을 둔다.

가. 군수지원분석 개요

군수지원분석은 무기체계 소요제기 및 선행연구 단계부터 폐기 시까지 군수지원 활동이 효과적으로 지속되도록 하는 것으로, 초기에는 유사장비의 경험제원 분석과 공학적 추정을 통해 각 획득 대안에 대한 종합군수지원 소요를 산출한다.

주 장비의 설계가 진전되면서 군수지원 요소의 소요를 점차 세부적으로 산출하며, ILS 시험평가를 통하여 장비 설계가 장비의 개발사양 및 군수지원목표에 부합되도록 군수지원요소를 확인함으로써 수정·보완·확정된다. 최초 운용능력이 요구되는 시기까지 초도 소요가 조달되고 주임무 장비의 획득과 동시에 필요한 군수지원요소가 제공되도록 하면 창정비 요소 개발 시에도 최신화된다.

1) 적용시기

무기체계 소요제기부터 폐기 시까지 군수지원분석은 계속 실시되며, 체계개발 간 중점적으로 군수지원분석을 실시하여 요소별 소요를 산출한다. 전력화 평가 이후에는 사용 경험제원과 비교하여 제원 소요를 조정하며, 창정비 요소 개발시에도 군수지원분석을 최적화하여 수행한다. 야전운용 중 획득된 모든 자료는 개발기관에 환류하여 차기 또는 유사 무기체계를 개발할 때에 군수지원분석 자료로 활용한다.

2) 업무분장

군수지원분석 업무를 효과적으로 수행하기 위해 소요군은 현존 무기체계의 보급 및 정비지원체계와 현행 주특기 등으로 지원 가능한 정비체계를 수립할 수 있도록 현존의 지원 및 시험장비, 수리부속, 훈련장비 등의 보급목록과 주특기 자료, 지원시설, 유사장비 경험제원을 개발업체에 제공한다. 또한 개발업체에서 수행한 군수지원분석 결과의 타당성을 검토 및 활용토록 하며 야전운용 중 획득된 모든 자료는 개발기관에 환류시켜 차기 무기체계 개발 시 군수지원분석 자료로 활용한다.

방사청은 개발업체로부터 얻은 군수지원분석에 대한 의견을 반영하고 군수지원 수행에 대한 기술지원을 해야 한다. 개발업체는 입수한 현존 제원과 기술 분석을 통한 군수지원분석으로 군수지원분석 통합시스템(SOLOMON: SOftware for LOgistics support analysis MOdel, Next generation)을 이용하여 자료를 입·출력한다.[11)]

<표 9-3> 군수지원분석 업무분장

부서	업무분장
소요군	·현존 무기체계의 야전운용제원 수집 및 제공 ·군수지원분석 운용 및 정비소요 작성 ·군수지원분석 결과 검토 ·군수지원분석 확증(운용시험평가)
방사청	·군수지원분석 계획 검토 및 의견제시 ·군수지원분석 업무지원 및 야전제원 지원 ·군수지원분석 자료 입증 ·군수지원분석 관련 기타 기술지원
개발업체	·각종 제원수집 및 군수지원분석 계획작성 ·군수지원분석 실시 ·사업공정 간 검토(IPR: In Process Review) 자료작성 및 군수제원 점검 ·자체 임무 적합성 검토 실시 및 최신화

3) 업무영역

군수지원분석 업무는 획득관리 전 단계에서 선별적이며 반복적으로 수행하는 분석활동과 그 결과를 전산처리하여 ILS 요소 개발을 위한 자료를 만들어내는 활동으로 구분된다.[12]

<표 9-4> 군수지원분석 업무영역 및 내용

구 분	활동내역
군수지원 업무의 분석활동	·군수지원분석 계획수립 및 조정 ·주 장비의 임무 및 지원체계 정의 ·군수지원 대안 개발 및 평가 ·군수지원 소요 결정 ·군수지원 요소의 지원성 평가
군수지원분석 결과의 자료화 활동	·업무분석 모델 및 자료처리 S/W 개발 ·전산처리 입력자료 작성 ·전산처리 결과 출력 ·통합자료관리체계(DB) 구축 및 운용

11) 김문조·김백현·전종순(2011), 전게서, pp. 353-354.
12) 방위사업청(2013), 『종합군수지원 개발 실무지침서』, p. 142.

나. 군수지원분석 업무 절차와 활동

1) 군수지원분석 절차

군수지원분석은 군수지원 대상 장비 기술자료를 토대로 군수지원분석 대상 품목을 선정하면서 시작한다. 이어서 군수지원분석 관리번호(LCN: LSA Control Number)를 부여한다. 아울러 군수지원분석 대상 품목에 기능적인 분류에 따라 기능그룹 부호(FGC: Functional Group Code)를 부여한다.

다음으로 도면을 분석하는데, 분석도면의 하위 구성품을 식별하고 각 구성품별 기능분석을 통해 예방정비 및 고장정비 업무를 식별하며 근원정비복구성(SMR: Source Maintenance Recoverability)부호 및 정비업무 부호를 할당한다. 이어서 고장유형 영향분석(FMEA: Failure Mode and Effect Analysis) 및 치명도 분석(FMECA: Failure Mode, Effect and Criticality Analysis)을 시행한다. 무기체계의 성능 요구조건을 성취하는 데 어떤 기술적 위험요소가 있는지 판단하고 분석대상 품목의 고장이 차상위 부품 및 완제품의 체계운용에 미치는 영향을 검토하여 도출된 잠재적인 고장유형에 대한 치명도를 분석한다.

고장유형 및 영향 분석, 치명도 분석 결과 식별된 잠재적 고장유형에 대한 신뢰도 및 고장유형의 초기 정량적 예측 및 할당작업이 이루어지고, 식별된 잠재적 고장유형에 대한 정비도 분석 결과인 정비업무 내용, 정비 빈도 및 정비 소요시간을 판단한다. 고장유형 영향 및 치명도 분석 결과에서 식별된 고장유형에 대하여 신뢰도 중심 정비(RCM: Reliability Centered Maintenance) 논리를 적용하여 예방정비 업무 소요를 판단한다.

고장유형 영향 및 치명도 분석을 통하여 식별된 고장유형에 대한 위험도 분류와 상대적 치명도 분석을 통하여, 식별된 고장유형에 대한 위험도 분류와 상대적 치명도 값으로 고위험도 품목으로 선별된 비계획정비 업무와 신뢰도 중심 정비를 통해, 식별된 계획정비에 대한 상세 정비절차, 정비인시, 보급품, 시험장비 및 공구 식별을 수행한다.

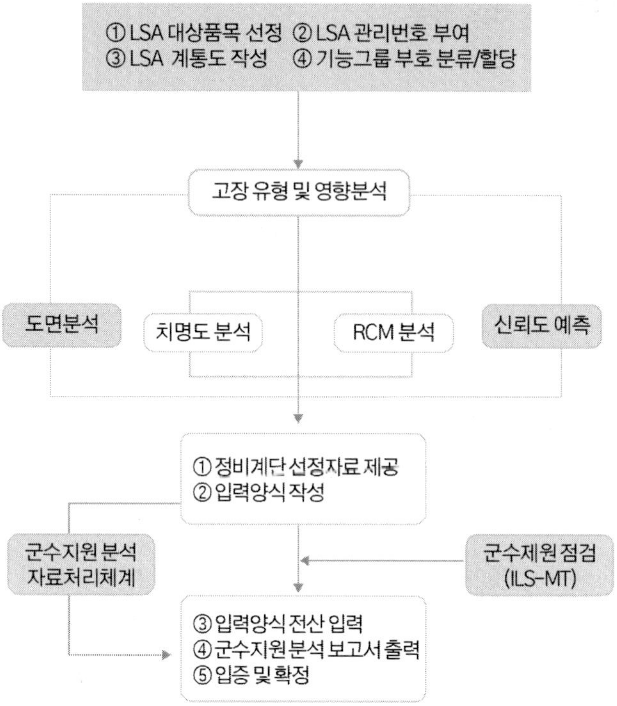

〈그림 9-5〉 군수지원분석 절차도

분석대상 품목에 대한 군수지원분석 결과를 바탕으로 소요군의 운용 및 정비업무 요구조건 및 정비업무 소요를 관련 기관과 협의를 통해 타당성을 검토하는 회의가 군수제원점검(LDC) 회의이다. 군수제원점검회의 시 소요자료는 LOADERS-II를 기준으로 아래와 같다.

- 군수지원분석 요약자료
- 군수지원 관리번호 계통도(LCN F/T: LCN Family Tree)
- LSA-GBL(일반 분해목록)
- 정비업무 분석서
- 고장유형 영향 및 치명도 분석(FMECA)
- 도면 분석자료
- 신뢰도 중심 정비(RCN) 분석
- 정비계단 선정자료
- 신뢰도 요약자료(RAM-Matrix)

작성된 입력양식에 따라 군수지원분석 자료처리 시스템인 LOADERS-II에 입력하고 군수지원에 필요한 각종 군수지원분석 보고서를 출력한다. 이 보고서를 기초로 기술교범을 작성하고 군수지원요소 개발품목에 대하여 국과연 주관하에 개발업체와 공동으로 입증하며 소요군이 참여하여 확증한다.[13)]

2) 단계별 분석수준과 업무

군수지원분석 업무의 큰 틀은 체계공학(System Engineering)의 절차를 적용하고 있다고 본다. 아래 그림은 앞에서 논의했던 체계공학의 절차를 간략히 제시한 것이다. 요구사항을 도출하여 발전시키고 이를 논리적으로 전개하여 설계에 반영하는 절차이다.

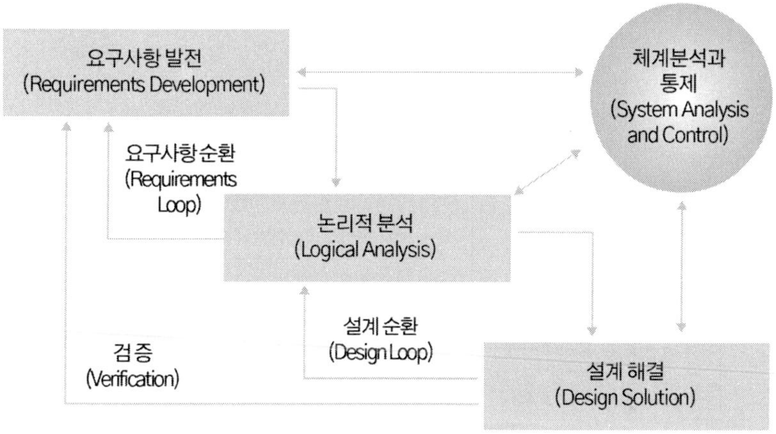

〈그림 9-6〉 체계공학 절차(System Engineering Process)[14)]

여기서 체계공학절차를 다시 설명하는 이유는 이러한 절차의 각 과정과 활동들이 바로 군수지원분석의 근간을 이룬다는 점 때문이다. 다음 표를 보면서 앞의 그림과 연계하여 이를 설명하겠다.

앞의 그림 왼쪽 위에 있는 요구사항 발전은 다음 표의 Task 200의 임무 및 지원체계 정의와 연계되어 수행된다. 그림의 중앙에 있는 논리적 분석은 표의 Task 300의 대안 준비 및 평가에서 구현된다고 본다. 요구기능을 식별하고 이를 바탕으로 대안을 모색하고 대안을 평가하여 선택하는 것이다. 위 그림의 오른쪽 밑에 있는 설계 해결은 다음 표의 Task 400의 군수지원 소요

13) 육군종합군수학교(2017b), 『종합군수지원개론』, pp. 97-99.
14) 국방과학연구소(2017), 『종합군수지원(ILS) 기술[전문]』, p. 100.

결정으로 구현되는데 업무분석, 초도 배치 분석, 양산 후 지원 분석 등으로 나눈다. 그림의 왼쪽 밑에 있는 검증은 Task 500 지원성 평가를 통하여 시험·평가 및 입증된다. 그림의 오른쪽 위에 있는 체계분석 및 통제는 Task 100의 군수지원계획서를 수립하고 검토하는 과정을 통해서 구현된다고 본다.

〈표 9-5〉 군수지원분석 업무활동[15)]

분류	Task Section	Tasks
관리	100 계획 및 통제	Task 101 군수지원분석 개념 설정
		Task 102 군수지원분석 계획서(LSA-P)
		Task 103 사업 및 설계 검토
분석 및 통합	200 임무 및 지원 체계 정의	Task 201 운용 연구
		Task 202 임무 H/W, S/W 및 지원체계 표준화
		Task 203 비교분석
		Task 204 기술적 가능성
		Task 205 지원성과 지원성 관련 설계 요인
	300 대안 준비 및 평가	Task 301 요구기능 식별
		Task 302 지원체계 대안
		Task 303 대안평가 및 선택적 교환분석
	400 군수지원 자원 소요결정	Task 401 업무 분석
		Task 402 초도 배치 분석
		Task 403 양산 후 지원분석
시험 및 수정	500 지원성 평가	Task 501 지원성 시험, 평가, 입증

군수지원분석 활동을 연구개발 단계와 연계하여 도식화하면 다음 표와 같다.

선행연구 단계에서는 주로 시스템 수준의 군수지원분석을 수행한다. 군수지원분석 업무는 Task 101 초기에 LSA전략을 수립하고, Task 201을 통해서 운용연구를 하고 Task 203을 통해서 비교분석을 수행한다. 군수지원분석 결과 산출물은 LSA전략, 지원성 위험요소 등이다.

탐색개발단계에서는 시스템 수준의 군수지원분석을 계속 수행하면서 시스템 요구사항을 검토한다. 이때 개발시험평가를 수행한다. 다음 표에서 확인할 수 있듯이, 군수지원분석 Task 100 단위 계획 및 통제, Task 200 단위 임무 및 지원체계 정의, Task 300 단위 대안의 준비 및

15) 국방과학연구소(2017), 전게서, p. 100.

평가, Task 500 단위 지원성 평가 및 입증을 수행한다. 탐색개발의 결과로 지원개념의 대안을 모색하고 지원성 목표치를 설정하며, 비용과 준비도 향상을 목표로 하게 된다.

체계개발단계에서는 시스템 수준의 군수지원분석이 완료되고 ILS 요소별 군수지원분석을 세부적으로 수행한다. 시스템 설계를 검토하고 지원성을 평가하는 개발시험과 운용시험을 수행한다. 앞서 탐색개발의 활동들이 정리되고 최신화된다. 지원개념이 확정되고 목표가 설정되며 초도 배치에 따른 군수지원 요구사항에 대한 분석이 수행된다.

양산 및 배치단계에서는 야전운영제원의 수집활동이 수행되고 후속 군수지원 활동을 준비하고 수행한다.

〈표 9-6〉 연구개발 단계별 군수지원분석 수준 및 업무[16)]

구 분	선행연구	탐색개발	체계개발		양산 및 배치
LSA 수준	시스템 수준 LSA (선행연구~체계개발)	SRR 지원성 평가 및 입증 (탐색개발~양산 및 배치) DT/OT Ⅰ	ILS 요소 수준 LSA (체계개발~양산 및 배치) SDR DT/OT Ⅱ	PDR T&E	CDR 필드 데이터
LSA Task	101 201, 203	101, 102, 103 201, 202, 203 204, 205 301, 302, 303 501	101, 102, 103 204, 205 301, 302, 303 401 501	102, 103 201, 202, 203 205 301, 302, 303 401, 402 501	102, 103 403 501
LSA 결과	·LSA전략 ·지원성 위험요소	·지원개념 대안 ·지원성 목표치 ·비용, 준비도 향상 목표	·군수지원 소요 ·최신화 계획	·지원개념 확정 ·지원성 목표	·지원성 및 준비도 평가 ·H/W 및 지원성 향상계획 ·후속 군수지원

16) 김문조·김백현·전종순(2011), 전게서, p. 357.

다. 군수지원분석의 주요 활동

1) 고장 정의 및 판단기준

고장 정의(FD: Failure Definition)와 판단기준(SC: Scoring Criteria)은 무기체계에 영향을 미치는 고장을 정의 및 식별하고 판단기준을 설정하는 활동으로 군수지원분석의 기초자료가 된다. 여기서 고장(Failure)이란 시스템이 요구기능을 수행하지 못하게 되거나 요구성능을 만족하지 못하게 되는 사건이다. 한편, 결함(Fault)은 시스템에 고장이 발생하여 요구기능을 수행할 수 없는 상태를 말하며, 시스템 자체 고장의 결과인 경우가 대부분이다.

무기체계 개발과정에서 RAM 분석과정의 주된 사항은 고장을 분석하는 것이다. 고장은 분석가의 판단에 따라 서로 다르게 분석될 수 있으므로 이를 방지하기 위해서 RAM 분석 초기 단계에서 고장 판단에 대한 기준을 설정한다. RAM 분석과 고장유형 영향 및 치명도 분석(FMECA)에 고장유형을 제공하고 정비업무량 판단 및 기술교범 작성의 기초자료로 활용되며, 설계분석 및 RAM 요소 분석평가의 척도로 사용된다.

보통의 경우에 개발규격서의 요구기능이 정상 작동되지 않을 경우를 고장이라 정의한다. 개발규격서 요구기능의 관련 부품이 고장 났을 때 이중화(Redundancy)된 부품이 없는 경우에는 고장이라 정의한다. 다음은 고장 정의에 의한 분류와 고장 원인에 의한 분류를 정리한 판단절차이다.

〈표 9-7〉 고장 판단절차[17]

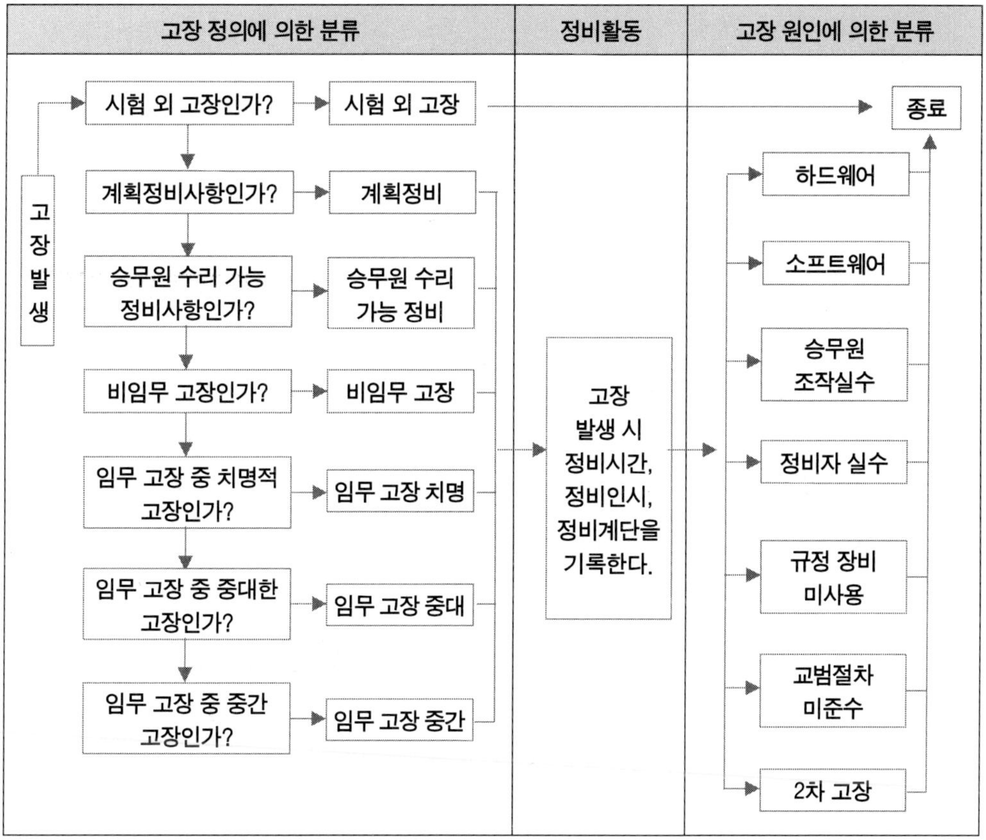

2) 공정 간 검토

공정 간 검토(IPR: In Process Review)는 연구개발 무기체계의 ILS 요소 개발과정을 관련 기관이 공정 중 적절한 시기에 검토함으로써 완성품의 품질을 향상시켜 최적의 ILS 요소 개발이 이루어지게 하는 업무 프로세스를 말한다. 연구개발기관에서는 SOLOMON 자료처리에 의한 IPR 자료를 준비하여 관련 기관에 제출하고 관련 기관은 군수지원분석 과정의 적절성, 적합성, 일치성 및 타당성 등을 검토한 후 군수제원점검회의를 통해서 이를 확정한다.

17) 상게서, p. 387.

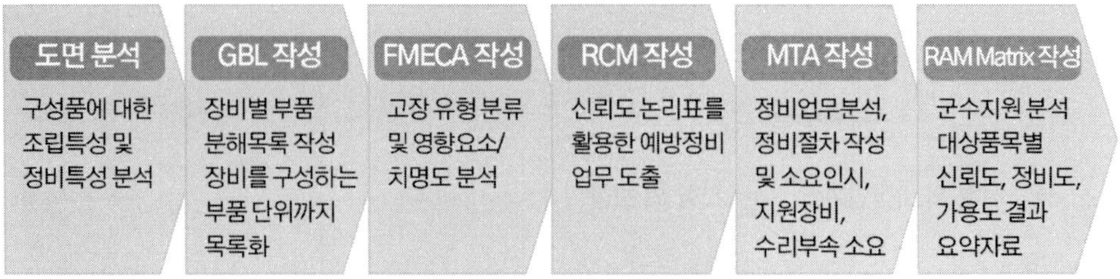

〈그림 9-7〉 공정 간 검토 작성절차[18)]

(1) 군수지원 관리번호 계통도

군수지원분석 관리번호(LCN)는 군수지원분석 업무를 수행하면서 분석의 편의성과 군수지원분석 자료 처리체계의 입·출력을 위해 부여하는 부호를 말한다. 군수지원 관리번호 계통도(LCN F/T: LCN Family Tree)는 대상품목에 부여된 LCN을 기준으로 대상품목 목록체계를 조립수준에 맞추어 계통도(Tree) 형태로 구성한 것이다.

군수지원분석 관리번호 계통도는 군수지원분석 기법에 따라 산출된 기능그룹 부호(FGC), 근원정비복구성(SMR) 부호 등을 포함시킬 수 있다. 군수지원분석 계통도는 체계설계 검토(SDR)부터 설계가 구체화되면서 계속적으로 수정 및 보완된다.

① 분석대상 품목의 군수지원분석 관리번호
② 동일한 LCN을 사용하는 유사품목의 대체번호
③ 분석대상 품목의 명칭을 기록, 추가로 참조번호 등 기록
④ 분석대상 품목의 기능그룹 부호를 기록
⑤ 분석대상 품목의 SMR 부호

〈그림 9-8〉 군수지원분석 관리번호 계통도 구성

18) 방위사업청(2013), 전게서, p. 156.

군수지원분석 관리번호 계통도는 SOLOMON 체계에 입·출력 시 적용하는데, 조립체 또는 부분품 구분이 용이하도록 번호를 부여하고 장치별, 조립수준별 하위품목까지 LCN을 부여한다.

(2) 일반 분해목록

일반 분해목록(GBL: General Breakdown List)은 도면체계의 분석 결과 군수지원분석에 소요되는 실질적인 분석대상 품목을 기준으로 LSA 관련 정보를 기술한 것을 말한다. 도면체계의 GBL을 기준으로 군수지원분석에 필요한 분석대상 품목만을 대상으로 작성되기 때문에 일반적인 용접도, 기계 가공도 등은 작성 대상품목에서 제외된다.

GBL은 무기체계 상·하위체계 간 구조를 물리적·기능적으로 분류하고 부품의 세부정보를 식별하는 분석대상 품목의 세부목록이다. 생산을 위한 부품의 분해도를 기준으로 H/W 품목에 대한 군수지원분석, 근원정비복구성 부호, 비군사화 부호, 중요도 부호, 생산자 부호, 고장률, MTBF, 수량 정보 등을 제공한다.

아래는 일반 분해목록 양식이다.

〈표 9-8〉 군수지원분석 일반 분해목록 양식

① 순번	② 조립 수준	③ LCN	④ ALC	⑤ 품명	⑥ 참조 번호	⑦ TM FGC	⑧ 수량	⑨ 단위	⑩ SMR	⑪ MTBF	⑫ 단가

이러한 일반 분해목록을 작성할 때 참고하는 조립수준별 품명을 정리하면 아래와 같다.

〈표 9-9〉 조립수준별 품명

수준	영문명	한글명	정 의
	Equipment	장비	무기체계보다 작으며 운용유지에 필요한 것
1	System	시스템, 체계	장비의 최상위 수준으로, 부체계로 구성되며 운용임무를 수행
2	Sub-system	부시스템, 부체계	조립체, 장치, 그룹, 세트의 결합체로서 독립된 기능을 수행하는 것
3	Set	세트	독립적으로 운용기능을 수행할 수 있는 그룹이나 장치의 결합체
4	Group	그룹	독립적으로 운용될 수 없지만 장비운용에 한 가지 역할을 수행할 능력을 가지고 있는 결합체나 장치들의 조합

5	Unit	장치	부품, 하부 결합체로 구성되는 것
6	Assembly	결합체	하부 결합체와 부품이 결합되어 독립된 기능수행
7	Sub-assembly	하부 결합체	정비 가능한 최하위 단계로서 두 가지 이상의 부품이 결합되어 있고 분해가 가능한 것
8	Part	부분품	장비를 구성하는 가장 낮은 단계로서 분해할 수 없는 단품

(3) 고장유형 영향 및 치명도 분석

고장유형 영향 및 치명도 분석(FMECA: Failure Mode, Effect and Criticality Analysis)은 무기체계에 발생할 수 있는 고장의 유형을 정의하고 영향을 식별하며 장비 및 운용자에게 미치는 치명도 결과를 정량화하는 분석기법이다. 치명적인 고장의 발생 가능성을 조기에 식별하여 설계에 반영함으로써 설계단계에서 고장 가능성을 제거하거나 최소화하는 데 활용된다.

아래 그림은 FMECA 수행체계로서 체계, 설계 및 공정수준별 업무수행을 나타낸다.

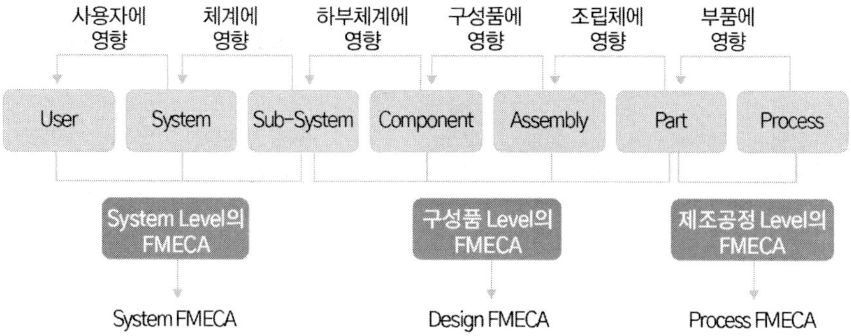

〈그림 9-9〉 FMECA 수행체계[19)]

FMECA 양식은 국가 및 기관에 따라 다소 상이하게 적용하고 있다. 우리는 국방분야에서 SOLOMON 체계의 표준양식을 적용하고 있는데 그 양식은 다음과 같다.

19) 방위사업청(2013), 전게서, p. 166.

EIAC		LCN		ALC		Type		MTBF		측정단위	
품명											

FMI	고장 유형	고장 원인	고장 및 손상유형			고장 탐지 방법	고장 운용 자조치	임무 단계	위험도 부호	고장 영향 확률	고장 유형비	고장률	운용 시간	고장 유형 별치 명도	품목 치명도
			부품 Local	차상위	완제품										

〈그림 9-10〉 고장유형 영향 및 치명도 분석 양식

먼저 위의 표의 상단부분이다. EIAC는 완제품 약어 부호로서 End Item Acronym Code이다. 보통 K-9, K1A1으로 표현한다. ALC는 동일한 LCN을 사용하는 유사품목의 대체번호이다. Type는 분석대상 품목의 LCN 형태가 물리적(P)인지 기능적(F)인지를 구분한다. 측정단위는 연간 운용소요(AOR) 측정단위를 기술한다. 품명은 분석대상 품목의 지정품명을 기술한다.

다음으로 위 표의 하단부분이다. 고장유형 식별부호(FMI)는 고장(F) 및 손상(D) 유형에 대한 고유번호로서 입력 테이블 내의 정보를 상호 연결한다. 고장유형은 고장 또는 손상이 일어나는 형태를 나타내며, 분석되는 각 조립수준의 모든 예측 가능한 고장과 손상유형을 식별하여 기술한다. 고장 원인은 고장이나 손상 현상이 발생 가능한 구체적 원인을 말한다. 고장 및 손상영향은 품목의 운용, 기능, 상태에 대한 고장이나 손상의 유형의 결과를 식별하여 기술하고, 분석 중인 고장이나 손상 유형은 조립수준뿐만 아니라 국부적, 차상위 품목, 체계(완제품)에 대한 영향을 평가하여 기술한다. 부품영향(국부적 영향)이란 고장이나 손상의 유형이 분석대상 품목수준에 있는 품목의 작동 및 기능에 미치는 영향이다. 품목에 영향을 주는 각 고장이나 손상 유형의 결과는 2차적인 결과와 함께 기술되어야 한다. 차상위 영향은 분석대상 수준보다 상위 품목의 작동 및 기능에 미치는 영향이다. 완제품 영향은 고장 및 손상의 유형이 완제품(체계)의 작동, 기능, 상태에 미치는 전체 영향을 평가하는 것이다. 고장탐지 방법은 운용자 또는 정비요원에 의해 탐지되는 방법으로 기술한다. 고장 운용자 조치는 고장 완화를 위해서 운용자가 조치할 수 있는 사항을 상세히 기술한다. 임무단계는 고장이 발생한 임무단계를 기록한다.

위험도 부호는 고장 발생으로 인해 나타날 수 있는 위험도를 정성적으로 분류한 범주이며 네 가지로 구분한다. 범주 1은 재난적 상황으로 인명과 완제품의 손실을 유발하는 고장이다. 범주 2는 치명적인 상태로 고장 발생 시 중상을 입거나 임무수행을 못 하는 능력손실을 야기하는 손상 또는 주요 체계의 파손을 유발하는 고장이다. 범주 3은 보통의 고장으로 고장 발생 시 경상, 가용도 또는 임무수행 능력의 저하를 일으키는 경미한 체계 파손을 유발하는 고장이다. 범주 4는 경미한 상태로 인명 손상이나 자산 손실, 체계의 파손을 야기하지는 않지만, 고장 발생 시 예기치 않은 정비나 손실을 유발하는 고장이다.

고장의 영향으로 인하여 할당된 위험도 부호에 해당하는 결과를 일으킬 조건부 확률이 고장영향 확률이다. 이 값은 손실이 발생할 조건부 확률에 대한 분석자의 판단이 반영된다.

〈표 9-11〉 고장영향 확률

고장영향	고장영향 확률값(β)
실제 손실(Actual Loss)	1.00
손실 예상(Probable Loss)	$0.10 \leq \beta \leq 1.00$
손실 가능(Possible Loss)	$0.00 < \beta < 0.10$
무영향(No Effect)	0.00

고장 유형비(α)는 특정 고장유형에 대한 부품 고장률의 비율로서 고장 유형비 품목 또는 품목이 식별된 고장유형으로 고장이 발생하는 비율을 나타낸다. 분석대상 부품 또는 품목의 모든 고장유형이 기입된다면 부품 또는 품목에 대한 α 값의 합은 '1'이 된다. 각 고장유형의 값은 고장률 자료 또는 시험 운용제원으로부터 얻어진다. 만일 고장유형 자료가 가용치 않으면 α 값은 품목의 기능분석에 근거한 분석자의 판단에 의해 결정되어야 한다. 고장률(λ)은 특정 기간 동안 발생한 품목의 고장 수를 같은 기간 동안의 총 운용시간으로 나눈 값이다. 운용시간은 OMS/MP 등에 명시된 연간 운용시간이다.

고장유형별 치명도(Cm)는 분석대상 품목의 고장유형 중 특정 고장유형에 대한 치명도의 값이다. 수식으로 표현하면 아래와 같다.

$$Cm = \beta \times \alpha \times \lambda \times k$$

여기서 k는 보정계수를 적용한 운용거리이다. 품목 치명도(Cr)는 특정 위험도 분류와 임무단계 내에서의 품목의 고장유형과 관련된 고장유형 치명도 값의 합이다. 수식은 다음과 같다.

$$Cr = \sum_{n=1}^{j} (Cm)n$$

n은 특정 위험도 분류 / 임무단계에 해당하는 품목의 고장유형이고 *j*는 특정 위험도 분류 / 임무단계에 해당하는 품목의 고장유형의 수이다.

FMECA는 최대한 조기에 실시되어야 체계가 생산에 들어가기 전에 설계에 반영 가능하다. 때로는 선행조치로서 설계 기간 중 작성한 체계기능을 정의하는 문서를 기반으로 분석대상 부품의 기능이 정확히 식별되었는지 FMECA의 근거가 되는 체계임무 영향도 분석을 수행하였는지, 도면 등 기초자료를 정확히 점검하였는지 확인한다. 분석된 고장유형이 부품의 기능과 관련되었는지 검토하고 해당 부품, 상위 조립체, 체계 및 인원의 안전에 미치는 영향이 적절하게 분류되었는지 확인한다.[20]

(4) 신뢰도 중심 정비

신뢰도 중심 정비(RCM: Reliability Centered Maintenance)는 정비대상 품목의 고장유형 영향 및 치명도 분석 결과와 과거 운용경험 자료를 기초로 고장예방을 위한 예방정비 업무의 필요성과 적합성을 논리적으로 결정하는 방법이며, 선정된 예방정비 업무의 최적 소요를 분석하는 과정이다.

신뢰도 중심 정비 업무분석을 통하여 예방정비 대상업무, 유형, 주기를 식별하여 기술교범 작성의 기초자료를 제공하고 정비계단과 정비업무 요소의 설정기준을 제공한다. 우리는 앞에서 FMECA를 통해서 비계획 정비업무를 도출한 데 반해서 RCM 분석은 예방정비 대상품목과 주기를 설정한다고 본다.

RCM은 최소의 비용으로 해당 무기체계에서 최초 설계된 고유 신뢰도와 안전성을 폐기할 때까지 유지하기 위하여 필수적인 정비업무 형태와 양을 결정한다. 이에 따라 예방정비에 대한 설계 우선순위와 방향을 결정하고 무기체계의 신뢰도와 안전성을 보장한다. 성능이 저하되었을 때 최초 수준의 신뢰도와 안전성으로 복구하고 고유 신뢰도가 부적절한 품목에 대한 설계변경 필요성을 제시한다.

신뢰도 중심 정비를 위해서는 적용품목의 선정이 첫 단계로 검토되어야 한다. 기능도를 기준으로 대상품목을 선정하는데, 장치(Unit) 단위 이하는 적용하지 않는다. RCM 논리는 여러 가지의 논리 유형이 개발되어 있으며 획득관리기관이 지정하는 논리를 사용한다. 해당 품목이 중요기능 품목(FSI: Functional Significant Item)으로서 기능적으로 중요한 품목인지, 중요구조 품목(SSI: Structural Significant Item)으로서 역학 구조적으로 중요한 품목인지, 또는 비중요

20) 방위사업청(2013), 전게서, pp. 170-173.

품목(NSI: Non Significant Item)인지로 구분한다. 여기 중요기능 품목에 대해서만 RCM 논리도를 적용한다. 품목 선정 논리표는 아래와 같다.

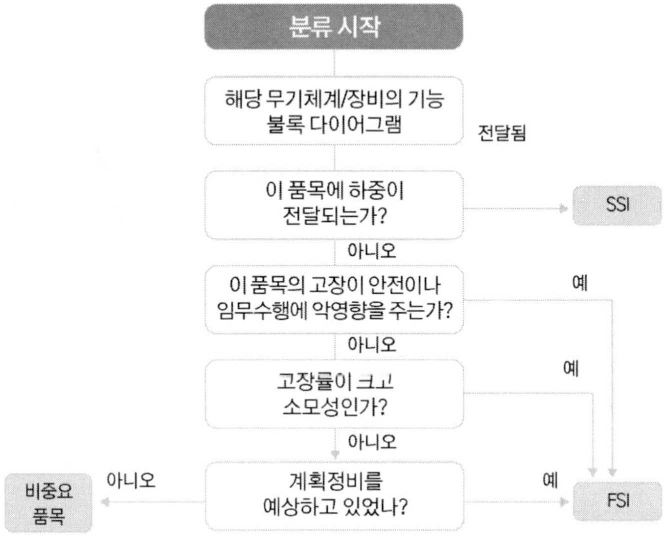

〈그림 9-11〉 품목 선정 논리표

RCM 결정 논리 흐름도에서 RCM 질문을 통하여 고장결과를 결정하고 다음 네 가지 유형으로 구분한다. 안전 영향, 안전과 관계없는 영향, 경제/운용 영향, 안전과 관계 있는 영향 등이다.

RCM 분석 결과 적용되어야 할 계획 정비업무는 다음과 같다.

① 주유업무(Lubrication Task): 소모성과 윤활유 보충 업무, 손실업무 등
② OC 업무(On-Condition Task): 잠재된 고장을 탐지하는 주기적인 검사행위, 교정
③ HT 업무(Hard Time Task): 식별 가능한 마모 수명을 갖는 품목에 대한 HT 한계 부여(재작업/폐기 업무)
④ OC와 HT 업무의 조합: 재설계 대안을 사용하기 이전에 예방정비 업무의 모든 수단을 평가
⑤ FF 업무(Failure Finding Task): 숨겨진 기능 고장에 대한 주기적인 검사업무(고장탐지업무)

여기서 OC 업무는 은폐된 고장을 탐지하기 위한 활동이 필요한 경우이며, CM 업무(Condition Monitoring Task)는 무기체계의 운용 초기 시점마다 점검활동과 통상 자체 내장된 지시기로 알 수 있는 고장탐지 활동이 요구되는 경우이다. HT 업무는 계획정비가 요구되는

경우로, 계획된 교체업무도 포함된다.[21]

(5) 정비계단 선정자료

정비계단 선정자료는 FMECA를 통해 식별된 고장유형에 대한 위험도 분류와, 상대적 치명도 값으로 고위험도 품목으로 식별된 비계획 정비업무와, RCM 분석을 통해 식별된 계획정비 업무에 대한 정비인시, 보급품(수리부속, 소모성 물자 등), 시험장비 및 공구 등을 식별하기 위한 자료를 말한다.

군수지원분석의 주요 기능으로 정비업무가 식별된 후 군수지원 개념을 고려하여 최소의 비용으로 어느 계단에서 정비할 것인가를 결정하고 어느 계단에서 수리할 것인가를 판단하는 과정으로, SMR 부호에 대한 논리적 분석절차를 제공한다.

획득단계별 정비계단 선정을 위한 수리수준 분석업무는 아래와 같다.

〈표 9-12〉 획득단계별 수리수준 분석업무

구 분	수리수준 분석업무
선행연구	·설계 및 지원성 반영 ·공학적 분석 및 평가 ·과거 경험제원에 대한 전문가 의견
탐색개발	·정비개념 설정 ·신뢰성·정비성 요소 식별 ·정비정책 확인 ·비용 대 효과 분석
체계개발	·경제성 등 외적 요소의 평가를 통한 정비개념 및 정책 도출
양산 및 배치	·SMR 부호, MAC, 기술교범 확정 및 개발
운용유지	·적용 중인 정비정책 평가 및 수정/보완

수리수준의 분석 절차는 각 품목에 대하여 최적의 성능 상태를 유지하고 최소비용의 군수지원을 위한 SMR 부호는 방위사업청, 소요군, 개발기관이 협의하고 IPR 자료의 검토를 통하여 LDC에서 선정한다.

21) 방위사업청(2013), 전게서, pp. 174-179.

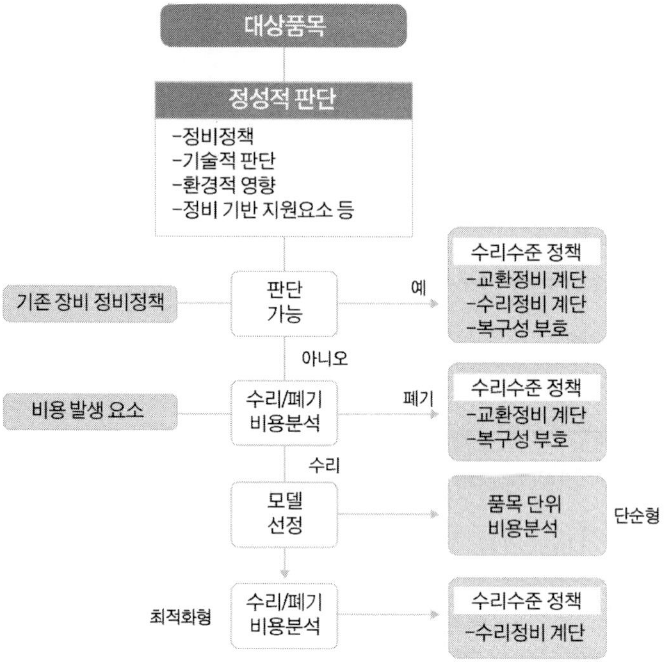

〈그림 9-12〉 수리수준 분석절차

정비계단 선정자료는 식별된 정비업무에 대하여 적합성을 판단하기 위한 자료로 활용하며, 정비업무별 관련 수리부속품, 인원, 일반/특수공구, 시설, 시험장비를 식별함으로써, 관련 정비업무에 대한 정확한 정비계단 선정 여부를 파악하고 정비계단 선정의 문제점을 도출한다.[22]

(6) 근원정비복구성 부호

근원정비복구성(SMR: Source Maintenance Recoverability) 부호는 모든 개발품목에 대해 획득방법, 정비계단 선정, 복구 및 폐기처리 한계를 5자리 영문자로 표기한 부호로서, 군수지원분석 결과로 결정된 품목별 보급형태, 교환단계, 수리단계 및 수리 가능 여부, 폐기 개념 및 단계 등의 정보를 수록하고 있는 부호이다.

기술교범에 반영된 SMR 부호는 품목별로 규정된 정비 및 보급업무의 기준이 되며, 장비 운용성 보장 및 수명주기 비용절감을 위한 군수지원분석 업무의 핵심요소이다. 또한 장비의 야전배치 운용 간 정비계단, 수리부속 보급소요, 시험장비, 공구 및 창정비 대상품목 결정에 직접적인 영향을 미치게 된다. SMR 부호의 타당성 검토는 간단하지만 개발장비의 경제성과 운용성 측면

22) 방위사업청(2013), 전게서, pp. 213-217.

에서 큰 파급효과와 영향을 줄 수 있는 중요 검토사항이다. 설정기준은 모든 체계에 동일하게 적용되는 것은 아니고 체계별 기준이 상이할 수 있으므로 개발 간에 소요군의 의견을 반영하여 최적 안으로 결정해야 한다.

근원부호(S) [①②]	정비부호(M)		복구성 부호(R) [⑤]
	사용부호[③]	수리부호[④]	
품목을 어떻게 획득하는가?	누가 품목을 교환·사용할 수 있는가?	누가 완전 수리를 할 수 있는가?	누가 복구·폐기 처분을 하는가?

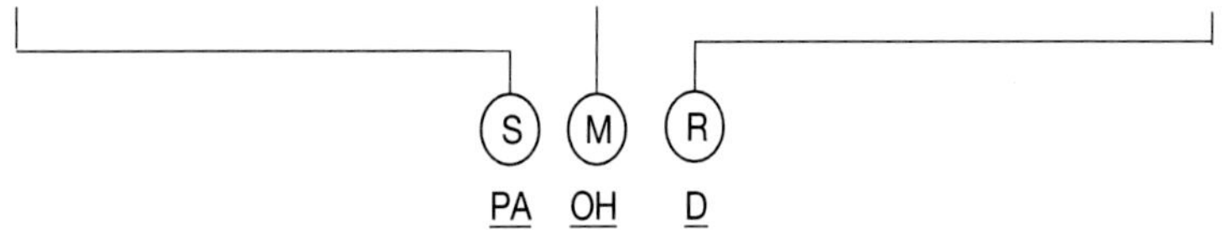

* 정비부호/ 복구성 부호 약어

- O: 부대정비, F: 직접지원 정비, H: 일반지원 정비, D: 창 정비

예) 'PAOHD' 의미

①②번째 자리(PA): 중앙조달 획득·저장되는 품목

③ 번째 자리 (O): 장비운용부대에서 교환

④ 번째 자리 (H): 일반지원 정비부대에서 완전수리

⑤ 번째 자리 (D): 정비창에서 복구 또는 폐기

〈그림 9-13〉 근원정비복구성 부호 구성

연구개발기관에서 제시한 SMR 부호의 검토는 다양한 품목 특성과 조립 특성으로 인해 SMR 부호의 부여를 위해 설정기준을 정하기는 매우 곤란하다. 따라서 SMR 부호를 검토할 때는 무기체계의 수명주기 비용 절감과 정비 및 보급체계 정립에 중점을 두고 검토하여야 하며, SMR 부호 변경으로 인해 지원장비 또는 시설의 추가 소요 발생 여부 등 비용 대 효과를 고려하여 결정하여야 한다.23)

라. 미국의 군수품 지원분석 적용

미국 국방성은 군수지원분석(LSA)의 근간이 되는 *MIL-STD-1388-1A*를 1997년 폐기하고

23) 방위사업청(2013), 전게서, pp. 183-185, 188-189.

이를 대체하여 *TA-STD-0017*(현재 *SAE TA-STD-0017*)을 2013년 6월에 채택하였다. 이에 따라 군수지원분석을 대체하여 군수품 지원분석(PSA: Product Support Analysis)을 적용하고 있다.

군수품 지원분석은 군수품이 배치된 야전의 상황에서 지속적으로 운용되기 위해서 필요한 야전의 운영과 정비임무에 필요한 군수지원체계(Logistics Support System)를 발전시키는 데 요구되는 자원들을 확인하는 프로세스이다. 군수품 지원분석은 이전의 군수지원분석과 군수관리정보(LMI: Logistics Management Information)를 대체한다.[24]

군수품 지원분석(PSA)을 적용하기 위해서 미 국방성은 2013년에 *MIL-HDBK-502A Product Support Analysis*를 발간하였다. 이 핸드북에서 군수품 지원분석의 절차와 세부 활동들을 체계공학(SE)의 통합영역으로서 정의하고 세부 활동들을 국방성의 지원목표에 맞춰서 선택하고 적용할 수 있도록 하고 있다.

군수품 지원분석의 목표는 군수품의 성능요구에 지원성(Supportability)이 보장되도록 하는 것이며, 군수품이 최적의 지원체계와 기반구조를 갖추고 개발되도록 하는 것이다. 군수품 지원분석은 무엇을 할 것인지는 *SAE TA-STD-0017 Product Support Analysis*에 명시되어 있고, 군수품 지원분석을 어떻게 할 것인가는 *MIL-HDBK-502A Product Support Analysis*에 상세히 설명되고 있다. 아래 표는 그 활동내역이다.[25]

〈표 9-13〉 군수품 지원분석 활동

#	Activity Name	#	Activity Name
1	Product Support Strategy	10	Support System Alternatives
2	Product Support Analysis Planning	11	Evaluation of Alternatives and Tradeoff Analysis
3	Program and Design Reviews	12	Task Analysis
4	Application Assessment	13	Early Distribution Analysis
5	Support System Standardization	14	Diminishing Manufacturing Sources and Material Shortages Management (DMSMS) Obsolescence Analysis
6	Comparative Analysis	15	Field Feedback
7	Technological Opportunities	16	Disposal Analysis
8	Supportability and Supportability Related Design Factors	17	Operational Suitability Test, Evaluation, Verification and Validation
9	Functional Analysis		

24) "Product Support Analysis(PSA)," Naval Air Systems Command, www.navair.navy.mil/logistics/PSA/index.html.
25) "Product Support Analysis(MIL-HDBK-502A)," DAU, https://www.dau.mil/acquipedia.

제 10 장
조달관리

1.조달의 개념

조달(Procurement, 調達)은 군의 운영과 유지에 필요한 물자 및 용역을 구매하는 행위를 말한다. 우선은 획득과 비교할 수 있는데, 획득(Acquisition)은 일반적으로 완성장비나 정보체계의 개념형성부터 설계, 개발, 시험평가, 양산 및 배치까지를 포괄하는 과정을 말한다. 앞에서 살펴본 바와 같이, 획득에는 체계공학이 기반이 되고, 제조기술과 생산능력이 연계되는 등 여러 과정이 융·복합되어 있다고 본다. 이와 비교하여 조달은 비교적 구매행위를 중심으로 구매의 요건을 검토하고 가격, 품질, 납기 등을 관리하고 계약을 수행하는 행위로 본다. 조달이라는 용어는 정부, 군에서 사용하는 반면에 기업에서는 구매라는 용어를 주로 사용한다.

일반적으로 조달이란 경제 주체의 활동에 필요한 적정한 물자, 시설 또는 용역을 필요한 시기와 장소에 공급함으로써 경제 주체의 활동을 원활히 하는 기능이다. 따라서 국방조달이란 군이 필요로 하는 장비, 물자, 용역, 시설 등을 경제성을 고려하여 획득하여 적기에, 적소에 적정량을 공급함으로써 사용부대의 수요를 충족시킴은 물론 군사적 목표를 달성하는 데 기여하는 행위로 볼 수 있다.

가. 조달의 기본원칙

조달의 기본원칙은 조달주기를 단축하여 조달요구 납기를 만족시키면서 군이 요구하는 적정 품질의 제품을 적정 가격에 공급하는 것이다. 납기, 가격, 품질의 세 가지 요구조건이 모두 만족되어야 한다. 군에서는 여기에 수량과 납지를 더하여 적시(Right Time), 적량(Right Quantity), 적절한 품질(Right Quality), 적지(Right Place), 적가(Right Price)의 '5R'을 만족하도록 요구하고 있다. 최근의 구매관리에서는 정확한 품목(Right Item), 적절한 공급원(Right Source of Supply)을 포함하여 '7R'을 요구하고 있다.

그런데 많은 경우에 이들 요소를 모두 만족시키는 것이 어려울 때 적정한 분석과 조정 과정을 거쳐서 제 요소 간 교환과 균형이 이루어진다. 납기가 지연되거나, 또는 가격을 맞추기 위해 품질이 저하되든가, 아니면 품질을 맞추기 위해 부득이 가격이 높아지고, 결과적으로 조달 수량이 삭감되는 경우가 발생한다. 이러한 현상은 오랜 시간이 걸리는 무기체계 획득이나 수리부속 조달에서 두드러진다. 이와 같은 조달환경에서 가급적 군이 요구하는 조건에 맞는 조달을 하려면, 우선적으로 군의 요구가 적절해야 한다. 그다음에 군의 요구가 적절하다는 조건하에 납기, 가격, 품질을 결정하는 관련 조직 간의 협업이 이루어져야 한다. 적절한 조달요구를 위해서는 소요군에 의한 정확한 소요 산정과 신뢰성 있는 가격, 조달원, 품질 등에 관한 정보 공유가 필수적이고 조달과정에서 조달기관 주도로 관련 기관 간의 협업이 이루어지도록 해야 한다.[1)]

가격에 영향을 미치는 요소는 수요의 크기, 원가, 품질 등 다양한 요소가 있다. 그러나 다른 요소를 제거하고 가격과 품질에 대해서만 논의한다면 조금은 간단하지만 의미 있는 상호관계를 알 수 있다. 다음 그림에서 횡축은 품질의 높고 낮은 수준을 나타내고 종축은 가격의 고저를 나타낸다. 품질수준이 높고 가격도 높은 상품은 소위 '명품'에 해당할 수 있다고 본다. 반대로 품질이 낮고 가격이 낮은 상품은 저렴한 가격의 저질품으로 '모조품'일 가능성이 있다. 또한 고품질의 저가격은 대부분 '이월상품' 또는 '구식' 정도로 취급받는다. 저품질 고가격의 품목은, 일반적으로 높은 가격에 따른 고품질을 기대하기 마련인데, 이러한 일반적인 기대와는 거리가 먼 일종의 '사기품'이라고 할 수 있다. 시장에서 이러한 특별한 영역들을 제외하고, 가운데 '우상향' 하면서 음영 배경색을 갖추고 있는 타원 부분은 비교적 합리적으로 가격과 품질이 관계한 영역이라고 볼 수 있다. 가격과 품질은 상호 비례관계라 할 수 있는데, 기꺼이 지불하고자 하는 높은 가격은 대부분 고품질의 상품을 기대하는 것으로 본다. 이 부분은 합리적인 가격 또는 정당한 가격(Right Price, Fair Price) 영역이다.

1) 장기덕(2012), 『군수관리의 이론과 실제』, p. 217.

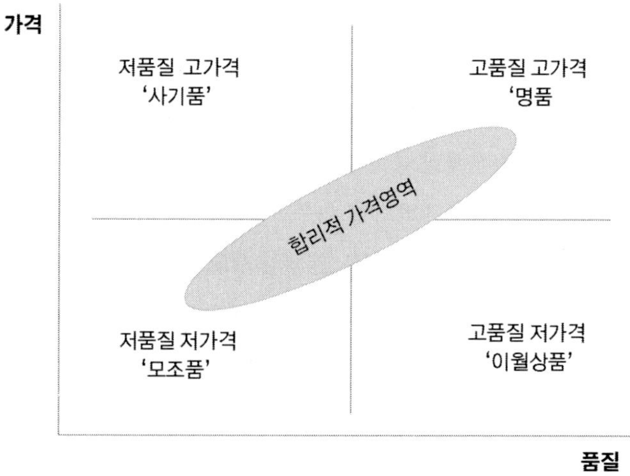

〈그림 10-1〉 가격과 품질의 관계[2)]

나. 국방조달의 역할

조달이 군수에서 부각된 것은 1940년대 중반으로, 무기체계 도입을 위해 군수관리자가 계약관리와 원가관리에 관심을 갖게 되면서부터이다. 군수의 영역에서 계약의 중요성이 점차 확대되면서 조달이 주목받게 됐다는 것이다. 조달의 중요한 역할들을 정리하면 아래와 같다.

군수에서 조달은 소요와 보급기능을 연결해주는 교량 역할을 한다. 소요와 보급이 군내에서 이루어지는 활동인데, 소요와 보급은 각각 부서가 다르고 업무기능을 별도로 유지한다. 그런데, 조달은 군과 외부의 공급업체를 연계하여 협업을 수행하면서 소요를 통해서 확정된 요구를 기반으로 계약행위를 통해서 군수품을 외부로부터 군 내부로 공급한다. 군으로 공급된 군수품은 보급기능을 통해서 저장·관리 및 분배되어 최종 사용자에게 지원된다. 따라서 조달은 소요기능과 보급기능을 연계함으로써 사용자의 요구를 충족시키는 데 가장 중요한 역할 중 하나를 수행하는 것이다.

다음으로 이익 창출 기능이다. 군수분야의 조달행위 자체가 이윤을 만들어내는 과정은 아니지만, 비용을 절약하는 측면이 있다. 정부나 군에서 조달은 판매를 목적으로 하는 조달이 아니라 사용자의 요구를 충족시키는 조달이라는 점이 명확하다. 본래 기업에서는 구매의 약 1%를 절약하면 매출의 15% 증가 효과가 있다는 주장이 있다. 구매비용을 절약하면 보통의 경우에 비

2) 손병식(2011), 『국방구매공급관리』, 범한, pp. 34-35에서 발췌하여 인용.

해 이익의 폭이 확대된다.

또한 재고관리 기능을 추가로 살펴볼 수 있다. 수요가 있는 곳에 가급적 가까이 위치하여 공급하는 것이 효율적이다. 다단계 재고 모형을 갖춘 이유 중 하나도 현장 지원을 보장하기 위해서이며, 물류혁신의 중요한 추진개념 중 하나인 일종의 허브 앤 스포크(Hub & Spoke) 방식에서도 대응성을 향상시키기 위해서 재고기능 여부가 핵심적인 쟁점이 되곤 하였다. 사실상 조달기능에서 감안되는 이러한 공급업체의 재고, 현장의 재고 등 재고관리의 주체와 적정량은 중요한 검토사항이다. 또한 조달 소요기간(PROLT: PROcurement Lead Time)을 감안하여 재고수준을 결정하기도 한다. 조달 소요기간은 행정 소요기간(ALT: Adminstration Lead Time), 생산 소요시간(PLT: Production Lead Time) 및 납품 소요시간(DLT: Delivery Lead Time)을 합한 시간이다. 아래 그림에서와 같이 행정 소요시간은 사용자로부터 조달요구를 받아서 정리하여 조달판단을 하고 계약자를 선정하는 데까지 걸리는 시간을 말한다. 생산 소요시간은 생산자가 구매부서와 계약서를 작성하고 난 이후부터 최초 납품을 할 때까지 소요되는 시간을 말한다. 납품 소요시간은 최초 납품에서부터 납품이 완료되어 사용자에게 군수품을 불출할 때까지 걸리는 시간을 말한다. 만일 구매자가 조달 소요기간을 정확하게 예측할 수 있거나 조달 소요기간에 일관성이 있다면 재고수준을 감소시킬 수 있다.

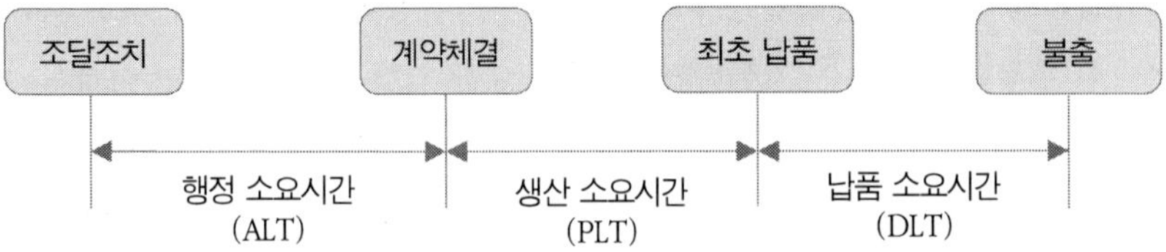

〈그림 10-2〉 조달 소요시간 구성요소[3]

국방조달은 방사청을 통해 구매하는 중앙조달과 소요군의 군수사령부를 비롯한 각 기능부대가 필요에 의해 자체적으로 조달하는 부대조달로 나누어볼 수 있다. 중앙조달은 조달원에 따라 크게 국내조달과 국외조달로, 국외조달은 다시 미국 정부로부터 구매하는 대정부구매(FMS: Foreign Military Sales)와 국외 업체로부터 구매하는 상업구매, 그리고 절충교역에 의한 구매 등으로 구분한다.

국내조달을 중심으로 조달업무 주기(Procurement Process Cycle)는 다음 그림과 같이, 기능과 기관이 프로세스로 연계된다. 업무의 프로세스로 보면, 소요군의 소요제기(조달요구)부터

3) 상게서, p. 16.

시작해서 조달계획을 수립하고 조달대상 품목에 대한 조달판단과 원가계산을 거쳐 입찰을 통해서 적격 업체와 계약하고 품질검사를 거쳐 합격품을 수요군에 공급한다.

조직 측면에서 살펴보면 소요군의 군수사령부는 현행 소요를 제기하고 조달요구를 한다. 방사청은 대부분의 소요군의 소요제기를 받아서 조달판단을 거쳐 업체와 협상하고 계약을 수행한다. 이때에 기품원은 품질보증과 품질검사 활동을 통하여 지원하게 되고 업체는 규격이나 구매요구서에 의한 제작, 생산이나 공급을 한다. 조달대상 품목이 군에 납품된 이후에는 소요군의 군수사령부에서 수령, 재고관리, 분배 및 지원한다.

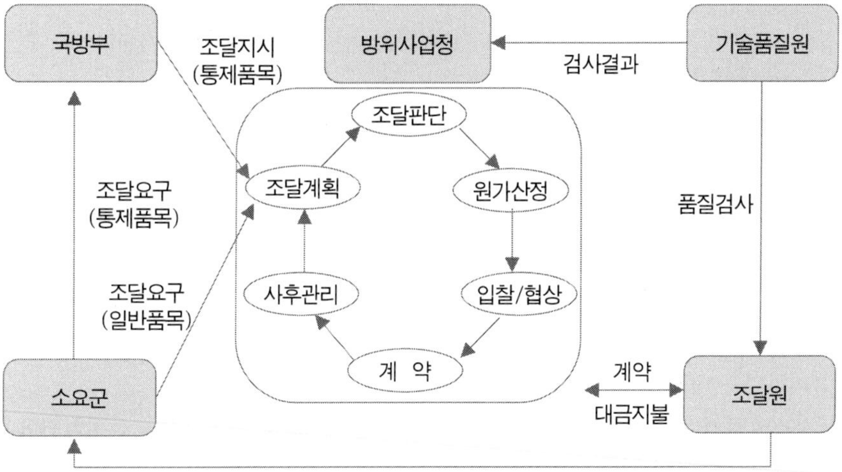

〈그림 10-3〉 국방조달체계

일반적으로 국방조달은 앞에서 살펴본 것처럼 민간의 구매와 근본적으로 다르지 않지만, 몇 가지 특징적인 모습들이 있다. 조달기능에 관련해서 보면, 국방예산의 범위 내에서 사업의 수준과 규모가 결정된다는 점이 있고 공급자의 원가 및 과거 납품 실적가 등을 고려한다는 점 등이 그렇다. 또한 국방조달 시 성능과 품질 등 군수품의 신뢰성이 강조되고 있고, 국가기관이 주체가 되고 국가예산이 투입되면서 적법성, 투명성, 공공성 등이 높은 가치를 갖게 된다. 이와 같은 군수품 조달의 원칙을 정리하면 아래와 같다.

- 국내조달의 원칙
  - 군수품은 국내조달을 원칙으로 하되, 가능한 한 신뢰할 수 있는 조달원으로부터 양질의 품목 및 적정량을 적기에 합리적인 가격으로 조달하여야 한다.
  - 불요·불급한 품목의 조달은 억제하고, 전투 긴요 물자 확보에 중점을 둔다.

- 국방예산의 효율적인 운영과 군수품의 품질향상을 위하여 상용품 조달을 확대하고 경쟁계약에 의하여 조달함을 원칙으로 한다.
- 조달계획은 조달 소요기간을 고려하여 수립되어야 하며, 수요예측과 재고 자산 파악으로 인가 초과 또는 부족 품목이 발생하지 않도록 하고 일정한 보급수준을 유지하도록 하여야 한다.
- 동일 연도 동일 품목은 통합조달을 원칙으로 한다. 다만, 동일 연도 동일 품목이 다수의 사업에 포함되어 수시로 조달되는 품목인 경우에는 연초 집행기관에서 단가제로 계약하여 통합 조달하고, 소요제기기관은 집행 전 연도 말까지 품목별 연간 조달량을 집행기관에 통보하여야 한다.
- 생산중지 또는 생산중지될 가능성이 있거나 소량·소액 품목 및 장비유지를 위한 수리용 부품은 경제성과 최소 생산 가능단위를 고려한 적정 수량을 일괄 구매할 수 있다.
- 생산기간이 장기간 소요되는 품목을 조달하고자 할 때에는 장기(계속)계약 연부금으로 계획하여 반영한다.
- 동일 품목의 조달계획을 중앙·조달청, 부대조달, 국내·외 및 특정조달로 분리하여 수립할 수 없다. 다만, 동일 품목에 대하여 구매계획과 정비계획을 동시에 수립하거나 국외조달 품목의 국산화 개발을 위한 시제품 구매 등 불가피한 경우에는 그러하지 아니한다.

• 특정조달의 원칙

특정조달 정부조달 협정에 가입한 국가 중에서 특정조달협정에 가입한 국가들에게 적용하는 법률에 의한 조달로, 내·외국인 구별 없이 정부시장을 개방하고 특정조달을 회피할 목적의 행위를 불허한다는 내용이다.

- 특정조달 품목은 정부조달 협정의 적용을 회피할 목적으로 추정가격을 산정하거나 분할하여 조달하여서는 아니 된다.
- 특정조달 품목을 동일한 연도 내에 2회 이상 분할하여 조달할 필요가 있는 경우에는 최초 조달계획서에 추후 조달예정 물량을 명기하여야 한다.
- 특정조달 품목은 절충교역을 실시하거나 국산대체 검토에 의하여 국산품을 우선 구매하도록 조달 요구할 수 없다.[4]

조달은 국내조달과 국외조달로 구분하는데, 그에 앞서서 조달계획을 수립하고 이를 적용한다. 일반적으로 조달계획은 소요인식, 조달 예비판단과 조달판단으로 이루어진다. 이러한 판단의 결과 국내조달을 우선하고 국내조달이 불가할 경우 국외조달을 준비한다. 국내조달은 원가를 산정하여 입찰에 앞서 예정가격을 산정하여 입찰을 준비한다. 군수품의 특성과 조달여건에 따라 적정한 계약방법을 적용하고 군에서 요구하는 성능과 이에 관련된 품질요소를 관리한다. 납품 이후에는 사후관리를 통해서 수명주기 기간 동안 군수지원을 보장하도록 한다. 국내조달이 불가하여

4) 「군수품 조달절차 규정」(육군규정 417, 2018.2.12.) 제8조.

국외조달을 준비할 때는 미국 정부의 대정부구매, 상업직구매 등을 고려한다. 대정부구매(FMS)는 미국 정부의 보증이라는 안전장치가 있는 것으로 인식되지만, 일반적인 국제 무역거래와는 다른 절차를 두고 있어 특별한 이해가 필요하다. 상업구매는 일반적인 국제 무역거래와 같이 오퍼(Offer)를 통해서 다양한 공급자의 거래조건을 파악하고 협상을 거쳐서 계약서를 작성한다. 특히 무역거래에 적용되는 국제상업회의소(ICC: International Chamber of Commerce)에 의해서 제정된 무역조건에 대한 국제규칙인 인코텀즈(Incoterms: International rules for the interpretation of trade terms)를 이용한다.

〈표 10-1〉 조달관리의 영역5)

영역	공통/선행	국내조달				국외조달	
단계	조달계획	원가관리	입찰/계약관리	품질관리	공급자 관리	대정부구매	상업구매
내용	- 소요인식 - 조달예비 판단 - 조달판단	- 원가계산 - 예정가격	- 입찰방법 - 계약방법	- 관리도 - 공정분석	- 공급자 평가기법 - 사후관리 - 구매윤리	- 판매형태 - 오퍼 - 가격 - 청구/ 불출	- 목표가격 - 협상 - 계약방법

앞에서 조달관리 업무 절차 위주로 살펴보았다면, 조달의 방법에 대해 상세히 학습하기 이전에 조달방법별 주요 사항을 비교해보기로 한다.

국내·외 조달을 구분하는 기준은 군수품을 생산하는 지역이 국내인가, 국외인가로 구분하는 것이 일반적이다. 그런데 다국적 기업의 출현, 국제무역의 활성화 등으로 자재 및 부품의 생산, 완제품의 생산지만으로 구분하는 것도 모호해지고 있는 현실이다. 보통의 경우에는 국내조달은 우리나라에서 법인 등록을 하고 국내에 생산시설과 사업장을 갖추고 있는 국내업체와 계약하는 것을 의미한다. 이와는 대조적으로 국외조달은 미국 정부에 의한 대정부구매와 외국 업체에 의한 상업구매로 구분할 수 있다.

적용되는 법규는 국내조달에는 「국가계약법」, 「방위사업법」 등을 적용하는데 대정부구매는 미국의 「무기수출통제법」의 적용을 받고 상업구매는 「대외무역법」, 「관세법」, 「외국환관리법」 등의 적용을 받으며 특히, 국제상업회의소의 인코텀즈 등의 적용을 받는다.

대금지불 방식은 국내조달의 경우에는 우리나라 정부가 국내업체로부터 납품받고 공급자가 대금청구를 한 후에 지급하는 후불방식이다. 그러나 대정부구매는 사전에 계좌를 개설하고 입금시킨 상태에서 거래행위를 하므로 일종의 선금방식으로 볼 수 있다. 상업구매는 은행이라는

5) 상게서, p. 54에서 발췌하여 인용.

제3자가 보증하는 신용장 방식을 적용하는 것이 일반적이다.

가격결정 방법은 국내조달의 경우에 공급자의 제품원가를 정부에서 인정하고 이를 기초로 예정가격을 산정한다. 이러한 예정가격에 따라 공급자를 선정하고 입찰방식으로 가장 낮은 가격을 제시하는 공급자를 선택한다. 대정부구매는 청약 및 수락서(LOA: Letter of Offer and Acceptance)에 제시된 가격을 수락하거나 거절하는 선택에 따라서 적용되고 가격협상은 허용되지 않는다고 본다. 상업구매는 목표가격을 설정하고 공급자를 결정한다.

납기는 국내조달의 경우에는 국외조달에 비하여 상대적으로 신속하고 대정부구매는 미군 자체의 청구와 우방국의 청구를 종합하는 절차 등으로 인하여 상대적으로 소요시간이 더 필요한 반면에 상업구매는 협상 및 계약조건에 따라 납기의 융통성이 있다고 본다.

절충교역(Offset Orders)의 적용 여부는 최근 방사청에서 산업협력(Industrial Cooperation)으로 명칭을 바꾸고 그동안 선진 방산기술 습득에 집중했던 것에서 국내 방위산업 육성과 방산부품 수출을 확대하는 방향으로 개편하였다.[6] 국내조달은 절충교역의 대상 품목이 될 수 없으며, 주로 상업구매에 적용하고 있다.

후속 군수지원과 사후조치는 국내조달이 가장 유리하고 사후조치에 보통 1~2년을 적용하는데 상업구매의 경우에는 협상과 가격에 의해 달라진다.[7]

〈표 10-2〉 조달방법별 주요 사항

구분	국내조달	국외조달	
		대정부구매	상업구매
계약상대자	국내업체	미국정부	외국 업체
적용법규	「국가계약법」, 「방위사업법」	「미국 무기수출통제법」	「대외무역법」, 「관세법」, 인코텀즈 등
대금지급	후불	선금	신용장 방식
가격	예정가격	LOA 제시가격	목표가격
납기	상대적으로 신속	상대적으로 느림	협상 및 조건에 의함
품질	기품원	미 정부 보증	업체에 의한 보증
절충교역	미적용	거의 미적용	적용(협상에 의함)
후속 군수지원	물자 동원	미 정부 보장	계약에 의해 적용
사후지원	계약조건에 의해 일반적으로 1~2년	계약기간 내 일반적으로 1년	계약기간 내 일반적으로 1년

6) 한국경제, "방사청, '절충교역'→'산업협력'으로 명칭변경", 2018.6.26.
7) 손병식(2011), 전게서, pp. 294-296에서 발췌하여 인용.

2. 국내조달

조달계획 작성으로부터 조달계획, 조달판단 확정 및 승인, 계약 및 납품에 이르기까지 일련의 절차로 구성된 조달주기에 대해서 통합된 관리가 필요하다. 국내조달의 큰 그림으로 절차와 기관별 업무를 알아보자. 먼저 소요군은 각 군에 배정된 국방예산 지출 한도액을 기준으로 전년도 8월 말까지 예산 한도액을 군수사를 비롯한 조달요구기관에 배정한다.

이에 근거하여 소요군 및 기관은 다음 연도 조달계획에 반영할 신규 및 개선사업에 대하여 사업의 필요성, 사업계획, 군사 요구도, 기술자료, 규격서, 진행사항 및 향후 추진계획, 완료예정일 등 각종 조달정보를 F년(Fiscal Year) 7월 말까지 방위사업청에 제출하고 방위사업청은 9월 말까지 조달판단(조달원, 계약방법 등)을 하고 그 내용을 소요군 및 관련 기관에 통보한다. 소요군 및 관련 기관은 다음 연도 정부예산 최종안을 기준으로 본예산 및 국채 사업별 조달계획서를 작성하여 전년도 10월 말까지 방사청에 제출한다. 방사청은 F년 12월 25일까지 조달계획을 확정하고 그 결과를 국방부 관련 부서, 소요군 및 관련 기관에 통보한다. 입찰 및 협상 등의 과정을 거쳐 계약하고 물품을 수령하고 확인한다.

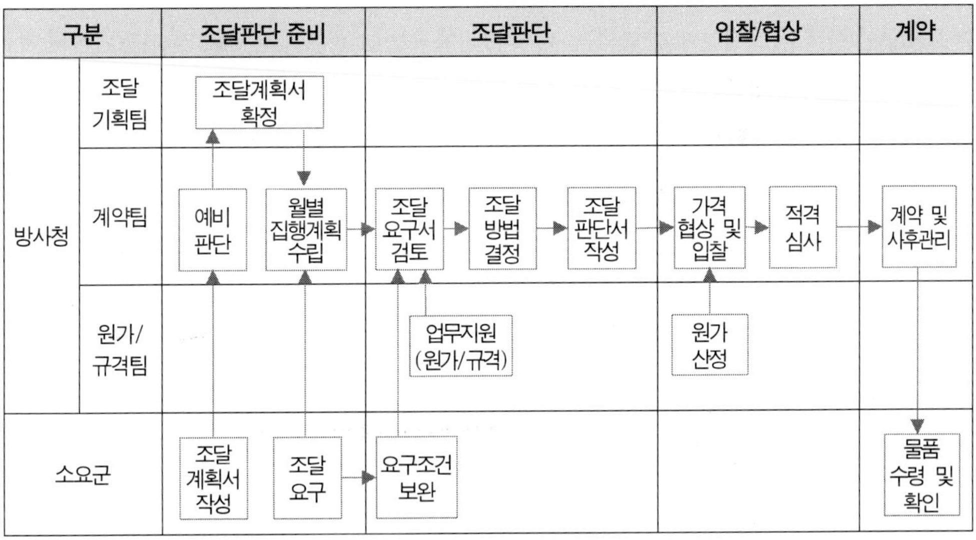

〈그림 10-4〉 국내조달 업무 절차

가. 소요 산정

우리는 앞에서 소요기획을 통해서 포괄적인 군수활동의 첫 단계로서의 소요의 의미와 역할을 보았고, 아울러서 현행 법규와 조직, 예산구조에 의해서 무기체계 소요와 전력지원체계 소요로 구분됨을 확인하였다. 이러한 단계에서 소요를 일반적으로 소요기획으로 이해를 하는 데 반하여, 조달관리의 첫 단계에서 소요를 예측하는 것을 소요관리로 표현한다. 기획이란 미래를 변화시키고자 하는 추상적인 개념을 통해 구체적인 목표와 방법을 강구해가는 과정의 지적 활동이라고 한다면, 대부분 무(無)에서 유(有)를 만들어내는 의미를 갖는다고 할 것이고, 신규 소요를 포함하는 의미가 강하다고 본다. 반면에 관리는 대부분 현재 존재하는 것을 가장 효율적으로, 효과적으로 유지하고 개량하는 것을 뜻한다고 이해하여 구분할 수 있다. 다시 말하면, 포괄적인 군수활동의 첫 단계로서 소요기획이라고 칭하는 것과 조달관리 활동에서 시작하는 업무로서 소요관리라고 구분하여 지칭하는 것이 비교적 타당하다고 본다.

조달관리에서 소요를 예측하는 대상은 장비류와 물자류를 포함하는 전 군수품을 말하는데, 무기체계류는 완성장비가 아닌 구성품, 부품 단위를 대상으로 하고 무기체계가 아닌 장비류는 완성품, 구성품 및 부품 등 대부분 조달단위를 기본적인 대상으로 판단한다. 장비류는 사용이력, 고장 및 정비이력 등 야전운영제원을 수집하고 분석하여, 정비활동에 필요한 수리부속의 향후 소요량이 산정되고 예산에 반영되는 것이다. 물자류는 대부분이 편제표 및 배당기준에 따른 소요를 의미한다.

소요관리란 부대가 임무를 수행하기 위하여 필요한 자원의 소요를 정확히 반영할 수 있도록 소요기준의 설정, 보급수준의 유지, 수요 예측, 소요 산정, 소요제원 관리 등 소요 관련 업무를 계획 및 시행·평가하여 조정·통제하는 제반활동이다. 소요관리의 목표는 임무수행에 필요한 적정소요 물량을 정확히 반영하여 과부족 자산의 발생을 방지하는 데 있다.[8]

1) 영향요소

과거의 자료나 정보를 이용하여 미래에 일어날 변화 또는 결과를 추정하는 것을 예측이라고 하고 과거의 자료가 아닌 단순히 주관적인 요소에 입각하여 미래를 예측하는 것을 추측이라고 구분할 수 있다. 여기서 우리는 소요 산정 과정을 통하여 과거의 실적자료를 기반으로 미래의 소요를 예측하여 과잉 재고 또는 재고 고갈을 방지해야 하는 것이다. 개략적인 평시 소요판단

8) 『소요관리』(육군교육참고 4-10, 2011.4.1.), pp. 1-9.

절차는 다음과 같다.

소요판단에 영향을 미치는 요소는 METT+TC[임무(Mission), 적(Enemy), 지형 및 기상(Terrain & Weather), 가용부대(Troops & Support Available), 가용시간(Time Available), 민간요소(Civilian Considerations)] 요소, 소모 보충률·폐기율·피해율, 수요제원, 인가된 공사 또는 특수 작업, 편성 및 또는 임무의 변동, 지리적 조건, 계획소요, 정확한 가용자산 등이다. 이러한 다양한 자료를 수집해야 산출물의 정확도를 향상시킬 수 있다. 이어서 각종 기법을 이용하여 장비류는 정비대충 장비 인가(정수), 손실률을 산출하고, 수리부속은 수요율, 폐기율(MR: Mortality Rate)을, 물자류는 소모 기준, 피해율 및 소모율을 산출한다. 초도 소요, 연간 지원소요, 보급수준 소요 등을 포함하여 총소요를 산정하고, 여기에서 가용자산을 감하여 최종적으로 실소요를 산정한다.[9)]

제2장 '수요와 공급으로 보는 군수'에서 수요와 소요의 의미를 정리한 바 있다. 그런데 실제로 제원을 산출하는 단계인 이번 장에서는 흔히들 표현하는 조작적 정의(Operational Definition)[10)]를 구체화할 필요가 있다. 소요는 장차 예상치이며 수요는 과거의 경험치 이다. 따라서 수요는 소요로 발전하며 소요판단은 과거의 실질적인 수요를 근거로 산정된다. 소요와 수요의 가장 이상적인 형태는 소요량과 수요량이 같을 때이다.[11)]

군수품의 수요를 예측하는 데 필요한 요인은 종별로, 품목별로 상이하다. 주요 군수품에 대한 합리적이고 정확한 소요판단을 위하여 소요판단의 기준과 방법이 필요하며, 우리 군은 종별로 상이한 소요판단 기준과 방법을 적용한다. 그러한 이유는 종별 특성이 반영된 결과인데, 관계 부서와 예산항목이 다르고, 공급되는 유통구조가 다르다는 점 등이 고려되고 종별 보급기준과 보급수준이 다르기 때문이다. 그러나 군수품 수요를 예측하는 데 몇 가지 공통적으로 영향을 미치는 요인을 찾으면 손실률, 폐기율, 수요율, 보급수준 유지 필요량, 부대, 장비, 병력 당 유지 등이다. 본서에서는 소요판단에서도 가장 중요하면서 가장 복잡한 분야 중 하나인 수리부속에 대한 소요판단을 중심으로 상술하고자 한다. 우선 손실률과 폐기율을 알아본다.

(1) 손실률

손실은 보유 중인 자원이 전투피해 및 운용과정에서 영구적으로 결손 되거나 정비가 요구되

9) 상게서, pp. 2-5.
10) 관찰할 수 없는 것을 관찰 가능하도록 한 개념의 정의를 말한다. 주로 연구방법에서 변수를 정의하거나 범위, 정도 등을 측정할 때 적용한다. 예를 들어 거리를 측정할 때 Meter를 적용한다든지 또는 Yard를 적용한다든지 하는 것 등이다.
11) 상게서, pp. 2-33.

는 것을 말한다. 손실률은 보유 중인 자원이 전투피해 및 운용과정에서 영구적으로 결손된 자원으로 일정 기간 중 총 보유수에 대한 비율을 말한다. 손실률은 수명주기 관점에서 경제적 수리한계 이전에 자원이 성능 및 기능을 발휘하지 못하는 해당 자원의 수량을 해당 총 보유수로 나눈 백분율의 값이다. 손실률의 수식은 아래와 같다.

$$손실률 = \frac{해당\ 장비\ 또는\ 물자의\ 성능,\ 기능\ 미\ 발휘}{해당\ 장비\ 또는\ 물자의\ 보유} \times 100$$

(2) 폐기율

폐기율은 수리부속의 손실률을 말하는 것으로 폐기율의 대상은 수리부속품이다. 이는 부품 폐기율과 동의어로 사용한다. 폐기율은 완성장비, 결합체 및 구성품을 재생하는 과정에서 각 부속품의 총수량에 대해 폐기될 부속품의 수량이 차지하고 있는 비율이다. 따라서 어떤 장비를 분해하였을 때 폐기율이 낮다는 것은 재사용할 수 있는 수리부속이 많다는 것을 의미한다.[12] 폐기율의 산정 목적은 정비계획과 연계하여 조달 및 예산판단을 위한 자료를 제공하며, 정비를 위한 수리부속품의 정확한 소요를 산정하고, 재고 고갈 및 초과품 발생을 방지하는 데 있다.

폐기율은 실적 폐기율과 책정 폐기율로 구분한다. 실적 폐기율은 창 정비의 소요를 판단하기 위한 기초자료를 말하고 책정 폐기율은 확정폐기율이라고도 하며 이는 소요를 반영하기 위해 5년간의 수요실적 분석을 토대로 한 폐기율을 말한다. 따라서 실적 폐기율은 책정 폐기율을 산정하기 위한 기초자료로 활용된다.

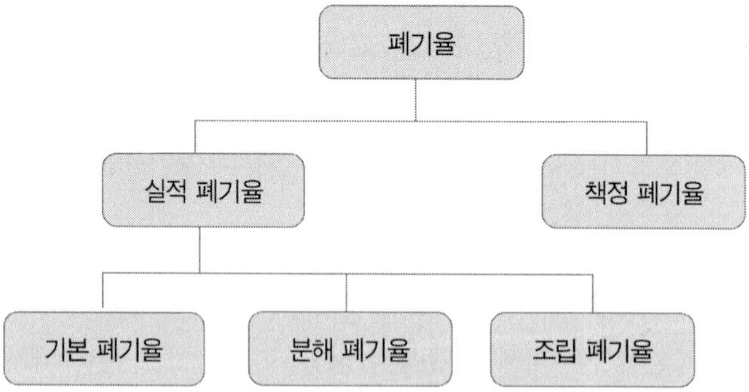

〈그림 10-5〉 폐기율의 구분

12) 손병식(2013), 『군수학 원론』, 서울경제경영, p. 143.

실적 폐기율은 창 정비를 할 때 최초 C급으로 판정된 정비품의 해체검사 결과 폐품이 발생한 비율이다. 해체검사 자료를 5년간 축적하여 폐품 발생률의 실적에 따라 향후 소요되는 부품을 소요제기하는 예측 폐기율로 활용한다. 예측 폐기율은 실적 폐기율에 예측기법을 적용하여 산출된 폐기율이다. 예측 폐기율을 산정하는 기법은 이동평균, 최소자승법, 당해 연도, 2년 이동평균법 등 네 가지가 있다. 여기서 최초 C급으로 판정된 정비품이란 창 정비를 할 때 재생 가능한 품목 중에서 완전분해검사를 하여 사용 여부를 재결정해야 할 품목을 의미한다. 최초 D급으로 판정된 품목은 폐처리되어 비군사화 대상이 되는 장비이다. 실적 폐기율에는 기본 폐기율, 분해 폐기율 및 조립 폐기율이 있다.

기본 폐기율(BMR: Basic Mortality Rate)은 창 정비 품목 자체가 폐·처리되는 비율을 의미한다. 이는 장비 및 구성품의 기본이 되는 품목에서 폐품이 발생하는 비율이다.

$$\begin{aligned} BMR &= \frac{D\text{급 발생량}}{\text{통계기간의 총 후송량}} \times 100 \\ &= \frac{\text{최소}D\text{급} + (C\text{급 분해수} - \text{조립수})}{\text{통계기간의 총 후송량}} \times 100 \\ &= \frac{\text{폐품 수량}}{\text{분해 대상 장비의 수}} \times 100 \end{aligned}$$

분해 폐기율(DMR: Disassembly Mortality Rate)은 구성품을 분해하였을 때 기본 품목을 제외한 모든 부품의 폐기율을 의미한다. 여기서 기본 품목은 부품 자체가 조달이 불가능하거나 정비가 불가능한 품목으로 폐·처리되는 경우 신품으로 조달하는 것이 경제성이 있는 품목이다. 분해 폐기율의 대상은 장비, 구성품, 결합체의 하위 수리부속이다.

$$BMR = \frac{\text{망실수} + \text{폐품수}}{\text{분해 대상 장비의 수} \times \text{장비를 구성하고 있는 부품의 수량}} \times 100$$

조립 폐기율(AMR: Assembly Mortality Rate)은 기본 폐기율과 분해 폐기율에 따라 결정되는 것으로 장비가 완제품으로 재생될 때 소요되는 수리부속의 비율이다. 이것이 실질적인 수리부속에 대한 폐기율이다. 완성장비 및 결합체를 창 정비하는 데 소요되는 신품 수리부속 비율을 의미한다.

$$BMR = \frac{\text{청구수량}}{\text{정비 대수} \times \text{구성수}} \times 100$$

$$= \frac{\text{분해폐기율} - \text{기본폐기율}}{1 - \text{기본폐기율}} \times 100$$ [13]

2) 수요예측

예측은 대상기간에 따라 장기예측, 중기예측, 단기예측으로 분류될 수 있다. 일반적으로 장기예측은 예측 대상기간이 길고 주로 전략적 의사결정과 관련된 경우에 활용된다. 예측기간이 길기 때문에 환경적 요인에 근거한 주관적 판단이 많이 이용되며 정확도가 상대적으로 낮다. 중기예측은 1~2년을 대상기간으로 하며 계량적 접근이 가능하고 전문가의 의견도 많은 도움이 된다. 단기예측은 1년 이내의 분기별, 월별, 주별, 일별 예측을 말하며 상대적으로 정확한 예측이 가능하다.

또한 수치를 이용한 계산방법이 중심이 되는가, 안 되는가에 따라 크게 정성적 예측기법(Qualitative Method)과 정량적 예측기법(Quantitative Method)으로 분류된다. 정량적 예측기법은 다시 인과형 예측기법(Causal Forecasting Method)과 시계열 예측기법(Time Series Analysis)으로 분류된다.

정성적 예측기법은 주로 중장기 예측에 적용되는 기법으로서 외부 환경요인의 변화에 따라 시장 잠재력이 변화되므로 주관적인 판단이나 의견에 기초하여 수요를 예측할 수밖에 없게 된다. 또한 과거의 자료가 충분하지 않은 경우에도 정성적 기법이 유용하게 적용될 수 있다. 정성적 예측기법에는 델파이(Delphi) 기법, 시장조사(Market Research) 기법, 판매원 평가법, 위원회 동의법 등이 있다.

인과형 예측기법은 수요에 영향을 주는 환경요인들을 파악하고 수요와 이 요인들 간의 인과관계를 파악함으로써 미래의 수요를 예측하는 기법이다. 그러므로 인과형 예측기법에서는 수요를 종속변수로 하고 수요에 영향을 주는 요인들을 독립변수로 하며 GNP, 경쟁업체의 판매정책, 출생률 등 기업 외적 환경 변화와 관련된 요인들과 광고나 판촉활동, 품질, 신용정책 등 기업 내적 요인들이 모두 모형에 반영될 수 있다. 인과형 예측기법으로는 회귀분석(Regression Analysis), 산업연관 분석, 투입산출 모형(Input Output Analysis), 선도지표법(Leading Indicator Method) 등이 있다.

시계열 예측기법은 과거의 수요를 분석하여 시간에 따른 수요의 패턴을 파악하고 이의 연장

13) 손병식(2013), 전게서, pp. 143-145.

선 상에서 미래의 수요를 예측하는 방법이다. 즉 과거의 수요 흐름으로부터 미래의 수요를 투영하는 방법으로서 과거의 수요패턴이 미래에도 지속된다는 시장의 안정성이 기본적인 가정으로 필요하다. 그러나 과거의 수요패턴이 항상 계속적으로 유지된다고 할 수 없으므로 시계열 예측 기법은 주로 중단기 예측에 이용되며 적은 자료로도 비교적 정확한 예측이 가능하다. 목측법, 이동평균(Moving Average)법, 지수평활(Exponential Smoothing)법, 최소자승법(Least Square Method), 박스젠킨스(Box-Jenkins)법 등이 있다.

각 군에서 적용하는 수리부속 수요예측 기법 현황을 보면 아래와 같다. 군에서는 군수통합정보체계인 장비정보체계와 국방물자정보체계에서 수요예측을 적용하고 있다. 장비정비정보체계에서는 조달소요 산정관리(수리부속/공구)에서 과거 5년간 야전수요 실적, 통제기간 수요와 산출기법인 이동평균법, 최소자승법, 전산적용 수요, 예산적용 수요 등이 산출되며 이를 근거로 조달 수요량을 알 수 있다. 국방물자정보체계에도 과거의 수요실적을 토대로 수요제원을 적용하고 수요를 예측한 후 관리자 판단에 의거하여 수요예측의 타당성과 수요반영 범위를 종합 검토하여 최적의 수요예측치를 확정하는 프로세스를 적용하고 있다.[14)]

〈표 10-3〉 수리부속 수요예측 기법 적용 현황[15)]

기 법	내 용	적용
산술평균법 (Arithmetic Mean)	- 일정 기간의 수요실적을 합산하여 총기간으로 나누어 수요를 예측 - 사용이 간편하나 극단적 자료의 영향이 크며 수요추세의 변동에 대한 적용성이 부족	육군, 해군
이동평균법 (Moving Average)	- 일정 기간의 수요실적에 대한 연속적 산술평균을 구하여 이동식으로 추세치를 산출하는 기법 - 계산이 용이하고 계절성 요인에 적응력이 높음 - 수요상승 시 과소예측, 수요감소 시 과다예측 경향이 높아 안정적인 수요추세에 제한적으로 사용 가능	해군
최소자승법 (Least Square Method)	- 실적치와 예측치의 편차자승의 합이 최소화되도록 수요를 예측하는 통계적 수요예측 기법 - 과거의 수요실적을 파악하는 데는 유용한 기법이나 수요발생 프로세스에 대한 이해나 분석 없이 사용할 경우에는 예측치에 대한 해석이 곤란하며 수요추세의 변동에 적용력 부족 - 최소자승법은 미래에 대한 예측(Extrapolation)보다는 과거 실적기간 중의 실적치 파악(Interpolation 또는 Curve Fitting)에 사용되는 기법	육군, 해군
정합평가 기법 (Comprehensive Method)	- 상기 기법들의 단점을 보완하기 위하여 장비 표준화 분류와 추세유형별로 구분·판단하여 수요실적의 증감요인의 특별분석 및 안전계수를 적용하여 소요를 산정	육군

14) 『소요관리』, pp. 2-36-37.
15) 장기덕(2012), p. 165.

	- 소요는 관리자가 판단하고 정상적인 소요는 전산출력 제원을 적용하여 최소자승법으로 소요를 산출한 후 해당 연도 증가율과 안전계수를 적용 - 최소자승법에 의한 예측치와 전년도 수요량의 범위 내에서 수요의 변동추세를 고려하여 조정하는 것으로 기본적으로 최소자승법의 제한을 벗어날 수 없음	
가중적용법 (Weighted Method)	- 과거 3년간 수요실적에 가중치를 적용하여 수요를 예측하는 기법 - 사용이 간편하며 산술평균법의 단점을 보완하고자 하는 방법이나 주관적인 판단이 개입하며 수요가 불규칙하게 발생할 경우 대처가 곤란하며 품목관리자의 특성에 따라 과다·과소 산정하는 경우가 발생	공군

(1) 산술평균법

산술평균법이란 다음 연도 소요량을 판단 시 많이 사용하는 방법으로 수요추세가 균등하게 형성될 때 적용하며, 이때 수요추세가 과다 또는 과소하게 형성된 수요제원은 삭제하고 자연 수요제원을 활용하여 예측하게 된다. 이러한 산술평균법은 비교적 계산과정이 단순하고 적용하기가 용이한 반면, 단점으로는 주관적인 예측으로 객관성이 다소 결여될 수 있다.[16)]

(2) 이동평균법

이동평균법은 시계열 예측기법 중 가장 쉽게 적용될 수 있는 방법으로 시계열 자료에 추세, 순환 변동, 계절적 변동이나 급격한 변화가 없고 우연 변동만 존재하는 경우에 수요예측에 유용하게 적용될 수 있다. 또한 이동평균법의 개념은 시계열 변동요인이 존재하는 경우에는 추세나 계절지수를 산정하는 데도 이용된다.

이를 구하는 방법은 항상 낡은 제원에서 하나를 삭제하는 대신 새로운 제원 하나를 포함시켜서 계속적으로 이동하면서 평균치를 구하기 때문에 이동평균법이라고 한다. 예측의 정확도는 타 기법에 비하여 미흡하지만 예측방법이 용이하다는 점에서 많이 사용되고 있다. 가중 이동평균법은 단순 이동평균법을 변형한 방법으로 최근의 제원이 더 큰 영향을 준다고 판단하여 더 큰 가중치를 부여하여 예측하는 방법이다.

(3) 최소자승법

최소자승법은 수요추세가 상승 또는 하향 시 적용하며 인과형 모형 예측기법의 일부로서 독립변수가 종속변수에 미치는 영향력의 크기를 측정하여 독립변수의 일정한 값에 대응하는 종

16) 『소요관리』, pp. 2-39.

속변수의 값을 예측하는 방법이다. 이를 독립변수와 종속변수 간의 인과관계를 방정식으로 표현하여 종속변수 값을 추정하게 되는데 이를 회귀방정식이라고 한다. 여기서 원인이란 시간의 변동이며 결과란 수요의 변동을 의미한다. 원인과 결과를 반영하는 방법이 최소자승법이며 수식으로 표현하면 $\min\sum(Y-\breve{Y_X})^2$ 이다.

최소자승법의 X축은 독립변수가 시간 t 로 주어졌을 경우 시계열인 추세선을 얻고자 하는 것이다. 이 방법은 종속변수인 Y축 방향의 편차의 제곱합을 최소화하는 수리적 기준에 따르므로 객관적인 분석기법이다. 따라서 시간이라는 독립변수(X)와 수요라는 종속변수(Y)의 관계를 1차식으로 표현할 때 a는 절편, b는 기울기 또는 계수라고 한다면 다음과 같은 수식을 표현할 수 있다.[17]

$$\breve{Y}_x = a + bX$$

$\breve{Y}_x$: 종속변수, X: 독립변수, a: Y 절편, b: 최소자승선의 기울기(계수)

이러한 최소자승법은 평면 상의 각 점(변량, 수요)으로부터 추세선에 이르는 거리의 편차 자승의 합이 최소가 되도록 추세선을 결정하고 이 추세선 상에서 장차의 예측치를 산출하는 방법이다. 아래 그림에서 보는 것처럼 평면 상의 A, B, C, D가 산재하고 있을 때 이들 수요점들이 편차를 가장 적게 하는 중앙을 통과하는 선이 추세선이다.

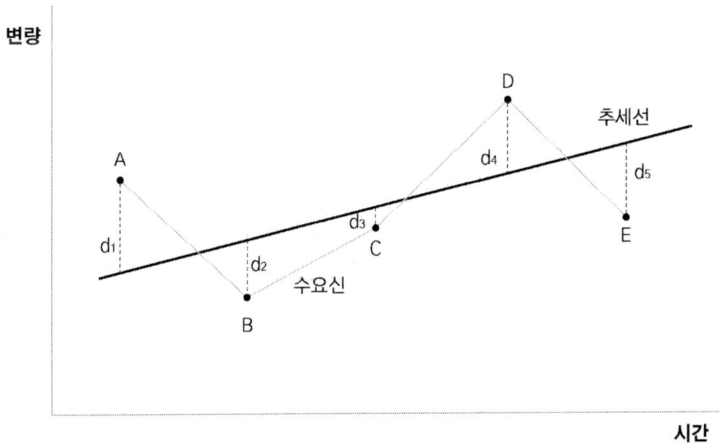

〈그림 10-6〉 수요량의 선형추세선

17) 손병식(2013), 전게서, pp. 156-157.

아래 그림과 같은 추세선은 대부분 왼쪽의 직선형이 되는 경우가 많으나, 때로는 가운데와 같은 2차 곡선 또는 오른쪽과 같은 지수곡선의 형태가 되는 경우도 있다.

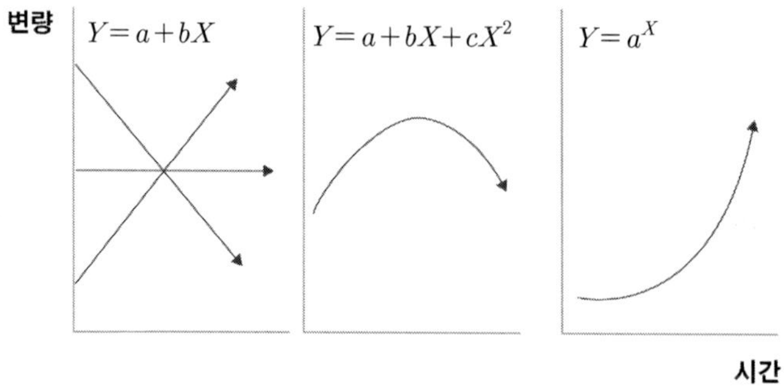

〈그림 10-7〉 추세선의 유형

군에서는 직선추세에 의한 방법을 많이 사용하고 있다. 최소자승법에 의한 추세선 방법은 $Y=a+bX$ 라는 직선공식을 이용하여 이로부터 a 와 b 의 값을 구하기 위하여 연립방정식을 유도함으로써 추세경향을 결정하고 예측하려는 X 값에 상응하는 Y 값을 구하여 예측치로 이용하는 것이다.

최소자승법의 장점은 비교적 예측량이 정확하고 다양하게 이용할 수 있으며, 상황변동이나 과학기술의 발달 및 국방정책 변환 등이 있을 경우에 이를 고려하여 보충판단을 함으로써 장차의 수요를 더욱 정확하게 예측할 수 있는 장점이 있다. 이러한 장점은 객관성이 있으므로 예측량이 정확하고 풀기 쉬운 수학공식에 대입하기만 하면 계산의 복잡성을 회피할 수 있으며, 직선추세뿐만 아니라 곡선추세에도 적용할 수 있고 예측 경험이 부족한 분석자도 실무에 활용이 용이하다. 또한 산술평균을 사용하지 않음으로써 극단치의 영향을 받지 않는다는 것이다.

최소자승법의 단점은 추세선의 결정이 직선, 곡선, 지수곡선 등 다양할 뿐만 아니라 계산과정이 복잡하고 예측되는 수요가 음수로 산출되어 추적성이 결여되며, 신·구제원의 비중이 동일하고 상황변동, 정책변동이 있을 때 주관적 예측량이 개입되어야 한다는 것이다.[18]

(4) 정합평가 기법

정합평가 기법이란 최소자승법을 보충하는 방법으로 장비 상태 분류, 추세변동의 유형에 따른 안전계수, 계획변경 인수 등을 결정하여 예측 수요량을 결정하는 방법이다. 이 방법의 특징

18) 『소요관리』, pp. 2-45-46, 49.

은 최소자승법에 따라 산출된 예측수요와 실제수요 사이의 차이 전체를 반영하지 않고 장비 표준화의 분류 및 수세변동 비율에 따른 안전계수를 적용하여 증감폭을 완화시키는 것이다. 정합평가 기법을 적용하기 위해 투입되는 변수는 계획변경 인수, 안전계수 및 최소자승법에 의한 예측 수요량이다. 예측 수요량을 산출하는 공식은 아래와 같다.

$$F = a \times [D_{t-1} + k(Y_t - D_{t-1})]$$

F: 예측수요, a: 시스템 상태에 따른 계획변경 인수, D_{t-1} : 최근에 발생한 실제수요,
k: 안전계수, Y_t : 최소자승법에 의한 예측수요

계획변경 인수는 장비의 상태에 따라 A, B, C, D 그리고 E 급으로 분류한 장비분류에 따라 정해진 수치를 부여한다. 표준장비는 a 값을 1로 부여하고 제한표준 장비의 a 값은 식으로 계산하여 산출한다. 비표준 장비와 시험용 장비는 a 값을 0과 계획에 의한 실소요로 적용한다.

〈표 10-4〉 장비 상태에 따른 표준화 분류

구분	부호	구성부품 구매 방향	계획변경 인수
표준장비	A	정상적인 구매 요구	a=1
제한표준	B	운영기간 중 구매 요구	$a = \frac{\text{예상 보유수}}{\text{과거 보유수}}$
	C	도태 시까지 구매 요구	
비표준	D	구매 불가, 동류 전용 유용	a=0
시험용	E	시험시간 동안 발생한 소요만 조달	계획에 의한 실소요

안전계수는 최소자승법에 의한 예측수요와 직전 수요의 차이량을 반영하여 결정하는 계수이다. 증감비율이 10% 이하일 때에는 최소자승법의 예측수요와 최근 실제수요 사이에 차이량이 극소수임을 의미한다. 그러므로 이때의 차이량 모두는 예측수요가 반영되도록 안전계수를 1로 한다. 만약 증감비율, 즉 차이량이 11% 이상에서 40%까지 발생하면 수요추세가 불안정하므로 10% 정도 반영될 수 있도록 안전계수를 10/T으로 하여 증감의 값을 산출한다. 그러나 그 차이량이 41% 이상 발생한다면 원인을 분석한 후에 다시 산출해야 한다.

<표 10-5> 안전계수 적용표

증감비(T)	10% 이하	11~40%	41% 이상
안전계수(K)	1	$\frac{10}{T}$	원인 분석 후 인력으로 산출

증감비율은 최근 수요에 대한 최소자승법 예측수요의 증감비율로서 공식은 아래와 같다.

$$T = \frac{Y_t - D_{t-1}}{D_{t-1}} \times 100(\%)$$

T : 차이량

Y_t: 최소자승법의 예측수요량

D_{t-1}: 최근 발생한 실제 수요량

(5) 수요예측 정확도 산정

수요예측의 정확도를 향상시키려는 노력이 국방부 차원에서 최근 수년간 지속되고 있으며 최근에는 상당한 성과를 거두고 있는 것으로 평가된다. 2018년 기준으로 공군 수리부속의 수요예측 정확도를 평균 70%에서 79%로 향상시켜서 예산편성에서 약 129억 원을 절감하였다고 한다. 한국국방연구원(KIDA)에서 개발한 수리부속 수요예측 모형에 기계학습(Machine Learning) 기법을 적용하는 등 다양한 노력이 수반되고 있다.[19]

수요예측 정확도를 산정하는 방법은 품목기준 수요예측 정확도와 수량기준 수요예측 정확도로 나눌 수 있다. 품목기준 수요예측 정확도는 품목의 수요발생 여부를 중심으로 수요예측 정확도를 판단하고 수량기준 수요예측 정확도는 수요예측 값과 실제 발생한 실수요의 차이를 중심으로 수요예측 정확도를 판단한다.[20]

공군에서 적용한 수리부속 수요예측 시스템의 구조는 다음 그림과 같다. 수요예측 시스템은 빅데이터 수집모듈, 빅데이터 통합모듈, 데이터 전처리 모듈, 수리부속 수요예측 모듈, 시각적 분석 모듈 등이다.

19) 연합뉴스, "국방부 "수리부속 수요예측 정확도 높여 129억 원 절감"", 2017.11.24.
20) 『소요관리』, pp. 2-52.

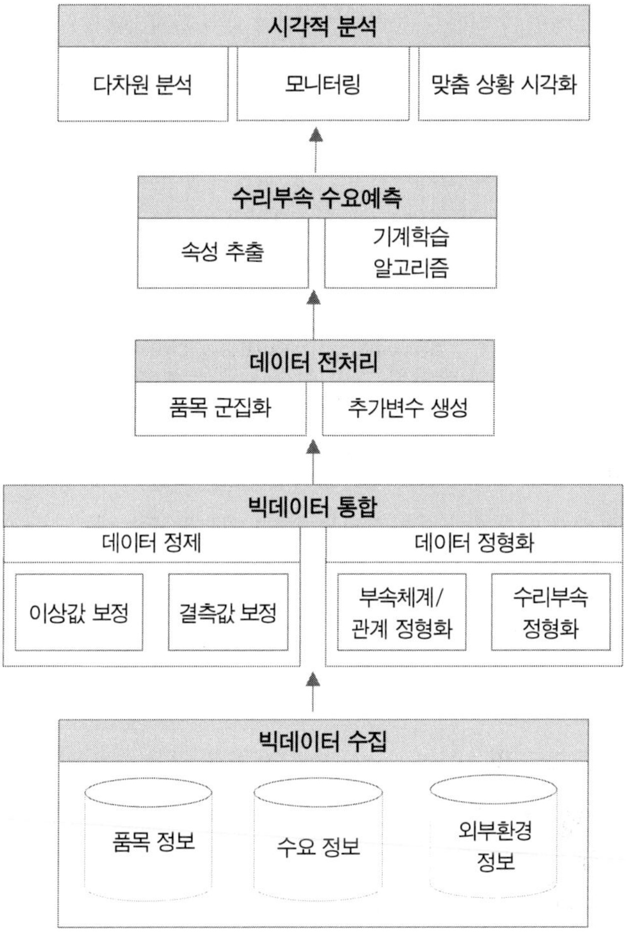

〈그림 10-8〉 기계학습 기반 수리부속 수요예측 시스템 구조

빅데이터 수집 모듈은 군 장비의 운용 데이터, 운용환경 수리부속 사용 데이터, 정비 데이터 등을 수집한다. 각 데이터는 모두 다른 시스템에 분포되어 있기 때문에 추출(Extraction), 변환(Transform), 적재(Loading) 작업을 통해서 데이터를 수집해야 한다. 또한 장비 운영시간과 지역을 확인해 해당 환경의 기온, 습도, 강수량 등과 같은 운영환경을 개방된 응용프로그램 인터페이스[Open API(Application Programming Interface)]를 이용해 수집한다.

빅데이터 통합 모듈은 수집한 데이터를 통합하고 데이터의 이상 값을 보정하거나 결측값을 정제한다. 그리고 부속체계와 관계, 수리부속과 정비이력을 정형화한다. 데이터는 모두 사람이 입력하기 때문에 실수의 가능성을 차단하기 위해서 데이터의 정제가 필요하다. 또한 군 장비는 종류에 따라 1만 개에서 7만 개가량의 부품으로 구성되어 있다. 정비창에서 정비할 경우에는 이러한 부품들의 세부적인 수리가 가능하다. 그러나 대부분의 정비가 이루어지는 부대정비나 야전정비의 경우에는 모든 부품을 개별적으로 수리하지 않고 모듈 단위로 수리한다. 그렇기 때문에 부속품들 간의 상하관계를 이용해 데이터를 정형화해야 한다.

데이터 전처리 모듈은 군집화 알고리즘을 사용해 품목의 수요패턴을 파악하고 일시 소모 품목들을 제외함으로써 안정적인 수요예측 대상을 선정한다. 일시 소모 품목은 제품 또는 제품 코드의 변경이 발생한 품목이나 신품목, 교체 품목으로 일시적인 수요가 발생한 품목들이다.

수리부속 수요예측 모듈은 앞에서 수집 및 정제한 데이터를 이용해 수리부속 수요예측을 한다. 기계학습 알고리즘을 사용해 수요와 정비 예측 모델을 생성한다. 그리고 이렇게 생성된 모델을 이용해 신규 데이터가 입력되면 수리부속 수요를 예측한다.

시각화 모듈에서는 통합 데이터를 다차원 분석을 하거나 예측적 분석 모듈을 통해 나온 예측 분석 결과를 시각화해서 사용자가 의사결정을 할 수 있도록 돕는다.[21]

나. 조달계획

조달계획은 군이 필요로 하는 장비, 물자, 시설 및 용역 등을 사용목적에 적합하도록 필요한 시기에 필요한 만큼을 경제적으로 조달하기 위한 각종 조달수행 요인에 대한 기본계획을 말한다. 조달계획을 수립하는 대상 사업은 국방예산 각목명세서 상의 방위력 개선사업 및 경상비 사업의 모든 조달사업이다. 여기에는 경상비 사업의 각급 부대 운영, 행정지원비로 구매하는 비품류 등 소모품은 포함되지 않는다. 조달업무 절차를 요약하며 정리하면 다음과 같다.

21) 정원희·정다운·구영현·유성준(2018), "기계학습 기반 공군 수리부속 수요예측 시스템", 정보과학지, 36(8), pp. 22-23.

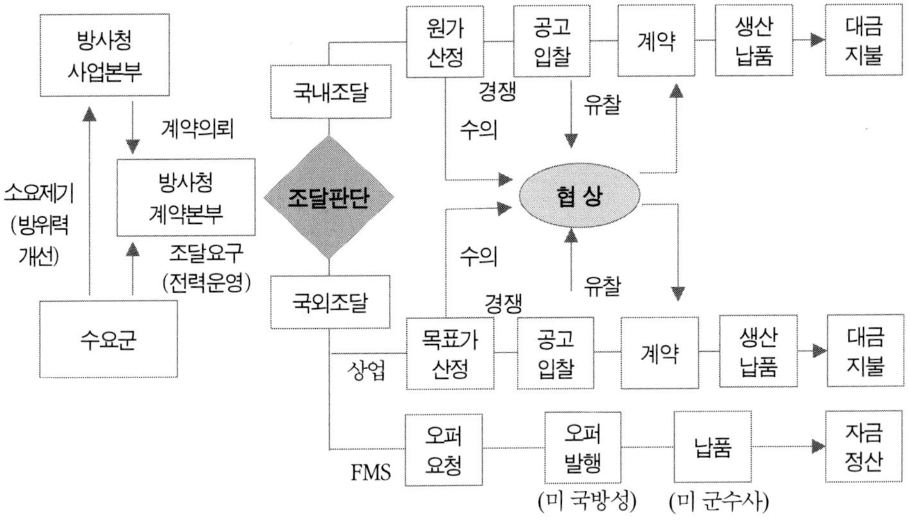

〈그림 10-9〉 조달업무 절차도

1) 조달계획서

조달계획서 작성절차는 아래 그림과 같다.

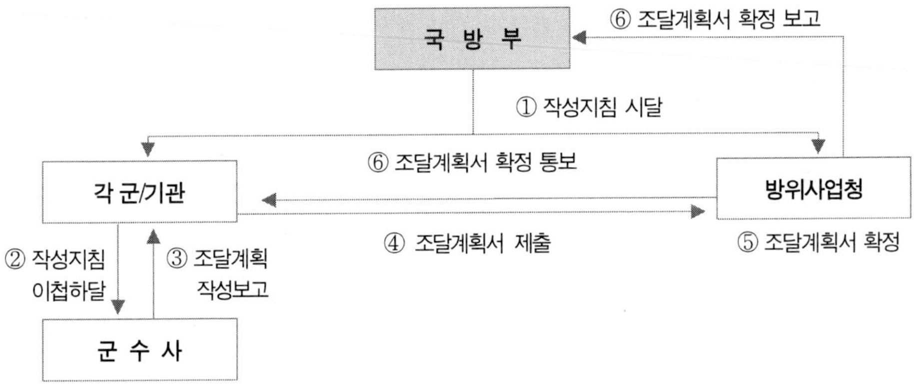

〈그림 10-10〉 조달계획서 작성 절차

국방부 군수관리관실은 F+2년도 조달계획 작성지침을 매년(F년) 10월 말까지 각 군·국직부대에 하달하면서 조달계획 작성절차가 시작된다. 조달계획은 F+2년도 각 군·국직부대 예산요구서 작성시기와 연계하여 작성한다. F+1년도 세출예산 조달계획(이하 본조) 및 국고채 조달계획을 동시에 수립한다.

각 군 및 해병대·기관은 조달계획 작성지침에 따라 F+1년도 예산으로 편성된 사업(품목)에 대하여 본조 및 국고채, 중앙 및 부대조달, 국내 및 국외 조달(FMS, 상업구매)로 구분하고, 사업별·품목별로 조달계획을 작성하여 작성지침에서 정하는 기일까지 방사청에 제출한다.

특정조달 품목에 대한 조달계획은 별도의 부호들을 작성한다. 방사청장은 각 군 및 해병대·기관이 제출한 조달계획서에 의하여 사업별·품목별로 조달판단을 하고, 조달계획을 심의·확정하여 그 결과를 작성지침에서 정하는 기일까지 국본, 각 군 및 해병대·기관에 통보한다.

각 군 및 해병대·기관은 조달계획을 기초로 다음 연도 예산배정계획을 수립하여 조달계획과 예산배정계획이 일치되도록 하여야 한다. 각 군 및 해병대·기관은 확정된 조달계획에 따라 전력운영사업(전력지원체계)에 대한 예산집행계획을 매년 12월 15일까지 국방부 군수관리관실에 보고한다.[22)]

조달계획에 포함되는 기본요소는 조달품목, 품질, 조달시기, 조달수량, 조달가격, 조달방법 등이 포함된다. 조달할 품목의 결정뿐 아니라 국내 또는 국외 조달원을 통해 구매할 것인가, 아니면 정비 또는 재생하여 충당할 것인가 등의 제반 획득방법을 검토하여야 한다. 품질에 대한 계획은 규격서, 상표 및 견본 등의 품질을 표시하는 방법 중에서 어떠한 방법을 적용할 것인가와 어떠한 방법으로 품질보증 활동을 할 것인가를 구체적으로 수립하여야 한다. 시기의 결정은 집행부서의 행정 소요기간, 업체의 생산소요기간, 사용부대의 소요시기 등을 고려하여 계획을 수립하되, 사용부대가 물품을 필요로 하는 시기에 요구하는 물품을 납품할 수 있도록 발주시기를 사전에 결정하여 계약을 체결하여야 한다. 조달 소요량은 수요검토 목록서와 자산판단서를 이용하여 결정한다. 조달가격은 경제성과 직결되는 요소일 뿐 아니라, 조달수량에 결정적인 영향을 미치는 요소이기 때문에 합리적 가격결정을 위한 각종 노력을 기울여야 한다. 조달방법은 계약방법을 결정하는 것으로, 가장 유리한 계약방법을 판단하여 결정하여야 한다.[23)]

2) 조달요구

조달요구란 조달요구기관이 조달집행기관에 조달을 의뢰하는 행위를 말하여 조달계획서를 통해서 이루어진다. 조달요구기관은 조달계획서를 작성하여 국방부와 방위사업청에 요구하는 기관이며 각 군 본부, 각 군 군수사, 국방부 직할부대, 정부기관 등이다.

조달집행기관은 확정된 조달계획서로 계약을 체결하는 기관을 말한다. 중앙조달품은 방위사

22) 「국방전력발전업무훈령」(국방부훈령 제2114호, 2017.12.29.) 제124조.
23) 장기덕(2012), 전게서, p. 226.

업청에서, 부대조달품은 조달요구기관에서, 상용품은 조달청에서 집행한다. 각 기관별 조달을 집행하는 대상 품목의 기준은 아래 표와 같다. 중앙조달은 방위사업청에서 부대조달은 각 군 군수사령부 등에서, 상용품은 조달청에 의뢰하여 집행한다.

〈표 10-6〉 조달집행기관에 의한 분류[24]

중앙조달	부대조달	조달청
① 품목당 연간 조달금액이 3천만 원 이상 품목 ② 중앙조달 실적이 있는 품목 ③ 중앙조달품목과 동류품목으로 일괄 구매하는 품목 ④ 법에 의하여 방산물자로 지정된 품목 ⑤ 방산장비 및 중앙조달 장비의 외주정비사업 ⑥ 의약품 및 의무물자 중 중앙조달로 결정된 품목 ⑦ 주 장비와 함께 패키지로 추진하는 창 정비 개발사업	① 부대개발 시제품 ② 정비창에서 정비에 필요한 소모성 물자 ③ 품목당 연간 조달금액이 3천만 원 미만인 품목 ④ 품목당 연간 조달금액이 3천만 원 5천만 원 미만인 부대조달 실적이 있는 단일 군 소요품목 ⑤ 긴급구매, 보안유지, 희소장비 유지부품 등 부대조달이 불가피한 품목 등	① 민·군 공통품목인 일반상용품으로 경제적 조달이 가능하다고 판단되는 품목으로 아래 기준을 충족 ② 연간 구매 추정액이 5천만 원인 품목 ③ 연간 구매 추정액이 5천만 원 미만으로 조달청 구매실적이 있는 품목 ④ 연간 단가계약 품목 및 저장품

원활한 조달 및 집행이 보장되도록 조달 관계기관 및 담당자는 조달계약주기를 고려하여야 한다. 내자조달에 있어서 본조 및 국고채 계약은 해당 연도 6월 말까지 동시에 실시하되 3/4분기 이후 배정예산에 대하여는 9월 말까지 실시한다. 외자조달에 있어서 본조계약은 해당 연도 6월 말까지, 국고채 계약은 가능한 한 해당 연도 11월 말까지 실시한다. 추가경정 예산 조달계약은 조달계획 확정일부터 45일 이내에 실시한다. 군수품의 적기 지원을 위하여 품목별 동일조달 주기제를 시행할 수 있다. 적용대상은 과거 수년간 조달실적이 있는 군수품 중 향후 수년간 소요가 예상되는 품목으로 매년 반복적으로 조달되는 품목의 계약 및 납품시기를 매년 동일한 시기로 설정한다.[25]

3) 조달판단

조달판단이란 집행기관이 조달계획서, 규격, 목록, 품질보증, 조달원, 계약방법, 조달 소요기간, 납기 및 납지 등 조달집행에 필요한 각종 자료를 검토하여 조달집행 가능 여부를 결정하는

---

24) 『조달관리』(육군교육참고 8-4-16, 2014.2.10.), pp. 2-6-7; 「국방 조달계획서 작성지시」(국방부 지시 제2017-020호, 2017.7.10.) 4. 일반지침, pp. 7-10에서 발췌하여 인용.
25) 「국방전력발전업무훈령」(국방부훈령 제2114호, 2017.12.29.) 제127, 128조.

행위이다. 방사청은 수요군 및 기관의 조달계획서가 도착하면 사업부서별 조달 예비판단을 실시하며, 예비판단 결과를 수요군 및 기관요원이 참석하는 군수조달 실무위원회를 개최하여 조달계획을 확정한다.[26)]

조달판단 시 주요 업무절차는 조달요구에 대한 조달요건 충족 여부를 확인하고 계약형태, 계약방법, 계약종류를 결정하고 계약 특수조건을 설정하고 이를 토대로 조달판단서를 작성하고 확정하는 것이다. 여기서 조달요건은 재고번호 및 품명 확인, 적용규격(국방규격, KS규격, 정부규격, 상용품) 확인, 예산(본조, 국고채) 확인, 관급 여부와 부수기재 확인, 납지 확인, 품목(방산/일반, 연구개발품, 일반경쟁 대상품) 확인, 절충교역 해당 여부 확인, 품질보증 형태 및 검사 담당기관 확인 등이다. 계약방법은 국가계약법에서 언급한 방법으로 수의계약 또는 경쟁계약, 일괄계약 또는 분리계약, 확정계약 또는 개산계약의 형태 중에서 어떤 것을 택할 것인지 결정하는 것이다.[27)]

다. 원가관리

조달업무에 있어서 원가관리는 합리적이고 공정한 계약금액을 결정하기 위한 일체의 관리활동이다. 이를 위해 계약제도와 원가계산 기준을 법규화하고 적정한 가격을 결정하는 노력을 기울이고 있다. 원가산정 및 적용에 대해서는 앞서 제2장 '수요와 공급으로 보는 군수'에서 일반물자와 방산물자의 원가 구성체계가 다름을 이해하였고, 수요자 입장에서 원가를 분석하고 통제하며 감소시키는 활동의 중요성을 강조한 바 있다.

일반적으로 원가는 제품의 생산, 연구개발, 구매 등을 위하여 투입 또는 소비되어 더 이상 활용할 수 없게 된 모든 경제적 자원의 가치를 화폐가치로 표현한 것이다. 따라서 군수품의 원가는 조달 또는 획득에 투입된 모든 국방자원을 화폐가치로 환산한 것이다. 구매의 경우는 제품이나 용역의 구매가격에 조달행정 비용을 더하고 운용유지비용을 더한 것이라고 할 수 있다. 연구개발에 의한 획득의 경우는 수명주기 비용 또는 총 소유비용이라고 할 수 있다.

원가관리는 제품생산에서 소요비용을 예측하는 원가산정, 원가절감의 목표를 설정하고 실행계획을 수립하는 원가계획, 생산일정에 따른 원가의 흐름을 통제하는 원가통제, 자금의 수입과 지출을 계정으로 정리하는 원가회계 등을 통해 수행된다.[28)]

26) 『조달관리』(육군교육참고 8-4-16, 2014.2.10.), pp. 2-8.
27) 장기덕(2012), 전게서, p. 227.
28) 상게서, p. 228.

제품이나 용역의 구매자 입장에서 수행하는 원가산정의 목적은 첫째, 구매가격 또는 예정가격을 도출하는 데 있으며, 둘째는 공급자를 선정하는 기준을 제공하기 위해서이고, 셋째는 한정된 예산의 효율적 집행과 담합에 의한 부당한 가격형성을 방지한 데 있다.[29)]

아래 표의 방위사업 원가관리체계의 특징을 기업의 원가관리와 비교하여 살펴보면 지금까지 설명을 다시금 정리할 수 있다.

〈표 10-7〉 방위사업 원가관리체계의 특징[30)]

구분	방위사업 원가관리(수요자)	기업 원가관리(생산자)
목표 측면	적정가격의 구매로 예산의 효율적 집행	높은 가격으로 판매하여 이윤 창출
원가산정 기준 차이	형평성 있는 통일된 기준으로서 정부 원가산정 기준	업체에 적합한 기업 원가산정 기준
원가정보 비대칭	원가정보 수요자이지만, 원가정보 획득 제한	원가정보 생성/관리자이며 대체로 원가정보 독점
원가자료 신뢰성	낮은 가격/실적자료 적용 (확인 가능한 가격 적용, 감사대비 보수적 성향)	높은 가격/예측자료 적용 (허위.고가자료 제출 사례 빈번, 최대이윤 확보 경향)
원가인식 차이 발생	정상적인 비용 인정 (정보 부족, 적정성 판단 곤란)	발생비용 전체 인정 (업체에 유리한 정보만 제시)
원가관리 여건	조기 집행/순환 보직 산정기간/실무인력 부족 인력에 의존한 관리	전담부서/장기 보직 회계시스템에 의한 관리

1) 예정가격

예정가격이란 국가나 지방자치단체를 당사자로 하는 계약을 체결하기 위하여 입찰 또는 계약체결에 앞서 낙찰자 및 계약금액의 결정기준으로 삼기 위하여 계약담당 공무원이 미리 작성하여 비치하는 가격이다. 계약담당자가 조달하고자 하는 계약 목적물에 대하여 대가를 지급하기로 결정한 최고의 상한가격으로 원가선정 결과 결정된다.

계약담당자는 계약 목적물을 조달하는 데 소요되는 비용을 미리 추산함으로써 한정된 예산의 효율적인 집행과 입찰자 또는 계약상대자들의 담합 등에 의한 부당한 가격형성을 방지할 수 있다.

29) 손병식(2011), 전게서, p. 83.
30) 방위사업청(2018), 『방산물자 원가관리 안내서』, p. 14.

예정가격의 결정기준은 적정한 거래가 형성된 경우에는 그 거래 실례가격(법령의 규정에 의하여 가격이 결정된 경우에는 그 결정가격의 범위 안에서의 실례가격)으로 하고, 신규개발품이거나 특수규격품 등의 특수한 물품, 공사, 용역 등 계약의 특수성으로 인하여 적정한 거래실례가격이 없는 경우에는 원가계산에 의한 가격으로 한다. 거래실례가격 또는 원가계산에 의한 가격에 의할 수 없는 경우에는 감정가격, 유사한 물품의 거래실례가격 또는 견적가격으로 한다.

예정가격 결정절차는 아래 그림과 같다.

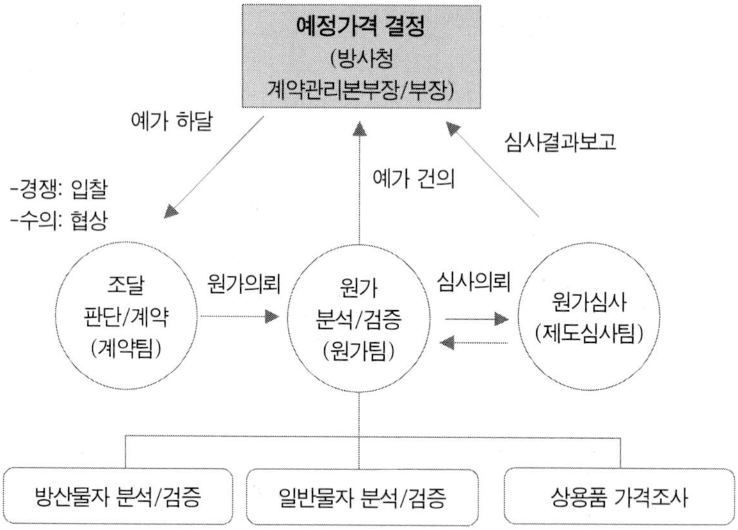

<그림 10-11> 예정가격 결정절차

방사청 계약팀은 조달판단 시 즉시 원가산정을 의뢰한다. 이때에 원가팀은 원가산정의 구비요건인 요구내역, 납지, 조달원 등을 점검한다. 원가작업을 위해서 가격조사와 원가계산을 하는데, 가격조사는 물가조사서, 세금계산서, 거래명세서 등 기초자료를 수집하고, 원가계산을 위해서 재료비, 노무비, 경비, 일반관리비 등 산출에 관한 세부내역서 및 객관적인 증빙서류를 확인한다. 이어서 대상 업체에서 제시한 자료를 토대로 서면심사를 수행하고, 실사 검증분야를 선정하여 현장 실사 및 검증을 수행한다. 수집된 자료를 분석하여 적정성과 적합성을 검토한다. 최종적으로 원가요소별 집계, 원가분석 및 검증을 통하여 예정가격조서를 작성하고 이를 입찰 및 계약 시 활용한다.[31]

일반물자와 방산물자 원가구성은 제2장을 참고한다.

31) 상게서, pp. 25-26.

라. 계약관리

계약이란 일정한 법률 효과인 권리의 발생·변경·소멸을 목적으로 서로 대립하는 2인 또는 그 이상의 법률주체의 의사표시가 내용상 합치함으로써 이루어지는 법률행위로서 당사자 쌍방의 권리와 의무에 변동을 가져오는 법률요건이다. 광의의 계약은 법률상의 효과 발생을 목적으로 하는 의사표시의 합치를 총칭하지만, 협의의 계약은 광의의 계약 중 채권 발생을 목적으로 하는 것만을 말한다.

1) 계약 개요

(1) 계약의 의의

계약은 청약(Offer)과 승낙(Acceptance)의 합치에 따라 성립하는 것이 일반적인 형태이다. 즉, 일방이 청약을 하고, 이에 대해 상대방이 승낙함으로써 계약이 성립한다. 청약은 계약의 성립을 위한 확정적인 의사표시로 구속력이 따르기 때문에 이를 회피하면서 타인으로 하여금 청약을 하도록 유인하는 행위를 청약 유인(Invitation of Offer)이라고 한다. 정부는 개인 간의 거래와는 달리 거의 대부분의 계약에서 의무적으로 유인행위를 실시하도록 규정하고 있다. 일반적인 청약 유인 수단으로는 입찰공고, 사업설명, 제안요청서 등이 있다.[32]

계약은 상호 대등한 입장에서 당사자의 합의에 따라 체결하여야 하며, 당사자는 계약의 내용에 아래의 4대 원칙을 잘 이해하고 적용해야 한다고 본다.

- 계약자유의 원칙
- 신의성실의 원칙
- 사정변경의 원칙
- 권리남용 금지의 원칙[33]

우리의 민법은 일정한 기본원칙을 토대로 체계적으로 편성된 것이라는 주장이 있다. 그 기본원칙이 무엇이냐는 학설 간에 다소 차이가 있지만 사적 자치를 기본 골격으로 사회적 형평의 이념을 더하고 있는 것으로 정리할 수 있다. 헌법 제10조는 "모든 국민은 인간으로서의 존엄과 가치를 가지며 행복을 추구할 권리를 가진다"고 규정한다. 인간의 존엄이라는 헌법 제10조의 이

32) 장기덕(2012), 전게서, p. 233.
33) 『조달관리』(육군교육참고 8-4-16, 2014.2.10.), pp. 2-23.

념으로부터 사적 자치의 원칙이 도출된다. 사적 자치는 개인이 자신의 의사에 따라 법률관계를 형성할 수 있다고 하는 것이다. 이러한 법률행위의 자유는 계약자유의 원칙을 포함한다.

계약자유의 원칙은 사적 자치의 원칙이라고도 하며, 자유로운 개인관계에서 어떤 조건으로든 계약할 수 있다는 것이다. 계약체결의 자유, 상대편 선택의 자유, 내용결정의 자유, 방식의 자유 등을 그 내용으로 한다. 계약자유의 원칙은 두 가지 의미를 내포한다고 본다. 하나는 민법은 일정한 범위에서는 개인 간의 법률관계에 개입하는 것을 포기하는 것이며, 계약 당사자 간에 맺은 계약의 내용이 그 당사자 간에 한해서는 법적 구속력이 있는 것으로 인정한다는 점이다.

민법 제2조 1항은 "권리의 행사와 의무의 이행은 신의에 좇아 성실히 하여야 한다"고 민법의 최고 원리로서 '신의성실의 원칙'을 규정하는데 이는 개인도 사회의 일원이고 개인의 권리도 다른 사람의 그것과 조화되어야 하고 이러한 요청이 사회적 형평의 원칙이라고 표현하는 것이나. 이를 간단히 신의칙(信義則)이라고 부르기도 한다.[34]

신의칙에서 파생된 원칙으로 모순행위 금지의 원칙, 실효의 원칙, 그리고 사정변경의 원칙을 들고 있다. 그중에서 사정변경의 원칙이란 법률행위 성립의 기초가 된 사정이 당사자가 예견하지 못했던 사유로 인해 현저히 변경되어 당초의 내용대로 그 효과를 강제하는 것이 당사자 일방에게 가혹하게 된 경우, 그 내용을 변경된 사정에 맞게 수정하거나 또는 그 법률행위를 해소시킬 수 있다는 법리이다.

민법 제2조 2항의 "권리는 남용하지 못한다"고 하는 권리남용 금지의 원칙은 외형상으로는 권리의 행사처럼 보이지만 실질적으로는 권리 행사가 사회 질서에 위반한 경우에는 정당한 권리 행사라고 인정하지 않으며, 이런 권리 행사는 권리의 남용이라고 하여 금하고 있다.[35]

조달계약은 국가가 사경제의 주체로서 행하는 사법상의 법률행위이다. 따라서 분쟁발생 시 민사소송의 대상이 되며, 부정당 업체의 입찰참가 자격제한은 행정소송의 대상이 된다. 국민의 세금과 공익을 위해 추진되는 업무이기 때문에 공정성·투명성·형평성 및 효율성을 고려하여 일련의 절차 및 업무처리 기준을 제시하여, 계약자유의 원칙을 제한하고 권리남용을 방지하고 있다. 계약 당사자가 서로 대가적 의미를 가지는 재산상의 출연 내지 출자를 하는 계약이며 각 당사자가 상대방으로 하여금 일정한 급부를 할 것을 약속함과 동시에 자기도 그 대가로서 교환적으로 급부할 것을 약속하는 쌍무계약이다. 또한 계약 당사자가 임의로 적용을 배제할 수 없는 강제법규이며, 입찰 및 계약이행과 관련한 절차를 규정한 절차법으로 계약체결에 동의한 계약상대방에게만 효력을 미친다. 또한 계약상대자의 이익을 부당하게 제한하는 특약이나 조건을

34) 김준호(2001), 『민법강의 이론과 사례』, 법문사, pp. 25-27.
35) 상게서, pp. 50-52.

설정할 수 없다.[36]

(2) 계약의 기능

계약의 기능은 증거기능, 관리기능, 위험전가 기능, 지불기능 및 동기부여 기능 등이 있다. 가장 기본적인 계약의 기능은 구매자와 공급자가 합의하였다는 증거이다. 계약관계에서 서류는 계약 이행 과정에서 발생할 수 있는 이견을 해결하는 기준으로 사용할 수 있다. 또한 계약 이후에 이해관계 당사자 사이에 문제가 발생하였을 때 계약조건을 해석하는 기준으로 사용한다.

계약은 계약을 이행하기 위한 작업자의 행동과 작업 내용을 촉진시킬 수 있도록 작성하여야 한다. 일정 기간 동안 효율적인 계약이행을 규정한 계약은 그 형태에 따라 관리기능이 부각될 수 있다. 따라서 계약문서에 있는 내용은 시간의 흐름과 관계없이 지속성을 가지고 있지만, 공급자의 상황이나 구매자의 상황은 시간의 흐름에 따라 변할 수 있다. 이러한 경우의 계약은 장기계약 또는 연구개발을 위한 계약 등이다. 시장의 상황변화, 구매자의 구매의도의 변화, 구매자의 구매전략 변화와 같은 면에서 변경이 있을 경우에는 양당사자간의 합의로 계약 내용을 변경할 수 있다.

계약은 위험을 전가하는 기능을 한다. 계약을 이행하는 모든 과정에서 위험이 도사리고 있으므로 계약의 어느 한쪽 또는 양자가 그 위험을 부담해야 한다. 이때 누가 위험을 부담해야 하는지가 계약서에 제시되어 있으므로 위험을 부담하지 않아도 되는 쪽의 재정적 손실을 감소시킬 수 있다.

이러한 기능 이외에도 모든 계약은 공급자가 제공하는 것에 대해 대가를 지불하는 조건을 포함하고 있다. 대가가 지불되는 형태에 따라 계약의 형태가 결정된다. 또한 계약은 계약자에게 동기를 부여한다. 계약을 이행하는 기본적인 요구에는 이익 창출의 의지가 있다고 본다.[37]

2) 정부조달 계약방법

계약방법은 구분하는 기준에 따라서 다양하다. 주체별로 구분하면 정부와 기업으로 구분할 수 있다. 먼저, 정부조달의 경우엔 계약 목적물별, 계약체결 형태별 및 계약체결 방법별로 구분하기도 하고 또는 확정형과 정산형으로 구분하기도 한다. 다음 표에는 국가계약법의 종류를 정리하였다.

36) 『조달관리』(육군교육참고 8-4-16, 2014.2.10.), pp. 2-23-24.
37) 손병식(2013), 『군수학 원론』, 서울경제경영, p. 212.

<표 10-8> 국가계약법에 따른 계약방법

계약 목적물별	계약체결 형태별	계약체결 방법별
·공사계약 ·물품제조 및 구매 ·용역계약	·내용별 - 확정·개산계약 사후 원가검토 조건부 계약 ·금액별 - 총액·단가계약 ·기간별 - 단년도·장기계속·계속비 계약 ·계약상대자 수 - 공동·단독계약 ·기타 - 종합계약 등	·경쟁계약 - 일반·제한·지명경쟁계약 ·수의계약 ·기타 - 2단계 경쟁입찰계약 등

조달계약은 계약목적에 따라 공사계약, 물품의 제조 및 구매계약, 용역계약으로 나누어진다. 계약체결 형태별 계약을 보면 위 표와 같이 다시 내용, 금액, 기간 및 계약상대자 수에 따라 구분할 수 있다.

확정계약은 계약체결 시 계약금액을 확정할 수 있고, 계약이행 기간 중 가격변동, 원가절감 등이 없을 것으로 예상되는 경우에 계약금액을 확정하여 체결하는 계약이다. 반면에 개산계약은 계약을 체결할 때 계약금액을 확정하지 않고, 계약이행 중에 계약금액을 확정하는 계약이다. 개발 시제품의 제조계약, 시험·조사·연구·용역계약 등이 이에 해당한다. 사후 원가검토 조건부 계약은 입찰 전에 예정가격을 구성하는 일부 항목의 금액을 결정할 수 없는 경우에 계약금액을 잠정적으로 정한 후, 계약이행이 완료되면 원가를 검토하여 계약금액을 조정할 수 있도록 사후 원가검토를 조건으로 체결하는 계약이다.

금액을 기준으로 구분하여 총액계약과 단가계약으로 나눌 수 있다. 총액계약이란 단가와 수량을 요소로 하여, 계약 목적물 전체에 대한 총액으로 계약하는 통상적인 계약형태이다. 단가계약은 계약체결 시 총 구매수량을 확정하기 곤란한 경우에 적용하는 방법으로 계약 시 단가만 확정하고 수량은 예상수량만 표기하는 계약형태이다.

기간으로 계약을 구분하면 단년도, 장기계속, 계속비 계약 등으로 구분할 수 있다. 단년도 계약은 회계연도 독립의 원칙에 따라 당해 연도 편성된 예산의 범위 내에서 계약하고 납품까지 완료하는 통상적인 계약형태이다. 장기계속 계약은 전기, 가스, 수도 등 성질상 수년간 계속하여 존속할 필요가 있거나, 그 이행에 수년을 요하는 경우에 체결하는 계약형태이다. 한편 계속비 계약은 완성에 수년을 요하는 연구개발사업 또는 제조계약의 경우에 적용하며 5년 이내의 계약이 원칙이며 사업의 승인 및 연장 시 국회의 의결이 필요하다.

계약상대자 수에 따라 공동 또는 단독계약을 구분한다. 공동계약은 2인 이상의 계약대상자와 계약하는 것이고 단독계약은 일반적인 계약형태로 계약대상자 1인과 계약하는 경우이다. 종합계약은 동일 장소에서 2개 이상의 서로 다른 국가기관이 협의체를 구성하여 공동으로 체결하는 계약형태이다.

계약체결 방법별로 계약을 구분하면 경쟁계약과 수의계약으로 나눌 수 있다. 경쟁계약은 일반경쟁계약, 제한경쟁계약, 지명경쟁계약으로 다시 상세하게 구분한다. 일반경쟁계약은 공고의 방법으로 최소한의 자격을 가진 불특정 다수의 희망자를 경쟁입찰에 참가토록 한 후 그중에서 국가에 가장 유리한 조건을 제시한 자를 선정하여 계약을 체결하는 방법이다. 제한경쟁계약은 계약의 목적·성질·규모 등을 고려하여 필요한 경우 시공능력, 실적, 기술보유 상태, 재무상태 등을 판단요소로 입찰자의 자격을 제한하여 입찰에 참가토록 하는 계약방법이다. 지명경쟁계약은 계약의 성질 또는 목적에 비추어 특수한 설비·기술·자재·물품이나 실적이 있는 자가 아니면 계약목적을 달성하기 곤란한 경우에, 능력을 보유한 특정 다수의 경쟁 참가자를 지명하여 입찰을 실시하는 형태이다. 수의계약이란 경쟁입찰에 의하지 않고 계약담당자가 선택한 특정인을 상대로 하여 계약 체결하는 것이다. 그 밖에 기타 계약은 2단계 경쟁입찰계약(기술·가격분리), 희망수량 경쟁입찰계약, 협상에 의한 계약 등이 있다.[38]

(1) 일반경쟁계약

조달계약은 일반경쟁입찰에 의한 계약을 원칙으로 한다. 일반경쟁계약은 공고의 방법으로 일정한 자격을 가진 불특정 다수의 희망자를 경쟁입찰에 참가토록 한 후 그중에서 국가에 가장 유리한 조건을 제시한 자를 선정하여 계약을 체결하는 방법이다.

일반경쟁계약의 장점은 공개적으로 집행하므로 공정하고 경제적이며 다수의 희망자를 입찰에 참가시킬 수 있고 보다 유리한 조건을 제시하는 자와 계약할 수 있다는 점이다. 일반경쟁계약의 단점으로는 자본·신용·경험 등이 풍부하지 못한 업체가 참가함으로써 견실한 계약이행에 차질을 가져올 수 있고, 덤핑으로 인한 부실 우려가 높으며 입찰에 참가하는 인원이 너무 많은 경우 입찰집행이 어려운 점 등을 들 수 있다.

(2) 제한경쟁계약

일반경쟁입찰에 의한 계약이 기본원칙이나 계약의 목적·성질·규모 등을 고려하여 입찰참가

38) 『조달관리』(육군교육참고 8-4-16, 2014.2.10.), pp. 2-24-27.

자격을 시공능력, 실적, 기술보유 현황, 재무상태 등으로 제한하여 입찰에 참가토록 히는 방식이 제한경쟁계약이다.

제한경쟁계약은 일반경쟁계약의 단점인 계약의 적정 이행 확보 곤란, 많은 참가자로 인한 과다한 행정업무와 지명경쟁계약의 단점인 자의적인 지명, 지명대상 업체들의 담합 우려 등을 보완한 중간적 위치에 있는 계약제도이다. 대부분 특수설비 또는 기술이 요구되는 중소기업자 간 경쟁품목인 경우이다.

(3) 지명경쟁계약

지명경쟁계약은 계약의 성질 또는 목적에 비추어 특수한 설비·기술·자재·물품이나 실적이 있는 자가 아니면 계약목적을 달성하기 곤란한 경우에 능력을 갖춘 특정 다수의 경쟁 참가자를 지명하여 입찰방법에 의하여 낙찰자를 결정한 후 낙찰자와 계약을 체결하는 방법이다.

지명경쟁계약의 장점은 불성실하거나 신용이 없는 자가 경쟁에 참가하여 공정한 경쟁을 방해하는 행위를 차단할 수 있고, 일반경쟁에 비하여 절차가 간소하며, 계약이행에 있어 가장 적합한 자를 지명할 수 있다. 지명경쟁계약의 단점은 지명이 특정인에게 고정되고 그 결과 담합을 용이하게 하여 경쟁의 실효를 거두지 못하는 결함이 생길 수 있다. 지명경쟁계약을 집행함에 있어서는 구체적으로 지명업자를 선택하는 기준이 필요하다. 업체의 계약 목적물 수행능력을 사전에 파악해야 하며 계약담당자의 자의적인 판단을 배제하여야 한다.

(4) 수의계약

수의계약은 경쟁입찰에 의하지 않고 계약담당자가 선택한 특정인을 상대로 계약을 체결하는 것이다. 수의계약을 실시하는 경우는 계약상대자가 1인 밖에 없거나 계속 공사로 인해 새로운 입찰 절차가 불필요하거나 긴급히 계약을 체결한 필요가 있는 경우, 계약금액이 소액인 경우, 중소기업 보호 등 특수목적을 위하여 한정적으로 운용되고 있다.[39]

수의계약은 엄격히 제한하고 이를 대통령령에 의해 명시하고 있다. 「국가계약법 시행령」 제26조는 수의계약에 의할 수 있는 경우를 아래와 같이 열거하고 있다.

- 경쟁에 부칠 여유가 없거나 경쟁에 부쳐서는 계약의 목적을 달성하기 곤란하다고 판단되는 경우

39) 『조달관리』(육군교육참고8-4-16, 2014.2.10.), pp. 2-29-32.

- 천재지변, 작전상의 병력 이동, 긴급한 행사, 긴급복구가 필요한 수해 등 비상재해, 원자재의 가격급등, 그 밖에 이에 준하는 경우
- 국가안전보장, 국가의 방위계획 및 정보활동, 군 시설물의 관리, 외교관계, 그 밖에 이에 준하는 경우로서 보안상 필요가 있거나, 국가기관의 행위를 비밀리에 할 필요가 있는 경우
- 방위사업청장이 군용규격물자를 연구개발한 업체 또는 「비상대비자원 관리법」에 따른 중점관리 대상업체로부터 군용규격물자를 제조·구매하는 경우

• 특정인의 기술이 필요하거나 해당 물품의 생산자가 1인뿐인 경우 등 경쟁이 성립될 수 없는 경우
  - 공사와 관련하여 장래 시설물의 하자에 대한 책임 구분이 곤란한 경우
  - 작업상 혼란이 초래될 우려가 있는 등의 이유로 동일 현장에서 현재의 시공자와 계약을 하는 경우
  - 접적지역 등 특수지역에서 시행하는 공사로서 사실상 경쟁이 불가능한 경우
  - 특허공법을 적용하는 공사 또는 신기술을 적용하는 공사로서 사실상 경쟁이 불가능한 경우
  - 해당 물품을 제조·공급한 자가 직접 그 물품을 설치·조립 또는 정비하는 경우
  - 해당 물품을 제조·공급한 자 외의 자로부터 제조·공급을 받게 되면 호환성이 없게 되는 경우
  - 특허를 받았거나 실용신안등록 또는 디자인등록이 된 물품을 제조하게 하거나 구매하는 경우
• 「중소기업진흥에 관한 법률」 제2조 1호에 따른 중소기업자가 직접 생산제품을 해당 중소기업자로부터 제조·구매하는 경우
  - 성능인증을 받은 제품
  - 품질인증을 받은 제품
  - 개발이 완료된 제품으로서 당초의 수요와 연계된 자가 구매를 협약한 제품
  - 신제품으로 인증 받은 제품
  - 우수조달물품으로 지정·고시된 제품
• 국가유공자 또는 장애인 등에게 일자리나 보훈·복지서비스 등을 제공하기 위한 목적으로 설립된 단체 등과 물품의 제조·구매 또는 용역 계약(해당 단체가 직접 생산하는 물품 및 직접 수행하는 용역에 한정한다)을 체결하거나, 그 단체 등에 직접 물건을 매각·임대하는 경우
  - 국가보훈처장이 지정하는 국가유공자 자활집단촌의 복지공장
  - 상이를 입은 자들로 구성된 단체
  - 중증장애인 생산품 생산시설
  - 사회복지법인
• 경쟁에 따라 계약을 체결하는 것이 비효율적이라고 판단되는 경우
  - 추정가격 기준 소액인 경우
    : 건설 2억 원 이하, 물품제조 등 2천만 원 이하 등
    : 중소기업의 제조·구매·용역, 학술연구 등으로 2천만 원 초과, 5천만 원 이하
  - 재외공관이 사용하는 물품을 현지에서 구매하는 경우

- 물품을 가공·하역·운송 또는 보관할 때 경쟁에 부치는 것이 불리하다고 인정되는 경우
- 「방위사업법」에 따른 방산물자를 방위산업체로부터 제조·구매하는 경우[40]

3) 입찰 및 낙찰

입찰은 일반적으로 공고를 통하여 하게 되는데 이는 계약에 관한 제반조건을 일반에게 널리 공지하여 다수인으로 하여금 경쟁에 참가하게 하여 그중에서 국가에 대해 가장 유리한 조건을 제시한 자를 선정하여 계약을 체결하기 위한 것이다.

입찰공고는 국방전자조달(www.d2b.go.kr) 홈페이지를 통해 실시하는 것이 원칙이나 필요한 경우 일간신문 등에 게재하는 방법을 병행할 수 있다. 입찰공고는 입찰서 제출 마감일 전일부터 기산하여 10일 전에 하는 것이 원칙이나 공시입찰의 경우에는 현장 설명일 전일을 기준으로 7일 전에 공고하여야 한다.

경쟁입찰은 2인 이상의 유효한 입찰로 성립한다. 다수가 입찰에 참가하더라도 유효한 입찰자가 2인 미만이면 경쟁입찰은 성립하지 않는다. 경쟁입찰 결과 유효한 입찰자가 2인 미만이거나 낙찰자가 없는 경우 공고 절차를 다시 거치지 않고 같은 장소에서 다시 입찰할 수 있는데 이를 재입찰이라고 한다. 낙찰자가 없거나 낙찰자가 포기한 경우 다시 공고하여 입찰할 수 있다. 재공고 입찰에서도 입찰자나 낙찰자가 없는 경우 수의계약을 할 수 있다.

조달을 위한 경쟁입찰의 경우에는 가격만을 절대적인 요소로 할 수 없다. 따라서 낙찰자를 결정하기 위해 적격심사 낙찰, 최저가 낙찰 및 입찰금액의 적정성 심사를 수행한다. 예정가격 이하의 최저가격으로 입찰한 자의 순으로 당해 계약이행 능력을 심사하여 낙찰자를 결정하는 것을 적격심사 낙찰이라 한다. 이를 통해 계약체결 후 발생할 수 있는 위험을 줄일 수 있다. 추정가격이 고시금액 미만인 물품입찰의 경우에는 예정가격 이하의 최저가격으로 입찰한 자를 낙찰자로 결정한다. 추정가격이 300억 이상인 공사입찰의 경우에는 예정가격 이하의 최저가격으로 입찰한 자부터 입찰금액의 적정성을 심사하여 낙찰자를 결정한다.

협상에 의한 계약은 다수의 공급자들에게 제안요청서 등 필요한 서류를 교부하여 제안서를 제출받아 평가한 후 협상 절차를 통하여 국가에 가장 유리하다고 인정되는 자를 낙찰자로 선정한다. 물품의 제조 또는 구매계약에 있어서 필요하다고 인정될 경우 당해 물품의 입찰가격 외에 품질 등을 종합적으로 참작하여 예정가격 이하로서 가장 경제성이 있는 가격을 입찰한 자를 낙찰자로 정한다.[41]

40) 「국가를 당사자로 하는 계약에 관한 법률 시행령」(대통령령 제28690호, 2018.3.6.) 제26조.
41) 『조달관리』(육군교육참고 8-4-16, 2014.2.10.), pp. 2-32-5.

4) 방산계약

방산계약은 안정적인 조달원 확보와 엄격한 품질보증 등을 위하여 방산물자로 지정된 무기체계 및 그 부품을 조달하기 위하여 적용한다. 무기체계 연구개발의 경우에는 체계개발단계에 시제품을 생산하여 시험평가를 거쳐 '전투용 적합' 판정을 받고 규격화, 목록화가 가능한 체계개발 종료시점에 방산물자로 지정하는 것을 원칙으로 한다.

방산물자와 일반물자에 적용되는 계약의 방법을 구분하여 정리하면 아래와 같다.

〈표 10-9〉 일반물자와 방산물자 계약 구분

구분 (적용법규)	계약방식	계약방법	계약종류	
일반물자 (「국가계약법」)	경쟁계약	확정계약	- 일반경쟁계약 - 제한경쟁계약	- 지명경쟁계약
	수의계약	확정계약	- 일반수의계약	- 분할수의계약
		개산계약	- 일반개산계약	
방산물자 (「방위사업법」)	수의계약	확정계약	- 일반확정계약 - 물가조정 단가계약 - 원가절감 보상계약	- 한도액계약 - 유인부 확정계약
		개산계약	- 중도확정계약 - 특정 비목 불확정계약	- 유인부 원가정산계약 - 일반개산계약

방산물자로 지정된 장비의 세부 부품, 시험측정 장비, 시험장비, 교정장비 등에 대하여는 방산물자 지정 여부에 따라 구체적인 계약방법이 달리 적용된다. 방산물자 수리부속, 시험측정장비, 정비장비 및 교정장비 등은 생산주체에 따라 구분되고 다음과 같이 다른 계약방법이 적용된다.

〈표 10-10〉 방산물자 지정범위에 따른 계약방법[42)]

구 분	방산물자 인정 여부	계약방범
방산업체 직접 생산품	방산물자로 분류	방산수의계약
협력(외주)업체 생산품	일반물자로 분류	일반(제한)경쟁계약
해외 수입품		

42) 방위사업청(2017), 『무기체계 계약 핵심실무 길라잡이』, pp. 14, 33.

방산물자로 지정되면 「국가계약법」의 규정에도 불구하고 「방위사업법」 제46조의 계약의 특례에서 계약의 종류·내용·방법과 그 밖에 필요한 사항을 대통령령으로 정하도록 하였다. 이에 따라 「방위사업법 시행령」 제61조에 방산물자에 대한 계약방법 또는 유형을 규정하고 있다. 방산물자 계약방법은 아래와 같다.

〈표 10-11〉 방산물자 계약방법43)

계약방법	내 용
일반확정계약	- 계약을 체결하는 때에 계약금액을 확정하고 합의된 계약조건을 이행하면 계약상대자에게 확정된 계약금액을 지급하고자 하는 경우
물가조정 단가계약	- 최근 3년 이내에 원가계산 방법에 의하여 예정가격을 결정한 후 계약을 체결한 실적이 있는 품목으로서 새로이 원가계산을 하지 아니하고 최근 계약실적 단가에 한국은행이 수집·작성하는 물가지수 등 국방부령으로 정하는 지수의 등락률만큼 조정하여 방위사업청장이 정하는 계약금액의 범위 안에서 계약하고자 하는 경우
원가절감 보상계약	- 계약을 체결한 후 계약이행 기간 중에 새로운 기술 또는 공법의 개발이나 경영 합리화 등으로 원가절감이 있는 경우에는 계약금액에서 그 원가 절감액을 공제하고 그 원가 절감액의 범위 안에서 그에 대한 보상을 하고자 하는 경우
원가절감 유인계약	- 계약의 성질상 원가절감을 기대할 수 있거나 수입품의 국산화 대체 등을 위하여 원가절감을 유인할 필요가 있는 경우로서 계약상대자가 원가수준을 통제할 수 있는 비목 또는 그 구성요소에 대해서는 계약을 체결할 때에 이에 대한 목표원가와 목표이익을 정하여 계약을 체결하고, 계약을 이행한 후에 실제발생 원가, 목표이익 및 목표원가를 절감한 성과에 대한 유인이익을 합하여 계약대금을 지급하려는 경우
한도액계약	- 계약을 체결하는 때에 무기체계의 운용을 위한 주요 장비의 수리부속품 및 정비를 효율적으로 확보하기 위하여 한도액을 설정하고 그 한도액 내에서 수리부속품 및 정비를 일정 기간 계약업체에 요구하고자 하는 경우
중도확정계약	- 계약의 성질상 계약을 체결하는 때에 계약금액의 확정이 곤란하여 계약을 체결한 후 계약이행 기간 중에 계약금액을 확정하고자 하는 경우
특정 비목 불확정계약	- 계약을 체결하는 때에 계약금액을 구성하는 일부 비목의 원가를 확정하기 곤란하여, 원가확정이 가능한 비목만 확정하고 원가확정이 곤란한 일부 비목은 계약을 이행한 후에 확정하고자 하는 경우
일반개산계약	- 계약을 체결하는 때에 계약금액을 확정할 수 있는 원가자료가 없어 계약금액을 계약이행 후에 확정하고자 하는 경우
성과기반계약	- 계약을 체결하는 때에 특정한 성과의 달성을 요구하고 계약 이행 후 그 성과에 따라 대가를 차등 지급하려는 경우
장기옵션계약	- 계약을 체결할 때에 5년을 넘지 아니하는 범위에서 계약기간을 정하고, 예측 소요물량에 대한 가격, 기간 및 계약해지 등에 대한 변경조건을 설정하되, 변경조건을 행사하여 구입하는 물량에 대한 계약은 따로 체결하는 경우
한도액 성과계약	- 무기체계 수리부속품에 대한 납품계약을 체결할 때에 5년을 넘지 아니하는 범위에서 계약기간을 정하고 한도액을 설정한 후 그 한도액 내에서 필요에 따라 수리부속품의 납품을 요구하여 그 납품성과에 따라 대가를 차등 지급하려는 경우

43) 「방위사업법 시행령」(대통령령 제28904호, 2018.5.28.) 제61조에서 발췌하여 인용.

「방위사업법 시행령」에서는 다양한 계약방법을 규정하고 있지만 주로 활용되는 계약형태는 일반확정계약, 특정 비목 불확정계약, 중도확정계약, 일반개산계약 등 네 가지 형태가 대표적이다.

앞에서 살펴본 바와 같이 「국가계약법」은 일반경쟁계약을 원칙으로 하고 있다. 그러나 방산물자 및 방산업체 지정제도를 통해 대부분의 방산물자에 하나의 방산업체를 지정하고 있어 대부분의 방산물자가 경쟁계약이 아닌 수의계약에 의한 조달이 불가피하다. 수의계약의 경우는 사전 원가계산을 하고 예정가격을 정한 다음 협상을 거쳐 계약금액을 정하고 계약을 체결한다. 이때 협상은 주로 비목별로 원가계산 규정에 부합 여부 판단 중심으로 이루어진다. 많은 경우 원가의 불확실성으로 인해 개산계약이나 중도확정계약이나 특정 비목 불확정계약 형태를 택하고 있다.[44]

마. 품질관리

품질은 상황에 따라 다양한 용도로 정의되고 활용되며 발전되어왔다고 본다. 초기의 품질은 협의의 의미로 오래 쓰고, 질긴 것 등 제품의 물성적 특성을 주로 표현하는 데 국한되어왔다. 산업화가 진행되면서 품질이 좋은 제품 등 상품의 수준을 나타내는 척도로까지 발전되었고, 현대에 이르러 품질은 그 범위를 넓혀 '고객의 요구나 기대를 충족시키는 것'을 중심으로 개념을 확장하고 있다.

품질에 대한 기본적인 책임은 공급활동에 주어진다고 본다. 제작 또는 생산자, 그리고 공급업체가 품질에 대한 책무를 광범위하게 갖고서 수리, 교환, 환불은 물론이고, 최근에는 제조물책임을 들어 제품의 결함으로 발생한 인적·물적·정신적 피해까지 포괄적으로 공급자가 부담하는 경향을 반영한 것이 바로 제조물 책임법(PL: Product Liability)이라고 할 수 있다.

품질은 보는 관점에 따라 다양하게 정의된다. 첫째, 제품의 관점에서 품질을 정의한 경우이다. 주로 국내·외 품질 및 표준화기구라는 공통점이 있는데, 한국산업규격(KS)에서는 품질은 제품 또는 서비스가 사용목적을 만족시키고 있는지 여부를 결정짓는 평가의 대상이 되는 고유의 성질, 성능의 전체라고 보고 있다. 국제표준화기구(ISO)에서는 품질은 고유특성의 집합이 요구사항을 충족시키는 정도라고 정의한다. 둘째, 생산자 관점의 품질인데 주로 요구에 부합되는지와 구체적으로 제시한 규격과 일치하는지 여부를 품질의 기준으로 정의한다. 셋째, 사용자 관점에서 바라보는 품질이다. 사용자는 품질을 통해서 용도의 적합 여부를 판단한다. 또한 사용

44) 장기덕(2012), 전게서, p. 240.

자가 기대하는 제품이나 그 밖의 서비스까지 다소 주관적이고 정성적인 측면까지 포함하여 주로 마케팅 분야에서 많이 활용되고 있다. 최근에는 고객 중심의 품질로 이해되어 현대 품질경영의 핵심 개념으로 자리매김하고 있다.

1) 군수품 품질관리 발전

군수품 품질관리는 제품확인 검사 위주의 활동으로 시작되었다. 1960년대 정부의 방위산업 육성방침에 의해 국산 방산제품이 생산되기 시작함에 따라 제품규격서에 의한 검사활동을 수행한 것이 그 시작이다.

1970년대에 들어서면서 자주국방정책에 의해 군 장비의 연구개발이 진행되고 이에 따라 개발된 장비가 업체에서 점차 대량으로 생산하는 단계에 이르렀다. 특히 기관총, 박격포, 로켓발사기 등 기본 화기류를 모방 개발하는 과정에서 이를 위해 미국으로부터 기술자료 도입과 견본장비의 역설계로 시제품을 제작하고, 시험사격을 실시하면서 품질을 개선, 수정, 보완하는 과정을 통해서 품질관리의 중요성이 확산되었다.

1973년 「방위산업에 관한 특별조치법」이 제정되면서 군수품 품질보증의 기틀이 마련되었으며, 1975년 미국의 품질보증 규격인 MIL-Q-9858A를 기초로 우리의 국방규격서를 제정하여 활용하기 시작하였다. 1977년에는 군수품 품질보증 방침을 제정하고 일반품질보증(I형), 표준품질보증(II형), 정밀품질보증(III형), 특수품질보증(IV형)으로 구분하여 적용하였다.

1981년 국방품질관리소가 창설되면서 선진국의 주요 품질관리 및 품질보증제도를 우리의 여건에 맞추어서 적용하기 시작하였다. 그런데 1980년대 초반까지는 주로 검사에 의존한 품질보증 활동이라고 할 수 있었다.

1985년 이후 군수품 품질평가회, QC 세미나 등을 활성화하고 1987년부터 MIL-Q-9858과 MIL-I-45208을 기반으로 생산단계의 프로세스를 검토하고 평가업무를 수행하기 시작하였다. 1990년대 총체적 품질경영(TQM: Total Quality Management)의 철학과 기법이 확산되기 시작하면서, 군수분야에서도 1993년 품질시스템 규격서를 개정하고 1994년부터는 업체의 생산단계 품질관리 검토와 평가를 전면적으로 시행하였다. 아울러 ISO 9000 시리즈를 기본으로 군수품 특성에 적합한 요건들을 추가하여 품질인증제도를 시행하고 양산단계의 형상관리까지 확대되었다.

2006년 방사청의 출범, 2009년 총수명주기관리체계의 도입 등을 거치면서 군수품 품질관리 제도에도 품질위험도 평가 개념을 적용하고, 고객만족도를 평가하며, 총 수명주기 체계 적용에 적합한 수명주기 단계별 품질관리 업무를 효율화하고 있다.[45]

군수품 품질관리 발전과정을 간략히 요약하면 다음 그림과 같다.

〈그림 10-12〉 품질관리 발전과정[46)]

2) 품질보증

품질보증(QA: Quality Assurance)은 소비자의 요구에 맞는 품질을 보증하는 활동을 의미한다. 품질보증을 통한 효과는 소비자 측면과 생산자 측면으로 나누어 생각해볼 수 있다. 소비자 측면에서는 안전이 확보되고 경제적 부담이 감소하며, 소비자가 가지게 되는 불안감을 해소할 수 있다. 이로 인해 소비자는 제품 사용에 대한 만족감을 느낄 수 있게 된다. 생산자 입장에서도 품질불량으로 인한 손실을 줄일 수 있고, 고객만족도가 향상되고 소비자 불만 등에 신속히 대처가 가능하다.

품질보증의 발전은 품질개념의 발전과 같다. 품질의 개념이 검사 중심에서 공정관리, 제품개발로 변화한 것과 같이 품질보증 관점 또한 검사 중점, 공정관리 중점, 신제품 개발 중점으로 진화해왔다. 검사 중심의 품질보증은 검사를 통해 품질을 보증하는 것인데, 검사를 통해서 불량품이 고객에게 전달되지 않도록 하는 사후 조치의 성격을 가진 품질보증 활동이다. 하지만 이를 위해서는 다수의 검사자가 필요하기 때문에 검사비용이 증가하는 문제가 있다. 또한 사후조치의 성격을 가지기 때문에 불량이 원천적으로 발생하지 않게 예방할 수 없으며, 생산자와 검사자의 구분으로 인해 생산단계에서 품질향상을 위한 동기부여가 어려운 한계가 있었다.

이러한 한계를 극복하기 위하여 공정관리 중점의 품질보증이 개발되었다. 공정관리 중점은 불량을 야기하는 공정의 문제를 사전에 식별하여 불량이 발생하지 않도록 예방하는 것을 의미한다. 이 공정으로 인한 문제는 사전에 해결할 수 있지만 고객의 만족에 영향을 미치는 문제는

45) 김용섭 외(2010), 『국방품질경영총론』, 형설출판사, pp. 46-48.
46) 『조달관리』(육군교육참고 8-4-16, 2014.2.10.) pp. 2-46.

해결하지 못한다. 이러한 문제를 해결하기 위한 것이 신제품 개발 중점의 품질보증이다. 신제품 개발 중점의 품질보증은 제품을 기획하고, 개발·생산·운용하는 수명주기에 걸쳐 모든 과정에서 품질을 보증하는 것을 의미한다.47)

군수품 품질보증 업무는 국방기술품질원에서 거의 전담하여 수행한다. 품질보증 활동을 위하여 계약업체의 체계개발단계에 참여하여 규격서 검토 및 기술자료 확보, 위험 식별 및 평가 등 사전 준비활동을 한다.

계약품목에 대한 품질을 확보하기 위한 품질보증 네 가지 형태를 구분하는데 이는 각각 품목 특성을 고려하여 보증형태를 적용하고 품질보증 활동을 구체화한 것이다. 품질보증 활동의 형태는 아래와 같다.

〈표 10-11〉 품질보증 활동의 형태48)

보증형태	품목특성	품질보증 활동
I 형 단순품질 보증형	공인된 우수품질 표시품, 자동화 생산품 등 품질이 단순하고 안정된 군수품	품질보증 활동 생략, 서류확인 후 검사조서 발행
II 형 선택품질 보증형	국방품질경영 시스템 인증업체 생산품 중 품질이 안정된 군수품	품질보증 활동 생략 가능, 계약과 일치 시 검사조서 발행
III 형 표준품질 보증형	장비성능 및 군사업무 수행에 영향을 미치는 신뢰성이 요구되는 품목	품질보증 활동 시행 후 검사조서 발행
IV 형 체계품질 보증형	군 전용품목 중 무기체계 등 고도의 정밀성과 신뢰성이 요구되는 품목	품질보증 활동 시행 후 검사조서 발행

3) 품질검사

품질검사란 품질에 적합하며 조달요건으로 제시한 기준서, 지침서, 샘플링이 규정하고 있는 각종 제원(특징, 성질, 형상, 치수 등)을 유지하고 있는가를 판정하여 각 물품의 양호, 불량을 가려내는 활동을 말한다. 품질검사를 통해 불량품이 다음 공정이나 구매자에게 넘어가는 것을 방지할 수 있다. 이러한 품질검사를 통해 생산업체에는 경각심을 주고 구매자에게 품질에 대한 신뢰감을 줄 수 있다.

국외구매 물품, 연구개발 및 중앙조달 품목에 대한 품질검사는 국방기술품질원에서 수행한다. 소요군은 부대조달 품목 등 소요군에 위임된 품목과 조달청 구매품목, 외주정비사업 등에

47) 김용섭 외(2010), 전게서, pp. 88-89.
48) 『조달관리』(육군교육참고 8-4-16, 2014.2.10.), pp. 2-47.

대한 품질검사 업무를 수행한다.

품질검사는 원자재 검사, 시제품 검사, 공정 검사, 완제품 검사 순으로 이루어진다. 원자재 검사는 계약서에 명시된 완제품의 특징과 성능을 발휘할 수 있는 기초 원료 및 특수물질들의 배합 및 함량을 확인하는 검사이다. 견본에 의한 생산이나 정확한 규격서가 없는 제품에 대한 원자재 검사는 유사규격 및 견본 성분을 적용한다. 시제품 검사는 제품의 성능 및 제원을 분석하기 위한 검사방법으로, 사양서나 규격서에 명시된 각종 완제품의 성능과 제원의 일치 여부를 확인하는 검사이다. 시제품 검사에는 관능검사, 부착검사, 정밀검사가 있다. 공정 검사는 제조공정이 끝나고 다음 제조공정으로 이동하기 전에 실시하는 검사이다. 이를 중간검사라고도 하며 다음 공정으로 불량품이 들어가는 것을 방지하기 위해 실시하는 검사이다. 완제품 검사는 측정결과를 구매 요구조건과 비교하여 개개의 물품에 대한 양호, 불량을 판정하는 검사이다. 검사방법으로 모든 생산품을 확인하는 전수검사와 일부를 샘플링하여 검사하는 표본검사가 있다.[49]

4) 사용자 불만

사용자 불만의 종류는 사용자 불만품, 하자품, 기타 불만사항으로 구분할 수 있다. 사용자 불만품은 보급된 군수품이 사용 전·중에 사용자에 의해 결함이 발견된 품목을 말한다.

사용자 불만품은 결점과 결함으로 구분한다. 결점은 다시 치명결점, 중결점, 경결점으로 구분한다. 결함은 규격 차이, 재질·기능·포장불량, 수량 부족 등이다. 하자품은 계약 시 제시한 품질 요구조건과 일치되지 않아 제품의 성능 발휘가 되지 않는 품목이다. 기타 불만사항은 계약 시 제시한 품질 요구조건과 일치하지만 계약 요구조건 자체에 문제가 있는 경우로서 규격 및 견본 결함, 계약 착오, 사용자 운용 결함, 통보 착오 등이 있다.[50]

3. 국외조달

국외조달이란 군이 필요로 하는 장비 및 물자를 국내에서 생산 또는 구매가 불가능하거나 생산이 가능할지라도 경제적 측면에서 국외 조달원에 의존하는 것이 국가이익에 현저하게 유리할 경우에는 대외지급 수단을 통하여 해외시장으로부터 조달하는 것을 말한다. 국외조달은 상

49) 상게서, pp. 2-51.
50) 상게서, pp. 2-52.

업구매와 대정부구매로 구분한다.

국외조달 품목으로 선정대상은 국내에서 구매가 불가한 품목으로 한다. 다만, 구매물품의 성능 보장을 위해 불가피하거나 국내조달 가격이 현저하게 고가일 경우에는 국방부 장관의 사전 승인을 받아 국외에서 구매할 수 있다. 국외조달은 상업구매를 원칙으로 하여 방위사업청장이 결정하며 대정부 간 구매 가능한 물자와 해당 정부의 구매 추천 물자의 경우에는 대정부구매를 통해 구매할 수 있다. 운영유지사업은 소요군이 구매방법 및 조달원을 구분하여 조달요구를 하며, 방위사업청장이 구매방법 및 조달원을 결정한다.[51)]

국내조달 우선 원칙 때문에 국외조달을 추진하기 위해서는 아래 사항을 먼저 고려해야 한다.

- 국외조달 소요의 정확성
- 국내 생산 또는 구매 가능 여부와 국내 개발 전망
- 소요 불규칙성, 소요 긴급성 등 국외조달 타당성 검토
- 국외 조달원 파악을 통한 경쟁계약 방식의 적용 가능 여부
- 가격, 납기, 품질 등에서 유리한 점
- 예산의 집행방법 및 시기
- 국내조달 시 고용 증대, 부가가치의 증대 등 국가경제에 미치는 영향[52)]

국외조달과 국내조달의 특성을 비교해보면 적용법규가 국내조달은 국가계약법에 기반을 두고 있으나, 국외조달은 「특정조달특례규정」, 국제통일규칙 그리고 무역의 상습관례 등이 적용된다고 본다. 공고기간의 경우도 국내조달은 정상 공고를 10일 이상으로 보지만 국외조달은 정상 공고를 40일 이상으로 한다. 가격은 국내조달의 경우에는 원가 중심의 가격인 예정가격을 적용하고, 국외조달은 실적가격을 기반으로 하는 입찰이나 협상의 기준으로서 목표가를 산정하여 적용한다. 운송과 보험부보는 국내조달과 국외조달을 가르는 중요 요소 중 하나이다. 국내조달은 운송계약이나 보험을 별도로 적용하지 않고 물품계약에 포함하지만, 국외조달은 운송과 운송에 따른 위험을 대비하기 위한 보험에 가입한다. 국내조달은 원화대금을 지불하는 방식이지만, 국외조달은 외화를 지급하고 신용장 거래방식이 일반적으로 적용된다. 이러한 특성을 요약하면 다음 표와 같다.

51) 상게서, pp. 3-1-2.
52) 장기덕(2012), 전게서, p. 255.

<표 10-12> 국내·외 조달 특성 비교

구분	국외조달	국내조달
적용법규	「특정조달특례규정」, 국제통일규칙, 국제상습 관례	국가계약법규
입찰참가	외국 업체(국내업체)	국내업체(양허품목: 외국)
공고방법	G2B 시스템(필요시 일간신문)	G2B 시스템
공고기간	정상: 40일 이상 긴급: 10일	정상: 10일 이상 긴급: 5일
가 격	목표가 산정	예정가격 적용
수의계약	수의계약 사유 법정+특례규정 제23조	국계령 제26조, 28조
보험부보	운송위험 대비 보험부보	현장납품/설치, 보험 미부보
운송계약	운송수단별, 지역별 계약	국내생산/납품, 불요
대금결제	신용장 거래방식, 송금방식 추심결제 방식, 외화 지급	현금거래 방식, 원화 지급

가. 상업구매

상업구매(FCP: Foreign Commercial Purchasing)란 국방조달 분야에서 군이 필요로 하는 장비, 물자 또는 서비스를 일반 무역거래 방식 및 절차에 따라 국외 업체와 직접계약을 체결하여 구매하는 것을 말한다. 이러한 상업구매의 집행기관은 방위사업청이며 경쟁계약을 원칙으로 한다. 방위사업청은 외국 상사의 국내 대리점과 무기거래를 하며 일부 제한된 품목은 조달청에 위탁하여 구매하거나 재외 군수무관을 통해 현지구매를 한다. 상업구매는 집행기관에 따라 방위사업청 구매, 조달청 구매, 재외 군수무관 구매로 구분되며, 계약형태에 따라 일반경쟁계약, 제한경쟁계약, 지명경쟁계약, 협상에 의한 계약, 수의계약 등으로 구분되고 계약방법에 따라 확정계약, 한도액계약 등으로 구분된다. 다음 표는 상업구매의 계약형태를 정리한 것이다.

<표 10-13> 상업구매 계약형태[53)]

분류 기준	세부 내용
집행 기관	방위사업청 계약, 조달청 계약, 재외 국방 군수무관 계약
계약 형태	일반경쟁계약, 제한경쟁계약, 지명경쟁계약, 협상에 의한 계약, 수의계약
계약 방법	확정계약, 한도액계약

53) 상게서, p. 262.

1) 기본방침 및 업무수행 절차

상업구매는 경쟁계약, 확정계약을 원칙으로 하며 소요시기 또는 수량 확정이 곤란한 경우 한도액계약을 적용한다. 경쟁입찰은 1회 재공고 입찰로 종결한다. 국외 생산업체 또는 국내·외 공급업체와 직접 거래하며, 탄약 및 일부 도태장비의 수리부속은 제작업체과 계약한다. 중앙조달을 원칙으로 하며 방위사업청에서 통합한다. 규격이 없거나 견본을 제시하지 못하는 경우, 보안을 요구하고 긴급구매인 경우 등 제한적으로 부대조달을 인정한다. 계약주기를 준수하여 본조계약은 당해 연도 6월까지, 국고채 계약은 가능한 한 당해 연도 11월까지 체결한다. 가능한 한 한국국적의 운송수단을 이용한다. 구매물품은 일시에 전 품목을 선적한다.[54]

국방조달의 상업구매 절차는 방위력 개선사업과 전력운영사업으로 나누어 볼 수 있다. 방위력 개선사업의 국외 상업구매 절차는 다음 그림과 같다.

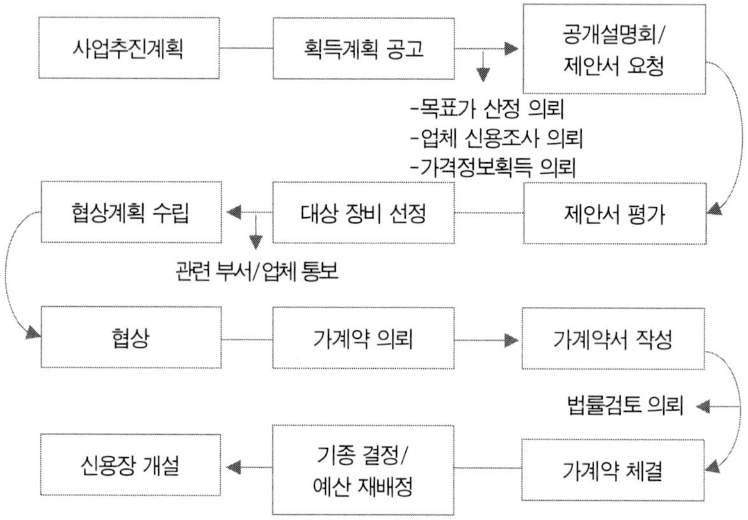

<그림 10-13> 방위력 개선사업 국외 상업구매 절차[55]

다음 그림은 전력운영사업 중 국외 상업구매로 조달할 경우에 적용하는 일반경쟁계약 집행절차이다. 상업구매는 일반경쟁계약을 원칙으로 하며 계약의 목적, 성질 등 필요하다고 인정될 때에는 참가자의 자격을 제한하거나 참가자를 지명하여 경쟁에 부치거나 수의계약을 실시할 수 있다.

소요군의 조달요구가 계약팀에 도착하면 계약담당관은 조달판단서를 작성하여 계약관(재무

54) 『조달관리』(육군교육참고 8-4-16, 2014.2.10.), pp. 3-31.
55) 방위사업청(2014), 『계약실무 편람』, p. 216.

관)의 승인을 받는다. 목표가 산정을 의뢰하고 입찰공고를 준비하는데, 소요군의 구매의견과 규격서를 검토한다. 규격검토 시 규격의 일반 경쟁성과 물품 관리 면에서 타당성 및 가격과 규격의 분리입찰 가능성을 검토한다. 입찰공고문, 안내서, 계약의 일반조건, 특수조건 등을 작성한다. 입찰공고는 관보, 일반신문 및 게시판에 게시, 인터넷에 공고하는 등의 방법을 사용한다. 본 공고는 입찰일 또는 개찰일의 40일 이전까지 공고하여야 하며, 사전 예비공고된 품목은 입찰공고기간을 24일까지 단축할 수 있다. 입찰은 무역대리점이나 해외업체의 국내지사가 해당 외국 업체의 위임장을 첨부하여 제출한다. 필요시 입찰서의 기술검토를 시행할 수 있으며, 유효한 입찰서를 확인하고 품목별 단가제를 원칙적으로 적용하여 낙찰자를 선정한다.[56]

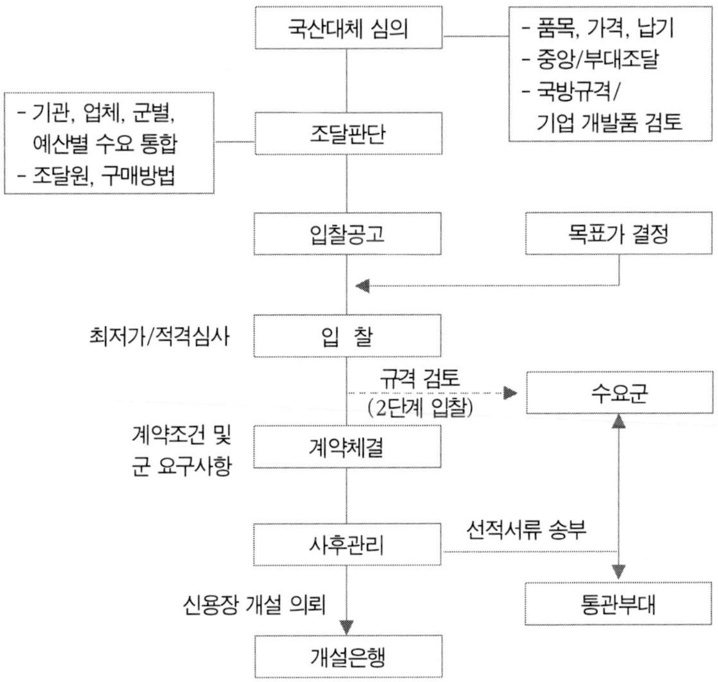

〈그림 10-14〉 전력운영사업 국외 상업구매 중 일반경쟁계약 집행절차[57]

56) 『조달관리』(육군교육참고 8-4-16, 2014.2.10.), pp. 3-39-40.
57) 상게서, pp. 3-40.

2) 상업구매 시 주요 이슈

(1) 목표가격

국외조달 시 공급자를 선정할 때 예정가격 대신에 목표가격을 적용한다. 목표가격은 입찰이나 협상의 기준이 되는 가격이지만 예정가격과 같은 구속력은 없다고 본다. 이와 같이 예정가격이 아닌 목표가격을 산정하여 적용하는 이유는 원가계산이 제한되기 때문이다. 대부분의 외국의 공급자는 원가자료를 제공하지 않고 생산라인 등을 공개하지 않기 때문에 원가산정이 어렵다.

구매자는 목표가격을 산정하기 위해서 획득할 수 있는 각종 가용한 가격정보를 활용한다. 각종 가용한 가격정보란 먼저 거래실적가격에 대한 정보이다. 실적가격은 국내 실적가격과 외국 실적가격으로 구분하는데, 국내 실적가격은 방위사업청, 수요군, 조달청 및 국내 수요기관 등에서 실제로 구매한 가격이며 외국 실적가격은 판매국가의 정부기관 및 제3국 등에서 과거에 실제로 구매한 가격을 말한다. 만약 외국의 실적가격을 획득할 수 없다면 가격정보를 얻을 수 있는 HAYSTACK-III, FED-LOG, NMCRL 등 국제적인 군수정보 DB와 통합사업관리 정보체계, 군수목록 가격, 업체 견적 가격, 무관조사 가격 등을 실적가격으로 활용할 수 있다. 미국의 경우에는 노무부 통계국에서 발행하는 PPI(Producer Price Index)를 활용하고 OECD 회원국은 OECD에서 발행하는 자료를 활용한다. 과거 실적가는 거래시점의 가격으로 물가 변동률을 고려하여 적용해야 한다. 부대비용은 수송비, 포장비, 저장비 등이 포함된다. 또한 환율은 목표가 산정 의뢰일을 기준으로 판단한다. 계산가격을 산정하는 데 포함되는 요소는 거래실적가격, 물가 변동률 및 부대비용 등이다. 이를 표현하면 아래 수식이 된다.

$$\text{계산가격} = \text{거래 실적가격} + \text{부대비용} + \text{물가 변동률}$$

최종적으로 목표가격을 산출하기 전에 감가율을 산출하여야 한다. 감가율이란 공급업체가 제시한 견적가격을 얼마나 낮추어 계약할 것인가를 의미한다.[58]

$$\text{감가율} = 1 - \frac{\text{계산가격}}{\text{견적가격}} \times 100$$

58) 손병식(2011), 전게서, pp. 274-275.

(2) 협상

국외 상업구매에서 협상은 계약체결을 위해 계약조건 및 가격 등에 관하여 구매자와 공급자가 합의점을 도출하기 위한 일련의 협의 행위이다. 여기에 거래의 개념이 있고, 거래에 있어서 협상은 투쟁적 협상과 호혜적 협상으로 구분할 수 있다. 계약조건과 가격 등 한정된 쟁점을 놓고서, 즉 한정된 파이의 크기를 전제로 한다. 그래서 한정된 파이를 어떻게 나눌지를 놓고 협상하는 것이다. 이러한 협상은 자원을 분배하는 특징이 있고 협력보다는 경쟁 위주로 협상이 진행될 경우가 많아서 투쟁적 협상이라고 볼 수 있다. 그런데 협상에는 경쟁이라는 측면이 있지만 협력이라는 호혜적인 측면도 있다. 보통 가격이라는 투쟁적인 쟁점 이외에 파이 자체의 크기를 키운다든지, 파이 외에 새로운 가치를 찾아내어 여러 가지 쟁점 중 서로에게 필요한 쟁점을 주고받으면서 호혜적인 협상을 진행할 수도 있다.[59]

국외 상업구매에서 협상을 시작하는 단계는 업무수행 절차가 매끄럽게 진행되어 협상의 단계로 진입한다고 보기보다는 쟁점요소가 최종적으로 가격으로 귀결된다든지, 일부는 예기치 못한 쟁점사항들이 식별되어 정리가 필요한 시점인 경우가 대부분이다. 여건이 중차대하거나 또는 복잡할 때 협상을 하게 된다.

손병식(2011)은 군수품을 조달하는 모든 경우에 협상을 적용하는 것은 아니라면서 다음과 같은 경우에 협상이 유리하다고 주장한다. 입찰을 통한 경쟁계약이 제한되어 응찰자가 부족할 경우에 협상을 통하여 공급자를 선정할 수 있다. 충분한 응찰자가 있다 하더라도 조달의 요건 7R을 모두 충족하지 못할 경우에 협상을 통하여 구매자의 요구를 충족할 수 있는 공급자를 선택할 수 있다. 다음으로 국산대체 심의를 할 때 기술과 자본능력이 있는 공급자를 선택할 수 있다. 위험을 회피하고 안정적인 공급자를 확보하고자 할 때나, 가격보다도 품질이나 규격이 우선되는 군수품 등을 구매하고자 할 때는 협상을 통해서 공급자를 선정하는 것이 좋다.[60]

일반적으로 협상을 준비하는 단계에서 협상 당사자를 누구로 할 것인가, 그리고 이해관계자의 입장에 대해서는 어떻게 수렴하고 어느 정도 수준에서 공감대를 형성할 것인가, 협상에서 다룰 쟁점사항은 무엇인가, 입장과 요구사항, 그리고 이를 뒷받침하는 이해관계 또는 욕구는 무엇이고 우선순위를 정할 수 있는가, 주고받을 수 있는 협상 이외의 최고의 대안(BATNA: Best Alternative to a Negotiated Agreement)은 준비되었는가, 그리고 도달하고자 하는 목표수준 또는 목표가격은 얼마인가 등을 고려해야 한다. 이렇게 협상 당사자, 쟁점사항, 요구사항과 욕구의 식별, 대안의 준비, 목표의 설정 등 다섯 가지를 협상에 앞서 준비해야 성공적인 협상에 접

---

59) 진 브렛 저, 김성형·이은우 역(2011), 『아마추어는 설득을 하고 프로는 협상을 한다』, 스마트비지니스, pp. 24-27.
60) 손병식(2011), 전게서, p. 278.

근할 수 있다고 조언한다.[61)]

방위사업청에서는 협상준비 단계에서 협상팀으로 계약담당, 법무관, 목표가 담당, 절충교역 담당, 사업관리부서 담당, ADD 등 기술분야 담당, 평가분석 담당, 국제계약 자문위원 등으로 구성할 것을 제안하고 있다. 협상자료를 사전에 준비하는데 조건과 규격을 포함한 업체의 견적서, 수요군과 ADD의 기술검토 결과, 업체의 신용조사서, 수집된 가격 관련 정보 등을 분석한다.

협상장에 들어가기에 앞서서 협상계획을 수립하는데, 여기에서 조건협상과 가격협상의 기준을 중점적으로 검토한다. 조건협상의 기준으로 품목의 특성을 반영한 계약의 특수조건(Special Terms and Conditions)을 검토하고 확정하는데, 필요한 경우에는 계약의 일반조건(General Terms and Conditions)까지도 검토할 수 있다. 가격협상의 기준은 업체에서 제시하는 견적가 대비 감가의 논리와 기준 등을 준비한다.[62)]

협상에 있어서 반드시 지켜야 하는 절차, 기준 그리고 기법은 없다고 해도 무방하다. 협상은 그 고유한 특성으로 인하여 사례별로 접근하는 방법이 강구될 수밖에 없다. 따라서 담당자의 사전에 많은 노력과 준비, 그리고 협상장에서의 유연성과 지혜가 동시에 요구되는 영역이라고 보는 것이다.

(3) 계약일반조건

국외 상업구매는 국제 간 물품의 매매계약이기 때문에 상거래 분쟁을 사전에 예방하고 거래의 제반사항을 명확히 하기 위해서, 매매의 기본조건으로 품질조건, 수량조건, 가격조건, 포장조건, 선적조건, 지급조건, 보험조건, 분쟁해결 조건 등을 포함한다. 계약의 기본조건을 정리하면 다음 그림과 같다.

61) 진 브렛, 김성형·이은우 역(2011), 전게서, pp. 36-47에서 발췌하여 인용.
62) 방위사업청(2014), 전게서, pp. 213-214.

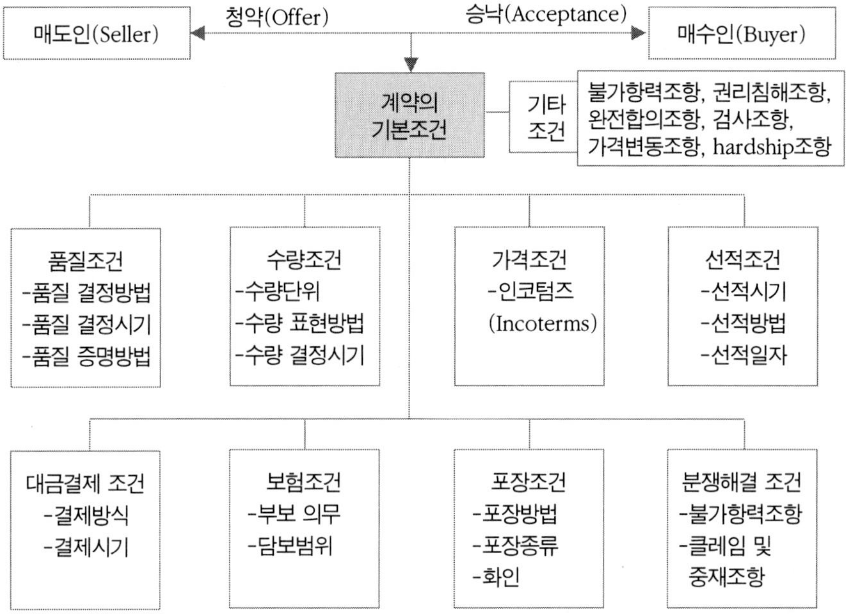

〈그림 10-15〉 무역 매매계약의 기본조건[63)]

① 품질조건

품질에 관한 조건으로 품질 결정방법, 품질 결정시기, 품질 증명방법 등을 명확히 해야 한다. 품질 결정방법은 견본에 의한 매매(Sale by Sample), 상표에 의한 매매(Sale by Brand), 규격에 의한 매매(Sale by Type or Grade), 명세서에 의한 매매(Sale by Specification), 표준품에 의한 매매(Sale by Standard) 등으로 구분할 수 있다. 품질을 결정하는 시기는 장거리 운송으로 인하여 선적시기 또는 양륙시기에 따라 품질이 다를 수 있기 때문에 사전에 품질 결정시기를 약정해야 한다. 품질을 증명하는 방법은 누가 입증해야 하는가 하는 문제와 관련된다. 선적 품질조건일 경우에는 매도인이, 양륙 품질조건일 경우에는 매수인이 품질의 입증 책임을 갖는 것이 원칙이다. 따라서 객관적인 검사, 감정, 보고 증명에 따른다는 약정도 필요하다.[64)]

② 수량조건

물품의 수량을 측정하는 단위도 여러 가지이다. 중량, 길이, 용적, 포장 단위, 개수 등으로 나눌 수 있다. 철강제품, 양곡, 수산물, 양모 등 중량을 기준으로 하여 매매되는 물품이 있다. 중량

63) 김희철·이신규·이웅권(2017), 『무역학개론』, 두남, p. 306.
64) 상게서, pp. 306-309에서 발췌하여 인용.

도 포장을 포함한 총중량(Gross Weight), 포장을 제외한 순중량(Net Weight), 겉포장을 제외한 소매되는 낱개 단위의 포장을 포함하는 법적 중량(Legal Weight) 등으로 구분한다.65)

③ 가격조건

계약에 있어 가장 중요한 것이 가격이다. 본질적으로 무역에 있어 가격이란 어느 나라 통화로 할 것인가, 그리고 어떠한 거래조건으로 계약할 것인가를 포함한다. 통화는 국제적으로 통용되는 기축통화, 자국 통화 등으로 구분할 수 있는데 환위험을 최소화하거나 이를 방지하기 위해 고려한다. 거래조건이란 운송 부담, 수출·입에 따른 각종 비용, 위험의 책무 등에 따라서 조건을 달리한다. 이러한 무역거래조건은 국제상업회의소에서 제정한 무역거래조건의 해석에 관한 국제규칙(Incoterms)을 거래의 조건으로 활용하기 때문에 다음의 인코텀즈에서 상세히 살펴보기로 한다.

④ 선적조건

선적이라 함은 해상운송에 의한 선박으로의 선적은 물론 항공기의 적재나 운송인에게 인도하는 것까지 포함하는 개념이다. 선적조건인 선적시기, 선적방법, 선적지연에 따른 면책조항 등에 대해 합의를 해야 한다.

선적시기로 가장 많이 사용하는 방법은 최종일을 지정하는 방법으로 신용장에 특정 선적일을 지정하는 경우이다. 특정일 대신에 특정월을 지정하는 경우는 선적의 횟수와 수량과 관련하여 명확히 합의해야 한다.66) 군수품의 국내 운송방법으로 한국 국적의 운송수단을 이용한 해상운송을 원칙으로 정하고 긴급한 경우, 시효성 물자 도입 등 특별한 사유가 인정될 경우에 별도의 승인을 받고서 항공운송을 활용한다.67)

⑤ 대금결제 조건

대금결제 조건이란 대금지급방법, 대금지급시기 및 대금지급통화에 대해서 합의해야 한다. 일반적으로 무역에서 지급방식으로 현금 지급, 신용장 방식에 의한 결재, 추심방식에 의한 결제, 송금방식에 의한 결재 등이 있다. 군수품 국외 상업조달 시에 적용하는 결제방식은 대부분

65) 박대위·구종순(2008), 『무역실무』, 법문사, pp. 307-308.
66) 김희철·이신규·이웅권(2017), 전게서, p. 337.
67) 방위사업청(2014), 전게서, p. 194.

이 신용장에 의한 지급방식이다. 신용장에 의한 지급방식은 거래 상대방이 아닌 제3자인 은행에서 지급을 보증하는 방식으로 일람불(at Sight) 또는 인수도 조건이 적용된다. 일람불 방식은 제조업체에 적용하고 인수도 조건은 공급업체에 적용한다. 일람불 방식은 물자선적 후 은행에 선적서류를 제출하면 즉시 대금을 지불하는 조건이다. 인수도 조건은 수요군이 물품을 검수하고 이상이 없다는 물품수령 확인서를 접수 후 대금을 지불하는 조건이다.[68] 신용장에 의한 대금지불에 대해서는 신용장 방식의 수입 업무에서 상세히 알아보기로 하자.

⑥ 보험조건

국제운송에 따른 보험은 운송방식에 따라 해상보험, 육상보험, 항공보험 등으로 구분되지만 무역거래에서 주로 이용되는 것은 해상보험이다. 해상보험은 특약이나 상관습에 의해 해상운송에 수반되는 내륙수로 운송 혹은 육상운송에서의 위험도 담보한다. 항공화물도 관례에 따라 해상보험으로 담보하며 해상보험의 법률과 원칙을 적용한다. 따라서 사실상 해상보험이 무역거래의 모든 운송에 따른 보험으로 이용되고 있다.[69]

⑦ 포장조건

포장이란 물품의 운송, 보관, 하역, 진열, 판매 등을 하는 데 있어 그 물품의 외형과 내용을 보호하고 상품가치를 유지하기 위해 재료나 용기로 둘러싸는 기술작업 및 상태를 말한다. 따라서 물품의 형태나 특성에 따라 포장되는 재료나 방법은 다를 수 있다.

⑧ 분쟁해결 조건

분쟁해결 조건은 계약 당사자의 일방 또는 쌍방에 의한 계약불이행 또는 사기 등으로 분쟁이 발생할 경우 이 분쟁을 해결할 수 있는 방법을 약정하는 것이다. 이를 위해 불가항력 조항, 클레임 및 중재조항, 준거법 조항이 포함된다.

(4) 인코텀즈(Incoterms)

가격조건과 관련된 용어들이 오래전부터 사용되어왔지만, 이에 대한 국제적으로 통일된 규칙이 없어 각국에 따라 해석상의 차이가 많았다. 이에 따라 국제 무역거래상의 분쟁을 방지하고

68) 상게서, p. 194.
69) 박대위·구종순(2008), 전게서, p. 312.

무역의 활성화를 도모하기 위해 1936년 국제상업회의소(ICC: International Chamber of Commerce)는 무역거래조건의 해석에 관한 국제규칙(Incoterms: International Rules for the Interpretation of Trade Terms)을 제정하였다. 제정 이후에 현재까지 개정을 거듭하여 열한 가지 거래조건을 사용하고 있다. 아래 그림은 외국의 제조공장으로부터 수요군의 창고에 이르기까지 군수품의 국외 상업구매 시에 적용되는 열한 가지 거래조건을 표시하였다.

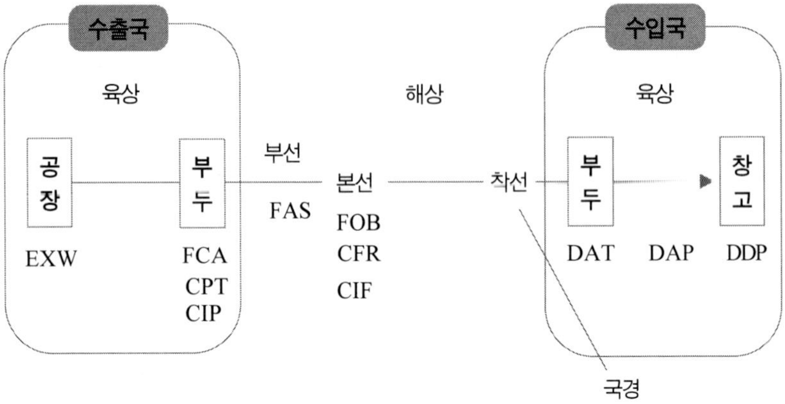

〈그림 10-16〉 인코텀즈의 열한 가지 거래조건[70]

① 운송방식에 관계없이 사용되는 규칙[71]

㉠ 공장 인도규칙(EXW)

EXW는 Ex Works의 약칭으로 공장 인도규칙을 말한다. 운송형태에 관계없이 사용하며 하나 이상의 운송방식이 사용되는 경우에도 사용될 수 있다.

EXW는 매도인의 구내(Premises) 또는 기타 지정된 장소(공장, 창고 등)에서 매수인이 임의처분 상태로 둘 때 인도하는 것을 의미한다. 매도인은 물품을 어떤 집화차량에 적재할 필요가 없으며 수출통관이 필요한 경우에도 수출물품에 대해 통관할 필요가 없다. 매수인이 합의된 지점으로부터 물품을 수령하는 데 수반되는 모든 비용과 위험을 부담한다. 위험의 이전은 매도인이 물품을 합의된 일자나 기간 내에 합의된 지점에서 매수인의 임의처분 상태로 둘 때 매수인에게 이전된다. 다음 그림에서 이러한 위험과 비용의 분기점을 명확히 이해해둘 필요가 있다.

70) 방위사업청(2014), 전게서, p. 192.
71) 김희철·이신규·이응권(2017), 전게서, pp. 313-327에서 발췌하여 인용.

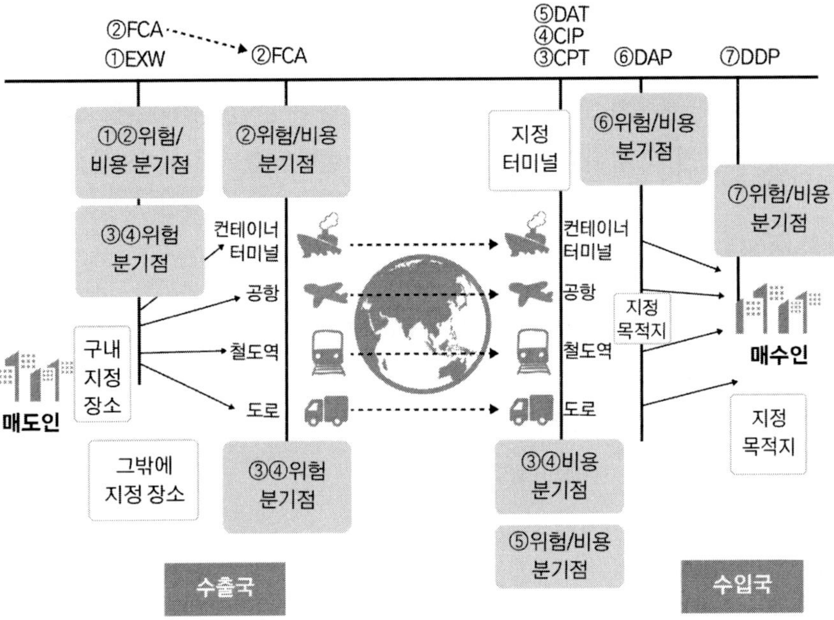

〈그림 10-17〉 정형거래 조건별 위험 및 비용 분기점

ⓛ 운송인 인도규칙(FCA)

FCA는 Free Carrier의 약칭으로 운송인 인도규칙을 말한다. 이 규칙은 선택된 운송형태에 관계없이 사용 가능하며 하나 이상의 운송방식이 사용되는 경우에도 사용될 수 있다. FCA는 매도인의 구내 또는 그 밖의 지정된 장소에서 매수인이 지정한 운송인 또는 그 밖의 당사자에게 물품을 인도하는 것을 말한다. 매도인은 수출통관을 이행해야 하는데 수입통관, 수입관세 납부 또는 수입통관 절차를 이행할 의무는 없다. 매수인은 계약에서 특정된 물품에 대하여 지정된 운송인 또는 기타의 자에게 인도된 이후 발생하는 모든 위험을 부담한다.

ⓒ 운송비 지급 인도규칙(CPT)

CPT는 Carriage Paid To의 약칭으로 운송비 지급 인도규칙을 말한다. 운송형태에 관계없이 사용 가능하며 하나 이상의 운송방식이 사용되는 경우에도 사용될 수 있다. CPT는 합의된 장소에서 매도인이 지정한 운송인 또는 기타의 자에게 물품을 인도하고 지정목적지까지 물품운송에 필요한 운송계약을 체결하고 운송비를 지급하는 것을 의미한다.

CPT에서는 매도인이 수출통관을 이행하여야 하지만, 수입통관, 수입관세 납부 또는 수입과 관련된 통관절차를 이행할 의무가 없다. 위험의 이전은 매도인이 물품을 합의된 일자 또는 기간 내에 계약된 운송인에게 인도할 때까지 물품의 멸실이나 손상에 대한 위험을 부담하는 때가 분기점이 된다. 하지만 비용의 분담은 운송비는 수입국의 지정목적지까지 매도인이 부담하도록 함으로써 물품인도 장소 및 위험이전과 비용의 부담에 대한 분기점이 다르다.

㉣ 운송비 지급 인도규칙(CIP)

CIP는 Carriage and Insurance Paid to의 약칭으로 운송비·운송비 지급 인도규칙이다. CIP는 운송형태에 관계없이 사용 가능하며, 하나 이상의 운송방식이 사용되는 경우에도 사용될 수 있다. CIP는 CPT 규칙에 운송 도중의 위험에 대비한 적화보험 계약을 체결하고 보험료를 지급하는 것을 매도인의 의무로 추가한 규칙이다.

㉤ 터미널 인도규칙(DAT)

DAT는 Delivered At Terminal의 약칭으로 터미널 인도를 말한다. DAT는 운송방식에 관계없이 사용될 수 있으며, 하나 이상의 운송방식에도 사용될 수 있다. DAT는 지정 목적항 또는 지정 목적지에 있는 지정터미널에서 도착한 운송수단에 일단 양륙한 물품을 매수인의 임의처분 상태로 둘 때 매도인이 인도하는 것을 의미한다. 매도인은 지정 목적항 또는 지정 목적지에 있는 지정터미널까지의 물품운송 및 양륙에 따른 모든 위험을 부담한다.

DAT는 적용 가능한 경우, 매도인에게 물품에 대한 수출통관을 요구하고 있다. 그러나 매도인은 물품의 수입통관을 할 의무와 모든 수입관세의 지급의무 또는 수입통관수속절차를 이행할 의무가 없다. 위험과 비용의 이전은 동시에 이루어지는데 합의된 일자 또는 기간 내에 목적지의 항구 또는 지정터미널에 도착한 운송수단으로부터 양륙한 물품을 매수인의 임의처분상태로 둘 때 이전된다. 매도인은 인도를 완료할 때까지의 멸실 또는 손상에 대한 위험을 부담한다.

㉥ 목적지 인도규칙(DAP)

DAP는 Delivered At Place의 약칭으로 목적지 인도를 말한다. 이 규칙은 한 가지 운송방식뿐만 아니라 두 가지 이상의 모든 운송방식에도 사용이 가능한 규칙이다. DAP는 기정 목적지에서 양륙을 위하여 준비된 도착 운송수단 상에서 물품을 매수인의 임의처분 상태로 둘 때 매도인이 인도하는 것을 말한다. 매도인은 지정장소까지 물품운송에 포함된 모든 위험과 비용을 부담한다.

지정된 목적지에 도착한 운송수단으로부터 양륙하는 데 따른 위험과 비용은 매수인이 부담한다. DAP는 위험과 비용의 이전 시점이 일치하며, 매도인이 합의된 일자 또는 기간 내에 합의된 지점에서 양륙을 위하여 준비된 도착 운송수단 상에서 물품을 매수인의 임의처분상태로 두어 인도 완료할 때까지의 멸실 또는 손상에 대한 위험을 부담할 때 이전된다.

ⓢ 관세지 지급 인도규칙(DDP)

DDP는 Delivered Duty Paid의 약칭으로 관세 지급 인도를 말한다. 이 규칙은 한 가지 운송방식뿐만 아니라 두 가지 이상의 모든 운송방식에도 사용이 가능한 규칙이다. DDP는 지정 목적지에서 양륙을 위하여 준비된 도착 운송수단 상에서 수입통관 된 물품을 매수인의 임의처분상태로 둘 때 매도인이 인도하는 것을 의미한다.

위험과 비용의 이전시점은 일치하며, 매도인이 합의된 일자 또는 기간 내에 목적지에서 양륙을 위하여 준비된 도착 운송수단 상에서 수입통관된 물품을 매수인의 임의처분상태로 두어 인도 완료할 때까지의 멸실 또는 손상에 대한 위험을 부담할 때가 분기점이 된다.

② 해상 및 내륙수로 운송에 사용되는 규칙[72]

㉠ 선측 인도규칙(FAS)

FAS는 Free Alongside Ship의 약칭으로 선측 인도를 말한다. FAS는 해상운송 및 내륙수로 운송에만 사용될 수 있다. 물품이 지정된 선적항에서 매수인이 정한 본선의 선측에 둘 때 매도인이 인도하는 것을 의미한다. 물품이 본선 선측에 있을 때 물품의 멸실 또는 손상의 위험이 이전되며 매수인은 그 시점으로부터 모든 비용을 부담한다. 지정선적항의 선측까지의 비용 및 위험을 매도인이 부담하기 때문에 당사자는 적재지점을 명확하게 합의하여야 한다.

이 규칙은 원유, 곡물, 광석 등의 산화물(Bulk Cargo)과 같이 무포장 상태로 운송되는 재래화물에 적용되는 규칙으로 컨테이너 화물에는 적합하지 않다. 비용부담의 분기점과 위험이전의 분기점이 일치한다. 매도인이 계약물품을 합의된 일자나 기간 내에 적재지점인 매수인이 정한 본선 선측에 두어 인도할 때가 분기점이 된다.

72) 상게서, pp. 328-335에서 발췌하여 인용.

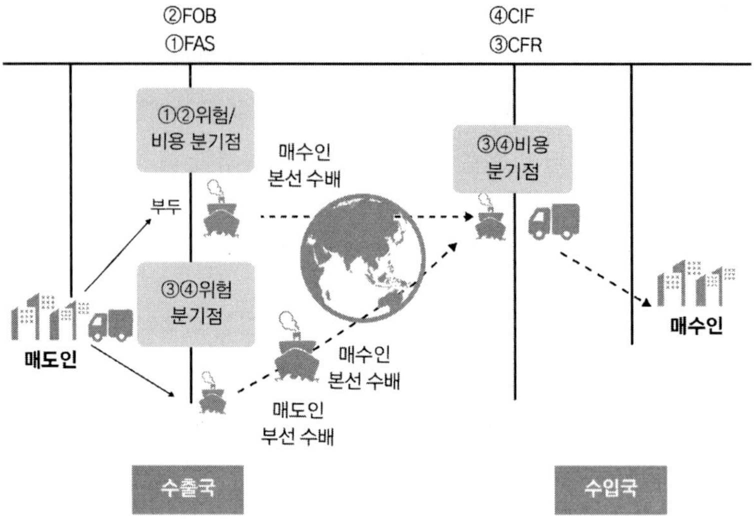

<그림 10-18> 해상 및 내륙수로 운송에 사용되는 정형규칙

㉡ 본선 인도규칙(FOB)

FOB는 Free On Board의 약칭으로 본선 인도를 말한다. FOB는 해상운송 및 내륙수로 운송에만 사용될 수 있다. 물품이 지정된 선적항에서 매수인이 정한 본선 상에 물품을 인도하거나 또는 그렇게 인도된 물품을 조달하는 것을 의미한다. 물품이 본선 상에 있을 때 물품의 멸실 또는 손상의 위험이 이전되며 매수인은 그 시점으로부터 모든 비용을 부담한다.

FOB에는 가능한 경우에 매도인이 물품에 대한 수출통관을 이행하여야 한다. 하지만 매도인은 물품의 수입통관 의무와 모든 수입관세의 지급의무 또는 수입통관 수속절차를 이행할 의무가 없다. FOB는 비용부담과 위험이전의 시점이 일치한다. 매도인이 계약물품을 합의된 일자나 기간 내에 지정선적항에서 매수인이 정한 본선 상에 물품을 인도하거나 이미 인도된 물품을 조달할 때가 분기점이 된다.

㉢ 운임 포함 인도규칙(CFR)

CFR은 Cost and Freight의 약칭으로 운임 포함 인도를 말한다. CFR은 해상운송 및 내륙수로 운송에만 사용될 수 있다. CFR은 매도인이 본선 상에 물품을 인도하거나 또는 그렇게 인도된 물품을 조달하는 것을 의미한다. 물품이 본선 상에 있을 때 물품의 멸실 또는 손상의 위험이 이전되지만, 매도인은 운송계약을 체결하고 지정 목적항까지 물품을 운송하는 데 필요한 비용 및 운임을 지급하여야 한다.

CFR 규칙에서는 위험의 분기점과 비용의 이전시점이 서로 다르다. 물품에 대한 위험이전의 분기점은 선적항의 본선 상이지만, 비용부담의 분기점은 지정 목적항까지 확장된다. 물품인도장소 및 물품에 대한 위험이전의 분기점을 보통 적출지인 수출국 내에 있는 본선 상으로 하면서도 해상운임은 수입국 지정 목적지까지 매도인이 부담하도록 함으로써 물품인도장소 및 위험이전과 비용의 분담에 대한 분기점이 분리된다.

㉣ 운임·보험료포함 인도규칙(CIF)

CIF는 Cost, Insurance and Freight의 약칭으로 운임보험료 포함 인도를 말한다. CIF는 해상운송 및 내륙수로 운송에만 사용될 수 있다. 매도인이 본선 상에 물품을 인도하거나 또는 인도된 물품을 조달하는 것을 의미한다. 물품이 본선 상에 있을 때 물품의 멸실 또는 손상의 위험이 이전된다. 매도인은 운송계약을 체결하고 지정 목적항까지 물품을 운송하는 데 필요한 비용 및 운임을 지급하여야 한다. 매도인은 또한 운송 중 물품의 멸실 또는 손상에 대한 매수인의 위험에 대하여 최소 담보조건으로 보험부보 계약을 체결한다. 매수인이 더 많은 보험담보를 원할 경우, 매도인과 특별히 합의하거나 자신이 추가 보험계약을 체결할 필요가 있다.

(5) 신용장 방식의 수입업무

신용장(L/C: Letter of Credit)은 국제무역의 일반적인 결제수단으로서 우리 군의 국외조달 대금지불 수단으로 신용장 결제방식을 원칙으로 채택하여 적용하고 있다.[73] 신용장 또는 수입신용장이란 수익자 또는 수출업자에 대한 발행은행의 조건부 지급확약이다.

신용장은 취소 불능이며 신용장의 조건에 일치하는 서류를 제시하면 은행에서 대금을 지불할 것을 확약하는 약정이다. 발행 의뢰인인 수입업자의 요청에 따라 발행 의뢰인의 거래은행인 발행은행이 수출업자를 수익자로 하여 신용장을 발행하고, 수익자, 배서인 또는 선의의 소지인이 신용장의 제 조건, 신용장 통일규칙, 국제표준 은행관행에 적용 가능한 규정에 일치하는 환어음을 제시하면 매입하거나 지정 은행이 제시하는 환어음과 서류에 대해 지급이행을 확약하는 비유통 약속증서이다.

① 신용장의 효용과 특성

신용장은 국제적인 거래에 있어 국제적으로 공신력이 있는 은행이 개입하여 신용을 바탕으

73) 방위사업청(2014), 전게서, p. 232.

로 한 지급보증 기능과 금융기능을 수행하게 함으로써 국제무역을 원활하게 수행할 수 있다는 점에서 효용이 크다고 할 수 있다. 수출업자의 입장에서는 신용장 발행은행이 대금지급을 약속하게 됨으로써 대금 회수가 보장되고, 신용장을 담보로 하여 국내에서 수출물품을 제조·가공하거나 원자재 조달을 위한 금융을 받을 수 있는 혜택이 있다. 또한 물품을 선적한 후 신용장 조건과 일치되는 서류와 환어음을 제시함으로써 수출대금을 즉시 회수할 수 있다. 수입업자의 입장에서는 발행은행의 신용을 이용할 수 있기 때문에 계약 시 조건을 유리하게 할 수 있다. 수출업자가 물품을 선적 시 대금을 지급하지 않고 수입어음 및 수입 관련 서류가 도착한 다음 지급하거나 은행 측으로부터 금융수혜를 받아 수입어음을 결제할 수 있다. 또한 신용장 상에 선적기일과 유효기일이 명시되어 있기 때문에 계약물품의 인도시기를 예측할 수 있다.[74]

② 신용장 개설

계약을 체결하면 바로 계약서 사본 등 필요 서류를 구비하여 신용장 개설 의뢰서를 작성하여 제출한다. 이때에 계약금액의 일치 여부, 분할선적과 환적의 허용 여부, 최종 선적일자 및 신용장의 유효기간, 선적서류의 적합성 등을 검토한다. 또한 대금지불 조건의 적합성 측면에서 일람불 조건은 제작사에 적용하고, 수령증 접수 후 지불조건인 인수도 조건은 공급자에게 적용한다. 운송 대행업체는 미주, 유럽 및 아시아로 구분하여 지정하고 일반적으로 해상운송을 적용하고 긴급하거나 물품의 특성을 고려하여 항공으로 운송할 경우에 이를 적시한다. 선금에 대한 환불 보증금 및 적정 이자율을 가산한다. 지체상금의 적용범위 및 비율을 책정한다. 은행으로부터 신용장 사본을 이용하여 개설 의뢰내용과 일치 여부를 확인한다.[75]

③ 선적서류 심사

국외조달의 대가 지급수단은 신용장을 통해 이루어지며 신용장 조건에 계약이행을 객관적으로 입증할 수 있는 서류의 제출을 요구하게 된다. 이러한 서류들을 총칭하여 선적서류라 하고 선적서류 심사결과 신용장 조건과 일치하는 경우에 지급이 이루어진다.

선적서류는 해상수송은 해상운송장(Seaway Bill), 선하증권(B/L: Bill of Lading), 항공수송은 항공운송장(AWB: Airway Bill)이며, 상업송장(Commercial Invoice), 포장명세서(P/L: Packing List), 검사증명서(C/I: Certificate of Inspection), 선적예정통보서(Shipping

74) 김희철·이신규·이응권(2017), 전게서, p. 358.
75) 방위사업청(2014), 전게서, p. 234.

Notice) 등이다.

선적서류를 검토할 때는 신용장에 명시된 서류 종류와 부수의 일치 여부, 원본 여부, 선적서류 제출 지연 여부, 적법한 서명권자의 서명 여부, 지정한 운송업체에서 선적서류를 발행했는지의 여부, 계약이행 보증서(P-Bond: Performance Bond), 선금환급 보증서(AP-Bond: Advance Payment Bond) 설정 여부 등을 확인한다.[76]

3) 한도액계약[77]

상업구매는 일반경쟁계약을 원칙으로 하며 계약의 목적, 성질 등 필요하다고 인정될 때에는 참가자의 자격을 제한하거나 참가자를 지명하여 경쟁에 부치거나 수의계약을 실시할 수 있다. 일반경쟁계약에 대해서는 기본방침 및 업무수행 절차를 참고한다. 한도액계약은 구매품에 대하여 한도액 총액을 기준으로 외국의 생산회사와 계약을 체결한 후 소요가 발생할 때마다 소요군에서 계약총액의 범위 내에서 이를 청구하여 구매하는 상업구매의 한 형태이다.

한도액계약 대상 품목은 해당 장비 및 구성품을 제조한 자와 직접 계약함을 원칙으로 한다. 다만, 이미 국외 도입된 장비 및 구성품을 제조한 자로부터 판매권한을 부여받은 업체와 계약을 체결할 수 있다.

특히, 국외 도입 장비의 운용에 필수적인 수리부속과 장비 등의 안정적인 조달을 위해 매년 반복되는 무기체계와 장비별 한도액계약에 대해서는 전년도 또는 전번 계약조건에 준하여 계약을 체결할 수 있다. 소요시기 또는 수량 확정이 곤란한 경우와 장비의 주기능 품목으로 순정품 획득이 요구되는 경우, 기타의 사유로 국외조달 한도액계약이 필요하다고 판단되는 경우 한도액계약으로 조달한다.

한도액계약과 청구 및 보급절차는 다음의 그림과 같다.

76) 상게서, pp. 236-237.
77) 『조달관리』(육군교육참고 8-4-16, 2014.2.10.), pp. 3-36-3-38에서 발췌하여 인용.

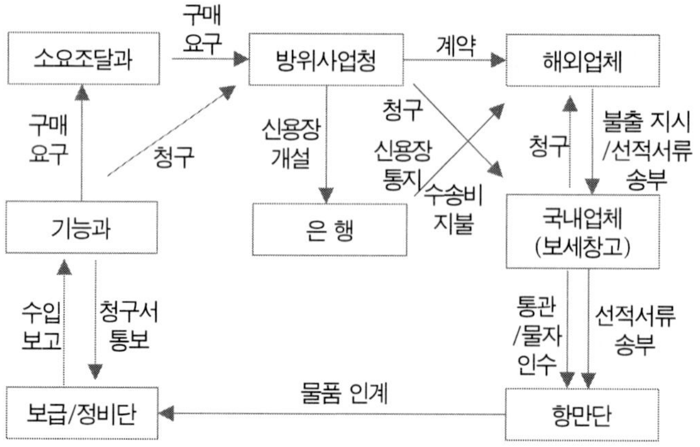

〈그림 10-19〉 한도액계약과 청구 및 보급절차

(1) 한도액 적용대상 결정

소요군은 F+1년도 국방조달계획서 작성 시 한도액계약 적용대상 무기체계를 결정하여 F년도 9월 말까지 방위사업청에 제출한다. 소요군은 방위사업청에 국외조달 한도액계약 요구 시 사업별로 별도 서식에 따라 사업계획과 한도액계약 사유서 및 수의계약 사유서를 제출한다.

방위사업청은 해외업체(본사, 지사)와 협상을 통하여 특수한 조건을 반영하여 계약을 체결한다.

(2) 청구 및 불출

야전 및 정비단의 청구를 받은 군수사는 이를 종합하여 수시로 청구하며, 이때 방위사업청과 국내업체의 보세창고에 동시 청구하면 창고에서의 불출 준비기간을 미리 판단한다. 국내업체는 보세창고에서 국내에 재고가 있는 품목은 바로 불출 준비를 하고 재고가 없는 품목은 해외업체(본사, 지사)로 재청구하여 물자를 확보한다.

청구 시에는 야전에 지원될 보급단 착지 물량과 종합정비창에서 사용할 정비단 직납물량을 구분한다. 우선순위는 다음과 같다.

- 비행불가 상태에 있는 항공기를 수리하기 위하여 즉시 필요한 수리부속은 7일 이내 소요군에 인도
- 현 재고가 없는 품목으로서 단시일 내에 보충이 긴급히 요구되는 수리부품은 긴급품목으로 청구하며, 긴급품목은 가능한 한 최단 시일 내에 소요군에 인도하고 인도기간은 6개월 이내

- 국내수준 보충용으로 소요되는 품목은 순환품목으로 청구하며, 순환품목은 가능한 한 최단 시일 내에 이를 소요군에 인도해야 하며 인도기간은 12개월 이내

나. FMS 구매

대정부구매(FMS: Foreign Military Sales)는 미국과 우방국 간의 정부 대 정부의 거래로서 합법적인 외국 정부가 미국 정부로부터 국방물자, 용역과 훈련을 구매하도록 지원하는 사업이다.

대정부구매는 미국의 대외 안보지원 활동의 일부로서 「대외지원법」(Foreign Assistance Act)과 「무기수출통제법」(Arms Export Control Act)에 근거하고 있으며, 이 법에 따라 군사장비 및 물자, 군사교육과 용역을 무상증여(Grants), 차관(Credits), 현금판매, 임대(Lease) 또는 외상판매나 무상대여 형태로 제공하고 있다.[78)]

미국은 대정부구매의 전제조건으로 미국의 국가이익에 철저히 부합되는 경우에만 허용한다는 정책을 견지하고 있으며 일정한 금액 이상의 군사 장비를 판매할 때는 국회의 승인을 받도록 하여 이러한 국가이익의 판단을 행정부에 맡기지 않고 의회가 개입하여 철저한 감시와 공정성, 객관성을 유지하려 하고 있다. 기본방침은 아래와 같다.

- 우방국의 전쟁 위험에 대비하여 무장함으로써 미국의 부담 경감
- 국가안보, 상호 관심사항 및 공동목표에 대한 공조체계 달성
- 각종 자료의 교환, 연구개발, 생산, 조달 및 군수지원, 공동 방위체계 구축
- 미국의 대외정책상 이익에 부합될 경우로 제한
- 우방국의 사회적·경제적 발전을 도모하고 군비경쟁 촉발 여부를 검토하여 결정
- 구매국의 경제, 재정능력에 따라 무상군원에서 대정부구매로 전환
- 판매, 제공된 장비는 미국의 승인 없이 제3국 양도 불가[79)]

1) FMS 구매형태 구분

FMS 구매는 판매 대상품목의 특성과 계약내용에 따라 지정구매, 총괄구매, 보급지원협정으로 나누어볼 수 있다.

78) 방위사업청(2014), 전게서, p. 221.
79) 『조달관리』(육군교육참고 8-4-16, 2014.2.10.), pp. 3-3.

지정구매(DOS: Defined Order Sales)는 구매국 또는 국제기구가 필요로 하는 대상 장비, 용역 또는 교육을 오퍼요청서로 명세내용과 수량을 정하는 것을 말하며, 이에 대해 오퍼수락서에 그 내용이 명시된다. 지정구매는 미 육군의 표준장비, 미 해군의 지정품목 그리고 미 공군의 확정주문에 주로 적용되며 단위 품목별 자료를 제공하여 인도시기와 비용에 대한 최상의 예정자료를 구매국에 제공한다. 지정구매는 대부분 주요 완성장비나 중요 군사장비(SME: Significant Military Equipment) 판매에 일반적으로 사용되며, 주요 완성장비의 경우에는 대략 2년 정도의 초기 지원물량도 포함된다.

총괄구매(BOS: Blanket Order Sales)는 구매국과 미국 정부 간의 협의에 의해 대상품목과 수량은 지정하지 않고 총금액을 명시하여 오퍼에 반영된 계약형태를 말하여, 가용한 자금 범위 내에서 구매국은 지속적으로 청구할 수 있다. 총괄구매를 통하여 구매할 수 있는 품목은 주요 장비의 수리부속, 발간물, 특수공구, 시험장비 등이다.

보급지원협정(CLSSA: Cooperative Logistics Supply Support Arrangement)은 미국과 해당 우방국 간의 군별 협정하에 평시 지속적인 작전지속지원 계획의 일환으로 시행된다. 보급지원협정에 의하여 구매할 수 있는 품목은 현행 미군의 표준장비나 무기체계의 수리부속에 한정되어 있기 때문에 한·미군 간의 협정을 통하여 지원대상 장비를 선정하고 장비별 연간 지원 규모를 결정하게 된다. 선정된 대상 장비와 그 용도는 미군의 보급체계에 포함되며, 장비별 연간 지원소요는 계약이 체결됨과 동시에 미군의 자체 소요와 함께 사전확보 후 미군과 동일한 수준으로 관리되며, 구매국의 청구에 따라 불출한다.

보급지원협정(CLASSA) 구성은 대정부구매 발주 1호(FMSO #1)와 발주 2호(FMSO #2)로 구분된다. 발주 1호는 미군의 소요경험과 구매국의 예상소요를 근거로 한 재고수준을 유지해야 할 발주량을 말하여 통상 향후 12개월 소요의 수리부속으로 구성된다. 발주 2호는 소모보충 발주로서 구매국의 연간 예상 소요량을 반영하는 것으로 총괄구매 형식과 유사하다.[80)]

구매형태에 따른 내용을 비교하여 정리하면 다음과 같다.

80) 상게서, pp. 3-5-3-8.

<표 10-14> 구매형태 비교[81)]

구분	내용	대상품목	특성
지정구매 (DOS)	대상 장비/품목에 대한 수량, 예상/가격/인도 예정일 등을 명시하여 계약	무기체계, 주요 장비, 탄약, 유류, CSP, 시험장비, 공사 용역 등	장비 인도시기가 예측 가능하고 미국 측에서 자동 청구하지만, 건수별 행정비용 증가
총괄구매 (BOS)	대상품목/수량은 한정하지 않으나 장비별 연간소요 물량분에 대한 총 소요금액을 명시하여 계약	수리부속, 발간물, 지원장비, 교육보조재료 등	계약건수 감소로 행정비용이 절약되지만, 재고 미확보 시 장기조달 소요시간 발생
보급지원협정 (CLASSA)	미국과 해당 우방국 간의 군별 쌍무협정에 따라 평시 지속적인 군수지원계획의 일환으로 시행	현행 미군의 표준장비나 무기체계의 수리부속	미군과 동일한 불출 우선순위, 저렴한 단가가 장점이지만 미군 표준장비에 한정되어 적용

2) FMS 업무수행 절차

(1) 오퍼요청과 청약 및 수락

FMS에서 청약 및 수락서(LOA: Letter of Offer and Acceptance)란 구매자가 송부한 오퍼요청서(LOR: Letter of Request)에 의해 공급자가 발행하는 것을 말한다. 구매자가 LOR을 공급자에게 보내는 목적은 두 가지이다. 하나는 군수품의 가격 및 가용성(P&A: Price and Availability) 자료를 획득하기 위함이고 다른 하나는 군수품을 구매하려고 LOA를 획득하려고 하는 것이다. 이러한 두 가지 자료를 얻기 위해 사용하는 LOR의 정해진 양식은 없다. 그러나 LOR에 P&A인지 아니면 LOA인지를 표시하고 구매하려는 품목에 대한 재고번호 및 수량, 동시조달 수리부속 여부 등에 대한 사항을 함께 제시한다.

구매자가 LOR을 공급자에게 제공하면 공급자는 LOR을 근거로 LOA를 발행한다. 이 LOA를 미국 국방부 양식 DD Form 1513이라고 한다. DD Form 1513에는 공급자가 제시하는 사항인 가격, 오퍼의 유효날짜 및 군수품의 특징 등이 기록되어 있다. 일반적으로 미국의 안보지원사령부(DSCA: Defense Security Cooperation Agency)에서 오퍼를 발행하지만 특정한 군수품의 종류에 따라서 오퍼를 발행하는 기관이 다르다. 중요 군사장비(SME: Significant Military Equipment)는 안보지원사에서 발행하고, 일반 군사장비(Non-SME)는 각 군의 안보지원 협력기관인 육군의 USASAC(US Army Security Assistance Command), 해군의 NIPO(Navy International Programs Office), 공군의 AFSAC(Air Force Security Assistance Center)에서 발행한다.[82)]

81) 손병식(2013), 전게서, p. 252; 방위사업청(2014), 전게서, p. 225에서 발췌하여 인용.

개정 LOA는 LOA 시행 전 구매자의 수락이 필요한 사항으로 구매자의 요청으로 미국 측에서 발행한다. 주로 LOA 이행기간의 변경, 지원부품 및 용역의 추가, 사양의 변경 등이다. 개정 LOA의 타당성을 검토하고 변경내용이 사업추진에 영향을 주지 않는지 수요군과 사업관리부서에 검토한다. 한편 수정 LOA는 LOA 시행 전 구매자의 수락이 필요치 않은 사항으로 미국 측에서 발행한다. 주로 LOA 금액의 10% 범위의 증가나 감소, 대금지불계획의 변경, 인도기간의 연장 등이다.[83]

(2) 오퍼수락 및 물자 청구

① 오퍼수락

오퍼요청 부서는 오퍼의 금액 대비 가용예산, 판매조건, 판매물품, 용역 등의 내역, 기타 명시 내용 등을 면밀히 검토하여 수락 여부를 결정한다. 오퍼 수락 시 주미 군수무관단이 미 측의 오퍼에 서명하고 오퍼 이행기관(IA: Implementing Agency)과 미국 국방재무회계본부(DFAS: Defense Finance and Accounting Services)에 통보한다.

수락오퍼 사본을 접수하고 대금지불 조건에 따라 미국 연방준비은행으로 초입금을 송금한다. 미국 국방재무회계본부는 구매국의 수락오퍼와 미국 연방준비은행의 입금 통보 후에 이행기관에 채무이행 승인서를 발부한다. 수락오퍼의 시행은 미국 국방재무회계본부가 채무이행 승인서를 발행함과 동시에 시작된다.

② 물자 청구

청구는 계약상대방에 대하여 일정한 행위나 급부를 요구하는 것으로 FMS의 경우에는 오퍼의 종류에 따라 청구방법에 차이가 있다. 지정구매는 오퍼수락과 함께 구매국의 청구행위 없이 오퍼를 근거로 계약이 자동적으로 이행되나, 총괄구매 및 보급지원협정의 경우에는 구매국에서 필요할 때마다 수시로 청구함으로써 계약이 이행된다.

수리부속, 발간물, 소모품 등 후속 군수지원 품목들은 총괄구매 또는 보급지원협정 오퍼를 근거로 국제군수통제기구(International Logistics Control Organization)에 청구하면 국제군수통제기구에서 오퍼자금이 충분히 가용한지, 청구 품목정보가 정확한지를 확인하여 이를 재고통제소(ICP: Inventory Control Point)에 통보한다. 재고통제소는 재고 보유량과 미군의

82) 손병식(2013), 전게서, pp. 253-254.
83) 방위사업청(2014), 전게서, pp. 226-227.

소요를 검토하여 FMS 구매국에 재고품목을 지원할 것인지 아니면 새로운 조달계약을 통해 지원할 것인지를 결정한다. 재고통제소는 미국 및 FMS 구매국을 대상으로 전차, 차량, 헬기 등 주요 완성장비 및 관련 후속 군수지원 품목에 대한 보급지원 업무를 수행하는 데 반해, 국제군수통제기구는 오직 FMS 구매국을 위한 보급지원 업무만 수행한다.

재고를 FMS 구매국에 지원하는 경우에는 반드시 미국 내에 위치한 보급창 또는 야전부대에서 보관하고 있는 재고만 불출하는 것을 원칙으로 하고 있다. 이는 해외주둔 부대에서 보관하고 있는 재고는 해당 지역에 주둔하고 있는 미군을 위한 운영재고이기 때문에 다른 국가들을 위해 지원하는 것이 불가능하며, 법적으로도 모든 FMS 품목은 미국 국내에서 해외수출 시 수출허가(Export License) 및 수출승인(Export Authority)을 받도록 제한하고 있기 때문이다.

재고의 여유가 없어 지원이 불가능한 경우에는 국방부의 조달절차에 따라 공급업체와 계약을 체결하는데, 수시로 계약을 체결하는 것이 아니라 대부분 최소 주문수량 이상의 주문물량이 확보될 때까지 기다리기 때문에 조달에 오랜 시간이 소요되기도 한다. 조달계약은 생산지점 인도조건(FOB Origin: Freight On Board-Origin)[84]을 적용하여 선적 준비가 완료되면 최초지점에서 미국의 국방군수본부(DLA: Defense Logistics Agency) 또는 국방계약관리본부(DCMA: Defense Contract Management Agency)에 의한 품질검사를 수행하는데, 물품의 상태, 종류, 수량, 문서와의 일치 여부 등을 확인한다. 품질검사를 통과하면 구매국에 해당 물품이 미국의 보급원(SOS: Source of Supply)으로부터 불출될 준비가 되었음을 통보하는데 이를 불출통보(NOA: Notice of Availability)라 한다.[85]

84) 국제상공회의소 인코텀즈의 정형조건과 다른 미국의 무역 정형조건이다. 물품이 출발지를 떠남과 동시에 소유권dl 전이된다. 즉, 위험이전의 분기점이 생산지이고 선적 준비가 완료되면 매수인이 도난, 파손 등에 대한 법적인 책임을 갖는다.
85) 박태준(2015), 『미국의 FMS와 한국의 방산수출 전략』, 북코리아, pp. 107-110에서 발췌하여 인용.

제 11 장
보급관리

1. 보급체계와 보급관리

보급이란 군이 군사적 목적을 달성하는 데 필요한 군수품을 지원하는 활동을 의미한다고 본다. 군사적 임무를 수행하는 데 필요한 군수품을 획득하고 저장하며 지원하는 제반활동을 포함한다.

여기서 목적물 또는 취급대상이라고 볼 수 있는 군수품을 물자로만 한정하여 보는 시각이 있고 장비까지 포함해야 한다는 주장도 있다. 앞에서도 일부 논의를 하였지만, 법과 규정에 명시된 임무와 절차, 부대와 병과로 구분되는 조직의 기능, 꼬리표가 붙어다니는 예산 등을 감안하면 현실적으로는 주로 물자를 취급대상으로 보는 시각이 우세하다.

다음으로 보급활동의 영역을 소요기획 및 판단, 연구개발 및 획득, 예산편성, 조달까지 포함해야 하느냐의 문제이다. 활동영역을 넓게 확장하여 보는 것을 광의의 보급이라고 한다면, 협의의 보급은 획득이나 조달 이후에, 군의 영역으로 들어온 이후에, 군 내에서 군수품을 저장하고 유지하며 분배하는 활동을 말한다. 이렇게 협의의 보급으로 볼 때 전·평시 현장에서 필요한 시기에 필요한 군수품을 지원하는 활동으로 이해되는 것이다.

여기서는 청구, 수령 및 수입, 저장관리, 불출 및 분배, 처리 등 주로 야전에서 이루어지는 보급유통 관리와 일품검사, 종별 관리 등 보급운영에 대해서는 구체적으로 다루지 않는다. 그러한 군내의 보급유통 관리와 보급운영을 가능하게 하는 근본원리, 이론 그리고 체계에 대해서 논의함으로써 실제 현장에서 적용되는 활동들을 제대로 이해할 수 있는 토대를 제공하고자 한다.

가. 보급체계

군의 보급체계는 크게 두 단계로 구성되어 있다. 군수사와 공급업체로 이루어진 대분배(Wholesale) 보급체계이고 또 하나는 군수사 이하의 보급부대와 시설로 이루어진 소분배(Retail) 보급체계이다. 대분배는 전군 소요를 판단하고 이를 조달 및 획득하여 소분배체계에

분배하는 기능을 말한다. 소분배는 사용부대로부터 청구를 받아 자체 재고로 보급하고 자체 재고가 일정 수준 이하일 경우에는 대분배 계통으로 청구하여 재고를 유지한다. 대분배 계통과 소분배 계통의 차이점은 소분배 계통은 재고 고갈 시 대부분 계통으로부터 보급받을 수 있으나, 대분배 계통은 재고가 없을 때 새로이 외부로부터 조달하거나, 고장품을 재생해야만 이를 해소할 수 있다는 것이다.

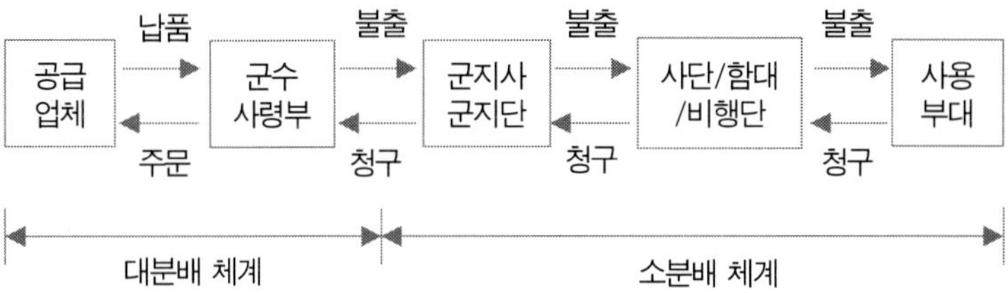

〈그림 11-1〉 대분배 및 소분배 보급체계

또한 업무방식에 따라 구분할 수 있는데, 할당보급 시스템(Push)과 청구보급 시스템(Pull)으로 분류할 수 있다. 할당보급 시스템은 사전에 정해진 보급 또는 지급기준에 따라 소요를 판단하고 획득하여 기준량을 보급대상에 분배하는 체제를 말한다. 청구보급 시스템은 사용자의 청구에 의해 물자를 보급하는 시스템으로, 언제 수요가 발생할지 예측하기 어려운 품목들에 대해 사전에 재고를 확보하여 사용자가 청구할 때 보급한다.1)

나. 보급제도

우리의 보급제도는 지금까지 주로 수직적 보급제도를 적용하여왔으나, 수직적 보급제도의 경직성을 완화하고 융통성을 보완하는 방향으로 제도개선과 아울러 운영개선이 동시에 이루어지고 있다. 수직적 보급제도에는 할당보급, 청구보급 등이, 수평적 보급제도에는 전환보급 등이, 혼합형 보급제도에는 지역지원, 탄약전환 보급소 등이 있다. 이를 정리하면 다음 표와 같다.

1) 장기덕(2012), 『군수관리의 이론과 실제』, Kida Press, p. 300.

〈표 11-1〉 보급제도의 구분

구 분	실제 적용 사례
수직적 보급제도	할당보급, 청구보급, 추진보급, 보급소 분배
수평적 보급제도	전환보급
혼합형 보급제도	LSA(Logistics Support Area), 주 공급자 제도, 성과기반 군수지원

1) 수직적 보급제도

수직적 보급제도에서 구현되는 수단은 할당보급과 청구보급이라고 본다. 우리가 적용하는 할당보급은 군원시대까지 거슬러 올라간다. 미국은 한국 보급품의 사용 총량을 미리 설정하여 놓고 한국에서 청구서를 작성하여 미국에 송부하면 미국이 보급품을 불출하였다. 이것이 할당보급의 기원이다. 군수품은 물론이고 물적 자원 자체가 희소한 시절에 할당보급제도는 일종의 상한(Ceiling)을 설정한 보급이다. 여기서 피지원부대가 사용할 수 있는 자원의 한도 또는 금액을 상급부대가 설정하여놓고 설정된 한도 내에서 사용자가 청구한다.

할당보급의 장점은 다수의 피지원부대 사용자에게 균등하게 보급할 수 있으므로 사용자의 요구를 충족시킬 수 있다. 또한 중요한 부대의 사용 우선순위를 높게 설정하여놓고 우선순위가 높은 부대에서부터 낮은 부대 순으로 자원을 할당할 수 있다. 지원부대는 재고현황을 파악하면서 불출하므로 과다한 자원사용을 예방할 수도 있다.

단점은 지원부대는 제한된 자원만을 확보하고 있는데, 다수의 피지원부대가 동시에 수요를 발생시키는 경우가 있다. 이러한 경우 지원부대는 사용자가 요구하는 시기에 보급품을 모든 사용자에게 제공할 수 없다. 또한 실수요를 파악하기 곤란하다. 사용자의 수요실적은 왜곡현상의 가능성으로 인하여 신뢰할 수 있는 데이터가 되기 곤란하다.

청구란 피지원부대가 지원부대에 군수품을 요청하는 행위이다. 청구보급은 군수품을 수령하는 부대가 임무수행에 필요한 군수품을 청구하여 수령·저장 및 불출하는 절차를 포함한다. 청구보급은 군수지원부대가 일정 규모 이상의 창고를 갖추고 피지원부대가 청구하는 물량을 예측하여 저장 및 관리하는 능력까지 갖추고 있어야 한다. 피지원부대는 운영창고의 규모를 줄일 수 있고 경량화하여 기동성을 향상시킬 수 있다.

청구보급은 사용부대가 필요한 군수품이 있으면 청구하여 사용할 수 있다는 장점이 있으나, 사용부대가 청구한 군수품을 신속히 불출하여 사용자 대기기간을 줄여야 한다는 점이 우선 고려되어야 한다. 일부이긴 하지만 중간제대의 보급창고에서 재고를 많이 갖게 된 이유이기도

하다.[2]

한편, 보급소 분배와 추진보급제도가 있다. 보급소 분배는 군수품에 대한 청구 후 피지원부대는 자체의 수송수단을 이용하여 지원부대의 시설에서 군수품을 수령하는 제도이다. 보급소 분배는 지원부대의 시설이 일정한 장소에 있고 피지원부대가 기동부대인 경우에 적합한 제도이다. 반면에 추진보급제도는 지원부대가 자체 수송수단을 이용하여 피지원부대까지 군수품을 보급하는 제도이다. 추진보급을 통해서 피지원부대는 군수품 수령 시 차량운영의 부담을 경감시킬 수 있고 지원부대는 차량을 통합하여 운영할 수 있는 장점이 있으나, 이 또한 지원부대는 추진차량을 운영해야 하고 피지원부대의 위치를 알아야 하는 부담이 있다.

2) 수평적 보급제도

사용부대의 군수지원 요구를 상급부대의 군수지원부대가 담당하는데, 상급부대의 군수지원부대의 지원시설 내 해당 군수품의 재고가 없을 경우에 인접부대의 동일한 군수품을 전환하여 보급 조치하는 하는 것을 전환보급이라고 한다. 전환보급을 통하여 군수지원의 신속성을 증진함은 물론 지원시설 간 과다 또는 과소 보유를 방지할 수 있어 전반적으로 경제성을 향상시킬 수 있다. 그런데 전환보급을 시행하려면 정확한 자산 가시화가 보장되고 자산전환을 따른 후속 회계처리가 이루어져야 한다.[3]

3) 혼합형 보급제도

군수지원지역(LSA: Logistics Support Area)은 미군이 제1차 걸프전을 수행할 때 태동하여 지속적으로 발전되고 있다. 분쟁지역이나 적대적 지역 내에 설치되어 전투부대 지휘시설, 지원시설, 숙영 및 복지시설, 군수지원시설 등을 포함하여 병력지원과 군수지원을 동시에 수행하는 통합전투근무 지원시설을 포함하는 개념이다. LSA는 거대한 군사기지 형태로 설치되어 군수지원부대가 별도로 자체 경계 및 방호활동을 할 필요가 없으며, 전투 및 전투지원부대 지원 시 패키지 지원이 용이하고 제대별 수직적 지원과 지역별 수평적 지원이 동시에 이루어질 수 있다.

최근 우리 군의 의약품 보급분야부터 적용되기 시작하여 적용범위가 확대되고 있는 주공급자제도(Prime Vendor)가 있는데, 주공급자제도는 정보기술과 전국적인 배송망을 활용하여 군내에서 운영하는 보급지원시설을 경유하지 않고, 주공급자와 사용부대 간의 직거래를 기반

2) 손병식(2013), 『군수학 원론』, 서울경제경영, pp. 329-331.
3) 상게서, p. 338.

으로 하기 때문에 군수지원의 적시성을 확보할 수 있으며 행정 및 납품에 따른 지체시간을 제거할 수 있으며 그에 수반되는 비용을 절감할 수 있음은 물론이다.

또 다른 보급제도로 성과기반 군수지원(PBL: Performance Based Logistics)을 꼽을 수 있다. 앞서 설명했듯이, 정비활동 이외에도 수리부속에 대한 획득, 저장 및 분배활동을 수행하여 그 성과에 따라 대가를 지급받는 제도이므로 수명주기 간 지속적인 보급지원이 보장되어 궁극적으로는 총 소유비용이 절감될 것으로 기대하고 있다.

2. 재고관리

재고관리란 보급시설에서 보급품을 장차의 수요에 신속하게 대응할 수 있도록 적정수준으로 유지함으로써 사용부대를 포함한 피지원부대의 수요를 가장 효과적이며 경제적이며 능률적으로 충족시키는 과학적 관리활동이다. 지원부대에서는 재고관리를 위하여 인가저장 품목을 선정하고 선정된 품목에 대하여 보급수준을 운영하며 피지원부대에 효율적인 보급지원을 한다.

가. 인가저장 품목 운용[4)]

인가저장 품목(ASL: Authorized Stockage List)이란 보급지원부대에서 보급수준을 인가하도록 선정된 품목을 말하며, 선정되지 않은 기타 품목을 비인가저장 품목(N-ASL: Non ASL)이라 한다. 보급수준을 운영하는 보급품목은 급식, 유류, 탄약, 장비를 제외한 전 품목이 해당되며, 전체 품목 중 선정된 품목에 한하여 보급수준을 설정하여 사전에 재고를 유지하게 된다. 인가저장 품목으로 설정 유지되어야 할 품목으로는 전투 긴요품목, 임무수행상 또는 전투수행상 필수 품목(M: Mission Essential Items), 최근 수요빈도가 많은 다수요 품목(Q: Quantity), 편성부대의 규정 휴대량(PL: Prescribed Load) 품목 등이다.

1) 선정기준

인가저장 품목(ASL) 선정 기준은 과거 3~5년간 연속 인가저장 품목으로 선정된 품목 및 수

4) 『소요관리』(육군교육참고 4-10, 2011.4.1.), pp. 2-68-2-70에서 발췌하여 인용.

요빈도를 고려하여 누적수요율 85% 범위 내 다수요품목을 선정한다. 그리고 인가저장 품목의 변동률을 최소화하기 위해 다수요품목에 대한 누적수요율 75~90% 범위 내 품목은 제대별 심의를 통하여 수요를 중점 검토하여 추가 또는 삭제한다.

2) 운영방법

인가저장 품목으로 승인된 품목은 보급수준 소요량을 아래와 같이 산출하여 확보 및 운영한다.

$$\text{보급수준 소요량}(RO) = \frac{\text{연간 수요량} \times \text{보급수준 인가일수}}{\text{연간보급 통제기간(365일)}}$$

RO 산출 시 소수점 이하의 반올림 여부는 기능별, 품목별 단가 기준에 따라서 다른데, 저단가 품목은 RO가 2.9 이하는 무조건 3개로 하고, 고단가 품목은 반올림하여 군수사에서 통합 관리한다. 저단가와 고단가 사이 품목은 소수점 이하는 반올림한다.[5)]

나. 보급수준[6)]

보급수준(Supply Level)이란 일명 재고수준이라고도 부르며, 이것은 예상되는 수요에 대비하여 사전에 확보하여 재고로 유지하도록 인가 지시된 보급일수 또는 보급품의 수량이다. 보급수준은 예상수요의 의미를 갖는다. 변동하는 수요에 대비하기 위하여 경제성을 감안하여 적정한 재고수준을 설정해야 한다. 다음으로 사전확보 재고의 의미가 있다. 사전확보 재고란 사전에 재고를 유지하도록 인가되었다는 것은 현 재고만을 의미하는 것이 아니고 불출예정까지 포함한다는 것이다. 보급수준은 설정단위를 일수로 하는데 수량단위로 보급수준량을 환산하여 청구량을 산정한다.

보급수준에 대해서는 그간 우리 군 내에서 꾸준히 검토하여 발전시켜왔다고 본다. 보급수준의 변천과정을 요약하여 제시하면 다음 표와 같다.

---

5) 상게서, pp. 2-68-69, 2-76.
6) 상게서, pp. 2-56-67에서 발췌하여 인용.

<표 11-2> 보급수준 변천과정7)

구 분	변 천 내 용
1960~70년대	○ 기지 및 군지사 보급수준 설정 운영 군수사: 부속 75일 〔물자 45일〕 (SL: 30 〔15〕, OL: 45 〔30〕) 군지사: 45일 〔물자 30일〕 (OL만 운영)
1980년	○ 편성부대(PL)/사단급 이상 제대별 보급수준 운영 90일 군수사 (PROLT: 60, SL : 30) — 60일 군지사 (OL : 30, OST: 30) — 30일 사 단 (OL : 15, OST: 10) — 15일 편 성 (OL: 15 (PL))
1986년	○ 군지사 SL(15일) 추가, 사단 OST(15일) 삭제 90일 군수사 — 60일 군지사 — 30일 사 단 — 15일 편 성 (+SL: 15) (-OST: 15)
1990년	○ 사단 OST(15일) 추가 설정(8·9종) 90일 군수사 — 75일 군지사 — 30일 사 단 — 15일 편 성 (+SL: 15) (+OST: 15) * 사단: 2·4종 물자(1994~)
2002년	○ 군수사 실PROLT적용, 군지사/사단 OL과 OST 5일 단축 실PROLT + 30일 군수사 (실PROLT 적용) — 65일 군지사 (-OL : 5) (-OST: 5) — 20일 사 단 (-OL : 5) (-OST: 5) — 15일 편 성
2008년	○ 사단 OL 조정 (10일 → 15일)
2017년	○ 군지사/군지여단 30일(OL : 15, OST: 15) 사단 20일(OL : 10, OST: 10)

7) 조경수·김영성(2012), "미래 군단 중심의 군수지원을 위한 제대별 적정보급수준", 한국군사문제연구원, p. 11을 기초로 최근의 변화 사항을 추가.

1) 소분배 계통 보급수준 소요 산정

앞서 살펴본 소분배 계통의 보급수준은 운영수준(OL: Operating Level), 안전수준(SL: Safety Level), 발주 및 수송시간(OST: Order & Shipping Time) 등으로 보급수준 청구목표(RO: Requisitioning Objective)를 설정하게 되며 청구목표는 아래 표와 구성이 같다.

〈표 11-3〉 청구목표의 구성

<table>
<tr><td rowspan="3">청구목표(RO)</td><td>청구량(RQN)</td><td>운영수준(OL)</td><td rowspan="2">저장목표(SO)</td></tr>
<tr><td rowspan="2">재청구점(RP)</td><td>안전수준(SL)</td></tr>
<tr><td>발주 및 수송시간(OST)</td><td></td></tr>
</table>

(1) 운영수준

운영수준(OL)은 보급의 청구와 청구 사이 또는 수령과 수령 사이에 정상적인 여건 하에서 일정 기간 동안 추가적인 수령 없이도 보급운영을 지속할 수 있는 보급품의 수량 또는 보급일수를 말한다. 운영수준의 결정요소는 가용 자금, 저장시설의 가용도, 재고관리 비용(청구비와 보관비), 업무수행 능력 등이다.

운용수준의 산정방법은 경제적 청구량(EOQ: Economic Order Quantity)으로 결정하며 이는 일정 기간의 청구비와 보관비의 합계가 최소로 될 때의 1회 발주량으로 결정한다. 이때 품목의 연간 수요량과 단가에 따라 품목마다 청구 주기가 다르다. 보관비를 결정하는 요소는 도태, 폐기, 손실 등의 구식화 손실비, 저장 중 퇴화, 부식 등 악화 손실비, 저장 중 정비 등의 저장비, 파손, 도난 등의 기타 손실비로 아래 그림과 같이 점점 증가됨을 알 수 있다.

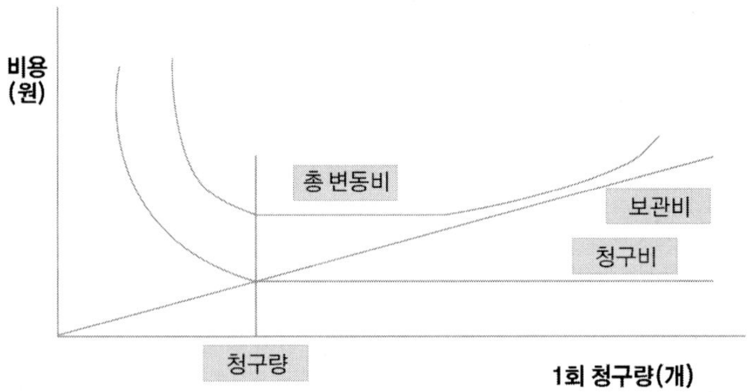

〈그림 11-2〉 경제적 청구량

청구비를 결정하는 요소는 인건비·수송비·통신비 등의 직접비와 검사비·행정비 등으로 1회 주문량이 클수록 주문횟수가 줄어들기 때문에 연간 총 주문비용은 주문량의 증가에 따라 감소하게 된다. 총비용이 최저가가 되는 점은 보관비 곡선과 청구비 곡선의 교점으로서 이 점에서 경제적 청구량이 결정된다. 경제적 청구량의 공식은 아래와 같다.

$$\text{경제적 청구량}(EOQ) = \sqrt{\frac{2YC}{UH}}$$

Y: 연간수요량, C: 청구비, U: 단가, H: 보관비

(2) 안전수준

안전수준(SL: Safety Level)이란 예상 외의 수요증가 또는 수송 지연 시에도 재고 고갈 없이 계속적인 보급운영을 지속하기 위하여 운영수준에 부가하여 인가한 보급품의 수량 또는 보급일수를 말한다. 이는 안전재고 또는 비상재고라고도 하며 안전수준의 결정요소는 수요 변동의 폭, 수송수단의 견실성, 경제성 등이다.

안전수준의 산정방법으로 고정 안전수준(FSL: Fixed Safety Level)은 전 품목에 동일한 일수를 인가해주는 것이다. 소요량은 수요율에 인가일수를 곱하여 산출하고 가변 안전수준(VSL: Variable Safety Level)은 일수로 인가하는 것이 아니라 재고 고갈 방지 요망수준을 인가함으로써 이에 상응하는 수량을 품목별로 산출하여 적용하는 것이다. 인가는 재고 고갈 방지 요망수준에 의거하여 정규분포표에 의한 안전계수를 결정하고 안전수준 공식에 각종 자료를 대입하여 소요를 산출한다. 가변 안전수준 산출에 아래 공식을 적용한다.

$$\text{가변 안전수준}\ (VSL) = K\sqrt{(ad)^2\,(LT) + (at)^2\,(FAMD)^2}$$

K: 안전계수, ad: 수요의 편차, $LT(\le ad\,Time)$: 수송시간(OST, P$ROLT$ 등의 월단위)
at: LT의 표준편차(월단위), $FAMD$: 예상 평균 월간수요

(3) 발주 및 수송시간

발주 및 수송시간(OST: Order & Shipping Time)은 청구행위를 착수한 시점부터 해당 청구품목을 85% 이상 수령하여 기록계정이 완료되고 불출이 가능한 때까지 경과된 시간적 간격을 말한다. 이는 대분배 계통의 조달 소요시간과 동일하며 일수로 나타내는 것이다. 발주행위는 청구,

청구서 수발, 편수, 품목 색출 및 포장을 포함하고 수송은 수송 대기부터 수송, 수입계정, 불출가능 상태를 준비하는 것을 포함한다. 발주 및 수송시간 산정은 각 보급지원부대에서는 표준 처리시간 내에 처리된 청구서에 의하여 판단되며, 판단된 처리시간을 발주 및 수송시간에 적용한다.

$$\text{발주 및 수송시간}(OST)\ \text{소요} = \text{수요율} \times \text{발주 및 수송시간 일수}$$

발주 및 수송시간의 증감에 영향을 미치는 요소로는 품목의 특수성, 청구 수량의 차이, 수송 소요시간의 장단, 조달원의 제반환경 등이며 이들에 의하여 각 품목마다 상이하게 된다. 따라서 발주 및 수송시간은 품목별로 서로 다른 일수를 적용해야 한다.

(4) 저장목표

저장목표(SO: Storage Objective)는 보급운영을 지속하고 예측할 수 있는 장차의 수요를 충당하기 위하여 보유하고 있어야 할 보급품의 인가량을 말한다. 저장목표는 저장해야 할 최고 수준의 양으로서 운영수준과 안전수준을 합한 것이다. 운영수준이 접수될 시점에서는 현 재고로서 최대량이기 때문에 저장계획 수립 시 저장공간 소요 산출의 근거가 되며 저장목표는 운영수준과 안전수준을 합한 것이다.

$$\text{저장목표}(SO) = \text{운영수준}(OL) + \text{안전수준}(SL)$$

(5) 재청구점

재청구점(RP: Reorder Point)은 안전수준을 사용하지 않고 현 보급운영을 유지할 수 있도록 수준 보충청구를 해야 할 시점을 말한다. 재청구점의 설정 목적은 자산(현 보유+수입예정-불출예정)이 재청구점 이하로 되면 즉시 청구하여 재고 고갈을 미연에 방지함으로써 효과성과 경제성에 기여하는 데 있으며 구성요소로 재청구점은 안전수준과 발주 및 수송시간의 합계로서 구성된다.

재청구점에 도달하여 청구하게 되면 해당 품목은 발주 및 수송시간 경과 후에 도착되므로 현 보유가 안전수준에 도달할 때 청구된 수량이 가산되어 현 보유는 저장목표 수준으로 상승한다. 이때 재청구량(RQN)은 앞의 표에서 보듯이 운영수준이 된다.

(6) 청구목표

청구목표(RO: Requisitioning Objective)는 현 보급운영을 지속하고 장차 예상되는 수요를 충족하기 위하여 보유하고 있거나 발주 중에 있는 보급품의 수량 또는 보급일수를 말한다. 이의 설정 목적은 해당 부대의 최대 인가량으로서 과잉투자를 예방하여 경제성에 기여하는 데 있다.

$$\text{수요에 의한 청구목표} = \frac{\text{연간 수요량} \times \text{보급수준 인가일수}}{\text{연간 보급 통제기간(365일)}}$$

청구 여부를 판단하기 위해서는 재청구점과 자산을 비교하여야 한다. 자산이 재청구점보다 적을 경우 청구행위를 할 수 있다.

$$\text{자산}(Asset) = \text{현 보유} + \text{수입예정} - \text{불출예정}$$

2) 대분배 계통 보급수준 소요 산정

대분배 계통의 보급수준은 소요목표(Requirement Objective)라고 하며 안전수준(SL), 조달소요시간(PROLT: PROcurement Lead Time), 계획소요(PR: Programmed Requirement), 재생주기 소요(RCR: Repair Cycle Requirement), 전쟁예비(대비)물자(WR: War Reserves), 저장목표 재청구점 및 청구량, 폐기율 소요 등으로 구성된다.

〈표 11-4〉 소요목표의 구성

<table>
<tr><td rowspan="7">소요목표(RO)</td><td>청구량(RQN)</td><td>조달주기(PC)</td><td rowspan="6">저장목표(SO)</td></tr>
<tr><td rowspan="6">재청구량</td><td>안전수준(SL)</td></tr>
<tr><td>계획소요(PR)</td></tr>
<tr><td>재생주기 소요(RCR)</td></tr>
<tr><td>전쟁예비(대비)물자(WR)</td></tr>
<tr><td>조달 소요시간
(PROLT)</td></tr>
<tr><td></td><td>조달요구 시점 결정요소</td></tr>
</table>

(1) 조달주기

조달주기(PC: Procurement Cycle)는 군수사에서 보급품의 조달요구와 조달요구 사이 보급운영을 유지하기 위하여 필요한 보급품의 수량 또는 보급일수를 말한다. 이는 소분배 계통의 운영수준과 비슷하다.

(2) 안전수준

대분배 계통의 안전수준은 소분배 계통의 안전수준과 개념이 거의 유사하지만, 대분배 계통의 안전의 개념은 소분배 계통의 안전수준 고려요소 이외에 큰 틀에서 군수품 조달에 관련된 불확실성과 안전위해 요소를 검토해서 정량화해야 한다고 본다. 불확실성의 범위와 정도, 위험의 종류와 횟수 그리고 치명성을 분석해야 한다. 군수품의 국내 및 글로벌 시장에서 완제품 수준, 또는 구성품 수준의 협력과 조달여건, 원자재의 수급 현황을 두루 살펴야 한다.

(3) 조달 소요시간

조달 소요시간(PROLT: PROcurement Lead Time)은 조달 지체기간이라고도 하며 조달조치를 위한 시점부터 해당 품목을 85% 이상 수령하여 기록계정이 완료되고 불출이 가능할 때까지 경과한 시간적 간격을 말한다. 이는 소분배 계통의 발주 및 수송시간(OST)과 같으며, 구성요소는 행정 소요시간(ALT: Administration Lead Time), 생산 소요시간(PLT: Production Lead Time) 및 납품 소요시간(DLT: Delivery Lead Time) 등으로 이루어진다. 행정 소요시간은 조달조치를 위한 시점부터 계약체결 완료시점까지, 생산 소요시간은 계약체결 완료시점부터 최초 납품 시까지, 그리고 납품 소요시간은 최초 납품 시점부터 일정 비율 이상 납품되어 불출이 가능할 때까지의 경과시간을 말한다.

(4) 계획소요

계획소요는 비교적 정확히 그 소요를 예측할 수 있는 계획사업에 필요한 보급품의 수량을 말한다. 정비창의 계획정비 또는 재생작업이나 장비의 수정작업용 수리부속 소요, 계획공사 또는 계획된 훈련소요 등이 이에 속하며 산정방법으로 계획소요 중 대표적인 것은 계획정비용 수리부속 소요를 들 수 있다. 이러한 소요 중 보급수준에 포함시킬 소요량은 해당 기간 중의 소요량만 산출하여 반영해야 한다. 보급수준 소요 산정 기간은 조달주기와 조달 소요시간의 기간만을 합친 기간이다.

(5) 전쟁예비 소요

전쟁예비 소요(WR: War reserve Requirement)는 전쟁발생 시 급증하는 대량 소요를 보급의 중단 없이 계속 지원할 수 있도록 하기 위하여 평시 예산으로 일정 기간 분량을 확보하여 저장한 보급품의 수량을 말한다. 이에는 비축소요, 치장소요, 전투예비 소요, 사전배치 물자 등이 포함된다.

(6) 재생주기 소요

재생주기 소요(RCR: Repair Cycle Requirement)는 수리주기 소요 또는 정비주기 소요라고 하며 복구성 품목이 정비시설에 정체되는 동안에 필요한 수량이다. 따라서 소모성 품목에는 적용되지 않고 복구성 품목에만 적용되는 보급수준의 일부이며, 산정방법으로 복구성 품목은 대부분 재생된 품목이 보급되며 실제 조달은 폐처리되는 수량에 따라 결정된다. 따라서 복구성 품목의 수요율은 재생될 수량과 조달해야 할 수량으로 구분하여 산출해야 한다.

순수예상 불가동 복구량(NFUR: Net Forecasted Unserviceable Return)이란 예상 월평균 수요량 중 정비시설에서 재생될 수량을 말하며, 불가동 반납률, 기술검사 시 수리 불가 판정비율(α) 및 재생 중 손실비율(β)에 의하여 산출된다.

$$\text{순수예상 불가동 복구량} = \text{예상평균 월간 수요} \times \text{반납률} \times (1-\alpha)(1-\beta)$$

α와 β를 구분하지 않고 전체적으로 폐기율이라 할 경우,

$$\text{순수예상 불가동 복구량} = \text{예상평균 월간 수요} \times (1-\text{폐기율})$$

순수예상평균 월간 수요(NFAMD: Net Forecasted Average Monthly Demand)는 예상평균 월간 수요를 재생보급되는 수량을 제외하고 순수하게 조달하여 보급할 수량을 말한다.

$$\text{순수예상 평균 월간 수요} = \text{예상평균 월간 수요} - \text{순수예상 불가동 복구량}$$

소요 산정 시 복구성 품목의 보급수준 소요는 일반 소모성 품목의 소요를 산출하는 방법과 다르게 다음과 같이 산출해야 한다.

재생주기 소요 = 순수예상 불가동 복구량 × 재생기간
조달 소요시간 소요 = 순수예상 평균 월간 소요 × 조달 소요시간 수준
안전수준 소요 = 예상평균 월간 소요를 이용 산출(고장이나 가변)

(7) 저장목표

저장목표는 현 보급운영을 유지하고 예측할 수 있는 장차의 수요를 충당하기 위하여 보유토록 인가된 보급품을 말하며, 저장하고 있어야 할 현 재고의 최대량이다. 개념적 요소는 소분배 계통의 저장목표와 같으며, 구성요소로 대분배 계통의 저장목표는 조달주기, 안전수준, 계획소요, 전쟁예비 소요, 재생주기 소요의 합으로 구성된다.

저장목표(*SO*) = 조달주기(*PC*) + 안전수준(*SL*) + 계획소요(*PR*)
+ 전쟁예비 소요(*WR*) + 재생주기 소요(*RCR*)

(8) 소요목표

대분배 계통의 소요목표(RO: Requirement Objective)는 소분배 계통의 청구목표와 동일한 개념으로, 현 보급운영을 유지하고 예상되는 수요를 충당하기 위하여 보유하고 있거나 발주 중에 있어야 할 보급품의 수량 또는 보급일수를 말한다. 이는 자산의 최대량으로서 보급운영의 지속과 예상수요에 대비하는 것이며, 경제성에 기여하는 역할을 한다. 대분배 계통의 소요목표는 소분배 계통의 청구소요와는 달리 그 구성요소가 다소 복잡하다. 소요목표 산정방법은 조달원 및 조달형태에 따라 아래와 같이 구분된다.

국내조달, *FMS* 지정 구매(*DOS*), 상업확정 구매 품목,
- 국채기간이 조달 소요기간(*PROLT*)보다 짧은 경우
  소요목표(*RO*) = 조달 소요기간 − 국채기간 + 안전수준(*SL*)
- 국채기간이 조달소요기간보다 길거나 같을 때
  소요목표 = 안전수준
- 국채조달이 없는 경우
  소요목표 = 조달 소요기간 + 안전수준

FMS 총괄구매(*BOS*), 보급지원협정(*CLSSA*) 품목, 상업 한도액 구매 품목,
소요목표 = 발주 및 수송시간(*OST*) + 안전수준

3. 보급관리 분석

보급관리 분석이란 보급시설에서 보급거래나 재고통제가 얼마만큼 잘 이루어지고 있느냐 하는 보급지원 성과에 대한 과거의 실적으로 분석하고 그 원인을 규명하여 대책을 강구함으로써 보다 효과적이고 경제적이며 능률적으로 계획을 수립하고 목표를 달성하기 위하여 시행하는 지원성과에 대한 심사분석을 말한다.[8] 이러한 관점은 보급관리를 지원부대 간 거래 중심으로 보고 그러한 범위에서 분석하고자 하는 내용으로 볼 수 있다. 자원이 희소한 여건에서는 희소한 자원을 어떻게 잘 관리할 것인가에 주목할 수밖에 없다. 그러니 공급 측면의 활동이 주요 분석 대상이 되는 것이 당연한 것이다. 하지만 자원이 풍부해지면서 그 자원 자체의 관리도 중요하지만 점차 그 자원이 가져다주는 효용에 관심이 커지게 된다. 이러한 현상이 우리 군수분야에도 적용된다고 본다. 최근 일련의 군수지원 성과관리에서 주목할 만한 변화가 바로 사용자 중심의 성과지표를 개발하고 적용한 것이다. 따라서 보급관리 분석의 영역을 기존의 공급자 중심, 또는 공급자 간 거래에서 공급자와 사용자 간의 거래까지 포함해야 할 것으로 본다. 이러한 맥락에서 보급지원능력분석과 보급지원성과 분석으로 구분하여 알아보기로 한다.

가. 보급지원능력 분석

보급지원능력 분석이란 군수지원부대가 피지원부대, 즉 사용부대의 요구에 대응하여 지원할 수 있는 능력에 대한 분석이다. 여기에는 요구되는 군수품과 그 소요량을 충분히 갖고 있는가, 한정된 예산의 범위내에서 얼마나 효율적으로 관리하는가, 중단 없이 보급지원은 가능한가 등에 대한 분석이 있다.

보급지원능력 분석에서는 기본적으로 대분배 계통과 소분배 계통의 분석을 모두 해야 하는데 현행 보급지원능력 분석에서는 주로 소분배 계통의 분석 위주로 수행하고 있다고 본다.

1) 인가저장 품목 비율

인가저장 품목 비율은 전체 취급하는 보급품 중에서 인가저장 품목으로 지정된 품목의 비율을 말한다. 여기서 군수품의 품목수를 분석하는 것이지, 수량을 분석하는 것이 아니라는 점을

8) 김호용·박성희(2013), 『물자보급학』, 노드미디어, p. 290.

주목해야 한다. 수식으로 표현하면 아래와 같다.

$$\text{인가저장 품목}(ASL)\text{ 비율} = \frac{\text{인가저장 품목의 수}}{\text{총 취급품목의 수}} \times 100$$

앞에서 인가저장 품목을 선정하는 이유와 수식 그리고 구성요소를 알아보았는데, 그러한 정의에 따르면 인가저장 품목의 비율은 전체 군수품 중 약 15%가 되어야 정상이다. 그런데 인가저장 품목의 비율이 전체 군수품에서 차지하는 비율이 높아지면 두 가지 해석이 가능하다. 하나는 보급지원부대가 다양한 품목을 저장하고 있다고 볼 수 있다. 저장능력이 확대됨에 따라 사용부대의 다양한 요구에 대응할 수 있다. 그렇지만, 보급지원부대는 저장관리를 위해서 더 많은 비용과 인력을 투입할 가능성이 높아진다. 다른 해석은 인가저장 품목의 비율이 낮으면, 정의에 따르면, 취급해야 할 보급품의 수량이 줄어들게 되어 경제성이 높아진다고 볼 수 있으나, 보급품 지원의 적시성이 저하될 우려가 있다. 인가저장 품목의 비율은 이러한 경제성과 보급지원의 적시성이 동시에 보장될 수 있도록 관리해야 한다.

인가저장 품목의 변동률을 산정하여 수명주기 관리를 위한 분석을 할 수도 있다. 인가저장 품목의 변동률이 크게 나타나면 새로운 수리부속에 대한 수요가 증가한 것이다. 신규 수리부속의 수요가 증가한다는 것은 일반적으로 현재 사용하는 장비가 안정화 단계를 벗어나서 노후화가 진행되고 있다고 볼 수 있다. 반대로 인가저장 품목의 변동률이 거의 없다면 비교적 안정화 단계에서 장비가 운영되고 있다는 것으로 볼 근거가 되기도 한다. 한 측면에서의 분석이 모든 것을 다 설명할 수는 없으나 일부 징후를 나타내는 근거로는 의미가 있다.

2) 수요 융통률

수요 융통률은 총 유효수요 청구건수에 대한 인가저장 품목 유효수요의 청구건수를 백분율로 나타낸 것이다. 즉 ASL이 총수요를 어느 정도 충족시키느냐 하는 효과를 측정하는 것이다.

$$\text{수요 융통률} = \frac{ASL\text{ 유효수요 청구 건수}}{\text{총 유효수요 청구 건수}} \times 100$$

여기서 유효수요 청구건수란 보급 및 청구행위가 정상적으로 이루어져 불출되었거나 또는 불출예정으로 설정되어 통제기간 내에 해소된 수요 청구건수를 포함한다. 그러나 ASL 항목 중에서도 특정 부대에 대한 계획지원, 사업지원의 경우에는 제외된다. 수요 융통률 목표비율은 정의에 따르면 사단급 이상 제대에서 85%를 유지해야 하지만 일종의 용인할 수 있는 수준으로 관리수준을 설정하고 70~85%를 유지하고 있다.[9]

수요 융통률이 높다는 것은 피지원부대의 청구를 잘 예측하였음을 의미한다. 인가저장 품목비율은 총 저장품목의 수 중에서 인가저장 품목의 수를 검토한 것이고, 수요 융통률은 유효한 청구건수 중에서 인가저장 품목에 대한 청구건수가 차지하는 비율을 분석한 것이다. 따라서 인가저장 품목 선정의 정확도를 분석하는 것이다. 수요 융통률이 85% 이상이라는 의미는 인가저장 품목의 선정이 과다했거나, 적정한 수준보다 많은 예산을 투자했다는 분석도 가능하다. 반대로 수요 융통률이 목표보다 낮을 경우에는 인가지장 품목을 과소하게 산정했거나 예산이 적게 할당되었다고 볼 수도 있다. 나타난 현상에 대한 다각적 분석이 가능하다.

3) 재고 고갈률

재고 고갈률은 인가저장 품목수에 대한 재고 고갈 품목수의 비율을 말한다. 반대로 인가저장 품목에 대한 재고보유 품목수를 인가저장 품목 보유비율이라고 하며 재고 고갈률과 인가저장 품목 보유비율을 합하여 100%가 된다. 재고 고갈률은 인가저장 품목 보유비율과 상대적 관계가 있다는 점을 이해해야 한다. 재고 고갈률의 정의상 목표는 '0'이지만, 현실적인 관리수준은 10~15%를 적용한다.

일일 재고 고갈률은 재고 고갈된 인가저장 품목의 항목수를 총 인가저장 품목 수로 나눈 백분율이다. 재고 고갈률은 평가기간을 망라한 일일 재고 고갈률의 평균치를 말한다. 재고 고갈률은 일정 시점을 기준으로 하여 측정하며 재고관리의 충실도를 나타낼 뿐 아니라 재고 고갈로 인한 보급지원 부실 또는 보급지원의 충실도를 나타낸다.

$$\text{재고 고갈률} = \text{기간 중 일일 재고 고갈률의 평균}$$

$$\text{일일재고 고갈률} = \frac{\text{재고 고갈된 인가저장 품목수}}{\text{총 인가저장 품목수}} \times 100$$

재고가 고갈되면 청구가 있어도 보급품을 불출하지 못한다. 재고 고갈이 발생하는 원인은 다

9) 상게서, p. 297.

양하다. 보급추진 계통이 복잡하고 많을수록 그 원인이 많아져서 분석이 복잡해지고 여러 가지 원인이 확인된다.

소요예측의 문제를 우선 꼽을 수 있다. 소요예측은 품목의 정확도와 수량의 정확도로 나눌 수 있는데, 이러한 정확도가 낮을 경우에 재고 고갈까지 영향을 미치게 된다. 다른 하나는 예산을 확보하지 못한 경우이다. 소요예측에 따라서 품목과 소요량이 반영되었지만 예산이 편성되지 못하면 조달할 수 없고 보급조치를 할 수 없다.

조달단계에서 단종, 조달원 미확보, 또는 단가 저항 등으로 조달하지 못하거나 조달하더라도 요구되는 수준의 수량을 확보하지 못하는 경우도 있다. 운영단계에서는 수요의 급격한 증가로 일시적인 재고 고갈이 발생하는 경우도 있는데, 이는 안보상 불안요인 등으로 대기상태를 지속적으로 유지한다거나 훈련량이 많아질 때 발생하기 십상이다.

4) 인가저장 품목 변동률[10)]

인가저장 품목 변동률이란 연간 인가저장 품목의 변동비율이 어느 정도인가를 평가하여 수요의 안정대책을 강구할 목적으로 산정한다. 인가저장 품목 변동률이 클수록 품목별 수요가 불안정하다는 것을 의미한다. 변동률이 적을수록 품목별 수요변동이 적다는 것을 의미하고 수요가 안정적이며 보급관리가 원활하다고 평가할 수 있다.

인가저장 품목 변동률 산정식은 해당 시설부대에서 인가저장 품목이 추가되었거나 삭제된 것을 합하여 현 운용 인가저장 품목수로 나눈 것이다.

$$\text{인가저장 품목 변동률(년)} = \frac{\text{인가저장 품목 추가수} + \text{인가저장 품목 삭제수}}{\text{현재 인가저장 품목 수}} \times 100$$

인가저장 품목 변동률의 목표수준은 사단급 부대 이상에서 5~15%이며, 관리수준은 10~20%이다.

5) 보급 지속일수[11)]

현재 보유한 군수품 재고로 보급지원을 중단 없이 계속할 수 있는 보급 지속일수를 말한다.

10) 상게서, p. 304.
11) 상게서, p. 305.

품목별·기능별로 지속일수를 산출하는 경우에는 품류별 지속일수를 평균하여야 한다. 보급 지속일수 산정공식은 해당 지원부대의 일일 평균수요량으로 보유재고를 나눈 것이다.

$$\text{보급 지속일수(일)} = \frac{\text{보유 재고량}}{\text{일일 평균수요}}$$

보급 지속일수의 목표일수는 저장목표 또는 작전계획상 요구일수이며, 부족 시에는 적정재고 확보대책을 강구하여 작전계획에 차질이 없도록 해야 한다.

나. 보급지원 성과 분석

보급지원 성과 분석은 앞에서 우리가 수행한 보급지원능력 분석을 통해서 군수지원부대를 중심으로 그 능력을 평가하여 요구되는 수준과 비교한 것이다. 이때에 군수지원을 할 수 있는 능력을 어느 정도 갖추고 있느냐 하는 효과성 측면과, 한정된 예산에서 얼마만큼 경제적으로 준비하고 운영하는가 하는 효율성 측면에서 아울러 살펴보았다. 여기서는 이러한 능력을 갖춘 군수지원부대가 궁극적으로 사용부대의 전투력 발휘에 어느 정도 기여하는가에 초점을 두고 분석한다. 군수지원 활동이 궁극적으로 지향하는 바를 측정하는 이러한 추세는 최근의 큰 변화이며 이를 사용자 중심의 성과관리라고도 한다.

군수지원 성과관리 훈령(국방부훈령 제2047호, 2017.6.28.)에 따르면 군수지원의 효율성을 제고하고 전투준비태세 향상을 목적으로 성과관리지표와 정책관리지표를 설정하여 관리한다.

〈표 11-5〉 군수지원 성과관리지표와 정책관리지표 12)

성과관리지표	정책관리지표
장비 가동률, 사용자 대기기간, 정비기간, 조달기간, 청구대기기간, 정시 도착률	급식·피복·일반물자 만족도, 수요예측 정확도, 적기 조달률, 조달단가상승률, 직불률, 재고관리지표

이들 지표들 중에서 군수지원부대의 성과를 측정하고 평가하는 대표지표로 사용자 대기기간과 장비 가동률에 대해서 알아보자.

12) 「군수지원 성과관리 훈령」(국방부훈령 제2047호, 2017.6.28.) 제2조.

1) 사용자 대기기간

사용자 대기기간(CWT: Customer Waiting Time)은 사용자가 체감하는 지표로서 재고 및 저장관리, 수송 및 배송, 정보화 및 군수행정 등 공급 간의 모든 구성요소들의 성과가 망라된 결과라 할 수 있다. 특히, 수리부속의 경우에는 무기체계 정비에 필요한 부품을 보급부대로 청구하고 이를 수령하여 정비한다. 따라서 사용자 대기기간은 정비시간과 가동률에 직접적인 영향을 미친다. 이를 수식으로 표현하면 아래와 같다.

$$\text{가동률(가용도)} = \frac{\text{고장 간 평균 운용시간}}{\text{평균 정비시간} + CWT + \text{고장 간 평균 운용시간}} \times 100$$

사용자 대기기간(CWT)은 최종 사용부대, 즉 편성부대가 군수품을 청구하여 청구량 전량인 100%를 수령할 때까지의 경과되는 기간으로 산정식은 아래와 같다.

$$\text{사용자 대기기간} = \sum_{i=1}^{n}(i\text{차 수입기간})\left[\frac{i\text{차 수입량}}{\text{청구량}}\right],\ \text{청구량} = \sum_{i=1}^{n}(i\text{차 수입량})$$

국방부 훈령을 통해서 제시한 사용자 대기기간의 목표수준은 아래와 같다.

〈표 11-6〉 사용자 대기기간 목표수준13)

종 구분	재고 여부	목표수준
1·2·3·4·8종	재고 보유	10일
	재고 미보유	20일 * 2종 FMS 50일
9종	재고 보유	10일
	재고 미보유	내자 240일, FMS 180일, BOA 210일, 상업 300일

2) 장비 가동률

보급관리에 있어서 장비 가동률은 수리부속 보급과 관련된 결과지표라 볼 수 있다. 성과측

13) 「군수지원 성과관리 훈령」(국방부훈령 제2047호, 2017.6.28.) 별표 5.

정을 위한 지표를 투입, 경과 및 결과지표로 구분한다면, 장비 가동률은 결과지표의 일종으로 볼 수 있는 것이다. 따라서 보급관리에 있어서도 장비 가동률을 분석하는 것이 의미가 있다고 하겠다.

장비 가동률은 편제장비 가동률과 보유장비 가동률로 구분한다. 편제장비 가동률은 편제표에 반영된 장비의 수량 중 가동장비가 차지하는 비율로, 편제표에 반영된 장비의 수량 중 부족장비와 불가동 장비의 수량을 제외한 비율을 말한다. 보유장비 가동률은 부대가 보유한 장비 중 가동장비가 차지하는 비율을 말한다. 가동장비는 즉각 전투임무 수행이 가능한 상태의 장비를 말한다.

$$\text{편제장비 가동률} = \frac{\text{가동장비수}}{\text{편제장비수}} \times 100$$

$$\text{보유장비 가동률} = \frac{\text{가동장비수}}{\text{보유장비수}} \times 100$$

* 가동장비수 = 보유장비수 − 불가동 장비수

여기서 보유장비수는 정비부대의 M/F 장비, 창 정비 중인 장비를 포함한 보유장비수를 의미한다. 가동장비수는 불가동 및 정비 중인 장비를 제외한 장비수를 의미한다. 정비 중인 장비의 가동 및 불가동 판단기준은 아래 표와 같다. 산정 시점은 매월 및 분기를 기준으로 적용한다.

〈표 11-7〉 정비 중 장비의 가동장비 판단기준14)

구 분	지상장비	함 정	항공기
가 동	- 일일점검 - 계획예방 정비 주간, 월간, 분기, 반년, 연간 정비 등	- 일일점검 - 출동 전·후 점검	- 임무수행 전·후 점검
불가동	- 주요 핵심부품 교환 대기 - 주요 부품 고장으로 사단급 이상 정비부대 입고 및 입고 대기 - 군지사급 이상부대 계획정비 입고 - 창 정비를 위한 후송대기 장비	- 주요 핵심부품 교환 대기 - 주요 부품 및 탑재장비 고장으로 2계단 이상 정비부대 입고 및 입고 대기 - 2계단 정비부대 이상 계획정비 입고	- 야전 및 창 계획정비 - 비계획정비 - 부품 대기 - 기술 지시 - 시험 비행 대기 "작전 불가능 기준 적용"
	- 다만, 48시간 이내에 정비가 완료되어 작전임무 투입이 가능한 장비는 가동으로 판단하며, 육군 지상장비, 공군 방공무기는 창 정비 완료 후 적송대기 장비를 가동으로 판단		

14) 최수동·우제웅·선미선(2008), "사용자 중심의 군수지원 성과분석 및 평가", 한국국방연구원, p. 110.

제 12 장
장비 및 정비관리

1. 장비관리

정비지원의 대상물은 장비이다. 따라서 정비지원에 대해서 설명하기에 앞서 장비에 대해서 알아보아야 한다. 장비란 구조적으로는 부분품, 결합체, 구성품 등으로 구성된 전차, 차량 등으로, 엔진 또는 전기 등으로 동력원이 공급되어 주요기능을 독립적으로 수행하며 수명주기기간 동안 동일성을 유지할 수 있는 완제품을 의미한다.

장비관리란 장비가 보급되어 폐처리될 때까지의 수명주기기간 동안 장비를 효율적으로 관리하여 최상의 상태를 유지하는 것이다. 관리의 영역을 보급 이후로 한정하면서 책임과 역할의 범위도 보급 이후로 한정된다는 점을 인식할 수 있다.

가. 장비등록과 분류

장비는 보급되면 지원시설부대에 등록하여야 하며 국방장비 목록 관리체계와 개별 장비별로 장비종합 이력부를 유지 및 관리하여야 한다. 등록할 때는 혼성장비의 보조장비는 따로 등록하지 아니하고 주 장비에 일괄 등록하며 보조장비가 독립장비로서 운영되는 장비는 국방장비 목록 관리체계에 등록 및 관리한다.

장비는 장비 전투준비태세 평가와 보충·도태계획 등을 수립하기 위하여 사용연한과 결함정도에 따라 다음 표와 같이 분류한다.

〈표 12-1〉 장비의 분류[1)]

구 분	내 용
신품(A)	주 장비, 보조장비 및 부수장비가 완전가동 상태를 유지하는 장비
중고품(B)	주 장비는 정상가동 상태를 유지하고 있으나 보조장비와 부수장비 중 일부가 불가동 상태에 있는 장비로 비상임무 수행에는 제한받지 않는 장비
요정비품(C)	주 장비가 불가동 상태인 장비로 경제적 수리한계를 초과하지 않는 상태의 정비대기 장비와 순환장비 및 부대정비 중인 장비, 가동은 되나 임무수행이 불가능한 장비
폐품(D)	경제적 수리한계를 초과한 장비로서 폐처리 및 도태대기 장비와 본래의 사용목적대로 사용할 수 없는 상태의 장비

이 밖에도 장비를 기능별로 구분할 때는 화력장비, 기동장비, 특수무기, 통신장비, 항공 및 일반장비로 구분할 수 있다. 관리방법에 의해 구분할 때는 이를 전비품과 통상품으로 구분한다. 전비품은 전쟁의 억제 및 수행에 직접적으로 사용되는 군수품으로서 군사기밀에 속하는 군수품, 군사시설 보호구역에 보관되거나 배치된 군수품, 전투장비 및 전투지원장비와 이들을 운용하는 데에 필요한 보조장비, 수리부속품 및 탄약류를 말한다. 통상품이란 군수품으로서 전비품 이외의 것을 말한다.[2)] 전비품은 전투 및 전투지원장비를 포함한다. 전투장비는 개인화기, 공용화기, 화포, 전차, 사격통제 장비, 장갑차, 토우차, 무선통신 장비, 화생방 장비 등으로 구분한다. 전투지원장비는 트럭, 견인차, 구난차, 통신가설차, 전화기, 도하장비, 전투장비의 검사 시험 장비 등이다. 통상품은 이 외의 승용차, 버스, 트레일러, 청소차, 인쇄기 등 전비품으로 사용하지 않는 상용품이다.

나. 치장, 비축 및 사용통제 장비

1) 장비 분류

한편, 전시편제를 위하여 확보한 장비 중 평시에는 사용하지 않고 일정한 장소에 저장·관리하고 있는 장비는 치장장비라고 한다. 모든 장비는 치장장비로 선정 가능한데, 증·창설되는 부대의 장비를 주로 선정한다. 치장장비의 소요량은 증·창설 소요로서 전시편제량에서 평시 편제량을 제외한 수량이 된다.

1) 「국방전력발전업무훈령」(국방부훈령 제2114호, 2017.12.29.) 제199조(장비관리지침).
2) 「군수품관리법 시행령」(대통령령 제26044호, 2015.1.12.) 제1조의 2(군수품의 구분).

비축장비는 편제소요는 없으나 전시에 즉각적인 재보급을 위해 평시부터 확보·저장·관리하고 있는 장비이다. 모든 장비는 비축장비로 선정 가능한데, 전시 즉각적인 재보급이 필요한 장비를 우선 선정한다. 소요량은 전시 대비 확보계획에 의거하여 별도로 산정하는데 현재 확보한 비축장비 보유량이 소요량이 된다. 인계부대에서는 부대 및 야전 정비 후 '사용가' 상태에서 기술검사를 하고, 부수기재를 포함하여 세트화 하여 인계하며 부족량은 손망실 처리 후 청구하여 확보한다.[3]

한편, 사용통제 장비는 평시 편제량 중에서 평시 작전운용, 교육훈련, 행정 등으로 부대에서 사용하는 수량을 제외한 수량이다. 부대 임무와 장비관리 능력, 경제성을 고려하여 사용하지 않고 저장해둘 필요가 있는 장비 중에서 선정한다.[4]

2) 장비관리 기준

치장, 비축 및 사용통제 장비는 사용 가능한 상태로 관리 및 유지하며, 소형장비는 최대한 옥내 저장한다. 옥외 치장장비는 저장시설을 확보하여 수해 및 강설 등 자연재해로부터 보호하며, 예방정비계획에 의거하여 주기적으로 시동을 켜고 정비한다.

부대별·유형별 저장관리 기준은 아래 표와 같다.

〈표 12-2〉 유형별 저장관리 기준

구분	치 장			사용통제
	진공포장	비포장	순환치장	
기준	전시편제 - 평시편제			정수 운용량 중 평시 사용량
향토사단 동원사단	개인화기 방독면	동원훈련용 개인화기	공용화기 화 포	기동장비 화학장비 통신장비
상비사단	-	개인화기 방독면	-	

3) 「장비관리규정」(육군규정 471, 2018.2.12.) 제23-24, 25조.
4) 「장비관리규정」(육군규정 471, 2018.2.12.) 제8조.

다. 장비 불용결정 및 폐처리

노후장비란 수명 초과 장비 중 기술검사 결과를 반영하여 불용 결정한 장비 또는 경제적 수리한계를 초과하거나 대결함 발생으로 수리가 불가능한 장비를 말한다. 여기서 도태란 장비의 수명이 종료되어 사용이 불가하거나 사용 가능할지라도 특정 계획에 의거하여 원래의 목적에 사용할 수 없는 장비상태의 판정을 말한다. 경제적 수리한계는 정비 또는 재생에 소요되는 비용과 정비 또는 재생 후 활용가치를 비교하여 정비 또는 재생비용이 어떤 한계 금액을 초과하면 비경제적이라고 판단하는 한계점을 말하며 경제적 수리한계 비율은 정비 후 잔여수명 또는 재생장비 평균수명을 신품장비 평균 수명으로 나눈 값을 말한다. 불용결정이란 사용의 필요성이 없는 군수품 즉, 불요품이나 잉여품 또는 예측할 수 있는 장래의 수요를 초과하는 재고가 있는 군수품인 초과품 중 관리전환에 의하여 적절히 처분할 수 없거나 정비의 가치가 없는 군수품이 있을 때 그 군수품에 대하여 불요품(잉여품), 초과품 또는 사용 불능품 등을 결정하는 것을 말한다.5)

장비 불용결정계획은 장비의 기술검사 결과와 수명을 기준하여 작성한다. 노후장비 불용결정의 기준은 다음과 같다.

- 무기체계의 불용결정계획은 연간 및 중기 장비도태계획을 근거로 반영하며, 합참 통제장비는 합참 장비도태 심의운영위원회 심의결과를 최종 반영한다.
- 계획기간 중의 보충소요 판단은 장비별 전투준비태세 수준을 고려하여 보유목표 수준을 설정하며, 획득 우선순위에 따라 도태 계획량을 보충소요로 판단한다.
- 합참 장비 도태 심의대상 장비 및 특별관리 장비로 규정된 장비에 대하여는 불용결정계획과 보충계획이 연계되도록 하여야 한다.
- 노후장비의 불용결정계획은 F년, F+1년 소요는 경제적 수리한계 초과장비와 수명초과 장비 중 기술검사 결과를 반영하고, F+2년~F+6년은 수명을 기준으로 수립하여 보충소요를 국방중기계획 관련 사업에 반영한다.
- 비편제 장비는 특수소요나 향후 소요를 제외한 초과량에 대해서는 불용결정계획에 반영 후 처리한다.
- 주 장비와 보조장비로 구성되는 혼성장비의 불용결정계획은 분리해서 작성한다. 다만, 주 장비에서 분리 불가능한 보조장비는 주 장비 처리에 준한다.

불용장비는 군 표준장비와 상용장비를 구분하여 처리한다. 군 표준장비는 비군사화 조치 후

5) 「장비관리규정」(육군규정 471, 2018.2.12.) 제2조.

처리하고 상용장비는 중고가격으로 매각하거나 부품 활용조건으로 원형 매각한다. 살상무기류와 보안유지가 필요한 불용품은 비군사화해야 한다. 비군사화 대상에서 제외된 불용품 중 사용불능품의 처리에 있어 차량, 건설중기 등 등록관청의 등록을 요건으로 하는 장비의 경우는 그 외형에 관하여 민간 재사용 방지대책을 강구한다. 불용품 중 사용 가능품목인 불용품과 초과품은 원형처리 할 수 있다.[6]

2. 정비관리

정비(Maintenance)는 장비나 물자를 사용자가 원하는 기능을 수행할 수 있도록 항상 사용가능한 상태로 유지하거나, 사용 불가능하거나 제 기능 발휘를 하지 못하는 장비 및 물자를 원래의 기능을 발휘하도록 수리하거나, 또는 군의 임무수행에 필요한 최소한의 상태로 복구하는 모든 행위를 말한다.[7]

가. 정비의 개념

정비의 본질은 장비별로 정해진 기준 수명을 연장하려는 적극적인 활동이 아니라 다만 기준 수명이 단축되지 않도록 효율적으로 관리 유지하는 것이다. 따라서 정비행위에는 장비를 사용가능한 상태로 유지하는 데 필요한 검사, 시험, 근무, 조정, 정열(Alignment), 측정, 제거 및 설치, 교환, 수리, 분해검사, 재생 등이 포함된다.

수리라 함은 파손되었거나 기타 이유로 사용 불가능한 수리부속품(부분품, 결합체, 구성품)을 검사, 분해, 손질, 용접, 조정, 교환 등을 함으로서 사용 가능한 상태로 복구시키는 것을 말한다. 그러므로 정비와 수리는 차이가 있다. 정비의 대상은 장비 및 물자인 데 반하여 수리의 대상은 수리부속품이며, 상태 면에서 정비는 장비 및 물자를 사용 가능한 상태로 유지하거나 사용불가능한 것을 사용 가능하게 하는 것이며, 수리는 사용 불가능한 것을 사용 가능한 상태로 복구시키는 행위이다.[8]

효율적인 정비활동을 통해서는 군수품의 기준 수명을 유지하고, 군수품에 대한 신뢰도를 향

6) 「장비관리규정」(육군규정 471, 2018.2.12.) 제35, 42-43, 43조의 2.
7) 장기덕(2012), 『군수관리의 이론과 실제』, KIDA Press, p. 349.
8) 김문조·김백현·전종순(2011), 『무기체계획득 & 종합군수지원(ILS)』, 양서각, p. 239.

상시키며, 정비소요를 억제하여 전투지속 능력의 발휘를 보장할 수 있다. 반면에 정비활동이 비효율적인 경우에는, 불가동 상태가 빈번히 발생하고, 정비 대기기간이 장기화되며, 군수품의 성능 발휘가 제한되어 결과적으로 전투력이 약화된다고 본다.

1) 정비의 구성요소

정비활동을 구성하는 5대 요소는 정비요원, 정비기술의 확보 및 유지, 정비용 장비 및 공구, 수리부속 그리고 정비시설 등이다.

정비활동을 위해서는 우선, 전·평시에 소요되는 정비인력을 확보해야 한다. 인력의 확보를 위해서 정비부대별 편제표에 정비요원을 편성하고 보직 및 운영하여야 한다. 업무를 수행할 정비요원들에게는 병과 및 주특기 등이 부여된다. 수행업무의 난이도가 높은 기술직위에는 준사관 또는 군무원이 임무를 수행할 수 있으며, 장교 및 부사관 등도 직책을 수행한다.

정비요원은 정비활동의 주체로서 정비기술을 구비할 수 있도록 주기적이며 단계적인 교육과 훈련이 제공되어야 한다. 이러한 교육과 훈련, 직무경험을 토대로 주특기 능력이 확보되어야 한다. 신규 무기체계를 전력화시킬 때에는 종합군수지원 업무의 일환으로 사전에 요구되는 새로운 정비기술 교육이 시행되어야 한다.

또한 적정한 정비용 장비와 공구를 확보해야 한다. 신규 무기체계 개발 시 종합군수지원 요소 개발에 포함하여 필요한 시험 및 진단 장비·정비용 공구를 신규로 확보하거나 기존의 장비 또는 공구를 적용할 수 있도록 규격 등에 반영해야 한다.

장비별 특성에 따라 부대정비, 야전정비부대·야전보급부대·정비창·보급창에 적정수준의 수리부속 인가량을 설정하여 운용할 수 있다. 또한 정비계단별 규정 휴대량품목, 인가저장 품목 설정 시 기술자료 유무를 확인하여 기술자료 보유 품목에 한하여 인가량을 설정한다. 전투 긴요 수리부속은 전시에 대비하여 수리부속품의 긴요도 및 전시 예상소요를 고려하여 보급수준 이외의 적정 수준량을 확보할 수 있다. 신규 무기체계 획득 시 동시조달 수리부속(CSP)은 종합군수 지원계획에 포함하여 획득한다.

종합군수 지원업무 수행 시 정비활동에 필요한 정비시설을 정비업무 수행 전까지 확보하여야 한다. 장비의 기능별 정비 규모·정비용 장비 및 공구·수리부속·폐기물처리 등을 고려하여 정비 여건이 조성된 통합 정비시설로 발전시켜야 한다.[9]

9) 「국방전력발전업무훈령」(국방부훈령 제2114호, 2017.12.29.) 제209(정비인력 확보)-213조(정비시설)

2) 정비 구분

정비는 수행기관, 지원형태, 기술수준, 수행방법 등을 기준으로 다양하게 구분할 수 있다. 이와 같은 구분을 통해서 각급 부대 및 기관별로 담당해야 할 정비의 범위와 책임 한계를 명확히 할 수 있다.

〈표 12-3〉 정비의 구분

구 분	정비의 분류
수행기관	군직정비, 외주정비, 해외정비, 3군 상호정비, 군외정비
지원형태	직접지원 정비, 일반지원 정비, 보강정비
기술수준	1계단 정비, 2계단 정비, 3계단 정비, 4계단 정비, 5계단 정비
수행방법	입고정비, 이동정비, 현장정비

정비를 구분할 때에 부대의 기본임무, 기동력의 구비 정도, 요망되는 인적·물적·기술적 자원의 가용도 등을 기준으로 적용할 수 있다.

(1) 군직정비

군직정비는 군이 보유하고 있는 정비능력을 활용하여 군이 보유한 장비 및 수리부속품을 직접 정비하는 것을 말한다. 군직정비는 정비수준에 따라 부대정비(1·2계단), 야전정비(3·4계단), 창 정비(5계단)로 분류한다.

부대정비는 1계단 정비 사용자 정비와 2계단 정비 부대정비병 정비로 구분할 수 있다. 장비를 운영하는 부대에서 지휘관 책임하에 장비 사용자 및 부대 정비인력이 정비하는데, 군 정비체계의 시발점이며 가장 기본적인 정비활동이다. 따라서 최소의 정비비용으로 최대의 효과달성을 목표로 한다.

사용자 정비는 장비의 운전자 또는 사용자가 직접 정비하는 방법이다. 장비의 결함을 조기에 발견하고 일일, 주간정비 등 주로 예방정비의 개념을 적용한다고 본다. 이때 행위들은 주로 점검표에 의한 점검, 손질, 주유, 사소한 수리 등이다.

부대정비병 정비는 편제표에 인가된 공구와 수리부속품을 사용하여 교육받은 기술병이 수행하는 정비로서 1계단 정비수준을 초과하는 정비작업을 위해 시행되며 월간, 분기 및 반년정비로 구분한다. 정비시기 결정은 운행거리 또는 운용시간을 계산하여 결정하며 부대정비 범위는 해당 장비의 기술교범 등을 기준으로 적용한다.

예방정비란 장비를 항상 사용 가능한 상태로 유지하고 결함을 조기에 발견하여 이를 시정하기 위해 장비사용부대에서 적용하는 정비활동이다. 결함의 조기 발견에 따라 고장의 확대를 방지하고 수리부속 등의 소요를 감소시키며, 상급 정비시설로 후송 및 입고를 감소시킬 수 있는 등 경제적 정비활동이다. 예방정비 활동은 아래 표와 같이 수시정비와 계획정비로 나눌 수 있고 이를 각각 사용자 정비와 부대정비병 정비로 다시 구분할 수 있다.

〈표 12-4〉 예방정비의 구분[10]

<table>
<tr><th colspan="2">구 분</th><th>정비시기</th><th>정비주체</th><th>정비계단</th></tr>
<tr><td rowspan="6">예방정비</td><td>수시정비</td><td>일일정비</td><td>장비운용병</td><td rowspan="2">사용자 정비</td></tr>
<tr><td rowspan="5">계획정비</td><td>주간정비</td><td>부대정비병의 협조를 받아
장비운용병이 정비</td></tr>
<tr><td>월간정비</td><td rowspan="4">부대정비병</td><td rowspan="4">부대정비병 정비</td></tr>
<tr><td>분기정비</td></tr>
<tr><td>반년정비</td></tr>
<tr><td>연간정비</td></tr>
</table>

야전정비는 3·4계단 정비업무를 수행하는 사(여)단의 정비부대와 군지사의 직접지원 정비대대 등 야전정비부대에 의해 수행하는 정비이며, 사용 불가능한 장비 및 수리부속품의 수리, 결합체 교환, 지시된 수정작업, 제한된 분해수리 등을 행한다. 직접지원 정비부대에 의한 3계단 정비는 특별히 기술교육을 받은 전문 정비요원에 의하여 수행되는 정비작업으로서 결합체 및 구성품의 교환 작업 위주로 시행된다. 사용부대의 능력이 제한되어 필요한 정비를 수행하지 못할 때는 하급계단 정비를 지원하며 필요시 근접정비를 제공한다. 야전정비지원은 입고정비, 이동정비, 근접정비, 직접교환반 운영, 기술지원 및 지역 구난 등에 의하여 수행된다.

일반지원 정비는 4계단 정비라고도 하며 군지사의 일반지원 정비대대에서 수행하는 보다 정밀한 정비로서 직접지원 정비부대에 대한 정비지원 또는 야전군 재고로 반환하기 위하여 결합체 및 구성품을 수리한다.

창 정비(5계단)는 군수사의 종합정비창에서 수행하는 정비로서 고도의 전문기술 요원과 정비시설, 정비장비 및 공구, 수리부속 등을 활용하여 순환정비, 5계단 정비, 재생 및 생산 작업을 수행한다. 또한 경제적 수리한계 초과장비에 대한 폐 판정 업무를 수행한다.[11]

10) 육군종합군수학교(2017), 『정비관리』, p. 42.
11) 김문조·김백현·전종순(2011), 전게서, pp. 243-244.

(2) 군직정비 이외의 정비

군에서 정비할 수 없을 때 민간업체에 의뢰하여 정비하는 것을 외주정비라고 한다. 군에서 정비할 수 있는 품목이라 하더라도 군의 정비능력, 경제성, 품질 면, 기타 여건에 따라 민간업체에 의한 외주정비를 적용할 수 있다.

희소 및 비표준 장비로서 군 정비가 불가능하거나 비경제적인 장비 및 주요 결합체를 야전에서 직접 민간업체에 의뢰하여 외주 수리하고, 정비창에 후송된 품목 중 군 정비능력이 없는 품목을 민간업체에 의뢰하여 외주 재생으로 처리한다.

국내정비가 불가한 장비 및 수리부속품에 대해 국외의 생산 또는 정비업체가 실시하는 정비를 국외정비라고 한다. 3군 상호정비는 주 소요군의 기존 정비시설을 이용하여 타군의 장비에 대해 정비지원을 제공하는 것을 말한다. 지상 공통장비는 육군이 해·공군에 대한 야전 및 창 정비 지원을 담당하고 통신 특수장비 및 정밀측정 장비 등은 공군에서 담당하며, 함정은 해군에서 정비지원을 담당한다.

그 밖에 정부 및 타 기관에서 보유한 장비 중 정비능력이 없는 경우에 군에서 정비를 지원하는데 이를 군외정비라고 한다.[12)]

3) 장비정비의 원칙

장비를 보유한 각 군 및 해병대·기관은 장비를 수명기간 동안 최소의 비용으로 적기에 정비하여 항상 전투임무 수행이 가능하도록 최상의 가동상태를 유지하여야 한다.

이를 위한 정비원칙은 아래와 같다.

- 정비는 예방정비 개념에 의해 사용자 정비를 우선 실시한다.
- 정비능력 초과 시에는 상급 정비부대에서 지원한다.
- 각급 제대는 허용된 정비수준 범위 내에서 신뢰성 보장과 경제적인 정비를 수행한다.
- 정비가 필요한 장비는 최단시간 내에 정비를 실시한다.
- 전·평시 신속한 정비지원이 가능토록 정비지원체제 및 능력을 구비한다.
- 정비계단을 초과하는 정비 실시는 금지한다.
- 동류전용은 불가동 장비에서 사용 가능한 수리부속품을 빼내어 고장 난 다른 장비의 기능 발휘가 가능하도록 수리·복구하는 행위를 말하며, 원칙적으로 금지한다. 다만, 유사시에 신속한 정비 복구가 요망되거나 평시에 수리부속이 긴급히 필요할 경우 또는 수리부속의 장기 고갈로 보

12) 상게서, p. 242.

급 전망이 불투명할 경우에 한해 제3항에 따라 허용할 수 있다.[13)]

육군의 장비정비규정을 통해서 ③항의 원칙을 다음과 같이 적용하도록 구체적으로 적시하고 있다. 정비작업 전에 정확한 검사를 통해 반드시 필요한 부분만을 정비하는 아이론 정비(IROAN: Inspect & Repair Only As Necessary)를 실시해야 한다. 이를 통해서 불필요한 정비행위로 인한 고장 부위의 확대와 추가적인 고장 발생을 방지할 수 있으며 또한 정비비용을 절감할 수 있다.[14)]

나. 고장률의 변화 유형

재래적인 대부분 장비들은 주로 기계식이었으며 개별적으로 운용되고 고장 횟수도 장비의 사용연수가 많아짐에 따라 증가하는 형태를 보여주었기 때문에 주기정비 같은 정비활동이 주로 적용되었다. 그런데 최근의 장비들은 고장의 유형이 과거와는 달리 다양한 형태를 보여주고 있으며 특히, 시간과 무관한 고장유형을 보여주는 장비가 증가하고 있다. 다음 그림은 고장률 변화 유형이다.

장기덕(2012)은 John Moubray(1997) 등의 주장을 인용하면서 고장률의 변화유형을 분석하면서 시간의 경과와 무관한 고장률 등에 대해서 설명하고 있다. 여섯 가지 고장률의 유형이 항공기의 경우에 A형이 4%, B형이 2%, C형이 5%, D형이 7%, E형이 14%, F형이 68% 이상이라고 하면서 장비가 복잡할수록 E형이나 F형의 고장이 많다고 추론하였다. 이러한 고장률의 변화에 주목할 필요가 있다. 그 이유는 고장에 따른 정비방법의 적절성이 달라지기 때문이다.

고장 후 정비가 사전정비 비용보다 훨씬 많은 비용이 소요되거나 장비 불가동에 따른 손실이나 기회비용이 클 경우, 사전정비가 보다 효율적인 수 있다. 그러나 고장이 장비의 운용연수와 관계없이 발생(Random)하는 경우에는 주기정비와 같은 예방정비는 득이 없다. 시간의 경과에 따라 고장률이 감소하거나 일정한 장비에 대한 주기정비는 자원의 낭비일 뿐 아니라, 오히려 장비의 고장을 유발할 가능성도 있다. 고장률이 장비의 사용연수와 무관한 경우는 고장이 임박했음을 알 수 있을 때 정비를 하는 예측정비가 이루어져야 한다. 이러한 예측정비로는 신뢰도 중심 정비(RCM: Reliability Centered Maintenance), 상태기반 정비(CBM: Condition-Based

13) 「국방전력발전업무훈령」(국방부훈령 제2114호, 2017.12.29.) 제208조(장비정비원칙).
14) 「장비정비규정」(육군규정 480, 2016.10.31.) 제5조(정비원칙).

Maintenance) 등이 있다.15)

<표 12-5> 고장률 변화유형16)

구분	통계분포 곡선	내 용
A형	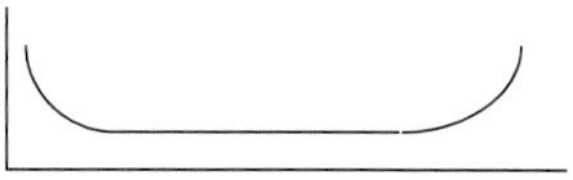	- 가장 널리 알려진 욕조(bathtub) 형태의 고장률 변동 형태 - 초기에 높은 고장률을 보이다가 안정화 단계에 접어들어 일정한 고장률을 보여줌 - 시간이 경과하여 고장률이 증가하는 추세를 보여줌
B형	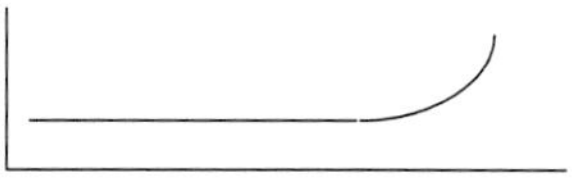	- 고장률이 처음부터 일정하거나 또는 천천히 증가하는 추세를 보여줌 - 시간이 경과하여 고장률이 증가함
C형	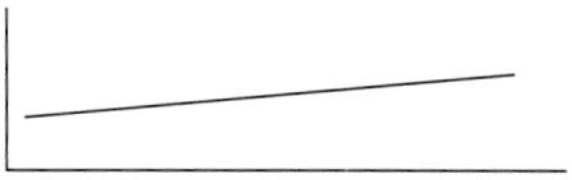	- 고장률이 계속적으로 증가함 - 다만, 고장률이 급격히 증가하는 현상은 없음
D형	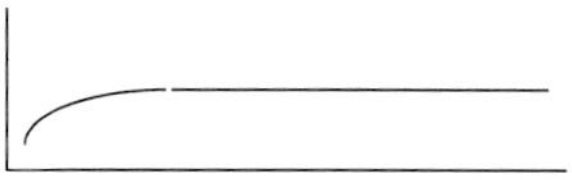	- 초기에 고장률이 높은 현상은 없음 - 일정 시간이 경과하면서 점차로 고장률이 높아지고 이후에 동일한 고장률을 보임
E형	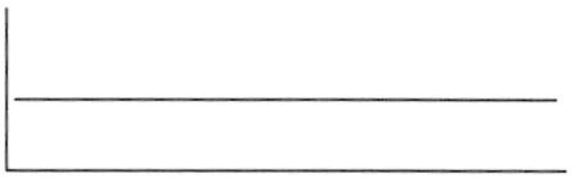	- 전 기간에 걸쳐서 동일한 고장률을 보임 - 고장이 시간의 경과에 관계없이 불규칙하게 일어나는 형태임
F형	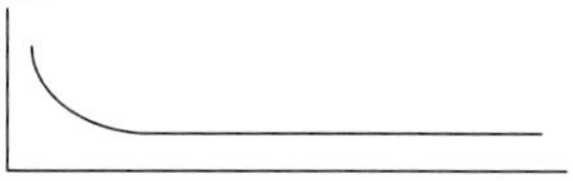	- 초기에 높은 고장률을 보이다가 안전화 단계에 접어들어 일정한 고장률을 보여줌 - 이후 내구연한 동안 일정한 고장률을 보여줌

다. 정비 전략

위에서 정비활동의 전제가 되는 고장의 유형이 기계 중심의 장비와 전자 중심의 장비에서 다르게 나타나고, 시간의 경과와 관련이 있는가 여부 등에 따라서 상이한 형태들이 있음을 살펴보았다. 정비활동의 기본은 장비가 기능발휘에 제한을 받을 때 이를 해소하여 고유한 성능의 발휘를 보장하는 행위이다. 따라서 대부분 사후적인가 아니면 사전적인가로 나누어질 수 있다.

사후적인 정비활동은 장비에 고장이 나거나 계획되지 않거나 예상되지 않는 기능발휘의 이

15) 장기덕(2012), 전게서, p. 355.
16) John Moubray(1997), *Reliability-Centered Maintenance*, Industrial Press Inc., pp. 12-13.

상 형태로 나타날 때 적용한다. 주기적인 정비가 적용될 수 있으나 미리 주기정비를 하지 못하면 고장 발생 이후에 고장을 고치는 정비활동이 필요하다. 복구성 품목에 대한 사후적 정비는 예상치 못한 고장이 발생한 이후에 비계획적으로 시행한다. 사후적인 정비는 고장이 발생한 이후에 다시 사용 가능한 상태로 복구하는 것이다.

사전적인 정비는 예방정비(Preventive Maintenance)와 예측정비(Predictive Maintenance)로 구분된다. 따라서 세부적인 정비활동은 검사, 시험, 분해수리(Overhaul), 완전한 교체 등을 포함한다. 예방 또는 계획정비는 연간시간, 장비의 운용시간 또는 순환주기 등을 기초로 적용된다. 예방정비는 계획 또는 비계획이 될 수 있으며, 고장이 일어날 수 있는 상태의 확인이나 기능발휘의 저하 등에 의해서 촉발될 수 있다. 예측정비는 진단(Diagnostic)에 의한 예측정비와 징후판단(Prognostic)에 의한 예측정비로 구분된다. 진단은 임박한 고장을 확인하는 데 비해 징후판단은 잔여수명(Remaining Life)의 예측이 부가된다. 잔여수명을 안다는 것은 정비를 계획하는 데 최적화할 수 있는 분명한 이점이 있다.

사전적인 정비가 적용되면 무기체계, 장비 및 구성품의 최초 수명이 연장된다. 윤활유의 주유, 필터 교환, 고장을 유발하는 부품의 교환 등을 수행하는 사전적인 정비는 장비 운용의 효율성을 높이고 수명을 연장하여 궁극적으로는 예산을 절감하고 전투준비태세강화에 기여한다. 사전적인 정비가 비록 재난적인 장비의 고장을 예방하지 못하더라도 고장의 횟수와 전반적인 고장시간을 감소시킨다.[17)]

17) U.S. DoD(2008), *Condition Based Maintenance Plus DoD Guidebook*, pp. 14-15.

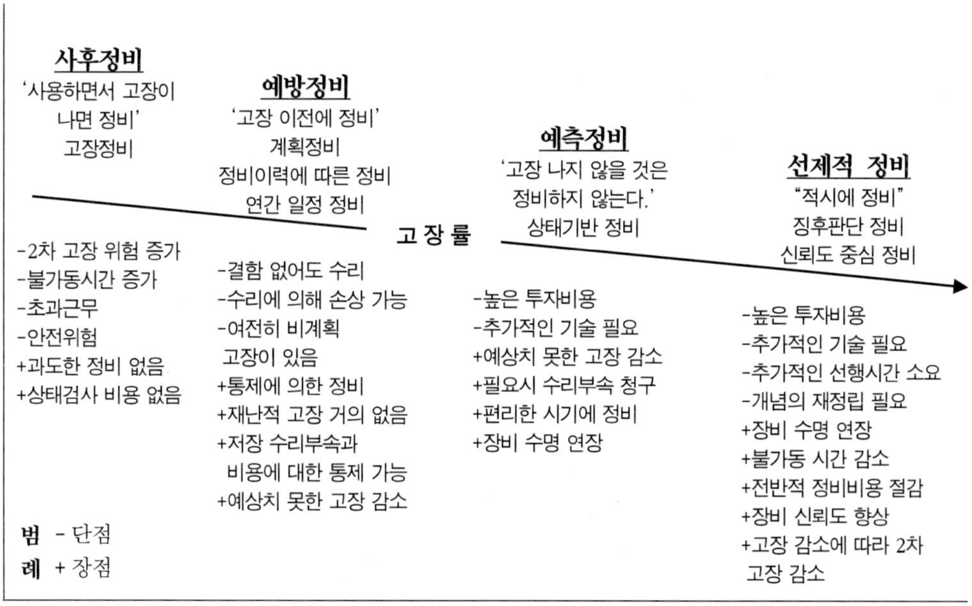

〈그림 12-1〉 정비전략의 변화[18]

위 그림은 정비전략의 변화를 정리한 것이다. 사후적인 고장정비로부터 예방정비, 예측정비 및 선제적 정비에 이르기까지 전반적인 내용과 장·단점을 정리하였다. 이를 상세히 알아보면 다음과 같다.

1) 사후정비

사후정비(Reactive Maintenance)는 고장정비라고도 하며 장비가 가동상태에서 벗어나 멈추거나 또는 심각한 성과의 감소를 경험한 상태 이후에 이루어지는 정비를 의미한다. 시기적으로는 제2차 세계대전 이전에 기계식 장비에 주로 적용된 정비방법이라고 본다. 사후정비는 장비가 수명주기가 도래할 때까지 정상적으로 작동한다고 가정하고 고장에 대한 정비만을 수행하므로 경제적인 정비방법이 될 수 있다. 하지만 고장이 발생하여 이어지는 2차 고장이라고 일컬어지는 부수적인 고장과 비용의 발생, 불가동 시간에 대한 통제가 제한되는 등 기회비용이 증가할 수 있다.

18) Ibid., p. 17.

2) 예방정비

예방정비(Preventive Maintenance)는 고장이 나기 이전에 정비하는 것을 의미한다. 계획정비, 정비이력에 따른 정비, 연간 일정 정비라고도 한다. 이러한 예방정비는 제2차 세계대전 중에 개발되어 적용되었다.

제2차 세계대전을 거치면서 장비들이 대형화되고 정비비용이 증가하면서 분해검사에 의한 주기정비가 적용되기 시작했다. 주기정비는 사전에 분해검사 및 정비 주기를 정해놓고 주기에 이르면 간단한 상태검사를 거친 후 장비를 해체하여 검사와 부품 교환 등을 포함한 정비를 실시하는 것이다. 이때 정비주기는 예방정비비용과 고장정비비용을 고려하여 결정한다. 아래 그림과 같이 예방정비주기가 짧으면 단위시간당 고장정비비용은 적으나, 단위시간당 예방정비비용이 많아진다. 반면에 예방정비주기를 길게 책정하면 단위시간당 고장정비비용은 많아지고 단위시간당 예방정비비용은 적어진다. 이들 두 비용을 합한 총비용은 처음에는 감소하다가 특정 지점에서 최소가 된 후 다시 증가하는 형태를 갖는다. 총비용을 최소로 하는 주기가 최적 예방정비주기가 된다.[19]

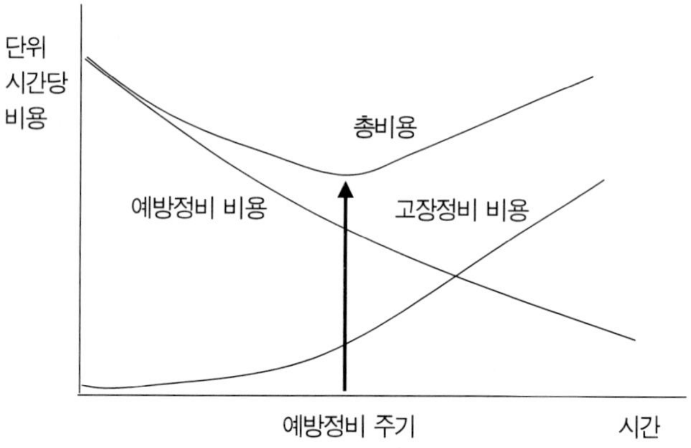

〈그림 12-2〉 예방정비주기에 따른 비용 변화

예방정비는 장비에 결함이 없어도 수리하고, 수리를 잘못할 경우 장비 손상이 클 경우가 있으며, 여전히 고장이 발생할 수 있다는 단점이 있다. 하지만, 정비활동이 방만하지 않게 일정한 통제범위 내에서 이루어지고, 재난적 상황을 초래하는 고장이 거의 없도록 하며, 수리부속의 재고관리와 비용에 대한 통제력을 강화할 수 있다는 장점이 있다.

19) 장기덕(2012), 전게서, pp. 355-356.

3) 예측정비

예측정비(Predictive Maintenance)는 고장 날 것으로 예측될 때에 사전에 정비하는 것을 말하며, 고장 나지 않을 것은 정비하지 않는다. 다른 말로 상태기반 정비(CBM: Condition Based Maintenance)라고 부른다. 예측정비는 장비의 노후화를 조기에 발견하여 고장이 발생하기 전에 가장 경제적으로 정비할 수 있는 시기를 결정하는 것이다. 상태를 점검하는 시험 및 점검 장비를 사용하거나 부착된 센서를 이용하여 사전 경보가 가능하도록 하는 방법 등이 적용된다.

예측정비는 투자비가 많이 들고 상태를 점검하고 정비하는 추가적인 전문기술이 요구되는 단점이 있다. 반면에 예측하지 못하는 고장의 발생이 감소하고, 수리부속은 필요한 시기에 청구되어 과도한 재고를 방지할 수 있으며, 정비활동은 편리한 시기를 선정하여 수행할 수 있는 장점이 있다. 결과적으로는 예측정비 활동을 통해서 장비의 운영 수명이 연장되는 효과를 거둘 수 있다.

4) 선제적 정비

선제적 정비(Proactive Maintenance)는 필요한 시기에 적시에 정비한다는 개념이다. 다른 말로 징후판단 정비, 신뢰도 중심 정비(RCM: Reliability Centered Maintenance)라고도 한다. 선제적 정비의 주요한 목적 중 하나는 예방정비의 비효율적이고 불필요한 정비활동을 개선·제거 및 회피하여 정비비용을 감소하는 데 있다. 이를 위해서 고장유형 영향 및 치명도 분석(FMECA)의 자료가 정비를 위한 기초자료로서 사용된다. 장비의 주요 기능과 보조기능 사이의 상호 관련성, 치명도 분석 등이 수행된다. 신뢰도 중심 정비와 FMECA에 대해서는 종합군수지원에서 설명한 바 있다.

선제적 정비는 장비에 대한 체계적인 고장유형 분석을 통해서 효과적인 예방정비 항목을 식별하는 방법론이다. 모든 가능한 고장유형을 식별하고 이러한 고장이 체계에 미치는 영향을 파악하고 그 결과로 고장을 피하거나 체계에 미치는 영향을 줄이는 방안을 분석하여 설계에 반영한다.

일반적으로 장비는 다음 그림과 같은 열화 및 퇴화과정을 거쳐서 최종적으로 고장에 이르게 된다. 일정 시간 동안 정상적인 작동상태에 있다가 성능의 변화를 감지하게 되는 상태에 이르고 다음에 고장이 곧 일어날 경고상태(Potential Failure)에 도달하고 결과적으로 고장(Failure) 상태에 빠진다. 다음 그림에서와 같이 고장이 임박한 경고상태를 P-point, 고장이 발생한 상태를 F-point라고 하고 이를 P-F 곡선이라고 부른다. P-point는 장비의 성능이 기준치를 벗어나기 시작하는 것을 감지하는 시점이고, F-point는 장비가 작동 가능할지라도 요구되는 성능을 발휘하지 못하여 더 이상 장비를 작동하는 것이 의미가 없어지는 시점이다. P-point와 F-point 간의 시간을 P-F interval이라 하며 이를 경고시간이라고도 부른다.[20]

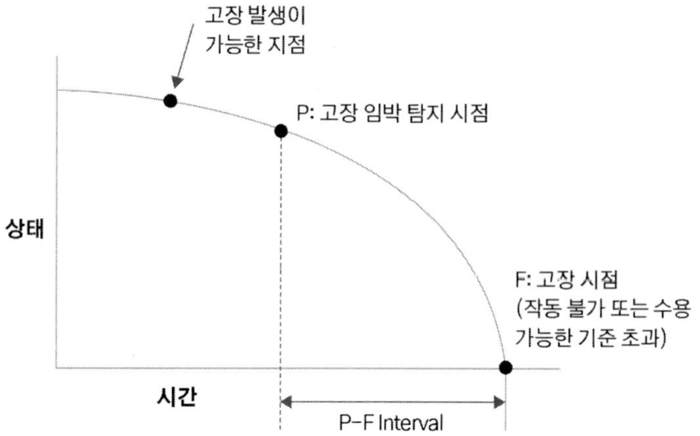

〈그림 12-3〉 P-F 곡선[21]

선제적 정비는 예측정비와 마찬가지로 이를 시행하기 위해서는 투자비가 많이 소요되고, 높은 수준의 기술이 추가적으로 필요하며, 선행시간이 요구되고, 관리자로부터 말단에 이르기까지 개념을 재정립하고 공감대를 형성해야 시행할 수 있다는 단점이 있다. 하지만, 장비의 수명이 연장됨은 물론이고, 불가동 시간이 감소하며, 전반적인 정비비용을 절감할 수 있다. 또한 장비의 신뢰도가 향상되고 2차 고장을 감소시킨다.

라. 정비관리 의사결정

정비에 관련된 의사결정은 우선적으로 군수품을 정비하여 쓸 것인지 아니면 새로운 군수품으로 대체할 것인지를 검토하면서 시작된다고 본다. 다음은 정비를 하는 방향으로 결정하였다면 구체적으로 누가, 어디서, 어떠한 방법으로 정비를 할 것인지를 결정하는데, 군직정비를 할 것인지 아니면 군외정비를 할 것인지 검토한다. 군직정비를 한다면, 교환을 하는지 수리를 하는지 어느 단계에서 누가 할 것인지를 또한 결정해야 한다. 이러한 일련의 의사결정은 일정한 기

20) 상게서, p. 357.
21) U.S. DoD(2008), op. cit., p. 31.

준을 설정하여 적용한다.

1) 경제적 수리한계

경제적 수리한계는 최초의 정비 여부를 결정하는 기준을 말한다. 의사결정 기준은 정비 또는 재생에 소요되는 비용과 정비 또는 재생 후 활용가치로, 정비 또는 재생 비용이 일정 한계 금액을 초과하면 비경제적이라고 판단한다. 또한 정비하는 데 소요되는 정비비용과 이에 상응하는 장비 가격을 비교하여 정비할 것인지 아니면 구입할 것인지를 결정하는 의사결정 기준을 제공한다.

경제적 수리한계가 적용되는 장비는 정비(재생) 후 활용가치와 정비 원가를 비교하여 정비 원가가 더 적은 경우에는 정비하는 것으로, 정비원가가 더 큰 경우에는 불용 처리하는 것으로 결정한다.

정비 후 활용가치는 비재생 장비인가 또는 정비창 이송 장비 중 재생 대상 장비인가에 따라 다르게 적용된다. 야전종결 장비 및 정비창으로 이송되는 장비 중 비재생 대상 장비는 정비 후 잔여 내용연수와 신품장비 가격을 곱한 다음 신품장비 평균 내용연수로 나눈 값이다.

$$\text{정비 후 활용가치} = \text{신품 장비 가격} \times \frac{\text{정비 후 잔여 내용연수}}{\text{신품장비 평균 내용연수}}$$

정비창으로 이송되는 장비 중 재생 대상 장비는 재생장비 평균 내용연수와 신품장비 가격을 곱한 다음 신품장비 평균 내용연수로 나눈 값이다. 이 경우 재생장비 평균 내용연수는 1차 재생 후 재생을 위한 후송 시까지 또는 폐기 시까지의 평균 사용기간으로 산정한다.

$$\text{정비 후 활용가치} = \text{신품 장비 가격} \times \frac{\text{재생장비 평균 내용연수}}{\text{신품장비 평균 내용연수}}$$

여기서 신품 장비 가격은 최근 조달가격을 적용하고 최근 조달가격이 없는 경우에는 표준단가를 적용한다. 내용연수 자료가 축적되지 아니한 장비의 경제적 수리한계 비율은 유사장비의 경제적 수리한계 등을 고려하여 정하되 40% 이상을 적용한다.[22]

22) 「장비정비규정」(육군규정 480, 2016.10.31) 제7조.

2) 군직정비와 외주정비

주요 군수품에 대한 창 정비원을 결정하는 데 대하여 논란이 있다. 군 입장과 방산업체의 입장이 상호 대립되는 형국이다. 군 입장에서는 경제적으로 군수분야를 운영해야 한다는 요구의 증가, 군 예산 중 전력운영비의 축소 압박 등 예산의 제한, 그러한 가운데 군직 창 정비가 외주정비에 비해서 비용을 절감할 수 있다는 점 등을 이유로 군직 창 정비의 확대를 주장한다. 이와는 다른 측면에서 방산업체나 정비전문업체들은 자신들의 입장에서 외주정비의 유지 또는 확대를 주장한다. 정부나 군의 정책으로 결정된 주요 군수품 생산을 위한 대규모의 신규설비가 전력화 이후에 운영유지 단계에서는 정비활동 등에 제대로 활용되지 못하고, 애써 육성한 고도의 기술인력을 축소하거나 전환해야 하는 등 어려움이 가중되는 상황에서, 외주정비의 유지가 그나마 방산업체나 정비전문업체에게는 일종의 활로 역할을 하고 있고, 나아가서 외주정비를 확대해야 한다는 것이다.

(1) 군직정비와 외주정비의 범위

군직정비는 군이 보유하고 있는 정비능력을 활용하여 군 보유 장비 및 수리부속품을 직접 정비하는 것을 말하여 외주정비는 국내업체에서 실시하는 정비로서 각 군에서 정비가 불가능하거나 국내 정비업체에서 정비하는 것이 경제적인 경우에 적용한다. 국내정비가 불가한 정비 및 수리부속품은 국외생산 또는 정비업체를 통해 국외정비를 실시하되, 각 군 및 기관은 국외정비품의 기술자료 및 정비능력을 확보하여 가능한 한 국내정비로 전환하여야 한다.

일반적으로 창 정비는 분해수리나 재생이 요구되는 장비 및 복구성 수리부속에 대하여 특수정비시설, 정비용 장비 및 공구를 이용하여 창 정비 기준에 의거하여 분해, 세척, 검사, 수리, 재생, 기능시험, 조립 등 정비하는 것을 말한다. 우리 군은 창 정비 물량 중에서 아직 창 정비 능력을 확보하지 못하였거나 확보하는 것이 비용 대 효과 측면에서 바람직하지 않는 장비 또는 방산업체의 경쟁력 강화를 위해 정책적으로 지원하는 장비 등에 대해 외주정비를 한다.[23]

(2) 군직정비와 외주정비의 쟁점

군직 옹호론자들은 외주정비는 비용이 저렴하지도 않으면서 군수지원의 용이성 측면, 특히 전시 신속한 정비지원 측면에서 문제가 있기 때문에 군직정비를 늘려야 한다고 주장하고, 외주 옹호론자들은 방산업체의 지속적인 물량 확보를 통한 기술 발전과 경쟁력 강화를 위해 외주정

---

23) 장기덕(2012), 전게서, pp. 362-363.

비의 확대가 필요하다고 강조한다.

장기덕(2012)은 군직정비와 외주정비의 쟁점사항을 세 가지 측면에서 분석하였는데, 경제성, 방산업체 지원효과 및 군수지원 측면에서의 비교를 통해서 지금까지 군내·외에서 주장한 내용들을 정리하였다. 경제성 측면에서 군직정비와 외주정비는 일반적으로 복구성 수리부속을 재생수리하여 정비에 재활용하는 등의 방법을 적용한 군직정비가 수리부속을 신품으로 교환하는 위주로 정비하는 외주정비에 비하여 경제적으로 다소 유리하다는 것이 통설이다. 그런데 장기덕(2012)은 군직정비와 외주정비는 정비범위 및 정비방법 등에서 상이한 부분이 있어서 직접적으로 1대 1 비교는 곤란한 것으로 보았다. 다음으로 방산업체 지원효과 면에서는 방산업체가 국내 기업 평균과 비교 시 원가 부담률이 약 2.5% 높고, 외주정비가 방산업체 매출액에서 차지하는 비율이 7.2% 정도가 되고 있어, 외주정비에 의한 방산업체의 지원효과는 분명하다고 주장한다. 군수지원 측면에서 군수지원의 지속성, 전시 지원성 등 측면에서 군직정비가 선호된다는 것이 군 내의 주장이다. 그런데 최근 무기체계의 융·복합화 추세와 기술의 고도화 등은 군직정비 능력을 갖추는 데 필수 불가결한 가용예산, 정비원 및 정비기술을 확보하는 측면에서 어려움이 가중되고 있는 반면에, 방산업체는 시장에서 경쟁하면서 기술 축적의 효과도 있어서 첨단장비 정비에 오히려 유리하다고 주장한다.[24)]

(3) 협업과 경쟁

군직과 외주정비의 구분과 정비원의 선정에 대해서는 아직도 논란의 여지가 있다고 본다. 다만, 이러한 구분의 저변에는 정비활동에 있어서 수요독점적 사고를 바탕에 두고 있어서 군과 방산업체 또는 정비전문업체 간에 마치 제로섬게임을 하듯이 접근하는 경우가 있다.

하지만 조직이나 기업의 입장을 넘어서 국가적 차원으로 시각을 넓혀서 살펴보면 이야기가 달라진다. 외주정비 여부를 결정할 때에는 정비기간, 정비비용, 정비조직, 비상사태 시 정비 지속성과 일관성은 물론이고 정비조직을 지원하는 지원시스템, 계약에 소요되는 비용과 기간, 무기 발전 추세와 향후 도입될 무기체계, 연구개발 능력 등을 종합적으로 고려하여 결정하여야 한다.[25)] 이러한 의사결정은 정책적 또는 전략적 결정으로 다양한 대안 비교를 거쳐서 이루어져야 한다.

핵심역량(core competence)[26)]에 집중하는 전략을 채택하여 군이나 기업이 각자의 비교우위 또는 절대적 우위의 영역에서 집중적으로 노력하고 부족한 다른 역량은 협업을 통해서 보완

24) 상게서, p. 367.
25) 손병식(2013), 『군수학 원론』, 서울경제경영, p. 400.
26) 핵심역량은 하멜(Gary Hamel) 등이 주창한 경영이론이다. 시장에서 특정한 기업을 구별하는 여러 자원과 기술의 결합이며, 따라서 경쟁력의 기반이 된다(https://em.m.wikipedia.org/wiki/Core_competence에서 인용).

하는 방안이 가능하다. 아래 그림에서 군직정비와 외주정비의 협업과 경쟁을 살펴볼 수 있다.

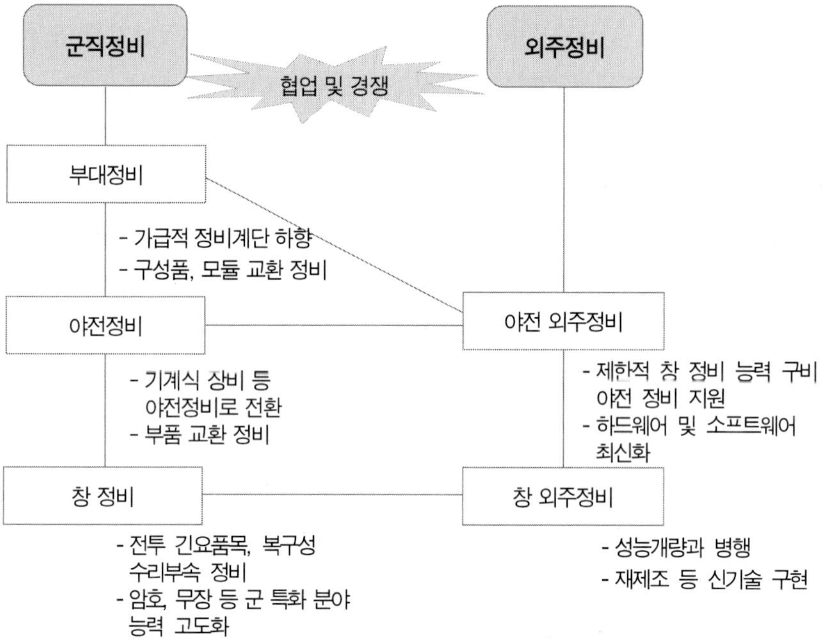

〈그림 12-4〉 군직정비와 외주정비의 협업과 경쟁

막연하고 정성적이며 직관적인 분석이나 판단보다는 데이터를 기반으로 분석하여 협업을 모색하여야 할 것이다. 특히, 군은 암호장비, 무장, 탄약 등에서 특화된 능력을 보유하고 있다고 본다. 그리고 전투 긴요품목, 복구성 품목 등의 정비에서 숙련된 기술을 보유하고 있다. 한편, 기업은 비교적 풍부하고 유연한 자본을 바탕으로 창의적이며 기민한 활동에 적합하여 신기술을 구현하고 성능개량과 연계된 창 정비 등에서 차별적인 능력을 보여준다.

기계 중심의 장비 등을 가급적 야전정비로 종결하도록 하고 야전에서는 주로 교환에 의한 신속한 정비와 가동률 향상과 유지에 주안을 두도록 해야 한다. 일부 구성품 단위 창 정비 능력을 보유한 기업의 야전정비 현장 지원이 활성화될 수 있도록 하는 방안도 적극 검토해야 한다.

미국은 일찍이 법률에 50대 50규칙[27]이라고 하면서 창 정비에 있어서 군직정비와 외주정비 비율을 50대 50으로 정하고 있다. 이는 군직과 외주의 능력을 모두 활용하기 위한 것이라면서 성과기반 군수지원(PBL)에도 적용하고 있다. 다음 그림은 미군의 2016년 기준 군직정비와 외주정비의 비율 현황이다.

27) 10 USC 2460에서 창 정비에 있어서 군직정비와 외주정비의 비율을 50대 50으로 정하고 있다.

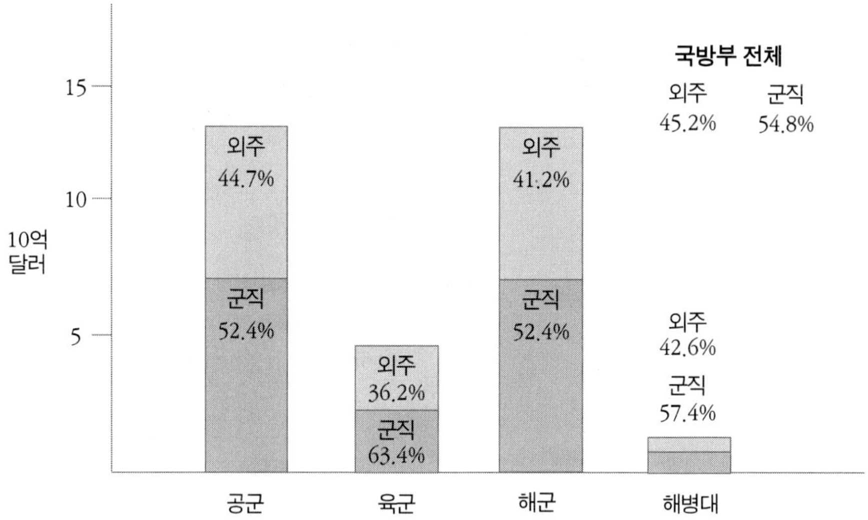

<그림 12-5> 미군의 군직 및 외주정비 비율(2016)[28]

3. 최근 미국의 정비정책

미국 국방부는 2012년에 국방부 지시(DoD Instruction 4151.22)로 상태기반정비플러스(CBM+)를 군수품의 수명주기 간 지속적인 지원을 위한 가장 비용 효과적인 주요 정비전략으로 제시한 바 있다. 준비태세 요망수준, 수명주기 비용 목표, 신뢰 중심 정비에 기반한 종합적인 신뢰도 및 정비도 공학 등에 기반을 두고 모든 무기체계, 장비 및 물자에 대한 정비 개념, 기술 및 절차를 선정하는 데 원칙으로 삼는다. 상태기반정비플러스를 통해서 핵심성과지표(KPP)와 핵심장비속성(KSA)을 반드시 소요기획 단계부터 적용하고 발전시키도록 명시하고 있다.[29]

상태기반정비플러스는 총 수명주기 동안 가장 비용 효과적인 방법으로 요구되는 준비태세의 수준을 달성할 수 있도록 다양한 프로세스를 선택하고 통합하여 집중하는 종합적인 전략이다. 따라서 상태기반정비플러스는 신뢰도중심정비(RCM)의 절차와 기술적 방법론을 포함하고 신뢰도중심정비를 보다 효과적으로 발전시킨다.[30]

28) U.S. DoD(2018), *DoD Maintenance 2017 Fact Book*, p. 22.
29) U.S. DoD(2012), "Instruction 4151.22."
30) U.S. DoD(2008), op. cit., p. 32.

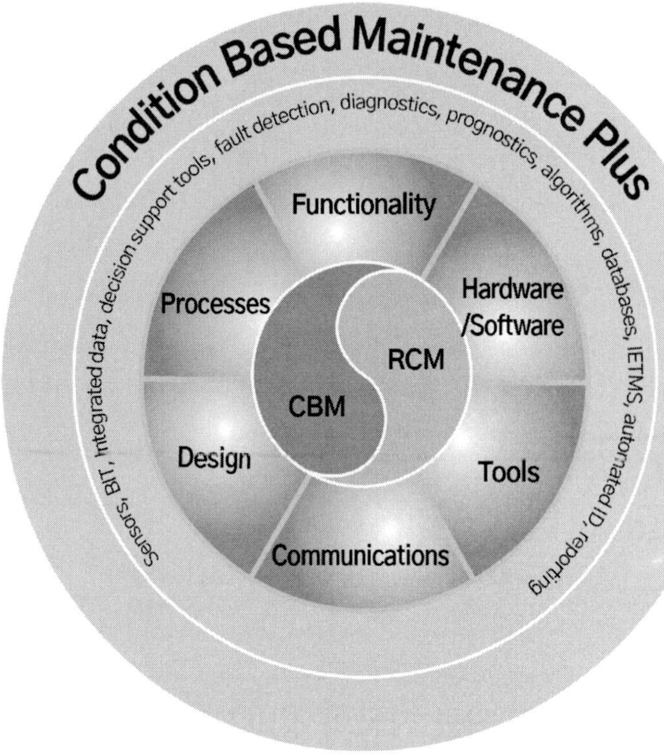

〈그림 12-6〉 CBM+의 구성요소와 방법론

4. 정비관리 성과측정

앞의 보급관리 분석에서 공급자 위주의 성과관리보다는 사용자 중심의 성과관리를 해야 하는 배경과 취지를 설명하였다. 이러한 사용자 중심의 성과관리를 통해서 군수활동의 궁극적인 목표를 보다 명확히 하고 그러한 목표와 기준을 얼마만큼 달성했는가 그리고 세부 활동이 제대로 기여하는가를 측정한다고 보았다.

군수분야 성과측정 및 관리에서 가장 기초가 되는 것은 시간의 잣대라고 볼 수 있다. 이러한 시간의 측정을 정비 분야에도 적용할 수 있으며, 정비활동의 효율성을 측정하는 대표적으로 손쉬운 방법 중 하나로 확인된다. 그런데, 여기서 투입요소의 대부분이 일정한 수준을 유지하거나 거의 동일하다는 전제를 하고 있다고 본다. 만일 정비 분야의 5대 구성요소인 정비요원, 정비기술의 확보 및 유지, 정비용 장비 및 공구, 수리부속 그리고 정비시설 등에서 수준 또는 등급의 차이가 있다면, 단순한 시간의 측정은 당연히 의미가 없어진다.

시간의 요소 측정에 대해서 국방부의 군수지원 성과관리 훈령에서는 정비기간을 산정하고 있다. 훈령에 따르면, 정비기간을 전투장비 중 완성장비에 대해 부대정비, 야전정비, 창 정비로 구분하여 산정한다. 정비기간 산정 시 계획된 예방정비(일일～연간정비)를 실시하는 부대정비는 성과지표 산정에서 제외한다. 현장정비는 고장정비, 이동·근접정비 등의 정비지원 결과로 산정하고, 야전정비는 순환 정비지원 결과로 산정한다. 정비기간 산정은 각 군 장비정비정보체계에 등록된 모든 전투장비를 대상으로 한다.[31] 아래 표는 세부 산정식이다.

〈표 12-6〉 정비기간 산정식[32]

구분	산정식
부대 정비	- 정비종류: 입고정비, 이동정비 - 정비부대 입고일~장비 복귀일(또는 이동정비의 경우 이동 정비일)
야전 정비	- 정비종류: 계획정비, 순환정비 - 정비부대 입고일~장비 복귀일(또는 계획정비의 경우 장비 보유 부대에서 출발일)
창 정비	- 정비종류: 정비창 계획정비 입고정비 - 군지사 반납일~군지사 복귀일(장비 보유 부대에서 군지사 반납기간은 제외) - 창 정비 완료 후 군지사까지는 원복하나 이후 재할당 처리로 원소속부대 기준 처리 제한

정비기간 산정에 있어서 무조건 시간을 줄여야 하는 것은 아니다. 일정한 기준 기간이 있으며 이러한 기준 기간보다 짧으면 효율적으로 업무수행을 한다고 보는 것이다.

이 밖에 보급관리에 적용한 대부분의 성과지표를 정비관리에도 적용할 수 있다고 본다. 그중에서도 수요예측 정확도, 적기 조달률, 조달기간, 재고관리, 만족도 등은 정비활동에 필요한 수리부속의 소요, 조달, 재고관리 등에 적용할 수 있고 정비활동의 정성적인 만족도 등을 측정할 수 있다. 결과지표인 장비 가동률은 보급관리와 연계하여 전반적 군수활동의 결과지표로서 의미가 있다.

31) 「군수지원 성과관리 훈령」(국방부 훈령 제2047호, 2017.6.28.) 제9조.
32) 「군수지원 성과관리 훈령」(국방부 훈령 제2047호, 2017.6.28.) 별표 3.

제 13 장
수송관리와 물류혁신

1. 수송의 개념

수송에 대한 우리의 이해는 다소 제한적이다. 그 이유 중 하나는 우리가 처한 상황과 무관치 않아 보인다. 미군의 걸프전 사례라든가 세계적 진사의 교훈에서 수송의 역할은 기동과 함께 전승의 요체 중 하나임은 분명하다. 하지만, 우리는 한반도를 중심으로 육·해·공 전장의 범위가 한정되고 그 밖의 지역 및 공간에서는 대부분 평화유지 활동이나 전쟁 이외의 작전의 일환으로 군사활동을 해왔다는 한계가 있었다. 그렇지만 지금까지와 같이 우리가 수송의 역할과 가치에 대해서 소홀해서는 곤란하다. 특히 최근의 공급사슬관리라든가 물류혁신 등 우리 군수활동에서 추진하는 중요한 업무는 수송의 본질과 수단을 제대로 이해하지 못하면 추진 자체가 어려울 수 있다고 본다.

수송이란 어떤 한 장소에서 다른 장소까지 필요한 병력과 화물을 원하는 시간에 이동시키는 일체의 행위를 말한다.[1] 정의에 따라서 병력과 화물을 이동시키는 데 사용되는 수송수단의 운용, 수송수단이 운용되는 기반시설인 터미널, 그리고 이러한 수송수단과 터미널을 운용하고 관리하는 이동행위를 관리하는 업무 등을 포함하여 군에서 수송의 업무분야를 구성할 수 있다.

수송수단의 운용은 육로, 철로, 수로 및 항공수송이 포함되며 병력, 화물 그리고 부대이동을 지원하는 것이다. 터미널 운용은 다양한 수송수단 운용 간 병력이나 화물의 대기, 적재, 하화, 재취급 및 검수 등을 말한다. 이동관리는 작전지역 내 이동소요를 미리 예측하고 이동 우선순위에 의거하여 부대별 노정사용 및 이동시간을 사전에 판단·조정·통제하는 활동이다.

가. 수송 기능

수송은 이동, 저장 및 전환의 기능이 있다. 병력과 화물을 원하는 목적지까지 이동시키는 기

1) 『수송운용』(육군야전교범 운용-6-15, 2004.6.30.), pp. 1-4.

능은 원하는 시간과 장소에서 병력의 운용과 화물의 사용을 가능하게 하는 것이다. 이러한 이동의 기능은 수송수단에 탑승하거나 적재하기 위한 적정한 장소에서 탑승 및 적재 가능한 상태의 준비를 포함한다. 이동 준비 및 이동 시에는 사용되는 자원인 수송수단, 연료, 운용인력 등을 최소화시키면서 탑승인력이나 적재화물은 최대화시키고 최단시간 내에 이동하는 노력이 수반되어야 한다. 또한 이동 간에는 병력이나 화물을 탑승이나 적재 이전과 동일한 상태로 유지하는 노력을 포함한다. 도착 및 하화 간에는 안전하고 편리하며 효율적인 목적지에서의 활동도 큰 범주에서 수송의 영역에 포함된다.

저장 기능은 적재지 또는 출발지, 하화지 또는 도착지에서 일정한 보관 또는 대기 상태에 있으면서 병력과 화물이 손상되지 않고 정렬되어 있어서 원하는 어느 때라도 바로 탑승하거나 또는 적재되거나 배출 또는 분출되거나 전환될 수 있는 상태를 유지하는 것을 말한다. 이때 위치정보와 수량정보 등이 포함되어야 한다.

전환 기능은 군수의 반응성과도 관련이 되는데, 계획된 전환으로서 환승 또는 환적이 있으며, 비계획된 전환이 있을 수 있다. 비계획된 전환에서 바로 군수의 대응성, 유연성을 요구한다.

나. 수송 원칙

수송과 관련된 기본적인 원칙들이 있다. 이러한 원칙들은 일반적으로 수송활동에 영향을 주는 일반원칙과 군사 분야에서 적용되는 특별원칙으로 구분할 수 있다.

1) 일반 원칙

일반원칙에는 규모와 거리의 경제성을 들 수 있다. 수송에서 규모의 경제는 적재량이 증가함에 따라 무게 또는 부피당 수송비용이 감소하는 특성이다. 단일한 수송수단에서는 가능한 적재 한계까지 최대한 적재하는 것이 단위당 적재비용을 절감할 수 있고, 철도나 수로수송 같은 대용량 수송방법에서 이러한 규모의 원칙은 더욱 두드러진다. 규모의 경제가 적용되는 이유는 다른 규모의 경제에서 설명되는 이유와 같이 고정비용의 단위당 감소 때문이다. 대부분의 고정비용은 행정비용, 수송수단 비용, 수송수단에 사용되는 연료비용, 적재 및 하화비용 등이다. 고정비용이란 병력이나 화물의 수량, 무게 또는 부피와 관계없이 사용되는 비용이다.

거리가 증가함에 따라 단위당 수송비용은 감소하는 특성을 거리의 경제성이라 한다. 같은 거리를 나누어서 수송하면 수송횟수가 증가하고 그러면서 고정비용이 증가한다. 따라서 수송횟수를 감소시키면서 수송거리를 증가시키는 것이 경제성을 향상시킨다고 본다.

2) 특별원칙[2)]

특별원칙은 군 수송에 적용되는 기본적인 네 가지 원칙을 의미한다. 수송수단 및 이동관리의 집권화 통제는 수송운용을 가장 효과적으로 수행하기 위해서 상급부대에서 집권화 통제함으로써 수송능력의 제한사항을 해소하고 이동의 혼란을 효과적으로 방지할 수 있다는 것이다.

다음 원칙은 협조, 조정 및 통제인데, 제한된 수송수단, 혼잡이 예상되는 도로 등 수송수단이 운용되는 육·해·공의 공간에서 원활한 물적 흐름을 보장하기 위한 수송 주체 간 협업, 전담기구에 의한 조정 및 통제나 우선순위의 설정 등을 해야 한다는 의미이다.

또한 군수지원의 지속성을 보장하기 위해서는 수송관리도 계속성과 융통성을 보장할 수 있어야 한다는 원칙이 있다. 수송지원이 중단 없이 계속되기 위해서는 수송의 집중, 전환 및 조정이 상황의 변화에 따라 기민하며 유연하게 적용되어야 한다. 이를 위해서 실시간 전장정보의 공유 및 전파, 통신망의 유지, 자체 및 수송 간 경계 등이 적절히 제공되어야 한다.

유사시에는 수송 소요에 대비하여 지원 능력은 제한 될 수밖에 없다는 점에서 가용한 능력범위 내에서 최대한의 수송능력을 이용하도록 해야 한다는 원칙이 있다. 수송수단의 유휴화를 방지하고 이동관리의 사각지역을 억제하는 노력 또한 필요하다.

2. 수송관리

가. 수송수단

수송운용체계는 수송수단의 운용, 터미널 운용 및 이동관리 분야로 구성되며 이러한 운용체계는 상호 유기적이며 융통성 있게 운용되어야 한다. 수송수단에는 육·해·공의 공간을 통한 육로, 철도, 수로, 항공 등의 4대 수송방법이 있다. 이러한 각종 수송수단을 운용하기 위해서는 필요한 수송수단별로 장비를 운용할 수 있는 기술인력을 포함한 관리자 등 운용요원을 비롯하여 소요되는 자동차, 기관차, 선박, 항공기 등의 수송장비가 갖추어져야 한다.

---

2) 상게서, pp. 1-9-10에서 발췌하여 인용.

1) 육로수송

육로수송은 비교적 단거리 구간에서 효과적이며 융통성 있게 운용할 수 있는 수송수단이다. 지형과 기상이 허용하는 한 모든 지역과 대부분의 상황에서 병력과 화물을 수송할 수 있고 타 수송수단에 비하여 터미널 시설 소요를 감소시킬 수 있다. 또한 화물의 적재 및 하화가 용이한 수송수단이다. 특히 평균 이동거리가 800km 이내일 경우에는 어떠한 화물 크기에서도 항공수송보다 절대 우위에 있으며 수송거리와 화물의 크기에 따라 철도수송과도 경쟁력이 있을 수 있다. 또한 낮은 고정비와 높은 변동비가 특징이다. 도로망, 수송차량 비용 등 고정비용은 타 수송방법과 비교하여 낮은 수준이며, 전체비용에서 연료비, 정비비용, 인건비 등 변동비가 차지하는 비율은 약 70~90%를 차지한다.[3] 하지만 장거리 수송에는 비경제적이며 대량수송을 위해서는 많은 차량을 필요로 하고, 타 수송수단에 비해서 작전상황과 기상의 영향을 많이 받는다.

국내에서 수송수단별 분담률을 여객과 화물로 나누어서 살펴보면, 여객분야에서 육로수송의 분담률이 2011년~2015년 간 약 87~88%에 이르고 있으며, 화물분야에서도 약 89~91%를 차지하고 있다.[4] 이와 같이 국내 전체의 수송수단에서 육로수송이 차지하는 비율이 타 수송수단에 비하여 압도적인 현황을 보이는 것은 지형적인 여건, 도로 포장률, 자동차 보유비율의 확대 등 다수의 환경적 여건들이 육로수송에 유리한 측면도 있으나, 육로수송 자체가 갖는 탄력성이 잘 발휘되었기 때문인 것으로 보인다.

육로수송의 장·단점은 타수송수단과 비교한 상대적 의미를 갖는다. 육로수송은 철도수송이 지원하지 못하는 대부분의 지역을 지원할 수 있다. 단거리 구간에서 가장 신속한 수송수단이다. 각종 유동적 상황에서 가장 유연하게 적용할 수 있다. 터미널 시설이 타수송수단에 비하여 적게 소요되고 경우에 따라서는 없어도 된다. 적재 및 하화, 분배가 용이하고 간단한 포장으로도 수송이 가능하다. 하지만, 철도수송에 비하여 정시 도착률 등 신뢰성이 떨어지고 장거리 및 대량수송 시 비경제적이며 지형과 기상의 영향을 많이 받는다.[5]

2) 철도수송

철도수송이란 철로에서 철도차량으로 병력과 화물을 수송하는 것을 의미한다. 따라서 고정

---

3) 손병식(2013), 『군수학 원론』, 서울경제경영, p. 479.
4) KOSIS(2018), "국내·국제화물총괄", (http://kosis.kr/statHtml/statHtml.do?orgId=116&tblId=DT_MLTM_1060&vw_cd=MT_OTITLE&list_id=116_11613&scrId=&seqNo=&lang_mode=ko&obj_var_id=&itm_id=&conn_path=E1).
5) 『수송운용』(육군야전교범 운용-6-15, 2004.6.30.), pp. 3-2-3-3.

된 철로에서만 운영되고 정해진 철도 수송시간에만 이용할 수 있다.

우리나라에서 철도가 차지하는 수송분담률은 2011~2015년 간 여객분야에서는 약 11.8~12.4%이며, 화물에서는 약 1.9~2.5% 정도를 보이고 있다.6) 여객 부분에서는 지하철이 차지하는 비율이 약 8%를 차지하는 점을 감안하면, 철도가 갖는 여객의 수송분담률은 약 4%로 대폭적으로 하락한다.

철도수송의 장·단점을 알아보면 다음과 같다. 철도수송은 고정된 시설 사이에 많은 화차들을 시간표에 따라 운행하므로 대량수송과 정시 배송이 가능하고 비교적 안전한 수송수단이라는 인식 등이 더해져서 신뢰할 수 있는 수송수단이라는 점이 가장 큰 장점이 된다. 또한 쌀, 옥수수 등 농산물과 석탄, 시멘트 등 광산물 등 벌크형태 화물의 이동수단으로 유리한 것으로 평가된다. 철도수송은 타 수송수단에 비하여 기상과 기후의 영향을 거의 받지 않고 운행할 수 있어 시베리아 등 혹한지역은 물론이고 알프스 등 산악지형에서도 다양한 형태로 변형되어 운영되고 있다. 최근 고속열차의 등장으로 속도 면에서도 항공기와 경쟁할 정도로 간선 수송수단으로써 계속적으로 발전하고 있다.

하지만 고정된 시설을 사용하여 탑승과 적재, 하차와 하화를 해야 하는 단점이 있으며 지선수송을 위해서는 전환수송을 해야 하는 불편함이 있다. 철로가 놓이지 않은 지역으로 이동이 불가하므로 유연성이 없는 수송수단이라는 점이 확인된다. 철로를 놓고 플랫폼 또는 역사를 건설하는 데 초기 투자비용이 과다하게 요구된다. 전시 또는 대테러 시에 고정된 목표물이 되어 보안 및 안전 문제 등이 노출되어 대형사고로 이어지는 취약성이 국내·외 사례에서 확인된다.

3) 항공수송

항공수송은 고정익 항공기나 회전익 항공기를 이용하여 병력과 군수품을 정기적으로 또는 비정기적으로 이동시키는 수단이다. 항공수송은 짧은 역사 속에서 혁신적 발전을 거듭해오고 있는 최신의 수송수단이다.

우리나라에서 항공수송이 차지하는 수송분담률은 2011~2015년 간 여객분야에서는 0.1%이며, 화물에서도 0.1% 정도를 보이고 있다.7) 수송수단 중에서 가장 낮은 분담률을 보여주고 있긴 하지만, 장거리 신속성이라는 강점과 연계수송의 편리성과 안전성을 보강하면서 발전하

---

6) KOSIS(2018), "국내·국제화물총괄", (http://kosis.kr/statHtml/statHtml.do?orgId=116&tblId=DT_MLTM_1060&vw_cd=MT_OTITLE&list_id=116_11613&scrId=&seqNo=&lang_mode=ko&obj_var_id=&itm_id=&conn_path=E1).
7) 통계청(2018), "수송분담률", e-나라지표. (www.index.go.kr/portal/main/EachDtlPageDetail.do?idx_cd=1245).

고 있는 분야이다.

항공수송은 비행 도중에 지형의 제한을 받지 않으며, 속도 면에서는 가장 신속한 수송수단이라는 장점이 있다. 반면에 수송수단으로서 고정익 항공기와 대부분의 회전익 항공기라도 활주로, 운항 통제시설 및 설비, 고도로 훈련된 조종사 및 전문적 관제인력 등 전용 시설과 설비, 인력이 필요하다는 단점이 있다. 또한 기상 상황의 영향을 많이 받아서 운항의 가능 여부가 수시로 변경되는 경우가 많다.

4) 수로수송

수로수송이란 물의 부력을 이용하여 필요한 병력과 화물을 적시적소에 이동시켜주는 수단과 방법을 말한다. 속도가 비교적 느리며 대량화물 및 인원을 원거리에 경제적으로 수송할 수 있으며, 그 범위는 해상수송, 내륙수로 수송, 소선박 운용, 항만 운용, 해안 양륙 등을 포함한다.[8)]

우리나라에서 수로수송이 차지하는 수송 분담률은 2011~2015년 간 여객분야에서는 0.1%이며, 화물에서는 6.7~7.8% 정도를 보이고 있다.[9)] 국토의 삼면이 바다를 접하고 있어서 국내적으로는 연안수송이 발달하고 국제적으로는 수출 지향의 산업정책에 따라 대양수송도 아울러 발달하였다.

수로수송은 대량의 각종 화물을 가장 경제적으로 수송할 수 있으며, 수송 간에는 다양한 항로 선택이 가능하다. 그렇지만, 해상의 상태를 비롯하여 기상의 영향을 많이 받고, 선박의 크기와 적재량에 따라 수로의 폭과 운행 가능한 수심이 제한된다. 항구 또는 포구라는 한정된 위치에 접안시설을 설치해야 한다. 따라서 선적 및 하화에 타 수송수단에 비하여 많은 장비가 사용된다. 이러한 적재 및 하화, 저속의 수로운항, 포장과 결박 등으로 전반적인 수송에 장기간이 소요된다. 또한 항만 터미널에서는 타 수송수단으로 전환수송이 시행된다.

5) 수송수단의 통합운용

수송수단의 운용은 다양한 형태로 나타나며 수송수단들을 연계하여 통합 운용함으로써 수송의 효율을 극대화시키고 지속성을 유지시키며 융통성이 보장되어 수송지원의 목적을 달성할 수 있다. 수송수단을 통합적으로 운용하는 것은 효율성과 효과성을 증진하고 보장하기 위한 것이

8) 『수송운용』(육군야전교범 운용 6-15, 2004.6.30.), pp. 3-24.
9) 통계청(2018), "수송분담률", e-나라지표.
(www.index.go.kr/portal/main/EachDtlPageDetail.do?idx_cd=1245).

다. 경제적 의미에서 수송수단을 목적과 여건에 맞추어서 통합적으로 운용하는 것은 주로 효율성을 달성하는 데 주안을 두는 수송수단의 통합운용이라고 본다. 반면에, 병력 및 군수품을 수송하는 도중에 병참선 상에서 천재지변이나 상급부대의 계획변경 또는 적의 공격 등 전장상황의 변동에 따라서 계속적인 수송의 흐름이 중단되어 진행 중인 수송방법에 의한 계속 수송이 불가할 시에 방법을 변경시켜서 중단된 수송을 연결하는 것 등[10] 군사적 목적을 달성하기 위한 방법으로서 수송수단의 통합운용이 있을 수 있다.

수송수단의 통합운용의 방법으로 DMT, 해륙 복합수송, 에어트럭, 스카이레일, 스카이쉽 및 버디백 등이 있다.

(1) DMT

DMT(Dual Mode Trailer)는 두 가지 종류의 수송수단을 사용하여 트레일러로 운반하는 방법인데 수송수단은 주로 철도와 자동차를 의미한다. 따라서 철도수송의 장점인 장거리 경제성을 유지하고 단점인 수송지역의 제한 또는 접근성의 단점을 최소화하고 자동차 수송의 유연성, 접근성, 단거리 기민성 등을 통합하여 적용하기 위한 방법이다.

DMT는 개발자 또는 연구자에 따라서 다양하게 불리고 다양한 수송방법이 적용된다. 적용되는 기술과 다양한 방법은 다음의 표에서 살펴볼 수 있다.

〈표 13-1〉 DMT 수송시스템 현황[11]

구 분		운영/개발 국가	특징
피기백	미국식 (TOFC 방식)	미국	- Santa Fe 철도개발 TOFC 화차 사용 - 컨테이너, 트레일러 일체형으로 총중량이 크고, 공간 소요 많음
	유럽식 (캥거루 방식)	프랑스, 독일, 이탈리아, 오스트리아 등	- 평상의 중앙부를 낮춘 화차 사용 - 상하역 장비에 의한 수직 상하역
	일본식	일본	- 1986년 일본 철도에서 등장 - 저상식의 초소형 화차 개발 사용 - 도입 후 5년간 이용량 300배 증가
바이모달		미국, 호주, 뉴질랜드, 영국, 독일, 프랑스, 스페인, 덴마크, 그리스	- 화차 없이 도로 및 철도 직접 수송 - 수송방식 변경에 시간소요 과다 - 터미널 비용 및 트레일러 견인료가 거의 발생하지 않음

10) 『수송운용』(육군야전교범 운용-6-15, 2004.6.30.) pp. 3-33.
11) 인태명(2008), "DMT 수송시스템 현황과 한국형 DMT 개발", 『한국철도기술』 18, p. 95.

화차 회전형	Modalohr	프랑스(개발), 룩셈부르크, 이탈리아	- 프랑스 로(Lohr) 그룹이 개발 상용화 - 1일 5왕복 열차 영업운행 중
	Cargo Speed	영국(개발)	- 영국 Cargospeed International 개발 - 기술상 미완성 상태로 운영되지 않음
	Flexiwaggon	스웨덴(개발)	- 스웨덴 Flexiwaggon AB 개발 - 터미널 설비가 필요 없음 - 화차 구조가 복잡하여 불안정하고 현재까지 상용화되지 않음
평형 이적재형	Cargo Beamer	독일(개념설계)	- 2004년 Cargo에서 개발 - 2010년 상용화 추진
	Cargo Domino	스위스	- SBB Cargo에서 개발 - 2002년부터 상용화

(2) 전환수송

전환수송은 전시 또는 유사시 수송환경의 불가피한 변경에 따라서 수송방법과 경로를 변경하여 수송을 지속하는 것을 의미한다. 전환수송이 발생하는 원인은 정상적인 원인과 우발적인 원인으로 구분한다.

정상적인 전환수송은 수송방법의 변경에 의해 항만, 해변, 비행장 등에서 발생하지만, 수송노정, 장비 및 시설 등 수송능력의 제한에 의해 발생할 경우에 또한 전환수송이 필요하다.[12] 노정상의 교량의 통과 하중, 터널의 통과 높이 등이 주로 제한요인으로 확인된다.

우발적인 전환수송은 적의 공격이나 천재지변 등으로 인하여 병참선이 차단 및 파괴되어 동일한 수송방법이나 경로로 계속적인 수송이 불가할 경우에 적용한다. 이를 우회수송이라고도 한다.

(3) 군 수송지원 구분

우리 군에서 전·평시 수송소요는 각 군에서 지원하고, 각 군의 능력을 초과하는 수송소요와 국직부대 수송소요는 국군수송사령부에서 각 군 및 관련 기관과 협조하여 지원함을 원칙으로 하고 있다. 전·평시 각 군 및 국직부대의 해외물자 수송지원은 계약조건을 고려하여 각 군 또는 국군수송사령부 책임하에 지원한다. 국군수송사령부와 각 군의 수송지원 책임은 다음과 같다.

12) 『수송운용』(육군야전교범 운용-6-15, 2004.6.30.), pp. 3-33.

〈표 13-2〉 수송지원 책임 구분[13)]

구 분	평 시	전 시
국군수송 사령부	- 육로, 철도 수송지원 및 해상, 항공수송 협조 지원 - 전군 전장 이동통제 및 호송근무 지원 - 항공수송 협조지원, 호송지원 - 항만/해변 양륙군수 운용 - 국제운송 업무	- 육로, 철도 수송지원 및 해상, 항공수송 협조 지원 - 연합/합동전장 이동통제 및 호송지원 - 항공수송 협조지원, 호송지원 - 항만/해변 양륙군수 운용 - 군 통제 민간선박/항공기 활용, 국내·외 전군 수송지원
육 군	- 육로, 항공수송(회전익), 지역 전장이동통제	- 육로, 항공수송(회전익), 지역 전장이동통제
해 군	- 해상수송	- 군 선박, 군 통제 민간선박 해상수송
공 군	- 항공수송 - 공수근무 지원 - 해외물자 통관업무	- 군 수송기, 군 통제 민간 항공기 항공수송 - 공수근무 지원 - 해외물자 통관업무

나. 터미널 운용

터미널은 한 수송수단으로부터 다른 수송수단으로 또는 한 부대에서 다른 부대로 전환을 필요로 하는 시설 및 장소를 말한다.[14)] 터미널 운용은 다양한 수송수단 운용 간 병력이나 화물의 대기, 적재, 하화, 재취급 및 검수 등을 말한다. 터미널 운용은 수송지원에 있어서 중요한 요소로서 임무와 용도, 위치에 따라 그 규모는 상이할 수 있다. 일반적으로 터미널은 모든 수송수단과 연계하여 운용되며, 수송수단에 의해 병력 및 화물의 수송을 위하여 수송자산의 도착 및 출발 시 사용되는 군사 및 민간시설과 근무지원 활동을 포함한다.

터미널은 지리적 위치, 가용시설, 화물취급 형태 및 수단에 의해 구분된다. 지리적 위치에 따라 수로 터미널과 내륙 터미널로 구분되고, 시설 유무에 따라 영구 터미널과 미개발 터미널로 구분된다. 화물의 취급에 따라 탄약, 유류, 일반 화물 터미널 등으로 구분한다.

1) 위치에 따른 터미널 구분

(1) 수로 터미널

수로 터미널은 적재 및 하화를 위하여 사용 중이거나 예정된 항만, 해변, 통행이 가능한 내륙

13) 「국방수송훈령」(국방부훈령 제2093호, 2017.12.11.) 제4, 5조.
14) 『수송운용』(육군야전교범 운용-6-15, 2004.6.30.), pp. 4-1.

수로 등을 포함한다. 또 임시 터미널 시설 준비로 영구터미널의 능력을 보강하고 소산의 효과도 달성할 수 있게 해야 한다. 수로 터미널은 출발항만(SPOE: Sea Port of Embarkation, 또는 탑재항만), 도착항만(SPOD: Sea Port of Debarkation, 양륙항만)으로 분류되며, 터미널 선정 시 군사용 항만과 비군사용 항만, 작전 항만과 군수지원용 항만으로 구분된다.

항만 터미널은 영구 수로 터미널, 컨테이너 터미널, RO/RO(Roll on-Poll off) 터미널, 산화물(Breakbulk) 터미널 등으로 구분한다. 한편 해변 터미널은 영구터미널을 운용할 상황이 아니거나 기타 터미널 시설이 가용하지 않을 경우에 사용한다.

(2) 내륙 터미널

내륙 터미널은 병력 및 화물의 수송을 위하여 기존의 수송망을 보완하는 측면에서 사용되며 주어진 상황이 수송수단의 변경을 요구하거나 수송하던 동일한 수송수단과 연계수송을 위한 시설을 제공한다. 내륙 터미널은 수송수단의 적체로 작업량을 크게 감소시킬 수 있으며, 군의 수송부를 포함하여 각종 시설기지, 저장소, 화물 전환기지, 행군 출발 대기지점, 전환 수송지점 등과 각종 보급지원부대의 시설을 수송지원을 위한 터미널로 사용 시 내륙 터미널로 분류한다. 이러한 내륙 터미널은 육로 터미널, 철도 터미널, 항공 터미널, 내륙수로 터미널로 구분한다.[15)]

2) 수송수단에 따른 터미널 구분

(1) 자동차 터미널

자동차 터미널에서는 주로 주유와 정비활동이 이루어진다. 병력과 화물의 통합, 탑승과 적재 그리고 하차, 하화 및 분배에 관련된 활동은 별도의 공급자 또는 수요자의 근거리에 위치한 편리한 장소에서 이루어진다. 자동차 터미널의 종류에는 PUD(Pick Up and Delivery Terminal), 화물분할 터미널, 중계 터미널 등이 있다.[16)]

PUD는 소량화물을 수송하는 가장 일반적인 터미널로서 화물을 집적하는 터미널과 화물을 분배하는 터미널로 이루어지고 터미널과 터미널 간의 간선 운행이 이루어진다. 화물분할 터미널은 대도시 터미널 집중방식으로 소량화물을 수송하는 방법이다. 화물의 통합과 분산이 동시에 일어나는 터미널이다. 중계 터미널은 대도시 터미널 집중방식으로 소량화물을 수송하는 또 다른 방법이다. 중계 터미널에서는 화물이 집중되거나 분배되는 것이 아니라 운전자가 교체된

15) 상게서, pp. 4-4-4-5.
16) 손병식(2013), 전게서, pp. 524-525.

다. 일정한 시간 동안 운전 후 다른 운전자가가 교대하여 운전한다.

(2) 철도 터미널

철도 터미널은 출발지, 목적지, 그리고 중간지점까지 승객의 이동과 화물의 적·하화 시설을 갖춘 곳을 말한다. 이곳에서는 철도수송의 경직성을 극복하기 위해 수송되는 화물의 하화 및 연계수송이 가능하다. 복합터미널은 여러 가지 화물을 취급하는 장소이며, 컨테이너 야드는 컨테이너를 취급하는 하치장을 포함하고, 특수화물 터미널은 벌크 양회, 곡물처리를 위한 사일로, 차량수송을 위한 특수설비 등이 갖추어진 하치장을 말한다.[17] 전용선 내의 터미널은 군 전용선 등에 설치된 전용 터미널을 말하며 보안 및 특수화물을 취급하고 연계수송에 활용된다.

(3) 공항 터미널

공항 터미널은 항공기의 이·착륙에 필요한 시설을 갖춘 장소이며, 여객 또는 화물이 집합되고 분산되어 탑승과 적재, 하선과 하화가 이루어지고, 항공기의 정비 및 주유업무를 수행한다.

공항 터미널은 정부 또는 지자체에서 주로 대규모 사회간접 시설의 일환으로 건설하여 운영한다. 주요시설은 활주로, 항공기 주유 및 정비지역, 항공기 대기지역, 터미널 건물 및 승객전용 공간, 주차장 및 호텔 등으로 구성된다.

항공기 운행은 국내선과 국제선으로 나누어지며 국제선의 경우에는 출·입국 심사 및 수속, 수하물 취급, 세관검사 등이 이루어지며, 국내선에서의 활동은 주로 탑승수속과 수하물 취급으로 이루어진다.

(4) 컨테이너 터미널

컨테이너는 육상수송과 해상수송을 연결하는 도구로 발전하였으며, 수송관리에 있어 혁신적인 변화를 가져왔다. 컨테이너 터미널은 외부에서 유입되는 컨테이너를 집적하고 보관 및 관리하며, 다양한 수송수단을 활용하여 집적된 컨테이너를 분산하는 장소로서 의미와 컨테이너 취급 설비를 갖춘 시설로서의 의미를 아울러 포함한다.

컨테이너 터미널에서는 FCL(Full Container Load) 화물, 즉 1명의 화주의 화물로 가득 채운 화물을 LCL(Less than Container Load) 화물, 즉 여러 화주의 화물을 혼합하여 하나의 컨테이너를 구성하는 화물로 혼합하는 기능을 수행하여 사용자에게 직접 문전배송이 가능하도록 하

17) 상계서, p. 526.

며, 역으로 LCL 화물을 FCL 화물로 구성하는 기능도 수행한다.

(5) 항만 터미널

항만 터미널은 선박의 출입, 여객의 승선 및 하선, 화물의 적재와 하역, 여객의 대기와 화물의 보관 등의 기본적인 시설을 갖추고 제한적이지만 수산물의 가공, 화물의 조립 및 포장 등 가치 증진활동이 이루어진다. 항만 터미널에 관련된 추가적인 내용은 앞서 위치에 따른 터미널 구분에서 살펴본 내용을 참조한다.

3) 터미널 운용능력 평가[18)]

터미널의 운용능력 평가는 터미널의 위치 선정 및 터미널의 운용에 있어 매우 중요하다. 일반적으로 터미널의 저장 및 정리능력 등 최소한의 운용요건은 다음과 같다.

수용능력은 터미널을 운용하기 위하여 가용한 운용공간의 형태 및 충족성에 의해 결정된다. 즉, 화물과 수송수단을 대기시킬 수 있는 충분한 공간을 의미한다. 수로 터미널의 경우 수용능력의 주요 요소는 터미널의 규모, 가용 부두, 잔교 형태, 수심, 정박지 능력, 특수선박 요구의 충족 가능성 등이다. 내륙 터미널의 경우는 주차장의 형태 및 능력, 항공기, 철도차량, 육로차량들의 정비공간 및 수리부속품 저장공간 등이 고려되어야 한다.

하화능력은 일정 시간 동안 수용 및 하화할 수 있는 병력, 물자 및 장비의 총량을 의미한다. 하화능력은 통상 가용한 작업부대 규모와 터미널의 시설 및 하화장비, 특별화물을 취급할 수 있는 가용장비에 의하여 영향을 받는다.

전환능력은 모든 형태의 터미널에서 중요한 요소이며 인원, 물자 및 장비를 옮겨 신기 위해 이루어지는 활동을 의미한다. 전환능력은 통상 수송수단이 바뀔 때마다 인원 및 화물을 분리·수용·문서처리·대기·저장하는 것을 의미한다.

저장능력은 어떤 주어진 시간 동안에 저장될 수 있는 화물의 총량으로 나타낸다. 아울러 다양한 수송수단 간에 화물의 하화, 처리, 재적재 등이 간단없이 이루어져야 하며, 이때 저장공간이 가용하지 않을 때 터미널 운용에 중요한 장애가 발생한다.

정리능력은 최초 터미널로부터 첫 번째 목적지까지 화물을 이동시키기 위한 능력으로서 시간당 처리 가능한 병력 및 화물량을 의미한다. 여기서 첫 번째 목적지는 최종 목적지 또는 기타 중간터미널이나 중계지역일 수 있다.

---

18) 『수송운용』(육군야전교범 운용-6-15, 2004.6.30.), pp. 4-7-4-8.

아래 표는 터미널 운용능력을 평가요소이다.

<표 13-3> 수로 터미널 운용능력 평가요소[19]

구분	평가요소	
수용능력	- 수로 수심 및 폭 - 정박지 형태(잔교, 방파제 등) - 터미널 형태	- 정박지 길이 및 수심 - 투묘지 공간
하화능력	- 선박 하화장비 - 에이프런의 폭 - 하화장비의 수량	- 항만 하화장비 - 특수 하화장비
전환능력	- 화물형태 - 화물 취급장비 수량	- 화물 취급장비 형태
저장능력	- 최초능력 - 운용능력 - 사용장비	- 평균 지체시간 - 터미널 시설 - 적재방법
정리능력	- 차량에 의한 수송능력 - 터미널 장비 및 노무자 현황	- 관문능력
기 타	- 적 위협 - 투입인원의 기술 및 숙련 수준	- 기후 및 기상

다. 이동관리

이동관리란 작전지역 내 이동소요를 미리 예측하고 이를 종합하여 이동 순위에 의거하여 부대별 노정사용 및 이동시간을 사전에 판단·조정 통제하고 이동관리 관련 제 요소와 유기적인 협조를 통해 제반대책을 강구하여 원활한 이동을 보장하는 것이다. 따라서 이동관리계획은 중앙집권화하되 실시는 작전책임 제대별 및 지역별로 분권화하여 운용함으로써 효율적인 이동관리가 가능하며 이를 극대화할 수 있도록 해야 한다.

1) 이동관리계획 수립 및 지시

이동관리계획을 수립하는 데 있어, 한 지점을 출발하여 다수의 지점에 수송하고 돌아오는 경우의 차량경로 문제(Vehicle Routing Problem), 2일 이상의 주기적인 수송에 관한 주기적 차량경로(Periodic Vehicle Routing Problem), 다양한 차량들의 조합을 통한 수송방법으로서

19) 상게서, pp. 4-8.

다용량 차량경로 문제(Heterogeneous Fleet Vehicle Routing Problem), 다수의 공급자로부터 다수의 수요자로 수송하는 문제를 효율적으로 해결하는 방안에 관한 수송계획법(Transportation Problem) 등으로 구분할 수 있다.

이동관리계획을 수립하기 위해서 다양한 이동소요를 종합하여 이동능력을 판단하여야 한다. 군에서는 보급로의 가용성, 적 및 작전 상황, 이동순위를 고려하여 이동관리계획을 수립한다. 이때에 전산 프로그램인 국방수송정보체계(DTIS: Defense Transportation Information System)를 활용한다.[20] 이러한 전산 프로그램에는 위에서 설명한 각종 경로문제와 수송계획법의 알고리즘이 구현되어 있다.

이동관리계획이 수립된 이후에는 이동시간 및 경유지를 포함하여 이동부대에 이동지시를 하달하게 되며 도로사용 인가번호를 부여한다.

2) 이동관리기구 협조 및 운용

이동관리는 육로조정소(HRP: Highway Regulation Point) 및 교통통제소(TCP: Traffic Control Point) 운용을 통해 이동로 및 출발시간의 조정, 통제, 주·정차 통제 등 원활한 이동관리를 보장할 수 있도록 이동관리기구 간 협조가 원활해야 한다.

실시간에는 출발시간의 조정, 수송 중 정지, 우회수송, 전환수송, 중계 등 이동 간 수송활동을 조정 및 통제한다.

라. 수송관리 성과측정

수송관리 성과측정은 사용자 및 공급자 관점에서의 성과측정 방법이 있다. 여기서 수요자로서 사용자 관점과 공급자 관점의 성과측정을 알아보자.

사용자 입장에서 성과관리는 수송활동에 대한 만족도와 연계되고 결과지표라는 점에서 수송관리를 개선하는 데 전략적 방향을 설정하고 능력을 확장하는 방안을 수립할 때 시사점을 제공한다. 반면에, 공급자 입장에서 성과관리는 업무수행의 효율성을 제고하는 데 참고가 될 수 있다.

현재 군에서 적용하는 사용자 중심의 성과지표는 정시 도착률(On Time Delivery)이다. 정

20) 상게서, pp. 5-9.

시 도착률은 지정된 기간에 총 청구한 건수 대비 군수품이 도착하여 수령한 건수의 비율을 말한다. 산정방법은 사용자 대기기간 및 청구 대기기간에서 목표기간 내에 청구한 군수품이 정시에 완전한 수량으로 인도된 주문건수에 대해 총 주문건수의 비율로 산정한다. 대상은 2, 4, 9종 품목에 한정한다.[21] 따라서 정시 도착률은 각 보급관리 및 정비관리의 성과측정과 함께 적용한다. 수식은 아래와 같다.

$$\text{정시도착률} = \frac{\text{목표수준 기간 이내 도착건수}}{\text{총 청구 건수}} \times 100$$ [22]

이 밖에도 손병식(2003)이 주장하는 안전성 지표가 있다. 군수품이 장기간 수송될 경우 환적에 의한 파손, 훼손 또는 누수 등에 의한 변질 등이 발생할 수 있다. 이를 수송하자라고 하며, 최초 적송지점에서 제품에 대한 소유권이 수송업체로 이전된 후 전(全) 수송과정에 발생한 하자를 말한다. 수식은 아래와 같다.

$$\text{안전성} = 1 - \frac{\text{하자 발생 단위수}}{\text{총 수송 품목 단위수}}$$

사용자 입장에서는 안정성이 높은 것이 좋으며 이는 수송하자가 적다는 의미이다.[23]

수송관리의 공급자 입장에서의 성과측정으로 장준근(2008)은 수송차량 적재효율을 제시한다. 수송차량의 적재공간 대비 군수품의 적재 부피의 비율이다.[24] 이미 우리 군에서는 2013년부터 무게톤을 부피톤으로 적용하도록 논의한 바 있으나 이를 실질적으로 적용하기 시작한 것은 2015년부터라고 볼 수 있다. 수송차량 적재효율의 수식은 아래와 같다.

$$\text{수송자량 적재효율} = \frac{\text{적재 부피}}{\text{차량 적재공간}} \times 100$$

21) 「군수지원 성과관리 규정」(육군규정 427, 2018.2.12.) 제6조.
22) 「군수지원 성과관리 훈령」(국방부 훈령 제2047호, 2017.6.28.) 별표 3.
23) 손병식(2003), 전게서, p. 568.
24) 장준근(2008), "SCM과 BSC 통합적용 군수 성과측정 프레임워크 실증 연구", 서울벤처정보대학원대학교, p. 75.

3. 물류혁신[25)]

군수활동을 물류의 측면에서 해석하려는 다양한 노력이 있다. 그러한 일련의 연구 중에서 장기덕(2012)은 군수활동을 SCM 측면에서 규명하려는 시도가 있었고, 문성암(2013) 등은 최근 다수의 연구를 통해서 물류활동의 실질적인 데이터분석을 통해서 권역별 통합물류의 실질적인 방안을 제시하기도 하였다.

군내·외의 많은 노력은 국방부, 각 군 본부, 군수사령부 등에서 가시적인 성과를 거두고 있다. 지금까지 물류혁신의 노력을 실질적인 사례를 통해서 체계적으로 분석하여 시사점을 제공하고자 한다.

가. 물류혁신 배경 및 연구동향

1) 물류혁신의 배경

맥킨지(2013)는 국방전력 운영분야 경영진단 중간보고를 통해서 야전의 전투부대에서 체감하는 군수지원을 향상시키기 위해서는 다단계의 물류체계, 물류설비 미비, 제한적 수송과 성과관리 미흡을 우선 개선해야 할 분야로 지적한다.[26)] 국방부에서는 이러한 인식에서 최근까지 군 물류혁신에 중점을 둔 다수의 정책연구[27)]를 진행하였다. 정책연구, 세미나 및 공청회 등을 통하여 현행의 군수지원체제와 기능을 유지한 가운데 야전의 군단급 이하 제대에서 군수활동의 통합운영 방안을 구상하고 구체적인 시행방안을 마련하는 것에 대한 논의로 수렴되었다. 이를 토대로 2013년 말에는 군 물류혁신을 국방부 정책과제로 하달하고 육군에서는 부대를 지정하여 일종의 시범사업을 추진하기로 하였다. 시범사업을 통해서 보급, 정비 및 수송을 통합 운영하여 성과향상을 확인할 수 있을 것으로 기대하였다. 현재는 전군을 대상으로 이러한 물류혁신 방법론을 확대 적용하고 있다.

---

25) 본 장의 내용은 장준근·김명섭(2015), "육군 야전군수활동의 통합운영방안에 관한 연구", 『한국군사학논총』 4(2), pp. 159-183에서 정리하였음.

26) 맥킨지(2013), 『국방전력운영분야 경영진단 및 실행과제 도출』, 국방부 정책연구 중간보고, p. 32.

27) 국방부에서 시행한 주요 3차례의 군 물류혁신 정책연구는 다음과 같다.
국방부(2004), "군 물류체계 개선 방안", 국방대학교 SCM 연구실; 국방부(2013), "군 보급체계를 통합물류체계로 개선하기 위한 개선방향 및 ㅇㅇ지역 사업시행 연구", 국방대학교·CJ대한통운 물류연구소; 국방부(2014), "군 업체직납 실태분석 및 개선방안 연구", 국방대학교·CJ대한통운 물류연구소.

2) 군 물류 연구동향

군수활동에 대한 군내·외의 연구는 총론적 접근, 과학적 분석 그리고 술(術)적 운영에 관한 접근 등 다양한 형태로 이루어져왔다. 문성암 등(2004)은 현재 군 물류체계는 다단계 구조로 변화에 대한 대응이 느리고 복잡한 군수품 분류에 따라 담당관의 전문성이 저하될 우려가 있다고 본다. 특히 수직계통의 제대별 분리운영으로 사용부대, 군지사, 군수사 간 정보의 단절로 채찍효과(Bull-whip effect)가 발생한다[28]고 분석하였다. 군수품의 유형별로 소모성 품목은 사용부대에서 자체 조달하고, 기능성 품목은 사단급 지원부대에서 조달하되, 전투 긴요 품목과 대형 장비와 물자류는 군수사에서 중앙 재고통제를 할 것을 권고하였다.[29]

한편, 군내의 군수분야에서 다양한 연구를 진행해온 한국국방연구원의 장기덕 외(2005)는 미래의 군수지원 환경과 요구능력을 제시하면서 국방운영유지 예산의 감소 추세로 군이 필요로 하는 장비 및 물자의 적정 수준 확보가 곤란할 것으로 보았다. 군사력의 감축은 군수지원 인력의 감축을 동반할 것이며 군수지원 조직의 통합, 군수업무의 효율화가 필요할 것으로 내다보았다. 군수분야별 발전방안을 제언하면서 보급관리에서는 비정상적인 수요가 만들어내는 소요예측의 정확도 저하에서 보급관리의 문제점이 출발한다고 분석하였고, 이에 따라 수요예측의 정확도를 제고하고 보급 소요시간을 단축하고 전군의 재고수준을 최적화할 것을 제안하였다.[30]

이상돈과 김철환(2012)은 군수를 군사목표를 부여받아 군사력을 발휘하고 지속 유지하도록 군수품을 지원하는 제반활동으로 정리하였다. 동·서양의 전쟁사를 통하여 발전되어온 군수의 모습과 광복 이후 현재에 이르기까지 군수 8대 기능의 정립, 조직의 통합과 분권화 과정 등을 다루면서 군수의 지원체제와 구조, 군수 운영, 군수정보체계 등 분야별 담론을 제시한 바 있다. 특히 군수 목표의 효과성은 군수의 현장인 전투부대의 만족도로 평가되어야 하며 현장에서 만족하지 못하는 군수지원 활동은 그 과정과는 무관하게 목표를 달성하지 못한 것으로 보았다. 따라서 군수업무는 사용자 입장에서 판단하고 조치하여야 하므로 사용자가 필요한 요소를 통합하여야 하고 사용자가 원하는 시간과 장소에 지원해야 한다고 주장한다.[31]

한편, 장기덕(2012)은 SCM 개념을 적용하여 군 외부 공급업체와 파트너십, 군수 내부의 기능 간 통합에 의한 협업, 군사력 운용과의 연계를 강조하였다.[32] 또한 보급 및 재고관리의 제도

28) 문성암·이상진·이상용·정진용(2004), "군 물류체계 개선 방안", 국방대학교 SCM 연구실, pp. 11-12.
29) 상게서, pp. 127-129에서 인용.
30) 장기덕·김준식·최수동·이성윤(2005), 『군수혁신』, KIDA Press, pp. 63-64.
31) 이상돈·김철환(2012), 『군수론』, 청미디어, p. 370.
32) 장기덕(2012), 『군수관리의 이론과 실제』, KIDA Press, p. 21.

적 장·단점을 분석하면서 중앙물류센터, 지역물류센터 그리고 지역 특화 보급센터의 도입과 적용을 제시하였다. 중앙물류센터에서는 전군지원 품목을 통합 관리하는 장기 저장품목 위주로 관리하고, 지역물류센터는 군지사 예하의 보급대대 및 정비대대 등의 창고와 군수사 예하 보급창고를 통합하여 지역 내 일반물자의 보급을 전담하는 물류거점화를 시킬 것을 주장한다. 반면에 수요가 불확실한 수리부속 등 청구보급 품목의 원활한 보급을 위해 택배형식으로 사용자에게 보급하는 지역지원 개념의 지역 특화 보급센터를 지역물류센터 내에 설치할 것[33]을 아울러 제안하였다.

한편, 국방부에서는 2006년부터 한국국방연구원과 정책연구를 통해서 '사용자 중심의 군수성과관리 지표'를 개발하여 군수분야에 적용하기 시작하였다. 종래의 공급자 입장에서 군수업무의 효율성을 측정하는 지표에서 탈피하여, 사용자의 관점에서 군수업무의 성과를 측정하는 포괄적 지표를 통해서 군수지원의 효과성과 사용자의 만족도를 동시에 측정하는 것[34]이 특징이다.

한편 장준근과 채명신(2008)은 사용자 중심의 군수성과관리 지표에 공급사슬관리(SCM)의 전략적 프로세스를 적용하여 군수활동을 전략적 목표와 일치시키고 물적 흐름과 정보의 흐름을 공급자로부터 수요자에게 전·후방으로 효과적이고 효율적으로 관리할 것을 제안한다. 또한 균형성과지표(BSC)[35]의 관점에 델파이 기법을 적용한 전문가 조사를 토대로 고객 및 이해관계자·재정 및 자원관리·내부 프로세스·학습과 성장의 관점으로 재(再)정리하였다. SCM과 BSC 선행연구에서 핵심성과지표(KPI)[36]의 풀(pool)을 만들고 실증분석을 하였다.[37] 한편, 구영서[38]는 핵심성과지표는 물류활동에 있어 대시보드(Dashboard)의 표시판과 같다고 강조하고 물류활동의 수송, 배송관리 등에 적용할 수 있는 핵심성과지표(KPI)를 제안한 바 있다.

김진태(2008)는 군수기능별 성과지표 간 인과관계를 분석하고 중점적인 성과지표를 도출하기 위해여 시스템 다이내믹스(System dynamics)를 이용한 모형을 설계하였다. 군수지원 성과관리가 전투력 향상에 미치는 영향을 검증하였고 소요, 조달, 보급, 정비 등의 군수 기능과 관련하여 수요예측의 정확도와 더불어 사용자 대기기간의 단축을 위한 노력은 사용자 만족도와 장비 가동률에 직접적으로 영향을 준다고 주장하였다.[39]

33) 상게서, p. 344.
34) 최수동·조관식·선미선(2006),『사용자 중심의 군수지원 성과관리체계 연구』, KIDA Press.
35) 균형성과지표(BSC: Balanced Scorecard)는 캐플런(Kaplan)과 노턴(Norton)이 공동 개발한 성과평가 수단으로 조직목표 달성을 위해 고객, 재무, 내부 프로세스, 학습과 성장 등 네 가지 관점을 제시함.
36) 핵심성과지표는 조직의 목표 달성 정도를 개량하는 지표임.
37) 장준근·채명신(2007), "BSC적용 군수 성과측정 프레임워크 실증연구,"『로지스틱스연구』 15(2), pp. 1-22에서 인용.
38) 구영서(2005),『핵심평가지표관리 KPI』, 물류신문사, p. 12.

한편, 김영태와 류우식(2010)은 물량 중심, 다단계 수직적인 지원구조, 군 전담 위주의 군수관리체제에서 속도 중심의 군수관리체제로의 전환이 필요하다고 제안하였다. 속도 중심의 군수관리를 정책과 기능으로 구분하고 군수관리의 성과평가 요인으로 능률성, 비용절감, 전투부대 만족도 등을 제시하였다.[40]

박화진과 임명균(2015)은 공급자로부터 사용자에 이르는 공급사슬 내에서 방위사업청, 군수사령부, 군지사, 사단 및 여단을 포함하는 군수 네트워크에서 상호 간 협력역량을 측정하였다. 조직 간 협력은 공급사슬의 성과에 영향을 미치고 공급사슬 내 협력은 참여조직의 협력역량에 의해 수준이 결정된다고 보았다. 군수활동에 있어 가장 중요한 지표는 사용자 대기시간(CWT)이고 조달기간, 수요예측 정확도이며 다음 요소로서 군수 네트워크 간의 협력과 신뢰를 중요 요소로 열거하였다.[41]

신혜경과 홍유신(2007)은 SCOR 모델[42] 중에서 고객 관점으로 신뢰성, 대응성을 제시[43]하고 있으며 이를 토대로 신뢰성은 지원의 신뢰성과 투명성으로 구분하고 대응성은 연락의 용이성, 활동의 적극성, 지원요구에 대한 대응성으로 구분하였다.

나. 보급, 정비 및 수송의 통합운영을 통한 물류혁신

1) 물류혁신이 어려운 현장의 실태

야전군은 군단을 중심으로 재편되면서 작전의 완전성을 보장하기 위해 전투, 전투지원 및 전투근무지원 능력이 확장되고 있다. 부대개편계획에 따라 2017년 이후 군단급에 군지여단이 창설되었고 이때 기존의 군지사 예하 기능대대가 재편되는 방식이 적용되었다. 전투 및 전투지원부대는 기동력이 증가하고 작전계획은 전장의 유동성에 맞추어 융통성 있게 지속적으로 발전할 것으로 예상된다.

이에 따른 군수지원은 전투 및 전투지원부대의 변화에 따라 적시에 지원 가능해야 하지만,

39) 정진태(2008), "군수지원 성관관리에 관한 동태적(System Dynamics) 모형 설계", 『국방정책연구』 24(3), pp. 223-272.
40) 김영태·류우식(2010), "속도중심 군수관리의 성과평가에 관한 실증연구", 『국제회계연구』 34, pp. 49-73.
41) 박화진·임명균(2015). "공급사슬 내 협력역량 측정에 관한 탐색적 연구", 『유통연구』 20(3), pp. 157-188.
42) SCOR 모델(Supply Chain Operations Reference model)은 SCC(Supply Chain Council)에서 개발하여 보급하고 있는 공급사슬 프로세스 분석 및 설계 모델로서 성과지표를 제시함
43) 신혜경·홍유신(2007), "SCOR 모델과 만족도 함수를 이용한 공급 사슬의 성과 측정 프레임워크 개발에 관한 연구", *Entrue Journal of Information Technology*, p. 162.

물동량이 수반되고 저장 및 관리되는 상태에서 최단시간 내 지원한다 하더라도 색출, 포장, 적재, 수송 및 배송, 하화의 시간이 반드시 필요하다. 따라서 작전활동에 대한 지속적인 모니터링이 중요하고 사전에 예측하고 준비할 시간을 확보해야 한다. 공급사슬관리 측면에서는 제작 및 공급업체로부터 중간의 유통과정, 최종적으로 사용단계에 이르기까지 수요와 공급에 대한 물적 흐름과 정보의 흐름이 동시화(Synchronization)되어야 한다.[44] 야전군수 활동은 이러한 공급사슬에서도 수요자와 접점에 위치하고 있다고 본다.

지금까지 야전의 군수활동은 병과와 종별 구분에 기반을 두고 보급, 정비, 수송, 탄약 및 기타 근무지원 활동으로 활성화되어 있다. 보급분야는 주로 1종(식량), 2종(피복류), 3종(유류), 4종(건설자재), 8종(의약품), 9종(수리부속)에 대해 군수사 및 업체로부터 공급받아 야전군에 대한 지원을 하고 있다. 정비분야는 기동, 궤도, 화력, 감시 및 탐지, 통신 및 전자전, 특수무기, 일반 장비 등에 대한 정비활동을 포함한다. 정비는 사용자 정비, 부대 정비병에 의한 정비, 직접지원 정비, 일반지원 정비, 창 정비 등 5단계의 정비체계가 적용된다. 또한 군내의 정비인 군직정비와 외부의 제작업체나 정비전문업체에 의한 외주정비, A/S정비로 구분할 수 있다. 수송분야에서는 경차량, 중차량, 버스 및 중장비 수송차량 중·소대를 편성하여 야전군 예하부대의 이동을 지원한다. 차량에 의한 이동지원, 이동 간 호송, 차량 경정비 업무를 수행한다. 탄약분야는 탄약 보급소(ASP: Ammunition Supply Point)를 운영하면서 탄약의 저장 및 관리, 정비 및 지원활동을 포함한다. 기타 근무지원활동으로 세탁, 목욕 및 폐기물 수거 등을 수행한다.

2) 보급, 정비 및 수송의 통합운영

앞서 이론적 고찰에서 살펴본 바와 같이 최근까지 군내·외 학자들의 연구와 제언들을 통해서 우리 군 물류혁신의 필요성과 방향에 대한 넓은 공감대가 이루어졌다. 소비자인 전투부대에서는 어떤 형태의 군수지원이든 통합되어 지원됨으로서 작전지속의 부담을 갖지 않고 오로지 전투에 집중할 수 있는 여건이 중요하다. 이상돈과 김철환(2012)은 전장공간의 첨단에서 전투력을 발휘하는 야전의 군수지원은 통합운영으로 추진되는 것이 바람직하다[45]고 하고, 김영태와 류우식(2010)도 군수통합 지원의 핵심이 속도에 맞추어져서 가용성을 향상할 수 있어야 한다고 주장한다.[46]

한승철과 김정희(2011)는 물류공동화는 공동 수·배송체계 도입 등 물류활동을 공동화하여

44) 장기덕(2012), 전게서, pp. 343-348.
45) 이상돈·김철환(2012), 전게서, p. 371.
46) 김영태· 류우식(2010), 전게서, p. 66.

물류비를 감소시키고 경쟁력을 제고[47]한다고 주장한다. 이제현과 이용운(2015)은 물류공동화를 통해 규모의 경제를 실현하고 비용을 줄일 수 있다고 보았다.[48] 또한 물류공동화의 형성 요인으로 협력의 조직과 문화, 업무 절차의 상호 이해, 개방적 의사소통과 표준화, 물류정보 시스템의 구축 등을 제안하였다. 물류공동화를 위한 상호 간의 신뢰와 조직의 자발적 노력을 결정 요인으로 제시하면서 물류공동화를 통해서 물류비용 절감 등 재무적 성과와 고객만족의 향상, 핵심역량에 집중 등 비재무적 성과를 달성한다고 주장하였다.[49]

직접적인 측면에서는 국방부와 육군이 ○군지사에 부여한 2014년 육군의 물류혁신 시범사업을 통해서 보급·정비 및 수송의 통합운영 방안이 구상되고 발전되었다고 본다. 이론을 바탕으로 모델을 구상하고 설문조사 또는 모의(Simulation)를 통한 검증 정도에 있었던 그간의 연구와 논의를 실제 현장에 적용한 첫 사례이다. 이론적 연구와 분석에서 제한되었던 군 물류에 관련된 제도, 조직, 설비와 장비, 운영 및 성과측정까지를 포괄하여 검토할 수 있게 되었다. 시범사업은 2014년 7월부터 ○군지사가 주관이 되어 ○○ 축선의 보급·정비 및 수송부대를 대상으로 시행되었다. 국방부 및 육군에서는 개략적인 지침을 하달하고 ○군지사에서는 물류혁신 TF를 구성하여 세부적인 기준과 절차를 새로이 발전시켜야 하였으며 시범사업 간 평가는 한국국방연구원, 국방대학교 등과 협업으로 보고회 및 세미나 등을 통해 진행하였다.

(1) 여건의 조성

야전 군수통합 운영방안을 구축하기 위해서 개선해야 할 사항은 소요기획, 획득 및 조달, 저장 및 관리, 수·배송 등 전(全) 분야에서 검토되고 시행되어야 한다. 이 중에서도 소요기획, 연구개발, 획득 및 조달분야는 주로 군수사 이상의 국방부, 육본, 방사청 등 정책부서에서 담당하고 개선해야 할 업무분야이지만 야전의 통합운영 방안을 구성하여 제대로 시행하기 위한 필수 선행사항이라고 보았다.

군수란 물적 흐름을 다루는 것이고 이러한 군수업무는 본질상 기능별 업무라기보다는 정책과 야전이 연계된 프로세스에 의한 업무이기 때문이다. 주로 정책분야에서 다루는 법규와 제도, 조직 그리고 예산과 관련하여 지속적인 개선 노력이 필요한 이유이다.

47) 한승철·김정희(2011), "물류전략이 파트너십, 물류공동화, 물류성과에 미치는 영향: 제주지역 중소기업을 중심으로", 물류학회지 21(1), pp. 210-211.
48) 이제현·이용운(2015), "물류공동화의 물류협력 결정요인과 성과에 관한 실증연구", 『해운물류연구』 31(2), p. 276.
49) 상게서, p. 298.

(2) 준칙으로 적용한 사항

야전에서 보급, 정비 및 수송활동의 통합운영을 위해서 각각 기능별 지원활동을 고유 업무로 재정립하고 유기적으로 결합시키며 보급 및 정비가 각각 보유했던 수·배송 기능을 공동물류의 선행연구에서 제안한 바와 같이 수송기능으로 통합하는 방안이 있다. 또한 법규와 조직편성이 바뀌지 않았기 때문에 기존의 병과별 기능부대 운영의 틀을 유지하면서 우선적으로 상호 협업할 분야를 찾아내어 기준을 정해주는 것이 운영상 혁신의 효과를 거두는 데 중요하였다.

① 보급수준 재설정

우리 군수지원 활동에 현재 적용하고 있는 기준들을 검토하여 재정립할 필요가 있다. 기능별, 종별 군수지원에서 구현되는 군수지원부대의 기준을 사용부대의 관점에서 역(逆)으로 재정리할 필요가 있는 것이다. 보급수준의 구성요소인 조달 소요기간(PROLT: Procurement Lead Time), 발주 및 수송기간(OST: Order and Shipping Time), 운영수준(OL: Operating Level), 안전수준(SL: Safety Level)에 대해서 조달여건의 변화, 정보화 발전, 도로망 및 수·배송 등 물류발전을 감안하여 반영해야 한다.

② 인가저장 품목 산정 정립

인가저장 품목(ASL) 산정을 종래의 빈도 중심에서 빈도와 중요도를 고려하도록 개선하고 특히, 수요 융통률 85%를 달성할 수 있도록 하향식(Top Down)과 상향식(Bottom Up) 방법을 적용하여 군지사 및 사단급 부대에서 통계적 종합, 분석 및 조정을 해야 한다.

③ 수요의 긴급도에 따른 우선순위 부여

현재의 종별, 기능별, 품류별 일괄관리를 전투부대의 소요에 따른 우선순위에 따라 변경할 경우, 가용성이 제한된 군수품이라도 군수지원의 효과성을 좀 더 향상시킬 수 있을 것이다. 긴급, 우선 및 일반으로 품목을 구분하고 차등 관리하되, 관리와 지원의 우선순위이므로 사용의 빈도와 품목의 중요도를 동시에 고려해야 한다. 품목의 중요도와 사용빈도에 따라서 저장위치와 저장부대를 구분하고 보급수준을 차등화하고 취급방침을 구체화하면서 주기적으로 대상품목을 선정해야 한다.[50]

---

50) 시범사업 시 적용한 우선순위 부여는 다음과 같이 정리하였다.
긴급품목은 사용부대의 청구빈도가 낮고 해당 품목의 지원이 임무수행에 직접적 영향을 주는 품목으로 정의한다. 이러

④ 보급거래선 조정

군수지원부대와 사용부대 간 보급거래선은 어떤 기준으로 선정하여 유지하는가는 중요한 문제이다. 현재의 보급거래선에 대한 관리는 군지사에서 사단까지 추진보급하고 그 외 부대는 보급소 분배 방식으로 처리하고 있기 때문에 군수지원의 효율성 측면에서 개선의 요구가 있었고 앞으로 군수사와 군지사는 공히 추진보급을 원칙으로 하고 일부에서는 실질적으로 추진 보급해야 할 보급거래선의 증가로 과중한 부담이 예상된다. 따라서 사용부대 중에서도 편제차량을 갖추고 있는 근거리 부대는 일정한 반경을 기준으로 저장기능이 없는 크로스 도킹(Cross Docking)[51] 방식으로 스포크(Spoke)[52]를 유지하는 보급거래선 지정이 필요하다.[53]

⑤ 정기노선 순회배송

수·배송 측면에서 기존의 종별 수·배송과 축선별 지원을 혼합적재와 정기노선 순회배송으로 변경하여 배송횟수를 증가시키면 사용자 대기기간(CWT)을 단축할 수 있다고 보았다. 추진보급을 위해서는 책임지역을 1일 이내에 추진 보급해야 할 부대수와 운행거리를 고려하여 3~4개 지역으로 구분하여 정기노선을 설정한다. 정기노선은 고정시키는 것이 아니라 지원 부대 수, 부대별 물동량, 운행거리 등을 고려하여 탄력적으로 적용한다.

⑥ 부대 간 협업을 위한 절차 정립

장기적인 투자와 개선이 필요한 인프라 요소를 단기간에 개선하는 데 제약이 있을 경우, 현 상태를 유지한 상태에서 물리적 통합이 아닌 운영상의 통합을 통해 효율성을 향상시킬 수 있다.

한 품목은 가급적 사용부대에 근접한 군지사 또는 군지여단의 군단축선별 지원부대와 사단급 이하 시설부대의 창고에서 저장 및 관리해야 한다. 또한 현재와 같은 일률적인 보급수준을 유지하기보다는 품목별 수량관리체제로 전환이 필요하다. 대략적으로 취급하는 군수품의 약 10%를 범위로 산정하고 적절한 수량을 사전에 확보하여 저장 및 관리해야 한다. 규정 휴대량(PL: Prescribed Load)과 인가저장 품목을 우선 고려하여 선정하고 취급의 신속성을 감안하여 긴급 라벨을 정보체계와 바코드에 명시하고 청구와 불출 시 최우선적으로 적용하여 1-2일 이내에 보급을 완료해야 한다.
우선품목은 사용부대의 청구빈도가 비교적 높고 해당 품목의 지원이 우선되어야 하는 품목으로 정의한다. 가급적 군단축선별 지원부대 중심으로 보급수준을 유지하되 대략 30-50%로 유지가 타당하다. ASL 중에서 긴급품목을 제외한 대부분의 품목을 포함하고 3-6일 내에 보급을 완료해야 한다.
일반품목은 긴급품목과 우선품목을 제외한 품목으로 임무수행에 대한 제한이 크지 않고 대체품을 사용할 수 있는 경우에 적절하다. 이러한 품목은 대체적으로 후방 군수기지에서 저장 및 관리하거나 업체에 의한 재고관리 등으로 군의 저장관리 부담을 최소화 할 수 있는 품목이다. 군수품 중 대략 40-60%의 비중으로 관리하며 7-10일 내에 보급을 완료해야 한다.

51) 크로스 도킹은 상품을 수령하는 즉시 중간 저장단계 없이 배송하는 것을 의미하며 보관 및 상·하역 작업 등을 제거함으로써 시간과 비용을 절약함.

52) 스포크는 물류용어로서 허브 앤 스포크(Hub and Spoke)라는 개념에서 출발지 또는 목적지를 스포크로 보고 물류가 집결하는 장소를 허브(Hub)로 봄.

53) 국방부(2013), "군수부대 개편에 따른 00지역 보급지원체계 효율화 방안 연구", 국방대학교·CJ대한통운 물류연구소, p. 17.

아래 그림에서 ① 수송대대에서는 통합 수·배송 전담팀을 구성하여 정기노선별 배차하는 임무를 수행하고, ② 정비대대에서 거래부대별 청구된 수리부속을 적재하며 ③ 보급대대에서 피복류와 건설자재류를 적재한 후에 ④ 정기노선별로 수·배송하는 절차를 적용할 수 있다.

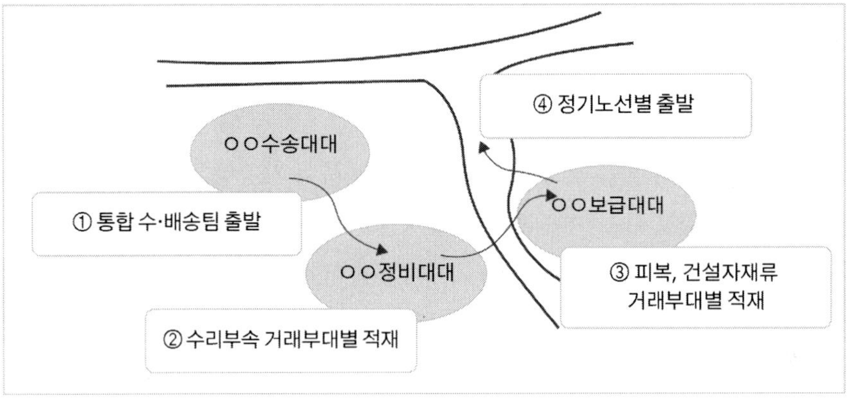

〈그림 13-1〉 보급·정비·수송의 운영상 통합을 위한 부대배치와 업무 절차(예)

다. 성과측정 및 분석

1) 성과측정 프레임

이러한 물류혁신을 지속하고 확대하기 위해서는 객관적이고 체계적인 성과측정이 반드시 수반되어야 한다. 성과측정의 결과를 통해서 공감대가 확대될 수 있기 때문이다. 종래의 기능별 지원과 통합운영의 성과를 비교하기 위해서는 군수지원 활동을 평가할 수 있는 성과측정 프레임워크가 필요하다. 먼저 투입, 경과 및 결과 측면으로 구분하고 핵심성공요인(CSF)과 핵심성과지표(KPI)[54] 등 계층적 체계를 적용할 수 있다. 장준근과 채명신(2007)의 연구에서 제안한 체계에 따라 군지사의 보급·정비 및 수송활동에 적합하게 발췌하여 적용하였으며, 국방부 정책연구의 결과로 제시한 전투부대 사용자 중심의 성과지표들과 다수의 연구자들이 제시한 핵심성과지표를 함께 적용하였다. 또한 구영서(2005)가 제안한 물류활동에 공통적으로 적용 가능한 핵심성과지표 풀(Pool)에서 장비 활용률 등의 지표를 추가로 선정하였다. 투입 측면의 인력과

54) 핵심성공요인(CSF: Critical Sucess Factor)은 조직의 비전과 목표를 중심으로 목표 성취를 위해 조직에서 가장 핵심적인 경쟁우위 요소를 말하며, 핵심성과지표(KPI: Key Performance Indicators)는 조직의 목표달성의 정도를 계량하는 지표임. 구영서(2005), 전게서, p. 12와 위키백과에서 발췌 정리.

시설분야, 과정 측면의 배송관리 및 정보체계 활용분야에 대한 측정지표는 시범사업을 준비하고 추진하는 과정에서 물류혁신 TF에서 추가로 개발하여 적용하였다. 결과적으로 투입, 과정 및 결과 등 3개 측면, 인력 최적화 등 12개 핵심 성공요인에 기반한 42개 핵심성과지표를 프레임워크로 구상하였다.

성과측정 대상부대는 각 보급, 정비 및 수송대대로 하고 군 물류의 특성상 조달의 순기, 계절적 요인, 훈련시기 등 환경적 요인이 거의 동일한 특정 기간을 선정하여 비교함으로써 실질적 종단 비교 연구가 가능할 것으로 보았다.

종단적인 비교를 위해 다음과 같이 데이터를 수집하여 사용한다. 첫째, 육군 군수정보체계[55]에서 데이터를 직접 사용한다. 둘째, 직접적인 산출이 제한되지만 일부 원천 데이터를 측정수식에 대입하여 산출한다. 셋째, 정보체계에서 산출이 제한되는 경우에는 부대의 일일, 주간 단위 보고 자료를 인용한다. 넷째, 전투부대 만족도 측정 등 정성적인 평가는 설문조사를 통해 분석한다. 설문조사는 고객 관점의 신뢰성과 대응성을 기초로 5개 분야로 구분하여 지원의 신뢰성, 투명성, 연락의 용이성, 지원의 적극성, 요구에 대한 대응성 등을 포함하여 21문항으로 구성하고 리커트 5점 척도를 적용하였다.

〈표 13-4〉 성과측정 프레임워크

구분	CSF	KPI	비 고	구분	CSF	KPI	비 고
투입 측면 (8)	인력 및 조직 최적화	투입인력 감소율	김영태 외(2010)	과정 측면 (13)	출고관리 효율성	출고처리	장준근 외(2007)[56]
		직무교육 이수율	장준근 외(2007)		배송관리 생산성	적송 접수시간	물류TF
	시설소요 충족성	창고수 증·감소율	물류TF			배송 접수시간	물류TF
		창고 내 적재 가용률	물류TF			적재효율	장준근 외(2007)
	설비 및 장비 현대화	설비 설치율	물류TF			추진 보급율	물류TF
		장비 활용률	구영서(2005)			회송률	물류TF
	정보체계 활용성	행정시간 단축률	문성암 외(2004) 김영태 외(2010) 군수정보체계			귀로 수송률	물류TF

55) 육군의 군수 관련 정보체계는 지휘관 및 정책부서에서 활용하는 군수지휘 정보체계와 보급부대에서 활용하는 국방물자 정보체계, 정비부대에서 활용하는 장비정비정보체계, 수송부대에서 활용하는 국방수송 정보체계, 탄약부대에서 활용하는 국방탄약관리 정보체계 등이 있음.

<table>
<tr><td></td><td></td><td>자산 가시화
(정확성)</td><td>김영태
외(2010)
군수정보체계</td><td rowspan="6"></td><td rowspan="3"></td><td>유류소모 감소</td><td>김영태 외(2010)</td></tr>
<tr><td rowspan="13">과정
측면
(13)</td><td rowspan="2">수입활동
신뢰성</td><td>수입처리
시간</td><td>김영태
외(2010)</td><td>차량 운행률</td><td>구영서(2005)</td></tr>
<tr><td>적기 조달률</td><td>김철환
외(2012)
박화진
외(2015)</td><td>정시 도착률</td><td>김영태 외(2010)</td></tr>
<tr><td rowspan="10">재고관리
효율성</td><td>청구 대기
기간</td><td>최수동
외(2006)</td><td rowspan="3">정보체계
활용성</td><td>체계 연동률</td><td>문성암 외(2004)</td></tr>
<tr><td>저장 비율</td><td>물류TF</td><td>현장업무 시간
감소</td><td>김영태 외(2010)</td></tr>
<tr><td>재고 회전율</td><td>최수동
외(2006)</td><td>수입 완결률</td><td>군수정보체계</td></tr>
<tr><td>보급수준
적정률</td><td>최수동
외(2006)</td><td rowspan="8">결과
측면
(8)</td><td rowspan="2">전투부대
지원 충분성</td><td>장비 가동률</td><td>군수정보체계</td></tr>
<tr><td>수평전환
조치율</td><td>최수동
외(2006)</td><td>보급기준
충족률</td><td>장준근 외(2007)</td></tr>
<tr><td>보급 조치율</td><td>군수정보체계</td><td rowspan="4">전투부대
만족도</td><td>전투부대
만족도</td><td>최수동 외(2006)
신혜경 외(2007)
김철환 외(2012)</td></tr>
<tr><td>긴급청구
충족률</td><td>군수정보체계</td><td>사용자
대기시간</td><td>최수동 외(2006)
김영태 외(2010)
박화진 외(2015)</td></tr>
<tr><td>ASL 점유율</td><td>군수정보체계</td><td>정비시간</td><td>최수동 외(2006)</td></tr>
<tr><td>수요 융통율</td><td>군수정보체계</td><td>클레임
조치율</td><td>구영서(2005)</td></tr>
<tr><td>재고 고갈율</td><td>군수정보체계</td><td rowspan="2">단위
생산성</td><td>단위
물류비</td><td>구영서(2005)</td></tr>
<tr><td>출고관리
효율성</td><td>색출/재포장</td><td>구영서(2005)</td><td>불출기준
생산성</td><td>구영서(2005)</td></tr>
</table>

보급·정비 및 수송의 기능별 지원과 통합운영을 투입, 과정 및 결과측면에서 종단 비교를 통해 중요한 14개 지표를 중점적으로 실증 분석하였다.

56) 장준근·채명신(2007), "BSC적용 군수 성과측정 프레임워크 실증연구", 『로지스틱스연구』 15(2), pp. 1-22에서 인용.

2) 투입측면

투입지표는 독립변수로서 증·감을 측정하고, 독립변수로서 종속변수에 미치는 영향을 동시에 확인할 수 있다고 본다. 이들 요소의 가용률과 활용성을 측정한다면 투입요소를 절감하거나 전환할 수 있는 여지를 판별할 수 있고 궁극적으로 최적의 투입요소를 가늠할 수 있다.

보급분야에서 투입인력은 2013년 동 기간 평균 138명에서 2014년 평균 51명으로 감소율은 63%이며, 수송분야에서 차량은 67대에서 51대로, 인원은 134명에서 103명으로 각각의 감소율이 24%가 되었다. 중·대형 통합창고와 내부 다단적재로 운영창고의 수를 감소시키고 통합배차 및 정기노선을 활용하여 수송차량 대수를 축소할 수 있었던 결과로 본다. 운영창고는 2013년 15동에서 2014년에 8동으로 감소 운영되어 감소율이 53%이며 기존의 종별, 기능별 및 품류별 창고를 중·대형 창고로 통합함으로써 창고의 입고, 저장 및 관리, 색출 및 불출이 용이해지는 추가 효과도 아울러 확인되었다.

3) 과정측면

공급사슬관리 측면에서 체인상의 가치제고 활동은 중요하므로 입고, 검수, 저장 및 관리, 색출, 재포장, 수·배송에 이르는 일련의 활동을 세분화하여 구간별로 측정해야 병목(bottle-neck)지점을 찾아내어 개선할 수 있다.

청구 대기기간(RWT: Requisition Waiting Time)은 사단급 시설부대 이상의 군수부대 간 거래에 소요되는 시간인데, 2013년에 우선순위 미(未)부여 시 평균 12일이 소요되었으나 2014년에는 우선순위의 적용으로 일반품목은 7.7일, 우선품목은 7.5일, 긴급품목은 2.6일로 단축되었다. 수요 융통률은 총 유효수요청구 건수 대비 ASL 유효청구 건수로 산정되는데 이는 수요예측과 사전 재고수준과의 관계를 살펴보는데 있어 중요한 지표이다. 다음 표에서 볼 수 있듯이, 2014년은 2013년에 비해 62%에서 69%로 향상된 결과를 보여준다.

<표 13-5> 수요 융통률

구 분		총 유효수요청구 건수	ASL 유효청구 건수	융통률(%)
2013년		10,748	6,671	**62**
2014년	계/평균	38,365	26,352	**69**
	7월	10,583	7,433	70
	8월	9,567	6,742	70
	9월	9,275	6,261	67
	10월	8,940	5,916	66
증·감		+27,617	+19,681	+7

재고 고갈률은 저장품목 중 재고가 없어서 지원하지 못하는 경우를 개량한 지표인데 보급의 지속성과 신뢰도에 있어서 가장 중요한 지표 중 하나이다. 2013년 대비 2014년 재고 고갈률은 14%에서 12%로 감소하였다. 이는 보급수준은 65일에서 30일로 감소하였으나 수·배송체계 개선 등 지원속도의 증가에 따른 수요대응이 적극적으로 조치되어 재고 고갈의 변동 폭을 낮춘 것으로 분석된다.

수송차량 적재효율은 차량의 최대 적재공간 대비 군수품의 적재부피를 산정한 것으로 차종별, 노선별 적재효율은 비용절감에 중요한 요소이다. 대부분 물류업체의 비용절감이 수·배송분야에서 이루어지는데, 다음 표에서 11.5톤과 2.5톤의 적재효율이 각각 93%에 이르는 점이 긍정적 요인으로 분석된다. 소형 차량의 차량 효율이 높을 것으로 예측하였으나 실제로 시범기간 중에는 2.5톤의 효용성을 확인할 수 있던 점이 특이하다.

<표 13-6> 차량 적재효율

구분		계			1.5톤			2.5톤			5톤			11.5톤		
		적재율	적재부피	최대적재부피	적재율	적재부피	최대적재부피	적재율	적재부피	최대적재부피	적재율	적재부피	최대적재부피	적재율	적재부피	최대적재부피
2014년	계/평균	74	2,237	3,009	26	109	416	**93**	120	129	67	732	1,096	**93**	1,276	1,368
	7월	67	542	802	31	22	69	77	27	35	52	120	227	79	373	471
	8월	72	470	645	34	38	110	97	40	41	79	241	302	78	151	192
	9월	78	641	817	25	36	139	80	33	41	65	168	252	104	404	385
	10월	78	584	745	13	13	98	166	20	12	64	203	315	108	348	320

추진보급은 총 취급 군수품 중 추진보급으로 처리하는 비율을 측정하는 것으로 건수, 수량, 부피 등으로 산정하였다. 추진 보급률은 CBM 기준으로 2013년 62%에서 2014년 88%로 향상되었다. 이러한 추진보급은 사용자 대기기간(CWT)을 단축하는 데 기여한 것으로 보인다.

4) 결과측면

부대별 보유장비의 가동률이 높다는 의미는 군수지원의 효과성이 우수하다는 것이고 장비의 총 보유대수를 낮출 수 있게 되므로 결과적으로 획득비용을 낮출 수 있는 등 파급효과가 큰 부분이다. 2013년 대비 2014년 장비 가동률은 1% 상승하였다. 기본적으로 정비활동 개선에 주안을 두지 않은 상태에서도 물류의 개선이 간접적으로 가동률 향상에 긍정적 영향을 준 것으로 본다.

〈표 13-7〉 장비 가동률

구 분		장비 보유	가동	비율(%)	불가동
2013년		589	565	96	24
2014년	평균	609	588	97	21
	7월	610	579	95	31
	8월	610	588	96	22
	9월	609	589	97	20
	10월	609	588	97	21
증·감		+20	+23	+1	-3

보급기준 충족률은 사용부대의 장병들이 체감하는 군수지원 만족도의 상당한 부분을 차지하는 지표로 판단하였다. 2014년의 보급기준 충족률은 96%로서 2013년의 95%보다 향상되었으며 7월 이후 10월까지 추세는 94%에서 99%까지 지속적으로 향상되고 있었다.

사용자 만족도에 대한 설문조사는 개량적 평가의 단점을 보완하는 측면에서 시행되었다. 다음 표에서 전 영역에서 만족도의 '그렇다'와 '매우 그렇다'를 합할 경우에 72%에서 88%까지 보이고 있어 개량적 측면에서 장비 가동률과 보급기준 충족률 등 개량적 성과 향상과 사용부대의 만족도 향상이 같은 결과를 보여주고 있다.

<표 13-8> 정성적 만족도 설문조사

단위: %

구분		전혀 아니다	아니다	보통이다	그렇다	매우 그렇다
신뢰성	지원의 신뢰성	0	1	11	62	25
	투명성	0	1	14	58	27
대응성	연락의 용이성	1	3	23	52	21
	활동의 적극성	0	2	10	**61**	**27**
	요구에 대한 대응성	0	3	25	**51**	**21**

사용자 대기시간은 사용부대가 청구하여 군수품 수령까지 소요되는 시간을 측정한 결과로서 사용자 만족도에 직접적인 영향을 주는 중요한 요소이면서 군수지원 활동의 효과성과 효율성을 동시에 대표하는 지표이다. 다음 표에서 지원 우선순위에 따라서 구분해보면 긴급품목은 4.6일, 우선품목은 14.7일, 일반품목은 8.5일이 소요되는 등 전반적으로 고른 성과의 향상을 보여준다.

<표 13-9> 사용자 대기시간

구 분		처리 기준	평균 대기기간	총 건수	기간 이내	비율 (%)	기간 초과
2013년	일반	10일	**11.3일**	21,545	14,507	57.5	7,038
2014년	계/평균	-	**9.4일**	34,494	22,761	71	11,742
	긴급	2일	**4.6일**	1,282	116	29	1,166
	우선	6일	**14.7일**	13,809	5,859	42	8,040
	일반	10일	**8.5일**	19,282	16,777	86	2,536
증·감		-	-1.9일	+12,949	+8,254	-13.5	-4,704

정비 대기기간은 정비를 필요로 하는 장비의 정비 입고시간부터 출고시간까지 소요되는 시간을 측정한 지표로서 보급 위주의 개선활동에서 이루어진 간접적인 결과지표라 볼 수 있다. 2013년에 대비하여 현장정비는 3일이 단축되었고 야전정비는 1일이 단축되어 점차 향상되는 추세를 확인할 수 있었다.

단위물류비는 1CBM을 입고, 검수, 저장 및 관리, 색출, 재포장하고 1km를 수·배송하는데 소요되는 비용으로 산정한다. 단위물류비 산정 데이터는 다음 표에서 2013년 데이터가 없으므로 2014년 추세를 분석하였다. 단위물류비는 전반적으로 7월 톤당 49,225원 이후 감소추세를 보여주고 있으며 물동량이 많았던 9월의 경우 가장 낮은 단위물류비를 보여주고 있다. 이는 체계적인 노선관리, 차량 적재율 제고 등이 영향을 준 것으로 분석된다.

〈표 13-10〉 단위 물류비

구 분(원)		수·배송비(원)	물동량(톤)	단위물류비(원)
2014년	평균	4,881,425	567	45,620
	7월	4,925,612	572	**49,225**
	8월	4,798,624	472	56,454
	9월	5,263,872	640	**38,991**
	10월	4,537,593	585	42,014

라. 물류혁신의 시사점

물류혁신의 필요성에 대한 폭넓은 공감대를 바탕으로 지금 우리 군의 대분배체계와 소분배체계에서 공히 광범위한 물류혁신 활동이 이루어지고 있다. 이러한 군내·외의 물류혁신 활동이 지속되고 실질적인 성과로 나타나도록 하기 위해서는 현장에서 체감하는 군수활동으로 구체적으로 물류혁신이 구현되어야 한다. 야전군수 활동의 투입, 경과 및 결과 측면에서 핵심성과지표의 프레임워크를 구상하여 종래의 기능별 지원과 물류혁신에서 제시하는 통합운영을 종단 비교하여 분석하였다. 투입측면의 핵심성과지표로 측정한 결과는 인원과 시설에서 소요의 절감을 보여주고, 과정측면에서는 재고관리와 배송관리 등에서 효율화가 가속화되는 현상이 일관되게 나타나는 것이 중요하며, 아울러 결과측면에서 사용자 대기시간, 정비 대기기간 등에서 군수지원의 효과성과 효율성의 향상을 동시에 확인할 수 있어야 한다.

투입측면에서 인력, 시설, 설비 및 장비, 정보체계는 필요한 요소를 얼마나 최적화시킬 수 있는가가 중요하다. 투입의 감소만이 능사는 아니다. 또한 추론적인 분석에서 실질적인 인력의 감소는 오히려 시설의 감소에서 시작된 측면이 있음을 확인할 수 있었다. 운영창고의 수를 감소시키면서 창고별 관리 인력이 비례하여 감소되었다. 군수활동의 효율화는 군수지원 시설을 어떻게 중·대형 시설로 현대화시키고 효율화를 달성하는가에서 시작될 것이라는 점이 명확해졌다.

과정측면에서 향후 군수활동은 반드시 시간요소를 구간별로 측정하고 이를 현장으로 피드백해야 한다는 점이 확인되었다. 단순한 시간측정이라도 현장에서는 보이지 않는 감시 및 촉진효과를 나타낼 수 있는 것이다.

결과측면에서 장비 가동률과 보급기준 충족률 등에서 확인되는 결과지표는 군수지원 활동은 유기적으로 연결되고 상호 보완적으로 작동할 때 성과향상을 기대할 수 있다는 특성을 잘 보여 주었다.

더불어, 군수정보체계를 통해서 모든 군수지원 활동을 투명하게 하고 자산이 가시화되어야 한다는 점을 확인할 수 있었다. 정보체계를 활용하여 군수지원의 행정소요를 대폭적으로 감소시킬 수 있었고, 각 기능별 업무의 연계와 통합이 촉진되었다. 입고부터 출고에 이르는 과정 중 일어날 수 있는 중복절차를 과감히 축소하고 관련 데이터를 전자화하여 정보공유를 수직적으로는 전(全) 제대로, 수평적으로는 창고관리와 수·배송활동과도 연계시킬 수 있었다.

앞으로 물류혁신은 이러한 현장의 긍정적 평가를 대분배체계로 확산시킬 필요가 있다. 특히, 소요기획, 획득 및 조달 등 국방부, 육본, 방사청 및 군수사에서 해결해야 할 부분에 대한 연구와 구체적 대안제시가 필요하다. 또한 물류의 본래적 가치는 단순한 배송이 아닌 물류를 통한 가치 제고라고 할 수 있다는 점을 반드시 숙지하여 모든 물류활동에서 가장 우선적인 가치로 평가해야 한다. 민간의 제조 및 공급업체와 협력해야 할 부분, 단년도 예산의 한계를 해결할 수 있는 방안, 각 기관과 협업으로 해결해야 할 분야 등을 식별하고 누가, 무엇을 할 것인지 구체적인 대안을 마련할 필요가 있다.

전문가의 시대라고 하는데, 우리는 아직도 전문가를 제대로 양성하고 관리하지 못하고 있다는 목소리가 높다. 어느 특정분야에서 한두 번 경력을 쌓았다고 전문가라고 할 수는 없다. 우리 옛말에 '10년 공부'라는 말이 있다. 반면에 요즘에는 전문가가 되기 위해선 '1만 시간' 동안 투자해야 한다고 한다. 말콤 글래드웰이 '아웃라이어'에서 인용하였던 소위 '1만 시간의 법칙'을 환산해보면 하루 3시간 정도의 집중적인 노력을 약 10년 정도 지속하면 탁월성을 갖추게 된다는 것이다. 흥미롭게도 동서고금을 막론하고 똑같은 이야기를 하고 있다. 10년 정도 집중적으로 노력해야 전문성을 달성할 수 있다는 것이다.

그러면 전문성이란 무엇인가? 전문성이란 특정분야에서 업무를 수행하고 문제를 해결하는 종합적인 능력을 말한다. 이러한 정의에 따르면 우리 군에서 특히, 군수분야에서 전문성은 어떤 요건을 갖추고 있어야 할까? 일상적이거나 순환적인 업무수행 능력을 전문성이라고 하지 않는다. 그 이유는 일상적 업무수행 능력은 상식으로 생각하고 감각으로 느끼며 성실하기만 하면 보통 정도의 성과를 보여주기 십상이고, 복잡하고 비순환적인 문제에는 오히려 대부분 제대로 대처하지 못하기 때문이다. 전문성은 바로 이러한 일상성을 뛰어넘을 때 발휘되는 것이다.

미국은 일찍이 1990년대에 군수전문가 양성이 군수개혁의 핵심이라고 판단하고 이를 법제화하기에 이른다. 소위 'DAWIA법'을 통해서 전문성을 향상시키기 위한 요소를 교육, 훈련 및 직무경험으로 상정하였다. 교육은 주로 학위교육 등을 통하여 이론적 배경 등 기반지식을 습득하는 것이다. 반면에 훈련은 업무의 기준, 절차 및 방법을 반복하여 숙달시켜서 보다 효율적으로 업무를 수행하게 하는 것이다. 군수분야의 전문성은 교육과 훈련으로 축적되는 지식과, 이러한 지식이 직무경험을 통해서 심화되고 발전된다고 본 것이다.

그런데 교육, 훈련과 직무경험에서 공히 간과하고 있는 분야가 바로 학습이다. 특히, 교육과 훈련은 공급자 중심의 접근이며 이러한 공급자의 활동이 이제는 수요자의 학습으로 보완되어야 한다. 일방향의 교육과 훈련이 학생의 학습활동을 통하여 쌍방향으로 넓어지고 지식의 내재화가 이루어지면 궁극적으로 진취적인 문제해결 능력을 갖추게 된다. 군수 관계관의 전문성 향상을 위해 다각적으로 노력하고 있는 차제에 이러한 교육, 훈련 및 학습에 대한 담론은 시의적절하다 할 것이다.

이제 군의 군수교육기관은 지금까지 담론에서 제기된 학습의 효과를 보다 체계적으로 담아내기 위해서 첫째, 훈련적인 성격이 강했던 직무교육 위주에서 학습활동을 촉진하는 포괄적인 교육과정 등으로 군수교육 생태계를 보다 넓게 조성해야 한다. 둘째, 군수의 다양한 교육수요를 충족하는 수강신청 식으로 교육과정과 교과체계를 개편하며 셋째, 이를 구현하기 위해, 미국의 예처럼, 민간대학과 협력을 고도화하는 전략을 적극적으로 추진할 필요가 있다고 본다.

* 장준근(2017), "교육, 훈련, 직무경험 그리고 학습", 국방일보 2017. 12. 27. 기고에서 인용.

부록1 약어 목록

A

Aa	Achieved Availability	성취가용도
ABC	Activity Based Costing	활동기준원가계산
ACTD	Advanced Concept Technology Demonstration	신개념기술시범
ACWP	Actual Cost of Work Performed	실(제)발생비용
ADC	Area Distribution Center	지역분배본부
AECA	Arms Export Control Act	무기수출통제법
AGC	Application Group Codes	적용장비그룹부호
ALC	Alternate LSA Code	대체부호
ALDT	Administrative and Logistics Delay Time	행정 및 군수 지연시간
ALT	Administrative Lead Time	행정소요시간
AMR	Assembly Mortality Rate	조립폐기율
Ao	Operational Availability	운용 가용도
AOR	Annual Operating Requirement	연간운용소요
AP	Acquisition Plan	획득계획
AP-Bond	Advance Payment Bond	선금환급 보증서
APOD	Aerial Port of Debarkation	양륙공항
APS	US Army Prepositioned Stocks	미 육군 사전배치재고
AR	Availability Rate	가동률
ASL	Authorized Stockage List	인가저장품목(목록)
ASR	Available Supply Rate	가용보급률
ASRP	Ammunition Stockpile Reliability Program	저장탄약 신뢰성평가

ATD	Advanced Technology Demonstration	신기술시범
AWB	Airway Bill	항공화물송증
AWM	AWaiting Maintenance	정비대기

B

BAC	Budget At Completion	완료시점예산, 목표사업예산
BCA	Business Case Analysis	사업분석
BCWP	Budgeted Cost for Work Performed	성과가치
BCWS	Budgeted Cost for Work Scheduled, Planned Value	계획가치
BII	Basic Issue Item	기본불출품목
BJ	Batch Job	일괄작업
BL	Basic Load	기본휴대량
BL	Bill of Lading	선하증권
BM	Bench Marking	벤치마킹
BMR	Basic Mortality Rate	기본폐기율
BO	Blanket Order Case	총괄구매
BOA	Basic Ordering Agreement	한도액구매
BOM	Bill Of Material	자재명세서, 부품구성표
BPR	Business Process Reengineering	비즈니스 프로세스 리엔지니어링
BS	Bench Stock Item	현장재고품목
BS	Billing Statement	대금지불청구서
BSB	Brigade Support Battalion	여단지원대대
BSC	Balanced Score Card	균형성과지표

C

CA	Criticality Analysis	치명도분석
CAIV	Cost As an Independent Variable	목표비용관리
CAPE	Cost Assessment and Program Evaluation	미국 비용분석사업평가국
CAS	Cost Accounting Standards	원가회계표준
CBM	Condition Based Maintenance	상태기준정비
CBS	Cost Breakdown Structure	비용구조도
CBT	Computer Based Training	컴퓨터 활용 교육 훈련
CC	Combat Consumption	전투손실
CC	Configuration Control	형상통제
CD	Cross Docking	크로스도킹
CDR	Critical Design Review	상세설계 검토
CE	Concurrent Engineering	동시공학
CEI	Combat Essential Item	전투 긴요 품목
CFR	Cost and Freight	운임포함조건
CIF	Cost/Insurance and Freight	운임/보험료 포함조건
CIP	Carriage and Insurance Paid To	운임보험료 지급조건
CIP	Component Improvement Program	구성품개량계획
CLCC	Combined Logistics Coordination Center	연합군수협조본부
CLS	Contractor Logistics Support	계약자 군수지원
CLSSA	Cooperative Logistics Supply Support Arrangement	군수보급지원협정
CM	Configuration Management	형상관리
CMX	Crisis Management Exercise	위기관리연습
CO	Certificate of Origin	원산지 증명서
CODA	Combined Delegated Authority:	연합 권한 위임 사항
COEA	Cost to Operation Effectiveness Analysis	비용 대 효과분석

COTS	Commercial Off The Shelf	상용품
CPM	Critical Path Method	주공정법, 임계경로법
CPT	Carriage Paid To	운임지급조건
CR	Consumption Rate	소모율
CRDL	Critical Requirement Deficiency List	긴급소요부족목록
CSP	Concurrent Spare Parts	동시조달 수리부속
CSR	Controlled Supply Rate	통제보급률
CSRP	Chemical Material Stockpile Reliability Program	저장 화생방물자 신뢰성 평가
CSS	Combat Service Support	전투근무지원
CTI	Commercial-type Items	상용품목
CWT	Customer Waiting Time	사용자(고객)대기시간(기간)

D

DA	Document Against Acceptance	인수인도방식
DAF	Delivered at Frontier	국경인도조건
DAS	Defense Acquisition System	국방획득관리체계
DAPA	Defense Acquisition Program Administration	방위사업청
DAR	Defense Acquisition Regulation	미 국방 조달규정
DCR	DOTmLPF-P Change Recommendation/Request	전투발전요소 변경 건의/요구
DDD-K	Defense Distribution Depot Korea	주한 미 국방보급창
DDP	Delivered Duty Paid	관세지급인도조건
DDU	Delivered Duty Unpaid	관세미지급인도조건
DEQ	Delivered Ex Quay	부두인도조건
DES	Delivered Ex Ship	착선인도조건
DI	Defective(Discrepant) Item	하자품
DI	Destructive Inspection	파괴검사

DI	Due-In	수입예정
DIC	Document Identifier Code	문서식별부호
DIE	Defense Intelligence Estimates	국방정보판단서
DL	Dead Line	장비고장
DL	Demand Level	수요수준
DLIS	Defense Logistics Information System	미 국방 군수정보체계
DLT	Delivery Lead Time	납품 소요시간
DMIS	Defense Material Information System	국방물자정보체계
DMR	Disassembly Mortality Rate	분해폐기율
DO	Defined Order case	지정구매
DO	Delivery Order	화물인도지시서
DO	Due-Out	불출예정
DOTMLP F-P	Doctrine, Organization, Training, Materiel, Leadership, Personnel, Facility, Policy	전투발전요소 : 교리, 조직(부대 및 편성), 훈련(교육훈련), 군수품(장비), 리더십, 인력, 시설, 정책
DP	Development Plan	개발계획서
DP	Document against Payment	지급인도방식
DPAMIS	Defense Procurement Agency Management Information System	조달관리정보체계
DQMS	Defense Quality Management System	국방품질경영시스템
DR	Deficiency Report	결함보고서
DRT	Delivery Response Time	인도응답시간율
DS	Direct Support	직접지원
DSR	Delinquent Support Response	고객지원 반응률
DT&E	Developmental Test & Evaluation	개발시험평가
DTC	Design To Cost	비용을 고려한 설계
DTS	Defense Transportation System	미 국방 수송체계

E

EAC	Estimate At Completion	최종사업비 추정액
EBO	Effect Based Operation	효과중심작전
EC	Engineering Change	기술변경
EDI	Electronic Data Interchange	전자문서교환
EI	End Item	완제품
EL	Export License	수출승인서
EO	Explosive Ordnance	폭발물
EOQ	Economic Order Quantity	경제적 청구량
EPQ	Economic Purchase Quantity	경제적 구매량
ERL	Economic Repair Limits	경제적 수리한계
ERP	Enterprise Resource Planning	전사적자원관리
ERRC	Expandability, Recoverability, Repairability Code	소모성부호
ESC	Expeditionary Sustainment Command	원정지원사령부
ETC	Estimate To Complete	잔여추정원가
EVMS	Earned Value Management System	성과관리체계
EXW	Ex Work	공장인도조건

F

FAA	Foreign Assistance Act	대외원조법
FAD	Forces Activity Designator	부대임무 우선순위부호
FAS	Free Alongside Ship	선측인도조건
FC	Fixed Cost	고정비용

FCA	Free Carrier Agreement	운송인인도조건
FCA	Functional Configuration Audit	기능형상확인
FCN	Function Code	기능부호
FD/SC	Failure Definition & Scoring Criteria	고장 정의 및 판단기준서
FF	Freight Forwarder	수송대행기관
FIFO	First-In, First-Out Method	선입선출법
FL	Fixed Level	고정수준
FMEA	Failure Mode and Effect Analysis	고장유형 및 영향분석
FMECA	Failure Mode, Effect and Criticality Analysis	고장유형 영향 및 치명도분석
FMS	Foreign Military Sales	대정부구매, 대외군사판매
FOB	Forward Operation Base	전방작전기지
FOB	Free on Board	본선인도조건
FOMOA	Follow-on Memorandum of Agreement	후속합의각서
4PL	Fourth Party Logistics	제4자물류
FRMS	Formation Resource Management System	편성부대 군수자원관리 전산시스템
FS	Formality Specification	정식규격서
FSC	Federal Supply Classification	군급분류
FSD	Full Scale Development	실용개발
FSL	Fixed Safety Level	고정안전수준
FY	Fiscal Year	회계연도

G

GFP	Government Furnished Property	관급자재
GS	General Support	일반지원

H

HET	Heavy Equipment Transporter	중장비 수송차량
HP	Horse Power	마력
HRP	Highway Regulation Point	육로조정소
HSV	High Speed Vessel	고속수송선
HTG	Highway Transportation Group	육로수송단

I

IBR	Integrated Baseline Review	통합기준선 검토
ICC	International Chamber of Commerce	국제상업회의소
ICIS	Integrate Consumable Item Support	통합군수소요분석 모델
IETM	Interactive Electrical Technical Manual	전자식 기술교범
IFF	Identification Friend or Foe	피아식별
IIN	Item Identification Number	품목 식별번호
IIQ	Initial Issue Quantity	초도배당량
ILS	Integrated Logistics Support	종합군수지원
ILS-P	Integrated Logistics Support-Plan	종합군수지원 계획서
INCOTERMS	International Rules for the Interpretation of Trade Terms	인코텀스, 무역거래조건의 해석에 관한 국제규칙
IOC	Initial Operational Capacity	최초운용능력
IP	Item Priority Codes	품목우선순위부호
IPD	Issue Priority Designator	청구 및 불출우선순위
IPS	Integrated Product Support	통합군수품지원
IPT	Integrated Project(Product) Team	통합사업관리팀

IR	Initial Requisition	초도청구
IROAN	Inspect & Repair Only As Necessary	아이론 정비
ISO	International Organization for Standardization	국제표준화기구
ITS	Intelligent Transport Systems	지능형교통시스템
ITV	In-Transit Visibility	이동 중 식별체계

J

JCA	Joint Capability Area	합동능력영역
JCIDS	Joint Capability Integration and Development	합동능력통합발전체계
JIT	Just In Time	적시조달방식
JMS	Joint Military Strategy	합동 군사전략서
JSCP	Joint Strategic Capability Plan	합동 군사전략능력기획서
JSOP	Joint Strategy Objective Plan	합동 군사전략목표기획서
JTL	Joint Task List	합동과제목록
JUSMAG-K	Joint United States Military Assistance Group In Korea	주한 미합동군사 지원단

K

KPP	Key Performance Parameter	핵심성과지표
KS	Korean Industrial Standard	한국산업규격
KSA	Key System Attribute	핵심장비속성

L

LC	Letter of Credit	신용장
LCC	Life Cycle Cost	수명주기 비용
LCL	Less than Car Load	소화물
LCMC	Life Cycle Management Command	수명주기사령부
LCN	LSA Control Number	군수지원분석 관리번호
LDC	Logistics Data Check	군수제원점검
LDT	Long Distance Transportation	장거리수송
LG	Letter of Guarantee	화물선취보증서
LIFO	Last-in, First-out	후입선출법
LIMIS	Logistics Integration Management Information System	군수통합관리정보
LIN	Line Item Number	항목번호
LIS	Logistics Information System	물류정보시스템
LL	Lean Logistics	경량화 군수
LMIS	Logistics Management Information System	군수보급관리체계
LN	Lot Number	로트번호
LOA	Letter of Agreement	개발동의서
LOA	Letter of Offer and Acceptance	청약 및 수락서
LOGFED	Logistics Federation	미 육군 전투근무지원모델
LOI	Letter of Intent	구매의향서
LOR	Letter of Request	오퍼요청서
LORA	Level-Of-Repair Analysis	수리수준분석
LP&P	Logistics Policy and Procedures	군수방침 및 절차
LPP	Land Partnership Plan	연합 토지관리계획
LRU	Line Replaceable Unit	일선교환가능품목
LS	Logistics Support	군수지원

LSA	Logistics Support Analysis	군수지원분석
LSAMIS	Logistics Support Analysis Management Information System	종합군수지원 관리정보체계
LSAR	Logistics Support Analysis Record	군수지원분석 기록
LSI	Limited Standard Item	제한표준품목

M

MAC	Maintenance Allocation Chart	정비할당표
MAP	Military Assistance Program	군사원조계획
MD	Maintenance Depot	정비창
MDR	Material Deficiency Report	자재결함 보고서
MDT	Mean Down Time	평균 불가동 시간
ME	Mission Essentiality Codes	임무긴요도부호
MEMO	Mission Essential Maintenance Only	임무필수정비
MF	Maintenance Float	정비대충장비
MH	Maintenance Man Hour	정비인시수
MI	Maintenance Inspection	장비검사
MILSPEC	Military Specification	국방규격서
MIMEX	Major Item Material EXcess	주요잉여물자
MIS	Management Information System	경영정보체계
MLS	Mutual Logistics Support	상호군수지원
MOA	Memorandum of Agreement	합의각서
MOE	Measure of Effectiveness	효과척도
MOP	Measure of Performance	성능척도
MOU	Memorandum of Understanding	양해각서
MP	Mission Profile	임무유형
MR	Mortality Rate	폐기율

MRL	Material Requirement List	자재요구서
MRL	Manufacturing Readiness Level	생산능력수준
MRRL	Material Repair Requirement List	자재수리요구서
MRS	Material Repair Schedule	창정비 계획
MSC-K	Materiel Support Center Korea	주한 미군 군수지원본부
MSR	Main Supply Route	주보급로
MTBF	Mean Time Between Failure	평균 고장간 시간
MTBM	Mean Time Between Maintenance	평균 정비간 시간
MTBR	Mean Time Between Replacement	교체간 평균시간
MTS	Movement Tracking System	이동추적체계
MTTR	Mean Time To Repair	평균수리간 시간

N

N-ASL	Non-Authorized Stockage List	비인가 저장품목
NDI	Non Destructive Inspection	비파괴검사
NDP	National Defense Plan	국방기본정책서
NI	Nondevelopment Item	비개발품목
NIIN	National Item Identification Number	국가품목식별부호
NMCS	Not Mission Capable for Supply	자재대기율
NORS	Not Operationally Ready for Supply	보급대기 불가동
NRC	Non Recurring Cost	비반복발생 비용
NSN	National Stock Number	국가재고번호

O

OCD	Operational Concept Description	운용개념기술서
OEM	On Equipment Material	장비부수기재
OH	On Hand	재고보유량
OL	Operating Level	운용수준
OMS	Operational Mode Summary	운용형태종합
OMS/MP	Operational Mode Summary/Mission Profile	운용형태종합/임무유형
OR	Operations Research	운영분석
ORD	Operational Requirement Document	운용요구서
ORF	Operational Readiness Float	운영 대충장비
OST	Order and Shipping Time	발주 및 수송시간
OT&E	Operational Test & Evaluation	운용시험평가

P

P&A	Price and Availability Data	가격 및 가용성 자료
PBL	Performance Based Logistics	성과기반 군수
P-Bond	Performance Bond	이행보증금
PCA	Physical Configuration Audit	물리적 형상확인
PDM	Programmed Depot Maintenance	계획 창정비
PDR	Preliminary Design Review	기본설계 검토, 예비설계검토
PERT	Program Evaluation and Review Technique	퍼트, 3점 산정, 프로젝트 평가 및 검토기법
PL	Prescribed Load	규정휴대량
PLL	Prescribed Load List	규정휴대량목록

PLS	Palletized Load System	파레트화 적재체제
PM	Preventive Maintenance	예방정비
PM	Project Manager	사업관리자
PMS	Planned Maintenance System	계획정비제도
PN	Part Number	부품번호
PO	Purchase Order	구매요구서
POL	Petroleum Oil and Lubricants	석유-오일-윤활유
POM	Program Objective Memorandum	각 군 중기계획
PPBEES	Planning, Programming, Budgeting, Execution, Evaluation System	국방기획관리제도
PR	Programmed Requirement	계획소요
PRR	Production Readiness Review	생산준비상태검토
PROLT	PROcurement Lead Time	조달소요시간
PSA	Port Support Activity	항구지원반
PSA	Pre Shop Analysis	창정비 검사 기준서
PSA	Product Support Analysis	군수품지원분석

Q

QA	Quality Assurance	품질보증
QA	Quality Audit	품질감사
QC	Quality Control	품질관리
QD	Quality Deficiency	품질결함
QDR	Quadrennial Defense Review	4개년 국방보고서
QDR	Quality Deficiency Report	품질결함보고서
QFD	Quality Function Deployment	품질기능전개
QM	Quality Management	품질경영

R

RAM	Reliability, Availability, Maintainability Analysis	램분석(신뢰도, 가용도, 정비도 분석)
RAM-D	Reliability, Availability, Maintainability, Durability	신뢰도, 가용도, 정비도, 내구도
RAM-S	Reliability, Availability, Maintainability, Safety	신뢰도, 가용도, 정비도, 안전도
RC	Reorder Cycle	재청구주기
RCF	Repair Cycle Float	수리정비 대충장비
RCM	Reliability Centered Maintenance	신뢰도 중심 정비
RCN	Requisition Control Number	자금계정부호
RCQ	Repair Cycle Quantity	수리순환소요
RCT	Repair Cycle Time	수리복귀시간
R&D	Research and Development	연구개발
RFID	Radio Frequency Identification	무선식별인식
RFP	Request for Proposal	제안요구서
RFQ	Request for Quotation	견적요구
RI	Recoverable Item	수리가능품목
RN	Reference Number	참조번호
RO	Requirement Objective	소요목표
RO	Requisition Objective	청구목표
ROC	Required Operational Capability	작전운용성능
ROD	Report of Discrepancy	하자보고
RP	Reorder Point	재청구점
RSR	Required Supply Rate	소요보급율
RTAT	Repair Turn Around Time	수리순환기간
RWT	Requisition Wait Time	청구대기시간

S

SA	System Architecture	체계구조
SAP	Security Assistance Program	안보지원계획
SB	Supply Bulletin	보급회보
SCM	Supply Chain Management	공급망관리
SDR	Supply Deficiency Report	하자보고서
SDR	System Design Review	체계설계검토
SE	System Engineering	시스템 공학/ 체계공학
SFR	System Functional Review	체계기능 검토
SI	System Integration	체계통합
SKD	Semi-completely Knock Down	부분조립생산
SL	Safety Level	안전수준
SL	Stock Level	저장수준
SMR	Source Maintenance Recoverability	근원정비복구성부호
SO	Stock Objective	재고목표
SO	Stockage Objective	저장목표
SOW	Statement Of Work	업무(작업)기술서
SPEC	Specifications	규격서
SPOD	Sea Port of Debarkation	양륙항만
SPOE	Sea Port of Embarkation	탑재항만, 출발항만
SQC	Statistical Quality Control	통계적 품질관리
SRR	System Requirements Review	체계 요구조건 검토
SRTP	Stockpile Reliability Test Program	저장 신뢰성 시험
SRU	Shop Repairable Unit	야전수리품목
SSBO	System Support Buy-Out	일괄 수리부속 판매제도
SSRS	System Subsystem Requirement Specification	체계 요구사항 명세서
SSDD	System Subsystem Design Description	체계/부체계 설계기술서

T

TA	Table of Allowance	장비배당표
TAA	Total Army Analysis	총체적 육군 분석
TAA	Technical Assistance Agreement	기술지원협정서
TAT	Turn Around Time	소요시간
TAV	Total Assets Visibility	총자산가시화
TB	Technical Bulletin	기술회보
TBO	Time Between Overhaul	평균 창정비 주기
TCI	Time Change Item	시한성 교환품목
TCP	Time Change Item Period	시한성교환주기
TCP	Traffic Control Point	교통통제소
TCTO	Time Compliance Technical Order	시한성 기술지시
TD	Technical Data	기술자료
TD	Technical Direction	기술지시
TD	Technology Demonstration	기술시범
TD&A	Table of Distribution And Allowance	분배 및 배당표
TDP	Technical Data Package	기술자료 묶음
Tech-Rep	Technical Representative	기술용역
TEMP	Test and Evaluation Master Plan	시험평가 기본계획서
TH	Through Flight Inspection	비행중간 검사
TI	Technical Inspection	기술검사
TLCSM	Total Life Cycle System Management	총수명주기관리체계
TM	Technical Manual	기술교범
TO	Technical Order	기술도서
TO&E	Table of Organization & Equipment	편성 및 장비표
TOB	Time On Backorder	후불 대기기간

TOC	Total Ownership Cost	총 소유비용
TOFC	Trailer On Flat Car	(컨테이너)트레일러철도운송
TPMs	Technical Performance Measures	기술성능척도
TQC	Total Quality Control	전사적품질관리
TQM	Total Quality Management	전사적품질경영
TRR	Test Readiness Review	시험준비상태 검토

U

UA	Unit of Action	여단급 행동부대
UEx	Unit of Employment x	사단급 행동부대
UEy	Unit of Employment y	군단급 행동부대
UI	Unit of Issue	불출단위

V

VM	Velocity Management	속도관리
VMI	Vendor Managed Inventory	공급자재고관리
VSL	Variable Safety Level	가변안전수준

W

WBS	Work Breakdown Structure	작업분할구조
WMS	Warehouse Management System	자동화창고관리체계

WO	Work Order	작업명령서
WR	War Reserve	전쟁 예비량
WRSA	War Reserve Stocks for Allied	동맹군을 위한 전시예비 비축물자
WWRS	Worldwide Warehouse Redistribution Service	범세계 재분배제도

부록2 군수 용어집

ㄱ

2단계경쟁입찰에 의한 계약(2段階競爭入札-契約) 규격 또는 기술입찰을 우선 실시하고 적격자로 확정된 자에 한하여 가격입찰에 참가토록 하는 제도를 말한다.

3자물류(3者物流, Third Party Logistics: 3PL) 기업이 생산한 제품의 보관, 하역, 운송, 배송, 재고관리 등 입·출고를 포함한 물류관리 업무를 외부 물류업체에 아웃소싱으로 운영하는 것이다. 이를 통해 제조업체는 신제품 개발, 제조, 마케팅 등 핵심 분야에만 주력하고 물류비를 절감함으로 경쟁력을 강화하고, 물류업체는 고정물량을 확보하여 원가를 절감함으로 원가구조를 개선할 수 있다.

4자물류(4者物流, Fourth Party Logistics: 4PL) 3자물류는 제 3의 물류업체가 단순히 공급자와 수요자 사이의 운송을 대행해 주는 것에 비교하여, 4자물류는 해당 물류업체가 물류 컨설팅 및 정보기술 솔루션 제공까지 하면서 기능적으로 통합을 하는 방식이다. 즉 3자물류 업체가 스스로 수요자와 공급자를 연결하는 물류 네트워크 구성을 제안하고, 전산 시스템을 설치한 경우를 4자물류라 한다.

가격 및 가용성 자료(價格-可用性資料, Price and Availability Data: P&A) 가격 및 가용성 자료는 대외군사판매(FMS)에서 물자와 용역을 구매하기 위하여 미측의 판매가능성과 예정가격을 확인할 수 있는 자료로서 청약 및 수락서(LOA)와 동일한 수준의 신뢰성과 상세한 가격 정보를 가지고 있는 자료이다. P&A는 지정구매(DO)로 계약되는 무기체계, 완성장비 또는 용역 등을 구매할 때에 주로 사용되고 총괄구매(BO)나 군수보급지원협정(CLSSA)을 통한 수리부속품 및 발간물 구매 시에는 크게 활용되지 않는다. 이는 직접오퍼(미 국방부 서식 1513) 작성을 위한 기초자료이며 미 국방부 관계부처를 대표한 자료로서 통상 요청일로부터 45일 이내에 구매국에 회신된다.

가용도(可用度, Availability) 어떤 체계가 임의의 시점에서 가동상태에 있을 확률로서 신뢰도와 정비도에 따라 결정된다. 어떤 장비가 불시에 임무를 부여 받을 대 가용될 수 있는 정도를 나타내는 것으로 전투태세의 측정치로 사용된다. 가용도는 달성(성취)가용도, 고유가용도, 운용(작전)가용도로 나뉜다.

개발시험평가(開發試驗評價, Developmental Test & Evaluation: DT&E) 개발단계에서 제작된 시제품에 대하여 기술상의 성능(신뢰도·유지성·적합성·호환성·내환경성·안정성 등)을 측정하고 설계상의 중요한 문제점이 해결되었는가를 확인 평가하여 획득과정에서 기술적 개발목표가 충족되었는지를 결정하기 위하여 수행되는 시험평가이다. 개발시험주체로 기술품질원(국과연)에서 실시하는 것이 원칙이다. 그러나 기술품질원의 평가주관이 제한되거나 필요시에는 군 시험평가 기능부대 또는 공인기관을 이용하는 것이 가능하다. 기술품질원은 개발시험평가 기술지원시 업체에서 작성한 개발시험계획을 검토하고 개발시험평가를 기술지원 후에는 기준충족여부 판단을 포함한 개발시험평가 결과를 사업 주관부서에 통보한다.

개산계약(槪算契約, Cost Reimbursement Contract) 계약체결시 계약금액을 정할 수 없는 경우에 수행하는 계약형태이다. 개산계약은 중도확정계약, 유인부원가정산계약, 특정비목불확정계약, 일반개산계약으로 구분된다.

견적서(見積書, Estimate Document) 상품매매 또는 청부(請負) 때 소요되는 모든 비목을 계수적으로 산출하여 기재한 문서이다. 국내에서는 거액의 거래나 큰 공사를 청부할 때는 반드시 견적서가 요구되며, 매매계약 또는 공사청부계약은 먼저 견적서의 검토로 시작되고, 이에 관한 관계자 쌍방의 의사가 합치되었을 때 비로소 성립한다. 국제무역에서는 금액의 다소에 관계없이 견적서를 준비한다. 수출상은 수출품의 매입가격을 기초로 하고, 거기에 해당 수출품의 개장(改裝)·수송·수출제경비·예정이익을 가산해서 수출품의 대외판매가격을 견적한다. 수입상은 수입품의 공급국 판매가격을 기초로 하여 수송·수입 제경비·관세 등을 가산해서 수입품의 자국 도착가격을 견적한다.

결합체(結合體, Assembly) 두 개 또는 그 이상의 부분품(Part)이 서로 연결되었거나 서로 관련되어 뭉쳐진 품목을 말하며, 이것은 부분품으로 분해될 수 있다. 발전기, 증폭기, 방아틀 뭉치, 노리쇠 뭉치 등은 결합체의 대표적인 예에 속한다.

경쟁입찰(競爭入札, Competitive bidding) 발주자가 다수의 입찰자 중에서 선택하여 발주를 결정하는 방법을 가리킨다. 그러므로 입찰자가 제시하는 공정, 기술수준, 공기, 경험 및 재정 상태 등을 종합적으로 고려하여 입찰가격이 가장 낮은 자를 선택한다. 그러나 입찰자의 수가 너무 많으면 의사결정과정에 혼란과 복잡을 초래하므로 입찰자의 사전자격(Pre Qualification: PQ)

을 심사하여 입찰참가자의 수를 제한하는 경우도 있다.

경제적 수리한계(經濟的 修理限界, Economic Repair Limits: ERL) 정비에 소요되는 비용과 정비 후 사용가치를 비교하여 정비 및 폐기 여부를 결정하는 한계를 말한다. 즉 정비비용이 어떤 한계금액을 초과하면 비경제적이라고 판정하는 한계점이다. 경제적 수리한계 적용 시 고려사항은 전술적 가치, 대체자금 획득 가능성, 장비획득 및 도태계획, 타 분야 활용도, 경제적 이점 등이다.

경제적 청구량(經濟的請求量, Economic Order Quantity: EOQ) 단위비용이 최저가 되는 1회 주문량을 의미하며, 절품이 되지 않는 범위 내에서 자재나 제품의 발주비용과 재고유지비용의 합계를 최소화 할 수 있는 주문량을 말한다. 생산관리·구매관리·자금관리의 합리화를 위한 관리기법이다.

계약 일반조건(契約一般條件, General Terms & Conditions) 구체적인 조건(예: 월, 일, 기타 특수조건)을 제시하지 않고 일반적인 상거래 규약에 따라 계약을 체결하는 것을 말한다.

계약자 군수지원(契約者 軍需支院, Contractor Logistics Support: CLS) 종합군수지원 요소를 획득함에 있어 후속 군수지원에 어려움이 예상되는 경우 소요군과 협조하여 일정 기간 계약에 의하여 해당업체로 하여금 군수지원의 전부 혹은 일부를 수행하도록 하는 군수지원을 말한다.

계약 특수조건(契約特殊條件, Special Terms & Conditions) 계약일반조건에 명시되지 않은 사항이나 부가적으로 필요한 특수한 사항을 조건에 추가하는 것을 말한다. 방위사업청 계약팀장은 관급품이 있는 경우에 계약 특수조건에 각 호의 사항(연번, 재고번호, 품명, 단위, 수량, 관급가액, 보유장소 등을 명시한 관급품 내역, 관급장소, 운송책임, 관급시기, 물품 실무담당자)을 포함시켜야 하며, 원가자료 제출에 관한 사항은 계약 특수조건에 포함시킬 수 있다.

계정과목(計定科目, Account Code) 계정은 일정한 회계기간 동안 수입이나 비용의 거래에 대한 기록이다. 이것은 보급품을 관리함에 있어서 수시로 변동되는 보급사항을 일정한 양식에 기록 유지하는 것을 말하며, 편성부대에서 보급품계정을 위하여 유지할 계정문서는 재산대장 및 부록, 보급거래 기록대장, 불출 및 영수증, 청구서, 자금사용기록부 등이며 단위 부대에서는 재산대장이 부록이다. 거래내용을 원장에 기록 계정하기 위해 규정된 거래내용의 종류를 계정과목이라고 말하며 계정과목은 거래내용을 나타내므로 기록계정의 궁극적 목적인 회계정보를 추출하기에 용이하도록 계정과목이 체계적, 조직적으로 잘 구성되어야 한다. 재고기록계정에서 사용하고 있는 주요 계정과목은 다음과 같다. 1. 계정구분(PJ) 2. 자금계정부호(RCN) 3. 수요(DM) 4. 상태(CM) 5. 경로식별부호(RIC) 6. 거래부대(UC) 7. 기능(FNC) 8. 품류부호(ER)

계획가치(計劃價値, Budgeted Cost for Work Scheduled, Planned Value: BCWS) 일정 기간에 수행되도록 계획된 모든 작업의 성과예산의 합이다. 상세작업패키지, 계획패키지, 비례작업을 포함한다. 해당기간 또는 누적가치로 표현가능하다.

고유가용도(固有可用度, Inherent Availability: Ai) 예방정비를 고려하지 않고, 이상적인 지원환경과 규정된 조건에서 사용할 때 임의의 시점에서 체계가 만족스럽게 작동할 확률을 말한다.

평균 고장간 시간(故障間 平均時間, Mean Time Between Failures: MTBF) 수리 가능한 품목의 신뢰성 특성치중 하나로서 신품 사용이나 정비 이후 결함발생시까지 고장 없이 작동하는 시간의 평균값을 말한다. MTBF가 길수록 고장의 빈도가 낮고 장비의 신뢰성이 높은 것을 의미하며 수리부속운용, 부분품 개량계획이나 정비품질향상을 위한 계획수립 자료로 활용된다.

고장 유형·영향 및 치명도분석(故障類型影響-致命度分析, Failure Mode and Effect and Criticality Analysis: FMECA) 무기체계에 발생할 수 있는 고장의 유형을 정의하고, 유형별 무기체계/장비의 운영 및 성능에 미치는 영향을 분석하고, 이를 토대로 장비 및 사용자에 미치는 치명적 결과를 정량화하여 분석하는 기법이다. 즉 FMECA는 치명적인 고장의 발생 가능성을 조기에 식별하여 설계에 반영함으로써, 설계단계에서 고장 가능성을 사전에 제거하거나 최소화 하는데 사용된다.

고장정비(故障整備, Corrective Maintenance) 무기체계나 장비가 고장이 발생한 후 규정된 상태로 회복하기 위해 수행되는 계획되지 않은 모든 정비활동을 일컫는다. 고장정비는 고장식별, 고장부분의 분리와 해체, 교체 및 수리, 재조립, 점검과 보증 등의 활동을 포함한다.

공급망관리(供給網管理, Supply Chain Management: SCM) 정보기술을 이용한 경영혁신 기법의 하나로 공급원으로부터 사용자에게 이르는 공급망 상의 정보·물자·현금의 흐름은 물론 공급망간의 인터페이스(Interface)를 통합하고 관리함으로써 공급망 전체의 효율성을 극대화하는 전략적 경영 기법이다. 사내 자원뿐 아니라 자사와 연결되어 있는 공급자, 외주업체, 판매망, 제3자 물류업체, 운송업체, 창고업체 등을 하나의 연결된 체인으로 간주하여 이들 간의 협력과 정보 교환에 기초한 통합물류와 최적의 의사결정으로 비용절감 및 효율성 증대로 상호이익을 추구하는 물류전략 개념이다.

공학적 추정(工學的推定, Engineering Estimation) 비용추정 방법의 하나로서 비용요소를 세부비용 요소로 분류하고 요소비용 하나하나에 대하여 비용을 산출한 다음, 세목별로 추정된 비용을 전체적으로 통합하는 방법이다. 원가공학적 추정이라고도 한다.

관급자재(官給資材, Government Furnished Property: GFP) 물품제조 또는 공사를 발주(發注)하는 경우 자재의 품질, 수급상황 및 공사현장 등을 종합적으로 참작하여 필요하다고 인정되는 경우 정부가 직접 공급하는 주요 자재를 말한다.

관능검사(官能檢査, Organic Function Inspection) 단순기능 혹은 비기능 품목의 외형치수, 도장상태를 검사 간에 노련미에 의거 확인하는 검사이다. 인간의 5감(시각, 청각, 미각, 후각, 촉각)을 사용하여 군이 요구한 조건의 기존 자료와 그 현품을 비교·분석하여 판정을 하는 검사이다.

관조정비(觀照整備, Contemplation Maintenance) 생산 또는 재생된 장비를 수령한 후 장비를 길들이기 위해 일정 기간 지속운행과 잡유(Lubricating Oil)의 교환 작업 등을 실시하는 것을 말한다. 부대에서 새로운 장비를 수령할 때는 해당 장비의 기술교범에 수록된 지침에 따라 관조정비를 실시한다.

구매(購買, Purchase) 소비자가 상품을 구입하기 위해 계약체결을 위한 상담을 하고, 그 계약에 따라 상품을 인도받으며, 대금을 지불하는 과정을 말한다. 즉 물물교환을 포함하여 대가를 지불하고 어떠한 형태의 재산에 대한 소유권을 취득하는 조달 방법 중 하나이다. 구매의 목적은 적절한 품질, 적정한 수량의 상품을 적정한 가격으로 적정한 공급원으로부터 구입하여 적정한 장소에 납품하도록 하는 것이다.

구매실례가격(購買實例價格) 정부기관(정부투자기관 포함)이 수요자가 되어 물품을 판매 또는 공급하고 사업자 및 개인으로부터 구매한 실적이 있는 가격을 말한다.

구성품(構成品, Component) 두 개 이상의 결합체(結合體)가 연결 또는 결합되어 한 개의 물체로 구성된 품목으로서 독자적인 성능을 발휘할 수 있지만, 외부에서 조종하거나 전원(電源)을 공급해 주어야 하는 품목이다. 예를 들어 엔진, 트랜스미션 등이다.

국방규격서(國防規格書, Military Specification: MILSPEC) 각 군(육·해·공군), 국방부 직할기관 또는 위탁기관에서 작성되어 방위사업청 규격심의위원회의 심의를 거쳐 군수품 조달, 제작 및 제조에 일반적으로 적용되는 규격서를 말하며, 제품의 성능, 재료, 형상, 치수, 용적, 색채, 제조, 포장 및 검사방법 등이 명시되어 있다.

국방기본정책서(國防基本政策書, National Defense Plan: NDP) 대통령의 안보전략 및 국방지침을 반영하여 국방정책과 기획 및 계획의 기본방향을 제시하는 것으로 국방기획관리체계상 최상위 문서이다. 주요 내용은 F+1~F+17년을 대상으로 매 5년 6월말에 작성하며, 자주적 선진국방을 지향하며, 국가 안보전략과 국방목표, 국방환경 평가 및 전망, 국방정책 기조, 분야별 정책지침 등을 제시한다. 근거 문서로는 국가안보전략서, 국방정보 판단서가 있다.

국방기획관리제도(國防企劃管理制度, Planning, Programming, Budgeting, Execution, Evaluation System: PPBEES) 기획, 계획, 예산, 집행, 평가체계로 구성되는 개념으로 현존 군사력의 좌표를 분석하여 새로운 국방목표를 설계하고, 국방목표 달성을 위하여 군사력 건설과 유지, 운영방향을 종합적이고 체계적으로 모색, 최선의 방안을 선택하여 가용한 국방자원을 보다 효율적으로 배분 및 관리하기 위한 통합적 국방 자원관리 업무체계를 말한다. 기획단계에서는 국방기획관리의 출발점으로 예상되는 위협을 분석하여 국방목표를 설정하고 국방정책과 대응전략 수립 및 군사력 증강소요를 제기한다. 계획단계에서는 중장기 정책을 실현하기 위한 소요 및 가용재원을 판단하고 가용재원 범위 내에서 사업계획을 구체화한다. 예산편성 단계는 회계연도에 소요되는 재원의 사용을 국회로부터 승인받기 위한 절차이며 국방중기계획의 기준년도(F+2)사업과 예산소요를 구체화한다. 집행단계는 당해 연도에 계획된 사업목표를 효율적으로 달성하기 위해 제반 조치를 시행하는 과정이다. 분석평가 단계는 기획단계로부터 집행단계에 이르기까지 전 단계에 걸쳐 각종 의사결정을 지원하기 위해 실시하는 분석지원과정이다.

국방정보판단서(國防情報判斷書, Defense Intelligence Estimates: DIE) 국제, 주변국 정세, 북한의 대내외정세 및 군사정책을 판단하여 국방정책 및 군사전략 수립과 군사력 건설 소요를 제기하는 데 필요한 기초자료를 제공한다. 작성체계는 F+1 ~ F+17년을 대상으로 매 3년마다 작성하며, 근거 문서로는 정부/군의 정보자료, 대외정보 관련 자료가 있다.

국방중기계획서(國防中期計劃書, Defense Mid-Range Plan) 국방정책과 군사력 건설 및 운영유지 소요를 구체적으로 구현하기 위하여 기준연도로부터 5년간을 대상기간으로 하여 국방재원을 판단하고 이를 기초로 국방사업 소요를 종합적으로 검토·조정하여 연도별·사업별·

부대 및 기능별로 가용자원을 배분한 계획으로서 연도예산편성의 근거를 제공하며 부대계획 및 정원계획의 수립과 인력계획 수립에 기초자료를 제공한다.

군사 요구도(軍事要求度, Military Requirement) 군사적 목적에 부합될 수 있도록 소요군 등이 요구하는 군수품의 필요성, 운용개념, 성능 등 제반요건을 말한다. 무기체계의 작전운용성능(ROC)과 구분하기도 하며 이때에는 주로 전력지원체계에 사용한다.

군수방침 및 절차(軍需方針-節次, Logistics Policy and Procedures: LP&P) 전·평시 군수지원 활동을 규정하고 평시 군수지원태세에서 전시태세로의 신속한 전환과 전시작전의 지속성 유지를 위한 제반 군수지원 방침과 세부 시행지침을 제공하는 문서이다.

군수보급지원협정(軍需補給支援協定, Cooperative Logistics Supply Support Arrangement: CLSSA) 군수보급지원협정은 미국과 해당 우방국 간의 군별 쌍무 협정 하에 평시 지속적인 군수지원계획의 일환으로 시행되고 있는 대외군사판매 형태 중 하나로, 군수보급지원협정에 의하여 구매할 수 있는 품목은 현행 미군의 표준장비나 무기체계의 수리부속에 한정되어 있으므로, 한·미군 간의 약정을 통하여 먼저 지원대상 장비를 선정하고, 장비별 연간 지원규모(금액)를 결정하게 된다. 선정된 대상 장비 등은 미군의 보급체계에 포함되며, 장비별 연간 지원소요는 금액으로 일괄계약이 체결됨과 동시에 미군의 자체소요와 함께 사전확보 후 미군과 동일한 수준으로 관리되며, 구매국의 청구에 따라 불출하게 된다. 판매 대상은 미 표준장비(UH-60, CH-47D 헬기 등) 수리부속이다.

군수제원점검(軍需諸元點檢, Logistics Data Check: LDC) 군에서 제기한 군수요구조건에 의거 개발기관에서 분석한 자료 및 결과보고서에 대한 타당성과 기술적인 오류 여부를 검토하는 것이다. 중점사항은 획득근원, 근원정비복구성(SMR) 부호의 적절성, 정비업무 부호(Task Code) 부여의 타당성, 군수지원 통제번호(LCN) 부여의 적절성, 정비 할당의 적합성, 고장 유형 및 영향 분석 결과이다. 참여기관으로는 소요군, 방사청, 육본(군참부, 전발단, 시평단), 군수사, 정비창, 군지사(정비대대), 군수교, 병과학교, 장비 운용부대가 있다. 절차로는 먼저 개발기관은 군수지원분석 결과를 제원점검회의 1개월 전 관련부대에 배포하고, 참여기관은 분석결과를 제원점검시 중점고려사항 위주로 검토, 요소별 보완·개선시킬 사항을 도출하여 대안을 제시하는 순으로 진행된다. 설계반영, 체계설계 검토(SDR), 예비설계 검토(PDR), 상세설계 검토(CDR) 등 개발진행 단계별로 지속적으로 제기한다.

군수지원분석(軍需支援分析, Logistics Support Analysis: LSA) 무기체계 획득 전체 단계에

있어 주 장비와 지원체계의 군수지원요소를 확인, 정의, 분석, 정량화하는 체계적인 활동이다. 획득단계별로 주 장비와 지원체계를 결정하는데 필요한 정보를 제공하며, 해당 무기체계의 운영유지비용을 최적화시키는 동시에 무기체계 운용 시 지속적인 군수지원이 이루어질 수 있도록 보장하는 종합군수지원(ILS) 업무의 실체적인 활동이다. 따라서 군수지원분석은 무기체계 획득관리 전체 단계에 걸쳐 반복적으로 수행하여 장비 설계에 영향을 미치게 된다. 최적화된 장비 설계로 인해 군수지원의 필요성을 최소화하고 배치 및 운영 시 필요한 군수지원 요소를 식별하며 이를 규격화하는데 그 업무의 중점이 주어진다.

군수지원분석 기록(軍需支援分析記錄, Logistics Support Analysis Record: LSAR) 무기체계의 수명주기간에 걸쳐 군수지원요소를 확인, 분석, 구체화하는 활동으로 획득단계 별로 주 장비의 지원체계를 결정하는데 필요한 정보를 제공하며 해당 무기체계의 운영유지비용을 최적화시키는 동시에 무기체계 운용 시 지속적인 군수지원이 이루어질 수 있도록 보장하는 종합군수지원(ILS) 업무의 실체적인 활동이다.

군수지원성분석(軍需支援性分析, Logistics Supportability Analysis) 다양한 분석방법과 도구를 이용하여 무기체계의 수명주기간에 군수지원의 최적화를 위해 군수지원요소를 설계에 반영하고 군수지원상 최적의 정비 및 보급능력과 지원구조를 도출하기 위한 분석방법들의 총체이다. 지원성분석에 도움을 주기 위해 개발된 분석 방법과 도구는 수명주기 비용분석(LCC), 고장 유형·영향 및 치명도분석(FMECA), 결함나무 분석(FTA), 정비과업분석(MTA), 신뢰도 중심정비(RCM), 수리수준분석(LORA), 설계대안 평가가 있다.

군외정비[軍外整備, 군지원정비(軍需支整備), Military Maintenance] 주로 정부기관이 군 장비 또는 유사한 장비를 보유하고 정비능력이 없는 경우에 군에서 정비지원 하는 것이다. 정비지원 방침으로는 교도소, 경찰, 기타 군외기관 보유장비 중 군 공통장비에 대한 정비 지원 요청시, 군 능력 범위 내에서 최대한 지원하고 정비예산은 관장하는 정부 부서에서 부담하며 연간 지원실적에 의거 연 1회 군수사와 행정안전부 및 소속기관이 정산하는 것이다. 지원 대상 장비로는 개인화기로서 칼빈소총, M16A1소총, K-2소총, 구경45권총, K-5권총이 있고, 공용화기로서 구경 30기관총, M60기관총, K-3기관총 등이 있다.

군직정비(軍直整備) 손실의 원상회복을 위하여 외부 생산업체나 정비업체보다는 군 정비계통에서 직접 실시하는 정비로서 국가가 손실을 부담하는 경우와 현금보전의 경우에 실시한다.

규정휴대량(規定携帶量, Prescribed Load: PL) 편성부대, 독립중대 및 격리된 파견대에서 장비정비를 위하여 보유해야 할 15일 분의 수리부속품과 인가된 특수공구 목록과 수량을 말한다. 편성부대에서 산정한 규정휴대량은 지원부대의 인가에 의해 확정되며, 장비를 사용하는 편성부대는 인가된 규정휴대량을 항상 보유·유지해야 하므로 편성부대의 상비성 재고라 할 수 있다. 규정휴대량을 운영하는 부대는 편성부대, 독립중대, 격리된 파견대 등으로 1~2계단 정비에 필요한 15일분의 수리부속품을 확보·유지해야 하고, 사용시는 즉시 검사작업 지시서에 사용내역을 기록하고 전산 입력하여 소모정리 후 청구하여 확보해야 한다.

규정휴대량목록(規定携帶量目錄, Prescribed Load List: PLL) 규정휴대량은 편성부대 및 독립중대와 격리된 파견대에서 부대정비를 실시하기 위하여 보유하여야 할 15일분의 수리부속품과 인가된 공구를 말하며, 규정휴대량 품목을 열거해서 수록해 놓은 목록을 규정휴대량 목록이라 한다.

기본불출품목(基本拂出品目, Basic Issue Item: BII) 완성장비를 사용부대에 불출시 즉각적인 운용유지가 가능하도록 주 장비에 소요되는 수리부속이 아닌 각종 부수장비, 공구, 교범 등이 포함되며, 주 장비와 동시에 보급되어야 할 품목을 말한다.

기본휴대량(基本携帶量, Basic Load: BL) 부대 내에서 항상 보유하도록 인가된 탄약의 양으로써 정상적인 재보급이 이루어질 때까지 부여된 전투임무를 수행하는데 필요한 예상 소요량이다. 이는 화기당 발수 또는 부대당 수량으로 표시한다. 확보책임은 편성부대 지휘관에게 있으며, 확보기준은 합참 탄약 기본휴대량 인가기준이다.

기술 성숙도(技術成熟度, Technology Readiness Level: TRL) 해당 기술이 실제로 응용되어 쓰일 수 있기까지 어느 정도 준비가 되었는지 확인하는 정량적인 수준이다. 보통의 경우, TRL 1단계는 기본원리를 이해, TRL 2단계는 기술개념 형성과 응용분야의 식별, TRL 3단계는 주요 기능에 대한 분석, 실험과 특성에 대한 개념을 입증, TRL 4단계는 실험실 환경에서 구성품, 조립품 수준의 성능을 입증, TRL 5단계는 유사 운용환경에서 구성품, 조립품 수준의 성능을 입증, TRL 6단계는 유사 운용환경에서 체계, 부체계 모델 또는 시제품의 성능 시험, TRL 7단계는 운용환경에서 체계 시제품의 성능을 시연, TRL 8단계는 시험, 시범을 통해서 실체계의 완성 및 시연, TRL 9단계는 성공적인 임무 운용을 통한 실체계의 입증 등으로 구분한다.

ㄴ

나선형 개발(螺旋形開發, Spiral Development) 과거처럼 1회에 완전한 성능을 달성하고자 하는 개발전략 대신에 배치 또는 적용가능한 일정한 수준의 제품을 완성-시험-수정-시험-배치하는 과정을 주기적으로 반복하면서 체계 및 소프트웨어에 대한 지속적인 성능향상을 가져오는 개발전략이다.

ㄷ

단위부대(單位部隊, Unit Organization) 편성 및 장비표와 분배표에 의거 편성된 편성부대의 일부를 구성하는 부대로서 편성부대의 재산을 관리하고 개인 지급품목을 분배받아 개인에게 지급하는 군수품 관리상의 최소부대를 말하며, 보병 소총중대, 포대, 참모부 또는 처, 부 단위 등이 이에 해당된다.

달성(성취)가용도(達成(成就)可用度, Achieved Availability: Aa) 이상적인 자연환경에서 규정된 조건대로 사용하는 경우 시스템이 임의의 시간에서 만족스럽게 작동할 확률을 말한다. 달성가용도는 예방조치에 대한 고려를 포함하고 있다는 점에서 고유 가용도와 다르며, 성취가용도라고도 한다.

동시조달 수리부속(同時調達修理附屬, Concurrent Spare Parts: CSP) 무기체계 및 장비배치시 주 장비와 함께 보급되는 수리 및 예비부품으로서 배치 후 초기 일정 기간 동안 재 보급 없이 무기체계 및 장비에 주어진 운용임무를 지속적으로 수행하기 위해서 필요한 지원품목을 말한다. 통상 장비가격의 10% 범위 내에서 1년간(제3국 장비는 발주 및 수송기간 및 경제성 고려 1년 이상도 가함)의 유지소요를 장비와 동시에 조달하여 운용하며, 기본 휴대량과 인가 저장 품목의 보급수준도 정상적으로 운영하여야 한다. 미국에서는 초도수리부속(ISP)이라고 한다.

ㄹ

램(Reliability, Availability and Maintainability: RAM) 신뢰도(Reliability), 가용도(Availability), 정비도(Maintainability)의 줄임말이다. 체계공학을 적용하여 무기체계를 설계할 때 체계의 고장빈도나 시간, 임무수행 정도, 고장 시 정비에 소요되는 시간을 나타냄으로써, 무기체계의 전투수행능력을 보여주는 중요한 척도이다. 신뢰도는 어떤 체계가 주어진 조건에서 일정 기간 고장 없이 의도된 기능을 수행할 수 있는 확률로서 고장빈도와 관련된 요소이다. 가용도는 어떤 체계가 고장수리를 거쳐 임의 시점에서 가동상태에 있을 확률로서 신뢰도와 정비도로 결정되며 어떤 장비가 불시에 임무를 받았을 때 가용될 수 있는 척도이다. 정비도는 규정된 절차에 따라 정비를 실시할 경우 지정된 기간 내에 어떤 체계가 요구된 상태로 복구될 수 있는 확률로서 정비를 쉽게 할 수 있는 정도이다.

ㅁ

목표가격(目標價格, Target Price) 외자상업구매에 있어서 현재 거래실례가격이 없는 경우 등 예정가격을 작성할 수 없는 품목에 대하여 가격협상이나 입찰시 가격정보를 토대로 경제적 조달을 위하여 재무관이 설정한 예상가격을 말한다.

목표비용(目標費用, Target Cost) 방위력 개선사업을 수행함에 있어 무기체계의 개발, 양산, 운영유지에 소요되는 직·간접비를 포함한 총 사업비의 목표치로 설정한 비용을 의미하며, 계획된 예산 범위 내에서 개발 및 양산사업을 효과적으로 수행하고 운영유지 단계의 경제성을 보장하기 위하여 설정한다. 이러한 목표비용은 개발단계 목표비용, 양산단계 목표비용 및 운영유지단계 목표비용으로 세분화할 수 있으며, 개발 및 양산단계에서는 운영유지 단계까지의 목표비용을 고려하여 개발 혹은 양산한다. 이러한 목표비용은 정확한 비용분석을 통하여 설정하되, 소요기획 단계에서는 개략적인 목표비용이 설정되며, 계획단계에서 연구개발사업은 탐색개발 시, 구매사업은 선행연구 시 구체적 목표비용이 설정되며, 예산단계에서는 최종적이고 확정적인 목표비용이 설정된다.

목표비용관리(目標費管理, Cost As an Independent Variable: CAIV) 무기체계를 획득할 때 비용목표를 정하고 이러한 비용목표를 달성하기 위한 개념이다. 과거 성능변수와 전력화 일정목표를 충족하기 위해 비용이 종속변수(Independent Variable)가 되는 것이 아니라 비용목표를 충족하기 위해 비용을 독립변수로 관리하는 획득전략 개념이다.

목표운용 가용도(目標運用可用度, Target Operational Availability) 무기체계 및 장비의 규정된 운용조건 및 정비·보급환경 하에서 운용할 경우에 임의의 시점에서 무기체계 및 장비가 정상적으로 가동될 확률을 목표운용 가용도라 한다.

민·군겸용 기술개발사업(民·軍兼用技術開發事業) 민군겸용 기술개발사업은 민·군 양 부문 공동으로 필요한 기술을 개발하는 것으로 민수 및 군수시장에서의 실용화를 목표로 하고 있다. 사업내용은 민·군 공통으로 필요한 핵심기술의 개발 및 민수·군수시장으로의 상용화 지원과 응용연구 및 시험개발중심의 기술개발과제를 발굴·선정 추진한다. 추진 전략은 민·군 양분야의 수요가 확실하고 가시적인 성과를 달성할 수 있는 과제를 우선적으로 지원하고 연구결과의 실용화를 위해 응용연구단계부터 산업체 참여를 의무화하고 있으며, 기술개발 과제의 단계협약을 통한 연구의 안정성·계속성을 보장하고 있다.

민군겸용기술(民·軍兼用技術, Dual Use Technology) 민간부분과 군사부분에 공통으로 사용되어 산업경쟁력과 국가안보 역량을 동시에 제고할 수 있는 기술로 Spin-off(군기술 → 민기술), Spin-on(민기술 → 군기술), Spin-up(민군 함께 개발) 개념을 갖고 있다. 이것은 저비용, 고효율의 국가 기술개발 전략이다. 여기에는 민군기술개발사업, 민군기술이전사업, 민군기술정보교류사업, 민군규격통일화 사업 등이 있다.

ㅂ

발주 및 수송시간(發注-輸送時間, Order and Shipping Time: OST) 청구행위를 착수한 때로부터 해당 청구품목을 수령하여 기록계정이 완료될 때까지의 소요기간을 말한다.

보급관리분석(補給管理分析, Supply Management Analysis) 보급지원시설 부대에서 일정기간(통상 분기)에 실시한 보급관리의 결과를 심사분석하는 것을 말하며, 보급관리분석을 실시하는 목적은 보급지원 능력 및 성과를 분석검토하여 발견된 문제점과 원인을 분석하고 대책을 강구함으로써 보급관리를 향상시키기 위한 것이다.

보급대기 불가동(補給待機不可動, Not Operationally Ready for Supply: NORS) 장비가 부속품의 결여로 인하여 임무수행이 불가능한 상태를 말한다.

복구성품목(復舊性品目, Repairable Item) 통상적인 수리절차를 통해 서비스 가능한 상태로 복구가 가능한 내구재 품목이다. 경제적, 공학적으로 수리할 만한 가치가 있다고 인정한 품목으로 재생가능품이라고도 한다.

부대정비(部隊整備, Organizational(Level) Maintenance) 사용하는 장비에 대하여 사용부대의 책임 하에 장비의 사용자가 수행하는 정비이다. 전문적 기술 없이도 할 수 있는 간단한 부속품 교체, 주유 등의 정비를 말한다. 사용자정비(1계단)와 부대정비병정비(2계단)로 구분된다.

부대조달 품목(部隊調達品目) 중앙조달 품목에 대응하는 용어로서 당해 물자를 수요로 하는 현지부대에 예산을 배정하여 배정된 예산범위 내에서 부대별로 조달하는 품목으로서 현지 조달품목이라고도 한다. 부대조달 대상품목은 각 군에 특수한 품목으로서 부대조달이 현저하게 유리하다고 판단되는 품목, 부대 시험용으로 개발된 품목으로서 최초년도 조달품목, 창정비 및 생산용 소모성자재, 희소장비 유지를 위한 유지부품, 비장기 저장성 식품으로서 부식비에 의하여 부대장 책임 하에 조달하는 품목, 기타 국방부에서 별도로 지정 또는 승인한 품목이다.

분해수리(分解修理, Overhaul) 기계류를 완전히 분해하여 점검, 수리, 조정하는 일이다. 특히 비행기나 자동차의 엔진·변속기 등의 중요 부분을 세밀히 점검하고, 부품이 손상된 것이 있을 경우에 많이 쓰인다. 관련기술 발간물(창정비 작업요구서, 기술교범)에 명시된 정비기준에 의거 정비허용 한계까지 완전분해, 검사, 교환 또는 수리를 통하여 구성품을 사용가능한 상태로 복귀시키는 정비행위이다.

비반복발생 비용(非反復發生費用, Non Recurring Cost: NRC) 투자비용 중에서 획득 대상체계의 생산대수와는 무관하게 결정되어 비반복적으로 발생하는 1회성 투자비용을 의미하며 연구개발비, 초기 설계공학비용 등이 포함될 수 있다.

비순환 수요(非循環需要, Nonrecurring Demand) 장차 12개월 기간(통제기간)중 동일목적의 수요가 반복될 것으로 예측되지 않는 일시적인 수요 또는 불출을 말하며 전투예비 지원품목 및 계획지원 품목 중 투자비 또는 특수자금에 의한 조달품목이 여기에 속한다. 예를 들면 비상소요, 창설소요 등의 초도소요, 보급추진계통의 증가소요, 특수사업소요 그리고 장차 예측되지 않는 완제품 재생을 위한 보급창 정비소요 등이 이에 속한다.

비용 대 효과분석(費用對效果分析, Cost to Operation Effectiveness Analysis: COEA) 무기체계 개발·생산·획득(구매)·운영유지에 소요되는 수명주기 비용, 전력증강 및 정비유지 등의 직접효과와 기술적, 경제적 파급효과 등을 종합 비교분석하는 활동이다. 포함되는 효과분석의 내용은 무기체계 소요제기 및 선정 시 최대의 성능을 보장하기 위한 분석, 획득대안 검토 및 획득방법 결정시 군 요구성능 만족 범위 내에서 국익을 최대로 하기 위한 분석, 각 획득단계별 심의회 시점에서 사업의 타당성, 계속성, 채택여부 결정의 참고사항으로서의 분석, 임무저해요소를 제거하거나 최소화시킬 각 방안들의 효과분석 등이다.

비용구조도(費用構造度, Cost Breakdown Structure: CBS) 수명주기 각 연도별 비용평가를 위한 기준을 설정하기 위해 비용요소들의 구조도이다. 획득비와 운영유지비용으로 대별되며, 획득비와 운영유지비용은 각 세부적인 비용요소로 구성되어 있다.

비용분석(費用分析, Cost Analysis) 국방사업을 기획, 계획, 예산편성 및 집행함에 있어서 불필요한 비용지출을 방지하고, 한정적인 재원을 보다 효율적으로 분배 및 활용토록 하기 위하여 사업추진과 관련되는 적정비용을 추정함으로써 의사결정권자 또는 각종 심의, 조정, 의결기구에서의 합리적인 의사결정을 지원하는 사업 분석평가의 한 분야이다.

비용을 고려한 설계(Design To Cost: DTC) 무기체계를 설계함에 있어 성능을 우선적으로 고려하는 것이 아니라 성능보다는 비용을 고려하여 설계를 해야 한다는 개념이다. 비용대 효과를 추구하는 관리기법으로 미국에서는 주요장비의 개발에 적용되고 있는데 그 골자는 성능과 비용의 균형을 맞추는 설계를 하는 것이다. 비용의 독립변수화(CAIV)의 선행개념이라 할 수 있다.

비용추정(費用推定, Cost Estimating) 앞으로 발생할 비용을 판단하거나 그러한 비용에 대한 추정을 의미한다. 획득사업에서의 비용추정은 현 군사장비와 분석당시 가용한 정보를 바탕으로 해당 장비의 개략적인 비용을 판단하는 행위이다.

비용추정방법(費用推定方法) 비용추정방법으로는 유사장비 추정, 공학적 추정, 전문가 추정, 매개변수추정 등이 있다.

비용 통제(費用統制) 무기체계의 개발·양산·운영유지 단계에서 설정한 목표비용을 달성하기 위하여 주기적으로 해당 시점의 목표비용, 실 소요비용, 그에 따른 성과를 분석하여 최종 소요될 비용을 추정한다. 추정비용과 목표비용을 비교함으로써 최종 소요될 비용이 목표비용에 일치하도록 사업 주관부서에서 소요될 비용을 조정·통제하는 것을 말하며, 이를 위해 성과관리체계(EVMS), 목표비용관리(CAIV) 등을 활용할 수 있다.

비용편차(費用偏差, Cost Variance) 비용성과지표의 하나로써, 성과가치와 실제비용의 차이를 말한다. 양의 가치는 유리한 상황을 의미하고 음의 가치는 불리한 상황을 나타낸다. 이것은 해당기간 혹은 누적가치로 표현 가능하다.

비인가 저장품목(非認可貯藏品目, Non-Authorized Stockage List: N-ASL) 기준 수요빈도에 미달되는 품목으로 보급부대 및 보급창에서 재고수준으로 보유하지 않는 품목을 말한다.

비즈니스 프로세스 리엔지니어링(Business Process Reengineering: BPR) 고객만족을 목표로 기업의 핵심적인 업무과정을 새로운 방향으로 재설계하는 경영기법을 말한다. 기업들이 BPR을 추구하는 것은 고객 만족도를 높이고자 하는 것이 목적이다. 업무프로세스 재구축 혹은 업무혁신이라고도 한다.

ㅅ

사업관리(事業管理, Project Management) 사업이란 비반복적인 제품 또는 서비스를 창출해 내기 위해 채택된 한시적 노력들을 말한다. 사업관리란 사업과 관련된 이해 관계자의 요구사항을 충족시키기 위하여 관련 지식, 기술, 도구, 기법 등을 사용하여 제 과정을 체계적으로 조직화함으로써 사업의 성공적 완결을 보장하는 활동을 말한다.

사용자 대기시간(顧客待機時間, Customer Waiting Time: CWT) 일반적으로 최종 사용자(전투부대, 정비부대)가 군수품을 청구하여 수령할 때까지의 경과된 시간으로 고객대기시간(기간)이라고도 한다. 사용자 대기시간을 보고할 때 일반적으로 평균고객대기시간 뿐만 아니라 중위수, 75%, 95%도 함께 보고한다. 이는 사용자가 청구하고 나서 수령할 때까지 평균시간도 중요한 지표이지만 분산 또한 중요한 지표이기 때문이다. 사용자 대기시간에 있어 분산이 크다는 것은 재고통제 및 물류 시스템이 불안정한 것으로 청구 이후 수령일을 예측하기 어렵기 때문에 재고통제 및 물류 시스템에 대한 신뢰성이 저하될 수 있다. 사용자 대기시간의 단축은 고객인 전투원, 전투부대, 정비부대의 전투준비태세와 만족도를 향상시키며 결과적으로 수요 예측 신뢰도 향상 등을 통한 비용의 절감을 가져올 수 있다.

사용자 정비(使用者整備, User Maintenance) 장비를 운전 또는 사용하는 자에 의해서 수행되는 정비이며 장비사용 전, 장비사용 중, 장비사용 후 실시하며, 손질, 주유, 조정 등으로 장비 기능을 회복시키는 정비이다. 사용자정비와 부대정비병 정비로 부대정비를 나눌 수 있다.

상세설계 검토(詳細設計檢討, Critical Design Review: CDR) 체계에 대한 세부 공학적, 기술적 검토가 수행되는 마지막 설계검토 단계로서 설계의 완벽성 및 인터페이스 적절성 등을 검토한다. 하드웨어의 경우 설계와 생산의 중간에서, 소프트웨어의 경우 코딩 및 시험 전에 수행되며, 상세설계 검토가 불완전할 경우 체계 생산에 지장을 초래할 수 있다.

상세형규격(詳細形規格, Detail Specification) 상세형 규격서란 구매에 적용될 품목과 용역에 관한 기술적인 요구사항과 요구성능의 달성방법을 구체적으로 기술한 규격을 말한다.

상태기반정비(常態基準整備, Condition Based Maintenance: CBM) 압력, 온도, 진동, 윤활유 상태, 절연 등 장비상태를 진단, 분석하여 맞춤정비를 수행하는 것으로 예방정비 개념이다. 기계의 건강상태에 대한 정량적인 값을 얻기 위해서 개별 기계의 상태를 측정하여 관리하는 등 각각의 기계를 개별적으로 취급한다. 따라서 정비도 상태측정에서 이상현상이 감지되어 정비가 필요한 기계에 대해서만 정비한다.

상호운용성(相互運用性, Interoperability) 서로 다른 군, 부대 또는 체계 간 특정 서비스, 정보 또는 데이터를 막힘없이 공유, 교환 및 운용할 수 있는 능력을 말한다.

선하증권(船荷證券, Bill of Lading : BL) 화주와 선사간의 해상운송계약에 의해 선사가 그 화물을 영수하였다는 것을 증명하고 도착항에서 일정한 조건하에 수하인 또는 지시인에게 화물을 인도할 것을 약정한 유가증권이다. 무역거래의 결재수단은 보통 화환어음에 의하며, 선하증권은 그 화환어음을 체결하기 위한 서류, 상업송장 및 보험증권과 함께 대금결제의 기본서류이다. 이것은 양식에 의해 정식/약식 선하증권으로 구분되며, 선적여부에 따라 선적/수취선하증권, 하자표시에 의해 무고장/고장 선하증권, 수하인 표시유무에 따라 기명식/지시식 선하증권으로 구분되고, 발행인에 의해 집단/운송주선인 발행 선하증권으로, 기타로 통과선하증권, 제3자 선하증권, 용선계약선하증권, 적색선하증권, 소급일자 선하증권, 복합운송 선하증권, 환적

선하증권, 해양선하증권, 내국 선하증권으로 구분된다.

성과가치(成果價値, Budgeted Cost for Work Performed: BCWP or Earned Value) 작업에 할당된 성과예산의 가치로 표현된 작업의 가치이다. 이것은 완료된 작업패키지, 개방 작업패키지의 완성부분, 기준 계정으로부터 산출된 비례작업, LOE(Level of Effort) 활동의 가치의 합과 동일하다. 해당기간 또는 누적가치로 표현가능하다.

성과관리체계(成果管理體系, Earned Value Management System: EVMS) 작업의 비용, 일정, 기술측면의 관계를 설정하고, 성과가치지표를 통해 진행상황을 객관적으로 측정하며, 실제비용을 집계하고, 계획과의 편차에 대한 분석, 마일즈스톤 달성 예측, 예측비용의 추정, 적시에 기준선에 대한 변경을 통합할 수 있게 하는 관리체계이다.

성과기반 군수지원(成果基盤軍需支援, Performance Based Logistics: PBL) 성과기반 군수지원(PBL)은 전투준비태세 성과목표를 설정하고 무기체계 개발단계부터 해당 사업에 적합한 생산업체를 선정하여 개발, 배치, 운영유지 등 전 분야 또는 일부분을 생산업체에 전담케 하는 제도로 민군협력을 통한 인력 및 예산 절감효과와 완벽한 전투준비태세 보장에 기여 하고자 하는 개념이다. 최근 F-15K(2005), KDX-III(2008), 유도무기 등 최첨단 정밀장비의 개발 및 도입을 추진하면서 새로운 정비인력 및 정비시설 등 추가적으로 소요되는 정비지원능력 확보의 어려움을 해소하는 동시에 군은 전투임무에만 전념할 수 있도록 여건을 보장하기 위해 정비지원분야에서 성과기반 군수지원(PBL)의 도입을 적극 검토하고 있다.

성과측정(成果測定, Performance Measurement) 성과란 한 사람 또는 여러 사람에게 부여된 기능의 수행결과를 뜻하며, 측정이란 표준이나 기준에 의하여 사물의 용량, 능력 혹은 한도를 비교, 확인함을 말한다. 따라서 성과측정이란 특정한 기능의 수행결과를 표준기준과 비교하여 생산성(능률성)을 평가하는 관리기법이다. 생산성의 평가는 수입량과 산출량의 상호관계로서 한다.

성능형 규격서(性能型規格書) 기능형 규격서라고도 하며, 이는 필요조건을 한 품목이나 장비의 출력, 기능 또는 운용의 형식으로 나타내야 하며, 설계, 제조 방법, 형성 또는 사소한 내부 작업은 제조업자의 수의에 일임해야 한다. 설계나 형성방법을 제조업자의 재량에 일임함으로써 반드시 필요조건을 최적성능보다는 최저 합격가능성의 형식으로 서술해야 한다.

성능척도(性能尺度, Measure of Performance) 임무목표를 달성하는 정도를 정량적으로 평가하는 효과척도를 대안별, 무기체계별 고유 특성치를 평가하는 것으로 화력의 사거리, 정확도, 파괴력, 발사율 등을 평가한다.

소모율(消耗率, Consumption Rate: CR) 소모율(消耗率)이라 함은 일정한 기간 동안에 소모 혹은 소비된 품목의 평균량이며, 소모 및 보충율은 전·평시 보충소요량의 산정지침으로 사용되며, 전·평시로 구분하여 작성 발간한다. 소모율은 소모품에 한해서만 적용된다.

소요(所要, requirement) 소요(requirement)의 일반적인 뜻은 '필요성 즉, 필요한 것' 또는 '요구사항'을 말한다. 부대가 부여된 임무·기능을 수행하기 위해 일정 기간동안 필요로 하는 자원의 양을 의미한다. 이것은 과거 사용량을 기준으로 수요 예측한 결과를 활용하여 일정 기간 동안의 계획물량을 산정하는 개념이다. 광의의 개념으로는 군사소요를, 협의의 개념으로는 물자소요를 말한다. 군사소요(Military requirement)란 승인된 군사목표를 달성하거나, 임무를 완수하는데 필요한 능력을 갖추도록 하기 위하여 적절한 자원배분을 합법화하는 하나의 설정된 요구를 말하며, 여기에서 설정된 요구는 필요한 군사력 수준을 말한다. 물자소요(Material requirement)란 어떤 부대가 부여된 임무 및 기능을 수행하기 위하여 일정 기간 동안 필요한 자원의 양을 말한다.

소요결정(所要決定) 소요결정 기관이 각 군기관에서 연중 수시로 제기한 신규 소요를 종합·검토하여 결정하는 과정을 말하며 소요결정 결과는 합동군사전략목표기획서(JSOP) 및 국방연구개발계획서 및 기타 전력지원체계획득계획서에 수록된다.

소요관리(所要管理) 부대가 임무수행에 필요한 자원의 소요를 정확히 반영할 수 있도록 소요기준의 설정, 수요예측, 소요산정, 보급수준의 유지 및 소요판단, 소요제원관리 등 소요관련 업무를 계획 및 시행 평가하여 조정, 통제하는 제반활동을 말한다.

소요목표(所要目標, Requirement Objective: RO) 대분배 계통인 군수사에서 확보해야 할 안전수준과 조달소요 기간을 합한 물량이다. 소분배계통의 청구목표와 동일한 개념이며, 현 보급운영을 지속하고 예상되는 장차 수요를 충당하기 위하여 보유하고 있거나 발주 중에 있어야 할 보급품의 수량 또는 보급일수를 말한다. 이는 자산의 최대량으로 보급운영의 지속과 예상수요에 대비하는 것이며 경제성에 기여하는 역할을 한다. 형태별 분류에서 소요는 최종소비자로부터 발생되는 운영소요(소모소요)와 중간보급시설로부터 발생하는 재고보충소요로 나눌 수 있다.

소요요청(所要要請) 군이 임무를 수행하기 위하여 일정 기간 또는 시기에 필요하다고 지정한 군수품에 대하여 충족되어야 할 조건 등을 포함하여 소요제기기관에 요청하는 것을 말한다.

소요제기(所要提起) 소요 요청기관에서 요청한 소요에 대하여 분석·검증 등 기획관리체계에 의한 절차를 거쳐 심의·조정한 소요를 기획하여 소요결정기관에 제출 및 보고하는 것을 말한다.

송장(送狀, Invoice) 매매 당사자들이 원거리에 있을 경우 매도인(賣渡人)이 매수인(買受人)에게 작성·통보하는 선적 화물의 명세서 및 계산서이며, 매수인 입장에서는 수입계산서 역할을 하는 것을 말한다.

수리수준분석(修理水準分析, Level-Of-Repair Analysis: LORA) 시스템 설계를 위해 상세 정비개념과 정비기준을 설정하는데 있어 어느 품목이 야전정비 혹은 창정비에서 수리되어야 할 것인지 혹은 고장이 나면 폐기해야 할 것인지 결정하는 것이 필요하다. 이러한 정비수준을 결정하기 위한 것이 수리수준 분석이다.

수명주기 비용(壽命週期費用, Life Cycle Cost: LCC) 하나의 장비를 개발, 획득하여 운영유지하고 도태 시까지 소요되는 총비용을 말하며 여기에는 연구개발비, 투자비, 운영유지비 등이 포함된다. 첫째, 연구개발비는 당해 장비의 생산을 위하여 직접 필요한 국내기술개발 및 연구비로서 연구비, 기술개발 용역비, 시제품개발비, 시험평가 및 최초 운영능력 확인 시까지의 모든 비용이 포함된다. 둘째, 투자비는 군의 전력을 개선시키기 위해 신 장비를 도입할 때 소요되는 장비도입비·장비생산비·시설비·탄약, 동시조달수리부속(CSP) 등 초기 단계의 군수지원비 등이 포함되는 비용이다. 셋째, 운영유지비는 장비가 야전배치 되어 도태될 때까지 수명유지에 필요한 비용과 투자비에 속하지 않는 기타비용을 말한다. 여기에는 인력운영비, 수리부속·탄약·연료비, 시설보수비, 정비비, 투자비가 없는 훈련·기타 서비스·프로그램 관리와 운영과 관련된 운영비용 등도 포함한다.

수요(需要, Demand) 일정 기간 동안 피지원부대로부터 접수된 청구서를 검토하여 지원 또는 지원할 것으로 결정된 자원의 양을 말한다.

수의계약(隨意契約, Procurement by Negotiation) 수의계약은 계약담당 공무원이 그 상대방이 될 자를 경쟁의 방법에 의하여 선정하지 않고 임의로 특정의 대상을 선정하여 계약을 체결하는 계약방법이다.

신개념기술시범(新概念技術示範, Advanced Concept Technology Demonstration: ACTD)

민수기술을 신속하고 절감된 비용으로 군사용으로 전환하는 혁신적 기술도입 방법이다. 성숙한 첨단기술의 군사적 효용성을 조기 평가하여, 체계개발 없이 신체계의 시제품을 제작하고, 실제작전 환경에서 시험하여 체계통합 성과의 획기적 능력을 입증하는 개념이다.

신뢰도 중심 정비(信賴度中心整備, Reliability Centered Maintenance: RCM) 고장 유형 및 영향분석의 결과를 신뢰도 중심 논리에 적용하여 각 고장 유형/품목에 대하여 예방정비 업무의 필요성과 적합성을 분석하여 예방정비 대상품목과 주기를 설정하기 위한 것으로 최소의 수명주기 비용으로 무기체계/장비에 설계된 고유신뢰도와 안전도를 유지하는데 필요한 필수적인 정비업무 소요 및 업무량, 그리고 업무의 최적 분포를 결정하기 위한 해석적인 방법이다.

신용장(信用狀, Letter of Credit: LC) 무역거래에서 대금 지불 및 상품수입을 원활하게 하기 위하여 수입업자(신용장 개설의뢰인)의 요청에 따라 수입상의 거래은행이 자기의 신용을 제공하여 특정조건(금액, 기간 등)하에서 수입상의 지불능력을 보증하는 보증서이다. 신용장은 수출업자가 일정한 조건하에서 수입업자 앞으로 화환(貨換)어음을 발행하면 그 어음을 지급 또는 인수할 것을 보증하며, 나아가서 수출상에 대하여 자기 앞으로 어음을 발행할 권한을 부여하고 그 어음이 제시되면 지급 또는 인수할 것을 약속하는 보증서이다. 이것을 금융측면에서 살펴보면 특정 은행이 수입업자의 지불능력을 특정조건하에서 보증하여, 무역업자 개개인의 상업신용(Commercial Credit)을 은행신용(Bank Credit)으로 전환시켜 주는 금융수단이라고 말할 수 있다. 신용장은 다음과 같이 구분한다. 1. 사용목적에 따라 수출신용장(Export Credit)과 수입신용장(Import Credit) 2. 개설행위에 따라 전신신용장(Cable Credit)과 우편신용장(Mail Credit) 3. 개설주체에 따라 은행신용장(Banker's Credit)과 개인신용장(Private Credit) 4. 금액에 표시된 통화에 따라 원화표시 신용장(Local Currency Credit)과 외화표시 신용장(Foreign Currency Credit) 5. 매입은행에 개설은행의 계정이 있어 그 계정에서 계정상의 대체만으로 매입자금의 상환을 받는 단순신용장(Simple Credit)과 매입은행에 개설은행의 계정이 없이 별도로 개설은행이나 개설은행이 지정한 제 3의 은행 앞으로 어음을 보내어 수입대금을 추심(推尋)받는 상환신용장(Reimbursement Credit) 6. 용도에 따라 무역거래의 결재에서 사용되는 상업신용장(Commercial Credit)과 여행자 자신이 소지하고 동시에 수익자가 되는 여행자 신용장(Traveller's Credit) 7. 신용장에 의해 발급되는 환어음에 선적서류가 첨부될 것을 요구하느냐의 여부에 따라 화환신용장(貨換信用狀, Documentary Clean Credit) 등이 있다. 그러나 일반적으로 신용장이라 하면 상업신용장을 뜻하며, 상업신용장은 화환신용장을 뜻하게 된다.

ㅇ

아이론 정비(-整備, Inspect & Repair Only As Necessary: IROAN) 수리정도를 검사로 결정한 후 불필요한 분해수리를 억제하여 최소한의 정비와 비용으로 설정된 정비표준을 달성하는 정비로서 장비의 불필요한 분해로 인한 고장 확대를 방지하는 동시에 정비비용을 최대한으로 절감하는 정비방법을 말한다.

안전수준(安全水準, Safety Level: SL) 수요증가, 수송 지연시를 대비하고 보급운영을 지속하기 위하여 운용수준에 부가하여 필요한 보급품의 수량 또는 보급 일수를 말한다. 안전수준은 수요의 급격한 증가, 수송지연시를 대비한 보급품의 수량이기 때문에 현재고에 의하여 운용되고 운용수준 이외에 추가적인 보급품이며, 일수 또는 수량으로 설정된 현재고의 최소량이다. 안전수준의 결정시 고려사항은 수요 변동 폭, 수송수단의 견실성 여부, 적정 재고수준으로서의 경제성 등이다. 수요변동이 극심하면 이에 상응하여 안전수준량도 많이 확보하여야 할 것이다. 또한 수송수단의 신뢰도가 높을 경우에는 안전수준의 설정은 그 만큼 축소되어도 부대운영에는 지장이 없을 것이며, 수송수단이 견실하지 못할 경우에는 이에 대비할 안전수준은 많이 확보되어야 한다. 그리고 안전수준은 성질상 많이 확보하면 할수록 비상시에 대처할 신뢰성은 높아지겠으나 초과 재고로서의 비경제성을 고려하여 적정 수준으로 설정하여야 한다. 이와 같이 적정 안전수준을 설정하기 위해 고정안전수준과 가변안전수준의 두 가지 설정 방법이 있다.

야전수리품목(野戰修理品目, Shop Repairable Unit: SRU) 야전정비부대에 이송된 일선교환가가능(LRU)을 분해하여 수리가능한 품목을 말한다.

야전정비(野戰整備, Intermediate(Level) Maintenance) 부대정비능력을 초과하는 정비로서 고장탐구, 조절, 조정, 교환, 보기수리, 분해, 기능검사, 제작 및 분해/수리 등 결함발생에 대한 교정정비를 말한다.

업체투자 연구개발(業體投資研究開發) 업체자체시설과 기술능력으로 개발하는 것으로 개발에 관련된 모든 비용은 개발업체가 부담하며, 정부는 개발실패에 따른 개발비용보상과 개발완료 후 구매여부에 책임을 지지 않는 개발형태를 말한다.

연구개발(研究開發, Research and Development: R&D) 무기체계 획득방법 중 하나로서

현재 우리가 보유하지 못한 기술을 국내 단독 또는 외국과 공동으로 연구하고, 연구된 기술을 실용화하여 필요한 무기체계를 생산·획득하는 방법을 말한다.

예방정비(豫防整備, Preventive Maintenance: PM) 장비 및 보급품을 항상 사용가능한 상태로 유지하고 제 결함을 조기에 발견하여 시정하기 위하여 검사, 조임, 손질, 조정 및 부품교환을 체계적으로 실시하는 정비를 말한다.

예비설계검토(豫備設計檢討, Preliminary Design Review: PDR) 체계 요구사항이 완벽하고 적절하게 반영되었음을 확인하고, 사업 주관부서와 개발업체가 체계 요구사항에 대한 상호이해를 일치시키는 설계자료 검토단계이다. 체계설계 검토 후 상세설계 시작 전에 실시한다.

예산(豫算, Budget) 국회의 의결을 성립요건으로 한 1회계연도에 있어서 재정계획을 계수화하여 지출경비와 수입을 대조·안배하고 그 경비의 종류와 금액을 기능별·성질별로 구분하여 조직적으로 편성한 계획표를 말하며, 정기배정예산과 수시배정예산으로 구분한다. 정기배정예산은 1회계연도의 4분기별 예산배정계획에 의거 매분기초에 정기적으로 배정되는 예산을 말한다. 수시배정예산은 예산배정 전에 사업집행계획을 수립하여 기획재정부장관과 협의하여야 하는 사업의 예산으로서 기획재정부장관이 선정하여 국방부장관에게 통보하는 예산을 말한다.

예정가격(豫定價格, Prearranged Price) 국가나 지방자치단체를 당사자로 하는 계약을 체결하기 위하여 입찰 또는 계약체결에 앞서 낙찰자 및 계약금액의 결정기준으로 삼기 위하여 계약담당 공무원이 미리 작성 비치하여 두는 가격을 말한다. 이것은 계약담당 공무원이 조달하고자 하는 계약목적물에 대하여 대가를 지급하기로 의사결정한 최고 상한가격으로서, 계약목적물을 조달하는데 소요되는 비용을 미리 추산함으로써 한정된 예산의 효율적인 집행과 입찰자 또는 소요되는 비용을 미리 추산함으로써 한정된 예산의 효율적인 집행과 입찰자 또는 계약상대자들의 담합 등에 의한 부당한 가격형성을 방지하는데 그 목적을 두고 있다.

운용시험평가(運用試驗評價, Operational Test & Evaluation: OT&E) 소요군이 시제품에 대하여 작전환경 또는 이와 동등한 조건에서 작전운용성능 충족여부를 확인하고, 교리·편성·교육훈련·종합군수지원 요소 등에 대한 적합성을 시험평가하는 것이다. 평가계획 수립은 시험평가단 또는 위임받은 평가주관부대는 업체개발계획서와 개발시험평가 결과를 참고로 운용시험평가 계획서를 작성하여 주관부서에 통보하고, 주관부서는 국방부 주관사업에 대한 운용시험평가 계획서를 운용시험 착수 1개월 전까지 국방부에 제출하고 육군 위임사업은 육본에서 검토 후 승인 지시를 한다. 주관부서는 운용시험계획서에 대하여 시험평가 기간 및 방법, 시험부대, 시험평가 항목, 기준설정, 예산 등의 적절성과 타당성을 검토하여 시험평가 계획을 승인 및 지시한다. 평가항목 설정은 군사 요구도 충족성, 군 운용의 적합성, 전력화 지원요소의 실용성 등을 고려한다. 운용시험평가시 다량의 시험재료가 소요되거나 시험기간이 장기간 소요시 개발시험평가를 통하여 획득된 자료 및 시험결과를 운용시험 자료로 활용할 수 있으며, 개발시험과 중복된 항목은 생략가능하다.

운용형태종합(運用形態綜合, Operational Mode Summary: OMS) 무기체계 획득사업을 수행함에 있어 무기체계의 전·평시 운용형태를 종합적으로 정리한 자료로 통상 특정운용형태별 횟수·총시간·총가동시간(운용시간, 경계시간, 대기시간)·총불가동시간(총정비시간, 총행정 및 군수 지연시간) 등으로 표현된다.

운용(작전)가용도(運用(作戰)可用度, Operational Availability: Ao) 규정된 조건에서 사용되는 무기체계가 어느 시점에서 만족스럽게 작동할 확률을 말한다. 행정과 군수 지연시간과 정비대기시간이 포함된다는 점에서 달성(성취)가용도와 구분된다.

운용성 확인(運用性確認, Operational Assessment) 탐색개발기간 중 획득하고자 하는 체계가 사용자의 요구사항을 만족할 수 있는지 여부 및 운용자에게 적합 또는 효용가치가 있는 지에 관한 잠재성 등을 확인하기 위한 시험이다. 잠재적 운용효과와 운용 적합성과 관련하여 조기에 의사결정 자료를 제공하기 위하여 시행한다.

운영유지비(運營維持費, Operation and Support Cost) 장비가 야전 배치되어 도태될 때까지 수명유지에 필요한 비용과 투자비에 속하지 않는 기타비용을 말한다. 여기에는 인력운영비, 수리부속, 탄약, 연료비, 시설보수비, 정비비, 투자비가 없는 훈련, 기타 서비스, 프로그램 관리와 경영과 관련된 경영비용 등도 포함한다. 지속적 운영과 인력과 정비 지원, 예비부품과 수리품의 재고, 시험 지원 장비 유지, 수송 및 저장 처리, 시설, 기술자료의 변화와 수정 등에 소요되는 비용이다. 운영유지비는 수명주기 비용 중에서 가장 높은 비중을 차지하고 있으며 인력, 연료, 부품 구입 및 수리에 필요한 비용을 포함한다.

원가(原價, Cost) 특정 물자(物資)를 생산 또는 연구하기 위하여 소비하는 각종 재화와 용역을 화폐가치로 환산한 가액을 말한다. 다만, 계약목적물의 완성과 관련이 없는 재화와 용역의 소비나 이상 상태하의 경제적 가치의 감소는 포함하지 아니한다. 제조원가는 당해 계약목적물의 제조과정에서 발생하는 재료비, 노무비 및 경비의 합계액을 말한다. 총원가는 제조원가에 일반관리비를 합한 금액을 말한다. 계산가격은 총 원가에 이윤 및 수입제세(관세 및 농특세) 등을 합한 금액을 의미하며, 최종적인 원가계산 가격을 말한다. 원가는 제조원가, 비제조원가로도 나눌 수 있는데, 제조원가(직접재료원가, 직접노무원가, 제조간접원가), 비제조원가(판매비, 일반관리비), 제조간접원가(간접재료원가, 간접노무원가, 기타제조원가)로 구분된다.

원가분석(原價分析, Cost Analysis) 원가분석이란 원가자료에서 얻은 수치를 비교, 분석하여 원가차이 또는 원가변동의 정도와 원인을 검토하는 방법이다. 원가분석에는 2개의 관점이 있는데 실제 원가를 분석하여 원가발생의 원인, 원가의 변동경위, 조업도에 대한 의존성을 연구하는 것과 실제 원가와 견적원가 또는 표준원가를 비교하여 원가차이를 분석하는 것이 있다. 또 실제 원가의 비교분석방법은 타 기업의 원가와 비교하는 것과 자기기업 내부의 자료에 의하여 분석하는 것으로 나누어진다.

유찰 수의계약(流札隨意契約) 재공고 입찰에 있어서도 입찰자 또는 낙찰자가 없을 때 체결하는 수의계약을 말한다. 재공고 입찰에 의하여 일반경쟁계약이나 지명경쟁계약을 추진하여도 입찰자 또는 낙찰자가 없을 때에는 계약의 상대방을 스스로 찾아야 하기 때문에 수의계약에 의할 수 있도록 한 것이다. 다만, 유찰 수의계약을 체결함에 있어서 보증금의 기한을 제외하고는 최초입찰에 붙일 때 정한 가격 기타 조건을 변경하지 못한다.

인가저장 품목(認可貯藏品目, Authorized Stockage List: ASL) 보급제대에 저장하도록 인가한 인가저장 목록상의 품목으로서, 각급 보급부대에서 현 보급을 지속하고 장차 예측되는 소요를 충당하기 위하여 항상 저장·유지하도록 인가된 보급품을 말한다. 인가저장 품목은 사용부대의 임무수행에 필요한 보급품의 원활한 보급을 보장하기 위하여 보급지원부대(사단보수대대, 군지사, 군수사)에서 저장하도록 인가된 보급품이다. 이 보급품을 불출하면 다시 청구·획득되어 보충됨으로써 항시 창고에 재고로 유지되기 때문에, 일명 상비성 재고품이라고 한다. 실무부대에서 모든 품목을 인가저장 품목으로 선정하지는 않는다. 규정상 ASL 선정기준은 피지원부대가 임의의 품목을 100번 청구하는 경우 85번을 즉각 보급지원 할 수 있도록(이를 수요융통률 85%라 함) 선정하되, 예하부대가 규정휴대량(PL) 품목으로 운영하는 품목, 전투 긴요 품목, 임무필수 품목을 우선적으로 선정하고, 그 다음으로 수요가 많은 품목 위주로 선정한다.

일괄처리방식(一括處理方式, Batch Process) 온라인 처리와 같이 각종 자료가 발생할 때마다 처리되는 것이 아니라, 발생된 자료들을 일일·주간·연간 단위로 일정 기간 또는 일정량이 될 때까지 모아 두었다가 일괄적으로 처리하는 방식을 말한다. 일괄처리방식의 장점은 컴퓨터시스템을 효율적으로 사용할 수 있을 뿐만 아니라 기계사용의 시간 계획을 간단히 세울 수 있다. 단점으로는 자료발생으로부터 최종결과를 얻을 때까지 시간이 비교적 많이 소모된다는 점과 갱신이 주기적으로만 가능하다는 점이다. 그러나 소규모 컴퓨터시스템으로 다량의 자료처리가 가능하고 프로그램이 복잡하지 않다는 장점이 있다. 일명 모듬처리라고도 한다.

일괄획득(一括獲得, Single Step to Full Capability) 한 번의 무기체계 개발단계를 통해서 작전운용성능(ROC) 목표치를 충족하는 체계를 개발 완료하는 전략이다.

일반지원(一般支援, General Support: GS) 어떠한 특정부대에 대해서만 지원하는 것이 아니라 피지원부대 전반에 대해 실시하는 지원으로서, 이는 전투지원 및 전투근무지원부대에 부여되는 임무이다.

일반지원 정비(一般支援整備, General Support Maintenance) 한 정비지원부대가 여러 개의 야전정비 부대를 지원하기 위하여 고도의 정비기술 능력과 정비시설, 정비대충장비 및 공구, 수리부속을 확보하고 야전정비부대에서 수행할 수 없는 정비업무를 수행할 수 있도록 편성된 부대로, 정비창과 군지사 일반지원 중대에서 지원하는 정비지원형태이다. 일반지원 정비부대는 정비지원 책임 지역 내에 있는 직접지원 정비부대, 수집소, 보급부대 그리고 보급창으로부터 수리할 장비를 수집하여 정비한다. 또한 정비 대충장비와 야전 재고로 돌려줄 완제품을 수리하지만 사용부대에게 돌려주기 위한 수리도 한다. 또한 직접지원 정비부대의 능력을 초과하는 업무를 지원함으로서 직접지원 부대의 정비운용에 필요한 기동성과 정비능력을 보장해준다.

일선교환가능품목(一線交換可能品目, Line Replaceable Unit: LRU) 장비 완제품(End Item)상의 결함이나 교정을 수정하기 위해 일선 부대급에서 탈착 및 교체가 가능한 단일품목을 말한다. 현장교환품목이라고도 한다.

임무유형(任務類型, Mission Profile: MP) 무기체계가 운용 간 수행해야 할 임무를 정리한 자료로서, 사격발수·주행거리 등 운용형태별 필수임무기능의 수행시간 및 운용량을 제시하며, 특정한 임무수행이 어떤 환경조건에서 어떠한 형태로 얼마만큼 수행되는가를 정량적으로 표현한 것이다.

임무필수정비(任務必須整備, Mission Essential Maintenance Only: MEMO) 전장지역에서 고장난 장비를 수리할 때 부대가 처한 전술적 상황에 신속히 대처할 수 있도록 최소한의 임무수행만이라도 가능한 상태로 복구시키는데 중점을 두고 실시하는 정비이다.

임무필수품목(任務必須品目, Mission Essential Item) 특정기능부대의 임무수행상 필수불가결한 품목들이다. 예를 들면 연구, 생산, 정비 및 기타 시험 등을 위하여 필요한 소모품, 비소모품 및 수리부속품 등을 말한다. 임무필수품목은 인가저장품목의 선정대상이 된다.

임시규격서(臨時規格書) 임시규격서는 기술자료가 미비할 때 제정하는 규격서로서 정식규격화하지 아니하고는 원칙적으로 동일품목 구매에 재사용하지 못하는 규격서(다만, 기술자료 획득 곤란 등 특별한 사유가 있는 경우에는 규격 제정기관의 심의 및 국방부 승인 후 재사용 가능)이다.

입고정비(入庫整備, Warehousing Maintenance) 편성부대 장비가 결함이 발생하여 부대정비 능력을 초과하거나 정비계단이 초과되는 결함장비를 야전정비부대에 입고시켜 정비를 하는 방법으로서 현장정비 및 이동정비가 불가능한 경우에 입고정비를 한다.

ㅈ

작업분할구조(作業分割構造, Work Breakdown Structure: WBS) 사업목표를 달성하고 필요한 장비 혹은 인도물을 산출하기 위하여 작업과 인도물 중심으로 분할한 계층구조 체계이다. 작업분할구조는 사업의 총 범위를 정의하고 사업을 관리하기 위하여 작은 작업단위로 세분하며, 아래로 내려 갈수록 작업내용이 더 상세하게 정의되어야 한다.

작전운용성능(作戰運用性能, Required Operational Capability: ROC) 군사전략 목표달성을 위해 획득이 요구되는 무기체계의 운용개념을 충족시킬 수 있는 성능수준과 무기체계능력을 제시한 것으로서 주요 작전운용성능과 기술적·부수적 작전운용성능으로 구별되며, 이는 연구개발 또는 국외도입 무기체계의 획득을 위한 시험평가의 기준이 된다.

장비(裝備, Equipment) 주요기능을 독립적으로 수행할 수 있고 정해진 수명기간 동안 동일성을 유지할 수 있는 완제품으로서 일정수준 이상의 화폐가치를 가진 품목을 말한다. 장비는 구조적으로 부분품, 결합체 및 구성품으로 구성되어 있다.

장비전투준비태세 평가기준(裝備戰鬪準備態勢評價基準) 장비 보유비율에 장비가동율을 반영해서 평가하는 방법을 말하며, 평가율은 80%이상(A급, 완전전투준비), 70~79%(B급, 준 전투준비), 69%이하(C급, 비전투준비)로 구분한다. 산정공식은 다음과 같다. 1. 장비 보유비율 × 장비가동율 2. 장비 보유비율 = (장비 보유수 / 장비 인가수)×100(%) 3. 장비가동율 = (보유장비 운용시간(Uptime)/ (보유장비 운용시간(Uptime) + 불가동시간(Downtime))) × 100(%) 4. 종합장비 보유비율: 장비모델별 보유비율 산술평균 5. 장비 가동비율: 장비모델별 합계의 가동비율

저장탄약 신뢰성평가(貯藏彈藥信賴性評價, Ammunition Stockpile Reliability Program: ASRP) 저장탄약에 대한 사용 가능성·안전성·성능 등을 평가하여 탄약의 대체·정비·개수 및 보급 등의 결정을 위한 자료를 제공하여 탄약의 신뢰성을 확보하기 위해 실시하는 종합적인 평가 시스템이다. 저장 탄약 신뢰성평가(ASRP)는 저장탄약에 대하여 주기적인 검사, 기능 및 비기능시험, 시험사격, 저장분석시험, 악작용 조사 분석을 실시하여 탄약에 대한 신뢰성, 성능 및 사용 가능성을 평가·연구하는 활동이다.

저장 화생방물자 신뢰성 평가(貯藏化生放物資 信賴性評價, Chemical Material Stockpile Reliability Program: CSRP) 저장중인 화생방물자에 대한 사용 가능성, 안전성 등을 평가하여 저장, 폐기 등의 결정을 위한 기준을 정립하는 제도이다.

전력지원체계(戰力支援體系, Force Support System) 전투수행의 주체인 장병과 무기체계의 지속적인 전투력 발휘를 보장할 수 있는 무기체계 이외의 장비, 부품, 시설, 소프트웨어 등 모든 요소를 통칭한다.

전력화 지원요소(戰力化支援要素) 무기체계 획득시 야전배치와 동시에 전력화 할 수 있도록 발전시켜야 할 군사교리·부대편성·교육훈련·시설 등 전투발전 지원요소와 종합군수지원 요소를 말한다.

전력화 평가(戰力化評價) 투자사업 집행이후 1년 이내에 소요군에서 각종 작전환경 하에 전술적 운용을 통해 최초 기획단계에서 설정된 수준의 작전운용성능을 포함한 제반 종합군수지원 요소를 분석평가하여 전력발휘 극대화 방안을 도출하는 과정을 말한다.

절충교역(折衝交易, Off Set) 외국으로부터 군사장비, 물자 및 용역을 획득할 때 외국 계약자에게 기술이전 및 부품 역수출 등 일정한 반대급부를 요구하는 조건부교역을 말한다. 이는 획득하고자 하는 군용물자와 관련된 기술이전 및 부품 수출에 관한 직접절충교역과 획득하고자 하는 군용물자와 직접 관련이 없는 간접절충교역의 두 가지 형태로 구분한다.

정부주도연구개발(政府主導研究開發) 국방부 조정·통제 하에 국과연(ADD)이 개발계획을 수립, 규격서 및 기술자료를 작성하고 업체를 활용하여 시제품을 제작하며, 시험평가, 품질보증, 종합군수지원 요소개발 등 기본업무를 주관하여 개발하는 연구개발 주도형태를 말한다.

정비대충장비(整備代充裝備, Maintenance Float: MF) 대충장비에는 운영대충장비 및 정비대충장비가 있으며 운영대충장비는 임무수행상 긴요하고 정비의 중요성을 가진 완제품 또는 주요 구성품으로 구성되며 통상 직접 및 일반지원 정비부대 또는 보급부대에서 작전 임무수행에 필요한 사용불가장비의 대치용으로 인가된 것을 말한다. 정비대충장비는 지원정비시설에서 즉각적인 수리가 불가능하거나, 정비기간동안 정비대상 장비를 장기간 운용치 못함으로써 임무수행에 지장을 초래하게 되는 것을 방지하기 위하여 정비대치품목을 시설부대 또는 보급지원시설과 정비공장에서 저장하도록 편제장비와는 별도로 인가한 완성품 또는 장비 구성품을 말하며 사용 불가능한 상태의 주요장비에 대하여 지원정비시설에서 적시성 있는 정비가 불가능할 때 정비의 공백 기간을 대충 장비로 지원함으로써 즉각적인 전투태세유지를 위해 운용되는 여유분의 무기체계를 말한다.

제안요구서(提案要求書, Request for Proposal: RFP) 소요무기체계 대상 장비 시험평가와 협상에 관련된 자료 등을 요구하는 문서를 말한다.

제조성숙도(製造成熟度, Manufacturing Readiness Level: MRL) 제조 또는 생산할 수 있는 능력을 정량적인 수준으로 표현한 것이다. MRL 1단계는 사업목표 달성을 위한 제조상의 문제점 파악, MRL 2단계는 제조개념 식별 및 실현가능성 분석, MRL 3단계는 분석적 방법 또는 실험실 환경에서 검증을 통한 제조개념의 입증, MRL 4단계는 실험실 기술의 생산능력 구비, MRL 5단계는 생산 유사환경에서 구성품 시제 생산능력 구비, MRL 6단계는 생산 유사환경에서 체계 및 부체계의 생산능력 구비, MRL 7단계에서는 생산 대표환경에서 체계, 부체계, 구성품의 생산능력 구비, MRL 9단계는 최초 양산능력 검증 및 후속양산 능력 구비, MRL 10단계는 후속양산능력 검증 및 지속적 개선 등으로 구분한다.

조달(調達, Procurement) 경제 주체의 활동에 필요한 장비, 물자, 시설 또는 용역을 필요한 시기와 장소에 필요한 만큼을 획득하여 공급함으로써 경제 주체가 활동을 원활하게 하도록 하는 것을 말한다. 공공분야의 조달과 민간분야의 구매로 나누기도 한다.

주공급자제도(主供給者制度, Prime Vendor System) 직접 업체에 청구하고 업체가 직접 사용자에게 직납하는 형태의 군수지원제도를 말하며, 이를 통하여 조달기간의 단축, 재고수준의 감소, 민군 역할 분담에 의한 군 운용 효율성 제고 등의 이점이 있다. 사용부대가 공급자에게 직접 청구하면 공급자는 사용부대에 물자를 납품하고, 이 때 군수사는 공급자와 계약 및 재고 통제를 실시하는 제도이다.

종합군수지원(綜合軍需支援, Integrated Logistics Support: ILS) 무기체계의 효율적이고 경제적인 군수지원을 보장하기 위하여 무기체계의 소요기획 단계부터 설계, 개발, 획득, 운영 및 폐기 시까지 전 과정에 걸쳐 제반 군수지원요소를 종합적으로 관리하는 활동을 말한다. 무기체계의 설계·개발 및 획득과정에서 군수지원의 적시성이 보장되도록 하여야 하며 주 장비에 요구되는 군수지원 소요를 정립하고 군수지원요소를 개발·획득한다. 주 장비·부수장비 및 보급품의 표준화와 호환성을 유지하며 가급적 현 군수체제를 활용할 수 있도록 개발하여 운용유지비를 최소화하여야 하고, 야전배치 시 제공된 개발제원을 바탕으로 장비운용기간 중에는 각종 제원을 수집·분석하여 최신제원으로 정립한 뒤 개발기관에 환류시켜 무기체계개발에 활용해야 한다.

지체상금(遲滞償金) 계약대상자가 이행기간 내에 계약상의 의무를 이행하지 못하고 지체되었을 때 당해지체에 대한 손해배상의 성격으로 징수하게 되는 것이 지체상금이다. 이러한 지체상금의 징수요건은 이행기간을 경과하여야 하고, 이행기간 내에 이행이 가능하였어야 하고, 지체가 채무자의 귀책사유 즉 채무자의 고의과실 또는 신의 원칙상 이와 동등한 사유에 기인하여야 한다. 지체상금은 계약상의 의무지체 일수에 계약금액에 대한 소정의 지체상금률을 곱하여 산출한다. (지체상금 = 지체일수 ×(미 이행계약금액 × 지체상금률), 지체상금은 미 이행부문에 대하여 징수하므로 기성 또는 기납부분 검사를 거쳐 인수하였다면 그 부분에 상당하는 금액을 계약금액에서 공제한 후 계산하여야 한다. 다만, 기성 또는 기납부분의 인수는 성질상 분할할 수 있는 제조 또는 공사에 대한 완성부분으로서 인수하는 것이다.

직접지원 정비(直接支援整備, Direct Support Maintenance) 직접지원 정비부대가 주로 장비를 정비 의뢰한 사용자에게 되돌려 주기 위하여 실시하는 정비로서 직접지원 정비부대는 주로 현장수리, 주요 결합체와 소결합체의 교환, 현지 사용부대에 대한 부분품의 보급 및 기술지원 등을 제공하고 사용이 불가능한 결합체, 구성품 또는 완제품을 사용이 가능한 품목으로 교환한다.

진화적획득(進化的獲得, Evolutionary Acquisition) 선진획득개념의 하나로 완벽한 체계를 장기간 개발하기 보다는 시차별 소요제기로 사용가능한 체계를 조기에 개발하고 새로운 첨단 기술을 체계에 적용하기 위한 것으로 점증적 개발과 나선형 개발이 있다. 무기체계 개발시 기술의 개발 및 확보 시기와 개발 위험도를 고려하여 작전운용성능의 목표치를 분할하여 동일한 개발단계를 2회 이상 반복 적용하여 최종적으로 개발 완료하는 전략이다.

ㅊ

창(廠, Depot) 보급품의 수령, 분류, 저장, 계정, 불출, 정비, 조달, 제작, 조립, 연구 또는 폐품 활용을 위한 업무 중 하나 이상의 업무를 수행할 책임을 지고 있는 대규모의 저장 또는 정비시설을 갖춘 부대를 말한다. 통상 군 및 야전군급 보급지원부대에 보급창, 기지창, 또는 야전 창 등의 명칭으로 사용한다.

청구목표(請求目標, Requisition Objective: RO) 현 보급운영을 지속하고 예상되는 미래의 수요를 충족하기 위하여 보유하고 있거나 발주(發注)중에 있어야 할 보급품 수량 또는 보급일수를 말한다. 소분배계통에서 보급수준은 운영수준, 안전수준, 발주 및 수송시간 등으로 보급수준 청구목표를 설정하게 된다. (청구목표(RO) = 운영수준(OL) + 안전수준(SL) + 발주 및 수송시간(OST) ± 특별수준)

체계개발(體系開發, Full Scale Development) 설계 및 시제품을 제작하여 기술시험평가와 운용시험평가를 거쳐 양산(量産) 예정인 무기체계를 개발하는 단계이다.

총 소유비용(總所有費用, Total Ownership Cost: TOC) 무기체계나 장비를 소유할 때 발생하는 수명주기 비용과 기회비용까지 포함하는 포괄적인 비용개념이다.

최초운용능력(最初運用能力, Initial Operational Capability: IOC) 초도배치된 장비에 대하여 1년 이내에 교육사(해군은 군수사)에서 주관하여 야전운용 적합성, 부대임무달성 여부 및 전력화 지원요소/ILS 충족여부를 확인하는 업무이다.

ㅋ

카츠(Commercial off-the-shelf: COTS) 미국 정부조달 시 상업 시장에서 구매 및 사용 가능한 상품을 의미하며, 연방획득규정(FAR : Federal Acquisition Regulation) 용어이다.

ㅌ

탐색개발(開發開發, Exploratory Development) 체계개념 연구단계에서 도출된 체계개념에 대하여 부체계 또는 주요 구성품에 대한 위험분석, 기술 및 공학적 해석, 시뮬레이션을 실시하며, 핵심요소 기술연구와 필요시 1: 1 모형을 제작하여 비교 검토 후 체계개발단계로 전환할 수 있는 가능성을 확인하는 단계를 말한다.

통합기준선 검토(統合基準線檢討, Integrated Baseline Review: IBR) 획득사업관리에 있어 정부 및 계약자가 합동으로 통합성과측정기준선의 현실성과 정확성을 평가하는 것이다.

통합사업관리팀(統合事業, Integrated Project(Product) Team: IPT) 중기계획 및 예산요구, 사업내용과 예산사용계획을 구체화하고 소요결정 이후 선행연구단계에서부터 사업종결시까지의 사업추진과 관련된 제반 업무를 관리하는 주된 조직으로서 사업관리본부를 중심으로 편성되며, 사업추진단계에 따라 초기 통합사업관리팀, 통합사업관리팀으로 구분하며, 사업 형태에 따라 달리 편성할 수 있다.

투자비(投資費, Investment Cost) 무기체계나 시설의 생산·건설, 보급 및 동시조달 수리부속품의 지원, 그리고 최초 운영능력의 구축과 입증을 위해 지출된 원가는 투자비로 간주한다. 투자비에 포함된 원가 항목은 시스템의 조합 및 조립 비용, 운영시스템(생산 모델)의 시험 비용, 생산능력이나 설비의 운영 및 유지비용, 시험 및 지원 장비 개발, 부품과 수리품의 초도비축(Provision), 기술자료 개발, 훈련, 시설 건축 등의 초기 군수지원 소요 비용 등이며, 투자비에는 생산·건설에 소요되는 원가뿐만 아니라 초기 군수지원을 위한 시험·지원 장비 개발비용과 동시조달 수리부속품의 획득비용을 포함한다.

ㅍ

품질기능전개(品質機能展開, Quality Function Deployment: QFD) 품질 개선을 위해 사용자 요구사항을 정의하고 이에 부합된 제품생산으로 변환시키는 체계적 품질 개선 과정이다. 품질기능전개의 특징은 사용자 목소리가 출발점이며, 과정은 체계공학프로세스와 병행하고 사용자 요구사항을 설계까지 추적 가능하다.

폐기율(廢棄率, Mortality Rate: MR) 폐기율은 군수계통에서 주로 사용하는 용어로서 완성장비, 결합체, 구성품을 재생하는 과정에서 사용될 보충 부속품의 소요예측에 적용하기 위하여 설정된 부속품의 손실률을 말한다. 장비, 결합체, 구성품을 조성하고 있는 각 부속품의 총 수량에 대한 폐기될 각 부속품 수량이 차지하고 있는 비율로서 백분율(%)로 표시한다. 폐기율을 산정하기 위해 기본폐기율, 분해폐기율, 조립폐기율의 개념을 사용한다.

ㅎ

합동 군사전략능력기획서(合同軍事戰略能力企劃書, Joint Strategy Capability Plan: JSCP) 목표년도 초기에 구비된 군사능력에 기초하여 각 군 총장 및 작전사령관에게 자원의 할당을 포함한 전략지침을 제시한다. F+1년을 대상으로 매년 5월말에 작성하며, 한미 연합전력을 적용한 작전계획 또는 한국 단독전력을 적용한 전역계획의 발전을 위한 전략지침 및 과업지시를 제시한다. 목표년도의 실제 전력에 기초를 둔 단기 군사전략과 각 군의 과업을 설정하고, 목표년도에 전쟁이 발생하였을 경우 실질적으로 사용할 수 있는 전시 가용전력의 상태를 제시함으로써 국방 동원운영 계획서, 국방 전시사업계획 및 예산처, 합동작전 계획과 각 군의 전시문서 작성을 위한 지침과 자료를 제공하며, 군의 과업달성을 위한 전력운용에 필요한 기획지침을 제공하고, 전력능력 전반의 취약점을 평가하여 이에 대한 보완능력을 갖추는 데 기여한다. 국방기획관리제도 및 국방전력발전업무규정에 의거 국방 정보판단, 합동 장기군사전략기획, 국방장기정책 및 국방과학기술 자료에 근거를 두고 작성되는 중기기획 문서이다.

합동 군사전략목표기획서(合同軍事戰略目標企劃書, Joint Strategy Objective Plan: JSOP)

국방목표 달성과 군사전략 수행을 위한 중·장기 군사력 건설 소요, 부대기획소요 및 소요의 우선순위를 제시하는 문서로서 국방획득개발계획 및 국방중기계획 수립에 필요한 근거를 제공하며, 매년 국방정보판단서, 국방기본정책서, 합동 군사전략서(JMS) 및 합동 전장운영개념 등을 기초로 중기(F+3~F+7년)와 장기(F+8~F+17년)로 구분하되 장기는 전·후기로 구분하여 작성된 기획문서이다.

합동 군사전략서(合同軍事戰略書, Joint Military Strategy: JMS) 국가/국방목표 달성을 위한 군사전략과 군사력 건설방향이 제시된 문서로서 합동 군사전략목표기획서(JSOP), 국방연구개발계획서 및 국방중기계획서 작성에 기초자료를 제시하며, 매3년 주기로 국가안보전략서, 국방정보판단서 및 국방기본정책서 등을 기초로 중·장기대상기간(F+3~F+17년) 동안의 군사전략 목표 및 개념, 군사력 건설방향 등이 제시된 기획문서이다.

합동 장기군사전략기획서(合同長期軍事戰略企劃書) 국방목표 달성과 군사전략 수행을 위한 장기군사전략을 수립하는 문서로서 합동 중기 군사전략 목표기획 및 국방정책 수립에 필요한 기초자료를 제공한다. 주요 내용은 전략평가, 장기부대 발전기획, 장기 전력증강 소요 등으로 구성되어 있으며, 합참 전략기획부가 주관하여 작성한다.

합동 중기군사전략 목표 기획서(合同中期軍事戰略目標企劃書, Joint Mid-range Military Strategic Objectives Plan: JMMSOP) 국방목표 달성과 군사전략 수행을 위한 군사력 소요 및 소요의 우선순위를 제기하는 문서로서 국방중기계획 수립에 필요한 기초자료를 제공한다. 이는 합동참모본부 전력발전부에서 국방정보 판단서, 합동 장기 군사전략 기획서, 각 군 중기전략 소요 및 합동 중장기 무기체계 기획서를 근거 문서로 하여 X-3년 12월까지 작성하는 문서이다.

핵심기술(核心技術) 무기체계 또는 비무기체계의 국내개발 또는 생산에 필요한 고도·첨단기술 및 이러한 기술들이 집약되어 생산되는 중요부품으로서 국내생산을 위한 관건이 되며, 선진외국에서 기 개발되어도 기술이전이나 판매를 회피하는 사항 또는 새로운 기술을 말한다.

형상관리(形象管理, Configuration Management: CM) 형상품목의 기능적 또는 물리적 특성을 식별하여 문서화하고 그 특성에 대한 변경통제 및 형상식별서(도면, 규격서 등)와 제품의 합치여부를 점검하여, 승인된 후 형상변경의 이행현황 등을 기록, 유지하고 변경내용 및 수행현황을 기록하고 보고, 지시, 감독 등을 수행하는 기술적이고 행정적인 행위를 말한다. 소프트웨어 전체 시스템 생명주기 기간을 통하여 형상항목에 대한 변경을 체계적으로 제어하고 형상항목에 대한 추적성과 무결성을 유지하기 위하여 소프트웨어 개발 단계별로 생성된 여러 산출물을 효과적으로 관리하고자 하는 행위를 말한다.

획득(獲得, Acquisition) 군수품을 사거나 빌려서 조달하거나 연구개발·생산하여 조달하는 것을 말한다. 획득은 개념형성 단계부터 사용자에게 최종 생산품이 공급될 때까지의 활동을 말한다.

효과척도(效果尺度, Measure of Effectiveness: MOE) 임무목표를 얼마나 달성할 수 있는지를 정량적으로 평가하는 척도이다. 예를 들어, 대화력전 능력을 평가하기 위해 특정한 시점까지 '적 장사정포의 00%를 파괴'한다는 임무목표를 수립했다면, 효과척도로써 주어진 시간동안 적 1개 포대 파괴율이 사용될 수 있다.

찾아보기

ㄱ

ㄴ

ㄷ

ㄹ

ㅁ

ㅂ

ㅅ

ㅇ

ㅈ

ㅊ

ㅋ

E

ㅍ

ㅎ

A

B

C

D

E

F

H

I

J

K

L